Jörg Freiling / Martin Reckenfelderbäumer

Markt und Unternehmung

Jörg Freiling
Martin Reckenfelderbäumer

Markt und Unternehmung

Eine marktorientierte Einführung
in die Betriebswirtschaftslehre

3., überarbeitete
und erweiterte Auflage

GABLER

Bibliografische Information der Deutschen Nationalbibliothek
Die Deutsche Nationalbibliothek verzeichnet diese Publikation in der
Deutschen Nationalbibliografie; detaillierte bibliografische Daten sind im Internet über
<http://dnb.d-nb.de> abrufbar.

Prof. Dr. Jörg Freiling ist Inhaber des Lehrstuhls für Mittelstand, Existenzgründung und Entrepreneurship (LEMEX) und Direktor des SCOUT-Instituts für Strategisches Kompetenz-Management an der Universität Bremen.

Prof. Dr. Martin Reckenfelderbäumer ist Inhaber des Lehrstuhls für Allgemeine Betriebswirtschaftslehre mit dem Schwerpunkt Marketing an der WHL Wissenschaftlichen Hochschule Lahr.

1. Auflage 2004
2. Auflage 2007
3., überarbeitete und erweiterte Auflage 2010

Alle Rechte vorbehalten
© Gabler | GWV Fachverlage GmbH, Wiesbaden 2010

Lektorat: Ulrike Lörcher | Katharina Harsdorf | Renate Schilling

Gabler ist Teil der Fachverlagsgruppe Springer Science+Business Media.
www.gabler.de

Umschlaggestaltung: KünkelLopka Medienentwicklung, Heidelberg
Druck und buchbinderische Verarbeitung: Ten Brink, Meppel
Gedruckt auf säurefreiem und chlorfrei gebleichtem Papier
Printed in the Netherlands

ISBN 978-3-8349-1710-2

Vorwort zur 3. Auflage

Wenn innerhalb von fünf Jahren die dritte Auflage eines Lehrbuchs nachgefragt wird, so gilt autorenseitig den Lesern, die unsere Schrift derart rasch im Markt aufgenommen haben, zunächst unser herzlicher Dank. Die Entwicklung ist aus unserer Sicht auch deswegen besonders erfreulich, weil sich das Lehrbuch inzwischen mit zahlreichen anderen didaktischen Mitteln im Wettbewerb befindet.

Die neue Auflage basiert nicht nur auf einer grundlegenden Überarbeitung des Stoffgebietes, sondern auch auf ausgewählten Ergänzungen desselben. In diesem Zusammenhang ist vor allem die Einfügung eines personalwirtschaftlichen Teils zu nennen. Daneben wurden die Abschnitte, die sich mit Fragen der Organisation sowie des Controllings befassen, ergänzt. Weitere Ergänzungen betreffen den Strategieprozess – und hier speziell die Strategieimplementierung. Die neuen Entwicklungen im Gesellschaftsrecht wurden soweit berücksichtigt, wie sie die Rechtsformen betreffen. Die Struktur des Lehrbuchs ist, von einigen zusätzlichen Abschnitten abgesehen, erhalten geblieben.

Wir danken unseren Lesern für die zahlreichen Rückkoppelungen, die wir erhalten haben, und die uns in unserer Vorgehensweise bestärkt haben. Auch mit Blick auf die vorliegende Auflage bitten wir erneut um Anregungen – jederzeit gerne auch kritischer Art. Der einfachste Weg der Mitteilung ist vermutlich die Kontaktierung per E-Mail. Unsere E-Mail-Adressen lauten:

freiling@uni-bremen.de bzw. martin.reckenfelderbaeumer@whl-lahr.de.

Für Dozenten, die das vorliegende Buch in ihren Veranstaltungen einsetzen, verweisen wir auf das Gabler-Portal Dozenten Plus, in dem begleitende Materialien hinterlegt sind.

Abschließend danken wir allen Personen, die uns in der Vergangenheit bei der Fertigstellung der dritten Auflage maßgeblich unterstützt haben. In diesem Zusammenhang erwähnen wir ausdrücklich Frau Dipl.-Ök. Anja Sohn. Frau Heidrun Sobing gilt unser besonderer Dank für die vielfältigen Mühen bei der Fertigstellung des Manuskripts. Daneben gilt Frau Elke Goldschmidt unser herzlicher Dank. Außerdem danken wir dem Gabler-Verlag und hier speziell Frau Ulrike Lörcher und Frau Harsdorf für die wieder einmal exzellente Zusammenarbeit.

Bremen und Lahr, im August 2009

Jörg Freiling und Martin Reckenfelderbäumer

Vorwort zur 1. Auflage

Das vorliegende Werk versteht sich als eine Einführung in die Betriebswirtschaftslehre. Traditionelle Einführungen gehen den Weg, die Unternehmung in den Mittelpunkt zu rücken und die Innenverhältnisse zu betonen. In den vergangenen Jahren war zu beobachten, dass sich Unternehmungen zunehmend stärker zur Außenwelt öffnen mussten, um ihre Existenz zu sichern bzw. erfolgreich zu sein. Der zunehmenden Einbindung der Unternehmung in die Außenwelt Rechnung tragend, wird in dem vorliegenden Lehrbuch ein anderer, vom traditionellen Vorgehen abweichender Weg beschritten: Unternehmungen können von der sie umgebenden Umwelt nicht losgelöst betrachtet werden. Mehr noch: Eine rein innenorientierte Sichtweise vermittelt einen unvollständigen und unausgewogenen Eindruck. Daher wird eine institutionelle Sichtweise eingenommen, bei der Unternehmungen und Märkte mit ihren Strukturen und Prozessen im Mittelpunkt stehen. Wenn auf diese Weise die Unternehmung im Kontext ihrer Märkte und ihres Umfelds betrachtet wird, so werden zugleich Aussagen für eine Unternehmungsführung abgeleitet, die in besonderer Weise marktorientierte Züge trägt. Dies lässt erkennen, dass das Lehrbuch in mehrfacher Weise nutzbar ist, und zwar

- als marktorientierte Einführung in die Betriebswirtschaftslehre,
- als Einführung in das Marketing,
- als marktorientierter und theoriebasierter Einstieg in das Management,
- als Einstieg in die instutionelle Theorie mit einzelwirtschaftlicher Ausrichtung (Theorie der Unternehmung).

Insofern lässt sich das Lehrbuch sowohl im Grund- als auch im Hauptstudium verwenden. Ein wesentliches Anliegen der Autoren besteht darin, marktorientierte Unternehmungsführung nicht als reine Anpassung an die gegebenen Bedingungen in der Umwelt zu verstehen, sondern vielmehr das kreative Element der Unternehmungsführung zu betonen, welches auf Basis vorhandener Potenziale und Ideen zu einer vorausschauenden Lösung marktlicher Probleme führt. In diesem Zusammenhang wird mit Nachdruck auf den Faktor Unternehmertum verwiesen, der sich in der Wahrnehmung von Unternehmerfunktionen äußert und der dafür sensibilisiert, die Geschäftsbasis permanent in ihrer Zweckmäßigkeit zu hinterfragen und zu erneuern.

Ein derartiges Lehrbuch muss sich im Kontext einer sich permanent verbreiternden und vertiefenden Wissensbasis zwangsläufig fokussieren. Aus diesem Grunde sind bestimmte Teilbereiche der Betriebswirtschaftslehre nur am Rande behandelt worden. Dazu zählen vor allem technische Fragen der Produktion, Aspekte der Finanzierung, das Rechnungswesen sowie mit Abstrichen auch die Personalführung und Organisation. Es wird also bewusst auf einer übergreifenden Ebene angesetzt. Mit Blick auf die Literaturauswertung gilt das Selektionsprinzip analog. Für eine detaillierte Auswertung und Kommentierung besteht nur in wenigen Ausnahmefällen Platz. Die Verweise können oftmals nur stellvertretend für das umfangreiche Wissen der einzelnen Teildisziplinen sein.

Der Text enthält einige Fallbeispiele und Verständnisfragen an den Stellen, an denen es aus Sicht der Verfasser didaktisch sinnvoll erschien. Studierenden sollen damit Hilfestellungen gegeben werden, den Stoff tiefer zu durchdringen. Zumindest mit Blick auf die Fallbeispiele werden einige knappe Lösungshinweise im Anhang gegeben.

Die Entstehung des Buches hat eine vergleichsweise lange Vorgeschichte, die auf unser Wirken an der Ruhr-Universität Bochum zurückgeht. Mit dem Wintersemester 1995/96 bestand für unseren akademischen Lehrer, Herrn Prof. Dr. Dr. h.c. Werner H. Engelhardt, erstmalig die Herausforderung, eine Lehrveranstaltung mit dem Titel „Markt und Unternehmung" zu lesen. Wir sind Herrn Engelhardt besonders dankbar, weil er es uns als seinerzeit jungen Habilitanden ermöglicht hat, an dieser in gleicher Weise interessanten und herausfordernden Aufgabe mitzuwirken. Aus diesem Grunde wäre auch die Entstehung des vorliegenden Buches ohne Herrn Engelhardt nicht denkbar gewesen. Wir nehmen dies in Verbindung mit der zahlreichen und umfänglichen Unterstützung, die wir durch ihn erfahren haben, zum Anlass, ihm dieses Buch zu widmen.

Die Erstellung eines derartigen Werkes ist ohne die vielfältige Unterstützung zahlreicher helfender Hände unmöglich. Unser Dank gilt vor allem: Frau Anke Tittelfitz und Herrn Tim Pflug, die in mühevoller Kleinarbeit die zahlreichen redaktionellen Arbeiten bravourös gemeistert haben. Für das Erstellen zahlreicher Grafiken danken wir darüber hinaus Frau Elke Goldschmidt und Herrn Louis van Liem Vu. Dem Gabler-Verlag, und hier speziell Frau Ulrike Lörcher und Frau Katharina Harsdorf, sei für die hervorragende Betreuung des Buchvorhabens herzlichst gedankt.

Bremen und Lahr, im Juli 2004

Jörg Freiling und Martin Reckenfelderbäumer

Inhaltsverzeichnis

Abbildungsverzeichnis

Tabellenverzeichnis

Abkürzungsverzeichnis

A.d.V.	Anmerkung der Verfasser
Abs.	Absatz
ADSp	Allgemeine Deutsche Speditionsbedingungen
AG	Aktiengesellschaft
ALB	Allgemeine Lagerbedingungen
AMG	Gesetz über den Verkehr mit Arzneimitteln
Aufl.	Auflage
Bd.	Band
BGB	Bürgerliches Gesetzbuch
BGB-Gesellschaft	Gesellschaft bürgerlichen Rechts
BCG	Boston Consulting Group
BRD	Bundesrepublik Deutschland
Bsp.	Beispiel
CL	Comparison Level(s)
DBW	Die Betriebswirtschaft (Zeitschrift)
DIN	Deutsches Institut für Normung
DIN EN ISO	Deutsche Norm auf der Grundlage einer europäischen Norm, die auf einer Internationalen Norm der ISO beruht
DSL	Digital Subscriber Line
EG	Europäische Gemeinschaft
et al.	und andere
etc.	et cetera
EU	Europäische Union
F&E	Forschung & Entwicklung
f., ff.	folgende, fortfolgende (Seite(n), Jahre)
GbR	Gesellschaft bürgerlichen Rechts
GebrMG	Gebrauchsmustergesetz
GeschmG	Geschmacksmustergesetz
GewO	Gewerbeordnung
GG	Grundgesetz
GmbH	Gesellschaft mit beschränkter Haftung
GmbHG	Gesetz betreffend die Gesellschaften mit beschränkter Haftung

GWB	Gesetz gegen Wettbewerbsbeschränkungen
H.	Heft
Hervorh. i.Or.	Hervorhebung im Original
HGB	Handelsgesetzbuch
Hrsg.	Herausgeber
i.A.a.	in Anlehnung an
i.d.R.	in der Regel
i.e.S.	im engeren Sinne
i.Or.	im Original
i.w.S.	im weiteren Sinne
Ill.	Illinois
ISDN	Integrated Services Digital Network
ISO	International Organization of Standardization
Jg.	Jahrgang
KG	Kommanditgesellschaft
KGaA	Kommanditgesellschaft auf Aktien
KKV	komparativer Konkurrenzvorteil
KonTraG	Gesetz zur Kontrolle und Transparenz im Unternehmensbereich
LMBG	Gesetz über den Verkehr mit Lebensmitteln und Bedarfsgegenständen
LSchG	Ladenschlussgesetz
Marketing-ZFP	Marketing-Zeitschrift für Forschung und Praxis
MoMiG	Gesetz zur Modernisierung des GmbH-Rechts und zur Bekämpfung von Missbräuchen
Mrd.	Milliarden
MSchG	Gesetz über technische Arbeitsmittel
N	Stichprobengröße
N.J.	New Jersey
o.ä.	oder ähnliches
o.g.	oben genannt
OHG	Offene Handelsgesellschaft
PAngV	Preisangabenverordnung
PatG	Patentgesetz
PC	Personal Computer
PIMS	Profit Impact of Market Strategy
RabattG	Rabattgesetz

ROI	Return on Investment
S.	Seite
SGE	Strategische Geschäftseinheit
SGF	Strategisches Geschäftsfeld
SortG	Sortenschutzgesetz
Sp.	Spalte
StGB	Strafgesetzbuch
StVZO	Straßenverkehrs-Zulassungs-Ordnung
SWOT	Strengths-Weaknesses-Opportunities-Threats
TOWS	Threats-Opportunities-Weaknesses-Strengths
TQM	Total Quality Management
TransPuG	Transparanz- und Publizitätsgesetz
u.a.	und andere
UMTS	Universal Mobile Telecommunications System
Unt.	Unternehmen
UrhG	Urheberrechtsgesetz
USP	Unique Selling Proposition
UWG	Gesetz gegen unlauteren Wettbewerb
vgl.	vergleiche
VPöA	Verordnung für Preise bei öffentlichen Aufträgen
WiSt	Wirtschaftswissenschaftliches Studium (Zeitschrift)
WOTS	Weaknesses-Opportunities-Threats-Strengths
z.B.	zum Beispiel
z.T.	zum Teil
ZfB	Zeitschrift für Betriebswirtschaft (Zeitschrift)
ZfbF	Schmalenbachs Zeitschrift für betriebswirtschaftliche Forschung (Zeitschrift)
zfo	Zeitschrift für Führung und Organisation (Zeitschrift)
ZugabeVO	Zugabeverordnung

1 Markt und Unternehmung - Grundlagen, Prinzipien, Perspektiven

1.1 Vorbemerkungen

Was sind Unternehmungen? Wozu werden sie benötigt? Welche Rolle nehmen sie auf Märkten bzw. in unserer Gesellschaft ein? Wie und wo verlaufen die Grenzen von Unternehmungen? Und wie werden Unternehmungen geführt? Es liegt auf der Hand, dass in betriebswirtschaftlichen und ökonomischen Studiengängen, zum Teil aber auch darüber hinaus derartige Fragen zu klären sind, um zu einem besseren Verständnis zu gelangen. Dieser Text versucht, zu einem solchen Verständnis beizutragen, ohne dabei betriebswirtschaftliches Fachwissen vorauszusetzen. Aus diesem Grund kann dieser Text auch zu Studienbeginn eingesetzt werden, um einen Zugang zu den Managementgrundlagen der Betriebswirtschaftslehre und zu den Grundprinzipien wirtschaftlichen Handelns zu erhalten.

Wirtschaftliches Handeln ist durch zahlreiche Prinzipien bestimmt, auf die innerhalb der vorliegenden Schrift einzugehen ist. Unter ihnen ragt vor allem die Arbeitsteilung hervor, auf die sich bereits Ökonomen der Klassik ausführlich bezogen haben (z.B. Smith 1776). In den vergangenen Jahren und Jahrzehnten hat die arbeitsteilige Wirtschaft in drastischer Weise zugenommen und sich auch in ihrem Charakter entscheidend verändert, was sich z.B. in neuartigen Kooperationsformen oder besonders engen Unternehmungsbeziehungen niederschlägt. Arbeitsteilung im hier relevanten Sinne impliziert Entscheidungen von Wirtschaftssubjekten, bestimmte Arbeiten (bevorzugt) zu übernehmen. Andere Arbeiten hingegen, die zur Befriedigung eigener Bedürfnisse verrichtet werden müssen, werden bewusst nicht übernommen, weil sich darauf andere Wirtschaftssubjekte konzentrieren, mit denen man Austausch betreibt. Schon hier wird deutlich, dass Arbeitsteilung nur dann zu Vorteilen für die Beteiligten führen kann, wenn zwei Voraussetzungen erfüllt sind: (1) Abstimmung unter den Leistungsträgern, die im Folgenden auch als „Koordination" beschrieben wird, und (2) Spezialisierung. Durch eine zweckmäßig aufeinander abgestimmte Koordination und Spezialisierung bestehen ausgezeichnete Möglichkeiten für die arbeitsteilenden Wirtschaftssubjekte, sich selbst wirtschaftlich durch eine höhere Produktivität, durch eine schnellere Produktion und durch größeren technischen Fortschritt besser zu stellen. Auf diese Vorteile hat bereits Adam Smith (1776) hingewiesen.

Es stellt sich aber in diesem Zusammenhang auch die Frage, wie man zweckmäßig koordinieren, sich spezialisieren und beide Vorgänge aufeinander abstimmen kann. Mit derartigen Problemen beschäftigt sich das vorliegende Buch. Dabei lenkt es den

Blick auf zwei Institutionen, die in ihrem Zusammenspiel Möglichkeiten eröffnen, von den Vorteilen der Arbeitsteilung auch bei höchst komplexen Abstimmungsproblemen Gebrauch zu machen: Es sind dies Unternehmungen, die Spezialisierung und zugleich Abstimmung ermöglichen, und Märkte, die das Zusammenspiel der Wirtschaftssubjekte koordinieren. Es wird im Rahmen der folgenden Abschnitte deutlich werden, dass vor allem in einer hochgradig arbeitsteiligen Wirtschaft Unternehmungen (auf der so genannten Mikroebene des wirtschaftlichen Handelns) und Märkte (auf der Makroebene) auf das Engste miteinander verbunden sind und eine Trennung höchst willkürlich wäre.

Abbildung 1-1: Die Betriebswirtschaftslehre im Kontext der Wissenschaften (Quelle: Busse von Colbe/Laßmann 1992, S. 2)

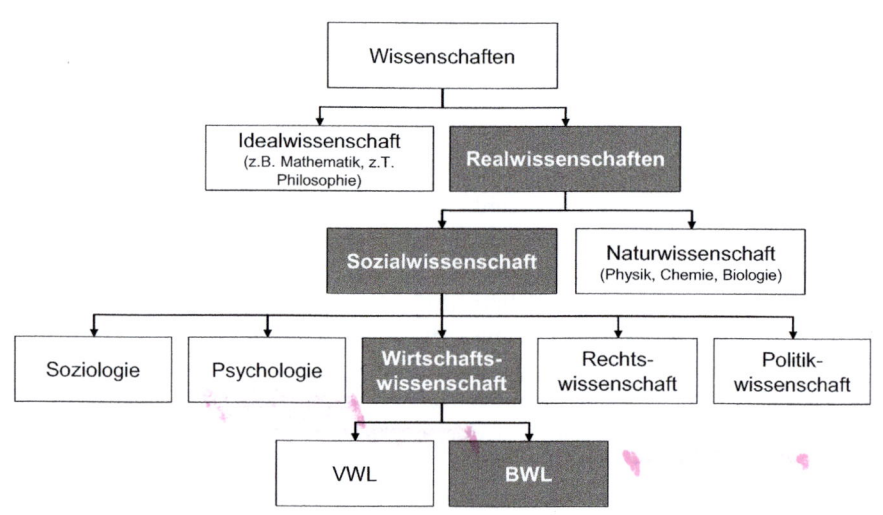

Die vorliegende Schrift ist als eine **marktorientierte Einführung in die Betriebswirtschaftslehre** zu verstehen, bei der zugleich institutionelle Fragen im Bereich der Theorie der Unternehmung vertieft werden. Eine derartige marktorientierte Einführung rückt die Managementaufgaben einer Unternehmung in den Vordergrund, die zur Bestimmung der Rolle der spezifischen Unternehmung im relevanten Markt wahrzunehmen sind. Diese Managementaufgaben umfassen die betriebswirtschaftlichen Bereiche der Unternehmungsführung, der Organisation, des Personalwesens, aber auch der Beschaffungs- und Absatzwirtschaft. Damit umfasst dieser Einführungstext einen durchaus weit gefassten Bereich der Betriebswirtschaftslehre, worauf innerhalb von Abschnitt 1.4.2 noch einzugehen sein wird.

Die Betriebswirtschaftslehre als Teil der Wirtschaftswissenschaft und als Realwissenschaft wie in Abbildung 1-1 eingebettet in den wissenschaftlichen Kontext widmet sich dabei den

- Beschreibungs-,
- Erklärungs-,
- Prognose- und
- Gestaltungsfragen

aus einzelwirtschaftlicher Sicht, was sie von der Volkswirtschaftslehre mit deren **gesamtwirtschaftlicher** Perspektive abhebt (Schneider 1995).

Die genannten vier Fragenbereiche lassen zugleich die wichtigsten Ziele wissenschaftlichen Arbeitens erkennen. Dabei umfasst die Beschreibung die Begriffsbildung und Systematisierung von Sachverhalten und repräsentiert das deskriptive Ziel wissenschaftlichen Arbeitens, während die Erklärung und Prognose dem theoretischen Wissenschaftsziel zugeordnet werden und der Erkenntnisgenerierung im engeren Sinne dienen. Die Gestaltung schließlich betrifft das pragmatische Wissenschaftsziel und wendet die generierten Erkenntnisse an (Töpfer 2005).

Bezüglich des Ziels dieses Buches, eine marktorientierte Einführung in die Betriebswirtschaftslehre zu bewirken, ist zu klären, was der Begriff „marktorientiert" bedeutet. Er soll dabei zum Ausdruck bringen, dass von einer rein innenorientierten, d.h. die Außenverhältnisse (zunächst) ausklammernden Sicht der Unternehmung und ihrer Organisationsstruktur sowie ihrer Produktions-, Beschaffungs-, Absatz-, Innovations- und Administrations- und Finanzierungsprozesse Abstand genommen wird. Diese Weichenstellung ergibt sich daraus, dass Unternehmungen Leistungen für externe Kunden erstellen, die sie unter Wettbewerbsbedingungen zu vermarkten haben. Ohne eine Berücksichtigung des Kundenbedarfs sowie der Wettbewerbssituation wird daher eine Unternehmung langfristig nicht überlebensfähig sein (Pfeffer/Salancik 1978; Plinke 1995a). Dementsprechend wird der Beziehung zwischen den beiden Institutionen Markt und Unternehmung besonderes Augenmerk geschenkt. Dies wird im Einzelnen dadurch vollzogen, dass

- die Beziehungen zwischen Märkten und Unternehmungen aus einzelwirtschaftlicher Sicht untersucht werden (Kapitel 1),

- verdeutlicht wird, wie Unternehmungen und Märkte entstehen (Kapitel 2),

- erklärt wird, wie Märkte funktionieren, was sowohl die Analyse von Marktstrukturen als auch von Marktprozessen beinhaltet (Kapitel 3),

- die Unternehmung als Institution näher umrissen wird, was nicht nur die Organisation, sondern auch die Führung in einem marktorientierten Kontext umfasst (Kapitel 4),

■ die Unternehmung in ihrem – vor allem marktbezogenen – Handeln näher beschrieben wird, was für das Marketing als eine marktorientierte Unternehmungsführung von zentralem Rang ist (Kapitel 5).

Bei allen genannten Punkten kann der Eindruck entstehen, dass die Anbieter- und die Nachfragerseite durch einen Markt voneinander getrennt sind. Man wird durchaus feststellen können, dass dieser Eindruck durch die ökonomische Forschung der vergangenen Jahrzehnte eher untermauert als widerlegt wird. Gleichwohl ist es ein Hauptanliegen dieses Buches herauszustellen, dass eine derartige Trennung idealtypisch ist und eine zu Lehrzwecken vorgenommene Vereinfachung darstellt. Die Realität wirtschaftlichen Handelns verwischt diese gedachte Grenzlinie jedoch, und es wird gerade in der Gegenwart deutlich, dass wirtschaftliches Handeln auf einem Miteinander von Anbietern unter sich, von Anbietern und Nachfragern, aber auch von Nachfragern unter sich beruht. Dies wird im Folgenden kapitelübergreifend an verschiedenen Stellen deutlich werden. Begriffe wie Netzwerke, Strategische Allianzen, virtuelle Unternehmungen oder auch User Groups werden die bestehenden Verbindungen ebenso betonen wie etwa die Vorstellung vom „Markt in der Unternehmung". Mit den genannten Weichenstellungen lässt sich somit festhalten, dass nicht nur das Ziel einer betriebswirtschaftlichen Einführung verfolgt wird, sondern auch die Grundlagen des Marketings und Managements zu erarbeiten sind.

Das Verhältnis von **Markt** und **Unternehmung** lässt sich besser nachvollziehen, wenn auf ein Beispiel zurückgegriffen wird. Nachfolgend wird die wechselvolle Geschichte beschrieben, welche die Firma Rank Xerox in den vergangenen Jahrzehnten durchlaufen hat (vgl. auch Ramírez/Wallin 2000).

Fallbeispiel 1: Rank Xerox

Der Name „Rank Xerox" verbindet sich wie wohl kaum ein zweiter mit der Fotokopie von Dokumenten. Die Entstehung der Firma ist vor allem auf den technisch versierten Tüftler Chester Carlson zurückzuführen, der sich als Absolvent des California Institute of Technology schon in den 1930er Jahren mit der xerografischen Technologie befasst hat. Sein Engagement in dieser Beziehung lässt sich dadurch erklären, dass er meinte, ein Bedarfsfeld identifiziert zu haben, welches bis dahin noch kein Anbieter besetzen konnte: die Anfertigung einer Dokumentkopie durch einen einfachen Knopfdruck. Es gab zwar schon mehrere Verfahren, um Dokumente zu vervielfältigen, jedoch waren alle Verfahren extrem aufwändig, unkomfortabel, teuer und zum Teil sogar mit widerlichem Gestank verbunden. Was Carlson vor Augen hatte, ist etwas, welches wir hier als Wertlücke bezeichnen. Weiterhin können wir die Vorgehensweise von Carlson als marktorientiert einstufen: Zunächst hatte Carlson ein relevantes Problem aus Nachfragersicht fixiert, dann arbeitete er unter Nutzung seiner Fähigkeiten an einer passenden Lösung.

Carlson hatte bei seiner Umsetzung zahlreiche Probleme zu lösen und ist mehrfach in scheinbar ausweglose Situationen geraten, für die es nach weiteren Versuchen und Irrtümern dann doch Lösungen gab. So ist es auch zu erklären, dass es Jahrzehnte dauerte, bis auf Basis seiner Arbeit tatsächlich ein marktfähiges Angebot entwickelt werden konnte. Bis dahin bedurfte es der Unterstützung durch eine gemeinnützige Forschungseinrichtung (Battelle Memorial Institute), eines Herstellers von fotographie-geeignetem Papier (Haloid) und eines philologischen Gelehrten zum Zwecke der Namensfindung. Ein Alleingang von Carlson erwies sich angesichts der komplizierten Probleme schnell als nicht gangbar. Das Netz aus Leistungsträgern war den anfänglichen

Herausforderungen zwar auch nicht unmittelbar gewachsen. Man lernte in dem Verbund aber schnell hinzu: Insbesondere sah man ein, dass die erste Umsetzung der Vorstellung vom einfachen Kopieren, das so genannte „Modell A", für den Kunden eine Zumutung war: Es waren 39 Schritte erforderlich, um dem sperrigen Gerät endlich eine Kopie zu entlocken. Eine gründliche Überarbeitung unter dem Druck, dass allmählich auch Konkurrenten vergleichbare und bessere Geräte angeboten haben, führte dann dazu, dass nach der Investition von rund 75 Mio. US-$ und der Beteiligung der J. Arthur Rank Organization in Form eines Gemeinschaftsunternehmens (Joint Venture) ein neues Gerät 1959 in den Markt eingeführt werden konnte: die „914", ein für damalige Verhältnisse schon recht kompaktes, allerdings in der Herstellung extrem teures Gerät (4.000 US-$ für die „914" gegenüber rund 300 US-$ für technisch allerdings nicht vergleichbare Konkurrenzgeräte). Das Gerät ermöglichte nunmehr die gewünschte „Kopie auf Knopfdruck", war aber so unerschwinglich, dass auf Grund unsicherer marktlicher Akzeptanz erhebliche „Flop"-Gefahr bestand. Daraus zog die Geschäftsleitung eine wesentliche Konsequenz: Man war zu der Einsicht gelangt, dass es nicht ausreicht, einem Nachfragerproblem nur technisch zu entsprechen: man musste auch eine wirtschaftliche Lösung finden. Daraufhin wurde die „914" wie folgt vermarktet:

(1) kein Verkauf der Maschine, sondern Leasing zur Vermeidung einer übermäßigen finanziellen Belastung der Kunden,

(2) Vermarktung mit einer Garantie, den Vertrag bei Unzufriedenheit innerhalb von zwei Tagen rückgängig machen zu können,

(3) Abrechnung nach empfangener Leistung des Kunden (Anzahl der angefertigten Kopien).

Festzuhalten ist, dass der nun eintretende und lang anhaltende Markterfolg nur möglich war, weil die Entwicklung, Herstellung und Vermarktung der Maschine permanent auf die Marktverhältnisse ausgerichtet wurden. Ohne den Abgleich zwischen Kundenproblem und Anbieterlösung hätte man sich möglicherweise mit einer früheren Lösung zufrieden gegeben und versucht, das Produkt mit Macht, d.h. mit entsprechenden Verkaufsanstrengungen, in den Markt zu „drücken". Dabei ist hervorzuheben, dass Rank Xerox schließlich eine Lösung angeboten hat, von der seitens der Nachfrage zu Beginn der Entwicklung noch niemand etwas wusste und die daher auch nicht explizit verlangt worden ist. Dennoch haben die permanente Beobachtung des Marktes und die Gespräche mit Kunden bzw. Anwendern dazu geführt, dass eine marktgerechte Lösung entstanden ist, die sich anschließend als hochrentabel erwies.

Dass die Firmengeschichte von Rank Xerox weiterhin wechselvoll verlief, hat zwei Ursachen: Erstens stellte sich nach den bahnbrechenden Erfolgen eine Selbstzufriedenheit ein, welche die konsequente marktliche und wettbewerbsbezogene Ausrichtung allmählich aufweichte, zu inneren Zweifeln und zu einer Verwässerung der eigenen charakteristischen Linie von Rank Xerox führte. Der stärker werdenden und zum Teil schlecht berechenbaren Konkurrenz (IBM, Kodak, Ricoh, Canon, Sharp, Minolta, Toshiba) gelang es, neue Vermarktungsmodelle zu schaffen, die vom Markt als attraktiver als das Modell von Rank Xerox empfunden wurden. So sah etwa das „Top Stop Pricing" von IBM vor, dass im Zuge des wachsenden Kopierbedarfes der Kunden ein bestimmter Schwellenwert von Kopien erreicht werden konnte, ab dem weitere Kopien nicht mehr berechnet wurden. Die fehlende Marktfähigkeit von Rank Xerox führte zu einem dramatischen Einbruch des Absatzes, des Umsatzes und der Ergebnisse, so dass zu Beginn der 1980er Jahre eine existenzielle Krise eintrat. Der Marktanteil von Rank Xerox war von 80% im Jahre 1976 auf 13% im Jahre 1982 gesunken. Die Krisenbewältigung und der anschließende Aufschwung waren nur möglich, weil erneut ein marktorientiertes Vorgehen gewählt und konsequent umgesetzt worden ist. Kern der Neuausrichtung war eine Qualitätsoffensive mit dem Ziel der umfassenden Zufriedenstellung der Zielkunden („Customer Satisfaction Guarantee") und die Umpositionierung von Rank Xerox zum kompetenten Spezialisten im Umgang mit allen Fragen, die Dokumente betreffen. Mit letzterem wollte man der Gefahr vorbeugen, dass durch eine mögliche Verdrängung von Papierdokumenten durch elektronische Versionen auch die eigene Position in Gefahr gerät.

Mit dem Beispiel von Rank Xerox lässt sich in vielfältiger Weise verdeutlichen, dass eine Unternehmung zugleich unternehmerisch und marktorientiert denken sowie handeln muss. Zur weiteren Diskussion an dieser Stelle dienen die folgenden Fragen:

F1-1	Rank Xerox war in seiner Geschichte zum Teil sehr erfolgreich, zum Teil ausgesprochen erfolglos. Diskutieren Sie Kriterien, die den Erfolg einer Unternehmung bzw. eines Produktes bestimmen.
F1-2	Es ist mehrfach der Begriff der „Marktorientierung" gefallen. Erläutern Sie, was Sie mit dem Begriff assoziieren.
F1-3	Es wurde in der Fallstudie die Auffassung vertreten, Rank Xerox sei zu bestimmten Zeiten marktorientiert gewesen, unter anderem auch zu dem Zeitpunkt, als man einen Kopierer bauen wollte, den seinerzeit kein Kunde explizit so gewünscht hat. Stellen Sie heraus, ob und wie weit Sie ein solches Vorgehen, wie es im Fallfenster beschrieben worden ist, tatsächlich für marktorientiert halten.
F1-4	Die Geschichte von Rank Xerox verbindet sich mit dem unternehmerischen Tüftler Carlson. Stellen Sie anhand der Fallstudie heraus, worin sich sein unternehmerisches Denken und Handeln äußert. Arbeiten Sie über das Beispiel hinausgehende Aufgaben heraus, die ein Unternehmer Ihres Erachtens nach wahrzunehmen hat.
F1-5	Rank Xerox hat eine „Customer Satisfaction Guarantee" ausgesprochen und sich damit verpflichtet, Nachteile auf sich zu nehmen, wenn der Kunde unzufrieden ist. Wie beurteilen Sie eine derartige Garantie? Nennen Sie Vor- und Nachteile und wägen Sie diese gegeneinander ab.

Es ist in der Fallstudie bereits mehrfach auf den Erfolg von Unternehmungen eingegangen worden, der sich aus betriebswirtschaftlicher Sicht in völlig unterschiedlicher Weise messen lässt. Der finanzwirtschaftliche Erfolg kann z.B. durch den Gewinn einer Periode bemessen werden, der sich wiederum durch die Gegenüberstellung von Erlösen (als mit den Absatzpreisen bewertete Absatzmenge) und Kosten (als mit den Faktorpreisen bewertete Einsatzmenge) ergibt. Der so genannte „strategische Erfolg" hingegen ließe sich an der Anzahl und Stärke von Wettbewerbsvorteilen einer Unternehmung ablesen. Mit der Erstellung von Leistungen verbinden sich also offenbar weitere Ziele. Um dies konkreter zu diskutieren, wird im folgenden Abschnitt auf das Prinzip der Wirtschaftlichkeit einzugehen sein, welches die Betriebswirtschaftslehre seit ihrer Entstehung um die Wende zwischen dem 19. und 20. Jahrhundert zusammenhält.

1.2 Das Prinzip der Wirtschaftlichkeit

Die Frage nach den Inhalten des **Wirtschaftlichkeitsprinzips** ist vor allem deswegen so grundlegend, weil sich darin auch die Auseinandersetzung um eine innen- versus außenorientierte Unternehmungsführung widerspiegelt. Dies führt zu ersten wichtigen Definitionen, auf die zum Ende dieses Kapitels in Abschnitt 1.4.2 erneut Bezug zu nehmen ist.

Eine **innenorientierte (auch: „inside out"-orientierte) Unternehmungsführung** setzt an den Zielen der Unternehmung an und in für den Markt vorgegebenen Leistungsangeboten fort. Sie geht davon aus, dass sich eigene Leistungskonzeptionen mit geeigneten Mitteln auch gegenüber Widerständen im Markt durchsetzen lassen, so dass eine Anpassung an den Markt nicht erforderlich ist. Planungen und Handlungen einer innenorientierten Unternehmungsführung beginnen mit unternehmungseigenen Größen.

Eine **außenorientierte (auch: „outside in"-orientierte) Unternehmungsführung** geht davon aus, dass sich die Unternehmungsziele nur erfüllen lassen, wenn zuvor eine Abstimmung mit den marktlichen Verhältnissen stattgefunden hat und dass durch die umfassende und im Vergleich zur Konkurrenz bessere Anpassung an die marktlichen Verhältnisse überhaupt erst eine Zielerreichung möglich ist. Planungen und Handlungen beginnen mit marktlichen Größen.

Die beschriebenen Grundausrichtungen sind als Extrema zu verstehen, die primär didaktischen Zwecken dienen, aber kaum die Vielzahl von Zwischen- und Übergangsformen zu reflektieren vermögen, die in der betrieblichen Praxis vorzufinden sind.

Ungeachtet dieser Schnittlegung ist wirtschaftliches Handeln allgemein vor allem dadurch gekennzeichnet, dass versucht wird, möglichst rational zu handeln und knapp verfügbare Mittel so wirkungsvoll wie möglich einzusetzen. Im Kontext der Fragen einer wirtschaftlichen Unternehmungsführung wird daher von vielen Ökonomen auf das **Rationalitätsprinzip** verwiesen (vgl. Erlei et al. 2007). Schneider (1982) spricht in vergleichbarer Weise vom „Leitbild vom vernünftigen Gestalten des Vermögens bzw. der persönlichen Fähigkeiten bei Arbeitsteilung". Mit dem Rationalprinzip, welches eine Klammerfunktion in der Wirtschaftswissenschaft wahrnimmt und die Ökonomie in ihrem Kern gegenüber Nachbarwissenschaften abzugrenzen hilft, wird zumeist beschrieben, dass ein Individuum unter gegebenen Umständen und im Bewusstsein eigener Ziele versuchen wird, auf Basis einer perfekten Planung eine optimale Entscheidung zu treffen (Erlei et al. 2007). Durch die Annahme rationalen Handelns wird unter Kenntnis der Rationalitätskriterien das Verhalten von Individuen vorhersagbar. Im Falle irrationalen Handelns ist dies nicht möglich. Der Begriff der Rationalität wird indes in der Wissenschaft nicht einheitlich benutzt, was mit Problemen einhergeht, die von Schneider (1995) ausführlicher beschrieben werden.

Die Betrachtung rationalen Handelns kann vom Bild des handelnden Menschen nicht getrennt werden. In der Wirtschaftswissenschaft wurde das Bild vom so genannten „homo oeconomicus" entworfen, welches auch als Extremvorstellung rationalen Handelns verstanden werden kann. Der „homo oeconomicus" wird in der Ökonomie üblicherweise wie folgt modelliert:

- Der „homo oeconomicus" handelt in einer Situation knapper Mittel. Dadurch werden seine Handlungsspielräume begrenzt.

- Er verfügt über ein Präferenzsystem, welches gegeben und konstant ist.

- Er trifft seine Entscheidungen in einem Handlungsraum, welcher alle verfügbaren Handlungsoptionen und deren Konsequenzen enthält.

- Seine Entscheidung wird auf Basis von Präferenzen im Kontext geltender Restriktionen getroffen. Dabei wird der „homo oeconomicus" als ausschließlich den eigenen Nutzen maximierender Mensch konzipiert, der auf die Interessen Dritter zumindest in der engsten Fassung keine Rücksicht nimmt.

Eine solche Betrachtung lässt die enge Sichtweise eines derartigen Menschen erkennen, der „rein ökonomisch" handelt. Die Ökonomie hat – ebenso wie andere Wissenschaften – alternative Menschenbilder entwickelt, um zu einer Annäherung an die Realität menschlicher Entscheidungen zu gelangen. Beispiele für derartige Menschenbilder sind der mit Gestaltungsmacht, Kreativität und Gestaltungswillen ausgestattete „homo agens" (von Mises 1940), der die gesellschaftlichen Besonderheiten berücksichtigende „homo sociologicus" (Dahrendorf 1965) und der „homo ludens" (Huizinga 1939).

Die Rationalitätsdiskussion menschlichen Handelns wirft also die Frage nach zweckmäßiger Konkretisierung auf. Die Wirtschaftlichkeitsdiskussion der Betriebswirtschaftslehre hat darauf eine Antwort entwickelt, auf die nachfolgend einzugehen ist. Dabei ist die Vorbemerkung erforderlich, dass das Grundverständnis von Wirtschaftlichkeit im Laufe der Zeit mehrfach erweitert wurde. Vor allem in einer **ersten Epoche der Wirtschaftlichkeitsdiskussion** ist eine Betonung dreier wichtiger Größen zu beobachten (zu einem Überblick vgl. Reichwald et al. 1996), die nachfolgend voneinander zu trennen sind. Es handelt sich hierbei um die **Produktivität**, die **Wirtschaftlichkeit i.e.S.** und die **Rentabilität**. Tabelle 1-1 gibt einen Überblick über die Größen und deren Inhalte.

Die drei vorgestellten Größen entwickeln sich nicht zwingend in dieselbe Richtung. Wie unter Zuhilfenahme von Abbildung 1-2 deutlich wird, ist die Produktivität eine innenorientierte Größe, die das Verhältnis von Faktoreinsatzmengen (Input) zur Ausbringungsmenge (Output) thematisiert und damit in enger Beziehung zu so genannten „Produktionsfunktionen" steht, die in der Produktionstheorie behandelt werden. Produktionsfunktionen bilden das für jede Ausbringungsmenge günstigste Verhältnis der Faktoreinsatzmengen ab (Steven 2008, S. 74f).

Betriebswirt-schaftliche Größe / Kriterien	Produktivität	Wirtschaftlichkeit (i.e.S.)	Rentabilität
Messung	Verhältnis der Ausbringungsmenge (Output) zur Faktoreinsatzmenge (Input)	Verhältnis von Ertrag (Leistung) zu Aufwand (Kosten)	– Umsatzrentabilität: Periodenerfolg im Verhältnis zum Periodenumsatz – Kapitalrentabilität: Periodenerfolg im Verhältnis zum durchschnittlich gebundenen Kapital (als Eigenkapitalrentabilität: Erfolg zu Eigenkapital, als Gesamtkapitalrentabilität: Erfolg zu Gesamtkapital)
Charakterisierung	– „Technische Wirtschaftlichkeit" – Verhältnis zweier Mengengrößen – Einzelproduktivitäten (z.B. Arbeits-, Anlagenproduktivität), kaum sinnvoll aggregierbar	– Wertbezogene, „ökonomische" Wirtschaftlichkeit – Verhältnis zweier Wertgrößen	– Relevanz für Wirtschaftlichkeit in einem weiteren Kontext – Wichtige betriebliche Steuerungsgröße in der Praxis (z.B. Return on Investment)

Tabelle 1-1: Produktivität, Wirtschaftlichkeit und Rentabilität

Vor diesem Hintergrund liefert die Produktivität Informationen, ob und wie weit mit den zur Verfügung stehenden Mitteln verschwendungsfrei umgegangen wurde, was sich insbesondere im ökonomischen Prinzip äußert. Oftmals findet sich die Unterscheidung in das Minimum- und das Maximumprinzip bei dieser technischen und auf reine Mengengrößen ausgerichteten Form der Wirtschaftlichkeit. Das **Minimumprinzip** besagt, dass ein vorgegebener Output mit möglichst wenigen Einsatzfaktoren zu erstellen ist. Beim **Maximumprinzip** wird im Unterschied dazu versucht, mit einer gegebenen Menge von Einsatzfaktoren einen möglichst großen Output zu erzielen. Soweit von denselben Einsatzfaktoren gesprochen wird, wird deutlich, dass sich eine gleichzeitige Anwendung beider Prinzipien ausschließt. Maximum- und Minimumprinzip sind Unterformen des o.g. ökonomischen Prinzips, das auf die Optimierung des Verhältnisses von Output und Input zielt.

*Abbildung 1-2: Produktivität und Wirtschaftlichkeit im Kontext von Markt und Unterneh-
mung (Quelle: in Anlehnung an Engelhardt/Freiling 1995a, S. 904)*

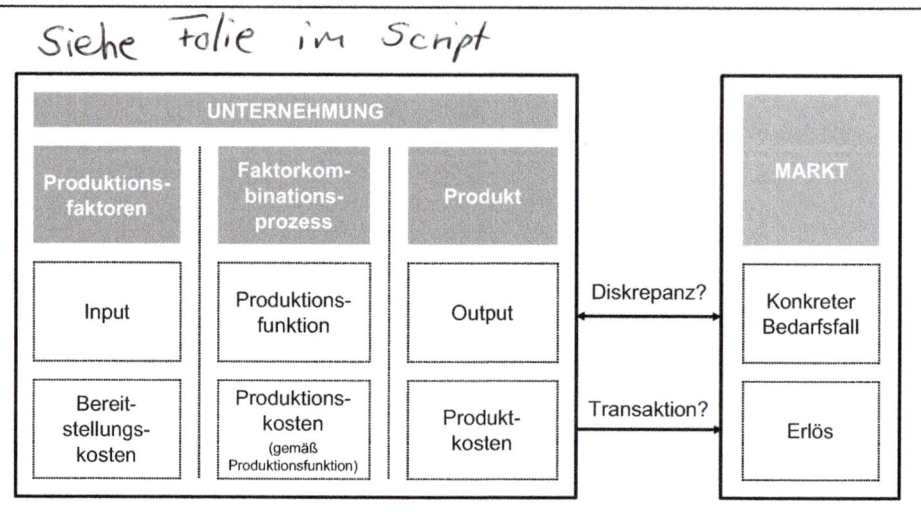

Eine wichtige Frage beantwortet die Produktivitätsdiskussion indes nicht: Es geht um den mit Blick auf die Außenverhältnisse (und damit auch die außenorientierte Unternehmungsführung) wichtigen Punkt, ob die erstellten Leistungen überhaupt benötigt werden und ob sich damit Erlöse erzielen lassen. Es ist auch bei hoher Produktivität der Fall denkbar, dass die Bedürfnisse des Marktes völlig vernachlässigt worden sind und damit eine unüberbrückbare Diskrepanz zwischen Markt und Unternehmung besteht. In einem solchen Fall klaffen Produktivität und Wirtschaftlichkeit im Sinne von Tabelle 1-1 weit auseinander, weil den mitunter geringen Kosten für den sparsamen Gütereinsatz keine Erlöse gegenüber stehen und somit die Wirtschaftlichkeit im o.g. Sinne sehr gering ist. Die marktliche Sicht (und somit auch die Verwendungsperspektive) wird also erst berücksichtigt, wenn die technisch geprägte Produktivität durch die stärker ökonomisch ausgerichtete Wirtschaftlichkeit i.e.S. ergänzt wird. Letztere schließt die am Markt getätigten Transaktionen mit ein und stellt Erlöse und produktbezogene Kosten – wie in Abbildung 1.2 im unteren Bereich erkennbar – einander gegenüber. Man gelangt konkret von der mengenbezogenen Produktivität zur wertbezogenen Wirtschaftlichkeit i.e.S., wenn die Mengen mit den relevanten Preisen multipliziert werden. So wird der Output durch die die Bewertung zu Marktpreisen in Erlöse überführt, während der bewertete Input zu den produktbezogenen Kosten führt.

Weder eine hohe Produktivität noch eine hohe Wirtschaftlichkeit i.e.S. müssen hingegen zwangsläufig auch mit einer hohen Rentabilität einhergehen. Mit Blick auf das

Fallbeispiel 1 der Firma Rank Xerox hatte sich bereits weit vor Beginn der Krise die Situation ergeben, dass die Umsatzrentabilität abnahm, weil zwar der Umsatz noch weiter wuchs, der Gewinn hingegen bereits stagnierte und später dann zurückging. Bei einer reinen Wirtschaftlichkeitsbetrachtung hätte sich dies noch nicht bemerkbar gemacht. Weiterhin eignet sich die Rentabilität in besonderer Weise zum Vergleich von Betrieben. Auch hier ließ sich bereits einige Zeit vor der Krise von Rank Xerox erkennen, dass deren Konkurrenten bezüglich der Umsatz- und Kapitalrentabilität an Rank Xerox vorbeigezogen waren. Dies erklärt, warum Rentabilitätskennziffern in der Praxis besonders häufig Verwendung finden. Der in Tabelle 1-1 erwähnte **Return on Investment,** oftmals kurz: ROI und definiert als das **Verhältnis von Periodengewinn plus Zinsen plus Steuern zum durchschnittlich eingesetzten Kapital einer Betrachtungsperiode,** ist ein markantes Beispiel für die breite Akzeptanz dieser Steuerungs- und Kontrollgröße. Anhand von Tabelle 1-2 lassen sich die Unterschiede zwischen Gewinn und Rentabilitäten einiger deutscher Großbetriebe nachvollziehen.

Betrieb	Gewinn nach Steuern (in Mio. EUR)	Umsatzrentabilität in %	Eigenkapitalrentabilität in %	Gesamtkapitalrentabilität in %
RWE	2.231	5,3	17,0	14,7
ThyssenKrupp	1.019	2,4	11,6	15,0
Metro	649	1,2	12,2	9,9
Henkel	770	9,7	17,8	13,3
Bayer	1.595	10,3	14,4	6,8

Zahlen von 2005, vgl. auch Grant/Nippa 2006, S. 67f.

Tabelle 1-2: Gewinn-/Renditevergleich ausgewählter Großbetriebe

Die soeben skizzierte erste Epoche der Wirtschaftlichkeitsdiskussion verbindet sich mit einigen wesentlichen Gestaltern der Betriebswirtschaftslehre vor allem in den 1950er bis 1970er Jahren. Anhand von Tabelle 1-3 lassen sich einige Meilensteine dieser Epoche nachvollziehen (vgl. auch Reichwald et al. 1996).

Autor	Verständnis von Wirtschaftlichkeit
Kosiol (1968)	– Wirtschaftlichkeit als Ergiebigkeit wirtschaftlicher Prozesse (mit mengenbezogener Ergiebigkeit als Produktivität und wertbezogener Ergiebigkeit als Rentabilität)
Gutenberg (1958)	– Wirtschaftlichkeit als technisch-organisatorische Größe – Rentabilität als ökonomische Größe
Heinen (1976)	– Kritik an Produktivitätskennzahlen auf Grund mangelnder Eignung für die Praxis, daher: – Wirtschaftlichkeit als Verhältnis von Kosten und Leistung
Mellerowicz (1958)	– Produktivität als Vorstufe der Wirtschaftlich-keit/Sparsamkeit, – Wirtschaftlichkeit als Mittel, – Rentabilität als Ziel betrieblichen Handelns

Tabelle 1-3: Wirtschaftlichkeitsverständnisse der ersten Epoche

Der Übergang von der ersten zu einer zweiten Epoche der Wirtschaftlichkeitsdiskussion lässt sich nicht nur auf eine allgemeine Unzufriedenheit mit der Grundausrichtung zurückführen, sondern vor allem auf veränderte Schwerpunkte in der betriebswirtschaftlichen Diskussion. So wurde vor allem das Management stärker betont, und es wurde nach Wegen gesucht, die Position der Unternehmung langfristig auf ihren Zielmärkten zu stärken. Dabei manifestierte sich der Übergang anhand folgender Wandlungen:

■ Ausgehend von einem technisch (mit-)geprägten Wirtschaftlichkeitsverständnis wurde ein Übergang zu einem ökonomisch orientierten vollzogen.

■ Die ursprünglich eher auf begrenzte Zeiträume ausgerichtete Betrachtung von Wirtschaftlichkeit wurde ausgeweitet auf zunächst Vergleiche von Perioden und später auf die Betrachtung der Wirtschaftlichkeit im Rahmen langer Zeiträume, die Vergangenheits-, Gegenwarts- und Zukunftsentwicklungen einschlossen.

■ Von einer operativen Betrachtung ausgehend, wurden später zunehmend strategische Überlegungen angestellt, um dem Sinn der Unternehmungsführung umfassend entsprechen zu können.

Bei der Darstellung sind zwei wichtige Begriffe gefallen, die der Definition bedürfen und im weiteren Verlauf des Buches an mehreren Stellen aufgegriffen und konkretisiert werden:

Strategisches Handeln dient der Bestimmung dessen, was Gegenstand der Geschäftätigkeit sein soll (Definition der Geschäftsgrundlage). Die grundlegende Frage lautet: Was soll die Unternehmung der Sache nach tun? Die Geschäftätigkeit manifestiert sich anhand der Märkte, die zu bedienen sind, und der Konzepte, die entwickelt werden, um Zugang zu diesen Märkten zu erhalten. Grundsätzliche Zielsetzungen und in sich geschlossene Konzepte zur Zielerreichung (Strategien) sind damit weitere Aspekte strategischen Handelns. Strategisches Handeln dient der Schaffung und Erhaltung von Erfolgspotenzialen einer Unternehmung.

Operatives Handeln hinterfragt nicht mehr die Geschäftstätigkeit, sondern nimmt sie als gegeben hin. Die grundlegende Frage lautet: Wie soll die Unternehmung das umsetzen, was sie im Rahmen ihres strategischen Handelns als relevant definiert hat? Im Rahmen der vorgegebenen Geschäftstätigkeit und damit der vorgegebenen Handlungsfelder wird durch Strategien ausfüllende Handlungskonzepte versucht, Ziele zu erreichen. Operatives Handeln widmet sich der möglichst umfassenden Ausschöpfung der geschaffenen Erfolgspotenziale.

In den beiden Definitionen ist ein Begriff enthalten, der bislang ebenfalls noch nicht geklärt worden ist und der zugleich für die weiteren Ausführungen von Belang sein wird: der Begriff des **Erfolgspotenzials** (Gälweiler 1990; Freiling 2007):

Erfolgspotenziale sind Steuerungsgrößen, die der Erzielung finanzwirtschaftlichen Erfolgs (wie z.B. Gewinn) vorgelagert sind, weswegen ihnen auch eine Vorsteuerungsfunktion zugewiesen wird. Sie stellen Möglichkeiten für die gegenwärtige, vor allem aber für die zukünftige Geschäftstätigkeit und -entfaltung der Unternehmung dar und setzen sich aus einer marktlichen und einer internen Komponente zusammen. Aus interner Sicht repräsentieren sie Gestaltungsobjekte in Form von Ressourcen, Kompetenzen, Prozessfolgen und strategischen Geschäftsfeldern, die das Kosten- und Leistungspotenzial (internes Erfolgspotenzial) bestimmen. Diese Gestaltungsobjekte sind unter marktlichen Gesichtspunkten durch eine Verwertbarkeit gekennzeichnet, die zur Erschließung des Marktpotenzials (externes Erfolgspotenzial) beiträgt.

Vor dem Hintergrund der Inhalte der ersten Phase der Wirtschaftlichkeitsdiskussion lässt sich eine weitgehende operative Ausrichtung erkennen, die überwunden wurde. Es sind in diesem Zusammenhang mehrere Autoren zu nennen, die der Wirtschaftlichkeitsdiskussion eine veränderte Richtung verliehen haben. Dabei ist auf den Einfluss der anglo-amerikanischen Managementlehre zu verweisen. Simon (1957) sowie Cyert/March (1963) haben in diesem Zusammenhang einschlägige Beiträge geliefert und neben deutschsprachigen Autoren wie Kirsch (1970) sowie Kieser/Walgenbach (2007) dazu beigetragen, dass Wirtschaftlichkeit zusätzlich in einen strategischen Kontext gestellt wurde. Eine Neuausrichtung fand insbesondere dadurch statt, dass Wirtschaftlichkeit eine Gleichsetzung mit Effizienz und Effektivität erfuhr, was vor allem auf den in die USA emigrierten österreichischen Managementforscher Drucker (1954) zurückzuführen ist. Damit ist ein neues Begriffspaar zu definieren (Beer 1980, S. 39).

Effektivität bezieht sich auf die Wirksamkeit des Einsatzes vorhandener Mittel der Unternehmung. Damit muss – analog zum strategischen Handeln – entschieden werden, in welchen Verwendungen die Mittel einzusetzen sind. Weiterhin beabsichtigt diese Zielgröße betrieblichen Handelns, einen möglichst großen Effekt des Mitteleinsatzes hervorzurufen. Effektivität bezieht sich daher auch darauf, ob und wie weit es einer Unternehmung in ihren Zielmärkten gelingt, ihren Abnehmern als Austauschpartnern einen Nutzen zu vermitteln. Damit betrifft die Effektivität zwangsläufig auch das Verhältnis der Unternehmung zur Außenwelt und erfordert entsprechende Abstimmungen.

Effizienz bezieht sich hingegen auf den Idealzustand eines verschwendungsfreien Mitteleinsatzes. Es geht – analog zum operativen Handeln – hier nicht um die Frage, *wofür* Mittel eingesetzt werden, sondern *wie* sie zum Einsatz gelangen. Die Effizienz ist damit ein innenorientierter Begriff, der eine Abstimmung einzelner interner Bezugseinheiten erfordert, um Verschwendung im wirtschaftlichen Handeln so weit wie möglich auszuschließen.

Die unterschiedlichen Ansatzpunkte von Effektivität und Effizienz lassen sich an einem Beispiel demonstrieren: Der US-amerikanische Automobilkonzern General Motors war, abgesehen von massiven Problemen in der Gegenwart, in den 1970er Jahren wenig effektiv: Der Markt verlangte in zunehmendem Maße kleine, flexible und vor allem Benzin sparende Autos. General Motors produzierte Großraumlimousinen. In den 1980er Jahren waren die US-amerikanischen und die europäischen Automobil- konzerne im Vergleich zu ihren immer stärker werdenden japanischen Konkurrenten ineffizient. Es ist den japanischen Konzernen durch Senkung der Logistikkosten und durch Qualitätssicherungsinitiativen gelungen, teilweise zu rund 30% geringeren Kosten im Vergleich zu ihren westlichen Konkurrenten zu produzieren.

Neben der Effizienzausrichtung in der ersten Phase der Wirtschaftlichkeitsdiskussion und der Betonung von Effektivität in der zweiten Phase kann in einem weiter gefass- ten Kontext mittlerweile ein dritter Abschnitt identifiziert werden, der über die Zeit gewachsen ist und allmählich immer sichtbarer auch die Wirtschaftlichkeitsdebatte betrifft. Im Kontext dieser Phase wird die operative und strategische Dimension der Unternehmungsführung um die **normative Ebene** ergänzt. Im Bereich der damit ver- bundenen Zielgröße wird mit der **Legitimität** der Unternehmung eine neue Größe zur Diskussion gestellt, die den Zweck des Unternehmungshandelns in den Mittelpunkt rückt. Somit wird auf der normativen Ebene noch weitaus grundsätzlicher angesetzt als im strategischen Bereich, was auch in Abbildung 1-3 verdeutlicht wird.

Abbildung 1-3: Normative, strategische und operative Ebene der Führung (Quelle: Dille- rup/Stoi 2006, S. 37)

Ebenen	Zielsetzung	Inhalt
Normativ	Legitimität	Festlegung von Ziel und Zweck sowie grundlegender Werte des Unternehmens
Strategisch	Effektivität	Erfolgspotenziale aufbauen, pflegen und weiterentwickeln
Operativ	Effizienz	Optimale Ausschöpfung der Erfolgspotenziale

Die Legitimitätsdiskussion (auch Seisreiner 2006) bezieht sich darauf, dass sich inner- betrieblich das Personal mit den Unternehmungszwecken und -zielen identifizieren kann und im Außenverhältnis die entsprechenden Grundlagen zur Aufrechterhaltung der Existenzfähigkeit gelegt werden. Ein Wertesystem, eine Identität stiftende Organisationskultur, eine verbindliche Unternehmungsverfassung (vgl. Abschnitt 4.1.3), aber auch eine herausfordernde Vision und Mission (vgl. Abschnitt 5.3) vermögen hierzu einen wichtigen Beitrag zu leisten. Während bereits strategische Entscheidungen zumeist auf lange Zeiträume ausgerichtet sind und oft über lange Geltungszeiträume verfügen, gilt dies für normative Entscheidungen umso mehr, die überwiegend ohne zeitliche Befristung gefällt werden.

Normatives Handeln bestimmt das Selbstverständnis einer Unternehmung durch die Festlegung des Unternehmungszwecks, der grundsätzlichen Ziele, der Verabschiedung einer Unternehmungsverfassung sowie der Bestimmung grundlegender Werte und Verhaltensweisen. Sie sichert über die Zielgröße der Legitimität die Existenzfähigkeit der Organisation.

Ein Beispiel für eine Unternehmung, die einen besonderen Akzent im Bereich der normativen Ebene setzt, ist die Firma Würth. Dillerup/Stoi (2006, S. 91) beschreiben Würth vor diesem Hintergrund wie folgt:

„Ein Praxisbeispiel für eine starke Unternehmenskultur ist die Würth-Gruppe, ein weltweit tätiger Handelskonzern mit über 345 Gesellschaften in 81 Ländern. Das Kerngeschäft besteht im Handel mit Befestigungs- und Montagematerial. Im Jahr 2004 erzielte das schwäbische Unternehmen mit Sitz in Künzelsau-Gaisbach einen Umsatz von 6,2 Mrd. € und beschäftigte über 50.000 Mitarbeiter.

In der Firmenphilosophie aus dem Jahre 2000 werden die Werte des Unternehmens als gelebte Unternehmenskultur beschrieben. Demnach ist die Unternehmenskultur der *Würth Gruppe* geprägt von gegenseitigem Vertrauen, von Berechenbarkeit, Ehrlichkeit und Geradlinigkeit nach innen und außen. Von seinen Führungskräften erwartet das Unternehmen ein vorbildliches Verhalten. Eine wesentliche Grundannahme liegt in der dezentralen Ergebnisverantwortung nach der Devise: Je größer die Erfolge, desto höher die Freiheitsgrade. Daraus leiten sich Leistungs- und Zielorientierung als Normen ab. Die Zielerreichung eines Außendienstmitarbeiters wird z.B. symbolhaft durch unterschiedliche Firmenwagen oder durch Reisen als Anreize für Top-Verkäufer deutlich gemacht."

Abschließend ist festzustellen, dass Legitimität, Effektivität und Effizienz heute in wesentlicher Weise die Wirtschaftlichkeitsdiskussion bestimmen. Man hätte sich in der Darstellung durchaus auf die zweite und dritte Phase konzentrieren können, wären nicht auch die Erkenntnisse der ersten grundsätzlich von Belang für ein umfassendes Verständnis zentraler betriebswirtschaftlicher Größen sowie für die Erkennung unterschiedlicher Betrachtungsperspektiven. Dies ergibt sich oftmals erst durch einen historischen Vergleich.

1.3 Das Problem der Unsicherheit als Rahmen wirtschaftlichen Handelns

Rationale Entscheidungen zu treffen, ist grundsätzlich möglich, wenn dem Entscheider alle entscheidungsrelevanten Informationen bekannt sind. In einer solchen Situation ist durch Auswertung vorhandener Informationen die bestmögliche Entscheidung erkennbar. Ein derartiger Zustand ist im Wirtschaftsleben hingegen äußerst selten. Da die Ergebnisse des eigenen Handelns in den meisten Fällen von dem Handeln anderer Wirtschaftssubjekte abhängig sind, ergibt sich die Schwierigkeit, deren Handeln abzuschätzen, um es in den eigenen Planungen zu berücksichtigen. Selbst für den Fall, dass man sich mit den anderen Wirtschaftssubjekten abgestimmt hat, ist es möglich, dass diese sich dennoch anders als besprochen verhalten. Dies gilt z.B. für Kunden und Lieferanten ebenso wie für staatliche Förderzusagen. Noch schwieriger ist es, das Verhalten der Konkurrenz zu überschauen, die zum Teil bewusst falsche Signale setzt, um andere Anbieter zu verwirren. Auch innerbetrieblich ist es nicht sicher, ob und wie weit sich ein Vorgesetzter auf seine Mitarbeiter verlassen kann. Vor diesem Hintergrund rücken Entscheidungen unter unvollständiger Information in das Zentrum der Betrachtung. Sie sind auch innerhalb des Themenkomplexes „Markt und Unternehmung" zentral und Rahmen gebend. Innerhalb der Betriebswirtschaftslehre rücken Entscheidungen unter Unsicherheit immer stärker in den Mittelpunkt des Forschungsinteresses. Dabei hat sich vor allem die in Tabelle 1-4 nachfolgend genannte Differenzierung von Entscheidungskonstellationen durchgesetzt (vgl. Schneider 1995, ähnlich: Backhaus et al. 1994):

Entscheidungs-konstellation	Sicherheit	Risiko	Ungewissheit	Unsicherheit
Informationsstand	Vollständige Information	Unvollständige Information	Unvollständige Information	Unvollständige Information
Kenntnis/Verfügbarkeit von Eintrittswahrscheinlichkeiten	Ja, aber irrelevant, da die eine Konstellation bekannt ist	Ja	Nein	Nein
Kenntnis aller Zukunftslagen	Ja, aber irrelevant (nur eine Zukunftslage)	Ja	Ja	Nein

Tabelle 1-4: Entscheidungskonstellationen wirtschaftlichen Handelns

In Anbetracht der oben geführten Diskussion ist festzuhalten: Entscheidungen werden in aller Regel unter unvollständiger Information getroffen. Kein Wirtschaftssubjekt ist in realen Situationen immer über alles informiert, und oftmals ergeben sich Situationen, in denen sich eine „sicher" geglaubte Situation im Nachhinein als das Gegenteil erweist. Der Zustand der Sicherheit gemäß Tabelle 1-4 stellt somit eine Vereinfachung dar, da sich ein Entscheider immer potenziellen „Ex-post-Überraschungen" mit Blick auf die in der Zukunft liegenden Konsequenzen seines Handelns gegenüber sieht. Diese können aber zu didaktischen Zwecken ausgeblendet werden, was zum Teil in der Literatur geschieht. Der Zustand des **Risikos** setzt die Verfügbarkeit subjektiver Eintrittswahrscheinlichkeiten von Handlungskonsequenzen voraus. Nicht selten ist die Informationssituation eines Entscheiders so gut, dass er der Ansicht ist, ein bestimmter Zustand trete mit einer bestimmten prozentualen Wahrscheinlichkeit ein. Dabei ist hervorzuheben, dass es sich um subjektive Schätzwerte handelt. So mag ein Fußballfan des FC Bayern München annehmen, dass sein favorisiertes Team gegen Borussia Dortmund mit 85%iger Wahrscheinlichkeit gewinnt. Ein Borussenanhänger mag hingegen seinem bevorzugten Team eine 75%ige Siegeswahrscheinlichkeit einräumen, während ein neutraler Toto-Tipper schließlich den Sieg der Heim- und der Auswärtsmannschaft mit 30% beziffert, für ein Unentschieden dagegen eine Wahrscheinlichkeit von 40% vermutet. Entscheidungen unter Risiko werden in der betrieblichen Entscheidungstheorie vertiefend behandelt (vgl. Mag 1977). Dabei werden so genannte „Entscheidungsbäume" gebildet, die ausgehend vom gegenwärtigen Zustand Handlungsmöglichkeiten und damit verbundene Handlungskonsequenzen erfassen. Die Konsequenzen können das Handeln anderer Wirtschaftssubjekte auf die jeweilige Handlung einschließen. In Abbildung 1-4 ist ein solcher **Entscheidungsbaum** in seiner einfachsten Fassung enthalten. Auf Basis verfügbarer Eintrittswahrscheinlichkeiten kann dann eine optimale Entscheidung ausgewählt werden, wenn die Handlungskonsequenzen bewertet werden, also wenn etwa die Konsequenz 1.1 mit einem Gewinn in Höhe von 50, Konsequenz 1.2 mit einem Verlust von 30 usw. zu veranschlagen sind. Man spricht in einem solchen Fall, wenn zukünftige Zustände durch Beiträge zur Erreichung eigener Ziele ausgedrückt werden, auch von **Zukunftslagen** (Schneider 1995). Das erwartete Ergebnis einer Handlung i unter Risiko lässt sich berechnen, indem man die bewerteten Handlungskonsequenzen jeweils mit den Eintrittswahrscheinlichkeiten multipliziert und anschließend aufaddiert. Beispiel:

Handlung 1 geht mit den erwarteten Konsequenzen 1.1 (40%ige Eintrittswahrscheinlichkeit eines Ergebnisses von 50 Werteinheiten Gewinn) und 1.2 (60%ige Eintrittswahrscheinlichkeit eines negativen Ergebnisses von 30 Werteinheiten) einher. Daraus errechnet sich der so genannte Risikoerwartungswert R der Handlung 1 (H1) wie folgt:

$$R(H1) = 0{,}4 \times 50 \text{ WE} - 0{,}6 \times 30 \text{ WE} = 20 \text{ WE} - 18 \text{ WE} = 2 \text{ WE}$$

Analog werden die Risikoerwartungswerte der anderen Handlungen ermittelt. Nach Vorliegen aller Werte werden dann die zu erwartenden Ergebnisse miteinander verglichen. Es erscheint vernünftig, dass nur Handlungen ergriffen werden, die zu einer Besserstellung führen, was bei dem Risikoerwartungswert von Handlung 1 gegeben wäre. Allerdings stellt sich die Frage, wie ein Entscheider die Gefahr beurteilt, eventuell einen Verlust in Höhe von 30 Werteinheiten hinnehmen zu müssen. Hier stellt sich die Frage, ob der Entscheider risikoneutral ist oder aber risikofreudig bzw. risikoscheu. Im erstgenannten Fall wäre die Handlung für ihn grundsätzlich akzeptabel, weil der Risikoerwartungswert positiv ist. Im zweiten Fall würde ihn die Aussicht auf einen Gewinn von 50 WE zusätzlich motivieren, die Handlung zu ergreifen. Im Falle risikoscheuer Entscheider gälte jedoch exakt das Gegenteil. Je nach Grad der Risikoscheu wäre es denkbar, dass der nicht unwahrscheinliche Verlust zu einer Ablehnung der betreffenden Handlung führt.

Bislang wurde nur Handlung 1 betrachtet. Zusätzlich lässt Abbildung 1-4 aber auch eine Handlungsalternative erkennen. Auch sie ist analog zu bewerten. Dabei sind die reinen Risikoerwartungswerte nur für risikoneutrale Entscheider alleinige Entscheidungsgrundlage (sie wählen H1, wenn ihr R-Wert oberhalb dessen von H2 liegt), während die beiden anderen Entscheidertypen zusätzlich die Eintrittswahrscheinlichkeiten und die Höhe von Gewinnen und Verlusten in ihrer Entscheidung berücksichtigen.

Abbildung 1-4: Risikokonstellation und Entscheidungsbaum

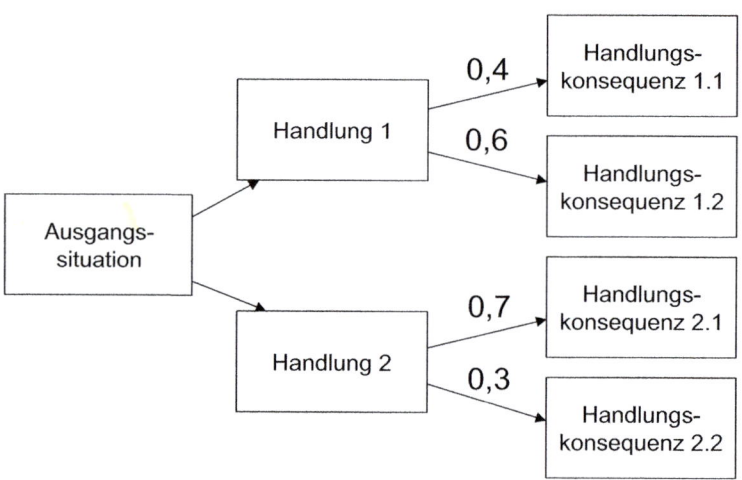

Nicht immer fühlt sich ein Entscheider in der Lage, einzelnen Zukunftslagen Eintrittswahrscheinlichkeiten zuzuordnen. Im Fall der **Ungewissheit** ist der Entscheider „nur" in der Lage, das Feld möglicher Zukunftslagen zu überblicken – dies allerdings vollständig. In einem solchen Fall sind Optimierungskalküle im o.g. Sinne nur noch in Ausnahmefällen möglich, und zwar auch nur dann, wenn bewertete Handlungskonsequenzen vorliegen. Eine solche Ausnahme einer möglichen Optimierung liegt dann vor, wenn die Handlungskonsequenzen einer Alternative alle anderen übertreffen.

Der entscheidungstheoretisch schwierigste Fall liegt vor, wenn der Entscheider nicht einmal mehr alle Handlungskonsequenzen überschauen kann. Hier wird von **Unsicherheit** gesprochen. Diese für viele wirtschaftliche Entscheidungen recht typische Konstellation schließt demnach ein, dass auch etwas völlig Unerwartetes geschehen kann, was in den Planungen nicht berücksichtigt worden ist. Bei der Konstellation der Unsicherheit ist zu beachten, dass sich zu einem späteren Zeitpunkt nur eine einzige Zukunftslage einstellen wird, „(...) aber beim Wissensstand in einem Planungszeitpunkt stellt dieser künftige Istzustand entweder nur eine von mehreren denkbaren Zukunftslagen dar oder wird in der Planung übersehen bzw. konnte gar nicht gewusst werden" (Schneider 1995, S. 12, i.Or. kursiv). Im Folgenden wird immer wieder auf diese entscheidungstheoretische Konstellation Bezug genommen. Sie liegt, sofern nicht anders erwähnt, den weiteren Überlegungen zu Grunde.

Unsicherheit beruht auf unvollständiger Information. Eine wichtige Unterscheidung bezieht sich darauf, bezüglich welcher Bereiche Informationsdefizite bestehen. Bei der Durchführung von Tauschakten (Transaktionen) wird nach einer so genannten „exogenen Unsicherheit" und einer „Verhaltensunsicherheit" differenziert (Spremann 1990; Kaas 1991). Wenn sich demnach gemäß Abbildung 1-5 mit einem Anbieter und einem Nachfrager zwei Tauschpartner gegenüberstehen (im Übrigen eine Vereinfachung, da auch mehrere Parteien an einem Tausch teilnehmen können), so bezieht sich die **Verhaltensunsicherheit** darauf, dass keine vollständigen Informationen darüber vorliegt, wie sich der jeweilige Austauschpartner verhält. Es wird innerhalb von Kapitel 3 zu klären sein, worauf diese Verhaltensunsicherheit zurückzuführen ist. Von **exogener Unsicherheit** wird dann gesprochen, wenn unabhängig von der Information über den Tauschpartner unvollständige Information über Rahmenbedingungen herrscht, welche den Tauschakt zwischen zwei Partnern umgeben. Diese Rahmenbedingungen betreffen in Anlehnung an Abbildung 1-5 die **Konkurrenz**, andere Mitglieder der Wertschöpfungskette, die nicht am Tausch beteiligt sind (z.B. Lieferanten), sowie das so genannte „**marktliche Umfeld**", welches den Markt umgibt.

Abbildung 1-5: Tauschpartner, Umfeld und Unsicherheit

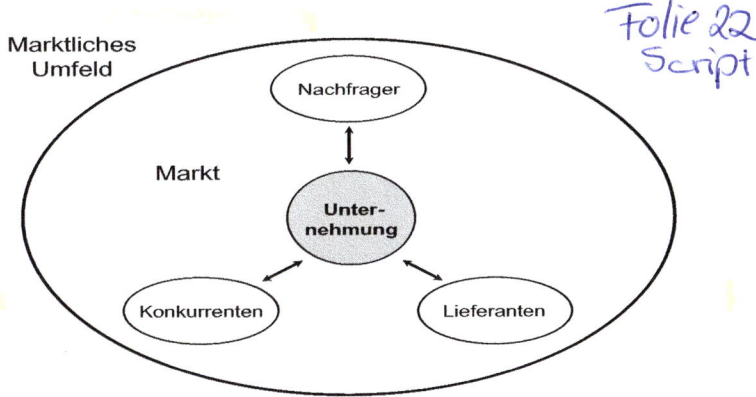

Die Faktoren des marktlichen Umfelds setzen sich aus folgenden Elementen zusammen:

■ **Technologisches Umfeld**: In Planungen zumeist nicht zu erfassende Entwicklungen neuer Technologien können das Handeln innerhalb eines Marktes völlig verändern und zu neuen Strukturen führen. Die Nutzung des Internets hat z.B. nahezu alle Märkte verändert, einige davon – so etwa die Nachrichtenübermittlung – besonders stark.

- **Gesellschaftlich-kulturelles Umfeld**: Gesellschaftlich relevante Ereignisse können mit erheblichen wirtschaftlichen Konsequenzen einhergehen. Einige Luftverkehrsgesellschaften hätten z.B. die Bestellung von Flugzeugen nach den nicht vorherzusehenden Terroranschlägen des 11. Septembers 2001 gerne storniert, da sich eine tiefgreifende Krise im Luftverkehr abzeichnete. Aber auch in anderen Situationen kann ein Anbieter nicht sicher sein, wie z.B. innerhalb der Gesellschaft auf seine Maßnahmen reagiert wird. So muss z.B. ein Konsumgüter-Anbieter aus der westlichen Welt damit rechnen, dass sein Marketing auf gesellschaftlichen Widerstand stoßen kann, wenn er es unverändert vom Heimatmarkt auf arabische Staaten überträgt, weil dort andere kulturelle Regeln gelten, die bestimmten westlichen Gepflogenheiten zuwiderlaufen.

- **Rechtlich-politisches Umfeld**: Wirtschaftliche Handlungen sind in ein Rechtssystem eingebunden und werden mitunter durch politische Weichenstellungen tangiert. Subventionen als staatliche Eingriffe in den Marktprozess führen z.B. dazu, dass Entscheidungen einzelner Unternehmungen anders ausfallen als bei einem freien Spiel der Kräfte. Im internationalen Bereich sind unterschiedliche Rechtssysteme und politische Rahmenfaktoren zuweilen maßgeblich für den Einstieg in einen Markt. Vollständiges Wissen über die rechtlich-politischen Rahmenfaktoren und deren Veränderungen im Zeitablauf ist kaum zu erlangen.

- **Ökologisches Umfeld**: Vom wirtschaftlichen Handeln ist auch die natürliche Umgebung betroffen. Die Diskussion um die Erderwärmung lässt deutlich werden, dass ökologisch verantwortungsvolles Handeln auf der Mikro- und Makroebene zunehmend wichtiger wird. Insbesondere bietet die zunehmende Sensibilität der Gesellschaft für Umweltschutzbelange zahlreiche geschäftliche Entfaltungsmöglichkeiten für Anbieter. Gleichzeitig werden aber auch die Handlungsspielräume durch rechtliche Regelungen sowie gesellschaftliche Konventionen im Bereich Umweltschutz eingeschränkt.

- **Ökonomisches Umfeld**: Eine Volkswirtschaft unterliegt ständigen Wandlungen. Die Konjunktur durchläuft rezessive Phasen ebenso wie Boomperioden. Die Wachstumsentwicklung einer Volkswirtschaft ist auf Grund vielfältigster Einflussfaktoren trotz permanenter Beobachtung durch spezialisierte Wirtschaftsforschungsinstitute kaum abschätzbar, was z.B. auch in der aktuellen Wirtschaftskrise deutlich wird. Daneben vollziehen sich strukturelle Veränderungen, die dazu führen, dass sich bestimmte Wirtschaftszweige zurückbilden, während neue Branchen entstehen. Ein Beispiel für eine vergleichsweise neue Branche sind die Märkte im Bereich der Gentechnologie.

Es lässt sich nunmehr erkennen, dass vernünftiges Gestalten von Individuen immer dann problematisch wird, wenn Unsicherheit im besagten Sinne vorliegt. Der Entscheider kann insbesondere unter Unsicherheit die „optimale Entscheidung" nicht mehr erkennen und berechnen. Entsprechend kann er nur noch vor dem Hintergrund der ihm zur Verfügung stehenden Informationen versuchen, rational zu handeln. Ob eine tatsächliche Handlung aber auch rational ist, lässt sich dann entweder im Nachhinein oder überhaupt nicht mehr beantworten. In der Literatur wird für die Absicht, rationale Entscheidungen unter der beschriebenen Unsicherheit zu treffen, auch der – allerdings nicht unmissverständliche – Begriff der **„beschränkten Rationalität"** verwendet, der auf Simon (1957) zurück geht. Nicht kalkulierbare Einflüsse, die sowohl unternehmungsexterner, aber auch unternehmungsinterner Natur sein können, fordern den Entscheider heraus, mit Unsicherheit in seinen Entscheidungskalkülen umzugehen. Eine besondere Herausforderung liegt dann vor, wenn das Wissen nicht nur unvollständig, sondern zudem zwischen den Wirtschaftssubjekten ungleich verteilt ist. Dann ergeben sich Situationen, in denen ein Partner Wissensvorsprünge gegenüber dem anderen besitzt. Dies kann der besser informierte Partner zu seinem eigenen Vorteil nutzen. Man spricht dann von dem später noch zu thematisierenden **„opportunistischen Verhalten"** im Falle von **Informationsasymmetrie** (Kapitel 2).

Unter der Vielzahl von Einflussfaktoren auf die Unsicherheit in Entscheidungssituationen lassen sich zwei Größen herausfiltern, die in besonderer Weise zum Problem für den Entscheider werden können. Einen ersten wesentlichen Faktor stellt die **Komplexität** einer Entscheidungssituation dar. Eine Situation gilt allgemein als komplex, wenn eine Vielzahl unterschiedlicher Elemente zu berücksichtigen ist und diese Elemente untereinander in Verbindung stehen (Picot et al. 2005; Osterloh 1983). Im Einzelnen lassen sich folgende Bestimmungsfaktoren von Komplexität identifizieren, welche auf Grund einer Diskrepanz zwischen Informationsbedarf und aus Sicht des Entscheidungsträgers verfügbaren Informationen die Entscheidungsfindung erschweren:

■ **Vielzahl von entscheidungsrelevanten Parametern (Elementen)**: Eine Unternehmung muss z.B. einen Teil ihrer Entscheidungen auf Märkten treffen. Dort tritt die Unternehmung einer Vielzahl von anderen Wirtschaftssubjekten gegenüber. Bedient eine Unternehmung etwa einen Konsumgütermarkt, so stehen ihr oftmals zahllose Kunden gegenüber, wobei es unsicher ist, wie die Kunden auf die Angebote der Unternehmung reagieren.

■ **Varietät der entscheidungsrelevanten Parameter (Elemente)**: Die Märkte, auf denen eine Unternehmung tätig ist, sind unterschiedlicher Natur (Absatz-, Beschaffungs-, Personal-, Kapital-, Technologiemärkte). Auf diesen Märkten finden sich wiederum unterschiedliche Marktpartner. Die Kunden unterscheiden sich in ihrem Kaufverhalten, die potenziellen Investoren in ihrem Anlageverhalten. Ähnliches gilt auch für die anderen Märkte. Die Unterschiedlichkeit der Elemente geht mit zusätzlichem Informationsbedarf einher. Dies gilt auch, wenn bestimmte Elemente „repräsentativ" für andere sind, da repräsentativ eben nicht „gleichartig" bedeutet.

▨ **Anzahl, Dichte und Varietät der Beziehungen zwischen den Elementen**: Die Beziehung zu einem Kunden kann eindimensional betrachtet werden. Dann ist der Kunde vor allem der Empfänger einer von der Unternehmung angebotenen Leistung. Der Kunde gibt aber auch eine Gegenleistung, die je nach Kunde unterschiedlich ausfallen kann. Weiterhin gibt der Kunde oftmals zu verstehen, ob und wie weit er mit einer empfangenen Leistung zufrieden ist bzw. unter welchen Bedingungen Käufe für ihn überhaupt in Frage kommen. Somit liefert er dem Anbieter äußerst wichtige Informationen. Nicht selten gibt er eigene Eindrücke sogar an Dritte weiter. Eine derartige „Mund-zu-Mund-Kommunikation" kann für den Anbieter positiv, aber auch negativ wirken. Jedenfalls ist die Beziehung zwischen einem Anbieter und einem Nachfrager oftmals weitaus komplexer als auf den ersten Blick zu vermuten ist. Die Vielschichtigkeit der Beziehungen geht mit Informationsbedarf einher.

Ein weiteres Problem in Entscheidungssituationen stellt die **Variabilität** dar. So gibt es Entscheidungssituationen, die sich in vergleichbarer Weise mehrfach wiederholen. Sie heben sich von Einmalentscheidungen ab, deren Wiederholung in ähnlicher Form auf Grund einer signifikanten Veränderung der Rahmenbedingungen ausgeschlossen ist. In diesem Zusammenhang ist zwischen statischen und dynamischen Verhältnissen zu unterscheiden. In einem eher statischen Umfeld lassen sich Erfahrungen der Vergangenheit nutzen. Dadurch verschafft sich der betreffende Entscheider leichter eine Orientierung. In dynamischen, d.h. sich rasch verändernden Situationen gibt es derartiges entscheidungsrelevantes Vorwissen möglicherweise nicht mehr.

Unsicherheit kann demnach ein Problem rein innerbetrieblicher Entscheidungen sein, wenn ein Entscheider zu wenig über die Innenverhältnisse informiert ist. Besonders groß sind die Probleme der Unsicherheit aber im Falle von unvollständigen und ungleich verteilten Informationen in Marktprozessen. Mangelnde Informationen können über Fehlentscheidungen zu Zielabweichungen und schließlich zu Krisensituationen führen, wie dies im Falle von Rank Xerox eingangs thematisiert worden ist.

1.4 Markt oder Unternehmung als Ausgangspunkt wirtschaftlichen Handelns?

An welchen Orientierungspunkten muss die Führung einer Unternehmung ansetzen, um eine effektive und effiziente Tätigkeit sicherzustellen und einen Erfolg (z.B. Periodengewinn) zu erwirtschaften? Diese Frage ist innerhalb der Betriebswirtschaftslehre – und dort vor allem in der Managementforschung – kontrovers diskutiert worden. Um

sich der Problematik zu nähern, wird wie folgt vorgegangen: Zunächst wird untersucht, auf welchen Quellen der Erfolg einer Unternehmung beruhen kann. Zweitens
wird die Frage gestellt, ob und wie weit eine Unternehmungsführung eher am Markt
bzw. an anderen externen Bezugspunkten oder eher an internen Gegebenheiten ausgerichtet werden soll.

1.4.1 Quellen des Unternehmungserfolgs

1.4.1.1 Grundlegende Bemerkungen

Um die Quellen des Erfolgs zu behandeln, ist es erforderlich, Erfolgsmaßstäbe zu
benennen. Im Zuge der Wirtschaftlichkeitsdiskussion sind bereits bestimmte Zielgrö-
ßen wirtschaftlichen Handelns diskutiert worden, die als Erfolgsmaßstäbe dienen
können. Man kann grob zwischen quantifizierbaren und nicht bzw. allenfalls bedingt
quantifizierbaren Größen unterscheiden. Der Periodengewinn oder -deckungsbeitrag,
die Rentabilität oder auch die Produktivität sind ohne weiteres quantifizierbar. Zu-
rückkommend auf das Fallbeispiel Rank Xerox fällt aber auf, dass z.B. auch eine aus
Sicht der Nachfrager relevante Alleinstellung eines Anbieters gegenüber seinen Wettbewerbern erfolgsrelevant ist. Eine solche Alleinstellung lässt sich allerdings kaum
exakt quantifizieren, sondern nur über Indikatoren näherungsweise bestimmen. Sie
völlig auszublenden, hieße aber, auf Faktoren zu verzichten, die maßgeblich auf den
Erfolg einer Unternehmung nehmen. Greift man aus der Vielzahl quantitativer Erfolgsmaßstäbe zu Vereinfachungszwecken die Rentabilität heraus, dann stellt sich die
Frage, wie es zu erklären ist, dass einige Unternehmungen über lange Zeiträume betrachtet eine höhere Rentabilität aufweisen als ihre Konkurrenten. Das Beispiel von
Rank Xerox liefert hierzu einige Antworten:

- Rank Xerox hat über Jahre hinweg an einem bestimmten Problem gearbeitet und
  dabei auf evolutorischem Wege ständig neue Einsichten gewonnen. Derartige Erfahrungen hatte nur Rank Xerox gesammelt. Anderen Anbietern standen sie so
  nicht zur Verfügung.

- Es ist Rank Xerox gelungen, Stammkunden zu gewinnen und zu binden. Die Wettbewerber hatten zu ihnen keinen Zugang: Die Kunden konnten auf Grund bestehender Verträge nicht ohne weiteres wechseln und wollten dies im Übrigen über
  längere Zeit auch gar nicht, weil sie mit ihrem Anbieter zufrieden waren.

- Man verfügte über wirkungsvolle Kooperationspartner (z.B. Battelle, Haloid), so
  dass bestehende Schwächen kompensiert werden konnten. Auch hier konnten
  Wettbewerber nicht in bestehende Beziehungen eindringen.

Diese drei Ansatzpunkte: Ressourcen – hier repräsentiert durch das vorhandene Wissen –, Kundennähe und Zugang zu kompetenten Kooperationspartnern liefern einen
ersten Zugang zu den Gründen langfristig überdurchschnittlichen Erfolgs. Eine in sich

geschlossene und umfassende Konzeption der Erklärungsfaktoren umfasst im Einzelnen vier Kategorien, die zum Verständnis der Entstehung von Wettbewerbsvorteilen und zu im Konkurrenzvergleich überragenden Renditen (Rentabilitäten) beitragen:

- unternehmungsinterne,
- kooperationsbedingte,
- nachfragebezogene und
- umfeldbedingte Erfolgsquellen.

1.4.1.2 Unternehmensinterne Erfolgsquellen

Für den Erfolg oder Misserfolg einer Unternehmung ist die Gestaltung der internen Verhältnisse maßgeblich. Es stellt sich allerdings die Frage, wie diese Innenverhältnisse in sinnvoller Weise strukturiert werden können. Im Rahmen der Betriebswirtschaftslehre ist ein Ansatz etabliert (Engelhardt 1968), der auf drei Dimensionen beruht, die auch in Abbildung 1-2 erkennbar sind:

- die **Potenzialdimension**, welche die verfügbaren Mittel einer Unternehmung repräsentiert,

- die **Prozessdimension**, die sich auf die Aktivierung verfügbarer Mittel innerhalb von Leistungserstellungsprozessen bezieht,

- die **Ergebnisdimension**, welche vor allem auf die gefertigten Produkte (Sach- und Dienstleistungen) abstellt.

Speziell im Bereich der Produktionswirtschaft findet sich auch eine damit korrespondierende Unterscheidung in **Input**, **Throughput** und **Output**, die jedoch durch ihre Ausrichtung auf den Produktionsprozess enger gefasst ist und hier nur am Rande betrachtet wird. Die Potenzial-, Prozess- und Ergebnisdimension ermöglicht eine genaue Analyse, in welchen Bereichen eine bestimmte Unternehmung über Stärken und Schwächen im Konkurrenzvergleich verfügt. Diese Unterscheidung wird von Plinke (1995c) aufgegriffen, um damit Arten und Wirkungen von Wettbewerbsvorteilen zu betrachten. Tabelle 1-5 ist diese Systematisierung zu entnehmen.

Abbildung 1-6: Die Ursachen von Wettbewerbsvorteilen (Quelle: Plinke 1995c, S. 68)

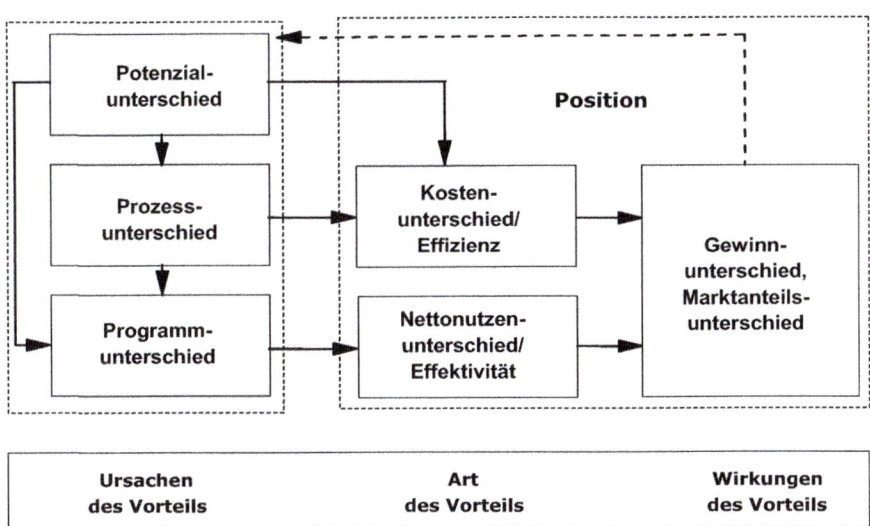

Anknüpfend an die Darstellung von Effektivität und Effizienz im Kontext der Wirtschaftlichkeitsdiskussion wird erkennbar, dass **Effizienzvorteile** Kostenunterschiede im Wettbewerbsvergleich (Anbietervorteil) und **Effektivitätsvorteile** Nettonutzenunterschiede (Nachfragervorteil) repräsentieren. Effizienzvorteile sind dabei immer auf die Ressourcenausstattung verfügbarer Potenziale zurückzuführen, und zwar entweder direkt oder indirekt über optimierte Prozesse. Als Beispiel für den letztgenannten Fall eines mittelbaren Kostenvorteils kann die Firma Aldi dienen, die vor allem ihre Beschaffungs- und Logistikprozesse über Jahrzehnte hinweg so stark optimiert hat, dass der Betrieb als Kostenführer des Marktes galt – und in manchen Teilbereichen auch heute noch gilt. Kostenunterschiede entstehen aber auch durch den Besitz einzigartiger Ressourcen, die für rivalisierende Drittparteien nicht zugänglich sind. Die Deutsche Telekom verfügt – als Beispiel für unmittelbare ressourcenbasierte Kostenvorteile – in ihren Festnetzaktivitäten über eine Netzstruktur, die sie kontrolliert und die sie für lange Zeit Wettbewerbern nicht zur Verfügung stellte. Nach Liberalisierung der Telekommunikationsmärkte wurde sie jedoch dazu verpflichtet, Netzkapazität auch für den Wettbewerb zu öffnen. Allerdings war dies mit Nutzungsentgelten verbunden, die seitens der Konkurrenten zu zum Teil deutlichen Kostennachteilen führten.

Effektivitätsvorteile lassen sich auf unterschiedlichem Wege erreichen, wobei alle Wege darauf abzielen, einen aus Nachfragersicht überlegenen Nutzen zu stiften (Kundenvorteil):

■ Effektivitätsvorteile ergeben sich durch die Verfügbarkeit singulärer Ressourcen und Kompetenzen. So verfügt die Firma Coca-Cola mit ihrer Topmarke „Coke" über eine so starke Markenidentität, dass allein Markenbekanntheit und Markenimage dem Betrieb einen ressourcenbedingten Vorteil sichern. Den Markenwert von Coca-Cola beziffern Aaker und Joachimsthaler (2002) auf 83,8 Mrd. US-$, was bei einer Marktkapitalisierung des Betriebs von 142,2 Mrd. US-$ bedeutet, dass der Markenwert rund 59 % der Marktkapitalisierung beträgt.

■ Auch die Prozessebene kann zur Erzielung von Effektivitätsvorteilen beitragen. Gerade im Dienstleistungsbereich nimmt der Kunde zum Teil aktiv am Prozess der Leistungserstellung teil (Engelhardt et al. 1993), so dass die Prozessausführung direkt Einfluss auf den Nachfragernutzen nimmt. Aber auch ohne Beteiligung des Nachfragers am Leistungserstellungsprozess können Effektivitätsvorteile entstehen, und zwar vor allem dann, wenn etwa eine zielsichere und qualitativ hochwertige Prozessausführung Leistungen ermöglicht, die andere Wettbewerber nicht zu erstellen imstande sind. Die Designprozesse vieler italienischer Betriebe vor allem im Bereich (luxuriöser) Konsumgüter mögen hier als Beleg dienen.

■ Besonders offenkundig werden Effektivitätsvorteile im Bereich der hergestellten Leistungen. Das innerhalb von Kapitel 5 ausführlicher beschriebene Sortiment bzw. Leistungsprogramm fasst die Leistungspalette zusammen und ermöglicht den von Plinke beschriebenen Programmvorteil. Ein Programmvorteil kann durch eine gelungene Sortimentsstruktur insgesamt (z.B. Sportartikelhersteller Adidas in bestimmten Teilmärkten) ebenso begründet werden wie durch besonders starke und im Wettbewerb überlegene Einzelprodukte (wie etwa Coke).

Über beide Wege kann eine Unternehmung erfolgreich sein, was sich vor allem in Alleinstellungen, überdurchschnittlicher Akzeptanz im Markt, höheren Marktanteilen, aber auch in höheren Gewinnen und Renditen manifestieren kann.

1.4.1.3 Kooperationsbedingte Erfolgsquellen

Die heutige Wirtschaft ist durch einen hohen Spezialisierungsgrad vieler Betriebe gekennzeichnet. Das damit verbundene Spezialistentum geht damit einher, dass eine Unternehmung nicht alle für das Geschäft relevanten Leistungserstellungsprozesse in effektiver und/oder effizienter Weise ausführen kann, sondern zur Erreichung derartiger Ziele auf die Unterstützung anderer Spezialbetriebe angewiesen ist. Dies fördert die eingangs erwähnte fortschreitende Arbeitsteilung und lässt zugleich erkennen, dass Unternehmungen gerade deswegen erfolgreich sein können, weil sie viele Prozesse zur Erstellung ihrer Leistungen kompetenten Partnerbetrieben übertragen, dabei aber gleichzeitig die Koordination der Prozesse in der eigenen Hand behalten. Eine Quelle des betrieblichen Erfolgs kann daher darin bestehen, ein Netz (Netzwerk) aus unterschiedlichen Betrieben zielgerichtet und in einzigartiger Weise zu nutzen. Betriebe, die derartig ihr Geschäft verstehen, werden auch als Schaltbrettunternehmungen bezeichnet (Tiberius/Reckenfelderbäumer 2004), deren Hauptleistung in der Orchestrierung der Prozesse eines Netzes von Subunternehmen besteht, ohne dass diese umfangreiche Aufgabedelegation den Nachfragern bewusst ist. In Tabelle 1-5 sind angelehnt an Tiberius und Reckenfelderbäumer (2004, S. 41ff.) einige Beispiele für derartige Unternehmungen aufgeführt.

Schaltbrettunternehmung	Hintergrund
Universal Leven (NL)	Die 1997 gegründete Lebensversicherungsgesellschaft rekrutiert sich aus drei Mitarbeitern, die ein Netz von zwölf Maklerbetrieben zu Absatzzwecken koordinieren, die Vertragsabwicklung der Firma Accenture übertragen haben und bezüglich der Verwaltung der Prämiengelder mit Investment-Fonds kooperieren. Seit der Gründung wurden bis 2004 über 23.000 Policen verkauft. Der Jahresumsatz beläuft sich auf rund 50 Mio. EUR.
Puma (D)	Puma konzentriert sich in seiner Geschäftstätigkeit auf das Marken-Management sowie auf die Forschung & Entwicklung. Alle anderen Aufgaben hat Puma weltweit verteilten Subunternehmen übertragen, die nach einem speziellen Raster ausgewählt werden.
Micro Compact Car (F)	Micro Compact Car (MCC) vermarktet die Marke „smart" und ist Teil des DaimlerChrysler-Konzerns. Bezüglich der Wertschöpfung ist MCC einen radikalen Weg der Auslagerung von Betriebsprozessen gegangen. MCC arbeitet in einem Industriepark mit eng gebundenen Systempartnern zusammen, die wiederum Vorleistungen von Subunternehmen beziehen. Nur wenige wertschöpfungsbezogene Aufgaben sind bei MCC verblieben. Produktion einschließlich Endmontage, wesentliche Teil der Entwicklung, Logistik, Vertrieb und After-Sales-Services werden von Partnern erbracht. Der eigene Wertschöpfungsanteil an der Fertigung liegt bei 12%, während er bei anderen Automobilherstellern noch rund 30% beträgt.

Tabelle 1-5: Schaltbrettunternehmungen

Daneben besteht die Möglichkeit, durch die gemeinsame Wahrnehmung von Aufgaben mit dem Partnerbetrieb Potenziale zu erschließen, die bei alleiniger Tätigkeit der betreffenden Betriebe nicht erreichbar gewesen wären: In derartigen Fällen geht es um die Erschließung interorganisationaler Synergieeffekte. Ein Beispiel ist die Kooperation von Philips und Nike, welche der Entwicklung einer neuen, speziell für sportliche Aktivitäten entwickelten Generation von Walkmen galt: Es wurde ein neuartiges, kleineres, handlicheres, sehr leistungsfähiges und optisch die Zielgruppe ansprechendes Gerät entwickelt, um musikbegeisterten Freizeitsportlern bei „Outdoor"-Aktivitäten einen zusätzlichen Nutzen zu bieten. Die herkömmlichen Abspielgeräte waren trotz fortgeschrittener Miniaturisierung der Geräte noch immer unhandlich, vergleichsweise schwer und optisch nicht sonderlich ansprechend. Daher zog Philips mit Nike einen Hersteller von Sportbekleidung hinzu, weil Nike mit den Gebrauchseigenschaften der Hauptzielgruppe weitaus besser vertraut war als Philips und bei der Zielgruppe über hohe Sympathiewerte und hohes Ansehen verfügt(e). Nur durch die Zusammenlegung der Potenziale von Philips und Nike konnte eine in nahezu jeglicher Hinsicht verbesserte Leistung erreicht werden. Die Sicherung eines derart gut passenden und einzigartigen Kooperationspartners wie Nike war für Philips eine Gelegenheit, Konkurrenzvorsprünge zu erreichen, und die Grundlage für überdurchschnittliche Erfolge.

Kooperationsbedingte Erfolgsquellen können auf unterschiedliche Weise entstehen:

1. Man unterscheidet grundsätzlich nach der Beziehung, in der Unternehmung und Partner zueinander stehen. Dabei können Betriebe derselben Wertschöpfungskette angehören, aber auch mit Blick auf die zu erstellenden Leistungen völlig unverbunden sein. Es ergeben sich drei Grundformen der Kooperation:

(a) Bei **horizontalen Kooperationen** stehen die Partner auf derselben Wirtschaftsstufe. Sie können dabei direkte Konkurrenten sein, was jedoch nicht zwangsläufig ist. Eine Kooperation der Konzerne Siemens und Philips wäre im Bereich der Herstellung elektrischer Geräte in einer Vielzahl von Fällen eine Kooperation von Konkurrenten. Dagegen ist auch der Fall denkbar, dass Unternehmungen auf der gleichen Wirtschaftsstufe, aber durch unterschiedliche Definition ihrer Geschäftätigkeit in keiner direkten wettbewerblichen Beziehung stehen. Dies gilt etwa für die oftmals verwechselten Konzerne Merck KGaA (Deutschland) und Merck & Co. (USA), die im chemischen und im Pharmabereich tätig sind.

(b) Im Falle **vertikaler Kooperation** stehen Betriebe zueinander in Lieferbeziehung. Geht z.B. die Firma Bosch als Automobilzulieferer mit dem Automobilkonzern DaimlerChrysler eine Kooperation ein, so ist dies ein Fall von vertikaler Kooperation.

(c) **Laterale** oder auch **konglomerate Kooperation** ist durch keine sachliche Beziehung zwischen der Geschäftätigkeit der Partner gekennzeichnet (z.B. Philips und Nike).

2. Kooperationen können aus lediglich zwei Partnern bestehen oder aber aus einer Mehrzahl von Betrieben. Im ersten Fall spricht man von **dyadischen Beziehungen**, im letztgenannten Fall von einem (interorganisationalen) **Netzwerk**. Netzwerke sind zwar ungleich schwieriger zu steuern, bieten aber auch die Möglichkeit, auf eine besonders breite und tragfähige Mittelbasis zurückzugreifen.

Abschließend ist festzustellen, dass die Kooperation im hier beschriebenen Sinne die Wahrung der rechtlichen Selbstständigkeit der Partner beinhaltet. Durch die Kooperation werden aber Abstimmungen zwischen den Partnern erforderlich, die zum Teil die ökonomische Selbstständigkeit einschränken können. Allerdings bleibt auch hier im Regelfall ein erheblicher Teil an Autonomie erhalten. Dies unterscheidet die Kooperation von der Konzentration, auf die in Abschnitt 4.1.2 noch ausführlicher eingegangen wird.

1.4.1.4 Nachfragebezogene Erfolgsquellen

Mit den kooperationsbedingten Faktoren ist bereits eine erste Kategorie von interorganisationalen Erfolgsquellen angesprochen worden. Daneben kann der Erfolg auch auf marktbezogene Aspekte zurückgeführt werden. Dies ist in mehrfacher Hinsicht möglich:

- Eine Unternehmung kann deswegen übermäßig erfolgreich sein, weil sie einen Markt bedient, der im Vergleich zu anderen Märkten in besonderem Maße attraktiv ist. Arbeiten aus dem Bereich der älteren (Mason 1939, Bain 1968) und jüngeren **Industrieökonomik** (Porter 1980) verweisen auf eine Wirkungskette, die an der Branchenstruktur („Structure") ansetzt, aus der ein bestimmtes Verhalten der Marktteilnehmer resultiert („Conduct"), welches wiederum den Erfolg („Performance") bestimmt. Auf die Anfangsbuchstaben der drei Elemente der Wirkungskette abstellend, wird in der Literatur auch von dem „**SCP-Paradigma**" gesprochen. Die Wirkungskette lässt erkennen, dass nicht nur die Auswahl des Zielmarktes, sondern auch die Anpassung an die Gegebenheiten im Markt eine Erfolgsdeterminante darstellt. Vor allem in der jüngeren Industrieökonomik wird im Gegensatz zum älteren Zweig betont, dass die Strategie nicht zwangsläufig aus einer unbeeinflussbaren Marktstruktur abzuleiten sei, sondern durch die Strategie in gewissen Grenzen auch die Möglichkeit besteht, auf die Struktur des Marktes Einfluss zu nehmen. Vor allem wenn es gelingt, attraktive Märkte zu finden, zu besetzen und sie vor dem Zugang von Konkurrenten abzuschirmen, besteht nach Auffassung von Industrieökonomen die Möglichkeit, die Erfolgsquellen auszuschöpfen. Innerhalb von Kapitel 3 wird auf so genannte „Markteintritts- und Marktaustrittsbarrieren" einzugehen sein, welche die Höhe des Erfolgs beeinflussen.

- Unternehmungen sind darüber hinaus auch dann überdurchschnittlich erfolgreich, wenn es gelingt, sich einen möglichst intensiven, dauerhaften und exklusiven Zugang zu einzelnen Kunden zu verschaffen. Dies gilt verstärkt, wenn es sich um besonders wichtige Kunden handelt, wobei die Relevanz unter anderem auf Umsatzgröße, Meinungsführerschaft im Markt oder auch Renditepotenzial beruhen kann. In solchen Fällen fußt der Erfolg auf festen Geschäftsbeziehungen, welche den Kunden an einen bestimmten Anbieter binden. Eine solche Bindung setzt im Regelfall voraus, dass der Anbieter über Potenziale verfügt, die aus Nachfragersicht besonders wichtig sind und die andere Anbieter nicht besitzen. Die Tatsache, dass sich lang anhaltende Geschäftsbeziehungen positiv auf den Erfolg auswirken, ist in der Betriebswirtschaftslehre mehrfach belegt worden. Exemplarisch wird der Zusammenhang zwischen Dauer der Geschäftsbeziehung und Erfolg pro Kunde anhand von Abbildung 1-7 aufgezeigt.

Abbildung 1-7: Gewinn pro Kunde im Zeitablauf (Quelle: Reichheld/Sasser 1991, S. 110f.)

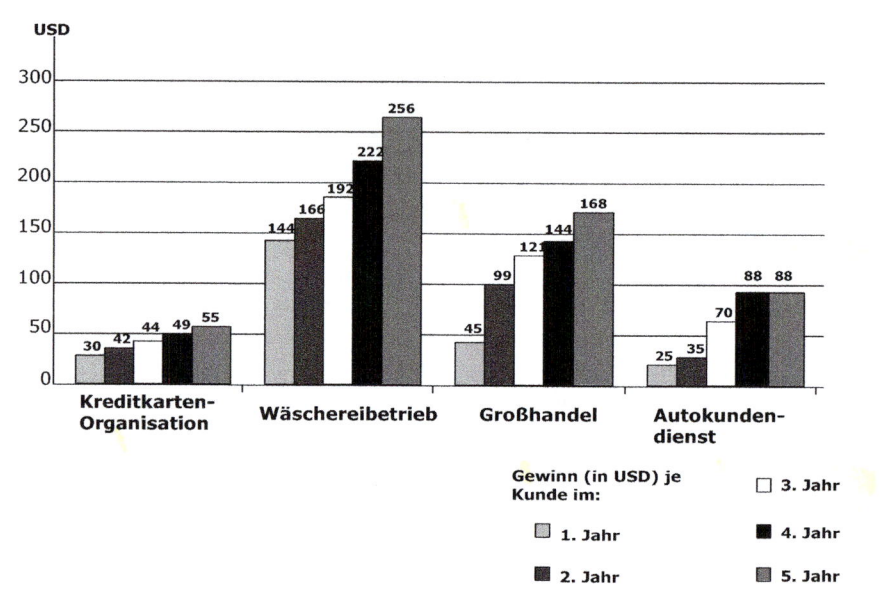

1.4.1.5 Umfeldbedingte Erfolgsquellen

Unternehmungen können auch deswegen erfolgreich sein, weil sie in einem besonders attraktiven Umfeld agieren. Grundsätzlich können günstige Rahmenbedingungen auf alle Bereiche zurückgeführt werden, die innerhalb von Abschnitt 1.3 bereits herausgearbeitet worden sind. Besonders wichtig sind in diesem Zusammenhang jedoch vor allem die Eingriffe des Staates in den Marktprozess. Wenngleich sich solche in unterschiedlicher Form vollziehen, z.B. durch Subventionen, Steuern, Zölle, so ist dennoch festzustellen, dass vor allem wettbewerbsrechtliche und wettbewerbspolitische Rahmenbedingungen in besonderer Weise auf den Erfolg Einfluss nehmen. Ein staatlich geschützter Monopolist hat die Möglichkeit, Bedingungen durchzusetzen, die bei einer Vielzahl von Anbietern nicht möglich wären. Gelegentlich wird vor allem in der volkswirtschaftlichen Literatur auch explizit von „Monopolrenten" gesprochen, um diese Erfolgsquelle zu betonen.

Daneben ist zu berücksichtigen, dass international tätige Unternehmen durch die geschickte Streuung ihrer Tätigkeit Vorteile erzielen können. Diese Vorteile betreffen etwa den Zugang zu lokal verfügbaren Ressourcen oder zu nationaler Infrastruktur.

1.4.1.6 Erfolgspotenziale und Erfolgsfaktoren

Die Frage nach den Erfolgsquellen hat die Betriebswirtschaftslehre insbesondere in jüngerer Zeit im Kontext der Auseinandersetzung um die so genannten Erfolgsfaktoren stark beschäftigt. In Abgrenzung zu den in Abschnitt 1.2 bereits vorgestellten Erfolgspotenzialen geben **Erfolgsfaktoren** Aufschluss über diejenigen Größen, die maßgeblichen Einfluss auf den – wie auch immer zu messenden – Erfolg nehmen. Sie können grundsätzlich die normative, strategische und operative Dimension betreffen. Die Entwicklung (Exploration) und Nutzung (Exploitation) von Erfolgspotenzialen baut auf einem Verständnis geschäftsrelevanter Erfolgsfaktoren und einer darauf ausgerichteten Unternehmungsführung auf. Ein solches Verständnis darf allerdings nicht bei der Ergründung von Erfolgen und Erfolgskonzepten der Vergangenheit stehen bleiben, sondern muss die Möglichkeiten, Erfolg unter veränderten Rahmenbedingungen mit neuen unternehmerischen Ansätzen in der Zukunft zu erzielen, umfassend berücksichtigen. Insofern lassen sich Erfolgsfaktoren der Sache nach kategorisieren, nicht aber vollständig und abschließend in geschäftsspezifischer Weise benennen. Eine entsprechende Kategorisierung von Erfolgsfaktoren findet sich in Abbildung 1-8. Die Abbildung lässt nicht nur den intermediären Charakter von Erfolgspotenzialen erkennen, sondern auch die Notwendigkeit, externe von internen Erfolgsfaktoren zu unterscheiden. Inhaltlich ergeben sich sechs sowohl für Erfolgsfaktoren als auch für Erfolgspotenziale relevante Kategorien: der marktlich-wertschöpfungsbezogene Bereich, die Humanfaktoren, die Technik, die Informationen, die Strukturen und die Finanzen.

Die vielschichtige Beziehung zwischen Erfolgspotenzialen und Erfolgsfaktoren äußert sich in einem weiteren Punkt: Erfolgspotenziale stellen theoretische Konstrukte dar, die nicht direkt gemessen werden können. Erfolgsfaktoren hingegen können verwendet werden, um Erfolgspotenziale zu messen und somit gezielter zu steuern. In diesem Sinne liegen Erfolgsfaktoren den Erfolgspotenzialen zugrunde und konkretisieren sie (Welge/Al-Laham 2007). In aller Regel ist die Wirkung eines Erfolgspotenzials von einer Mehrzahl von Erfolgsfaktoren abhängig, die untereinander zudem oft interdependent sind. Im Rahmen des so genannten PIMS-Programms (PIMS: Profit Impact of Market Strategies) wurden etwa 20 Faktoren identifiziert, die auf den Return on Investment (als Erfolgsgröße) von strategischen Geschäftsfeldern (als Erfolgspotenziale) Einfluss nehmen (Buzzell/Gale 1989), wobei die Wirkungen des relativen Marktanteils und der relativen Produktqualität auf den Return on Investment am stärksten ausfielen.

Bei dem auf diese Weise konkretisierten Verhältnis von Erfolgsfaktoren und Erfolgspotenzialen sind die Erfolgsfaktoren Mittel zum Zweck des Managements von Erfolgspotenzialen. Dabei ist die vorausschauend-kreative Komponente des Managements hervorzuheben, die das unternehmerische Element betont. Der vorausschauend-kreative Charakter ist auf die Notwendigkeit zurückzuführen, nicht nur bereits bestehende Erfolgspotenziale und -faktoren zu erkennen, sondern auch neue Erfolgspotenziale und -faktoren zu schaffen, was bezüglich der Vorstellungskraft sowohl voraussetzt, die nachfragerbezogenen Probleme und Bedürfnisse mit erheblichem zeitlichen Vorlauf zu erkennen, als auch die anbieterbezogenen Möglichkeiten zu antizipieren (Freiling 2007).

Abbildung 1-8: Erfolgsfaktoren und Erfolgspotenziale (Quelle: Breid 1994, S. 37)

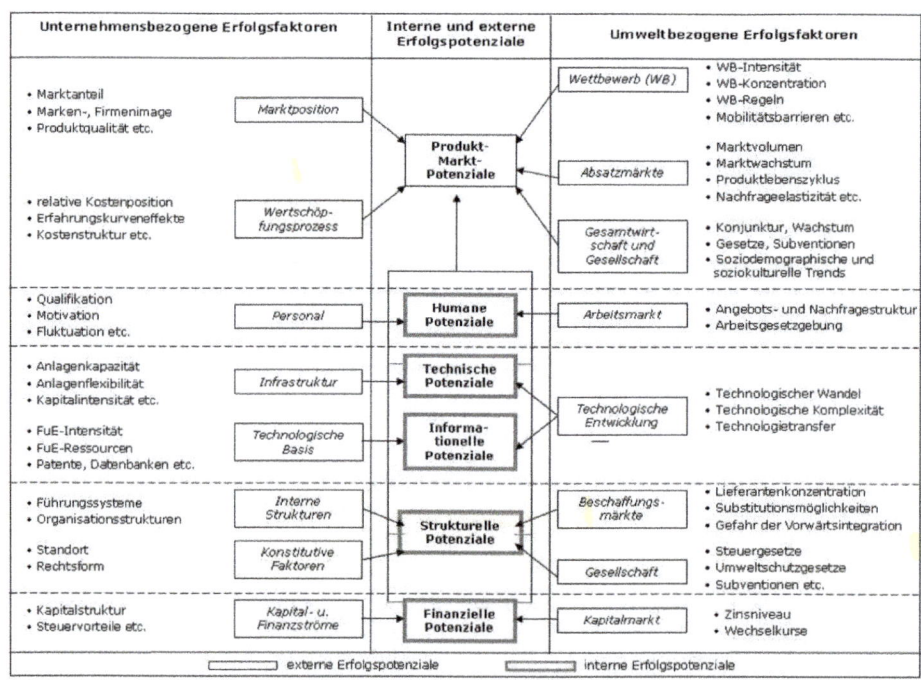

1.4.2 Grundausrichtung der Unternehmungsführung

Die Behandlung der Quellen des Unternehmungserfolgs lässt erkennen, dass sowohl unternehmungsinterne als auch unternehmungsexterne Faktoren den Erfolg bestimmen können. In Anknüpfung an die im Abschnitt 1.2 erfolgte Gegenüberstellung von innen- und außenorientierter Unternehmungsführung stellt sich nunmehr die Frage nach der grundlegenden Ausrichtung. Die Beantwortung kann an dem Verhältnis der

Unternehmung zu ihrer Umwelt nicht vorbeigehen. Hierzu existieren zwei Extrempositionen (Ringlstetter 1988; Kirsch 1990; Müller-Stewens/Lechner 2001):

- Eine **voluntaristische Grundposition** geht von einer generellen Gestaltbarkeit der Umwelt nach eigenen Vorstellungen aus. Schumpeter (1942) entwickelte z.B. das Bild vom dynamischen Unternehmer, der durch einen Prozess so genannter „schöpferischer Zerstörung" Innovationen am Markt durchsetzt, welche die bestehenden Verhältnisse grundsätzlich in Frage stellen. Derartige Gestaltungsspielräume vorausgesetzt, wäre eine innenorientierte Unternehmungsführung zu dieser Grundposition passend.

- Die **deterministische Grundausrichtung** geht davon aus, dass die Verhältnisse in der Umwelt vorgegeben und von der einzelnen Unternehmung nicht beeinflussbar sind. In Extremform findet sich diese Machtlosigkeit in den mikroökonomischen Modellen der vollkommenen Konkurrenz: Der Anbieter entscheidet z.B. im Polypol nicht einmal mehr über den Preis, da ihm dieser als Marktpreis von außen vorgegeben wird, sondern nur noch über die gewinnmaximale Menge, die sich auf Basis von Optimierungskalkülen ergibt. Auch abseits dieser modelltheoretischen Überlegungen ist der **Determinismus** von Belang, wenn etwa Nachfrager über eine überragende Marktmacht verfügen und sich schwächere Anbieter an die Forderungen anpassen müssen, um ihre Geschäftsgrundlage zu wahren. Zahlreiche Lieferanten von Lebensmittel-Discountern fühlen sich faktisch in einer solchen Situation. Eine außenorientierte Unternehmungsführung würde mit einer solchen Situation korrespondieren. Der Erfolg einer Unternehmung resultiert aus einer im Vergleich zu Wettbewerbern möglichst perfekten Anpassung an die externen Rahmenbedingungen.

Neben diese Extremformen tritt eine Zwischenposition. Es handelt sich hierbei um den so genannten **„gemäßigten Voluntarismus"** (Kirsch 1990; Freiling 2001): Dieser Sichtweise entsprechend stehen der Unternehmung bedingte Spielräume zur Gestaltung der externen Rahmenbedingungen zur Verfügung. Durch die Art der Unternehmungsführung kann sie auf Art und Umfang dieser Freiheitsgrade Einfluss nehmen. Dabei sieht sie sich jedoch auch Restriktionen gegenüber, die z.B. auf vorhandene Machtstrukturen oder geltendes Recht zurückzuführen sind. Auch die begrenzte Fähigkeit des Managements, Informationen zu verarbeiten, lässt die Grenzen eigener Gestaltungskraft erkennen. Somit ist die Unternehmung oftmals nur in der Rolle des mitgestaltenden Akteurs und manchmal sogar ohne einen nennenswerten Einfluss auf die Entwicklungen, die sich vollziehen.

In Abhängigkeit von der jeweiligen Grundposition lassen sich unterschiedliche Sichtweisen der Unternehmungsführung zuordnen. In diesem Zusammenhang wird in der jüngeren Managementforschung vor allem auf

- den Resource-based View,
- den Market-based View und

■ den Environment-based View

verwiesen (u.a. Rühli 1994; Rasche 1994).

Der Resource-based View beruht auf zum Teil weit reichenden Beeinflussungsmöglichkeiten externer Rahmenbedingungen (vor allem in Märkten) durch Ausspielung eigener Stärken, zu denen singuläre Ressourcen und Kompetenzen zu zählen sind. Im Gegensatz dazu folgen der Market-based View und der Environment-based View dem Determinismus, was in den Folgekapiteln noch an mehreren Stellen erörtert wird.

Abbildung 1-9: Überblick über die Betriebswirtschaftslehre

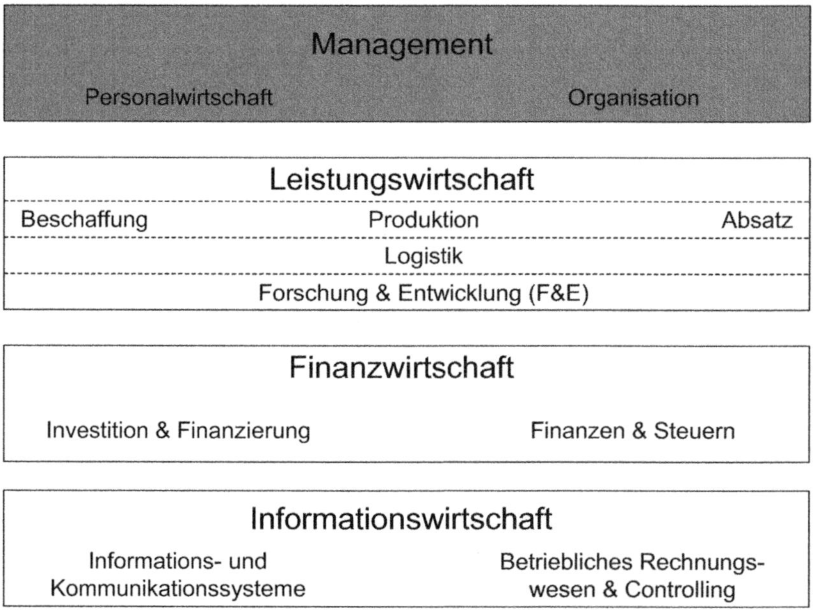

Management		
Personalwirtschaft		Organisation

Leistungswirtschaft		
Beschaffung	Produktion	Absatz
Logistik		
Forschung & Entwicklung (F&E)		

Finanzwirtschaft	
Investition & Finanzierung	Finanzen & Steuern

Informationswirtschaft	
Informations- und Kommunikationssysteme	Betriebliches Rechnungswesen & Controlling

Anhand der geführten Diskussion ist die Schlüsselrolle erkennbar geworden, die der Unternehmungsführung (hier gleichzusetzen mit Management) zufällt. Sie steuert die Prozesse, die sich in Betrieben vollziehen. Zu Zwecken eines Überblicks über die Unternehmung sowie zu einer möglichen Strukturierung der betriebswirtschaftlichen Teildisziplinen sei auf Abbildung 1-9 verwiesen. Ihr kann die steuernde Rolle des Managements entnommen werden. Dem Management zugeordnet sind die Bereiche Personalwirtschaft und Organisation, die das Management unterstützen, konkretisieren und zu implementieren helfen. Das Management gibt zugleich einen Rahmen für die anderen betriebswirtschaftlichen Teilbereiche vor: Sie lassen sich in die Bereiche Leistungswirtschaft, Finanzwirtschaft und Informationswirtschaft unterteilen, die wiederum selbst aus eigenen Fächern bestehen (s. Abbildung 1-9). Die einzelnen betriebswirtschaftlichen Bereiche tragen zu einem Vorverständnis der Institution Unternehmung bei, das es in den nächsten Kapiteln schrittweise zu präzisieren gilt. Um diese Schritte jedoch zu vollziehen, wird im nächsten Kapitel zunächst ein Überblick über marktrelevante Institutionen gegeben, um die Rolle und die Einbettung einer Unternehmung in Märkte und marktliche Umfelder zu verdeutlichen.

	Verständnisfragen 1:
V1-1	Welches Wirtschaftlichkeitsverständnis legt eine außenorientierte Unternehmungsführung nahe?
V1-2	Diskutieren Sie, unter welchen Bedingungen man eine Entscheidung als rational einordnen kann.
V1-3	Erörtern Sie, wie der lange Zeit überdurchschnittliche Erfolg einer Unternehmung wie BMW zu erklären ist.
V1-4	Erläutern Sie anhand von Tabelle 1-2 Faktoren, die Ihnen geeignet erscheinen, die Gewinn- und Rentabilitätsunterschiede zwischen den aufgeführten Betrieben zu erklären.

2 Markt und Unternehmung als Institutionen

2.1 Überblick über einzelwirtschaftliche Institutionen

Der Begriff „einzelwirtschaftliche Institution" wirft (zumindest) folgende Fragen auf:

1. Was kennzeichnet eine (einzelwirtschaftliche) Institution?
2. Was gehört zu der Menge derartiger Institutionen und wie lässt sich die Menge strukturieren?

Mit Gustav Schmoller, einem bedeutenden deutschen Nationalökonomen, der von 1838 bis 1919 gelebt hat, lassen sich Einblicke zur Beantwortung der ersten Frage gewinnen. Richter und Bindseil (1995, S. 133) zitieren Schmoller bezüglich dessen Abgrenzung von **Institutionen**:

„Eine Institution ist eine partielle, bestimmten Zwecken dienende, zu einer selbstständigen Entwicklung gelangte Ordnung des Gemeinschaftslebens, die das individuelle Handeln oft über lange Zeit hinweg in eine bestimmte Richtung lenkt. (...) Institutionen strukturieren insofern unser tägliches Leben und reduzieren dessen Unsicherheit. Sie bestimmen, ökonomisch gesprochen, die Anreizstruktur der menschlichen Gesellschaft."

Institutionen sind auf Basis dieses Begriffsverständnisses als Antwort auf die Unsicherheit im wirtschaftlichen Handeln zu verstehen und nehmen damit Bezug auf ein in Kapitel 1 herausgestelltes Grundproblem. Durch die Einrichtung und Nutzung von Institutionen wird Handeln berechenbarer, was die Unsicherheit auf ein entscheidungsbezogen besser handhabbares Maß reduzieren kann. Dies ist ein wesentlicher Vorteil, den auch Schneider (1987, S. 3) hervorhebt: „Unsicherheit bedeutet in erster Linie ein Nicht-Auflisten-Können, was alles eintreten mag. Dieses Informationsrisiko soll begrenzt werden durch ein Erweitern des planbaren Teils der Unsicherheit (der entscheidungslogisch handhabbaren Ungewissheit). Das Mittel dazu ist das Errichten von Institutionen; denn alles menschliche Handeln wird nur durch Institutionen (...) vorhersagbar."

Darüber hinaus regeln Institutionen das Zusammenwirken einer Mehrzahl von Menschen, die möglicherweise über unterschiedliche Interessen verfügen (Schauenberg/ Schmidt 1983; Altiparmak 2002; Haase 2002). Durch die Existenz sowie Anerkennung und/oder Nutzung von Institutionen verzichten die betroffenen Menschen zumindest teilweise auf die Verfolgung ihrer Einzelinteressen.

Zusammenfassend sind die **Funktionen von Institutionen** festzuhalten:

- Funktion der Verringerung von Unsicherheit,
- Funktion der Abstimmung individuellen Verhaltens,
- Funktion der Regelung von Anreizstrukturen.

Die Funktionserfüllung beruht auf Regeln, Sanktionen und Garantien, aus denen sich Institutionen faktisch rekrutieren. Dies hebt auch Jacob (2002) vor, der die Zusammenhänge gemäß Abbildung 2-1 beschreibt: Regeln beinhalten Weichenstellungen in Richtung auf ein kooperatives Verhalten der beiden Tauschpartner, die in Abbildung 2-1 als Auftraggeber (Prinzipal) und Auftragnehmer (Agent) erfasst werden – eine Rollenverteilung, auf die in Abschnitt 3.2.1.3.2 noch ausführlicher eingegangen wird. Weichenstellungen in Richtung auf kooperatives Verhalten bewirken, dass andere Verhaltensformen weniger wahrscheinlich oder möglicherweise sogar ausgeschlossen werden, was den die Unsicherheit reduzierenden Einfluss klar erkennen lässt. Sanktionen verleihen den Tauschpartnern Möglichkeiten, den Gegenüber im Falle eines gegen getroffene Vereinbarungen verstoßenden Verhaltens zu bestrafen. Auch dadurch wird das Verhalten kanalisiert. Während Sanktionen vom Geschädigten ausgehen, hat im Falle der Garantie derjenige Tauschpartner zu handeln, von dem ein schädigender Einfluss auf den Gegenüber ausgegangen ist. Die Wirkung ist der Sanktion ähnlich. Allen drei Funktionen ist gemein, dass sie das Ausmaß an Unsicherheit (vor allem bezüglich des Verhaltens) reduzieren und die soziale Interaktion gemäß Abbildung 2-1 steuern.

Institutionelle Regelungen können sowohl formgebunden, wie dies etwa für schriftlich fixierte Verträge gilt, als auch formlos sein. Letzteres trifft z.B. auf kaufmännische Gepflogenheiten zu, die ungeachtet ihrer fehlenden Kodifikation über eine verhaltenssteuernde Prägung verfügen.

Die zweite der o.g. Fragen ist stufenweise zu beantworten. Zunächst ist mit Schneider (1995, S. 20ff.) festzustellen, dass Institutionen sowohl als **Regelsysteme** als auch als **Handlungssysteme** zu verstehen sind. Institutionen im Sinne von Regelsystemen beinhalten, dass Sollenssätze (Normen) zur Anwendung gelangen, durch die das Handeln einzelner Menschen sowie deren Zusammenwirken geordnet wird. Die Spielregeln beim Fußball sind lediglich ein Beispiel für derartige Regelsysteme, die Grammatik einer Sprache ein weiteres. Werden Institutionen als Handlungssysteme verstanden, so ist damit die Ordnung von Abläufen gemeint, die über ein Regelsystem erfolgt. Handlungssysteme sind somit Einrichtungen, in denen Menschen – wie z.B. in Unternehmungen – zeitweise und unter bestimmten Regeln interagieren (Schneider 1995, S. 22). In diesem Sinne hat der Begriff Institution somit eine Doppelnatur. Dies lässt sich vermeiden, wenn man lediglich Regelsysteme als Institutionen bezeichnet und Handlungssysteme als Organisationen (Jacob 2002, S. 49, daneben Erlei et al. 2007, S. 22, sowie Schneider 1995, S. 22f., der auf sich daraus ergebende Folgeprobleme hinweist).

Abbildung 2-1: Das Funktionsmodell der Institution (Quelle: Jacob 2002, S. 58)

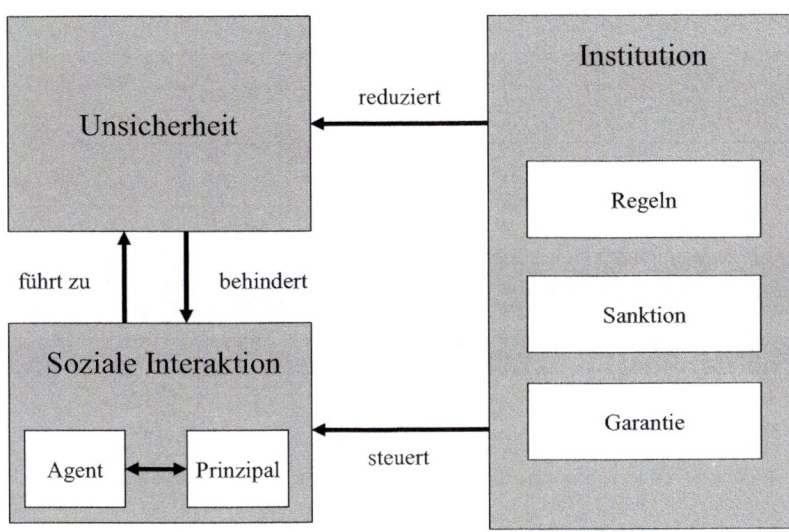

Institutionen können äußerst vielfältiger Natur sein und bauen zum Teil aufeinander auf, um Koordinationsprobleme besser lösen zu können. Um dies zu belegen, verweist Dietl (1993) darauf, dass es über- und untergeordnete Institutionen gibt. Durch übergeordnete Institutionen werden Rahmenbedingungen für menschliches Handeln gesetzt, die durch untergeordnete Institutionen näher ausgefüllt werden. So gibt z.B. das Grundgesetz als Verfassung einen allgemeinen Rechtsrahmen vor, der etwa durch das Arbeitsrecht weiter ausgestaltet wird. Arbeitsverträge wiederum führen dazu, dass Rahmenbedingungen gesetzt werden können, die an individuelle Wünsche und Gegebenheiten angepasst sind. Auf dieser Basis lässt sich eine institutionelle Hierarchie erkennen. An deren Spitze stehen die so genannten „fundamentalen Institutionen" (Dietl 1993). Sie sind im Zuge der Menschheitsgeschichte Ergebnis langer Entwicklungsprozesse, was sich etwa an den Menschenrechten, der Sprache oder kulturellen Grundwerten und -normen nachvollziehen lässt. Fundamentale Institutionen werden oftmals unbewusst genutzt und als geradezu selbstverständlicher Rahmen für das Handeln der Menschen betrachtet. Den fundamenatalen Institutionen stehen solche abgeleiteter Natur gegenüber, die auf erstgenannten aufbauen. So ergibt sich der geltende Rechtsrahmen beispielsweise auf der Basis der soeben genannten fundamentalen Institutionen, insbesondere durch grundlegende Werte und Normen.

Diese Verschachtelung von Institutionen lässt sich auch erkennen, wenn der Kreis betriebswirtschaftlich relevanter Institutionen enger gefasst wird. Neben der Unternehmung existieren zahlreiche andere Institutionen, die nicht selten zu ihr in komplementärer Beziehung stehen. Zur Strukturierung von Institutionen zentral ist zunächst die Frage, ob es sich gemäß Abbildung 2-2 um selbst an Tauschakten teilnehmende Institutionen handelt.

Abbildung 2-2: Überblick über einzelwirtschaftliche Institutionen (Quelle: Schneider 1995, S. 73)

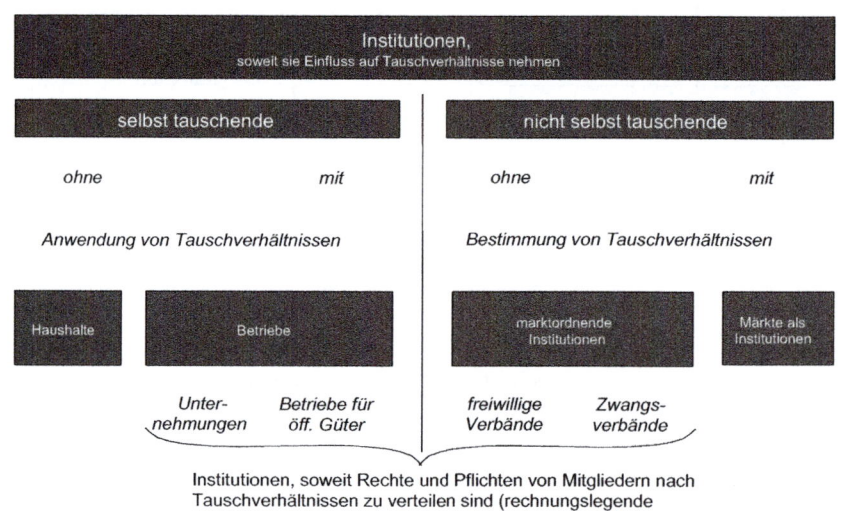

Wenn man diejenigen Institutionen betrachtet, die selbst an Tauschakten teilnehmen, so kann grob zwischen Anbietern und Nachfragern unterschieden werden, wobei die Zweckmäßigkeit dieser Differenzierung an späterer Stelle im Kontext der Behandlung von Dienstleistungen etwas in Frage gestellt wird, weil sich eine derart klare Trennung nicht immer vollziehen lässt. **Haushalte** treten als Nachfrager nach Gütern auf, die von Betrieben erstellt worden sind. Es hat sich als sinnvoll erwiesen, die **Betriebe** zumindest in zwei Gruppen aufzuteilen: **Unternehmungen** und **Betriebe für öffentliche Güter**. Betriebe unterscheiden sich von Haushalten dadurch, dass auch im Innenverhältnis Tauschverhältnisse bestimmt werden. Damit sind z.B. die Arbeitsverträge mit Mitarbeitern gemeint. Ähnliches gilt für Haushalte nicht. Hier stellen sich Menschen gegenseitig Leistungen zur Verfügung, ohne dass dies durch Bewertung im Rahmen von Marktprozessen aufgerechnet wird. Wichtiger noch: Die Innenbeziehungen eines Haushalts sind – im Gegensatz zu Betrieben – gerade nicht durch das Motiv der Einkommenserzielung erklärbar (Schneider 1995).

Unternehmungen sind speziell dadurch gekennzeichnet, dass sie als Organisationen zwischen Absatz- und Beschaffungsmärkten tätig werden und dabei Leistungen für den Absatzmarkt erstellen. Schneider (1995) charakterisiert Unternehmungen darüber hinaus dadurch, dass sie als Institution eine durch Unternehmungsregeln und Unternehmungsstrukturen geordnete Menge an beobachtbaren Handlungsabläufen darstellen.

Einer genaueren Erörterung vorgreifend (insbesondere in Abschnitt 4.3), sind die Handlungen in einer Unternehmung durch die Ausübung von **Unternehmerfunktionen** gekennzeichnet, welche erstens zur Schaffung von Unternehmungen und zweitens zu deren Erhaltung beitragen.

Das Verständnis von Betrieb und Unternehmung ist in der Literatur nicht eindeutig. Lange herrschte die Auffassung von Gutenberg (1966), der Betriebe als eine von der Wirtschaftsordnung (Markt- versus Planwirtschaft) unabhängige Institution betrachtete und mit folgenden Attributen belegte:

- Kombination der Produktionsfaktoren zum Zweck der Gütererzeugung (Leistungserstellung),

- Arbeit auf Basis des Prinzips der Wirtschaftlichkeit (Anwendung des ökonomischen Prinzips),

- Wahrung des finanziellen Gleichgewichts.

Eine Unternehmung hingegen war in der Auffassung Gutenbergs eine Institution, die an ein marktwirtschaftliches System gebunden ist. Sie ist gekennzeichnet durch:

- das Autonomieprinzip (Mitbestimmung staatlicher Organe ausgeschlossen),

- die Anwendung des erwerbswirtschaftlichen Prinzips, welches am stärksten im Grundsatz der Gewinnmaximierung Berücksichtigung findet, sowie

- das Prinzip der Alleinbestimmung, womit die Bestimmung durch Eigentümer bzw. deren Beauftragte, nicht jedoch die Mitbestimmung durch Arbeitnehmer gemeint ist.

So unterschiedlich die Sichtweisen von Gutenberg sowie Schneider, die hier weiter verfolgt wird, im Detail auch sind, so gelangen sie dennoch zu einem übereinstimmenden Ergebnis: Jede Unternehmung ist ein Betrieb, aber nicht jeder Betrieb ist eine Unternehmung. Eine derartige Sichtweise ist nicht für alle betriebswirtschaftlich relevanten Bereiche üblich. So geht etwa die Gesetzgebung zur betrieblichen Mitbestimmung, die für die Personalwirtschaft wichtig ist, von dem Gegenteil aus und betrachtet den Betrieb mehr oder weniger als den produzierenden Bereich einer Unternehmung.

Die Begriffe „**Unternehmung**", „**Unternehmen**" und „**Firma**" werden – vor allem in der Umgangssprache – nahezu synonym verwendet. Eine solche Gleichsetzung ist problematisch:

▪ Der Begriff des **Unternehmens** kann sich grundsätzlich auf die Unternehmung als Institution, aber auch auf ein mehr oder weniger projektbezogenes Wagnis beziehen. Die Inhalte unterscheiden sich beträchtlich.

▪ Die **Firma** ist gemäß deutschem Handelsgesetzbuch (§ 17 Abs. 1 HGB) der Name, unter dem ein Kaufmann sein Handelsgewerbe betreibt. Eine Gleichsetzung mit dem Begriff der Unternehmung wäre daher höchst fragwürdig.

Neben die selbst tauschenden Institutionen treten gemäß Abbildung 2-2 diejenigen, die zwar Einfluss auf die Konditionen eines Tausches und dessen Ablauf nehmen, jedoch ansonsten nicht selbstständig Tauschhandlungen vollziehen. In diesem Zusammenhang sind erstens die Märkte zu nennen, die in pauschalster Umschreibung das Zusammentreffen von Angebot und Nachfrage durch Anwendung von Regeln in Anpassung an bestimmte Situationsspezifika koordinieren. Eine genauere Beschreibung ist Gegenstand des folgenden Kapitels. Zweitens existieren marktordnende Institutionen, zu denen freiwillige Verbände und Zwangsverbände zählen (Schneider 1995). Sie legen durch die mit ihnen verbundenen und faktisch wirksamen Ordnungsprinzipien weitere Rahmenelemente für die Tauschakte selbst tauschender Institutionen fest.

Mit Markt und Unternehmung stehen damit lediglich zwei Arten von Institutionen im Mittelpunkt dieses Buches. Die Auswahl gerade dieser beiden institutionellen Alternativen ist jedoch alles andere als zufällig. Die Unternehmung ist aus dem Blickwinkel der betriebswirtschaftlichen Forschung die zentrale Institution, für die es gilt, auf Basis eines umfassenden Verständnisses ihrer Besonderheiten handlungsbezogene Aussagen zu treffen. Märkte umgeben die Unternehmung und beinhalten unter anderem die Nachfrage. Gleichzeitig sind mit dem aus Sicht einer Unternehmung relevanten Markt auch ein bestimmtes Umfeld sowie eine bestimmte Konkurrenzsituation verbunden. Die Handlungsmöglichkeiten und -restriktionen einer Unternehmung können lediglich in Kenntnis der sie umlagernden Märkte bestimmt werden. Dies schließt ein möglichst umfassendes Verständnis der Besonderheiten und Funktionsweise von Märkten ein. Vor diesem Hintergrund erscheint eine derartige Konzentration auf Markt und Unternehmung gerechtfertigt. Mit Blick auf die weitere Behandlung interessiert in den folgenden Abschnitten vor allem die Frage: Was ist an Institutionen, insbesondere an der Institution Unternehmung, aus einzelwirtschaftlicher Sicht relevant? Diese Frage ist im Kontext der Theorie der Unternehmung zu beantworten.

2.2 Grundlagen einer einzelwirtschaftlichen Institutionenlehre

Kern der einzelwirtschaftlichen Institutionenlehre ist neben der Theorie der Märkte die **Theorie der Unternehmung**. Letztere befasst sich mit folgenden Fragestellungen (Freiling 2001; 2004):

- Warum und wie entstehen Unternehmungen?
- Warum und wie verändern sich Unternehmungen im Zeitablauf?
- Wie ist der Untergang von Unternehmungen im Markt zu erklären?
- Wie verlaufen die Grenzen einer Unternehmung im Zeitablauf?
- Wie ist die interne Organisation von Unternehmungen zu erklären, die sich aus mehreren Personen rekrutieren?

Zumindest auf die ersten drei Fragen soll in den folgenden Abschnitten eine Antwort gegeben werden, wobei diejenigen ökonomischen Theorien untersucht werden, die sich in Vergangenheit und Gegenwart als geeignet erwiesen haben, hierzu verwertbare Aussagen zu treffen. Hiermit werden insgesamt drei Eingrenzungen vorgenommen:

1. Da **ökonomische Theorien** im Mittelpunkt stehen, wird die verhaltenswissenschaftliche Theorie der Unternehmung (Simon/March 1958; Cyert/March 1963) ausgeblendet. Beide Zweige sind durch unterschiedliche Fragestellungen charakterisiert. Die ökonomische Theorie fragt, wie sich Menschen verhalten sollten, um vernünftige Entscheidungen zu treffen. Das Leitbild vom vernünftigen Handeln ist demnach Grundlage der ökonomischen Theorie, die auf den Einkommensaspekt menschlichen Handelns abstellt und diesbezüglich Ursache-Wirkungs-Zusammenhänge analysiert. Einkommen wird mit Schneider (1995) als der Reinvermögenszuwachs einer Periode verstanden. Anders geht das verhaltenswissenschaftliche Programm vor, welches in der Betriebswirtschaftslehre ebenfalls verbreitet ist und an anderer Stelle noch ausführlicher behandelt wird (Abschnitt 3.2.1.1). Die **Verhaltenswissenschaft** befasst sich mit der Frage, wie Wahlhandlungen einzelner Menschen oder Gruppen von Menschen tatsächlich zustande kommen. Rationales Handeln ist hier ein Aspekt unter mehreren. Zur Beantwortung dieser reizvollen Frage ist es erforderlich, Wissen aus unterschiedlichen Wissenschaftsdisziplinen zusammenzuführen, wobei nicht nur an die Soziologie und die Psychologie zu denken ist, sondern z.B. auch an die Sozio-Biologie. Das verhaltenswissenschaftliche Programm stößt vor allem dann an Grenzen, wenn ökonomische Sachverhalte anhand von Analogien aus anderen Wissenschaftsbereichen erklärt werden, ohne dass die Übernahmekriterien für die Übertragung auf wirtschaftliche Tatbestände hinreichend definiert werden. Als prominentes Beispiel sei darauf verwiesen, dass etwa in Analogie zur Biologie Lebenszyklen von Produkten oder Unternehmungen unterstellt werden (vgl. Abschnitt 3.2.3).

2. Es werden nur Theorien betrachtet, nicht aber gedankliche Rahmenwerke, die den Anforderungen an eine Theorie nicht genügen. In Anlehnung an Schneider (1995) ist eine **Theorie** durch die Existenz von vier Elementen gekennzeichnet:

- Die **Problemstellung** beihaltet eine bestimmte Frage, die es durch die Theorie als Gesamtheit zu beantworten gilt, aber auch bereits eine Lösungsidee.
- Der **Strukturkern** einer Theorie greift die in der Problemstellung enthaltene Lösungsidee auf und formuliert sie innerhalb eines Modells aus. Das Modell ist oftmals vereinfachend, verallgemeinernd und abstrahierend.
- **Musterbeispiele** sind erforderlich, um die Anwendung der Problemlösungsidee aufzuzeigen. Durch sie erfolgt eine Bestätigung oder Widerlegung von Ergebnissen der vorangegangenen Modellbildung.
- Die **Hypothese** ist schließlich die Verallgemeinerung modellgestützter Musterbeispiele, wobei es das Ziel ist, Gesetzmäßigkeiten aufzuzeigen und auszuformulieren.

Abbildung 2-3: Gütestufen einer Theorie in Anlehnung an Schneider (1995) (Quelle: Gräser/Welling 2003, S. 18)

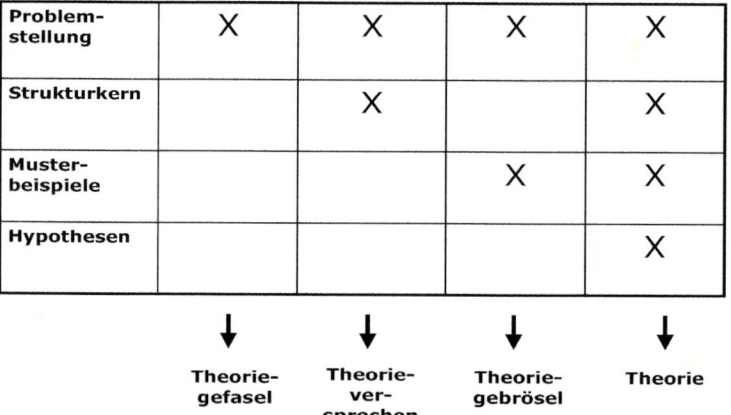

Eine solche Kennzeichnung verdeutlicht, dass umgangssprachliches Reden, etwas sei „rein theoretisch" (und damit der Wirklichkeit fern), nichts mit dem hier vorgetragenen Verständnis von Theorie zu tun hat. Der Status einer Theorie ist gerade davon abhängig, die Wirklichkeit zu erforschen und zu erklären. Ohne einen solchen Bezug ist im engeren Sinne nicht von einer Theorie zu sprechen. Dass hingegen nicht alle selbst ernannten Theorien den oben genannten Anforderungen genügen, veranlasst Schneider (1995), mit entsprechender Wertung Vorstufen einer Theorie zu identifizieren und sie gegenüber einer Theorie im beschriebenen Sinne abzugrenzen sowie deren Schwächen offen zu legen. Anhand von Abbildung 2-3 kann in Verbindung mit den vier vorgestellten Merkmalen nachvollzogen werden, dass in der Ökonomie zahlreiche Ansätze nur scheinbar Theorien darstellen. Fehlt etwa der Anwendungsbezug, so liegt nur ein Theorieversprechen vor. Ist keine scharfe Modellbildung im Rahmen des Strukturkerns erfolgt, so spricht Schneider von „Theoriegebrösel".

3. Ebenfalls ausgegrenzt werden Theorien, deren Eignung noch offen ist. Sie verfügen oftmals (noch) nicht über eine breitere Rezeption. Sofern diese Theorien Eignung aufweisen, die Theorie der Unternehmung in Zukunft bereichern zu können, wird auf sie separat und überblickshaft in Abschnitt **Fehler! Verweisquelle konnte nicht gefunden werden.** eingegangen.

Keine Einschränkung ist bezüglich folgender Punkte erfolgt:

■ Sowohl evolutorische als auch nicht-evolutorische Theorien bleiben in der Betrachtung. Eine nicht-evolutorische Theorie geht davon aus, dass Wirtschaftssubjekte nach Optimierung einer Zielgröße trachten und dabei von einem vorab festgelegten Wissens- und Fähigkeitsstand der Beteiligten ausgehen (Schneider 1997; Reckenfelderbäumer 2001). Evolutorische Theorien heben diese Einschränkung auf und berücksichtigen, dass sich der Wissensstand, die Fähigkeiten, aber auch die Motivation der Wirtschaftssubjekte stets ändern können. Angesichts von Unsicherheit im wirtschaftlichen Handeln nehmen sie von Optimierungskalkülen Abstand. Der Grund dafür ist, dass in einer unsicheren Welt bei mehreren Handlungsmöglichkeiten eine ausgewählt wird, für die dann Ergebnisse (teilweise begrenzt) beobachtet werden können. Für die nicht gewählten Handlungen ist dies nicht möglich, weswegen auch die Frage nach der Optimalität einer Handlung nicht mehr eindeutig zu beantworten ist. Vielmehr wird durch eine bestimmte Entscheidung und damit verbundene Folgeentscheidungen ein bestimmter Pfad begangen, der mit anderen möglichen Pfaden auf Grund mangelnder Informationen zu Bewertungszwecken nicht mehr in Beziehung gesetzt werden kann. Diese so genannte Pfadbezogenheit wirtschaftlichen Handelns ist zugleich ein Kernstück evolutorischer Ökonomik und erlaubt eine Annäherung an Entscheidungsprozesse der Realität.

■ Nicht unabhängig von oben genannter Unterscheidung ist eine weitere Schnittlegung durch ökonomische Theorieansätze. Mehrere Theorien der Unternehmung nehmen den Zustand des Konkurrenzgleichgewichts zum Ausgangspunkt ihrer Diskussion. Ein solches Gleichgewicht stellt sich ein, wenn folgende Bedingungen erfüllt sind (Erlei et al. 2007):

- Es herrscht ein Anbieter- und ein Nachfragerpolypol.
- Auf dem Markt werden homogene Güter angeboten, die auf Basis einer im Markt allen Anbietern bekannten effizienten Technologie erstellt werden.

- Die Wirtschaftssubjekte verfügen über keinerlei Präferenzen.
- Alle Marktteilnehmer haben vollständige Informationen. Es herrscht vollständige Markttransparenz.
- Es entstehen keinerlei Transaktionskosten bei der Anbahnung und Durchführung von Tauschakten.
- Die Reaktionsgeschwindigkeit auf jedwede Änderungen ist unendlich hoch, d.h. Änderungen vollziehen sich unmittelbar.
- Die Marktteilnehmer können den Preis nicht beeinflussen, sondern haben als einzigen Handlungsparameter die angebotene Menge, die sich auf Basis eines Gewinnmaximierungskalküls ergibt.

In der Denkwelt des Konkurrenzgleichgewichts ist für unternehmerisches Handeln ebenso wenig Platz wie für Institutionen. Institutionen können hier keinerlei Unsicherheit reduzieren, da bereits ein Zustand der Sicherheit herrscht. Auch ihrer Motivationsaufgabe können sie nicht nachkommen, da die Wirtschaftssubjekte auf Basis von Optimierungskalkülen handeln. Vor diesem Hintergrund gehen einige Theorien von diesem Extremzustand aus und versuchen, ihn durch Modifikation der Prämissen an die Realität auf Märkten anzupassen. Davon zu trennen sind Theorien, die sich von dieser Referenzkonstellation vollständig lösen und anstelle eines Marktgleichgewichts vom Marktprozess ausgehen. Beide Richtungen werden nachfolgend erfasst. Allen Ansätzen ist gemein, dass sie vom Zustand der Unsicherheit im wirtschaftlichen Handeln ausgehen. Bezüglich der weiteren Prämissen, der grundsätzlichen Verankerung der Sichtweisen sowie der Argumentationslogik bestehen aber zum Teil erhebliche Unterschiede. Wenngleich auf Basis aller Theorieansätze Antworten auf die Entstehung, den Wandel sowie den Niedergang von Institutionen getroffen werden können, so ist es jedoch ohne Prüfung der Kompatibilität der Ansätze zueinander unzulässig, die Erkenntnisse miteinander zu kombinieren. Würde man dies dennoch tun, spricht man von einer **eklektizistischen Vorgehensweise** mit der Gefahr, allerdings nicht der Zwangsläufigkeit wissenschaftlich unsauberen Arbeitens.

2.3 Entstehung, Wandel und Niedergang einzelwirtschaftlicher Institutionen

2.3.1 Die Sichtweise der Neuen Institutionenlehre

2.3.1.1 Überblick über die Neue Institutionenlehre

Die Ansätze der so genannten „Neuen Institutionenlehre" – nicht zu verwechseln mit dem Neo-Institutionalismus primär soziologischer Herkunft (Berger/Luckmann 1966; Meyer/Rowan 1977; DiMaggio/Powell 1991) – stehen in der Denktradition des Konkurrenzgleichgewichts und sind nicht-evolutorischer Art. Auf die gedanklichen Vorläufer, die der älteren Institutionenlehre zuzuordnen sind, ist hier nicht wieter einzugehen. Zu Zwecken eines Überblicks sei jedoch auf die Arbeiten von Elsner (1987), Erlei et al. (2007) und Jacob (2002) verwiesen. Gegenstand der Neuen Institutionenlehre sind (Picot et al. 2005):

- die systematische Analyse und Erklärung der Notwendigkeit von Institutionen und deren Auswirkungen auf menschliches Handeln (**positive Analyse**) sowie

- die Ableitung von Handlungsempfehlungen zur effizienten Gestaltung von Institutionen (**normative Analyse**).

Der Neuen Institutionenökonomie werden mehrere Ansätze zugeordnet, die sich vor allem durch methodologische Verwandtschaft und weitestgehend übereinstimmende Annahmen zum menschlichen Verhalten auszeichnen. Zum Kern der Ansätze der Neuen Institutionenlehre werden

- die Transaktionskostentheorie,
- die Principal-Agent-Theorie, auch Agency-Theorie genannt, sowie
- die Property-Rights-Theorie

gezählt (Picot et al. 2005).

Teilweise wird die Aufzählung noch um

- die Informationsökonomie (Fischer et al. 1993) sowie um
- die Neue Vertragstheorie

erweitert.

Eine nähere Vorstellung der Ansätze erübrigt sich hier, weil an anderen Stellen auf sie im Kontext spezieller Anwendungsfälle einzugehen ist.

2.3.1.2 Der transaktionskostentheoretische Ansatz

Die Transaktionskostentheorie ist auf Basis der Arbeiten von Coase (1937) und Williamson (1975; 1985) entstanden. Um die Transaktionskostentheorie einordnen zu können, sind folgende Vorbemerkungen erforderlich:

- Wenn es innerhalb einer arbeitsteiligen Wirtschaft zu Austauschprozessen kommt, so steht die Übertragung von Verfügungsrechten an Gütern zwischen einem Anbieter und einem Nachfrager im Mittelpunkt. Im Kontext dieses Vorgangs könnten grundsätzlich zwei Aspekte diskutiert werden: Erstens stellt sich die Frage nach der Bereitstellung und damit auch der Erstellung des Gutes, welches für den Nachfrager von Interesse ist. Etwas pauschalisierend, könnte man den Prozess der Erstellung eines Gutes als (Güter-) **Transformationsprozess** bezeichnen. Davon zu trennen ist zweitens der **Transaktionsprozess**, bei dem es um Abstimmungsfragen zwischen Anbieter und Nachfrager geht. Auf Letztgenannten stellt die Transaktionskostentheorie ab und blendet damit Fragen der Leistungserstellung weitestgehend aus.

- Der Transaktionsprozess wird als zentrales ökonomisches Problem im Gegensatz zu den eher technischen Problemen der Leistungserstellung verstanden. Um die Besonderheiten des Transaktionsprozesses zwischen zwei Wirtschaftseinheiten zu verstehen, führt Coase (1960, S. 15, übersetzt von Richter/Furubotn 2003, S. 58) aus: „Um eine Markttransaktion durchzuführen,
  - muss man herausfinden, wer derjenige ist, mit dem man zu tun haben will,
  - Leute informieren, dass und unter welchen Bedingungen man mit ihnen zu tun haben will,
  - Verhandlungen führen, die zu einem Abschluss führen,
  - den Vertrag aufsetzen,
  - die erforderlichen Kontrollen einbauen, um sicher sein zu können, dass die Vertragsbedingungen eingehalten werden, usw."

Es fällt auf, dass transaktionsbezogene Probleme nur auftreten, weil die Wirtschaftssubjekte nicht über vollständige Information verfügen. Entsprechend werden Kosten verursacht, um den oben genannten Tätigkeiten nachgehen zu können.

- Wallis und North (1986) haben in einer empirischen Untersuchung ungeachtet der Details ihrer Erhebung nachgewiesen, dass der Anteil der Transaktionskosten am Bruttosozialprodukt der USA in der Zeit zwischen 1870 und 1970 deutlich und – von der Zeit des Zweiten Weltkriegs abgesehen – kontinuierlich gestiegen ist. Diese in Abbildung 2-4 aufgezeigte Entwicklung hat sich in den vergangenen rund vier Jahrzehnten fortgesetzt, wie unter anderem Picot et al. (2005) vermuten. Dies legt die These nahe, dass ökonomische Organisationsprobleme gerade in hochentwickelten Ländern zum bedeutendsten Kostenfaktor, offenbar aber auch zu einer zentralen Stellgröße der Leistungsfähigkeit werden und daher erhöhter Aufmerksamkeit bedürfen. Es liegt nahe, sich mit den damit verbundenen Problemen ausführlicher zu befassen, wie dies in der Transaktionskostentheorie erfolgt.

Abbildung 2-4: Entwicklung der Transaktionskosten am Bruttosozialprodukt der USA (Quelle: in Anlehung an Wallis/North 1986, S. 121)

Anteil der Transaktionskosten am Bruttosozialprodukt in %

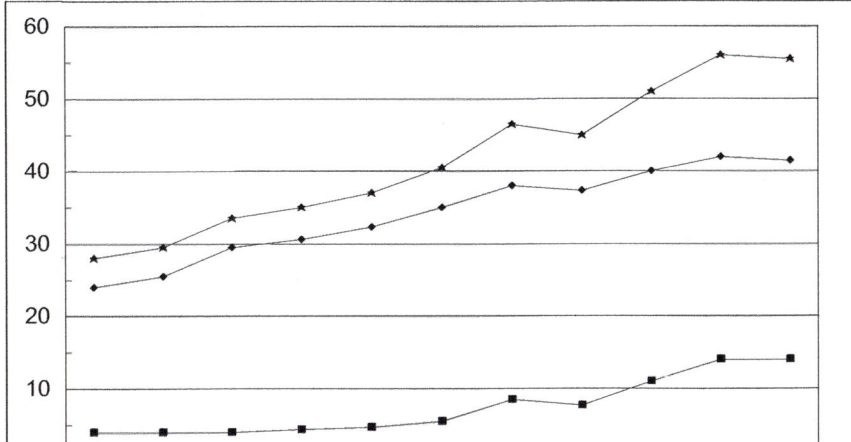

Die Transaktionskostentheorie beruht im Kern auf der Frage, wie ökonomische Koordinationsprobleme am effizientesten gelöst werden können, wenn man bezüglich der grundlegenden Ausgangssituation im Annahmengefüge neben

▪ Unsicherheit im wirtschaftlichen Handeln auch von der

▪ Ungleichverteilung von Informationen zwischen den Wirtschaftssubjekten ausgeht.

Zum Teil ist es sinnvoll, die Leistungserstellung im Rahmen enger Kooperationen mit anderen Unternehmungen zu vollziehen, um erstens von deren Spezialisierungsvorteilen zu profitieren, gleichzeitig aber auch durch eine enge geschäftliche Beziehung zu ihnen eine hinreichende Kontrolle des gesamten Leistungserstellungsprozesses auszuüben. Wenn etwa ein neuer Automobiltyp entwickelt wird, können die Automobilkonzerne allein schon aus kapazitativen Gründen kaum die Entwicklungsarbeit für alle Zulieferteile übernehmen, legen aber größten Wert darauf, dass z.B. das Bremssystem in vollem Einklang zur Auslegung des neuen Automobils steht, weswegen sie zu richtungsweisenden Entscheidungen in der Teileentwicklung hinzugezogen werden wollen. Eine enge vertragliche Kooperation kann daher das Abstimmungsproblem zwischen dem Zulieferer und dem Automobilhersteller lösen. Teilweise sind derart aufwändige Abstimmungen zwischen den beteiligten Parteien jedoch gar nicht erforderlich. Detaillierte Verträge erübrigen sich ebenso wie Eingriffsnotwendigkeiten in den Leistungserstellungsprozess, weil ein bestimmtes Produkt allgemein bekannt ist und die Belieferung keine (nennenswerten) Abstimmungsprobleme verursacht. Die Bereitstellung einer bestimmten Zementsorte in spezifizierter Menge ist nur einer von vielen Fällen dieser Kategorie, bei der auf typisch marktliche Koordinationsmechanismen zurückgegriffen wird, die für eine Vielzahl der Marktteilnehmer verbindlich sind. Allerdings ist auch ein anders gelagerter Fall denkbar: Eine Unternehmung hat ein hochspezifisches Problem, welches sich keinem anderen Betrieb in vergleichbarer Weise stellt. Daneben kann auch der Absicherungsbedarf sehr hoch sein, wenn etwa vertrauenswürdige Lieferanten fehlen, so dass sich die bestellende Unternehmung nicht einmal sicher sein kann, ob der etwaige Partner überhaupt mit der erforderlichen Motivation und Sorgfalt das eigene Problem bearbeitet. In solchen Fällen kann es sinnvoll sein, eine bestimmte Tätigkeit nicht „aus der Hand zu geben" und damit die Selbsterstellung dem Fremdbezug vorzuziehen. In einem solchen Fall wird von **hierarchischer Koordination** gesprochen. Derartige Fragen stehen im Mittelpunkt des Transaktionskostenansatzes. **Es geht also darum, in einer bestimmten Situation die am besten passende Organisationsform zur wirtschaftlichen Koordination zu finden.** Eine derartige Abstimmung einer organisatorischen Lösung auf bestimmte, hier externe Rahmendaten (vgl. Beispiel 2-1) wird in der Betriebswirtschaftslehre auch mit dem Begriff des „**Fit**" bzw. des „**Matching**" überschrieben. Geschäftsbeziehungen, marktliche und hierarchische Organisationsformen sind, wie eben beschrieben, dabei Rahmen gebend und spannen ein Feld vielfältigster Koordinationsmöglichkeiten auf, aus denen die situativ am besten passende (bzw. am geeignetsten erscheinende) herauszufiltern ist. Je besser dies gelingt, desto geringer sind im Sinne der Transaktionskostentheorie die damit verbundenen Transaktionskosten.

Beispiel 2-1: Im täglichen Leben

Auch im Alltag stellt sich regelmäßig die Frage nach geeigneten Organisationsformen. Untersuchen Sie, welche der oben vorgestellten institutionellen Lösungen zwischen Selbsterstellung und Fremdbezug Ihnen zur Deckung folgender Bedürfnisse am geeignetsten erscheint:

- Brötchenkauf am frühen Morgen,
- Kauf eines ausgefallenen Geschenks für den runden Geburtstag des Partners,
- Erstellung eines Gutachtens über den Wert der Eigentumswohnung,
- Erstellung einer einfachen Steuererklärung,
- Organisation einer Individualreise.

Die obige Kennzeichnung trägt zu einem Grundverständnis des Ansatzes bei, legt aber noch nicht die Hintergründe offen. Daher ist in einem weiteren Schritt genauer zu analysieren, wie Koordinationslösungen im Allgemeinen und die Unternehmung im Besonderen aus der Sichtweise der Transaktionskostentheorie zu erklären sind. Dabei wird in Anlehnung an Abbildung 2-5 die Erklärung in sieben Schritten vorgenommen.

Die Transaktionskostentheorie arbeitet mit einem spezifischen Annahmengefüge. Die Prämissen beziehen sich erstens auf die Situation in der Umwelt, zweitens auf das Handeln von Wirtschaftssubjekten außerhalb, aber auch innerhalb der Unternehmung, was in den beiden ersten Schritten von Abbildung 2-5 thematisiert wird. Die Unsicherheit beruht sowohl auf der exogenen Unsicherheit, auch Umweltunsicherheit genannt, als auch auf der Verhaltensunsicherheit. Letztere beschreibt, dass das Verhalten der Austauschpartner nicht im Vorhinein absehbar ist. Die exogene Unsicherheit fußt auf einer Vielzahl Rahmen gebender Faktoren, die oftmals bereits einzeln kaum überblickt werden können und insbesondere in ihrem Zusammenwirken eine **Komplexität** verursachen, welche Entscheider vor Planungsprobleme stellt. Als Konsequenz müssen Wirtschaftssubjekte ihre Entscheidungen auf Basis unvollständiger Information treffen und sind vor Ex-post-Überraschungen nicht gefeit. Dieses Problem kann durch zusätzliche und Kosten verursachende Informationsbeschaffung nur reduziert, nicht aber beseitigt werden. Mit Blick auf die Entscheidungssituation ist bezüglich der Umweltbedingungen auch die Marktstruktur, insbesondere die Marktform relevant, was etwas weiter unten zu thematisieren ist.

Abbildung 2-5: Transaktionskostentheoretische Erklärung der Entstehung und Veränderung von Institutionen

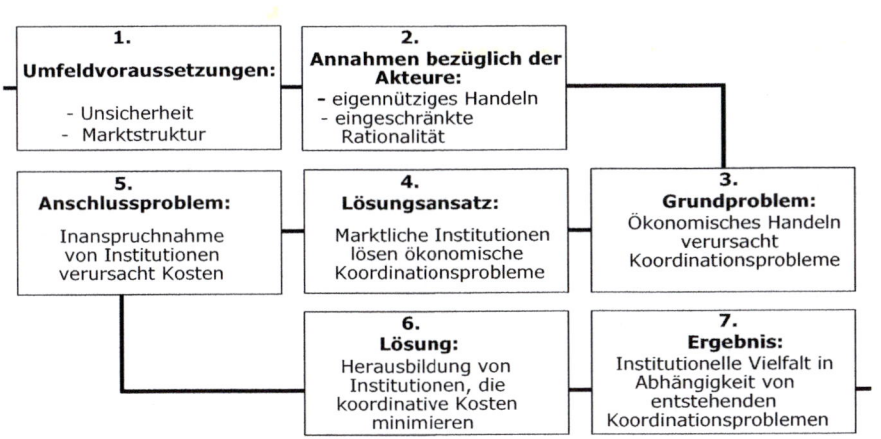

Das menschliche Verhalten gemäß Schritt 2 (Abbildung 2-5) ist durch opportunistisches Handeln der Wirtschaftssubjekte gekennzeichnet. Opportunismus beruht zunächst auf dem Streben der Individuen, ihren eigenen Nutzen zu maximieren. Die diesbezüglichen Handlungen schließen das Ausnutzen günstiger Gelegenheiten auch zu Lasten Dritter ein. So können etwa einem schlechter informierten Tauschpartner gegenüber wichtige Informationen verschwiegen werden. Bei einem zu verkaufenden Gebrauchtwagen könnte etwa ein Hinweis auf größere Unfälle fehlen. Neben diesen Unterlassungshandlungen kann der Tauschpartner aber auch bewusst getäuscht werden. Die Manipulation der angezeigten Fahrleistung eines Gebrauchtwagens wäre ein derartiger Fall opportunistischen Handelns.

Weiterhin ist das menschliche Handeln im Sinne des Ansatzes durch die bereits in Kapitel 1 beschriebene „Bounded Rationality" charakterisiert. Begrenzte Rationalität beinhaltet, dass Entscheider mit multiplen Zielen antreten, über geordnete und in sich konsistente, d.h. widerspruchsfreie Präferenzen verfügen, gleichwohl aber nur eine begrenzte Kapazität zur Informationsaufnahme und -verarbeitung besitzen, so dass in Entscheidungssituationen oftmals wichtige Informationen fehlen. In derartigen Konstellationen versucht der Entscheider, so rational wie eben möglich zu handeln, ist aber auf Grund von Informationsmängeln und möglicherweise besser informierten Tauschpartnern dazu nicht immer in der Lage. Vielmehr muss er sich ein vereinfachtes, teilweise sogar wenig zutreffendes Abbild von der Realität verschaffen. Daran wird deutlich, dass beschränkt rationale Entscheider außer Stande sein können, die Entscheidungssituation zu beherrschen, so dass sich trotz der Intention, rational zu handeln, bestimmte Handlungen im Nachhinein als Fehlentscheidungen erweisen können.

Die oben genannte Marktstruktur ist hier vor allem bezüglich der Marktform von Belang: Teilweise gibt es Situationen, in denen sich die Entscheider ihre Tauschpartner aus einer Vielzahl potenzieller Partner aussuchen können. Je eher man sich im Polypol befindet, umso mehr mag dies zutreffen. Im umgekehrten Fall jedoch treten Situationen auf, in denen nur wenige Tauschpartner zur Verfügung stehen, wobei auch der Extremfall nur eines Partners denkbar ist. In derartigen Fällen wird im transaktionskostentheoretischen Kontext von den so genannten „Small-numbers-Situationen" gesprochen (Teece 1982). Auf Grund eingeschränkter oder sogar fehlender Ausweichmöglichkeiten auf andere Tauschpartner ist diese Konstellation besonders problematisch, was insbesondere in Anlehnung an das so genannte „Organizational Failure Framework" von Williamson, welches in Abbildung 2-6 dargestellt ist, verdeutlicht werden kann.

Erst im Falle begrenzter Rationalität der Entscheider wird in den betreffenden Entscheidungssituationen unter Unsicherheit opportunistisches Verhalten einzelner Wirtschaftssubjekte zum Problem. Bei Sicherheit würde opportunistisches Verhalten den betreffenden Tauschpartnern unmittelbar auffallen und wäre wirkungslos. Bei unvollkommener und vor allem ungleich verteilter Information („Information Impactedness") hingegen wird Opportunismus zu einem ernsthaften Problem in Tauschprozessen. Schlechter informierte Marktteilnehmer können dann von besser informierten gezielt hintergangen und übervorteilt werden. Es besteht somit Bedarf, sich vor opportunistischem Handeln zu schützen – und zwar auch dann, wenn den Marktteilnehmern der Sache nach nicht klar ist, welchen Wagnissen sie sich aussetzen. Gelingt es nicht, hinreichende Schutzmechanismen zu entwickeln, so kann eine Tauschhandlung möglicherweise unterbleiben bzw. im Falle des Zustandekommens zu einem nachteiligen Geschäft für einen der Tauschpartner werden. Noch stärker spitzt sich die Situation zu, wenn das oben beschriebene „Small-numbers-Problem" auftritt. Es kann sich dann der Fall ergeben, dass man gezwungen ist, mit besonders opportunistisch handelnden Marktteilnehmern zusammenzuarbeiten, weil keine Alternativen zur Verfügung stehen. In solchen Fällen bedarf es besonderer Schutzmaßnahmen, um das Verhalten dieser Marktteilnehmer wirksam zu kanalisieren. Die hier geführte Argumentation lässt erkennen, dass eigennütziges Handeln von den Marktteilnehmern in unterschiedlicher Form zur Anwendung gebracht werden kann. Neben die gezielte Ausbeutung des Tauschpartners und die Verletzung sozialer Normvorstellungen tritt z.B. auch die Alternative, Vertrauen zu schaffen, um sich darauf aufbauend durch eine längere Zusammenarbeit gegenüber der Ausgangssituation besser stellen zu können.

Abbildung 2-6: Organizational Failure Framework (Quelle: Williamson 1975, S. 40)

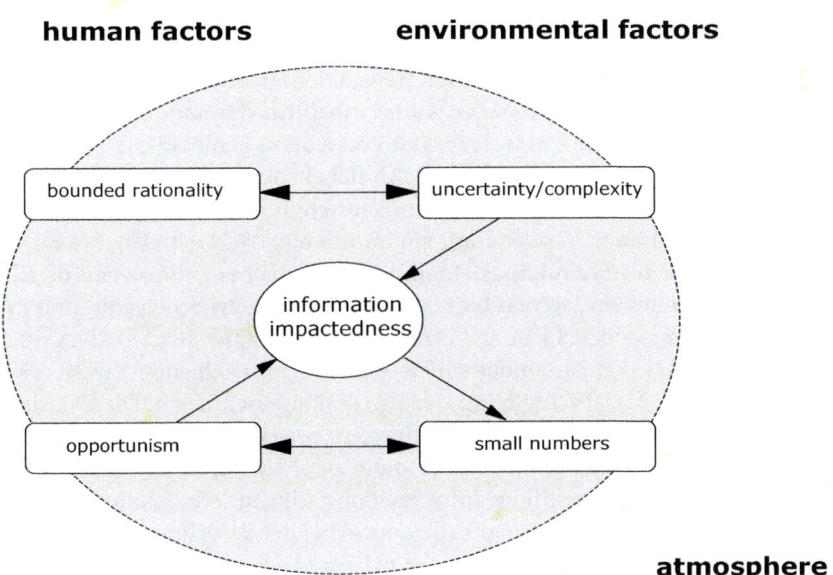

Anhand des „Organizational Failure Framework" lässt sich somit bereits feststellen, was im Schritt 3 gemäß Abbildung 2-5 thematisiert wird: Ökonomisches Handeln verursacht Koordinationsprobleme, die sich z.B. in einem erhöhten Abstimmungsbedarf zwischen den beteiligten Marktseiten niederschlagen und Transaktionskosten verursachen. Offen ist, durch welche Größen die Koordinationsprobleme und damit auch die Transaktionskosten bestimmt werden. Innerhalb der Transaktionskostentheorie sind diesbezüglich drei Größen zur Diskussion gestellt worden, die zugleich jede Transaktionssituation kennzeichnen:

- Die **Unsicherheit** ist eine erste zentrale Größe. Wenngleich transaktionskostentheoretisch generell von Unsicherheit im wirtschaftlichen Handeln ausgegangen wird, so kann das konkrete Ausmaß von Fall zu Fall variieren. Je höher die Unsicherheit (auf Basis von exogener und verhaltensbezogener Unsicherheit) einer Transaktion ist, desto größer ist der Absicherungsbedarf, was wiederum auf Grund erforderlicher Koordinationsmaßnahmen mit steigenden Transaktionskosten einhergeht.

- Die **Spezifität** einer Transaktion gibt Auskunft darüber, in welchem Umfang ein Transaktionspartner Investitionen in eine bestimmte Transaktion oder ein Organisationsproblem zu leisten hat, die z.B. in anderen Verwendungsmöglichkeiten kaum noch oder nicht mehr wirkungsvoll genutzt werden können. Produziert etwa ein Zulieferer Spezialteile für nur einen Automobiltyp, der zudem nur an einem Standort hergestellt wird, so kann der Fall eintreten, dass bei einem Verlust der Geschäftsbeziehung zum Automobilhersteller die zur Produktion vorgesehenen Anlagen und Maschinen nicht mehr sinnvoll einsetzbar sind. Tritt eine derartige Extremsituation ein, bei der eine zweitbeste Verwendungsmöglichkeit für geleistete Investitionen nicht mehr existiert, spricht man vom Zustand der „**Idiosynkrasie**". Wird innerhalb der Transaktionskostentheorie Spezifität als Transaktionsmerkmal betrachtet, so ist damit inhaltlich der spezifische Zuschnitt von Produktionsfaktoren auf eine Transaktionssituation gemeint („Asset Specificity"). Der jeweilige Spezifitätsgrad bemisst sich dabei anhand eines Vergleichs: Wird ein Produktionsfaktor für eine bestimmte Transaktion vorgesehen, so lässt sich durch eine zweckbestimmte Verwendung ein bestimmter Wert erzielen. Fraglich ist, wie hoch der Wert des Produktionsfaktors in der nächstbesten Verwendungsalternative, dem so genannten „second best" ist. Die Differenz zwischen erst- und zweitbester Verwendungsmöglichkeit stellt die so genannte **Quasirente** (Klein et al. 1978) dar. Im Fall des o.g. Automobilzulieferers wird eine fehlende Zweitverwendung und damit eine Vollabschreibung der Investition beschrieben. Die Quasirente, die man auch als Streitwert von Verhandlungen zwischen den beteiligten Marktpartnern interpretieren kann, entspräche dann dem Volumen der spezifischen (hier: idiosynkratischen) Investition. Im Regelfall bestehen jedoch alternative Verwendungsmöglichkeiten. In solchen Fällen muss bei der Berechnung der Quasirente in Abhängigkeit vom vorliegenden Spezifitätsgrad einer Investition jedoch berücksichtigt werden, dass die Erschließung dieser Verwendungsalternative mit Kosten einhergeht, die z.B. durch Umrüstung von Maschinen oder Neuverhandlung von

Verträgen entstehen. Hat eine Marktseite in eine Transaktion spezifisch investiert, so kann in Folge von Unsicherheit, ungleich verteilter Information und opportunistischem Handeln die andere Marktseite den Versuch unternehmen, sich der damit verbundenen Quasirente zu bemächtigen – auch wenn dies voraussetzt, das entsprechende Volumen zutreffend abschätzen zu können. Speziell könnte die Marktgegenseite nach Vornahme der spezifischen Investition versuchen, die vorher vereinbarten Vertragsbedingungen erneut zur Diskussion zu stellen, um in Kenntnis der Quasirente des Gegenübers deren Betrag zu vereinnahmen. Für Denjenigen, der bereits spezifisch investiert hat, wäre es jedenfalls ökonomisch rational, an der Transaktionsbeziehung bis zur Abschöpfung der Quasirente festzuhalten. Genau an dieser Stelle ergibt sich die Notwendigkeit, durch Institutionen Schutzmaßnahmen zu ergreifen, die ein derartiges Abschöpfen der Quasirente durch den Tauschpartner wirksam unterbinden. Der Spezifitätsgrad wird in Verbindung mit der transaktionsbezogenen Unsicherheit somit zur zentralen Orientierungsgröße für die Ausrichtung der institutionellen Lösung.

Beispiel 2-2: Quasirenten in der Automobilwirtschaft

Der Automobilzulieferer X wird vom Automobilhersteller A gebeten, ein Werk für die Belieferung von Fahrzeugtüren direkt vor den Werktoren von A zu errichten, um eine zeitgenaue und zuverlässige Zulieferung zu gewährleisten. Die Errichtung dieses Werks geht mit einem Investitionsvolumen von insgesamt 6 Mio. € einher. Ein großer Teil der technischen Infrastruktur des Werks (insbesondere Maschinen und Formen) lassen sich nur zum Bau der Fahrzeugtüren von Modellen der Firma A einsetzen. Ihr Investitionsvolumen beträgt allein 2 Mio. €. Das Werk ist in seiner Kapazitätsbemessung auf den Bedarf von A ausgerichtet. Es könnte nach entsprechender Umrüstung aber auch genutzt werden, um den Automobilhersteller B zu beliefern, der mit seinen Produktionsstätten aber 250 km entfernt ist und für den ein Lager vor dessen Werktoren zu errichten wäre.

Berechnung der Quasirente bei Vernachlässigung der Kosten für den Wechsel des Nachfragers:

Wert des Werks in ursprünglicher (erstbester) Verwendung (Kunde A):	6 Mio. €
Wert der Werks in nächstbester Verwendung (Kunde B):	4 Mio. €
Quasirente:	2 Mio. €

A könnte im Falle der Kenntnis der Höhe der Quasirente in folgenden Vertragsrunden nunmehr versuchen, exakt diesen Betrag durch Verhandlungen zu vereinnahmen. Hierbei ist jedoch zumindest Folgendes zu berücksichtigen:

X wird bei der Entscheidung, A weiterhin durch das neue Werk zu beliefern, die Kosten für den Kundenwechsel berücksichtigen. Daneben sind die Kosten der Distribution der Fahrzeugtüren im Falle der Belieferung von B vermutlich höher, weil nunmehr eine Distanz von 250 km zusätzlich zurückzulegen ist. Das Beispiel lässt erahnen, dass derartige Entscheidungen sehr komplex sein können. Dies lässt Zweifel aufkommen, ob und wie weit der Nachfrager überhaupt eine zutreffende Vorstellung von der Höhe der Quasirente haben kann.

Das Beispiel verdeutlicht: Spezifität kann in unterschiedlichsten Erscheinungsformen auftreten. Williamson (1989, S. 143) unterscheidet zwischen folgenden Formen:

(1) „site specificity" – Transaktionspartner investieren standortspezifisch (wie der Zulieferer im obigen Beispiel),

(2) „physical asset specificity" – die spezifische Investition betrifft die physische Ausstattung, wie vor allem Anlagen, Maschinen, Werkzeuge und Technologien,

(3) „human asset specificity" – hierbei wird in spezifische Mitarbeiter bzw. deren spezifische Qualifikation investiert (im obigen Beispiel fiele darunter die kundenspezifische Schulung und Weiterbildung entsprechenden Personals),

(4) „dedicated assets" – auf etwas anderer Ebene stehend, geht es hierbei um Aktiva eines Transaktionspartners, die zwar nicht grundsätzlich partnerspezifisch sind, aber für eine Transaktion bereitgestellt wurden (Bsp.: zusätzliche Kapazität, die nur für eine bestimmte Transaktion aufgebaut worden sind).

■ Eher als ergänzendes Kriterium wird in transaktionskostentheoretischen Beiträgen die **Häufigkeit** eingestuft, mit der eine Transaktion vollzogen wird (Baur 1990; Picot et al. 2005). Sie ist insofern von Belang, als eine organisatorische Lösung, hier: eine Institution, oftmals mit der Absicht geschaffen wird, mehrmalig genutzt zu werden. Dies gilt z.B. für betriebliche Kooperationen auf Basis langfristiger Verträge. Die Vereinbarung eines vertraglichen Rahmenwerks ist zumeist nur dann sinnvoll, wenn sichergestellt ist, dass die Parteien es für mehrere Austauschvorgänge nutzen. Daher verbinden sich Amortisationsüberlegungen mit der Häufigkeit einer Transaktion. Bei einmaligen oder nur gelegentlich wiederkehrenden Transaktionen besteht daher eine Tendenz zu einfacheren institutionellen Lösungen.

Mit den genannten Kriterien werden Transaktionen im transaktionskostentheoretischen Sinne analysiert. Gelegentlich finden sich in auf den Originalwerken aufsetzenden Publikationen weitere Merkmale, wie etwa die strategische Relevanz, die Komplexität, die Wettbewerbsstrategie sowie die technischen Rahmenbedingungen (z.B. Baur 1990; Picot 1991), auf die hier aber nicht näher einzugehen ist. Festzuhalten ist vielmehr, dass sich die Koordinationsprobleme ökonomischen Handelns in den genannten Kriterien spiegeln. Um die damit verbundenen Herausforderungen zu bewältigen, bedarf es der Einrichtung von Institutionen, unter denen die Unternehmung eine von mehreren Alternativen darstellt. Vergegenwärtigt man sich, dass im Rahmen einer Transaktion zwischen zwei Parteien im Regelfall Geld als Gegenleistung zum Einsatz gelangt, ferner von der geltenden Rechtsordnung Gebrauch gemacht wird sowie bestimmte Gepflogenheiten in Märkten zur Anwendung gelangen, so wird deutlich, dass oft ein Mix aus unterschiedlichen Institutionen die Transaktion umrahmt. Schritt 4 innerhalb von Abbildung 2-5 stellt auf diesen Punkt ab.

Die in Betracht kommenden Institutionen zur Lösung der auftretenden Probleme werden üblicherweise in drei Kategorien unterteilt (Richardson 1972):

- **marktliche Koordination**, d.h. Inanspruchnahme des Marktes ähnlich der Modelltheorie des vollkommenen Marktes, was homogene und somit unspezifische Güter betrifft, die im Kontext geringer Unsicherheit ausgetauscht werden,

- **Koordination durch Kooperation**, d.h. durch eine wie auch immer geartete Abstimmung zwischen zwei Marktteilnehmern zum Zwecke einer gezielteren, d.h. weitaus spezifischeren Leistungserstellung und Leistungsübergabe gegenüber marktlicher Koordination, wobei die Kooperation zumeist auf vertikaler Ebene erfolgt und mit tendenziell höherer Unsicherheit einhergeht,

- **hierarchische Koordination**, d.h. eine unternehmungsinterne Erstellung und Übergabe höchst spezifischer Leistungen, wobei in diesem Fall auch von der vertikalen Integration von Wertschöpfungsstufen gesprochen wird.

Der letztgenannte Bereich ist relevant, um die Entstehung von Unternehmungen transaktionskostentheoretisch nachvollziehen zu können.

Schritt 5 von Abbildung 2-5 lässt erkennen, dass jegliche Inanspruchnahme von Institutionen mit Kosten verbunden ist. Allerdings ergeben sich bereits bezüglich der drei oben genannten grundsätzlichen Koordinationsmöglichkeiten erhebliche Unterschiede bezüglich des Umfangs anfallender Kosten. Dies lässt sich im Detail anhand von Abbildung 2-7 nachvollziehen, wobei bezüglich der transaktionskostenrelevanten Größen vereinfachend auf den Spezifitätsgrad der Transaktion abgestellt wird. Wie oben erwähnt, ergibt sich mit Blick auf die Unsicherheit ein ähnliches Bild.

Abbildung 2-7: Transaktionskostenverläufe in Abhängigkeit alternativer Koordinationsmöglichkeiten (Quelle: in Anlehnung an Williamson 1991)

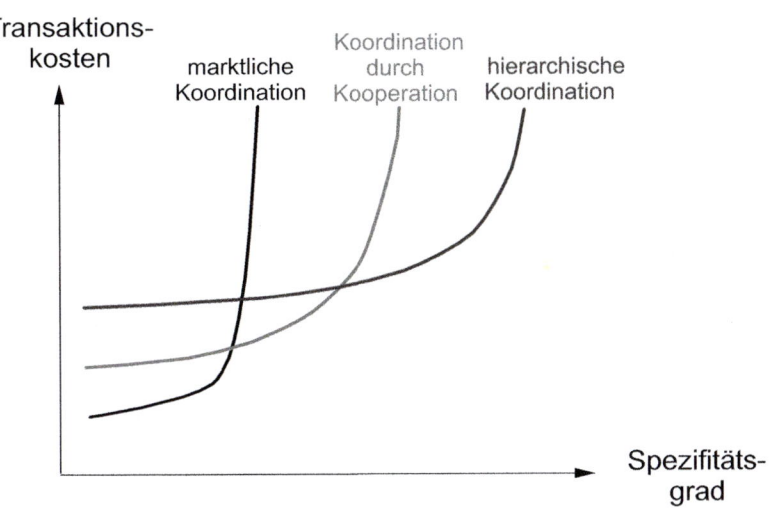

Die marktliche Koordination ist somit dadurch gekennzeichnet, dass sie bei unspezifischen Transaktionssituationen effizient ist. Transaktionsprobleme in Form von Unsicherheit und stark ungleich verteilter Informationen unter den Marktteilnehmern existieren hier nicht oder allenfalls in sehr begrenztem Umfang, so dass allgemeine und somit transaktionsunspezifische Schutzmechanismen wie allgemeine Geschäftsbedingungen eine akzeptable und vor allem kostengünstige Absicherungsmöglichkeit bieten.

Oftmals schon bei mäßiger Spezifität verändert sich jedoch gemäß Abbildung 2-7 die Vorteilhaftigkeit. Der Grund ist darin zu sehen, dass nunmehr die Schutzmechanismen marktlicher Koordination unwirksam werden. Wenn demnach opportunistisches Verhalten der Marktgegenseite droht, ist man möglicherweise schutzlos ausgeliefert. Vielmehr sind komplexere institutionelle Schutzmöglichkeiten gefordert, wie man sie etwa in Form von Verträgen oder umfangreichen bilateralen Abstimmungen zwischen Geschäftspartnern finden kann. Dann aber entstehen erhebliche Transaktionskosten. Institutionell wird marktliche Koordination durch die kooperative Koordination ersetzt, was sich darin niederschlägt, dass für Geschäftsbeziehungen typische Steuerungsmechanismen für wenige Beteiligte an die Stelle marktlicher Abstimmung treten, die auf die Belange einzelner Marktteilnehmer keine Rücksicht nehmen können. Bei mittleren Spezifitätsgraden bieten kooperative Lösungen „optimalen" Schutz und eine bestmögliche Koordination zwischen den Marktpartnern. Sie sind dann entsprechend transaktionskosteneffizient. Die Überlegenheit kooperativer Koordination im Bereich mäßiger bis hoher Spezifitätsgrade ist darauf zurückzuführen, dass erstens vertragliche Rahmenregelungen die Möglichkeit eröffnen, bestimmte Formen opportunistischen Verhaltens weitgehend auszuschließen. Das lässt sich z.B. dadurch realisieren, dass man derartiges Handeln wirksam unter Strafe stellt, so dass es der potenziell opportunistisch Handelnde aus Wirtschaftlichkeitsgründen unterlässt. Das Problem desjenigen Partners, der sich vor opportunistischem Verhalten der Marktgegenseite absichern will, besteht jedoch darin, dass er annahmegemäß nur unvollständiges Wissen über opportunistische Handlungsmöglichkeiten besitzt. So ist z.B. denkbar, dass er sich vertraglich – etwa in Unkenntnis – gegen bestimmte Verhaltensweisen nicht absichert, die der Tauschpartner dann aber nach Vertragsabschluss ergreift. An dieser Stelle wird deutlich, dass der Transaktionskostenansatz davon ausgeht, dass sich durch institutionelle Regelungen nicht alle möglichen unsicherheitsbedingten Probleme lösen lassen, so dass auch nach einem etwaigen Vertragsabschluss noch **Ex-post-Überraschungen** drohen.

Ein zweiter Grund für die Vorteilhaftigkeit einer kooperativen Koordination gegenüber einer Selbsterstellung auf dem Wege der vertikalen Integration besteht darin, dass ein Kooperationspartner bei mittleren Spezifitätsgraden über die Möglichkeit verfügt, Leistungen nicht nur für einen Abnehmer zu erstellen, sondern für eine größere Zahl. Dadurch lassen sich Skalenerträge erzielen, die bei einer Produktion nur für den Eigenbedarf nicht in Betracht kommen.

Die Vorteilhaftigkeit einer Koordination auf kooperativem Wege endet jedoch bei höchsten Spezifitätsgraden. In solchen Fällen sind die Problemstellungen singulär, so dass an obige Skalenerträge nicht mehr zu denken ist. Ferner ist gerade in derartigen Situationen neben der Spezifität auch die Unsicherheit sehr hoch, so dass ein umfangreicher Absicherungsbedarf besteht. In solchen Fällen ist die hierarchische Koordination effizient, was darauf zurückzuführen ist, dass die Leistungserstellung auch außerhalb der Unternehmung nicht günstiger organisiert werden könnte und ferner durch die hierarchische Steuerung wesentlich bessere, nahezu perfekte Voraussetzungen bestehen, um opportunistisches Handeln zu unterbinden. Die Transaktionskostentheorie geht nämlich vereinfachend davon aus, dass die hierarchische Koordination durch Vorgesetztenverhältnisse und damit einhergehende Kontrollmöglichkeiten in der Lage ist, opportunistisches Verhalten zu unterbinden. Auch ein im Zuge der vertikalen Integration übernommener Lieferant könnte „diszipliniert" werden. Eine solche Internalisierung kommt ferner dann in Betracht, wenn sich eine derartige Transaktionssituation häufig wiederholt, so dass entsprechende Anschaffungen im Betriebsmittelbereich Aussicht auf Amortisation besitzen.

Abbildung 2-8: Transaktionskostenarten, -stellen und -träger

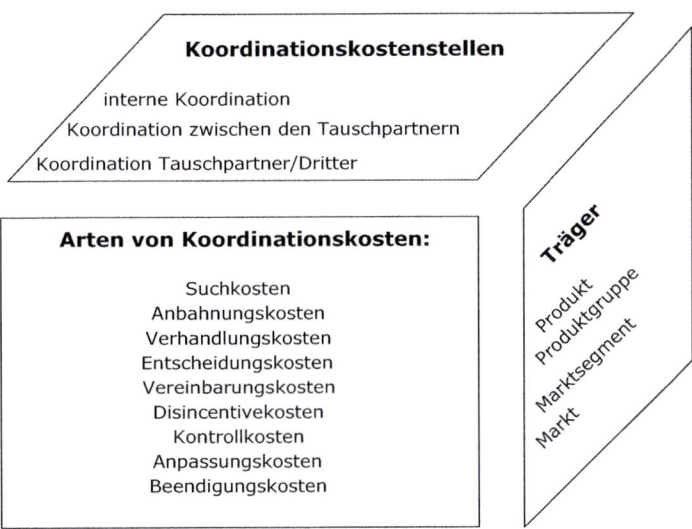

Mit Blick auf die Entstehung von Unternehmungen in Anlehnung an Schritt 6 in Abbildung 2-5 ist festzuhalten: Unternehmungen als Institutionen entstehen bei extrem hoher Spezifität und Unsicherheit, ggfs. zusätzlich hoher Transaktionshäufigkeit. Ihre Entstehung vollzieht sich über die Anpassung an die transaktionalen Rahmenbedingungen mit dem Motiv, Transaktionskosten zu minimieren. Im Umkehrschluss ließe sich argumentieren, dass Transformationskosten für die Auswahl einer effizienten Koordinationsform unmaßgeblich sind. Abbildung 2-8 vermittelt – analog zur Kostenrechnung – einen Überblick über Transaktionskostenarten, -stellen und -träger.

Ausgangspunkt ist die Frage, welche Arten von Kosten anfallen. Eine entsprechende Gliederung kann sich am Transaktionsprozess orientieren, wie dies der entsprechenden Rubrik der Abbildung zu entnehmen ist. Erläuterungsbedürftig sind in diesem Kontext insbesondere die so genannten „Disincentivekosten". Sie beziehen sich auf solche Regelungen, die Negativanreize mit Blick auf opportunistisches Handeln setzen, ein solches also vermeiden sollen. In der Kostenstellenrubrik wird grob zugeordnet, in welchen Bereichen Transaktionskosten angefallen sind, während im Kostenträgerbereich geklärt wird, wofür die Kosten entstanden sind.

Als Ergebnis ist festzuhalten, dass in Abhängigkeit von der jeweiligen Transaktionssituation unterschiedliche institutionelle Lösungen (Transaktions-Designs) effizient sind. Bewusst grob wurden mit dem Markt, der Kooperation und der Hierarchie (Unternehmung) bereits drei Rubriken vorgestellt. Da es eine kaum überschaubare Vielzahl von Transaktionssituationen gibt, sind folglich auch die Transaktions-Designs deutlich zahl- und variantenreicher.

Abbildung 2-9: Transaktions-Designs und Spezifitätsgrad

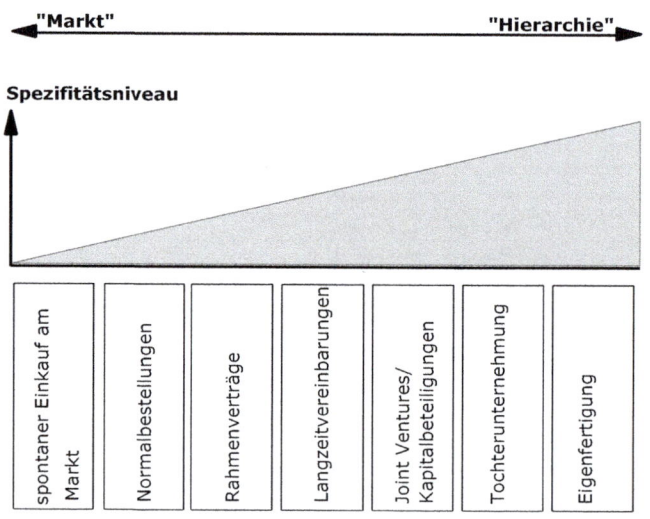

Einen etwas feineren Überblick über die Vielfalt institutioneller Lösungen gemäß Schritt 7 in Abbildung 2-5 liefert Abbildung 2-9, welche die so genannten Transaktions-Designs nach dem Spezifitätsgrad ordnet. Eine ähnliche Systematisierung findet sich bei Picot (1991). Markt und Unternehmung, letztere repräsentiert durch die „Hierarchie", stellen dabei die Extremformen eines Kontinuums dar. Markt und Hierarchie können allerdings – wie die bisherigen Ausführungen in Kapitel 1 und 2 gezeigt haben – nur schwerlich als Gegensätze verstanden werden.

Die Vielfalt institutioneller Lösungen beruht gemäß Abbildung 2-9 in erster Linie auf zahlreichen Kooperationsformen, die im Sinne der Transaktionskostentheorie der so genannten „**hybriden Koordination**" zugeordnet werden. Allerdings ergeben sich auch innerhalb einer Unternehmung unterschiedliche Möglichkeiten der Koordination: So kann sich eine Unternehmung an einem Betrieb beteiligen, um ihn zu steuern und zu kontrollieren. Der diesbezügliche Einfluss kann jedoch auf Grund anderer Kapitaleigentümer begrenzt sein, weswegen auch Gemeinschaftsunternehmungen (**Joint Ventures**) in Betracht kommen, die durch (zumindest, oft aber auch nicht mehr als) zwei beteiligte Unternehmungen gleichberechtigt gesteuert werden können. Noch stärkere Steuerung und Kontrolle lässt sich im Zuge einer Mehrheitsbeteiligung oder einer vollständigen Übernahme erreichen. Im letztgenannten Fall sind wiederum Abstufungen bezüglich der faktischen Selbstständigkeit möglich, welche die Mutterunternehmung einer Tochterunternehmung einräumt.

Damit lässt sich auf Basis der Transaktionskostentheorie eindeutig ableiten, warum und wann Unternehmungen entstehen und sich verändern. In Ergänzung der obigen Ausführungen ist festzustellen: Unternehmungen werden auf Grund der hierarchischen Koordination und der damit verbundenen Steuerungs- und Kontrollmöglichkeiten als einzige Möglichkeit angesehen, Situationen höchster Unsicherheit und höchster Spezifität zu bewältigen. In derartigen Konstellationen ist die Unternehmung effizient, was beinhaltet, dass sie die transaktionskostenminimale Koordinationslösung darstellt. Eine Unternehmung stellt dabei ein Netz von Verträgen und Verabredungen zwischen den Organisationsbeteiligten dar, ergänzt um geltende Normen und Regeln, gesteuert durch das Prinzip der Weisung. Hier besteht der wesentliche Unterschied zu anderen Koordinationsformen, die idealtypisch nicht auf Über- bzw. Unterordnung, sondern auf dem Prinzip der Gleichordnung der Marktteilnehmer beruhen.

Die Koordinationsform Unternehmung unterliegt Änderungen in Abhängigkeit von den vorliegenden Umweltbedingungen. Damit wird deutlich, dass mit jeder Änderung der diesbezüglichen Rahmenbedingungen auch die (vertikalen) Grenzen der Unternehmung unter Effizienzgesichtspunkten zu prüfen sind. Vor allem Veränderungen in der Spezifitäts- und Unsicherheitssituation legen Übergänge zu alternativen Koordinationsformen nahe, um Transaktionskosteneffizienz zu wahren. Damit wird zugleich deutlich, dass Veränderungen in der Unternehmungsstruktur extern induziert werden. Der Niedergang einer Unternehmung kann sich zumindest auf zweierlei Weise ergeben: Im ersten Fall ist die Unternehmung – auf Grund von unzureichender

Information – nicht in der Lage, transaktionskostenminimale Entscheidungen zu treffen, so dass sie aus Gründen der Ineffizienz aus dem Markt ausscheidet. Daneben ist der Fall denkbar, dass sich Transaktionssituationen mit einer Optimalität der Unternehmung als Koordinationsform nicht einstellen. Hierbei handelt es sich um einen eher hypothetischen Grenzfall.

Die Transaktionskostentheorie ist in der Betriebswirtschaftslehre in den jüngeren Jahren auf größtes Interesse gestoßen (z.B. Meyer, M. 1995a; Jost 2001b), was auf einen hohen Erklärungsgehalt dieses Ansatzes schließen lässt. Gleichwohl wurde sie auch in schärfster Weise kritisiert und hinterfragt (Schneider 1985; Kieser 1988; Sydow 1992, Schneider 1995). Zu den wichtigsten Kritikpunkten an der Transaktionskostentheorie sind abschließend und ohne Berücksichtigung jüngerer Weiterentwicklungen (Fließ 2001) folgende zu zählen:

- Es wird generell als problematisch erachtet, Fragen der Entstehung und Veränderung von Institutionen ausgehend von der Denkwelt des Marktgleichgewichts zu beantworten.

- Der Ansatz tritt mit einer logischen Inkonsistenz an: Die Annahme der Unsicherheit im wirtschaftlichen Handeln steht im Widerspruch zu der Möglichkeit, Optimierungskalküle anzustellen. Auf Grund mangelnder Informationen kann weder ex ante noch ex post bestimmt werden, ob eine Handlung optimal ist.

- Schon weiter oben ist bemerkt worden, dass Markt und Unternehmung keine Gegensätze darstellen. Insbesondere die für die Hierarchie im transaktionskostentheoretischen Sinne zentrale Anordnung durch Vorgesetzte (Coase 1937) findet sich, wie Schneider (1985) herausarbeitet, in vergleichbarer Form auch in Märkten, da jeder Tausch Rechte und Pflichten begründet und damit auch Anordnungsbeziehungen schafft.

- Die Transaktionskostentheorie betont einen zwar in der Bedeutung bislang völlig unterschätzten Kostenfaktor, vernachlässigt durch ihre Fokussierung jedoch andere wichtige Faktoren, die keinesfalls ohne Weiteres ausgeblendet werden können. So ist erstens in Zweifel zu ziehen, dass das Niveau der Transformationskosten von den institutionellen Lösungen unabhängig ist. Zweitens fehlt es an einer fundierten Analyse von Erlöswirkungen (Müller-Hagedorn/Schuckel 2003) alternativer Transaktions-Designs. Insofern greift der Ansatz an wichtigen Stellen zu kurz.

- Die Transaktionskostentheorie thematisiert die Transaktionskosteneffizienz. Effektivitätsfragen werden hingegen ausgeblendet.

- Wenn sich eine Unternehmung Änderungen zu unterziehen hat, so ist dies der Anpassung von Transaktions-Designs an externe Gegebenheiten geschuldet, um Effizienz zu wahren. Die Transaktionskostentheorie bevorzugt daher einen „Environment-based View", der aber den Blick zu wenig auf interne Faktoren richtet.

▣ Der Ansatz unterstellt, dass sich schwierigste Koordinationsprobleme innerhalb von Unternehmungen im Zuge der Anordnung durch Vorgesetzte lösen lassen. Die Vorstellung von einer geradezu omnipotent anmutenden hierarchischen Koordination erscheint aber fehlleitend. Die Potenziale engster vertikaler Kooperationen mit der Aussicht auf Synergien durch Zusammenlegung komplementärer Faktoren werden jedenfalls kategorial unterschätzt.

▣ Schließlich treten gerade mit Blick auf die Transaktionskosten erhebliche Operationalisierungs- und Quantifizierungsprobleme zu Tage.

2.3.2 Institutionalistische Ansatzpunkte der neu-österreichischen Marktprozesstheorie

Vom Marktgleichgewichtsdenken, wie es in der Transaktionskostentheorie erkennbar ist, losgelöst, wird anhand der folgenden drei Ansätze in den Abschnitten 2.3.2 bis 2.3.4 die Institutionengenese und -veränderung mit Fokus auf Unternehmungen betrachtet. Im Bereich der ökonomischen Theorie hat sich eine Schule herausgebildet, die mit dem Begriff der „Modern Austrian Economics" rubriziert wird. In Anlehnung an Fließ (2001) und unter Bezugnahme auf Tabelle 2-1 lassen sich zwei Strömungen identifizieren: die Marktprozesstheorie der Österreichischen Schule und der so genannte „radikale Subjektivismus".

Nachfolgend wird der marktprozesstheoretische Zweig behandelt, der erstens durch eine konzeptionelle Erweiterung in der Lage ist, Aussagen zu institutionellen Fragestellungen zu treffen, und der zweitens zu einem tieferen Verständnis von Marktprozessen generell beiträgt, was für Kapitel 3 grundlegend ist. Dabei wird im Schwerpunkt auf die Arbeiten von von Mises (1940), von Hayek (1952) und vor allem Kirzner (1978) abgestellt. Es ist weiterhin darauf hinzuweisen, dass es sich bei der hier zu behandelnden Marktprozesstheorie der Neuen Österreichischen Schule um eine spezielle Ausprägungsform der Marktprozesstheorie i.w.S. handelt. Letztgenannte kann auch als überspannender Rahmen über die Ansätze verstanden werden, die in den Abschnitten 2.3.2 bis 2.3.4 behandelt werden.

Kriterien	Position der Marktprozesstheorie	Position des radikalen Subjektivismus
Vertreter	von Mises, von Hayek, Kirzner	Lachmann, Shackle
Quelle der Unsicherheit	Unsicherheit auf Grund von Handlungen Anderer	Unsicherheit auf Grund der Pläne, Interpretationen und Erwartungen Anderer, die die Handlungen des Akteurs beeinflussen
Handlungsmöglichkeiten des Wirtschaftssubjektes	Erkennen und Ergreifen von Handlungsmöglichkeiten auf Grund des Unwissens der Beteiligten; „Entdecker" von Handlungsmöglichkeiten	Entwicklung neuer Handlungsmöglichkeiten ohne Vergangenheit („uncaused cause"); Schöpfer von Handlungsmöglichkeiten
Zeitverständnis	Zeit verändert die bei den eigenen Handlungen zu berücksichtigenden Daten und bewirkt daher Unsicherheit bezüglich der Handlungskonsequenzen	Zeit strukturiert die Wahlmöglichkeiten des Handelnden, d.h. die sich aus den „uncaused causes" ergebenden Handlungsstränge ("sequels")
Marktprozessverständnis	Koordination von Wissen, Gleichgewichtstendenz	Koordination von Erwartungen, permanentes Ungleichgewicht
Begrenzung der Handlungsmöglichkeiten	Fähigkeit der Wirtschaftssubjekte, bestehende Gelegenheiten auf Grund der fehlenden Koordination ihrer Pläne zu erkennen	Vorstellungskraft der Wirtschaftssubjekte

Tabelle 2-1: Zweige der Modern Austrian Economics (Quelle: in Anlehnung an Fließ 2001, S. 292)

Wichtigste **Grundannahmen der Marktprozesstheorie** sind die Unsicherheit im wirtschaftlichen Handeln und die Ungleichverteilung von Wissen unter den Marktteilnehmern. Während die Transaktionskostentheorie im Schwerpunkt nach Schutzmaßnahmen vor Unsicherheit und speziell opportunistischen Handlungen sucht, herrscht in der Marktprozesslehre ein völlig anderes Grundverständnis: Unvollständiges und ungleich verteiltes Wissen wird als Chance betrachtet, Gewinnpotenziale zu erschließen und zu nutzen, die andere Wirtschaftssubjekte möglicherweise übersehen oder in ihrer Bedeutung verkannt haben. Der Unternehmer hat in der Marktprozesstheorie die Aufgabe, nicht genutzte Chancen (so genannte „Opportunitäten" geschäftlicher Art) zu ergreifen und einen „kreativen Brückenschlag" (Picot et al. 2005) zwischen den Nachfragerbedürfnissen und den Angebotsbedingungen zu vollziehen. Dieser Brückenschlag steht in Verbindung mit der für diese Sichtweise prägenden Arbitragefunktion des Unternehmers. In diesem Zusammenhang ist zu betonen, dass sich die marktlichen Bedingungen in permanentem Fluss befinden. So sind zu einem bestimmten Zeitpunkt bestehende Opportunitäten zumeist höchst vergänglich. Erkennt und ergreift ein Unternehmer die Chance, lenkt er das Interesse anderer Anbieter und der Nachfrager auf eine Arbitragegelegenheit. Das bislang ungelöste Problem wird einer Lösung zugeführt, was über die Zeit hinweg zu einem Abbau der damit verbundenen Gewinnpotenziale führt. Daneben kann auch der Fall eintreten, dass ein bestimmtes Bedürfnis nur für eine vorübergehende Zeit besteht und sich danach verschiebt oder sogar auflöst. Auch dadurch können marktliche Chancen vergehen. Die Vorstellung von sich wandelnden Marktsituationen schließt allerdings auch ein, dass sich fortlaufend neue Arbitragegelegenheiten ergeben, die es zu erkennen und zu erschließen gilt. An dieser Stelle bleibt die Marktprozesstheorie im engeren Sinne allerdings stehen und thematisiert damit – im Gegensatz zum radikalen Subjektivismus gemäß Tabelle 2-1 – nicht explizit die aktive Schaffung gänzlich neuer geschäftlicher Opportunitäten. Diese Grundhaltung schlägt sich auch in der Vorstellung der Marktprozesstheoretiker vom Wettbewerb nieder, der ausdrücklich als Such- und Entdeckungsverfahren (Hayek 1968; Kirzner 1989) verstanden wird. In diesem Suchprozess bilden die Wirtschaftssubjekte auf Basis verfügbarer Informationen ständig neue Erwartungen, treffen Entscheidungen und stellen im Regelfall fest, dass sich die Erwartungen nicht (vollständig) erfüllt haben, was wiederum ihren Informationsstand verbessert. Es liegt nahe, von einer Abfolge von Versuch und Irrtum („trial and error") auf Grund unvollständigen Wissens auszugehen.

Im Kontext einer institutionellen Analyse steht bei den Marktprozesstheoretikern der Neuen Österreichischen Schule der **Unternehmer** im Mittelpunkt. Im Einzelnen lassen sich institutionelle Überlegungen in Anlehnung an Abbildung 2-10 und unter Bezugnahme auf den Kirznerschen Arbitrageansatz (Kirzner 1978) wie nachfolgend beschrieben anstellen.

Schritt 1 lässt erkennen, dass Märkte als Institutionen erforderlich sind, um in einer arbeitsteiligen Welt einer Nachfrage ein dazu möglichst gut passendes Angebot als Problemlösung gegenüberzustellen. Eine arbeitsteilige Wirtschaft ergibt sich dadurch, dass die ökonomische Koordination der Wirtschaftssubjekte nur unvollständig in der Lage bzw. darauf gerichtet ist, den Eigenbedarf zu decken. Ohne von den Möglichkeiten des Tausches Gebrauch zu machen, würde sich im Regelfall eine Situation einstellen, bei der ein Wirtschaftssubjekt durch den Einsatz seiner Arbeitskraft Leistungen erstellt, die quantitativ über den Eigenbedarf hinausgehen, während wiederum andere Leistungen zur Befriedigung vorhandener Bedürfnisse fehlen bzw. in zu geringer Zahl zur Verfügung stehen. Durch die Inanspruchnahme von Märkten lassen sich diese Probleme verringern, in manchen Fällen sogar beseitigen. Dies erklärt die Entstehung von Märkten.

→ warum es Märkte gibt

Abbildung 2-10: Arbitrageansatz und Institutionenbildung

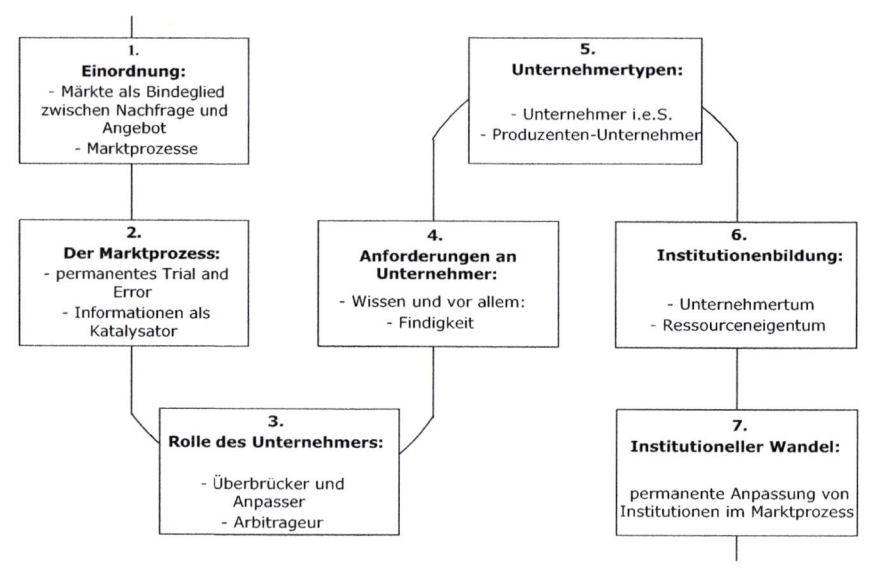

Der Marktprozess beschreibt in diesem Zusammenhang die Anpassungsprozesse, die sich zwischen der Angebots- und der Nachfrageseite vollziehen. So wird der Marktprozess bei von Mises (1940) als ein Lernprozess aufgefasst, innerhalb dessen die Wirtschaftssubjekte Wissen über die Pläne Anderer aufnehmen und dies in ihren eigenen Plänen berücksichtigen. Auf Grund unvollständigen Wissens werden jedoch nicht alle Pläne der handelnden Wirtschaftssubjekte erfüllt, was zu einem Ungleichgewicht im Sinne der Marktprozesstheorie führt.

Anhand von Schritt 2 gemäß Abbildung 2-10 lässt sich der Marktprozess genauer fassen. Als handlungsleitend sind die Erwartungen und Pläne der Wirtschaftssubjekte anzusehen, die wiederum auf verfügbaren, niemals vollständigen Informationen beruhen. Entsprechend stellt – wie oben bereits skizziert – die jeweilige Handlung den Versuch („Trial") dar, eigene Ziele zu erfüllen, der mit mehr oder weniger großem (Miss-)Erfolg verbunden ist („Error"). Die erworbenen Erfahrungen bestimmen wiederum die Folgepläne. Dies lässt erkennen, warum Informationen eine Katalysatorfunktion zufällt: Informationen sind in dieser Denkwelt zugleich:

- handlungsermöglichend,

- handlungsleitend und

- handlungsbegleitend.

Die Zweiteilung in Gewinner und Verlierer im Marktprozess gemäß Abbildung 2-11 erscheint angesichts des Gesagten daher etwas zu übergangslos und berücksichtigt kaum, dass sich die Rolle des Wirtschaftssubjekts in Abhängigkeit vom Informationsstand jederzeit ändern kann. Allerdings wird deutlich, dass in vielen Fällen die marktlichen Gelegenheiten nur unzureichend genutzt werden. So lassen sich Anbieter mit vielversprechenden Leistungen finden, denen jedoch der Zugang zu geeigneten Kunden fehlt. Andere Anbieter wiederum sind sich der Vorzüge ihrer Leistungen aus Verwendersicht nicht hinreichend bewusst und erzielen unbefriedigende Entgelte. Auch der umgekehrte Fall ist denkbar: Die Anbieter überschätzen die Nützlichkeit ihrer Leistungen in Unkenntnis der Nachfrage, was zu ausbleibendem Absatz führt. Aus Nachfragersicht ergibt sich für die beiden letztgenannten Punkte eine spiegelbildliche Situation, wie dies aus Abbildung 2-11 zu entnehmen ist.

Abbildung 2-11: „Gewinner" und „Verlierer" im Marktprozess (Quelle: in Anlehnung an Kirzner 1978, S. 11)

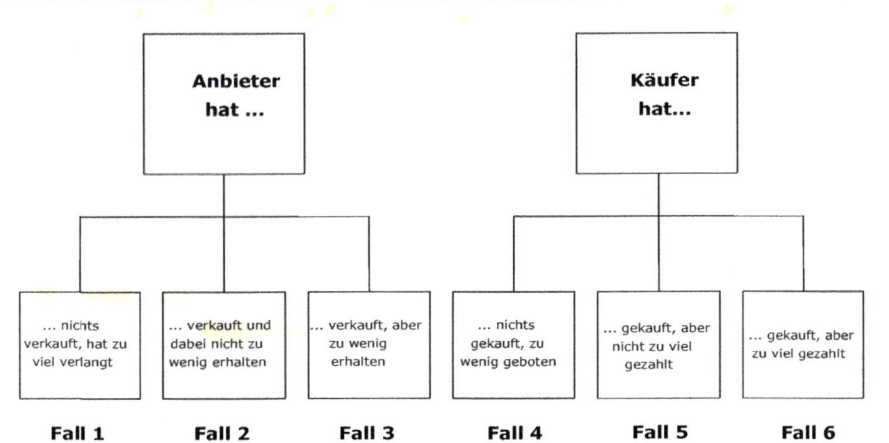

An dieser Stelle wird – zurückgreifend auf Schritt 3 in Abbildung 2-10 – die Rolle des Unternehmers deutlich: Der **Unternehmer** versucht, die Probleme in der marktlichen Koordination zu erkennen und zu lösen. Sein Antriebsmoment ist die auf der Erkennung und Nutzung von Opportunitäten beruhende Aussicht auf Arbitragegewinne:

- Er kann die zu günstige Leistung des Anbieters aufkaufen und sie zu einem „angemessenen" Preis auf dem Markt absetzen.

- Er stellt Leistungen in einer Weise zusammen, wie Nachfrager sie benötigen, aber so noch nicht erhalten haben.

◼ Er identifiziert marktliche Lücken und entwirft ein kreatives Konzept, um eine Brücke zwischen Angebot und Nachfrage zu schlagen.

Beispiel 2-3: Superstars gesucht – und gefunden?

Seit einigen Jahren sprießen Fernsehshows wie Pilze aus dem Boden, die den Versuch unternehmen, bislang verkannte Talente zu erkennen. Sangeskünstler, Top-Models, „Schönheiten" oder auch Starkochtalente sind nur einige Beispiele dafür, dass (echte und ernannte) Experten „Rohdiamanten" aufspüren – nicht zuletzt, um daraus für alle Beteiligten die unterschiedlichsten geschäftlichen Vorteile zu ziehen. Untersucht man die Rolle der Juroren derartiger Wettbewerbe, so wird deren intermediäre Rolle zwischen Angebot und Nachfrage und deren unternehmerische Funktion erkennbar: Sie sichten eine Vielzahl möglicher Stars, kleinerer Sternchen und mäßig talentierter Masse, um mit Blick auf die jeweils geltenden Markt- und Geschäftsbedingungen diejenigen zu identifizieren, die besonders „marktfähig" erscheinen. Die Jury erhält demnach je nach Beteiligung an dem betreffenden Wettbewerb einen recht umfangreichen Überblick über das „Angebot" und verfügt zudem über intime Kenntnis der Nachfrage. Sie agiert im Sinne des Kirznerschen Unternehmers und ist manchmal selbst in die Ausschöpfung geschäftlicher Möglichkeiten mit einbezogen.

Der Unternehmer ist also tätig, weil die Chancen des Marktprozesses unzureichend genutzt werden. Seine Tätigkeit ist aber nur sinnvoll, wenn er über besonders gute Informationen verfügt und in der Lage ist, sie problembezogen zu nutzen. Die Informationen müssen sich zumindest auf die Verhältnisse im Absatzmarkt und die Bedingungen im Beschaffungsmarkt beziehen. Daneben kann es von Vorteil sein, wenn der Unternehmer zusätzlich über Wissen verfügt, wie Vorleistungen in marktgerechter Form zu Endprodukten weiterverarbeitet werden. Im Vergleich zur Transaktionskostentheorie wird damit deutlich, dass auch hier die ökonomischen Fragen der Transaktion die eher technischen Fragen der Transformation dominieren, letztere aber nicht unerheblich sind.

Durch im Vergleich zu anderen Marktteilnehmern überlegenes Wissen besteht für den Unternehmer die Möglichkeit, Arbitragegewinne zu erzielen. Die Verfügbarmachung geeigneten Wissens wird dabei zum zentralen Faktor unternehmerischen Erfolgs. Hervorzuheben ist, dass in der Sichtweise Kirzners (1978) nicht ein verfügbarer Wissensbestand erfolgsrelevant ist, sondern vielmehr die Befähigung, sich mit Blick auf eine bestimmte Arbitragegelegenheit Wissen zu beschaffen. Kirzner (1978, S. 55) spricht hierbei auch vom „(...) Wissen, wo man Wissen suchen muss (...)". Dieser Aspekt findet in der zentralen Unternehmereigenschaft Kirzners Berücksichtigung: die **Findigkeit** („**Alertness**"). Sie befähigt den Unternehmer, seine Rolle als Überbrücker und Anpasser im Marktprozess wahrzunehmen. Hiermit werden zugleich die Schritte 4 und 5 in Abbildung 2-10 beschrieben. Hervorhebenswert ist die Unterscheidung in zwei Unternehmertypen: den Unternehmer i.e.S. sowie den Produzenten-Unternehmer. Ein Unternehmer i.e.S. widmet sich nicht der Gütertransformation, sondern versteht sein Geschäft als Überbrücker zwischen Beschaffungs- und Absatzmarkt, was ihn in die Nähe eines Handelsbetriebes rückt und vom Produzentenunternehmer abhebt.

Der Unternehmer gründet die Institution Unternehmung (Schritt 6, Abbildung 2-10) dann, wenn sie ihm in seinen Plänen eine Besserstellung erlaubt. Diese Besserstellung vollzieht sich durch Wissens- und Findigkeitsvorteile gegenüber alleiniger Tätigkeit, die durch Zusammenlegung „intellektueller Ressourcen" mehrerer Personen erreicht werden können und bessere Voraussetzungen zur Erzielung von Arbitragegewinnen schaffen. Die besseren Voraussetzungen beruhen auf der Grundannahme, dass das Wissen unter Menschen ungleich verteilt ist und somit durch die Zusammenlegung von Wissen mehrerer Menschen erweiterte Möglichkeiten zur Erkennung und Nutzung von Arbitragepotenzialen bestehen. Dies erklärt die Gründung einer Mehr-Personen-Unternehmung unter Führung durch den (oder die) findigen Unternehmer. Während die Mehr-Personen-Unternehmung regelmäßig im Mittelpunkt institutioneller Betrachtungen der Unternehmung steht, kann darüber hinaus auch die Entstehung der Ein-Personen-Unternehmung nachvollzogen werden. Sie stellt eine Zusammenfassung unterschiedlicher Ressourcen dar, durch die wiederum die Aussicht auf die Erzielung von Arbitragegewinnen verbessert wird. In diesem Zusammenhang ist auf organisationale Medien zur Speicherung und zielgerichteten Nutzung von Wissen zu verweisen.

Die Marktprozesstheorie der Österreichischen Schule ermöglicht gemäß Schritt 7 in Abbildung 2-10 ein vielschichtiges Bild der institutionellen Veränderungen und des Niedergangs von Unternehmungen. Jede Teilnahme am Marktprozess schlägt sich in zumindest marginalen Veränderungen der Ausgangssituation nieder, da jedes Markthandeln mit der Produktion neuen Wissens einhergeht, welches wiederum in neue Planungen Eingang findet. Darüber hinaus verändert sich die Unternehmung durch die Art von Marktprozessen (und die damit verbundenen Arbitragegelegenheiten), an welchen die Unternehmung teilnimmt. Flexible Unternehmungen mit Unternehmern i.e.S. sind oft in der Lage, sich an einer großen Spannweite unterschiedlicher Transaktionen zu beteiligen. Im Falle von Produzenten-Unternehmern ist das Tätigkeitsfeld oftmals auf Grund nur begrenzt flexibler Betriebsmittel eingeschränkt. Insofern sind die Entscheidungen bezüglich der Auswahl von Transaktionen Rahmen gebend für den Inhalt der geschäftlichen Tätigkeit und deren Veränderung im Zeitablauf. Weiterhin ist festzustellen, dass die Findigkeit unternehmerischen Handelns keine fest vorgegebene Größe darstellt. Da Findigkeit auf Wissen basiert, sind Veränderungen mit einem Zugang bzw. Abfluss von Wissen verbunden. Findigkeit als zentrales Konstrukt des Kirznerschen Arbitrageansatzes beruht aber zu wesentlichen Teilen auf der Verankerung und Aktivierung vorhandenen Wissens. Insofern müssen Veränderungen von Wissen und Findigkeit nicht zwangsläufig in die gleiche Richtung laufen. Vielmehr ist der Fall denkbar, dass trotz oder gerade in Folge eines erheblichen Zugangs an Wissen unternehmerisches Orientierungsvermögen leidet und eine zielbezogene Aktivierung erschwert wird.

Eine Unternehmung verliert grundsätzlich ihre Existenzfähigkeit, wenn es nicht mehr gelingt, den Brückenschlag zwischen Angebot und Nachfrage zu vollziehen und somit die Unternehmerfunktion der Arbitrage auszuüben. Dies hat zur Folge, dass keine neuen Opportunitäten mehr erkannt werden und das Potenzial bestehender Opportunitäten allmählich ausgeschöpft ist.

Die Ausführungen haben verdeutlicht, dass die Überlebensfähigkeit einer Unternehmung maßgeblich von dem Vermögen abhängt, sich an aktuelle und zukünftige Marktsituationen anzupassen. Dies wird auch von Mises (1940, S. 271) betont: „Nur der kann Unternehmer werden und Unternehmer bleiben, der sich täglich von Neuem als vollkommenster Vollstrecker der Befehle der Verbraucher bewährt. Wer diese Prüfung nicht besteht, erleidet Verluste und wird, wenn er nicht, dadurch belehrt, sein Verhalten ändert, in seiner Unternehmerstellung beschränkt und schließlich ganz aus seiner Unternehmerstellung gedrängt." Die Erosion von Wissensvorsprüngen sowie die abnehmende Fähigkeit zur Nutzung von Wissen sind innerhalb eines derartigen Degenerationsprozesses als Erklärungsfaktoren zentral.

Im Kontext einer Kritik an der Marktprozesstheorie ist unter institutionellen Gesichtspunkten festzustellen, dass die Erklärung von Unternehmungen nicht das primäre Ziel des Ansatzes darstellt. Die Marktprozesstheorie setzt vielmehr auf der übergeordneten Ebene des Marktes an, weswegen sie sich bezüglich der Erklärung einzelwirtschaftlichen Handelns zuweilen dem Vorwurf einer Realisierungslücke ausgesetzt sieht (Witt 1999; Freiling et al. 2006 und 2008). Dennoch eignet sich die Marktprozesstheorie im vorliegenden Kontext und trägt zu einem realitätsnahen Bild von den Abläufen auf Märkten bei, was sich nicht zuletzt an der Entwicklung der Wissensbasis und der damit in Verbindung stehenden Findigkeit ablesen lässt. Entwicklungen von einem Zeitpunkt zum nächsten lassen sich – im Gegensatz zur komparativen Statik der Transaktionskostentheorie – in ihrem gesamten Prozess erfassen. Darüber hinaus verfügen marktprozesstheoretische Argumentationen über ein hohes Maß an Plausibilität. Zu bemängeln ist erstens die inhaltlich unzureichende Operationalisierung des zentralen Konstrukts der Findigkeit. Ein weiteres Problem besteht darin, dass zwar die Unsicherheit und Ungleichverteilung von Wissen thematisiert wird, daraus allerdings nur zum Teil befriedigende Schlussfolgerungen gezogen werden. So bleibt es unverständlich, warum koordinative Kosten nicht aufgearbeitet werden. Weiterhin werden auch keine (expliziten) Aussagen zum Schutz vor den unsicherheitsbezogenen Problemen getroffen, was im Vergleich zur transaktionskostentheoretischen Analyse eine gewisse Naivität, zumindest aber Unausgewogenheit erkennen lässt. Schließlich muss bezweifelt werden, ob sich die von Kirzner unterstellte Tendenz in Richtung auf ein Marktgleichgewicht tatsächlich einstellt oder ob nicht gerade die Findigkeit unternehmerischen Handelns ein solches verhindert. Die Gleichgewichtsdiskussion leitet zu einem anderen Ansatz über, der sich gerade bezüglich der Tendenz in Richtung auf ein Gleichgewicht von der Marktprozesstheorie der Modern Austrian Economics deutlich abhebt.

2.3.3 Die Schneidersche Lehre der Unternehmerfunktionen als Ausgangspunkt einer Theorie der Unternehmung

Der Begriff der Lehre von den Unternehmerfunktionen ist an dieser Stelle zur Vermeidung von Missverständnissen einzugrenzen. In der Literatur findet sich eine schwer zu überschauende Zahl an Beiträgen zu dieser Lehre, was in Abschnitt 4.3 ausführlich beschrieben wird. Die wenigsten Ansätze bieten einen Ausgangspunkt für eine institutionelle Betrachtung. Bei einem weiten Verständnis dieser Lehre könnte der Arbitrageansatz Kirzners dieser Rubrik zugeordnet werden. Um dies zu vermeiden, wird hier ein enges Verständnis zu Grunde gelegt, welches sich auf den von Schneider (1987; 1995; 1997) vorgelegten Ansatz bezieht, der auch von Reckenfelderbäumer (2001) ausführlicher beschrieben wird. Aufbauend auf diesem Ansatz ist in jüngster Zeit eine Weiterentwicklung mit einer anderen Konzeptualisierung von Unternehmertum anhand der Unternehmerfunktionen erfolgt (Freiling 2008 und 2009), auf die hier nicht weiter einzugehen ist. Die grundlegenden **Annahmen des Ansatzes** sind:

- die Unsicherheit im wirtschaftlichen Handeln,
- damit verbunden die Unvollständigkeit von Wissen,
- die höchst ungleiche Verteilung von
  - Wissen,
  - Wollen und
  - Können
  unter den Wirtschaftssubjekten,
- die Veränderung von Wissen, Wollen und Können über die Zeit.

Die Sichtweise Schneiders, der sich selbst in der Forschungstradition der spätklassischen Theorie sieht, beruht – ähnlich wie der Transaktionskosten- und der Arbitrageansatz – auf dem **methodologischen Individualismus**. Eine solche Sichtweise beinhaltet, dass jegliches Handeln in Institutionen auf das Agieren einzelner Personen nebst deren Eigenschaften und Motivationsstrukturen zurückgeführt wird. Dies impliziert beispielsweise, dass Unternehmungen keine „lernenden Organisationen" in dem Sinne darstellen können, dass die Unternehmung selbst lernt oder dass es über das Wissen der handelnden Personen hinausgehendes Wissen gäbe. Lernend im Sinne des methodologischen Individualismus kann eine Organisation immer nur über ihre Mitglieder als handelnde Individuen sein. Die Gegenposition zum methodologischen Individualismus stellt der Holismus (Kollektivismus) dar, welcher derartige Kollektivphänomene bejaht.

Orientierungspunkt der Lehre Schneiders ist das Leitbild vom vernünftigen Gestalten, wobei eine Eingrenzung menschlichen Handelns auf den Einkommensaspekt stattfindet. Einkommen wird dabei als Reinvermögenszuwachs einer Periode verstanden (Schneider 1995). Vernünftiges Gestalten bezieht sich erstens auf den Einkommenserwerb sowie zweitens auf die Einkommensverwendung und wird durch die Unsicherheit im wirtschaftlichen Handeln erschwert. Entsprechend steht im Zentrum der Lehre Schneiders die Verringerung von Einkommensunsicherheit. Hier setzt zugleich seine institutionelle Betrachtung an. Dabei ist zu untersuchen, ob Institutionen (wie etwa die Unternehmung) „(...) in der Lage sind,

(a) Menschen jenes Einkommen erreichen zu lassen, das sie erwerben wollen,

(b) das zu verwirklichen, was sie mit der Verwendung des Einkommens bezwecken, und

(c) inwieweit Ordnungen und Organisationen dazu beitragen, **Ursachen für das Abweichen zwischen einem beabsichtigten Erwerben und Verwenden von Einkommen und dem tatsächlich Erreichten zu vermeiden oder in ihren Folgen einzugrenzen**" (Schneider 1997, S. 47, Hervorh.i.Or.).

Die Konzentration auf die Verringerung von Einkommensunsicherheit erklärt sich auch daraus, dass in der Sichtweise Schneiders jedes Individuum als Unternehmer seines Wissens, seiner Arbeitskraft und seines sonstigen Vermögens zu betrachten ist und damit im Zuge eines eigenverantwortlichen Einkommenserwerbs und einer eigenverantwortlichen Einkommensverwendung der Unsicherheit ausgesetzt ist. An dieser Stelle setzt die Wahrnehmung von Unternehmerfunktionen an, um die damit verbundenen Herausforderungen zu bewältigen.

Anhand des Ablaufdiagramms gemäß Abbildung 2-12 kann stufenweise die Entstehung und Veränderung der Institution Unternehmung nachvollzogen werden, wobei die Stufen 1, 2 und 3 bereits in obiger Darstellung enthalten sind. Die Notwendigkeit, Unsicherheit beim Erwerb und bei der Verwendung von Einkommen zu reduzieren, lässt die Frage nach entsprechenden Mitteln aufkommen. Zu diesen zählt Schneider gemäß Schritt 4 erstens die Wissensbeschaffung, zweitens das Vorausdenken der Folgen eigenen Handelns durch Planung, in die auch verfügbares Wissen einfließt, und drittens die Gründung von Institutionen, wie z.B. auch die Unternehmung (Schritt 5). Institutionen können die Einkommensunsicherheit reduzieren, wenn etwa Vereinbarungen über Regeln menschlichen Handelns getroffen werden und faktischen Einfluss handlungskanalisierender Art auf die Aktionen nehmen.

Eine Institution wie die Unternehmung entsteht dadurch, dass bestimmte Wirtschaftssubjekte auf Grund ihres Ziels, Einkommen zu erwerben, bereit sind, anderen Einkommensunsicherheit abzunehmen (Schneider 1995). Dieser konstitutive Akt durch die Wahrnehmung der Unternehmerfunktion der **Übernahme von Einkommensunsicherheit** äußert sich etwa in der Beschäftigung von Mitarbeitern durch den Unternehmer. Reckenfelderbäumer (2001) arbeitet in enger Anlehnung an Schneider (1997) mit Blick auf diese institutionenbegründende Unternehmerfunktion relativierend heraus, dass nahezu durchweg nicht von einer einseitigen Übernahme von Einkommensunsicherheit durch den Unternehmer ausgegangen werden kann, sondern von einer Gegenseitigkeit, da z.B. durch die Beschäftigung von Mitarbeitern eine verbesserte Planungsbasis für die Unternehmungsführung geschaffen wird. Ferner ist gesondert zu betonen, dass lediglich von einer Reduzierung von Einkommensunsicherheit, nicht aber von deren Elimination gesprochen werden kann.

Abbildung 2-12: Institutionen und die Schneidersche Lehre von den Unternehmerfunktionen

---

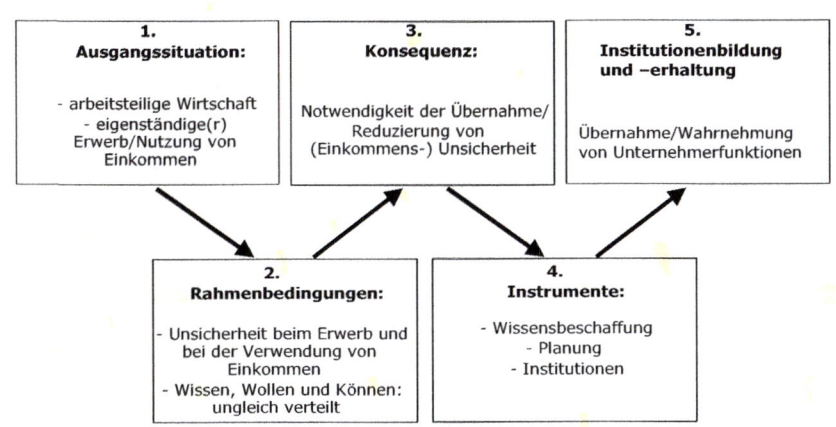

Der institutionenbegründenden Unternehmerfunktion nachgelagert sind die beiden institutionenerhaltenden Unternehmerfunktionen, nämlich die **Erzielung von Arbitragegewinnen** sowie die **Durchsetzung von Änderungen in wirtschaftlicher Führerschaft**. Die Arbitragefunktion knüpft inhaltlich an dem gleichnamigen Ansatz Kirzners an und beinhaltet:

■ Arbitragen i.e.S., verstanden als die Ausnutzung von Preisunterschieden zwischen Absatz- und Beschaffungsmärkten,

■ räumliche Arbitragen, bei denen Preisunterschiede auf räumlich unterschiedlichen Märkten ausgenutzt werden,

■ Produktionsstufen-Arbitragen, die durch Preisunterschiede zwischen Produktionsfaktoren und aus diesen hergestellten Produkten begründet sind, und

■ Arbitragen gegen Regulierungen, welche auf Ausweichhandlungen gegenüber staatlichen Eingriffen in den Marktprozess beruhen.

Die Wahrnehmung der Arbitragefunktion ist erforderlich, um die Erhaltung der Unternehmung im **Außenverhältnis** zu gewährleisten. Bei der Beschreibung dieser Funktion wird deutlich, was auch für die anderen Unternehmerfunktionen gilt: Es geht nicht darum, dass der Unternehmer als Person für die Wahrnehmung der Unternehmerfunktion(en) allein Sorge trägt, sondern alle in der Unternehmung tätigen Personen. Darüber hinaus muss bei strenger Auslegung berücksichtigt werden, dass auch seitens Externer Unternehmerfunktionen ausgeübt werden können, was sich auch, aber bei weitem nicht nur bei der Hinzuziehung von Unternehmensberatern zeigt. Diese Überlegungen stehen mit der Sichtweise des methodologischen Individualismus im Einklang.

Neben die Notwendigkeit der Institutionenerhaltung im Außenverhältnis tritt die Erhaltungsfunktion im **Innenverhältnis**. Sie erfolgt durch die Durchsetzung von Änderungen in wirtschaftlicher Führerschaft. Mit der Wahrnehmung dieser Funktion wird gewährleistet, dass sich die Unternehmung wichtigen Veränderungen in der Umwelt in entweder vorausschauend-aktiver oder reaktiver Weise anzupassen vermag.

Anknüpfend an die Vorstellung der drei Unternehmerfunktionen gemäß Schneider ist festzustellen, dass nicht allein die Art der Wahrnehmung der Arbitrage- und Durchsetzungsfunktion in oben genannter Weise über die Existenzfähigkeit einer gegründeten Unternehmung entscheidet. Vielmehr ist auch die Übernahme und der Umgang mit Einkommensunsicherheit nach Gründung der Unternehmung erforderlich, um die Existenzfähigkeit dieser Institution nachvollziehen zu können. Ist eine Unternehmung (durch die für sie tätigen Personen) nicht mehr bereit oder in der Lage, anderen Menschen Einkommensunsicherheit abzunehmen, führt dies zur Auflösung der Mehr-Personen-Unternehmung. Ist die Unternehmung generell unfähig, mit Einkommensunsicherheit umzugehen, wächst die Gefahr, Entscheidungen zu treffen, die der Arbitrage- bzw. der Durchsetzungsfunktion von Änderungen in wirtschaftlicher Führerschaft zuwider laufen, was letztlich die Existenzgrundlage zerstört. Insofern ist es unerlässlich, die von Schneider in die Diskussion eingebrachten Unternehmerfunktionen zusammenhängend zu betrachten.

[Handschriftliche Randnotiz: Grund für Auflösung]

Mit den Ausführungen ist gleichzeitig deutlich geworden, dass durch die Wahrnehmung von Unternehmerfunktionen Änderungen der Institution Unternehmung einhergehen. Sehr deutlich tritt dies durch die Durchsetzung von Änderungen in wirtschaftlicher Führerschaft zu Tage. Wie jedoch im Kontext des Arbitrageansatzes von Kirzner dargestellt wurde, geht auch die Teilnahme am Marktprozess zum Zwecke der Erzielung von Arbitragegewinnen mit kleinen, zum Teil unmerklichen, daher aber nicht unwesentlichen Veränderungen der Unternehmung einher. Ferner wird durch die Übernahme und die Verteilung von Einkommensunsicherheit die Ausgangssituation der Unternehmung verändert, wobei gerade hierdurch wichtige Weichenstellungen bezüglich der organisationalen Entwicklung erfolgen.

Im Zuge einer kritischen Würdigung des Ansatzes von Schneider ist zunächst festzustellen, dass ein umfassender Bezugsrahmen vorgelegt wird, um die Institutionengenese und die institutionelle Veränderung nachvollziehen zu können. Die Argumentation weist einen hohen Plausibilitäts- und Stimmigkeitsgrad auf. Weiterhin ist der Ansatz geeignet, zahlreiche empirische Phänomene zu erfassen. Daher überrascht der geringe Rezeptionsgrad des Ansatzes von Schneider und wirkt allenfalls vor dem Hintergrund des vergleichsweise hohen Abstraktionsgrades bedingt nachvollziehbar.

Im Vergleich zur Transaktionskosten- und Arbitragetheorie fällt auf, dass dem Ansatz ein vielversprechender Spagat zwischen den unsicherheitsbezogenen Chancen, die der Kirznersche Arbitrageansatz betont, und den diesbezüglichen Gefahren, auf welche der Transaktionskostenansatz abstellt, gelingt. Problematisch ist hingegen die weitgehende Ausblendung von Motivationseffekten, die sicherlich auf die starke ökonomische Prägung des Ansatzes zurückzuführen ist. Weiterhin ist die Abgrenzung der einzelnen Funktionen voneinander nicht immer so einfach, wie dies auf den ersten Blick erscheinen mag.

2.3.4 Der kompetenztheoretische Erklärungsansatz

Ein letzter Ansatz, der hier näher vorgestellt werden soll, ist der so genannte „**Competence-based View**" (Hamel/Prahalad 1994; Sanchez et al. 1996; Freiling 2001; Sanchez/Heene 2004; Freiling et al. 2008) und der damit in enger Beziehung stehende „Dynamic Capability Approach" (Teece et al. 1997; Helfat et al. 2007). Es handelt sich beim Competence-based View um einen Theorieansatz, der zahlreiche Parallelen zur Schneiderschen Lehre der Unternehmerfunktionen aufweist, allerdings auch gerade im Bereich der Theorie der Unternehmung zu einigen andersartigen Erkenntnissen gelangt. Der Kompetenzansatz ist entwicklungsgeschichtlich aus dem „**Resource-based View**" (Wernerfelt 1984; Barney 1991) hervorgegangen, hat sich jedoch im Verlauf der letzten Jahre zu einem eigenständigen theoretischen Bezugsrahmen entwickelt (Freiling 2004). Sowohl auf Basis des Resource-based View als auch des Kompetenzansatzes lassen sich Aussagen zu den Fragen einer Theorie der Unternehmung generieren (Conner 1991; Kogut/Zander 1992; Rasche 1994; Conner/Prahalad 1996, Freiling 2001 und 2004, Freiling et al. 2006 und 2008), wobei jedoch die kompetenztheoretische Position nicht nur die aktuellere, sondern auch die weiterführende ist, weswegen im Kontext des vorliegenden Abschnitts primär auf ihn einzugehen ist.

Die Grundposition des kompetenztheoretischen Ansatzes ist wie folgt zu skizzieren: Ausgehend von Unsicherheit im wirtschaftlichen Handeln und einer Ungleichverteilung von Wissen, Wollen und Können zwischen den Wirtschaftssubjekten (Barney 1991; Rasche 1994; Freiling 2001) arbeitet das kompetenzorientierte Forschungsprogramm auf, dass nachhaltige Unterschiede zwischen einzelnen Unternehmungen bestehen, die sich in Ergebnisdivergenzen niederschlagen und die auf unterschiedliche Ressourcen und Kompetenzen zurückzuführen sind. Entsprechend betont der Ansatz die Rolle verfügbarer Potenziale, die man grob in Humanpotenziale und nicht-menschliche Potenziale tangibler und intangibler Art unterteilen kann (ähnlich Grant/Nippa 2006, S. 183ff.):

■ Zu den tangiblen Potenzialen werden finanzielle Mittel und physische Potenziale (Maschinen, Anlagen, Gebäude, Materialien) gezählt.

■ Die intangiblen Potenziale umfassen Rechte, Werte (z.B. der Ruf bzw. das Image einer Organisation), kulturelle Faktoren und Technologien.

▪ Zu den Humanpotenzialen zählen Motivation, Wissen, Fähigkeiten und auf personenübergreifender Ebene Kompetenzen.

Nicht durchgängig, aber überwiegend sind es die intangiblen und humanen Potenziale, die in besonderer Weise die Unterschiede zwischen Unternehmungen erklären. Es fehlt bislang noch weitgehend an überzeugenden Erklärungen, warum bestimmte Potenzialkategorien besonders wichtig sein sollen. Einen interessanten Erklärungsansatz hat in dieser Hinsicht Moldaschl (2005) vorgelegt, der in Abbildung 2-13 leicht abgewandelter Form wiedergegeben ist.

Abbildung 2-13: Potenzialarten und Verwendungskonsequenzen (Quelle: Moldaschl 2005, S. 51)

	Endliche Potenziale	**Regenerierbare Potenziale**	**Generative Potenziale**
Potenzialtypus	• natürliche, biologische	• materielle Potenziale • objektivierte Arbeit	• lebendige Potenziale • menschliche Fähigkeiten • soziale Beziehungen • kulturelle Praktiken
Ökonomie der Potenzialnutzung und des Einsatzes	restriktiv bzw. erschöpfend	restriktiv bzw. investiv	expansiv, verschwenderisch
Verwertungslogik, Bewertungs-kriterien	Potenzial- -einsparung -schonung -substitution	Potenzialeffizienz	Potenzial- -produktion -effektivität -kreativität
Beispiele	• Einsatzmaterialien • Maschinen	• Arbeitskraft • Status (Anerkannt-Sein)	• Verständnis • Können/ Fähigkeiten • Kreativität • Vertrauen • Werte

Moldaschl (2005) argumentiert, dass Potenziale endlich, erneuerbar oder generativ sein können. Potenziale der erstgenannten Kategorie sind knapp. Ihr Wert verringert sich durch den Gebrauch, was die Begrenztheit derartiger Potenziale offenbart. Für regenerierbare Potenziale trifft dies nicht zu. Setzt man sie behutsam ein, wie dies z.B. im Kontext eines nachhaltigen Managements gefordert wird, so besteht die Möglichkeit, dass sich Mittelzu- und -abfluss die Waage halten. So steht die fischverarbeitende Industrie zurzeit vor dem Problem der Überfischung der Weltmeere. Für nachwachsende Rohstoffe ergeben sich ähnliche Probleme. Auch bei der menschlichen Arbeitskraft gelten vergleichbare Grundsätze, wie sich dies etwa am „Burnout-Syndrom" bei übermäßiger Beanspruchung nachvollziehen lässt. Die generativen Potenziale stellen eine besonders interessante Kategorie dar: Durch ihren Einsatz nutzen sich die Potenziale nicht ab, sondern gewinnen im Gegenteil an Wert. Ein Beispiel für generative Potenziale ist die Nutzung von Fähigkeiten der Mitarbeiter. Die Nutzung sorgt nicht nur dafür, dass die Mitarbeiter trainiert bleiben, sondern auch durch die Aktivierung der Fähigkeiten hinzulernen, was sich anhand nahezu jeder Sportart leicht nachvollziehen lässt.

Auf dieser Basis lässt sich besser erklären, warum gerade intangible und humane Potenziale von besonderer Bedeutung sind, um Unternehmungen als Institutionen zu verstehen und deren unterschiedlichen Erfolg auf Märkten nachvollziehen zu können. Es stellt sich aber grundsätzlich die Frage, wie erfolgsrelevante Ressourcen und Kompetenzen aufgebaut werden können und was sich hinter den Begriffen verbirgt.

Konkret werden mit Blick auf das Argumentationsmuster gemäß Abbildung 2-14 zum Zwecke einer erfolgreichen Geschäftstätigkeit homogene, auf Faktormärkten beschaffbare und damit nahezu allen Wirtschaftssubjekten zugängliche Produktionsfaktoren durch Zuschnitt auf die Anforderungen in Absatzmärkten veredelt. Dies erfordert Wissen um die Verhältnisse auf Absatzmärkten sowie Kenntnisse, wie eine solche Veredelung von statten geht. Hierzu bedarf es der in Abbildung 2-14 beschriebenen Veredelungskompetenzen.

Ergebnis eines solchen Veredelungsprozesses ist eine Ressource, die als solche nicht mehr über Faktormärkte bezogen werden kann und an diejenige Unternehmung gebunden ist, welche sie entwickelt hat. Eine Bündelung mehrerer unterschiedlicher Produktionsfaktorkategorien kann zur Entstehung von Ressourcen führen, wie sich dies anhand einer speziellen Produktionsstätte in der Nähe eines Großabnehmers nachvollziehen lässt. Daneben bewirkt aber auch die Pflege und Weiterentwicklung einer einzelnen Faktorkategorie die Schaffung von Ressourcen, wie sich dies etwa anhand von Spezialmaschinen, speziellen Software- oder IT-Lösungen, aber auch anhand einer etablierten Markenkonzeption zeigen lässt. Derartige Ressourcen können ihre Wirkung für Märkte nur dann entfalten, wenn sie zielgerichtet aktiviert werden. Hierzu bedarf es entsprechenden Wissens und entsprechender marktzufuhrbezogener Kompetenzen.

Abbildung 2-14: Die Argumentationslogik des Kompetenzansatzes (Quelle: Freiling et al. 2006, S. 54)

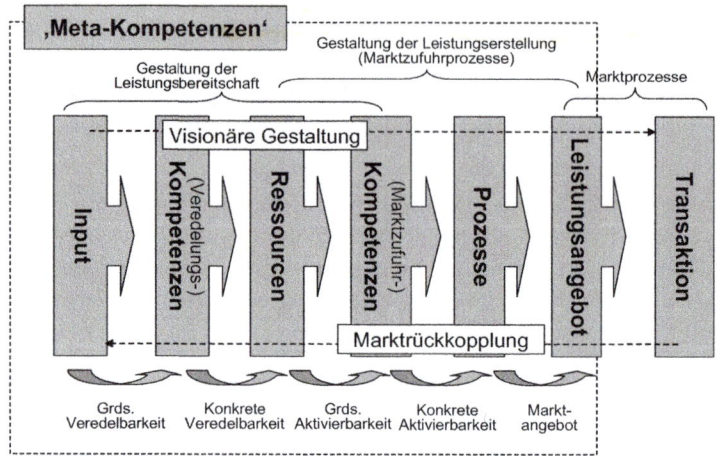

Ressourcen und Kompetenzen können auf dieser Grundlage wie folgt im Kontext des Competence-based View definiert werden, wobei hervorzuheben ist, dass das Ressourcenverständnis deutlich enger als in vielen volkswirtschaftlichen Texten ist:

Ressourcen sind das Ergebnis durch Veredelungsprozesse weiterentwickelter und damit spezifiierter Inputgüter, die wesentlich zur Heterogenität der Unternehmung und zur Sicherstellung aktueller und zukünftiger Erfolge beitragen (sollen) (Freiling et al. 2006, S. 55).

Kompetenzen sind wiederholbare, auf der Nutzung von (vorstrukturiertem) Wissen beruhende, durch Regelungen geleitete und daher nicht zufällige Handlungspotenziale einer Organisation, die zielgerichtete Prozesse sowohl im Rahmen der Disposition zukünftiger Leistungsbereitschaft als auch konkreter Produktions- und Vermarktungsprozesse ermöglichen (Freiling et al. 2006, S. 57).

Die Kompetenzen einer Unternehmung stellen darauf ab, dass in einer Unternehmung die Möglichkeit besteht, in beherrschter, einstudierter, deswegen aber nicht unflexibler sowie in zielbezogener Weise die Aktionen einer Mehrzahl von Personen so aufeinander abzustimmen, dass dadurch die Voraussetzungen zur besseren Lösung marktlicher Aufgaben geschaffen werden. Kompetenzen können im Sinne generativer Potenziale durch Nutzung angereichert und im Wert gesteigert werden. Dazu ist es erforderlich, dass diese Kompetenzen über die Zeit hinweg aktiviert werden, da ansonsten das ihnen zu Grunde liegende Wissen zumindest teilweise verloren geht und die Abgestimmtheit einzelner Ressourcen mangels Aktivierung schwindet. Man spricht in diesem Zusammenhang von Erosionsprozessen. Durch die Aktivierung von Kompetenzen werden hingegen Prozesse ermöglicht, die – im Sinne von Abbildung

2-14 – eine bestimmte Wirkung im Markt entfalten und zur Erstellung von Leistungen beitragen, die den Vollzug von Transaktionen ermöglichen. Auf diese Weise tragen Kompetenzen zu Wettbewerbsfähigkeit und ggfs. auch zur Erreichung nachhaltiger Wettbewerbsvorteile (siehe hierzu Kapitel 4) bei. Das gesamte System aus Potenzialen, Prozessen und Ergebnissen wird durch eine weit in die Zukunft gerichtete Vorstellung von den Anforderungen in den Märkten und den zugehörigen Angebotskonzepten geleitet, mit denen die betreffende Unternehmung erfolgreich sein will (Aspekt der visionären Gestaltung in Abbildung 2-14).

Wettbewerbs- und erfolgskritische Ressourcen und Kompetenzen (**Kernressourcen** bzw. **Kernkompetenzen**) sind im Sinne des kompetenztheoretischen Ansatzes durch vier wesentliche Eigenschaften – und zwar die so genannten „VRIO-Kriterien" in Anlehnung an deren Anfangsbuchstaben – gekennzeichnet (Barney 1991), die innerhalb von Abbildung 2-15 im Spannungsfeld von Absatz- und Beschaffungsmarkt sowie Konkurrenz angeordnet sind.

Abbildung 2-15: Kriterien von Kernressourcen und -kompetenzen

---

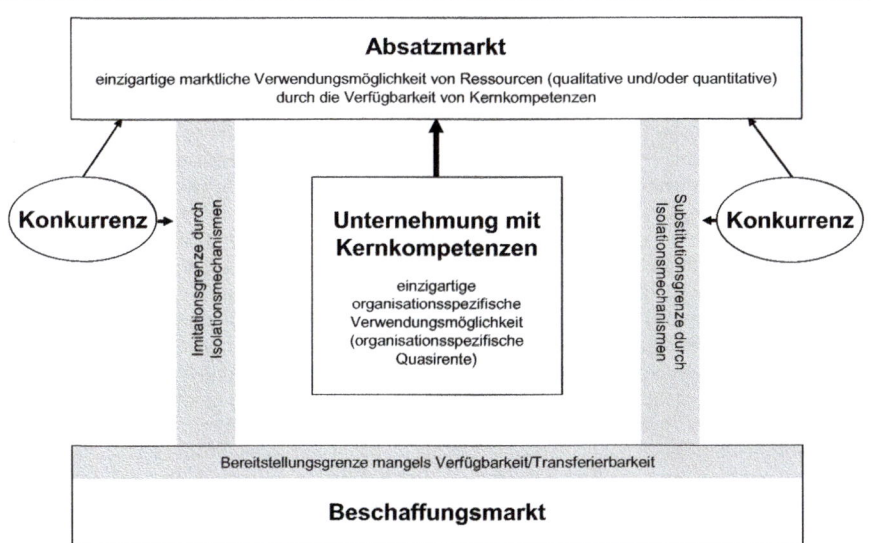

(1) „**Value**": Sie sind für den relevanten Absatzmarkt der Unternehmung wertvoll, was beinhaltet, dass sie dem Zielkunden einen überragenden Wert stiften können und aus der Sicht der Unternehmung selbst zu einer Wertschöpfung beitragen.

(2) „**Rareness**": Sie sind nicht über Beschaffungsmärkte durch Transaktionen zu erwerben, sondern müssen einem unternehmungsinternen Entwicklungsprozess unterzogen werden.

(3) „**Imperfect Imitability and Substitutability**": Konkurrenten sind nicht in der Lage, derartige Ressourcen und Kompetenzen zu kopieren (Imitationsgrenze) oder sie durch etwas Gleichartiges in der Wirkung zu ersetzen (Substitutionsgrenze). Der Grund hierfür ist in den so genannten Isolationsmechanismen des Kompetenzansatzes zu finden (Freiling 2001).

(4) „**Organizational Specificity**": Derartige Ressourcen und Kompetenzen sind kontextgebunden, d.h. sie entfalten ihren maximalen Wirkungsgrad nur in der Umgebung, in der und für die sie entwickelt worden sind. Der Transfer auf eine andere Unternehmung ginge mit Wirkungsverlusten einher. Analog zur Spezifitätsdiskussion der Transaktionskostentheorie kann hier von dem Entstehen einer **organisationalen Quasirente** gesprochen werden, die eine Wirkungsdifferenz zwischen erst- und zweitbester Verwendung bezeichnet.

Beispiel 2-1: Kernkompetenz im Hause Sony

Die Firma Sony ist ein japanischer Hersteller mit dem Schwerpunkt der Geschäftstätigkeit auf der Unterhaltungselektronik. Im Gegensatz zu vielen anderen Konkurrenten hat Sony – als eine sehr innovationsfreudige Unternehmung – einen Weg beschritten, der sich nicht streng an den geäußerten Bedürfnissen der Zielkunden orientierte. Als man sich in den 1980er Jahren ernsthaft mit der Entwicklung eines Walkman beschäftigte, waren die Ergebnisse der Marktforschung für die Produktentwicklung im Hause Sony ernüchternd. Seitens der Zielkunden wurde kein Bedarf nach derart kleinen, gut tragbaren und dennoch leistungsfähigen Geräten geäußert. Seitens der Firma Sony war man aber davon überzeugt, dass sich der Markt nach der Entwicklung und Markteinführung eines solchen Gerätes nach einer Anlaufzeit dennoch für eine solche Lösung begeistern wird. Zumindest im Sinne einer weit vorausschauenden Unternehmungsführung war man sich demnach sicher, auf diese Weise Wert zu generieren. Im Übrigen glaubte man fest daran, die technischen Grundlagen für die so genannte „Miniaturisierung" der erforderlichen Bauteile zu besitzen bzw. durch gezielte Maßnahmen schaffen zu können. Insofern war man bereit, das vorhandene Fehlschlagrisiko in Kauf zu nehmen. Fortan verfeinerte man die selbst entwickelte und hochgradig auf Sony zugeschnittene Kompetenz zur Miniaturisierung, führte tatsächlich den Sony Walkman in den Markt ein und landete nach der Markteinführung einen großen Treffer, weil ein bislang ungelöstes Problem des Marktes erstmals und überzeugend gelöst wurde. Diese Miniaturisierungskompetenz nutzte Sony fortan nicht allein zur Weiterentwicklung der eigenen Walkmen-Palette, sondern vor allem zum Zwecke der Schaffung neuer miniaturisierter Elektroniklösungen, wie vor allem: Laptops, Notebooks, Camcorder, Mini-Disks und Compact Disks. Mit jeder Übertragung der zur Kernkompetenz gewordenen Miniaturisierung (Competence Leveraging) war es möglich, diese Kompetenz weiter zu entwickeln und neu erworbenes Wissen zur Verbesserung der Leistungsangebote auf angestammte Produkte zurück zu übertragen. Das Wertpotenzial wuchs ständig. Gerade durch diese Transferprozesse wurde Sony in diesem Bereich für lange Zeit durch Wettbewerber im Zuge von Imitations- und Substitutionsstrategien unangreifbar, zumal parallel zur Entwicklung der Kernkompetenz der Miniaturisierung mit den sich entwickelnden Marken neue Kernressourcen entstanden.

Der Kompetenzansatz hebt sich von vielen anderen Theorien dadurch ab, dass er

- eine individuelle Analyse der Besonderheiten einer einzelnen Unternehmung durch die Betrachtung der spezifischen Ressourcen- und Kompetenzausstattung ermöglicht,

- von einer Variabilität des Handelns von Menschen in Entscheidungssituationen über die Zeit ausgeht, was insbesondere auf Lernen (und Vergessen) zurückzuführen ist,

- eine evolutorische Perspektive einnimmt, bei der Handlungen der Vergangenheit die Ausgangssituation in der Gegenwart und gleichsam die zukünftige Entwicklung beeinflussen,

- eine aktive Einflussmöglichkeit der Unternehmung auf die Umwelt anerkennt, wie dies auch der Aspekt der visionären Gestaltung in Abbildung 2-14 zum Ausdruck bringt,

- davon ausgeht, dass die Unternehmungsführung als Konsequenz der Unsicherheit im wirtschaftlichen Handeln nicht in der Lage ist, die unternehmungsinternen Verhältnisse vollends zu durchschauen und z.B. die individuellen (Miss-) Erfolgsgründe zu spezifizieren, was auch mit dem Begriff der so genannten **„kausalen Ambiguität"** (Lippman/Rumelt 1982) beschrieben wird.

Der kompetenzbasierte Ansatz ist – dank zahlreicher Arbeiten auf diesem Gebiet – nicht nur in der Lage, die Entstehung nachhaltiger Wettbewerbsvorteile nachzuvollziehen. Viel wichtiger für die hier zu diskutierenden Grundfragen der Theorie der Unternehmung ist die Eigenschaft, auch Aussagen zur Entstehung und Existenzfähigkeit einer Unternehmung treffen zu können. In diesem Zusammenhang wurde der Begriff der „Competence-based Theory of the Firm" (CbTF) geprägt (Freiling 2004; Freiling et al. 2006 und 2008). Um die Entstehung und Veränderungen von Unternehmungen im CbTF-Kontext zu erklären, wird auf Abbildung 2-16 nachfolgend Bezug genommen.

Unter Bezugnahme auf die oben beschriebenen Prämissen, die in Schritt 1 der Abbildung überblicksweise aufgeführt sind, ist es das Ziel einer auf der Competence-based Theory of the Firm aufbauenden kompetenzorientierten Unternehmungsführung, langfristig zu Besserstellungen der eigenen Unternehmung beizutragen. Unter strategischen Gesichtspunkten verbindet sich dies mit dem Ziel des Aufbaus nachhaltiger Wettbewerbsvorteile zwecks Erzielung überdurchschnittliche Erfolge (Schritt 2, Abbildung 2-16). Dies schließt ein, dauerhaft günstiger als Konkurrenten die Leistungserstellungsprozesse zu vollziehen und/oder in der Wahrnehmung der Abnehmer bessere Leistungen als die Wettbewerber anzubieten. Die Wurzel derartiger Wettbewerbsvorteile sind Kernressourcen und Kernkompetenzen, welche weitsichtig auf die Bedürfnisse der Zielkunden ausgerichtet werden sollen und dabei oftmals mit zunehmendem Entwicklungsstand über die Zeit immer wirksamer werden. Die damit verbundenen Erfahrungsvorsprünge sowie der sich permanent weiterentwickelnde Erfahrungsschatz machen es Wettbewerbern unmöglich, sich derartige Grundlagen von Wettbewerbsvorteilen unmittelbar anzueignen.

Abbildung 2-16: Institutionen und Competence-based View

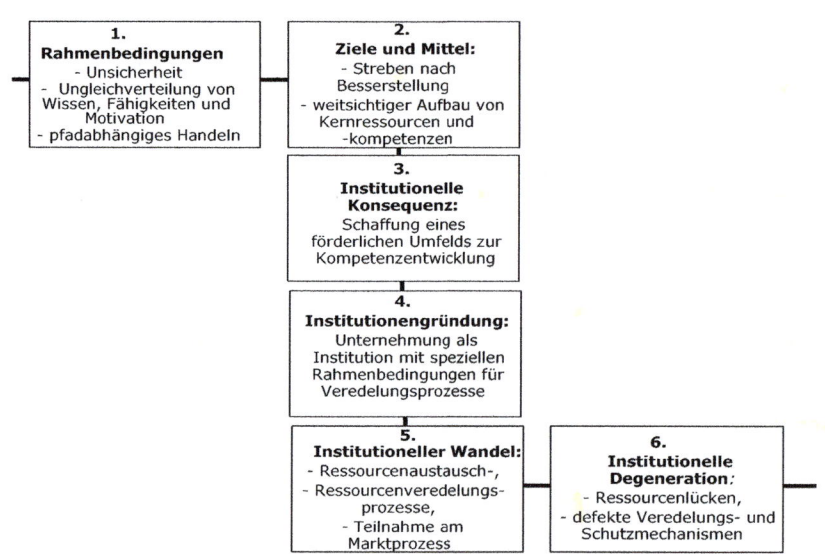

Derartige Kompetenzen sind nicht an eine einzelne Person gebunden, sondern beruhen auf dem aufeinander abgestimmten Handeln einer Mehrzahl von Menschen. In Anlehnung an Schritt 3 in Abbildung 2-16 stellt sich damit die Frage, wie eine Umgebung geschaffen werden kann, die einen derartigen Aufbau von (Kern-) Kompetenzen ermöglicht und fördert. Die Diskussion einer solchen Umgebung mündet in die Nutzung von Institutionen, unter denen die Unternehmung eine von mehreren Optionen darstellt. Grob könnte – ähnlich wie in der Transaktionskostentheorie – zwischen den institutionellen Bereichen Markt, Kooperation und Unternehmung unterschieden werden. Während die sehr lose, wenn überhaupt vorhandene Zusammenhalt zwischen einzelnen Wirtschaftssubjekten in Märkten keine förderliche Umgebung für die Entstehung organisationaler Kompetenzen abgibt, kann eine enge Kooperation zwischen Wirtschaftssubjekten durchaus eine ernsthafte Option darstellen. Dann aber stellt sich die Frage, wodurch die Unternehmung speziell gekennzeichnet ist, um gegenüber institutionellen Alternativen vorteilhaft zu sein, so dass eine Gründung erfolgt.

Bezüglich dieser in Schritt 4 zu beantwortenden Frage ist erstens auf das **Motivations-potenzial** der Unternehmung und zweitens auf ihr **Koordinationspotenzial** zu verweisen und dabei wie folgt zu argumentieren: Die Unternehmung verfügt gegenüber anderen Koordinationsformen über ein besonderes Anreizpotenzial, welches sowohl dem Mitarbeiter von außen vermittelte Anreize (Belohnungen, Strafen) enthält als auch solche, die von dem Mitarbeiter selbst ausgehen und die etwa aus einer herausfordernden, als angenehm empfundenen Umgebung resultieren. Im ersten Fall spricht man von **extrinsischer Motivation**, im zweiten von **intrinsischer Motivation**. Ist intrinsische Motivation der Mitarbeiter vorhanden, so führt dies zu einer direkten Erreichung der Unternehmungsziele ohne aufwändige Sonderanreize oder Kontrollsysteme. Während das Ausmaß intrinsischer Motivation von Mensch zu Mensch unterschiedlich ist, so ist jedoch stets ein Mindestmaß vorhanden. Intrinsische Motivation ist aber von der extrinsischen Motivation nicht unabhängig: Je stärker extrinsische Anreize z.B. auf monetärem Wege gesetzt werden, desto mehr wird durch die damit einhergehende Steuerung und Kontrolle das Ausmaß an intrinsischer Motivation reduziert. Man spricht in diesem Zusammenhang auch von einem Verdrängungseffekt, der in Abbildung 2-17 zu erkennen ist.

Entspricht die intrinsische Motivation auf Basis der individuellen Anreizkurve S dem Betrag OA, so würde ein extrinsischer Anreiz z.B. monetärer Art in Höhe von OW zu einer verschobenen Anreizkurve S' führen, deren Niveau an intrinsischer Motivation deutlich geringer ist: Extrinsische Motivation ersetzt zumindest einen Teil der vormals vorhandenen intrinsischen. Im Fall der vorliegenden Abbildung würde sogar der Verdrängungseffekt an intrinsischer Motivation (DE) das Ausmaß an höherer extrinsischer Motivation (AE) um die Strecke AD in der Abbildung 2-17 übersteigen, so dass das individuelle Motivationsniveau per Saldo sinkt.

Entscheidend ist im Zusammenhang der institutionellen Wahlentscheidung, dass außerhalb der Unternehmung z.B. in Märkten extrinsische Anreize gesetzt werden, intrinsische jedoch nicht notwendigerweise. Da (Kern-) Kompetenzen aber voraussetzen, dass Mitarbeiter zielgerichtet interagieren und Wissen austauschen, um die sich stellenden Aufgaben zu lösen, dieser Prozess jedoch mangels Steuerungs- und Überwachungsinstrumenten nicht durch wirksame extrinsische Anreize unterstützt werden kann (Wie sollte der Austausch von Wissen im täglichen Alltag gemessen und kontrolliert werden?), würde der Aufbau derartiger Kompetenzen ohne ein förderliches Umfeld für den wechselseitigen Austausch von Wissen unterbleiben. Somit lässt sich auf Basis der (intrinsischen) Motivationsfunktion ein zentraler Grund für die Schaffung der Institution Unternehmung auf kompetenztheoretischer Basis identifizieren.

Abbildung 2-17: Unternehmung und Motivationseffekte im kompetenztheoretischen Kontext
(Quelle: in Anlehnung an Osterloh et al. 1999, S. 1252)

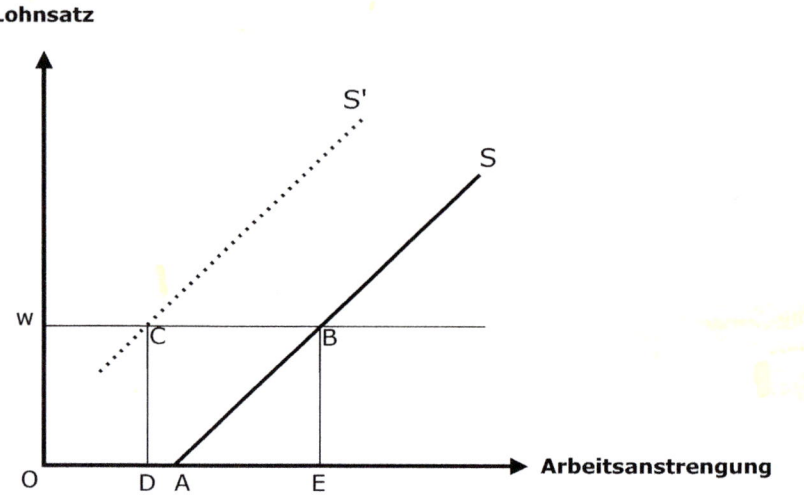

Mit Blick auf die Koordinationsfunktion entstehen Unternehmungen aus folgenden Gründen:

- Die Unternehmung bietet ein abgesichertes und über die Zeit hinweg stabiles Umfeld für Veredelungsprozesse und die Aktivierung von Mechanismen zum Schutz wettbewerbsentscheidender Ressourcen und Kompetenzen. Dadurch, dass Wettbewerbern allenfalls unvollständiger Einblick in die eigenen Veredelungsprozesse gewährt wird, ist es umso schwieriger, vergleichbare Ressourcen zu imitieren. Im Falle enger Kooperationen wäre eine Imitation oder Substitution derartiger Ressourcen bzw. Kompetenzen weitaus einfacher. Ferner können durch langjährige, eingespielte Zusammenarbeit von Mitarbeitern, die sich untereinander gut kennen, die Schritte der Entwicklung von Ressourcen und Kompetenzen weitaus gezielter vorgenommen werden.

- Unterschiede ergeben sich ferner bezüglich der Verfügungsrechte an den entsprechenden Ressourcen: So steht das (alleinige) Eigentum im Falle der Alternative „Unternehmung" zahlreichen Problemen eines Gemeinschaftseigentums im Falle von Kooperationen gegenüber. Letzteres ist vor allem bei schwer definierbaren Verfügungsrechten wie etwa im Falle von Wissen augenfällig.

- Durch die längerfristige Zusammenarbeit von Mitarbeitern in der Unternehmung werden Strukturen etabliert, die den alltäglichen Umgang unterstützen. Zu diesen

Strukturen gehören unter anderem Routinen, durch die sich wiederholende Aufgaben bezüglich der Bearbeitung vorgeprägt werden. Auch sämtliche Einrichtungen, die das Zusammenwirken von Mitarbeitern in allgemeiner Weise fördern, sind diesem Bereich zurechenbar und helfen zu erklären, warum eine Unternehmung oftmals leicht in der Lage ist, auch komplexe und neuartige Aufgaben zu erledigen.

Zusammenfassend bietet die Institution Unternehmung gegenüber allen anderen Alternativen Vorteile, Kernressourcen und Kernkompetenzen zu entwickeln und zu erhalten, so dass deren zielgerichtete Entwicklung und anschließende Nutzung zum zentralen Grund für die Schaffung von Unternehmungen wird.

Anknüpfend an diesen Schritt 4 gemäß Abbildung 2-16 wird im Schritt 5 auf den Wandel der Institution Unternehmung abgestellt. Der Wandel vollzieht sich grob über die Integration neuer Produktionsfaktoren und Ressourcen, über Ressourcenveredelungsprozesse, die (überwiegend) innerhalb der Unternehmung ablaufen, und über die Teilnahme am Marktprozess. Er wird erkennbar, wenn in Abbildung 2-18 auf den so genannten „Open System View" der Unternehmung abgestellt wird. Institutioneller Wandel vollzieht sich auf Grund bedingt durchlässiger Unternehmungsgrenzen erstens dadurch, dass – wie auf der rechten Seite der Abbildung erkennbar – externe Mittel identifiziert und im Falle einer Relevanz für interne Veredelungsprozesse integriert werden. Das damit verbundene „Geben und Nehmen" führt zu Veränderungen völlig unterschiedlichen Ausmaßes: Die Aufnahme einer guten Idee zur Verbesserung einer Tätigkeit stellt überwiegend eine minimale Veränderung dar, was aber von der Idee abhängig ist. Die Übernahme einer anderen Unternehmung hingegen verursacht oftmals Veränderungen erheblichen Ausmaßes.

Die internen Veredelungsprozesse lösen einen qualitativen Wandel bezüglich der verfügbaren intangiblen und tangiblen Mittel, damit oftmals aber auch der Prozesse und Produkte aus. Dieser in der Mitte der Abbildung 2-18 zu erkennende Wandel wird gesteuert durch die „Strategic Logic" der Unternehmung sowie durch die Managementprozesse. Die Strategic Logic ist von zentralem Rang für das gesamte wertschöpfende System, weil sie die Grundanschauungen des Managements und die daraus resultierenden Handlungsgrundsätze und individuellen Vorstellungen von einer erfolgreichen Unternehmungsführung repräsentiert. Sie unterliegt gleichfalls permanenten Wandlungen, wobei ein Einfluss z.B. von neuen Management-Methoden oder Handlungsempfehlungen von Beratern ausgehen kann.

Im unteren und linken Teil von Abbildung 2-18 lassen sich unternehmungsrelevante Veränderungen erkennen, die auf der Teilnahme an Marktprozessen beruhen. Durch die Interaktion mit Kunden in Märkten werden Eindrücke vermittelt, wie weit die Leistungen den Vorstellungen des Marktes in Gegenwart und Zukunft entsprechen. Darauf aufbauend finden Lernprozesse statt, die Einfluss auf nahezu alle Systemelemente der Unternehmung nehmen können.

Abbildung 2-18: Der „Open System View" der Unternehmung (Quelle: in Anlehnung an Sanchez/Heene 1997, S. 17)

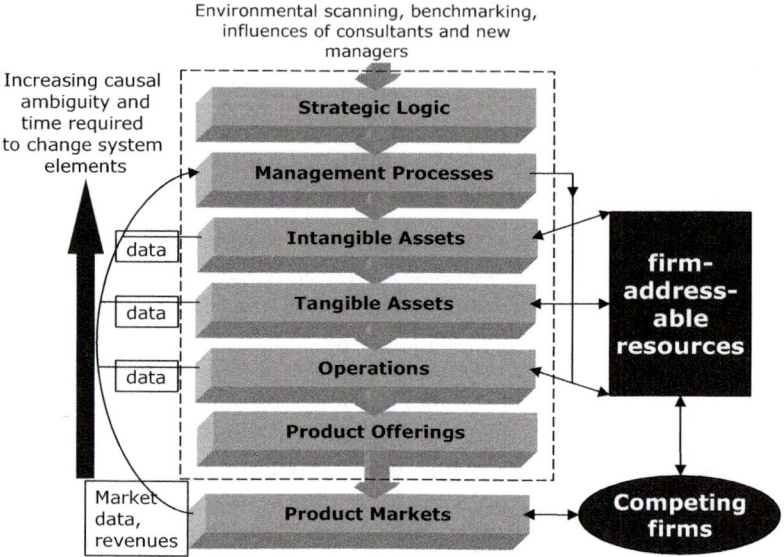

Der Niedergang von Unternehmungen vollzieht sich gemäß Schritt 6 in Abbildung 2-16 erstens über Ressourcenlücken der Unternehmung, die ihr den Zugang zu Märkten verwehren oder aber dazu führen, dass zu Konditionen abgeschlossen werden muss, welche die Substanz der Unternehmung aufzehren. Zweitens können Veredelungsprozesse außer Kraft gesetzt werden bzw. entwickelte Kernressourcen und Kernkompetenzen nahezu unmittelbar diffundieren und damit auch der Konkurrenz zugänglich sein, ohne dass sich die damit verbundenen Investitionen amortisieren können. Drittens sind diejenigen Unternehmungen gefährdet, deren Ressourcen und Kompetenzen so unflexibel sind, dass sie mit der Geschwindigkeit des Wandels in der Außenwelt nicht Schritt halten können. Dies lässt zugleich eine Fallgrube der Kompetenzentwicklung erkennen: Eine fortgesetzte Spezifizierung von Kompetenzen kann temporär zu Kernkompetenzen führen, auf längere Sicht aber auch zu gefährlichen Rigiditäten (Leonard-Barton 1992).

Der Kompetenzansatz führt zu einer plausiblen Erklärung, warum wirtschaftliches Handeln als Einzelperson nur begrenzt zum Erfolg führt. Er betont die Notwendigkeit, die Kräfte unterschiedlicher Personen zu vereinen und aufeinander abzustimmen, um Erfolgsgrundlagen zu schaffen. Seine Begründung ist wirklichkeitsnah, die zeitpfadabhängige Betrachtung nützlich, um Sachverhalte in ihrem Kontext besser verstehen zu können. Ein weiterer Vorteil besteht darin, Unterschiede im Wissen, Wollen und Können zu erfassen und sie erstens auf die personelle, zweitens auf die organisationale Ebene zu beziehen. Schwächen offenbart der Kompetenzansatz bezüglich der Ableitung detaillierter Aussagen zu Ursachen und Wirkungen. Prognosen auf Basis des Competence-based View abzuleiten, erweist sich als schwierig. Die Chancen, die der Wettbewerb bietet, und die Möglichkeiten, Umweltbedingungen nach eigenen Vorstellungen zu gestalten, wirken zwar mit Blick auf die Aktivierung von Unternehmertum stimulierend, wirken in einer Gesamtschau aber etwas naiv, da vor allem die unsicherheitsbedingten Gefahren aus dem Blickfeld geraten. Problematisch ist, dass innerhalb des kompetenztheoretischen Ansatzes keine einheitliche Linie existiert bezüglich einer methodologisch individualistischen bzw. holistischen Sichtweise.

2.3.5 Zusammenfassung

Die genannten Theorieansätze tragen zu einem umfassenderen Verständnis bei, warum es Unternehmungen gibt und wie sie sich über die Zeit entwickeln. Obwohl es zwischen den Theorien Überlappungen gibt, werden doch zahlreiche unterschiedliche Erklärungsansätze entworfen, die allesamt zum Verständnis des ureigenen Charakters von Unternehmungen beitragen. Es verbietet sich allerdings, die Erkenntnisse der einzelnen Ansätze ohne Prüfung der Vereinbarkeit zusammenzuführen (Elschen 1982).

Zum Zwecke eines Gesamtüberblicks werden in Tabelle 2-2 schlaglichtartig kennzeichende Aspekte der Theorien zusammengefasst. Zu kommentieren ist auf Basis des Gesagten lediglich die Sichtweise der einzelnen Ansätze zur Beziehung zwischen Unternehmung und Umwelt. Anknüpfend an die Ausführungen von Kapitel 1 ist festzustellen, dass nur der Transaktionskostenansatz einer deterministischen Sichtweise folgt. Die anderen Ansätze stehen eher im Gefolge voluntaristischen Denkens, wobei keiner der drei verbleibenden Ansätze streng voluntaristisch angelegt ist. Vielmehr werden bezüglich der Gestaltbarkeit externer Rahmenbedingungen in allen Ansätzen Grenzen gesehen, die sich allerdings gemäß Tabelle 2-2 unterscheiden.

Die Gestaltbarkeit unterliegt im Arbitrageansatz von Kirzner Grenzen, weil die Bedürfnisse der Nachfrager in allen Arbitrageüberlegungen zu berücksichtigen sind. Ferner tritt als weiterer limitierender Faktor die Konkurrenz dann hinzu, wenn eine Arbitragegelegenheit erstmalig identifiziert und marktlich erschlossen wurde. Daneben ist ein zentraler Begrenzungsfaktor von Gestaltungspotenzialen das faktisch verfügbare Wissen des Unternehmers. Je eher der Unternehmer über relevante Wissenslücken verfügt, desto stärker schwindet sein Einfluss, was unmittelbar verdeutlicht: Wissen kann Macht sein. Im Rahmen der Lehre von den Unternehmerfunktionen Schneiders offenbaren sich Grenzen der Gestaltbarkeit nicht nur anknüpfend an die Restriktionen bezüglich der Wahrnehmung der Arbitragefunktion im Sinne Kirzners, sondern auch und vor allem im Rahmen der Durchsetzung von Änderungen in wirtschaftlicher Führerschaft. Im Ansatz von Schneider werden Anpassungen an sich wandelnde Umweltbedingungen im Allgemeinen als erforderlich erachtet. Im Kompetenzansatz unterliegen Gestaltungsspielräume vor allem dann Grenzen, wenn wichtige Ressourcenlücken nicht kompensiert werden können und Unternehmungen in hart umkämpften, reifen „Gegenwartsmärkten" operieren, deren Abläufe durch wettbewerbliches Handeln bereits hochgradig festgelegt sind. Die Gestaltungsspielräume sind aber auch dann begrenzt, wenn es z.B. nicht gelingt, kompetente Kooperationspartner zu gewinnen, mit denen innovative Vorhaben mit erheblicher Komplexität zum Erfolg geführt werden können.

Kriterium	Transaktions-kostentheorie	Arbitrageansatz	Lehre von den Unternehmer-funktionen	Competence-based View
Denktradition	Marktgleich-gewicht	Marktprozess	Marktprozess	Marktprozess
Beziehung Unternehmung und Umwelt	Determinismus	gemäßigter Voluntarismus	gemäßigter Voluntarismus	gemäßigter Voluntarismus
Akzente des Ansatzes	Reibungsverluste, Koordinations-probleme	Probleme der Marktkoor-dination, Beschaffung von und Umgang mit Wissen	Schaffung entscheidungs-logisch handhabbarer Unsicherheits-konstellationen, Nutzung von Marktunvoll-kommenheiten	Identifikation zukünftiger Markt-chancen, Schaffung koordinativer Voraussetzungen zum Markterfolg
Erfassung individueller Unterschiede bezüglich Wissen, Wollen und Können?	Wissen	Wissen explizit, Können implizit über das Konstrukt der Findigkeit	Wissen und Können, Wollen nur am Rande	Wissen, Wollen und Können in annähernd gleich-berechtigter Weise
Chance-Risiko-Einstellung	starke Betonung der Risiken	starke Betonung der Chancen	ausgewogene Position	starke Betonung der Chancen

Tabelle 2-2: Theorien der Unternehmung im Überblick

2.3.6 Ausblick auf theoretische Alternativen

Der nachfolgende Ausblick ist als Hinweis zu verstehen, in welchen Theoriebereichen Vorarbeiten und Grundlagen für eine Theorie der Unternehmung gelegt worden sind. Weiterführende Betrachtungen finden sich überdies bei Wolf (2005) und Kieser/Ebers (2006). Es ist nicht das Ziel, die Ansätze einer näheren Analyse zu unterziehen. Unter den in Frage kommenden Ansätzen sind zu nennen:

- die **Spieltheorie** (Picot et al. 2005), welche auf Kooperationen unterschiedlicher Akteure abstellt und die diesbezüglichen Voraussetzungen untersucht,

- der **Resource-Dependence-Ansatz** (Pfeffer/Salancik 1978), der auf Grund der Notwendigkeit, überlebenskritische Ressourcen zu sichern, die Unternehmung als Institution zu erklären hilft,

- die **Principal-Agent-Theorie**, deren Argumentationsmuster und Erklärungsbausteine einige wichtige Parallelen zum Transaktionsaktionskostenansatz aufweisen und die in Kapitel 3 näher vorgestellt wird,

- die **Strukturationstheorie**, die – zurückgehend auf Giddens (1988) – Unternehmungen und Kooperationen als soziale Systeme versteht, die durch regelmäßig wiederkehrende bzw. geordnete soziale Beziehungen zwischen Akteuren charakterisiert sind,

- der **Neo-Institutionalismus**, der die Einbettung der Unternehmung in die Gesellschaft betont und hierbei auf den damit verbundenen Legitimationsdruck verweist, dem die Unternehmung entsprechen muss, was primär über ihre Oberflächenstrukturen erfolgt, während den Tiefenstrukturen oftmals die wahre Identität von Unternehmungen zu entnehmen ist (DiMaggio/Powell 1991).

Überblicke über diese, zum Teil auch weitere Theorien im weiteren Kontext dieses Themas finden sich bei Sydow (1992), Schoppe et al. (1995) und Wolf (2005).

	Verständnisfragen 2:
V2-1	Arbeiten Sie anhand der Fallstudie 1 heraus, wie die einzelnen Theorieansätze die Gründung und die weitere Entwicklung von Rank Xerox erklären.
V2-2	Arbeiten Sie Unterschiede und Gemeinsamkeiten der Institutionen Markt und Unternehmung heraus.
V2-3	Stellen Sie heraus, ob und wie weit es sinnvoll ist, Markt und Unternehmung als Alternativen einander gegenüber zu stellen.
V2-4	Greifen Sie sich das Beispiel einer in Konkurs gegangenen Unternehmung heraus und überprüfen Sie anhand des Beispiels den Erklärungswert der Ihnen bekannten Theorien der Unternehmung.

3 Der Markt aus einzelwirtschaftlicher Sicht

3.1 Terminologische Grundlagen

3.1.1 Alternative Marktbegriffe

In Abschnitt 2.1 wurde bereits kurz auf die Stellung von Märkten als eine Form von einzelwirtschaftlichen Institutionen, die Einfluss auf Tauschverhältnisse nehmen, hingewiesen. Diese noch sehr rudimentäre Einordnung ist nunmehr zu erläutern. Zunächst bedarf es vor allem einer Präzisierung des Begriffes „Markt". Markt ist ein Terminus, der in vielfältigen Zusammenhängen und Bedeutungen Verwendung findet. Mit Schneider (1995) lassen sich zumindest drei grundlegende Verständnisse von **Markt** unterscheiden (auch Engelhardt 1995a):

Umgangssprachlich stellt ein Markt einen Ort dar, an dem Menschen zum Zwecke des Tausches zusammenkommen. Als Musterbeispiel kann hierbei der Wochenmarkt gelten, aber auch die Begriffe „Supermarkt" oder „Flohmarkt" zeugen von einem derartigen Begriffsverständnis. Betrachtet man den „Immobilienmarkt" oder den „Gebrauchtwagenmarkt", so wird deutlich, dass ein persönliches Zusammentreffen der Menschen an einem bestimmten Ort zu einer bestimmten Zeit nicht zwingende Voraussetzung für derartige Märkte ist. Nicht zuletzt die in neuerer Zeit entstandenen so genannten „elektronischen Märkte" belegen die weite Verbreitung des umgangssprachlichen Marktbegriffs, der für die vorliegenden Zwecke jedoch nicht zu überzeugen weiß, da es ihm an der nötigen Präzision fehlt.

Die **Volkswirtschaftslehre** bedient sich regelmäßig eines Marktbegriffs, der weniger auf den Markt als konkreten Beobachtungstatbestand abstellt, sondern ein abstrakteres theoretisches Verständnis zu Grunde legt: der Markt als ökonomischer Ort des Tausches, an dem Angebot und Nachfrage aufeinandertreffen, so dass es zur Preisbildung kommt (Oberender 2000). Dieses Marktverständnis, das auch im betriebswirtschaftlichen Schrifttum, speziell in der Marketing-Literatur nicht unüblich ist (z.B. Homburg/Krohmer 2006), bereitet allerdings gleichfalls Probleme (Engelhardt 1995a; Schneider 1995): Jeder Anbieter eines Wirtschaftsgutes ist immer zugleich Nachfrager nach einem anderen, so z.B. der Automobilhändler, der seine Fahrzeuge nur gegen Geld abzugeben bereit ist, aber auch der Arbeitnehmer, der für seine Arbeitsleistung (Angebot) ein entsprechendes Gehalt erwartet (oder: nachfragt). Unklar bleibt zudem auch, was sich hinter einem „ökonomischen Ort" verbirgt, denn wenn ökonomisch im

Sinne des **ökonomischen Prinzips** (Prinzip der Wirtschaftlichkeit; siehe Abschnitt 1.2) verstanden wird, dann setzt dies rationales Handeln voraus: „Ein Kauf aus Leichtsinn, durch Täuschung oder auf Grund eines Rechen- oder Denkfehlers usw. fände dann nicht auf einem Markt statt." (Schneider 1995, S. 76). Insofern ist die modelltheoretische Marktdefinition letztendlich für das Erklären von Marktprozessen unzureichend.

Im Sinne einer **theoretisch fundierten marktorientierten Unternehmungsführung** erscheint ein Begriffsverständnis als Ausgangspunkt adäquat, das „Markt" als Name für über **Marktstruktur** und **Marktregeln** geordnete **Marktprozesse** interpretiert (Schneider 1995). Diese Definition bedarf einer weiteren Erläuterung im Hinblick auf die enthaltenen Termini Marktprozess, Marktstruktur und Marktregeln, da diesen im Verlauf der weiteren Ausführungen zentrale Bedeutung zukommt.

Die Abgrenzung des Terminus „**Marktprozess**" hat ihren Ursprung – wie unschwer zu erkennen – in der Marktprozesstheorie der Modern Austrian Economics (Abschnitt 2.3.2): Marktprozesse sind die in Märkten zu beobachtenden Handlungen und lassen sich als zentrales Element von Märkten einordnen (Engelhardt 1995a; unter Verweis auf von Hayek und Hoppmann). Anders ausgedrückt werden unter Marktprozessen die in Märkten als Institutionen beobachtbaren Handlungen verstanden, wobei drei Arten von Marktprozessen unterschieden werden können (Schneider 1995):

- **Wissensänderungen**: Anbieter und Nachfrager sammeln Wissen über gewünschte oder angebotene Austauschobjekte (Dienste, Sachen und Verfügungsrechte) hinsichtlich Art, Qualität und Quantität. Dies soll zum Abbau von Informationsasymmetrien zwischen den Beteiligten dienen. Informationsökonomisch lässt sich diese Art von Marktprozessen als Wechselspiel von Screening (Informationssuche) und Signaling (Informationsabgabe) einordnen (Kaas 1995).

- **Verhandlungen**: Diese Art von Marktprozessen dient der Abstimmung von Leistung und Gegenleistung, jeweils zu verstehen als Bündel von Teilleistungen unterschiedlicher Art (Engelhardt et al. 1993; Abschnitt 3.3.2). Verhandlungen haben somit die Koordination der Wirtschaftspläne der einzelnen Tauschpartner zum Gegenstand, wobei diese Tauschpartner jeweils sowohl Anbieter als auch Nachfrager von Leistungsbündeln sind, da sie beide – wie oben schon einmal kurz erwähnt – „geben" und „nehmen" (Busse von Colbe et al. 1992).

- **Austausch von Verfügungsrechten**: Die Tauschvereinbarung als Abschluss der Verhandlungen kommt im Austausch von Verfügungsrechten zum Ausdruck. Dabei werden Leistung und Gegenleistung gegeneinander aufgerechnet, woraus sich der Preis als Austauschverhältnis ergibt.

Gemäß obenstehender Definition werden Marktprozesse anhand von Marktstruktur und Marktregeln geordnet bzw. sind durch diese näher gekennzeichnet. Eine intensive Behandlung der Marktprozesse wird in Abschnitt 3.3 im vorliegenden Kapitel folgen.

Die **Marktstruktur** umfasst die Gesamtheit der faktischen Einflussgrößen, nach denen Marktprozesse erklärt werden (Schneider 1995). Dazu zählen Eigenschaften von Nachfragern, Konkurrenten, dem Unternehmungsumfeld, aber auch der eigenen Institution, ebenso Verhaltensweisen und Handlungsspielräume der Beteiligten und vieles andere mehr. Prinzipiell kommt eine nahezu unendliche Vielzahl von Marktstrukturmerkmalen zur Kennzeichnung von Marktprozessen in Frage, von denen die am wichtigsten erscheinenden in Abschnitt 3.2 dieses Kapitels behandelt werden.

Marktregeln werden als Einflussfaktoren von Marktprozessen von den Marktstrukturmerkmalen begrifflich unterschieden, sind für diese aber vielfach prägend und werden daher gleichfalls in Abschnitt 3.2 behandelt. Wiederum mit Schneider (1995) lassen sich zwei Arten von Marktregeln unterscheiden:

- **Regelsysteme für das Ausüben von Unternehmerfunktionen** (zu nennen sind hier insbesondere Planung, Koordination und Kontrolle von Handlungen in Märkten),

- **Elemente der Marktverfassung**, die rechtliche Regelungen (z.B. GWB oder UWG), aber auch (ungeschriebene) Verhaltensnormen wie Sitten, Gebräuche und Traditionen umfasst.

Schneider (1995) klammert die **Marktzufuhr** eines Anbieters oder Nachfragers aus den Marktprozessen aus. Unter Marktzufuhr versteht er die real auszuübenden Tätigkeiten vor oder nach einer Tauschvereinbarung zu deren Erfüllung. Dazu gehören:

- das Errichten einer **Leistungsbereitschaft** sowie das Sparen bzw. Mehr-Leisten auf anderen Märkten, um mit einem Angebot oder einer Nachfrage am nächsten Marktprozess teilnehmen zu können;

- die **Leistungserstellung** im engeren Sinne, unabhängig davon, ob sie vor (spekulativ) oder nach (auftragsbezogen) der Tauschvereinbarung erfolgt;

- die **Erfüllung hingegebener Verfügungsrechte**, d.h. z.B. Verpackung, Versendung etc. beim Absatz bzw. Abholen, Auspacken etc. bei der Beschaffung.

Diese Abgrenzung erscheint allerdings vielfach problematisch: Insbesondere bei Leistungserstellungsprozessen, die in hohem Maße durch die Mitwirkung des Kunden geprägt sind (Bsp.: Beratungsgespräche, Schulungsleistungen), kommt es regelmäßig vor, dass die exakte Spezifizierung der Leistung (als Bestandteil des Marktprozesses) erst im Zuge der Leistungserstellung im engeren Sinne (als Element der Marktzufuhr) erfolgen kann, so dass bestimmte Aktivitäten nicht eindeutig zugeordnet werden können (Engelhardt 1995a). Marktprozess und Marktzufuhr überlappen sich in der Realität insofern sehr stark, so dass eine Trennung an dieser Stelle nur idealtypischen Charakter haben kann.

Fasst man das Gesagte zusammen, so ergeben sich drei **Aufgaben**, die Märkte als Institutionen erfüllen sollen (Busse von Colbe et al. 1992); sie dienen

- der Beschaffung und Abgabe von Informationen über die Versorgungsmöglichkeiten,

- der Findung vertraglicher Vereinbarungen zwischen den tauschwilligen Institutionen und

- dem Vollzug des Tausches im vereinbarten Rahmen.

Vor diesem Hintergrund muss jede Institution, insbesondere auch jede Unternehmung, für sich selbst entscheiden, was sie als „ihren" Markt ansehen will, auf dem sie tätig ist bzw. tätig sein möchte. Es gibt nicht „den" Markt. Bei der Betrachtung konkreter Marktprozesse muss somit stets eine Marktabgrenzung bzw. -definition erfolgen. Aus diesem Grunde bietet es sich an, den Marktbegriff von Schneider (1995), wie er oben erörtert wurde, aus der Perspektive der marktorientierten Unternehmungsführung wie folgt zu ergänzen (in Anlehnung an Engelhardt 1995a):

Ein **Markt** ist eine Zusammenfassung von über Marktstruktur und Marktregeln geordneten Marktprozessen, die anhand persönlicher, sachlicher, zeitlicher, räumlicher und marktstufenbezogener Kriterien abgegrenzt werden.

Die genannten Abgrenzungskriterien werden in der betriebswirtschaftlichen Literatur zum Teil auch etwas anders strukturiert. So differenziert etwa Bauer (1989) nach unternehmens-, produkt- und nachfragerbezogenen Aspekten. An anderer Stelle findet sich die Unterteilung in anbieter-, produkt-, nachfrager- und bedürfnisbezogene Aspekte (Homburg/Krohmer 2006). Die zu erkennenden Unterschiede sind allerdings eher marginaler Art: Grundsätzlich kann konstatiert werden, dass in der Literatur weitgehend Einigkeit darüber besteht, welche Kategorien von Kriterien bei der Marktabgrenzung heranzuziehen sind. Die Hauptproblematik liegt dann allerdings in der praktischen Umsetzung dieser Kriterien in konkreten Abgrenzungsprozessen. Dies leitet unmittelbar zur Frage der Abgrenzung des für eine Unternehmung relevanten Marktes über.

3.1.2   Die Abgrenzung des „relevanten Marktes"

Der Begriff des **relevanten Marktes** hat seinen Ursprung in der wettbewerbsrechtlichen Diskussion um Fragen der Marktmacht und Marktbeherrschung, die sich im Kontext von Fusionen und Kooperationen immer wieder stellen. Um die Marktstellung einer Unternehmung beurteilen zu können, bedarf es einer entsprechenden Abgrenzung des Marktes, der in der jeweiligen Situation als relevant anzusehen ist. Diese Abgrenzung wird durch die Kartellbehörden aus einer übergeordneten Perspektive heraus vorgenommen, da volkswirtschaftliche Aspekte, insbesondere die Funktionsfähigkeit des Wettbewerbs, im Mittelpunkt des Interesses stehen.

Die Interessenlage einer Unternehmung ist naturgemäß eine andere, denn hier rückt die einzelwirtschaftliche Perspektive in den Vordergrund: Anders ausgedrückt ersetzt die einzelwirtschaftliche „Froschperspektive" der Unternehmung die gesamtwirtschaftliche „Vogelperspektive" der Kartellbehörden (Kleinaltenkamp 2002a). Die Unternehmung legt fest, welche Kunden, Konkurrenten und Produkte sie als „ihrem" Markt zugehörig ansehen will, auf dem sie tätig ist. Folglich wird es eher zufällig vorkommen, dass Kartellbehörde und Unternehmung, aber auch Unternehmungen im Vergleich zueinander zu einer identischen Abgrenzung des relevanten Marktes kommen: Es handelt sich um ein subjektives Phänomen, bei dem unterschiedliche Betrachtungsweisen zu unterschiedlichen Ergebnissen führen. Dies bringt auch die folgende Definition zum Ausdruck (Busse von Colbe et al. 1992, S. 6):

Mit dem Begriff **relevanter Markt** bezeichnet man das Ergebnis der Marktdefinition bzw. Marktabgrenzung, die eine Unternehmung (oder Behörde oder ein anderer Betrachter) aus ihrer (subjektiven) Sicht und Problemlage heraus vornimmt.

Die Subjektivität der Marktabgrenzung bringt es mit sich, dass sich im Einzelnen eine Vielzahl unterschiedlicher Abgrenzungskonzepte findet, wobei volkswirtschaftliche und wettbewerbsrechtliche Ansätze neben solchen der Marketing-Theorie stehen. Es würde an dieser Stelle zu weit führen, darauf im Detail einzugehen (zu einem Überblick siehe insbesondere Bauer 1989). Stattdessen soll die grundlegende Vorgehensweise in einer Form skizziert werden, über die in der Literatur inzwischen weitgehender Konsens besteht. Sie ist in Abbildung 3-1 dargestellt.

Abbildung 3-1: Die Abgrenzung des relevanten Marktes

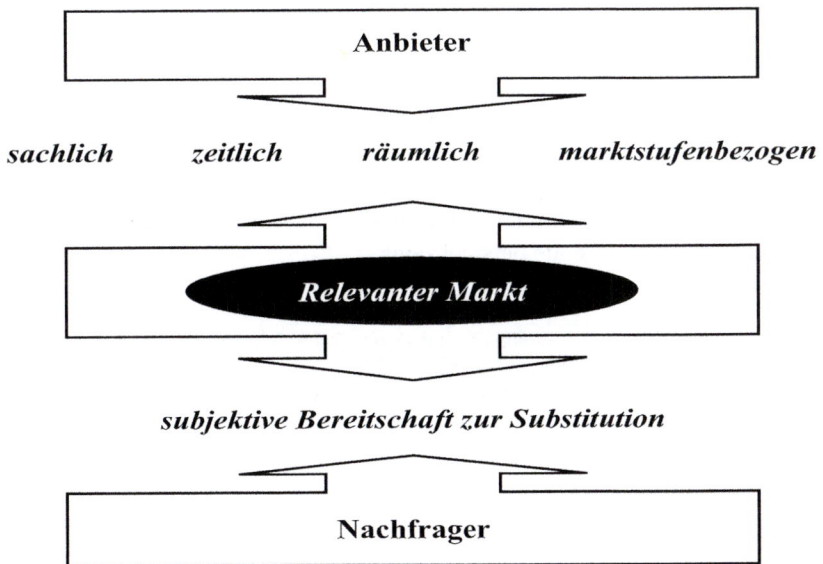

Einigkeit besteht darin, dass sachliche, zeitliche, räumliche und marktstufenbezogene Kriterien zur Anwendung gelangen sollten. Je nachdem aber, ob die Marktabgrenzung aus gesamt- oder einzelwirtschaftlicher Sicht vorgenommen wird, werden diese Kriterien anders ausgelegt. Vor allem erhält bei der Abgrenzung aus Sicht einer einzelnen Unternehmung die Berücksichtigung der Kundenperspektive größeres Gewicht. Die wesentlichen Unterschiede in den Fragestellungen verdeutlicht Tabelle 3-1.

Kriterium	Gesamtwirtschaftliche Perspektive	Einzelwirtschaftliche Perspektive
Sachlich	Welche Leistungen werden auf dem Markt angeboten und nachgefragt?	Welches Problem wird für welchen Nachfrager gelöst bzw. soll gelöst werden?
Zeitlich	Für welchen Zeitraum gilt die Marktabgrenzung (unbeschränkt, saisonal, tageszeitlich o.ä.)?	Für welchen Zeitraum kann ein Nachfrager als dem relevanten Markt zugehörig angesehen werden?
Räumlich	Welche Orte bzw. Regionen umfasst der Markt?	An welchen Orten bzw. in welchen Regionen liegen die Standorte der zu bedienenden Nachfrager?
Marktstufen-bezogen	Zu welchen Verarbeitungs-, Verwendungs- oder Handelsstufen gehören Anbieter und Nachfrager?	Zu welchen Verarbeitungs-, Verwendungs- oder Handelsstufen zählen die betreffenden Nachfrager?

Tabelle 3-1: Gesamtwirtschaftliche und einzelwirtschaftliche Fragestellungen bei der Abgrenzung des relevanten Marktes (Quelle: in Anlehnung an Kleinaltenkamp 2002a, S. 69ff.)

Die größten Probleme bereitet regelmäßig die **sachliche** Abgrenzung, denn in diesem Zusammenhang ist die Frage zu beantworten, welche Leistungen aus Sicht der Nachfrager untereinander austauschbar sind. Nur so kann ein Anbieter erkennen, welche anderen Angebote und Anbieter er bei der Festlegung seiner Marktaktivitäten berücksichtigen muss. Dabei steht er allerdings vor dem Problem, dass die Einschätzung der Austauschbarkeit von Leistungen bei unterschiedlichen Nachfragern sehr stark divergieren kann, wie das folgende Beispiel zeigt.

Beispiel 3-1: Der relevante Markt für alkoholfreies Bier

Die Privatbrauerei Schluckspecht stellt für ihr alkoholfreies Bier der Marke „Schluckspecht Ohne" in der letzten Zeit einen rückläufigen Absatz fest. Zahlreiche Nachfrager sind auf andere Produkte ausgewichen. Es stellt sich für Schluckspecht die Frage, welche Produkte als Substitute für „Schluckspecht Ohne" in Frage kommen und dem relevanten Markt zugerechnet werden können. Eine Marktanalyse offenbart seitens der Kunden sehr unterschiedliche Substitutionsneigungen:

■ *Kundengruppe A:* Ein großer Anteil der verlorenen Kunden ist zu anderen alkoholfreien Bieren gewechselt. Offenbar besteht eine entsprechende Substitutionsneigung, was auch zahlreiche aktuelle Kunden bestätigen. Diese Kunden haben aber zum Ausdruck gebracht, dass ein Ersatz von alkoholfreiem Bier durch ein andersartiges Getränk nicht in Frage kommen würde.

- *Kundengruppe B*: Die Vermutung, dass manche Kunden ihren Konsum von alkoholfreiem Bier generell reduziert haben und auf andere Produkte wie Limonaden und Mineralwasser umgestiegen sind, die aus ihrer Sicht relevante Substitute im Bereich der alkoholfreien Getränke darstellen, bestätigt sich. Auch ein Teil der aktuellen Nachfrager von „Schluckspecht Ohne" erklärt, dass er sich je nach Laune zwischen verschiedenartigen Getränken entscheidet.
- *Kundengruppe C*: Ein recht kleiner Teil der Kunden gibt an, dass eine begrenzte Substitutionsbereitschaft zwischen alkoholhaltigem, alkoholreduziertem und alkoholfreiem Bier besteht.
- *Kundengruppe D*: Schließlich äußern einige Nachfrager, dass alkoholfreies Bier für sie eine Art „Luxus" darstellt, dessen Konsum sie dann reduzieren, wenn sie die entsprechenden finanziellen Mittel für andere Leistungen verwenden wollen, z.B. für einen Theaterbesuch.

Wenngleich das Beispiel von Kundengruppe D auf den ersten Blick etwas extrem anmuten mag: Es wird deutlich, dass die Bestimmung der Substitutionsbereitschaft und damit die Festlegung der sachlich einem relevanten Markt zuzuordnenden Leistungen keinesfalls so einfach ist, wie sich vielleicht vermuten ließe. Die Anbieter müssen ihre Kunden genau kennen, um zu zuverlässigen Aussagen zu gelangen. Dies unterstreicht die Bedeutung der Nachfrageanalyse, die in Abschnitt 3.2.1.1 im Mittelpunkt steht.

Zur Lösung des Problems der sachlichen Marktabgrenzung wird in der Literatur ein dreistufiges Vorgehen vorgeschlagen. Dies ist in Abbildung 3-2 dargestellt.

Abbildung 3-2: Stufenmodell zur sachlichen Abgrenzung des relevanten Marktes (Quelle: in Anlehnung an Hammann et al. 2001, S. 53)

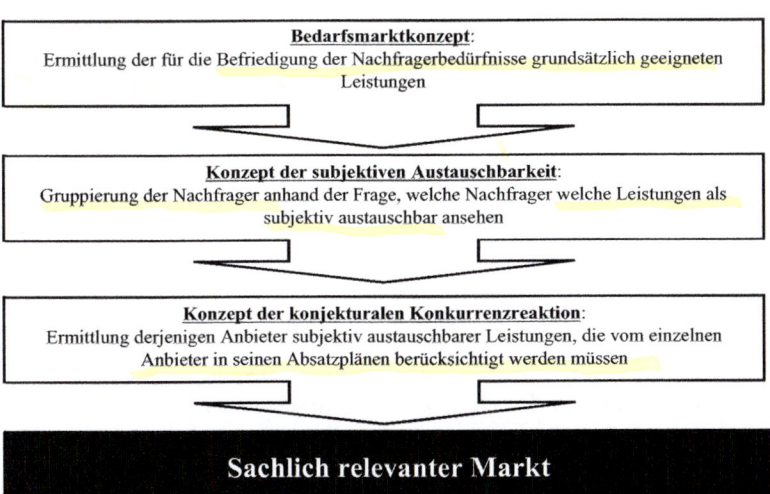

Bedarfsmarktkonzept:
Ermittlung der für die Befriedigung der Nachfragerbedürfnisse grundsätzlich geeigneten Leistungen

Konzept der subjektiven Austauschbarkeit:
Gruppierung der Nachfrager anhand der Frage, welche Nachfrager welche Leistungen als subjektiv austauschbar ansehen

Konzept der konjekturalen Konkurrenzreaktion:
Ermittlung derjenigen Anbieter subjektiv austauschbarer Leistungen, die vom einzelnen Anbieter in seinen Absatzplänen berücksichtigt werden müssen

Sachlich relevanter Markt

Auch dieses Vorgehen lässt Spielraum für subjektive Entscheidungen, es stellt aber zumindest sicher, dass die Marktabgrenzung in systematischer Form erfolgen kann.

Die Unterschiedlichkeit in den Einschätzungen der Nachfrager hat über die schon angesprochenen Aspekte hinaus auch zur Folge, dass die Frage nach den Grenzen eines relevanten Marktes seitens der Nachfrager häufig ganz anders beantwortet wird als es die Anbieter sich vorgestellt haben: So ist häufig zu beobachten, dass es ein Anbieter nicht schafft, die aus seiner Sicht relevanten Nachfrager mit seinen Angeboten zu erreichen. Ebenso findet sich der Fall, dass bestimmte Nachfrager sich für Angebote interessieren, die ursprünglich gar nicht für sie vorgesehen waren, so dass die Anbieter feststellen müssen, dass es angebracht ist, die in der Ausgangslage vorgenommene Marktabgrenzung zu modifizieren. Ein Beispiel dafür ist nachfolgend skizziert.

Beispiel 3-2: Der Markt für Sportbekleidung

Ursprünglich waren Anbieter wie z.B. Adidas und Puma auf einem Markt tätig, der seitens der Nachfrager recht klar einzugrenzen war: Es handelte sich um die Personen, die aktiv Sport trieben und eine dementsprechende funktionale Bekleidung benötigten. Dann trat in den 1990er Jahren ein Phänomen auf, mit dem so im Vorfeld niemand gerechnet hatte: Insbesondere jüngere Menschen fanden es plötzlich schick, die von ihren Eltern oft schon vor vielen Jahren abgelegten Trainingsjacken und Sporthosen aus den Ecken hervorzuholen und zu tragen – nun aber nicht mehr zum Sport, sondern in der Schule, auf der Straße oder sogar in der Discothek. Die Sportartikelproduzenten erkannten, dass sich ihr relevanter Markt offenbar drastisch verändert hatte und reagierten darauf mit einer immer stärker veränderten Angebotspalette: Die Marken „Adidas" und „Puma" fanden und finden sich nicht mehr nur auf Sportbekleidung im engeren Sinne, sondern auch auf „Alltagskleidung", mit der gezielt eine Kundengruppe angesprochen wird, die zuvor nicht im Blickpunkt des Interesses stand: jüngere Menschen, bei denen die alten Marken mittlerweile eine Art Kultstatus erreicht haben.

Insofern bleibt festzuhalten, dass die Abgrenzung des relevanten Marktes nicht nur ein subjektives Phänomen ist, sondern auch eine dynamische Komponente aufweist: Eine einmal vorgenommene Abgrenzung bedarf der regelmäßigen Überprüfung und gegebenenfalls Anpassung, um der Unternehmung eine gezielte Ansprache ihrer Zielgruppen zu ermöglichen.

Im Zusammenhang mit der Abgrenzung des relevanten Marktes sind einige weitere Begriffe von Bedeutung, die im Verlauf der nächsten Abschnitte Verwendung finden werden und daher an dieser Stelle definiert werden sollen. Es handelt sich dabei um Kenngrößen, die zur Charakterisierung relevanter Märkte herangezogen werden können, ohne dass dabei weitere Erläuterungen erforderlich wären (siehe Tabelle 3-2).

Allerdings ist darauf hinzuweisen, dass die exakte Ermittlung dieser Kenngrößen in der Praxis mit erheblichen Problemen verbunden sein kann, wodurch ihre Aussagekraft eingeschränkt wird (Kleinaltenkamp 2002a):

■ Sofern entsprechende Datenangaben vorliegen, sind sie oft eher produkt- als nachfragerbezogen.

Kenngröße	Definition
Absatzvolumen	Menge der in einer Periode von einer Unternehmung auf dem relevanten Markt verkauften Leistungen
Umsatzvolumen	Wert (Erlös/Umsatz) der in einer Periode von einer Unternehmung auf dem relevanten Markt verkauften Leistungen
Marktvolumen	Von allen Anbietern auf dem relevanten Markt insgesamt in einer Periode verkaufte Leistungen; das Marktvolumen wird entweder nach der Menge oder nach dem Wert bestimmt
Marktanteil	Quotient aus Absatz- bzw. Umsatzvolumen und Marktvolumen; je nach Bezugsgröße ergibt sich ein mengen- oder ein wertmäßiger Marktanteil
Relativer Markt-anteil	Marktanteil der eigenen Unternehmung im Verhältnis zu dem des größten bzw. der drei größten Wettbewerber
Marktpotenzial	Als maximal erreichbar angesehenes Marktvolumen, eventuell bezogen auf eine bestimmte Zeitperiode
Absatz- bzw. Umsatzpotenzial	Teil des Marktpotenzials, den die Unternehmung maximal erreichen zu können glaubt

Tabelle 3-2: Definition wichtiger Kenngrößen relevanter Märkte (Quelle: Kleinaltenkamp 2002a, S. 78)

▪ Vielfach existieren selbst im Nachhinein keine Angaben über das Marktvolumen. Anders verhält es sich in Branchen, in denen offizielle Statistiken geführt werden.

▪ Die Ex-ante-Bestimmung der Kennziffern bereitet auf Grund der oft nur schwer zu prognostizierenden Zukunftsentwicklungen noch sehr viel größere Schwierigkeiten: Konjunkturelle, saisonale oder auch strukturelle Faktoren sind nur bedingt ein- und abschätzbar.

Abschließend sei noch einmal darauf hingewiesen, dass mit der Abgrenzung des relevanten Marktes die Weichenstellung für die weitere Untersuchung von Marktstrukturen und Marktprozessen, aber auch für deren Gestaltung im Rahmen der Marktbearbeitung vorgenommen wird. Daher hat dieser Schritt große Aufmerksamkeit und Sorgfalt verdient.

	Verständnisfragen 3:
V3-1	Charakterisieren Sie Märkte als Institutionen und ihre zentralen Aufgaben!
V3-2	Nehmen Sie am Beispiel eines Anbieters von Rasierschaum eine Ihnen geeignet erscheinende Abgrenzung seines relevanten Marktes vor!

3.2 Markt und Marktstruktur

Gegenstand des vorliegenden Abschnitts ist die Analyse von Marktstrukturen einschließlich eines Überblicks über wichtige Marktregeln. Dabei werden drei inhaltliche Komponenten zusammengefügt:

■ die empirisch-induktive Beschreibung realer Sachverhalte,
■ die Nutzung von Aussagen der ökonomischen Theorie,
■ die Darstellung ausgewählter Analyseinstrumente.

Anknüpfungspunkte für die Analyse von Marktstrukturen sind die einzelwirtschaftlichen Institutionen, die in Märkten agieren. Sie werden hinsichtlich ihrer jeweiligen Eigenschaften, aber auch hinsichtlich ihrer Beziehungen untereinander analysiert. Dabei sind für die vorliegenden Zwecke zu unterscheiden:

■ die „eigene Unternehmung" als anbietende Institution,
■ Nachfragerinstitutionen (einzelne Konsumenten oder Organisationen, insbesondere Unternehmungen),
■ Konkurrenzinstitutionen (Wettbewerber der „eigenen Unternehmung"),
■ Institutionen des Umfeldes.

Während die Analyse der „eigenen Unternehmung" Gegenstand von Kapitel 4 sein wird, beschäftigen sich die folgenden Abschnitte des Kapitels 3 mit den übrigen genannten Institutionen. Dabei sei noch einmal daran erinnert, dass die Trennung zwischen Anbietern und Nachfragern eine sprachliche Vereinfachung darstellt, die aber aus Gründen der Verständlichkeit hier zunächst beibehalten wird.

3.2.1 Die Betrachtung einstufiger Marktstrukturen

3.2.1.1 Die Analyse der Nachfrage

3.2.1.1.1 Das Zustandekommen von Nachfrage

Die Nachfrager spielen in Märkten eine zentrale Rolle, denn ohne sie kämen Marktprozesse nicht zu Stande. Um die Merkmale der Nachfrager und ihres Verhaltens analysieren zu können, sind zuvor einige wichtige Begriffe zu klären, die damit in Verbindung stehen, häufig aber wenig exakt verwendet werden. Abbildung 3-3 gibt einen Überblick hinsichtlich der relevanten Termini und ihrer Zusammenhänge.

Abbildung 3-3: *Bedürfnis, Bedarf und Nutzen (Quelle: abgeleitet aus Balderjahn 1995, Sp. 180ff.)*

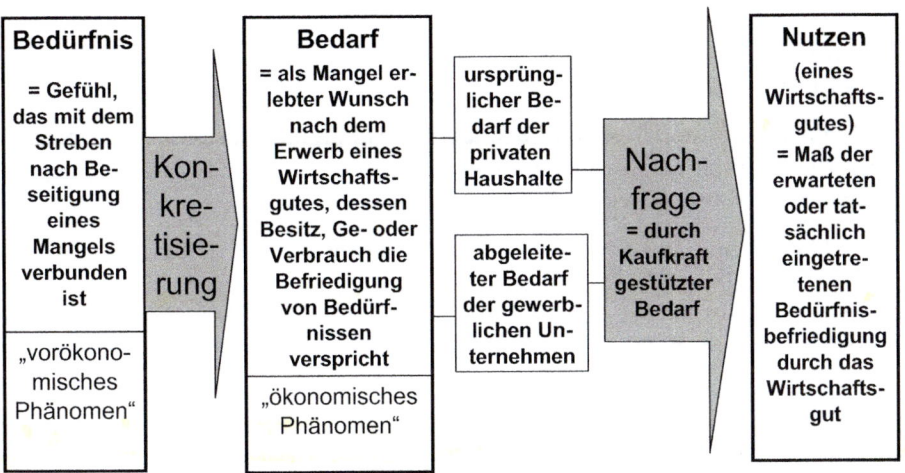

Unter einem **Bedürfnis** wird das Gefühl verstanden, das mit dem Streben nach der Beseitigung eines Mangels verbunden ist. Als prominente Beispiele für Bedürfnisse können etwa Hunger oder Durst genannt werden. Da sich Bedürfnisse noch nicht auf konkrete Wirtschaftsgüter beziehen, können sie auch als „vorökonomische" Phänomene eingeordnet werden (Schäfer 1938).

Wird ein Bedürfnis konkretisiert, entsteht ein **Bedarf** als nunmehr ökonomisches Phänomen. Dabei handelt es sich um einen als Mangel erlebten Wunsch nach dem Erwerb eines Wirtschaftsgutes, dessen Besitz, Ge- oder Verbrauch die Befriedigung von Bedürfnissen verspricht. Für das obige Beispiel des Hungers würde z.B. der Wunsch, eine Pizza am Stand „um die Ecke" zu erwerben, einen entsprechenden Bedarf darstellen. Zu unterscheiden ist in diesem Zusammenhang der **ursprüngliche (originäre) Bedarf** der privaten Haushalte (Konsumenten) vom **abgeleiteten (derivativen) Bedarf** der gewerblichen Unternehmungen. Während Konsumenten ihren Bedarf formulieren, um ihre eigenen Bedürfnisse zu befriedigen, leitet sich der Bedarf der gewerblichen Unternehmungen aus den Bedürfnissen der Konsumenten oft über mehrere Stufen hinweg ab. Wenn z.B. seitens der Konsumenten der Bedarf an Waschpulver steigt, benötigt der Waschpulverhersteller u.a. mehr Verpackungsmaterial. Dies führt auf der nächsten Stufe dazu, dass der Verpak-

⤷ Kettenreaktion

kungsproduzent mehr Papier als Grundmaterial benötigt, um seine Verpackungen herstellen zu können. Die Papierindustrie wiederum hat einen erhöhten Zulieferungsbedarf seitens der Holzindustrie. Diese Nachfrage- bzw. Bedarfskette ließe sich nahezu beliebig fortsetzen. Den Unterschieden zwischen dem originären und dem derivativen Bedarf wird auch in Lehrbüchern dadurch Rechnung getragen, dass regelmäßig zwischen dem individuellen und dem organisationalen Kaufverhalten differenziert wird (z.B. Homburg/Krohmer 2006; siehe auch Abschnitt 3.2.1.1.3 und 3.2.1.1.4).

- Wird der Bedarf durch entsprechende Kaufkraft gestützt, so entsteht die **Nachfrage**. Die Kaufkraft ist insofern mit entscheidend dafür, dass die Befriedigung vorhandener Bedürfnisse letztendlich gelingen kann.

- Der **Nutzen** eines Wirtschaftsgutes schließlich lässt sich definieren als das Maß der erwarteten oder tatsächlich eingetretenen Bedürfnisbefriedigung durch das Wirtschaftsgut (Nieschlag et al. 2002). Je nachdem, in welchem Maße die Erwartungen des Nachfragers erfüllt werden, kann der Nutzen somit hoch oder gering sein.

Fasst man das Gesagte zusammen, so kommt man zu folgender Schlussfolgerung: **Nachfrage** nach einem Wirtschaftsgut entsteht immer dann, wenn ein Wirtschaftssubjekt aus einem Bedürfnis einen konkreten Bedarf ableitet, den es mit Hilfe der erforderlichen Kaufkraft zu stützen vermag. Vor diesem Hintergrund gibt es unterschiedliche Arten der Bedarfsdeckung. In den Beispielen 3-3 und 3-4 wird dies illustriert.

Beispiel 3-3: Heller Bank AG

In einer Anzeige in der Wirtschaftswoche vom 14.08.2003 warb die Heller Bank AG wie folgt:

Konzentration auf das Wesentliche

Sie planen Wachstum und setzen auf interne Kapazitäten. Doch die Debitorenverwaltung bindet professionelle Kräfte. Sie suchen nach Möglichkeiten, administrative Arbeiten zu minimieren.

HELLER ist Partner für Finanzierung und Dienstleistung. HELLER FACTORING sichert Liquidität und schützt vor Forderungsausfällen. Darüber hinaus managt HELLER die Debitorenverwaltung von der Buchung bis hin zum Inkasso. Und mit den HELLER ON LINE-Daten haben Sie immer die aktuellen Debitoreninformationen, die Sie für das Wesentliche benötigen: den Verkauf.

Sprechen Sie doch einmal darüber mit Ihrem HELLER-Berater.

Beispiel 3-4: Alles muss raus!

In der gleichen Ausgabe findet sich ein Bericht, der sich mit der Auslagerung von Aktivitäten – bis hin zu ganzen Abteilungen – auf Basis neuer E-Business-Konzepte beschäftigt:

Alles muss raus! Standardisierte Geschäftsprozesse, die sich jetzt mit IT-Hilfe auslagern lassen:

Personal-Management	Buchhaltung, Transaktionen	Kunden-Management	Beschaffung, Logistik
Lohn-/Gehalts-abrechnung, Bewerbervorauswahl, Aus- und Weiterbildung	Ein- und Ausbuchung von Zahlungen, Kreditkartenabrechnung, Verbuchen von Leistungen, Kreditmanagement	Call-Center, Kundendienst, Service-Analyse, Direkt-Marketing	E-Procurement, Lager- und Beschaffungs-Management, Logistiksteuerung

Die Heller Bank AG bietet in Beispiel 3-3 an, den Bedarf nach bestimmten Leistungen für interessierte Unternehmungen abzudecken, den diese Unternehmungen bisher selbst mit eigenen Mitarbeitern befriedigt haben. In Beispiel 3-4 wird unter Rückgriff auf Daten von Gartner Dataquest, Roland Berger, PAC und Meta Group Deutschland das Auslagerungspotenzial IT-gestützter Geschäftsprozesse auf spezialisierte Dienstleister aufgezeigt. Derartige Angebote finden sich auch für viele andere Leistungen, z.B. für Reparatur- und Wartungsleistungen, für das Fuhrpark-Management oder auch für das Gebäude-Management. Tatsächlich sind in der jüngeren Vergangenheit immer mehr Unternehmungen den Weg gegangen, bestimmte Leistungen nicht mehr selbst zu erbringen, sondern im Zuge des so genannten **Outsourcings** auf externe Spezialisten zu übertragen. Dies deutet darauf hin, dass es für nachfragende Institutionen mehrere grundsätzliche Möglichkeiten zur Deckung eines bestimmten Bedarfs gibt. Dabei sind zwei Extremformen zu unterscheiden, zwischen denen es eine Vielzahl von Abstufungen bzw. Mischformen gibt (siehe auch Abschnitt 2.3.1.2):

- Deckung des Bedarfs innerhalb der eigenen Institution (**Selbsterstellung**);
- Deckung des Bedarfs über den Markt (**Fremdbezug**).

Diese Entscheidung zwischen Selbsterstellung und Fremdbezug – auch als „**Make-or-buy-Entscheidung**" bezeichnet – stellt sich als Wahlproblem für private Haushalte ebenso wie für Unternehmungen oder staatliche Einrichtungen. So steht der Konsument vor der Frage, ob er das Wohnzimmer selbst tapezieren soll oder ob er einen professionellen Malerbetrieb beauftragt. Der Industriebetrieb fragt sich, ob die erforderlichen Instandhaltungsarbeiten an den Fertigungsanlagen durch eigenes Personal oder durch einen externen Service-Anbieter durchgeführt werden sollen. Die Kommune muss entscheiden, ob die Müllentsorgung mit eigenen Fahrzeugen und Mitarbeitern vorgenommen werden soll oder ob sie auf einen privaten Anbieter übertragen werden kann.

Aus Sicht der anbietenden Institutionen, die ihre potenziellen Nachfrager zum Bezug über den Markt bewegen wollen, ist es wichtig, die Gründe zu kennen, die der Entscheidung zwischen Selbsterstellung und Fremdbezug zu Grunde gelegt werden. Viele mögliche Aspekte kommen dabei in Frage, deren Relevanz im Einzelfall zu prüfen ist (zu einer Auswahl wichtiger Kriterien siehe Abbildung 3-4).

Abbildung 3-4: Kriterien der Make-or-buy-Entscheidung

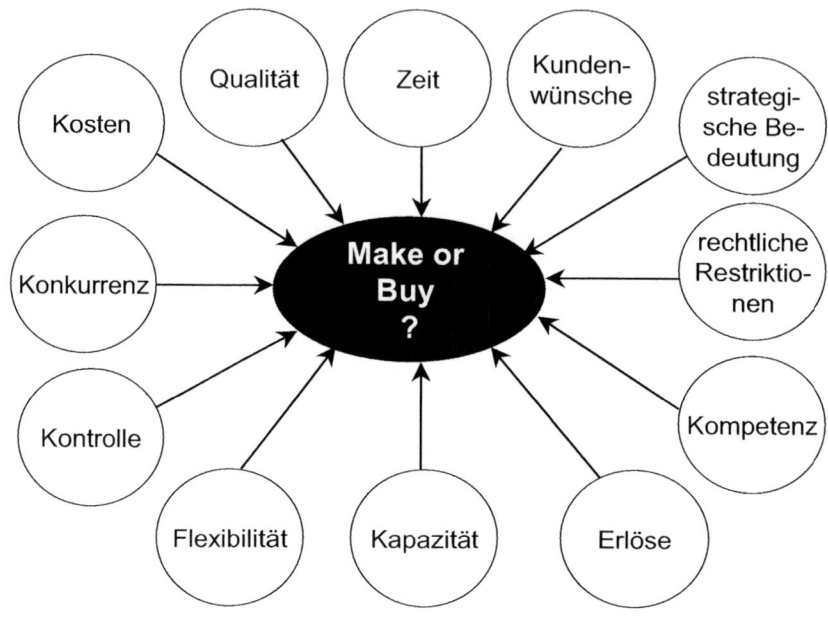

Anhand kurzer Beispiele sei aufgezeigt, in welchem Kontext die einzelnen Aspekte, die meist in Kombination mit anderen anzutreffen sind, von Bedeutung sein können:

- **Kosten**: Die Firma LHS Leasing- und Handelsgesellschaft Deutschland mbH warb vor einiger Zeit mit der Aussage: „Das effiziente Fuhrpark-Management der LHS drückt die Fixkosten, macht Betriebskosten transparent und führt zu einer >schlanken< Administration in Ihrer Fuhrparkverwaltung."

- **Qualität**: Eine Maschinenbauunternehmung zögert mit der Auslagerung der eigenen Instandhaltung, da Qualitätseinbußen befürchtet werden.

- **Zeit**: Logistik-Dienstleister mit einem weltweiten Netz von Standorten befördern Waren schneller von einem Ort zum anderen als es einer mittelständischen Unternehmung mit eigenen Mitteln jemals möglich wäre.

- **Kundenwünsche**: Im internationalen Anlagengeschäft ist es üblich, dass der Anlagenbauer bei bestimmten Teilleistungen (z.B. Bau und Montage) insbesondere auf Veranlassung staatlicher Kunden heimische Sublieferanten einbinden muss, obwohl diese betreffenden Leistungen grundsätzlich auch der Anlagenbauer selbst hätte erbringen können.

▣ **Strategische Bedeutung**: Leistungen von hoher strategischer Bedeutung, die dem Kerngeschäft zugerechnet werden, kommen für eine Auslagerung regelmäßig nicht in Frage. So würde der oben angesprochene Anlagenbauer die Planung und Projektierung der Anlage wohl kaum aus der Hand geben.

▣ **Rechtliche Restriktionen**: Rechtliche Regelungen zwingen den Autobesitzer dazu, regelmäßig Prüfungsleistungen des TÜV oder ähnlicher Institutionen in Anspruch zu nehmen. Eine Selbsterstellung dieser Leistungen scheidet damit aus.

▣ **Kompetenz**: Eine auf einen speziellen Markt konzentrierte Marktforschungsagentur ist einer großen Industrieunternehmung im Hinblick auf Methodenkompetenz und Markt-Know-how überlegen.

▣ **Erlöse**: Eine Unternehmung baut die eigene EDV-Abteilung entgegen dem Branchentrend aus, da sie sich erhofft, die entsprechenden Services nicht nur für interne Zwecke, sondern auch gegenüber externen Kunden erbringen zu können und so zusätzliche Erlöse zu erzielen.

▣ **Kapazität**: Ein Lebensmittelproduzent kauft Leistungen einer Spedition hinzu, da seine eigenen Transportkapazitäten derzeit nicht ausreichen, um die plötzlich gestiegene Nachfrage bedienen zu können.

▣ **Flexibilität**: Der fallweise Zukauf von Leistungen kann die Flexibilität erhöhen: Es kann jeweils zwischen verschiedenen Anbietern gewählt werden, man ist nicht gezwungen, interne Kapazitäten auszulasten (keine interne Abnahmepflicht).

▣ **Kontrolle**: Die Selbsterstellung ermöglicht es, die „Fäden in der Hand" zu halten und sich nicht von externen Anbietern abhängig zu machen.

▣ **Konkurrenz**: Vielfach ist zu beobachten, dass Unternehmungen sich bei der Festlegung ihres Leistungsvolumens an der Konkurrenz orientieren bzw. orientieren müssen, um nicht ins Hintertreffen zu geraten. Hier kann etwa auf den vor einigen Jahrzehnten zu beobachtenden Wechsel vom Bedienungs- zum Selbstbedienungskonzept im Tankstellengeschäft verwiesen werden, den alle Mineralölkonzerne vollzogen haben – ein besonderer Fall der Bedarfsdeckung über den Markt, denn hier wird der Bedarf nicht durch andere Anbieter gedeckt, sondern durch die Kunden selbst.

Insbesondere industrielle Marktstrukturen waren in der jüngeren Vergangenheit durch einen Trend vom Make zum Buy gekennzeichnet: Die dort tätigen Unternehmungen haben die eigene Leistungstiefe durch Outsourcing erheblich reduziert, wodurch sich spiegelbildlich die Quote der extern bezogenen Vorleistungen erhöht hat. Allerdings ist seit wenigen Jahren zumindest in einigen Branchen eine Trendwende erkennbar: So ist z.B. in der Fahrzeugindustrie, die in der Vergangenheit die Auslagerungspolitik besonders vehement betrieben hatte, neuerdings eine Reduktion der Vorleistungsquote zu beobachten. Gleiches gilt für Teile der Elektroindustrie. Abbildung

3-5 zeigt die Entwicklung der Vorleistungsquoten seit 1970 für wichtige industrielle Bereiche. Unübersehbar sind dabei die zum Teil erheblichen branchenspezifischen Unterschiede.

Abbildung 3-5: Vorleistungsquoten in der deutschen Wirtschaft in Prozent (Quelle: Grömling 2007, S. 12)

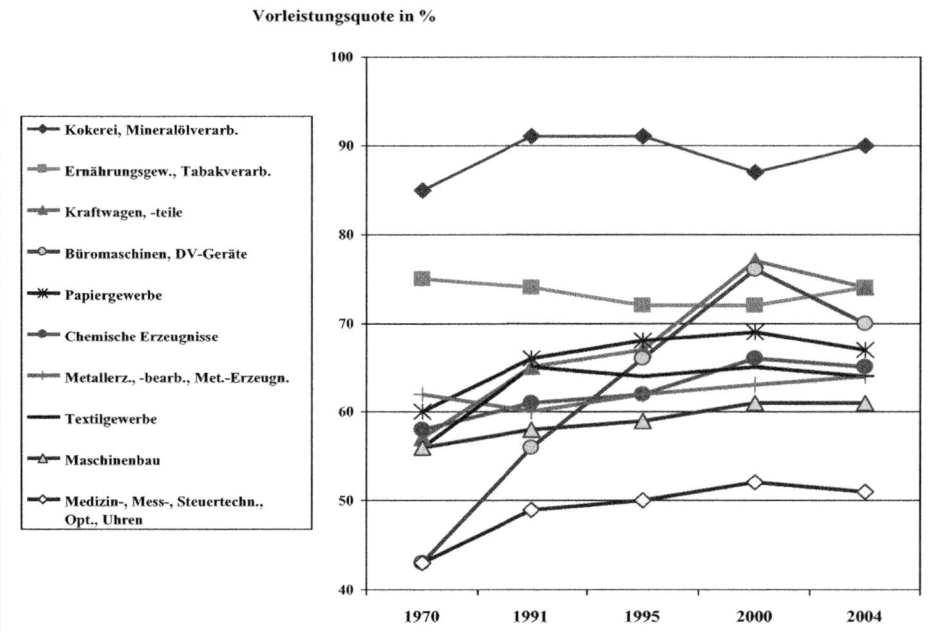

Beispiel 3-5 zeigt für die oben schon einmal angesprochenen IT-gestützten Geschäftsprozesse die aktuelle Situation, wobei auch noch einmal die wichtigsten Pro- und Kontra-Argumente zum so genannten „Business Process Outsourcing (BPO)" aufgeführt sind (Kuhn 2003). Dabei finden sich viele der in Abbildung 3-4 genannten Kriterien wieder. */ Analog S.28*

Durch Outsourcing reduziert sich der Grad der **vertikalen Integration** einer Unternehmung. Allerdings ist zu beachten, dass es auch beim Outsourcing wiederum unterschiedliche Formen gibt, je nachdem wie „fremd" der potenzielle Lieferant ist, auf den die Leistungen übertragen werden (siehe Abbildung 3-6).

Beispiel 3-5: Outsourcing von IT-gestützten Geschäftsprozessen

Immer mehr Geschäftsprozesse werden in deutschen Unternehmen ausgelagert...

BPO-Anteil (realisiert oder geplant) an IT-gestützten Geschäftsprozessen in deutschen Unternehmungen (in %)

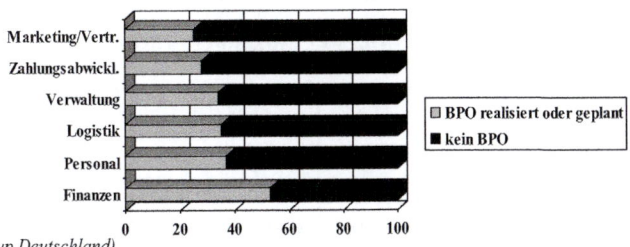

(*Quelle: Meta Group Deutschland*)

...weil in vielen Fällen die Vorteile des Business Process Outsourcing die Risiken überwiegen

Pro BPO	Contra BPO
• Fokussierung aufs Kerngeschäft	• Abhängigkeit von Externen
• Reduktion von Transaktionskosten	• Verlust von Know-how in der Unternehmung
• Beschleunigung von Prozessen	• Mangelnde Kontrolle der Prozesse
• Qualitätssteigerung	• Erhöhter Management-Aufwand bei Auslagerung
• Schneller Wechsel zu neuen Technologien	• Regulatorische und juristische Vorgaben
• Beschleunigung von Innovationen	• Weniger Einfluss auf Technologie
• Optimierung der Unternehmungsstrukturen	• Personalabbau
• Optimierung des Personaleinsatzes	
• Umwandlung fixer in variable Kosten	
• Verbesserte Ertragslage und Steigerung des Shareholder Value	

(*Quelle: Gartner Group*)

Abbildung 3-6 verdeutlicht, dass Auslagerungen grundsätzlich nicht nur auf rechtlich und wirtschaftlich unabhängige Dritte möglich sind, sondern dass es auch unternehmungs- bzw. konzerninterne Varianten des Outsourcings gibt. Insbesondere die Gründung von Tochtergesellschaften innerhalb von Konzernen ist dabei in den letzten Jahren oft zu beobachten gewesen. Ziel war es dann sehr häufig, marktähnliche Mechanismen in der Unternehmung zu verwirklichen und auf diese Weise die Vorteile der Spezialisierung innerhalb der Tochtergesellschaft zu nutzen, ohne den Einfluss auf den Erbringer der Leistung ganz zu verlieren. Vor allem für Dienstleistungen erhoffte man sich so Kosteneinsparungen oder/und Qualitätsverbesserungen. Bekanntestes Beispiel einer derartigen Ausgründung ist vielleicht nach wie vor Debis, die Tochtergesellschaft innerhalb des damaligen Daimler-Benz-Konzerns, die gegründet wurde, um u.a. Datenverarbeitung, Finanzdienstleistungen, Versicherungsvermittlung und Marketing-Services als ehemals interne Dienstleistungen zu bündeln und über die konzerninterne Verwendung hinaus auch auf externen Märkten anzubieten. Insbesondere erhoffte man sich davon eine Verbesserung der Kostentransparenz und die Vermeidung ausufernder Kosten.

Abbildung 3-6: Formen des Outsourcings

Wahrnehmung der Aufgaben durch			
gesellschafts-interne Spezial-bereiche	konzerninterne Tochter- oder Schwester-gesellschaften	Beteiligungs-gesellschaften	rechtlich und wirtschaftlich unabhängige Dritte
internes Outsourcing		*externes Outsourcing*	

Die Tendenz zum Outsourcing als Übergang von der Selbsterstellung zu mehr oder weniger ausgeprägten (siehe Abbildung 3-6) Formen des Fremdbezugs hat oft tiefgreifende Auswirkungen auf die Marktstrukturen, z.B.:

▨ Die **Leistungstiefe** der einzelnen Unternehmungen in vor allem industriellen Branchen wird zum Teil deutlich geringer.

▨ **Kooperative Formen der Leistungserbringung** zwischen zumindest rechtlich selbstständigen Anbietern gewinnen an Bedeutung.

▨ Es entstehen teilweise ganz **neue Märkte**, insbesondere im Dienstleistungsbereich (siehe obige Beispiele).

▨ Die **Konkurrenzsituation** auf bestehenden (Dienstleistungs-)Märkten verändert sich in quantitativer (Zahl der Anbieter) und qualitativer (Intensität des Wettbewerbs) Hinsicht.

Die Make-or-buy-Frage stellt sich aber wie schon angesprochen keinesfalls nur für gewerbliche, sondern in vielen Fällen auch für private Nachfrager, so dass auch Märkte für konsumtive Leistungen von diesem Phänomen betroffen sind:

▨ Soll man den tropfenden Wasserhahn selbst reparieren – oder bedarf es der Hilfe eines Klempners?

▦ Wird der Bau des neuen Hauses als schlüsselfertiges Projekt einem Bauunternehmer übertragen – oder erstellt man es in Eigenleistung, gegebenenfalls unter Mithilfe kompetenter „privater Kooperationspartner"?

▦ Wird das Abendessen am eigenen Herd zubereitet – oder erhält der Restaurantbesuch den Vorzug?

▦ Wird das benötigte Bücherregal komplett durch ein Möbelhaus angeliefert – oder baut man es selbst unter Be- und Verarbeitung der zuvor im Baumarkt erworbenen Materialien?

Abbildung 3-7: Bedarfsdeckungssituationen des Nachfragers (Quelle: Freiling 1995, S. 58)

Es zeigt sich, dass die Art der Bedarfsdeckung sowohl im konsumtiven (private, originäre Nachfrage) als auch im investiven (gewerbliche, derivative Nachfrage) Bereich in den seltensten Fällen strikt vorgegeben ist. Abbildung 3-7 zeigt, dass sich anhand der Kriterien **Wirtschaftlichkeit** und **technische Fähigkeit** verschiedene Segmente des Make-or-buy-Bereichs definieren lassen, in denen das Zusammenspiel der beiden Alternativen jeweils eine andere Form annimmt. Im vorliegenden Kontext ist die „technische Fähigkeit" dabei relativ weit zu interpretieren: Sie umfasst die Frage, ob ein potenzieller Nachfrager grundsätzlich in der Lage ist oder sich zumindest in die Lage versetzen könnte, einen vorhandenen Bedarf selbst zu decken. Kann diese Frage bejaht werden, stellt sich sodann die Frage, ob dies auf wirtschaftliche Art und Weise möglich wäre.

Nur in Ausnahmefällen ist eine bestimmte Art der Bedarfsdeckung obligatorisch, z.B.

- die **Selbsterstellung** bei Leistungen, die kein Anbieter am Markt erbringen kann, etwa weil ihm das unternehmungsspezifische Know how fehlt, oder erbringen soll, z.B. weil damit vertrauliche Informationen nach außen fließen würden;

- der **Fremdbezug** insbesondere bei Leistungen, für die das Know-how fehlt und auch nicht zugekauft werden kann, vor allem aber auch bei vielen staatlich auferlegten Leistungen, z.B. Wirtschaftsprüfung, gesetzliche Krankenversicherung.

Seitens der **ökonomischen Theorie** ist die Make-or-buy-Problematik primär mit Hilfe des **Transaktionskostenansatzes** (siehe Abschnitt 2.3.1.2) analysiert worden. Entsprechende Überlegungen setzen dabei an der Kritik an anderen Methoden zur Beurteilung der Vorteilhaftigkeit alternativer Bedarfsdeckungsmöglichkeiten an, wobei vor allem zwei herausgegriffen werden (Fischer 1993a; Picot 1991):

- **Kostenrechnerische** Make-or-buy-Ansätze werden als zu kurzfristig und operativ ausgerichtet, zum Teil willkürbehaftet und vor allem zu einseitig kostenorientiert und damit andere Faktoren vernachlässigend eingestuft.

- **Pragmatische unternehmungspolitische** Ansätze, die in der Regel durch die Aufzählung von Vor- und Nachteilen gekennzeichnet sind, gelten als häufig unsystematisch, zahlreiche Interdependenzen zwischen den Kriterien beinhaltend, nur mangelhaft operational und letztlich keinesfalls allgemeingültig.

Diese Probleme, die ohne Zweifel vielfach bestehen und aus Sicht der ökonomischen Theorie zu bemängeln sind, sollen durch die Heranziehung des Transaktionskostenansatzes beseitigt werden. Dieser muss an dieser Stelle nicht noch einmal grundlegend erläutert werden. Vielmehr werden auf Basis der in Kapitel 2 zu findenden Aussagen lediglich die für die Make-or-buy-Problematik spezifischen Zusammenhänge herausgestellt. Die entsprechenden Überlegungen sind mit den schon dargestellten Aspekten eng verknüpft.

Ausgangspunkt ist die Annahme, dass Transaktionskosten in ihrer Höhe geprägt werden durch (Picot 1991)

- die **Eigenschaften** der zu erstellenden Leistung und
- die Form der **institutionellen Verankerung** der zu erstellenden Leistung.

Bei der Festlegung der „optimalen" Leistungstiefe bzw. bei der Make-or-buy-Entscheidung geht es dann darum, die jeweiligen Leistungsarten, die eine Unternehmung benötigt, so mit den verfügbaren Einbindungsformen zu kombinieren, dass die Transaktionskosten insgesamt minimiert werden. Abbildung 3-8 zeigt die grundlegenden Zusammenhänge, wobei Picot (1991) zusätzlich zu den im Grundkonzept des Transaktionskostenansatzes zu findenden Leistungseigenschaften die strategische Bedeutung berücksichtigt.

Abbildung 3-8: Leistungseigenschaften, Transaktionskosten und Integrationsgrad (Quelle: in Anlehnung an Picot 1991, S. 346)

Leistungseigenschaften:

(1) Vorrangige Eigenschaften	Tendenz zum Buy	Tendenz zum Make
Spezifität *(z.B. Fertigungsverfahren, Design, Qualität, Know-how, Logistik)*	niedrige Spezifität	hohe Spezifität
Strategische Bedeutung *(besonders wettbewerbsrelevantes Wissen und Können)*	geringe strategische Bedeutung	große strategische Bedeutung

(2) Unterstützende Eigenschaften		
Unsicherheit *(Änderungen hinsichtlich Qualität, Mengen, Terminen, techn. Spezifikationen)*	niedrige Unsicherheit	hohe Unsicherheit
Häufigkeit *(einer spezifischen, strategischen und/oder unsicheren Leistung)*	geringe Häufigkeit	große Häufigkeit

Zur Erläuterung:

→Siehe Script Folie 35

- Die **Spezifität** als wichtigste Leistungseigenschaft kann sich u.a. auf Anlagen, Werkzeuge, Know-how, Personalqualifikation, Logistik, Fertigungsverfahren oder auch Qualitätsmerkmale einer Leistung beziehen. Nimmt die Spezifität zu, so steigen die gegenseitigen Abhängigkeiten und Sicherungsbedürfnisse zwischen Abnehmer und Lieferant, denn im Extremfall gibt es nur einen Abnehmer und einen Lieferanten. Für derartige Transaktionen bedarf es eines festen Rahmens, der am ehesten unternehmungsintern gegeben ist. Sind die benötigten Leistungen dagegen weitgehend standardisiert und damit unspezifisch, so dass sie durch eine größere Zahl von Lieferanten erbracht werden können, bietet sich der externe Bezug an, da ein Austausch eines Transaktionspartners mit vergleichsweise geringen Transaktionskosten verbunden wäre.

- Die zweite vorrangige Leistungseigenschaft ist die **strategische Bedeutung**: Strategisch bedeutsame Leistungen, die mit Hilfe besonderen wettbewerbsrelevanten Wissens und Könnens erbracht werden, sind in der Regel gleichzeitig auch unternehmungsspezifisch, aber nicht jede unternehmungsspezifische Leistung hat gleichzeitig strategische Bedeutung (Beispiel: individuelle Insellösungen im EDV-Bereich). Folglich bietet sich aber bei strategisch bedeutsamen Leistungen auf Grund ihrer Spezifität die Selbsterstellung an. Zudem bedürfen derartige Leistungen oft der Geheimhaltung, was gleichfalls für eine unternehmungsinterne Lösung spricht.

▓ Die **Unsicherheit** zählt in der Auffassung von Picot (1991) zu den Eigenschaften, welche die beiden zuvor behandelten Merkmale unterstützen. Sie kann sich z.B. auf mögliche Änderungen hinsichtlich Qualität, Mengen, Terminen, technischen Spezifikationen beziehen. Je größer die Unsicherheit, desto schwieriger wird die Absicherung über externe Verträge, mithin der Fremdbezug. Dies ist darauf zurückzuführen, dass mit wachsender Unsicherheit um so mehr Aspekte bedacht, verhandelt und gegebenenfalls vertraglich fixiert werden müssen, so dass die Transaktionskosten steigen. Grundsätzlich fällt die vertragliche Absicherung der Unsicherheitsfolgen bei standardisierten, strategisch wenig bedeutsamen Leistungen tendenziell leichter als bei spezifischen und strategisch bedeutsamen Leistungen.

▓ Schließlich ist die **Häufigkeit** der Erbringung einer Leistung als weitere unterstützende Eigenschaft zu nennen. Diese Leistungseigenschaft hat deshalb lediglich unterstützenden Charakter, weil eine Selbsterstellung auch bei einem sehr großen quantitativen Bedarf nur dann vorgenommen werden sollte, wenn die Leistung gleichzeitig spezifisch und strategisch bedeutsam ist. Unspezifische und unbedeutende Leistungen sind im Sinne des Ansatzes selbst bei relativ großen Volumina extern günstiger zu beziehen.

Ergänzend wird darauf hingewiesen, dass die Möglichkeiten der Eigenerstellung auch durch weitere Rahmenbedingungen, insbesondere die Verfügbarkeit von Know-how und Kapital beschränkt sein können (Picot 1991). Wenn aus diesen Gründen eine Eigenerstellung ausscheidet, sollten möglichst enge Kooperationsformen angestrebt werden. Andererseits können aber auch Auslagerungsbarrieren den Wechsel zum Fremdbezug behindern, z.B. weil das Know-how für die Erstellung spezifischer, aber strategisch unbedeutender Leistungen noch nicht vorhanden ist. In diesen Fällen sollte auf den Abbau derartiger Barrieren hingearbeitet werden (im genannten Beispiel etwa durch Lieferantenschulungen). Besonders problematisch sind darüber hinaus die mit einer Auslagerung verbundenen personalpolitischen Konsequenzen. Am grundsätzlichen ökonomischen Argumentationsmuster des Ansatzes ändert sich durch diese Rahmenbedingungen aber nichts. Letztlich können die Überlegungen auf den in Abbildung 3-9 dargestellten Zusammenhang zugespitzt werden.

Bei standardisierten Leistungen werden auf Seiten des externen Anbieters im Vergleich zur Selbsterstellung Produktionskostenvorteile gesehen, da er in stärkerem Maße **Größenvorteile (Economies of Scale)** nutzen kann. Ausgehend von den vorhergehenden Überlegungen weist der externe Bezug zudem Transaktionskostenvorteile auf, so dass sich bei standardisierten Leistungen eine eindeutige Tendenz zum Fremdbezug ergibt.

Mit zunehmender Spezifität der Leistungen sinken die Produktionskostenvorteile des externen Lieferanten, da angesichts einer geringeren Kundenzahl die Economies of Scale nur noch in immer enger werdenden Grenzen realisiert werden können. Zudem steigen die Transaktionskosten nach und nach über die Transaktionskosten, die im Zusammenhang mit der Selbsterstellung anfallen, hinaus an.

Abbildung 3-9: Begründung einer Make-or-buy-Entscheidung auf Basis der Transaktionskosten und unter Vernachlässigung der Produktionskosten (Quelle: abgeleitet aus Picot 1991, S. 348f.)

	Standardisierte Leistung	Tendenz bei zunehmender Spezifität	Spezifische Leistung
Produktionskosten	Vorteile Buy	Vorteile des Buy sinken wg. geringerer Kundenzahl	Buy = Make
Transaktionskosten (Organisationskosten)	Vorteile Buy	Anstieg beim Buy bis über die Höhe des Make hinaus	Vorteile Make
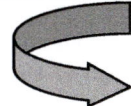	Erheblicher Produktions- und Transaktionskostenvorteil beim Buy		Kein Produktions-, aber erheblicher Transaktionskosten- vorteil beim Make

Betrachtung der Transaktionskosten reicht aus!

Bei hochspezifischen Leistungen schließlich sind die Produktionskosten für beide Alternativen identisch, aber die Selbsterstellung weist Transaktionskostenvorteile auf. Daher ist die Selbsterstellung nun die vorteilhaftere Form der Bedarfsdeckung.

Fasst man diese Aspekte zusammen, so zeigt sich, dass eine Einbeziehung von Produktionskostenanalysen überflüssig ist: Sie ändert nichts an den Empfehlungen, die allein auf Basis der Betrachtung der Transaktionskosten ausgesprochen werden können. Mit anderen Worten: Die Transaktionskosten liefern für jeden Spezifitäts- bzw. Standardisierungsrad eine (mit den Produktionskosten kompatible) Aussage hinsichtlich der Vorteilhaftigkeit der unterschiedlichen Bedarfsdeckungsalternativen.

Kritik an diesem Konzept kann an den allgemeinen, schon in Abschnitt 2.3.1.2 dargelegten Punkten ansetzen, umfasst aber auch einige spezielle Probleme. Die wichtigsten Punkte seien kurz genannt:

▪ Es fehlt nach wie vor an abschließend zuverlässigen Operationalisierungs- und Quantifizierungskonzepten für die Transaktionskosten. Trotz vorhandener Ansätze wird konstatiert: „Die aus Sicht des Theoretikers gewünschte Fundierung grundlegender transaktionskostentheoretischer Zusammenhänge lässt sich – nicht zuletzt auch auf Grund der aufgezeigten Operationalisierungsprobleme – jedoch (wohl auch auf Dauer) nicht realisieren." (Weber et al. 2001, S. 441).

▨ Die eindeutige Abgrenzung von Produktionskosten einerseits, Transaktionskosten andererseits ist oftmals nicht möglich. Gerade bei Dienstleistungen stellt sich dieses Problem mit besonderer Intensität (Reckenfelderbäumer 1995).

▨ Bei der Transaktionskostenanalyse handelt es sich um eine eindimensionale Betrachtung, die z.B. die Erlösseite vernachlässigt.

▨ „Make" und „Buy" sind lediglich die (gedanklichen) Extrempunkte auf einem Kontinuum von Möglichkeiten der Bedarfsdeckung. Es bleibt offen, wie die beste Alternative auf diesem Kontinuum konkret bestimmt werden kann.

Abschließend kann die Entscheidung für den Fremdbezug der für die Befriedigung bestimmter Bedürfnisse erforderlichen Wirtschaftsgüter als Voraussetzung des Zustandekommens von Nachfrage noch einmal hervorgehoben werden. Auf dieser Basis kann das Nachfrageverhalten nunmehr näher analysiert werden.

3.2.1.1.2 Informationsverteilung und Unsicherheit im Marktprozess

Jeder Nachfrager verbindet mit einem Kaufprozess bestimmte Erwartungen, insbesondere solche, die auf die Befriedigung seiner Bedürfnisse abzielen. Da er jedoch nicht weiß, ob sich seine Erwartungen auch tatsächlich erfüllen, verspürt er **Unsicherheit** (siehe auch Abschnitt 1.3). Es besteht für ihn die Gefahr, mit dem Abschluss des Kaufvertrages eine Fehlentscheidung getroffen zu haben, aus der möglicherweise negative Konsequenzen erwachsen. Dabei ist die hier betrachtete Unsicherheit kein objektives Phänomen, sondern eine subjektive Empfindung. Daher ist – in Loslösung von den in Abschnitt 1.3 dargestellten entscheidungstheoretischen Konstellationen – auch vom **wahrgenommenen** oder **subjektiv empfundenen Risiko** die Rede (Fließ 2000). Die damit verbundenen Auswirkungen auf das Nachfrageverhalten dokumentiert aus Sicht der **Informationsökonomik** im Überblick die Abbildung 3-10. Die Heranziehung der Informationsökonomik ist an dieser Stelle besonders geeignet, weil sie einen Zweig der mikroökonomischen Theorie der Volkswirtschaftslehre darstellt, der sich mit der Analyse von Märkten bei Unsicherheit und asymmetrischer Information unter den Marktteilnehmern befasst. Es wird – anders als in den Modellen der neoklassischen Markttheorie – unterstellt, dass die Marktteilnehmer weder vollkommene Voraussicht über die Zukunft, noch vollkommene Informationen über den Markt haben, sondern unter Unsicherheit über die zukünftige Entwicklung der Umweltzustände und über die Marktentwicklung handeln (Kaas 1995).

Abbildung 3-10: Wahrgenommenes Risiko und Nachfrageverhalten (Quelle: in Anlehnung an Fließ 2000, S. 261, und Plötner 1993, S. 33)

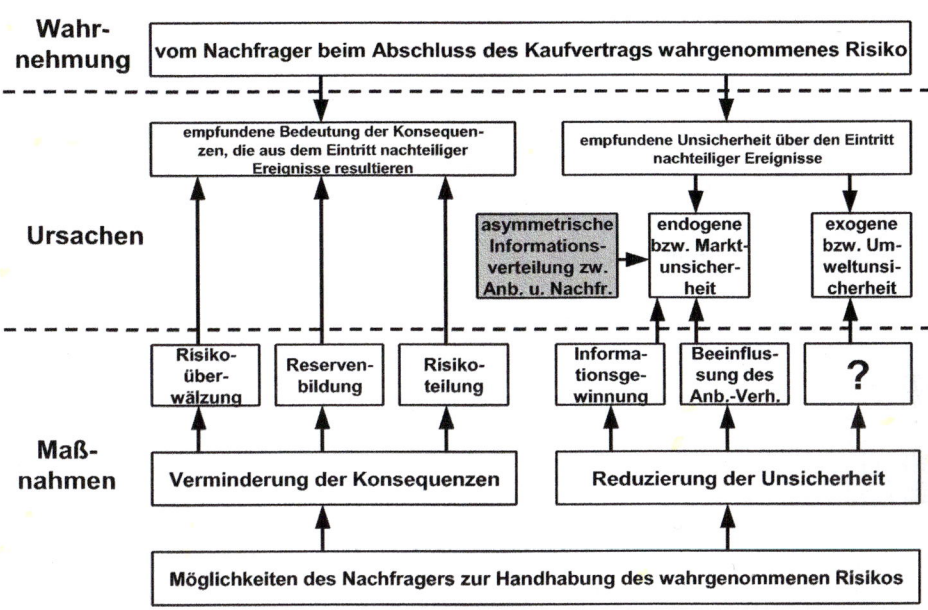

Das durch den Nachfrager beim Kauf wahrgenommene Risiko kann auf zwei Gruppen von Ursachen zurückgeführt werden:

▨ Der Nachfrager empfindet Unsicherheit im Hinblick auf das **Eintreten bestimmter Ereignisse**. So fragt sich etwa der Käufer einer besonders niedrigpreisigen Stereoanlage, ob diese Anlage die technische Haltbarkeit haben wird, die sich der Käufer von ihr verspricht. Beim Buchen einer Pauschalreise fragt sich der Reisende, ob Unterbringung und Essen in dem ausgewählten Hotel dem entsprechen werden, was er auf Basis der Beschreibung im Katalog erwarten kann.

▨ Darüber hinaus empfindet der Nachfrager Unsicherheit bezüglich der aus dem Eintreten negativer Ereignisse **zu erwartenden Konsequenzen**. So ist der Käufer der Stereoanlage unsicher, ob der Hersteller bei einem Schaden kurz nach Ablauf der Gewährleistungsfrist die erforderliche Reparatur aus Kulanzgründen unentgeltlich vornehmen würde. Der Reisende wird befürchten, dass im Falle enttäuschter Erwartungen der Erholungswert des Urlaubs erheblich beeinträchtigt würde.

Die empfundene Unsicherheit bezüglich des Eintretens eines bestimmten Ereignisses kann sich wiederum auf zwei verschiedene Felder beziehen, die zur Wiederholung noch einmal kurz skizziert seien (Kaas 1990):

■ **Exogene Unsicherheit** bezieht sich auf allgemeine Umweltereignisse, auf die die Marktteilnehmer keinen Einfluss nehmen können (Beispiel: Naturkatastrophen, Terroranschläge). Man spricht hier auch von **Umwelt-** oder **Ereignisunsicherheit**.

■ **Endogene Unsicherheit** liegt im Verhalten der Marktteilnehmer begründet. Aus Käufersicht ist z.B. unsicher, ob ein Produkt die zugesicherten Qualitätseigenschaften aufzuweisen hat oder ob bestimmte Service-Versprechen durch den Verkäufer tatsächlich eingelöst werden. Diese Form der Unsicherheit wird auch als **Marktunsicherheit** bezeichnet und kann durch die Marktteilnehmer beeinflusst werden. Dabei ist zu unterscheiden zwischen **systematischer asymmetrischer Informationsverteilung**, die nicht opportunistisch genutzt wird, und **Verhaltensunsicherheit**, die aus der Gefahr opportunistischen Verhaltens resultiert (Fließ 2000).

Der Nachfrager strebt verständlicherweise danach, sein subjektiv wahrgenommenes Risiko zu reduzieren (zum Folgenden Fließ 2000). Zunächst sei dies für den Bereich der auf das Eintreten unvorhergesehener Ereignisse gerichteten Unsicherheit erläutert, die der Nachfrager möglichst vermindern möchte. Dabei muss die exogene Unsicherheit in der Regel im Rahmen eines konkreten Kaufprozesses jedoch akzeptiert bzw. als gegeben hingenommen werden. Allenfalls kann hier versucht werden, z.B. über Frühwarnsysteme eine allgemein bessere Informationsgrundlage hinsichtlich zukünftiger Entwicklungen zu schaffen. Dies wird für den einzelnen Kaufprozess jedoch nur mäßige Relevanz haben.

Anders verhält es sich mit der endogenen Unsicherheit. Ursache dieser Form der Unsicherheit ist die **asymmetrische Informationsverteilung** zwischen Anbieter und Nachfrager (Spremann 1990): Der Anbieter hat im Hinblick auf seine Leistungsfähigkeit und -bereitschaft einen Informationsvorsprung gegenüber dem Nachfrager. Will Letzterer seine Unsicherheit reduzieren, bietet es sich für ihn daher an, zusätzliche Informationen über das Verhalten des Anbieters zu sammeln. So kann er sich etwa nach dem Ruf des potenziellen Lieferanten erkundigen oder das gemachte Angebot mit denen anderer Wettbewerber vergleichen. Neben der Informationsgewinnung kann der Nachfrager aber auch versuchen, das Verhalten des Anbieters zu seinen Gunsten zu beeinflussen, z.B. indem er ihm weitreichende Garantien abverlangt oder Vertragsstrafen bei Nichteinhalten bestimmter Zusagen fixiert.

Auch bei der Verminderung der Konsequenzen aus dem Eintreten nachteiliger Ereignisse stehen dem Nachfrager prinzipiell verschiedene Möglichkeiten zur Verfügung. So kann er das Risiko auf andere Marktparteien überwälzen, indem er etwa entsprechende Versicherungen abschließt. Die zweite Möglichkeit besteht darin, vorsorglich Reserven einzubauen, z.B. finanzieller, aber auch zeitlicher Art (Vereinbarung kürzerer als der eigentlich erforderlichen Lieferfristen). Schließlich kann der Nachfrager auf eine Risikoteilung hinwirken, indem er z.B. nicht nur mit einem, sondern mit mehreren Lieferanten zusammenarbeitet, die gegebenenfalls gegeneinander ausgetauscht werden können.

Eine wichtige Rolle bei der Behandlung der Unsicherheit spielt wie schon erwähnt die **asymmetrische Informationsverteilung** zwischen Anbieter und Nachfrager (siehe auch die Abschnitte 1.3 und 2.3.1.2). Diese Informationsverteilung, insbesondere der Informationsstand des Nachfragers, ist geprägt durch die Eigenschaften der zu tauschenden Leistungen bzw. durch die Möglichkeiten der Beurteilung dieser Eigenschaften. Die Informationsökonomik unterscheidet dabei drei grundlegende Kategorien von Eigenschaften, die in Tabelle 3-3 dargestellt sind.

		Zeitpunkt der Eigenschaftsbeurteilung	
		Vor Kauf	Nach Kauf
Beurteilbarkeit von Leistungseigenschaften	Möglich	Sucheigenschaften (Search Qualities)	Erfahrungseigenschaften (Experience Qualities)
	Nicht möglich	Erfahrungs- bzw. Vertrauenseigenschaften	Vertrauenseigenschaften (Credence Qualities)

Tabelle 3-3: Abgrenzung von Leistungseigenschaften aus informationsökonomischer Sicht (Quelle: Weiber/Adler 1995a, S. 59, basierend auf Nelson 1970 und Darby/Karni 1973)

Zur Erläuterung:

- **Sucheigenschaften** können vor dem Kauf eines Wirtschaftsgutes wahrgenommen und beurteilt werden. Beispiele sind die Farbe und Form eines Autos oder auch die Seitenzahl eines Buches oder der Platzbedarf einer Standardmaschine in der Fertigungshalle.

- **Erfahrungseigenschaften** können zwar nicht vor dem Kauf, wohl aber nach dem Kauf bzw. während der Nutzung des Wirtschaftsgutes wahrgenommen und bewertet werden. Typische Beispiele für Erfahrungseigenschaften sind etwa der langfristige durchschnittliche Benzinverbrauch eines Autos, der Pflegebedarf der Holzgartenmöbel oder die Freundlichkeit des Personals im Ferienhotel.

- **Vertrauenseigenschaften** schließlich können weder vor noch nach dem Kauf zuverlässig beurteilt werden. Der Nachfrager ist hier auf die Zusagen des Anbieters angewiesen. Als Beispiele werden häufig genannt: die Umweltverträglichkeit der späteren Entsorgung des Produktes, der mit dem Erwerb eines Luxusproduktes verbundene persönliche Imagegewinn oder der jederzeit gewissenhafte und umsichtige Umgang mit dem Geld des Anlegers in der Bank.

Zu beachten ist an dieser Stelle, dass sinnvollerweise „zwischen der **logischen Beurteilbarkeit von Gütereigenschaften einerseits** und der **faktischen Beurteilung von Gütereigenschaften als Ergebnis eines Entscheidungskalküls andererseits**" (Welling 2006, S. 163; Hervorhebung i.O.) zu unterscheiden ist: So wird in der Literatur zum Teil etwas ungenau argumentiert, dass nicht unbedingt alle als Erfahrungseigenschaften eingestuften Leistungsmerkmale kategorisch nicht vor dem Kauf beurteilt werden könnten, sondern dass es vielfach im Ermessen des Nachfragers liege, ob er die dafür erforderlichen Kosten der Informationsbeschaffung in Kauf zu nehmen bereit sei. Potenzielle Sucheigenschaften werden dann zu Erfahrungseigenschaften, weil der Nachfrager nicht bereit ist, die für die Beurteilung vor dem Kauf erforderlichen Informationskosten aufzuwänden. Der Nachfrager verzichtet somit bewusst auf die prinzipiell mögliche Beurteilung. Entsprechendes gilt für solche vermeintlichen Vertrauenseigenschaften, die nur deshalb zu solchen werden, weil der Nachfrager auf eine Beurteilung nach (oder sogar bereits vor) dem Kauf verzichtet. Daher ist zu differenzieren (Welling 2006, S. 163; Hervorhebung i.O.): „**Das ,Beurteilt-Werden-Können' (logische Beurteilbarkeit) ist vom ,Beurteilt-Werden' bzw. ,Beurteilen' (faktische Beurteilung) zu differenzieren.**" Dies wird bei der Wiedergabe der Arbeiten von Nelson (1970) und Darby/Karni (1973), aber auch anderen Schriften aus dem Bereich der Informationsökonomik insbesondere in der Lehrbuchliteratur häufig übersehen (kritisch dazu Welling 2006, S. 157ff.).

Wird in der von Welling (2006) kritisierten Weise verfahren, so ergibt sich vielfach keine eindeutige Einteilung: Bestimmte Leistungseigenschaften lassen sich je nach Einzelfall durchaus unterschiedlichen Feldern zuordnen. Dies ist abhängig (Fließ 2000)

- vom **subjektiven Anspruchsniveau** des Nachfragers hinsichtlich der Beschaffung zusätzlicher Informationen, insbesondere von dem Aufwand, den er – wie eben ausgeführt – für die Beschaffung dieser Informationen in Kauf zu nehmen bereit ist;

- von den **Erfahrungen** des Nachfragers mit demselben oder ähnlichen Wirtschaftsgütern, insbesondere von der Frage, ob es sich um einen Erst- oder um einen Wiederholungskauf handelt.

Die Zuordnung der Ausprägungen von wie oben definierten Eigenschaftsarten zu bestimmten Leistungen ist also insofern zumindest partiell eine Folge des individuellen Entscheidungsverhaltens des Nachfragers. Prinzipiell wird davon ausgegangen, dass jede Leistung sowohl Such-, als auch Erfahrungs-, als auch Vertrauenseigenschaften enthält, allerdings im Einzelnen in zum Teil höchst unterschiedlichem Umfang: So weist etwa Bekleidung üblicherweise einen sehr hohen Teil an Such- und auch Erfahrungseigenschaften, jedoch kaum Vertrauenseigenschaften auf. Ärztliche Leistungen dagegen weisen nur in geringem Umfang Sucheigenschaften auf, Erfahrungseigenschaften, dann aber vor allem Vertrauenseigenschaften bzw. Kalkül-Vertrauenseigenschaften (im Sinne von Abbildung 3-12) rücken dagegen ganz stark in den Vordergrund. Je nachdem, ob in einem Kaufprozess Such-, Erfahrungs- oder Vertrauenseigenschaften dominierend sind, ergeben sich unterschiedliche Konsequenzen für den Informationsstand des Nachfragers sowie das von ihm subjektiv wahrgenommene Risiko. Je ausgeprägter nämlich die Vertrauenseigenschaften sind, desto schwieriger kann ein Nachfrager eine Leistung vor dem Kauf beurteilen, desto größer ist entsprechend seine Unsicherheit. Daher wurde für eine weitergehende informationsökonomische Analyse von Kaufprozessen der Vorschlag unterbreitet, konkrete Kaufprozesse in Such-, Erfahrungs- und Vertrauenskäufe zu typologisieren – immer in Abhängigkeit von der im Vordergrund stehenden Leistungseigenschaft. Abbildung 3-11 zeigt diese Einteilung mit entsprechenden Beispielen für Leistungen, die die drei Kategorien von Kaufprozessen repräsentieren sollen.

Abbildung 3-11 : Positionierung von Kaufprozessen im informationsökonomischen Dreieck (Quelle: in Anlehnung an Weiber/Adler 1995b)

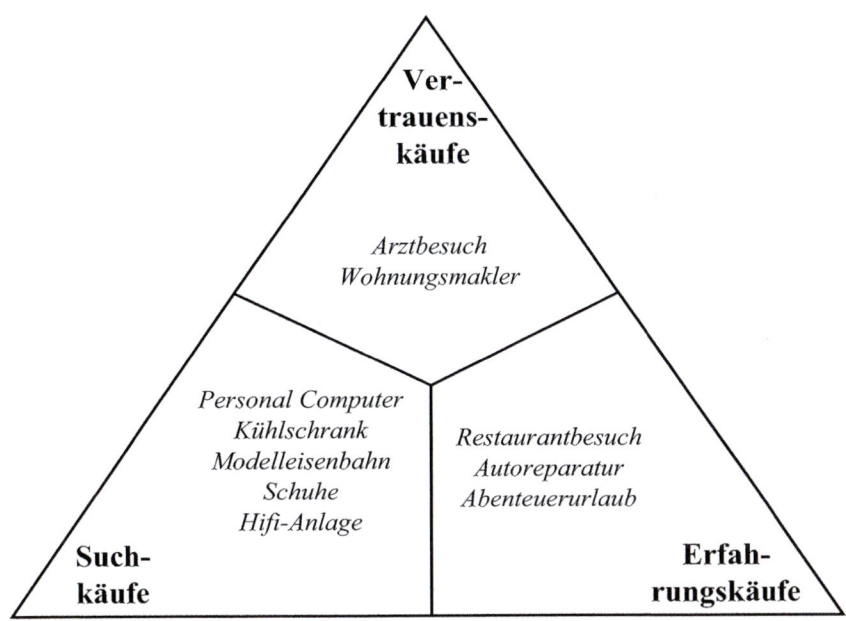

Abbildung 3-12 : Logische Beurteilbarkeit und faktische Beurteilung von Gütereigenschaften (Quelle: Welling 2006, S. 168)

		logische Beurteilbarkeit der Eigenschaft durch den Nachfrager		
		vor dem Tausch möglich	**erst nach dem Tausch möglich**	**weder vor noch nach dem Tausch möglich**
faktische Beurteilung durch den Nachfrager	**vor dem Tausch**	Sucheigenschaft		
	nach dem Tausch	Kalkül-Erfahrungs-eigenschaft	Erfahrungs-eigenschaft	
	weder vor noch nach dem Tausch	Kalkül-Vertrauens-eigenschaft	Kalkül-Vertrauens-eigenschaft	Vertrauens-eigenschaft

⬇ **Nelson-Situationen** ⬇ **Akerlof-Situationen** ⬇ **Arrow-Situationen**

Um die oben angesprochene inhaltliche und begriffliche Problematik der Einordnung einzelner Leistungseigenschaften in bestimmte Eigenschaftskategorien zu überwinden, schlägt Welling (2006) neuerdings ein modifiziertes Vorgehen vor, das in Abildung 3-12 dargestellt ist.

Die Abbildung 3-12 zeigt eine Unterscheidung in drei idealtypische Arten von **Tauschsituationen**, die in Anlehnung an für die Darstellung entsprechender Situationen in der informationsökonomischen Literatur als typische Vertreter eingestuften Autoren als Nelson-, Akerlof- und Arrow-Situationen bezeichnet werden (zu entsprechenden Quellenangaben siehe Welling 2006). Entscheidend ist dabei die oben skizzierte Unterscheidung in **logische Beurteilbarkeit** und **faktische Beurteilung** durch den Nachfrager:

- In **Nelson-Situationen** ist eine Beurteilung von Leistungseigenschaften durch den Nachfrager vor dem Tausch grundsätzlich möglich. Dem Nachfrager stehen damit drei Möglichkeiten offen: Er kann die Eigenschaften 1.) vor dem Kauf beurteilen, er kann 2.) bis nach dem Kauf mit der Beurteilung warten, oder er kann 3.) ganz auf die Beurteilung verzichten. Im Fall 2) nehmen die (logisch beurteilbaren) Sucheigenschaften dann die Form von Kalkül-Erfahrungseigenschaften, im Fall 3) von Kalkül-Vertrauenseigenschaften an.

- Ähnlich werden in **Akerlof-Situationen** (logisch beurteilbare) Erfahrungseigenschaften zu Kalkül-Vertrauenseigenschaften, wenn der Nachfrager auf die nach dem Tausch mögliche Beurteilung der betreffenden Leistungseigenschaften verzichtet.

- **Arrow-Situationen** schließlich liegen dann vor, wenn eine Beurteilung der Leistungseigenschaften tatsächlich weder vor noch nach dem Tausch logisch möglich ist. Nur in diesem Fall liegen „echte" Vertrauenseigenschaften vor.

Es sei allerdings darauf hingewiesen, dass es sich hier wiederum lediglich um eine idealtypische Systematisierung der Situationen handelt, denn in der Realität ist jede konkrete Situation durch eine Mischung von Elementen der drei Grundtypen geprägt (Welling 2006). Dennoch liefert die explizite Unterscheidung in logische Beurteilbarkeit und faktische Beurteilung einen wichtigen Erkenntnisfortschritt für das Verstehen und Gestalten von Austauschpozessen.

Im Wesentlichen als eine unmittelbare Folge der asymmetrischen Informationsverteilung, auch bedingt durch die Ausprägung der angesprochenen Leistungseigenschaften, speziell der Informationsdefizite des Nachfragers, kann das Phänomen der oft eingeschränkten oder fehlenden **Nachfragerevidenz** eingeordnet werden. Als „**Evidenz**" wird hier die Einsicht des Nachfragers bezeichnet, dass er eine bestimmte Leistung zur Lösung seiner Probleme benötigt. Mit anderen Worten: Der Nachfrager ist in der Lage, sein Bedürfnis insofern zu konkretisieren, dass er seinen Bedarf nach einem bestimmten Wirtschaftsgut formulieren und mit diesem die Befriedigung seines Bedürfnisses sicherstellen kann. Je größer die Evidenz des Nachfragers, desto besser wird seine Entscheidung und desto höher wird letztlich sein Nutzen sein. Dabei lassen sich vier Stufen der Evidenz unterscheiden (siehe Abbildung 3-13) (Engelhardt/Reckenfelderbäumer 1996):

Abbildung 3-13: Stufen der Nachfragerevidenz (Quelle: Engelhardt/Reckenfelderbäumer 1996, S. 13)

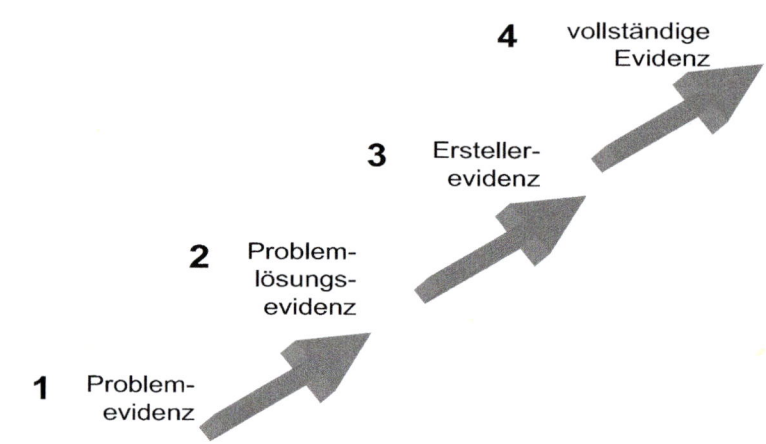

■ Zunächst muss dem Nachfrager bewusst werden, dass er überhaupt ein Problem hat, und er muss dieses Problem identifizieren bzw. sein Bedürfnis spezifizieren. Ist ihm das gelungen, so verfügt er über **Problemevidenz**. Beispiel: In einem Produktionsbetrieb wird erkannt, dass die Transportkosten für die Warenauslieferung einen im Branchenvergleich deutlich überproportional hohen Anteil an den Gesamtkosten ausmachen.

■ Die Stufe der **Problemlösungsevidenz** ist erreicht, wenn der Nachfrager die für sein Problem passende Lösung aus dem Spektrum der am Markt verfügbaren Angebote herausgefiltert hat. Im oben genannten einfachen Beispiel wäre das etwa der Fall, wenn die Leitung des Produktionsbetriebes festgestellt hätte, dass ein anderes Transportmittel kostengünstiger ist als das bisherige (z.B. Bahn statt Lkw) oder dass eine Fremdvergabe der Transportleistungen an einen Spediteur die nötigen Einsparungen bringen könnte. Damit ist der Bedarf des Nachfragers im Hinblick auf die Art des benötigten Wirtschaftsgutes definiert.

■ Zur Realisierung der **vollständigen Evidenz** bedarf es neben der Identifikation der zur Lösung des Problems geeigneten Leistung der Wahl des adäquaten Anbieters (**Erstellerevidenz**). Oft ist die Ermittlung der Problemlösung mit der Wahl eines bestimmten Anbieters unmittelbar verknüpft, vielfach werden aber auch vergleichbare Leistungen von verschiedenen Anbietern offeriert, so dass dann bei der

Kaufentscheidung andere Merkmale als die Art der Leistung ergänzend herangezogen werden (z.B. Preis, Schnelligkeit der Leistungserbringung).

Ausdrücklich sei darauf hingewiesen, dass die Stufen nicht zwangsläufig in der genannten Reihenfolge durchlaufen werden müssen, jedoch sind alle drei Evidenzgesichtspunkte potenzielle Problemfelder eines Kunden auf dem Weg zu einer einen angemessenen Nutzen stiftenden Kaufentscheidung. Die aus der fehlenden Evidenz resultierende Unsicherheit wird er wiederum durch entsprechende Maßnahmen, z.B. der Informationsbeschaffung oder der vertraglichen Absicherung, zu reduzieren versuchen. Insofern wird das Ausmaß an Evidenz ein durchaus verhaltensprägendes Marktstrukturmerkmal, dessen enge Verknüpfung mit der Informationsverteilung und der Unsicherheit noch einmal deutlich geworden ist.

3.2.1.1.3 Grundlagen des individuellen Kaufverhaltens

Obwohl das vorliegende Lehrbuch einen primär durch die ökonomische Theorie geprägten Ansatz verfolgt, ist es an manchen Stellen zweckmäßig, auf Erkenntnisse der **Verhaltenswissenschaften** zurückzugreifen. So entstand primär in den 50er und 60er Jahren des 20. Jahrhunderts die Konsumentenforschung, die heute als dominierende Richtung der verhaltenswissenschaftlichen Forschung im Bereich des Marketing zu sehen ist (Behrens 1995) und insofern für Fragen der Analyse des **Kaufverhaltens einzelner Menschen (individuelles Kaufverhalten)** von großer Bedeutung ist. In diese Konsumentenforschung fließen Theorieelemente vor allem der Psychologie, der Soziologie, der Sozialpsychologie, der Verhaltensbiologie sowie der physiologischen Verhaltenswissenschaften ein (Kroeber-Riel/Weinberg 2003). Zentrale Ziele der Konsumentenforschung liegen in dem wissenschaftlichen Verstehen und Erklären des Verhaltens sowie in der Ableitung von Handlungsmustern zur Beeinflussung des Konsumentenverhaltens (Kroeber-Riel 1995b). Dabei wird explizit auf interdisziplinäre und empirische Forschungsverfahren abgestellt.

Grundsätzlich können in der Konsumentenforschung zwei Arten von Modellen unterschieden werden (Abbildung 3-14):

- ■ Die relativ einfachen **Stimulus(S)-Response(R)-Modelle** gehen davon aus, dass das Verhalten (Response) der Konsumenten das Ergebnis eines Reizes (Stimulus) ist, der von außen beobachtbar ist. Zum Teil werden die Anreize bewusst durch die Anbieter gesetzt, z.B. durch Werbung oder Sonderpreisangebote, zum Teil werden sie durch die Umwelt geprägt. Die Verarbeitung des Stimulus im Organismus (im Gehirn) des Konsumenten ist nicht Gegenstand von S-R-Modellen, weshalb sie auch als „Black-Box-Modelle" bezeichnet werden (z.B. Homburg/Krohmer 2006; Nieschlag et al. 2002). Zum Teil findet sich für S-R-Modelle auch der Begriff der **behavioristischen Modelle** (Kroeber-Riel 1995b)

▦ **S-O-R-Modelle** gehen über die S-R-Modelle insofern hinaus, als sie sich auch mit den psychischen Vorgängen im Individuum (Organism bzw. O) beschäftigen, die zwischen der Aufnahme des Stimulus und der Reaktion ablaufen. Sie streben also an, die „Black Box" zu erhellen, so dass in derartigen Modellen auch versucht wird, das Zustandekommen von Reaktionen unter Berücksichtigung konsumentenindividueller Faktoren zu erklären. Daher kann hier auch von **Modellen mit intervenierenden Variablen** gesprochen werden (Kroeber-Riel 1995b).

Abbildung 3-14: Grundlegende Modelle des Konsumentenverhaltens

---

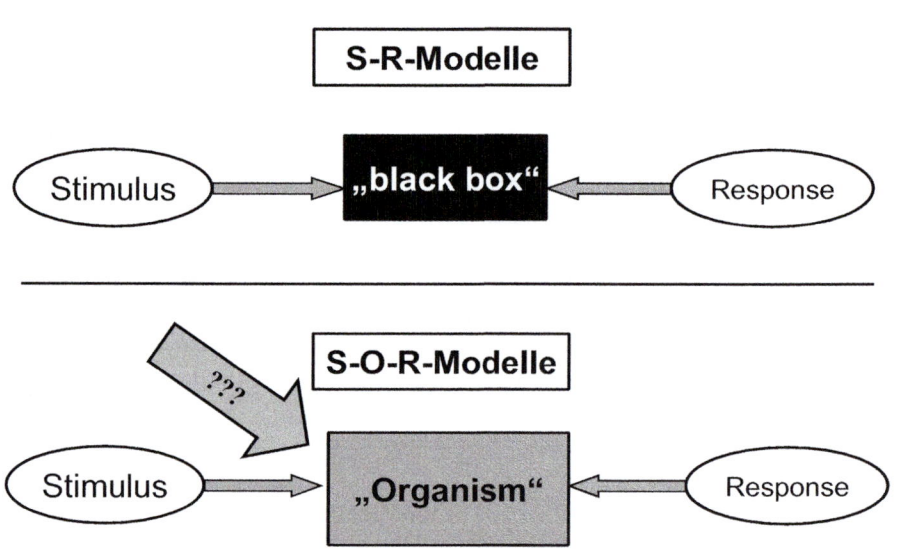

Während somit in S-R-Modellen zwei Arten von Variablen vertreten sind, nämlich so genannte R-Variablen (Variablen der Reizkonstellation) und V-Variablen (Variablen des Kaufverhaltens), tritt bei S-O-R-Modellen eine dritte Art von Variablen, die I-Variablen (Variablen der inneren psychischen Vorgänge bzw. intervenierende Variablen), hinzu (Kroeber-Riel 1995b). Diese drei Variablenarten seien kurz erläutert:

▦ **R-Variablen** stellen die Stimuli dar, die aus der Umwelt auf den Konsumenten einwirken. Dabei kann zwischen der physischen Umwelt (z.B. Landschaft, Klima, Gebäude) und der sozialen Umwelt unterschieden werden. Letztere wiederum ist zu differenzieren in eine nähere soziale Umwelt, die Personen umfasst, zu denen der Konsument persönlichen Kontakt und direkte Beziehungen unterhält (Familienmitglieder, Freundeskreis), und eine weitere soziale Umwelt, die Personen und Gruppierungen beinhaltet, zu denen der einzelne Konsument nur relativ lose und zum Teil auch unregelmäßige Beziehungen hat (Beispiele: Parteien, Verbände, Gewerkschaften).

■ **I-Variablen**, die wie gesagt nur in S-O-R-Modellen eine Rolle spielen, spiegeln die inneren psychischen Vorgänge des Konsumenten wider. Dabei werden als wesentliche Kategorien **aktivierende Prozesse** und **kognitive Prozesse** unterschieden. Zu den Erstgenannten gehören vor allem Motivation, Emotionen und Einstellungen, die das Verhalten der Konsumenten beeinflussen bzw. überhaupt erst für ein bestimmtes Verhalten sorgen. Insofern können sie auch als Antriebskräfte menschlichen Verhaltens gesehen werden. Im Unterschied dazu sind die kognitiven Prozesse auf die gedankliche Steuerung des Verhaltens gerichtet und stellen sicher, dass sich dieses an bestimmten Zielen orientiert. Es geht hier somit um die Informationsaufnahme, -verarbeitung, -strukturierung und -speicherung durch Käufer (Homburg/Krohmer 2006), etwa im Rahmen des Wahrnehmens und des Entscheidens. Kognitive Prozesse stehen im Mittelpunkt der klassischen Modelle des Konsumentenverhaltens. Dabei wird der **Verlauf von Kaufentscheidungen** anhand von vier Gruppen von I-Variablen gegliedert (Kroeber-Riel 1995b): Bedürfnisaktivierung (Problemerkennen), Informationssuche und -verarbeitung, Kaufentscheidung (Auswahl einer Alternative), Nachentscheidungsverhalten.

■ **V-Variablen** stellen das Kaufverhalten dar, das sowohl in S-R- als auch in S-O-R-Modellen regelmäßig als abhängige Variable dient. Das Kaufverhalten kann grundsätzlich in unterschiedlichem Umfang kognitiv, d.h. gedanklich, gesteuert sein, wobei die folgenden vier Verhaltenstypen herausgestellt werden (angeordnet nach zunehmender kognitiver Steuerung) (Weinberg 1981):

1. **Impulsives Verhalten**: Die Reaktion der Konsumenten auf die Reizwirkungen in der Kaufsituation erfolgt auf affektive Art und Weise, d.h. stark gefühlsbetont und emotional.

2. **Gewohnheitsverhalten**: Dieses wird auch als habitualisiertes Kaufverhalten bezeichnet, welches auf Grund von immer wiederkehrenden Gewohnheiten weitgehend automatisch abläuft.

3. **Vereinfachtes Entscheiden**: Hierbei werden die benötigten Leistungen anhand weniger, in der Vergangenheit bewährter Entscheidungskriterien und ohne großen Aufwand ausgewählt.

4. **Extensives Entscheiden**: Derartige Kaufprozesse erfordern einen hohen Problemlösungsaufwand des Konsumenten, so dass hier eine „echte" Entscheidung im engeren Sinne (Kroeber-Riel 1995b) unter starker kognitiver Beteiligung vorliegt.

Kroeber-Riel (1995b) stellt daneben mit dem **Zufallsverhalten** einen weiteren Typ heraus, der dadurch gekennzeichnet ist, dass dem Konsumenten die Auswahl zwischen (aus seiner Sicht austauschbaren) Leistungen völlig gleichgültig ist. Grundsätzlich kann sich jede dieser Verhaltensformen in bestimmten Kaufprozessen finden.

Welche der genannten Formen des Kaufverhaltens im Einzelfall vorliegt, hängt vor allem vom **Involvement** des Konsumenten ab. Unter Involvement versteht man „einen Zustand der Aktiviertheit, der vor allem durch die Handlungssituation bestimmt wird und dafür verantwortlich ist, inwieweit sich die Konsumenten aufmerksam und mit gedanklicher Beteiligung einem Gegenstand oder einer Handlung zuwenden. Extensive, überlegte Entscheidungen sind nur bei sehr starkem Involvement zu erwarten." (Kroeber-Riel 1995b, Sp. 1239). Ein hohes Involvement („High-Involvement") ist vor allem bei Leistungen zu beobachten, die für den Konsumenten von großer Wichtigkeit oder mit besonderen Risiken behaftet sind. Geringes Involvement („Low-Involvement") ist dagegen typisch für aus Sicht des Kunden weniger wichtige und relativ risikoarme Leistungen. Dabei kann die Involviertheit zwischen verschiedenen Kunden sehr stark differieren, da es sich um ein subjektives Phänomen handelt. Einige wichtige Konsequenzen des Involvement sind in Tabelle 3-4 zusammengefasst.

High-Involvement	Low-Involvement
– Aktive Informationssuche	– Passives Informationsverhalten
– Aktive Auseinandersetzung	– Passives Ausgesetztsein
– Hohe Verarbeitungstiefe	– Geringe Verarbeitungstiefe
– Hohe Persuasivwirkung	– Geringe Persuasivwirkung
– Kognitive Reaktion	– Keine kognitiven Reaktionen
– Markenbewertung vor dem Kauf	– Markenbewertung nur nach Kauf
– Viele Merkmale beachtet	– Wenig Merkmale beachtet
– Wenige akzeptable Alternativen	– Viele akzeptable Alternativen
– Viel sozialer Einfluss	– Wenig sozialer Einfluss
– Optimierungsziel	– Anspruchsniveauziel
– Hohe Markentreue	– Geringe Markentreue
– Gut verankerte Einstellung	– Gering verankerte Einstellung
– Hohe Gedächtnisleistung	– Geringe Gedächtnisleistung

Tabelle 3-4: Auswirkungen des Involvement auf Informationsaufnahme und –verarbeitung im Rahmen von Kaufprozessen (Quelle: Trommsdorff 1995, Sp. 1070)

Für einen Anbieter ist es wichtig, die Involviertheit seiner aktuellen und potenziellen Abnehmer zu kennen, um sich darauf im Rahmen seiner absatzpolitischen Aktivitäten gezielt einstellen zu können (siehe Abschnitt 5.6). Insofern stellt das Involvement der Nachfrager ein bedeutsames Marktstrukturmerkmal dar, das großen Einfluss auf die konkrete Ausgestaltung von Marktprozessen hat, was schon aus Tabelle 3-4 deutlich werden sollte.

Während die bisher in diesem Abschnitt im Vordergrund stehenden **Modelle** des Konsumentenverhaltens vor allem der **Abbildung** des Kaufverhaltens dienen, rückt bei den nunmehr zu behandelnden **Theorien des Kaufverhaltens** der Versuch der **Erklärung** der Art und Weise, wie sich Konsumenten in bestimmten Situationen verhalten, in den Mittelpunkt (Homburg/Krohmer 2006). Dabei findet sich in der Literatur eine Vielzahl von Theorieansätzen, von denen an dieser Stelle nur einige ausgewählte Konzepte kurz skizziert werden sollen. Für eine breitere und tiefere Darstellung sei auf die entsprechenden Spezialliteratur verwiesen (Kroeber-Riel/Weinberg 2003; Trommsdorff 2004). Mit Hammann et al. (2001) seien dabei Ansätze zur Erklärung des Erstkaufverhaltens von solchen des Wiederholkaufverhaltens unterschieden (siehe Abbildung 3-15).

Abbildung 3-15: Ausgewählte Partialtheorien zur Erklärung des individuellen Käuferverhaltens

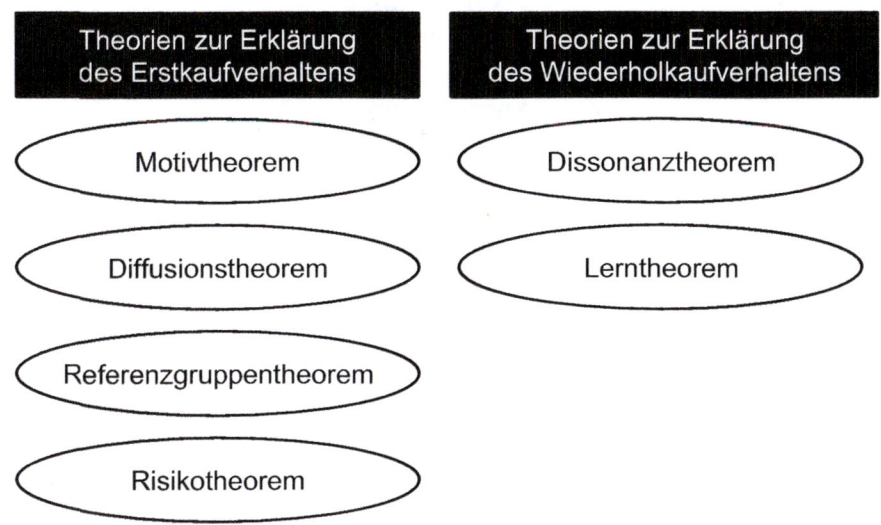

Vorauszuschicken ist, dass es sich bei den genannten Ansätzen lediglich um – wie die Betitelung der Abbildung schon signalisiert – **Partialtheorien des Käuferverhaltens** handelt: Realitätsnahe, quantitative Gesamtmodelle existieren bisher nicht (Busse von Colbe et al. 1992), erscheinen angesichts der Vielschichtigkeit der Zusammenhänge allerdings auch wenig sinnvoll und sollten daher allenfalls zur Strukturierung eines Bezugs- und Orientierungsrahmens für die Einordnung von Partialtheorien dienen (Kroeber-Riel 1995b). Daher bleiben die so genannten Totalmodelle (z.B. Howard/

Sheth 1969) im Folgenden auch ausgeklammert. Die sechs in Abbildung 3-15 genannten Partialtheorien, die nicht völlig überschneidungsfrei sind, seien nunmehr näher erläutert (siehe dazu Busse von Colbe et al. 1992; Hammann et al. 2001).

(1) Motiv- bzw. kaufmotivtheoretische Ansätze basieren auf Erkenntnissen über die unterschiedlichen Arten von Bedürfnissen, die bei Menschen den Wunsch nach der Erlangung bestimmter Wirtschaftsgüter hervorrufen. Der bekannteste Ansatz zur Systematisierung menschlicher Bedürfnisse ist die so genannte „Bedürfnispyramide" von Abraham H. Maslow (1943) (siehe Abbildung 3-16).

Abbildung 3-16: Die Bedürfnispyramide nach Maslow

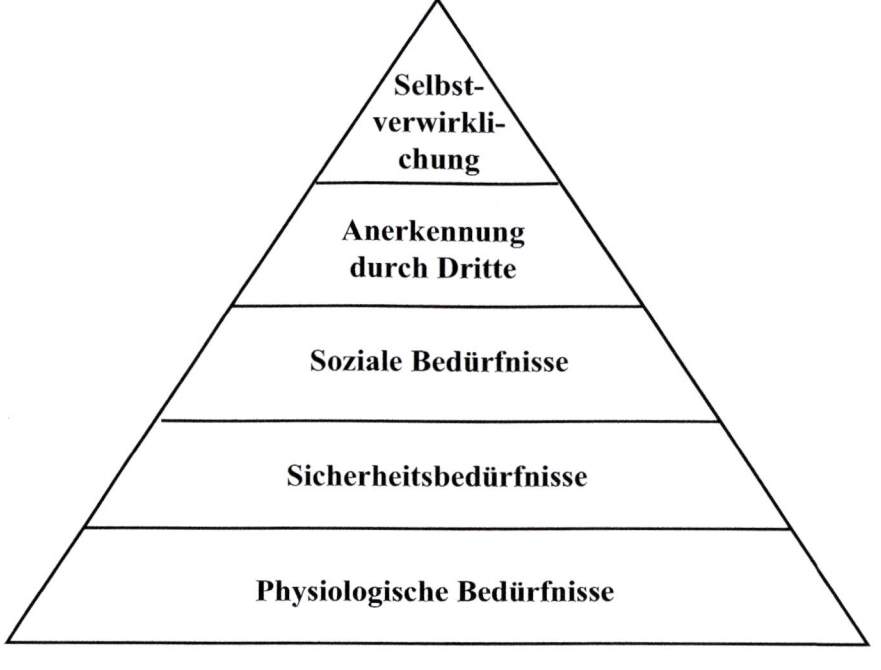

Maslow arbeitete heraus, dass Menschen verschiedene Grundbedürfnisse haben, die sie zu befriedigen suchen. Allerdings erfahren diese Grundbedürfnisse je nach den individuellen Umständen des einzelnen Menschen (z.B. Geschlecht, Alter, Einkommen, Bildungsstand) eine unterschiedliche Gewichtung, die sich im Zeitverlauf ändern kann, sofern sich die individuellen Rahmenbedingungen verändern. Die Grundbedürfnisse sind in der Pyramide mit aufsteigender Ordnung dargestellt, d.h. die elementaren Grundbedürfnisse finden sich ganz unten. Tabelle 3-5 zeigt zur weiteren

Illustration Bedürfnisse der einzelnen Kategorien sowie ausgewählte Maßnahmen, mit denen ein Anbieter sich auf diese Bedürfnisse einstellen kann, um die Konsumenten für sich zu gewinnen.

Grundlegende Bedürfniskategorien	Beispielhafte Bedürfnisse/ Kaufhandlungen der Konsumenten	Beispielhaftes Ansprechen der Bedürfnisse im Marketing
Existenz	– Erhalt der menschlichen Existenz durch regelmäßige Nahrungsaufnahme – Schutz vor Erfrieren durch Tragen von Kleidung im Winter	– Produktpolitik: Entwicklung von Produkten, die auf existenzielle Bedürfnisse abzielen
Sicherheit	– Erhöhung der Sicherheit durch bestimmte Produkte, z.B. Autos mit Airbag, umfassendes Versicherungspaket – Altersabsicherung durch Kauf entsprechender Geldanlageprodukte, z.B. Lebensversicherung	– Produktpolitik: Entwicklung sicherer Produkte, Zufriedenheitsgarantie, Entwicklung von Marken – Preispolitik: Niedrigpreisgarantie
Soziale Bedürfnisse	– Zugehörigkeit zu einer Gruppe durch den Kauf eines Produktes, z.B. Harley-Davidson-Motorrad – Geselligkeit durch gemeinsame Inanspruchnahme von Leistungen, z.B. Tenniskurs, Club-Urlaub	– Kommunikationspolitik: Betonung zwischenmenschlicher Aspekte des Produktes (z.B. Antipickelcreme für Teenager) – Produktpolitik: Entwicklung entsprechender Produkte
Anerkennung	– Anerkennung durch Bekannte auf Grund des Kaufs und des Tragens modischer Kleidung – Verwendung des Produktes als Statussymbol, z.B. Luxusauto	– Kommunikationspolitik: Betonung der Bedeutung des Produktes für die soziale Anerkennung (z.B. exklusive Uhrenmarke) – Preispolitik: hohe Preise
Selbstverwirklichung	– Persönliche Entfaltung, z.B. durch das Tragen extravaganter Kleidung – Nutzung von Leistungen, die zur Selbstverwirklichung beitragen, z.B. Abenteuerreisen	– Kommunikationspolitik: emotionale Erlebnisvermittlung in der Werbung – Produktpolitik: Entwicklung von Produkten, die auf das Selbstverwirklichungsbedürfnis abzielen

Tabelle 3-5: Grundlegende Bedürfniskategorien nach Maslow und Möglichkeiten der Ansprache durch Marketing-Instrumente (Quelle: in Anlehnung an Homburg/Krohmer 2006, S. 35)

Prinzipiell strebt ein Individuum annahmegemäß zunächst nach Befriedigung der in der Pyramide unten angesiedelten Bedürfnisse und arbeitet sich dann nach deren Deckung in der Hierarchie empor. In hochentwickelten Volkswirtschaften haben daher die höheren Hierarchiestufen ein vergleichsweise großes Gewicht, da die unteren lebensnotwendigen Grundbedürfnisse im Allgemeinen als befriedigt gelten können. Es ist aber durchaus auch denkbar, dass die Bedürfnisse einer Stufe nicht vollends abgedeckt sind, bevor Kaufmotive einer höheren Stufe wirksam werden, zumal viele Wirtschaftsgüter zur Deckung mehrerer Bedürfniskategorien beitragen (Beispiel: Kleidung, Pkw). Kritik am Konzept von Maslow zielt insbesondere auf die fehlende Allgemeingültigkeit der Hierarchie, da personelle und situative Faktoren die individuellen Bedürfnisstrukturen beeinflussen und zudem Veränderungen der Bedürfnisse im Zeitverlauf zu beachten sind. Daher müssen bei der Analyse einzelner Kaufprozesse im Zweifel die Motive des Kaufes jeweils spezifisch herausgearbeitet werden.

(2) Diffusionstheoretische Erklärungsansätze beruhen auf der Beobachtung, dass sich neue Leistungsangebote nicht bei allen potenziellen Käufern gleichermaßen schnell durchsetzen. Die entsprechenden Durchsetzungsprozesse werden im Rahmen der Diffusionsforschung analysiert. Dabei durchläuft der Käufer typischerweise fünf Phasen, bis er eine Neuheit endgültig akzeptiert:

1. **Wahrnehmungsphase**: Zunächst werden Informationen über eine Leistung aufgenommen, ohne dass bereits eine Kaufabsicht besteht.

2. **Suchphase**: Das Interesse an der Leistung ist beim Konsumenten geweckt, so dass er gezielt nach weiteren verfügbaren Informationen über die Neuheit sucht.

3. **Bewertungsphase**: Der Konsument entwickelt Vorstellungen darüber, inwieweit die Leistung zur Befriedigung seiner Bedürfnisse geeignet ist.

4. **Probierphase**: Abschließend probiert der Konsument die Leistung aus, z.B. durch Inanspruchnahme von Gratisproben oder durch einen ersten Testkauf.

5. **Aufnahmephase**: Hat sich die Leistung bewährt, akzeptiert sie der Konsument und nimmt sie in seinen persönlichen Warenkorb auf.

Die einzelnen Phasen werden je nach Konsument unterschiedlich schnell durchlaufen, so dass die endgültige Übernahmeentscheidung (Adoption) zu unterschiedlichen Zeitpunkten erfolgt. Der bekannteste diffusionstheoretische Ansatz zur Erklärung des Adoptionsverhaltens auf der Aggregationsebene Markt stammt von Rogers (2003), der auf Basis empirischer Untersuchungen herausgearbeitet hat, dass sich eine Innovation umso schneller durchsetzt (Gierl 1995),

- je stärker sie Konkurrenzleistungen bzw. -verfahren überlegen ist,
- je mehr sie mit Werten, Erfahrungen und bestehenden Strukturen bei den potenziellen Adoptoren kompatibel ist,
- je einfacher sie zu verstehen ist,

■ je geringer das Risiko der Übernahme ist und

■ je problemloser sich Ergebnis und Wirkung einer Adoption darstellen lassen.

Rogers stellt die Verteilung des Übernahmezeitpunkts unter den Nachfragern als Glockenkurve (Normalverteilung) dar, wie sie in Abbildung 3-17 zu sehen ist.

Abbildung 3-17: Die Diffusionskurve nach Rogers (Quelle: in Anlehnung an Rogers 1962, S. 247)

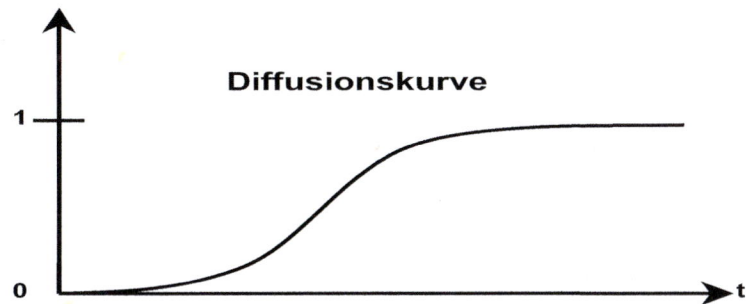

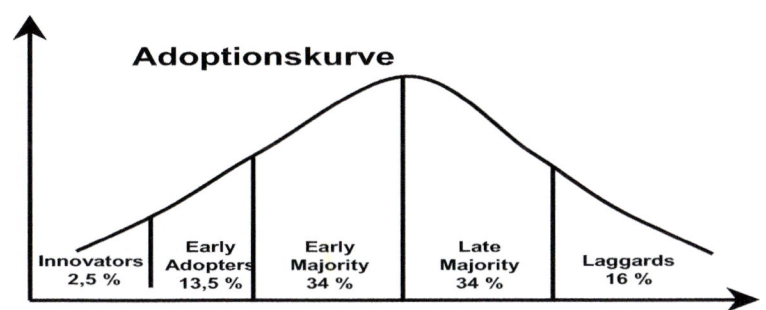

Ausgehend von dieser Diffusionskurve und bezogen auf den Zeitpunkt ihrer jeweiligen Adoption lassen sich fünf Typen von Konsumenten unterscheiden:

- **Innovatoren** (Innovators), die in der Einführungsphase eines Produktes auftreten und sich durch eine hohe Probier- und Risikofreudigkeit auszeichnen; nicht selten handelt es sich um Meinungsführer;

- **Frühkäufer** (Early Adopters) als wählerische Konsumenten, die etwas weniger risikofreudig sind als die Innovatoren, aber gleichfalls oft Meinungsführer darstellen;

- **frühe Mehrheit** (Early Majority): Konsumenten, die am besten als vorsichtig zu kennzeichnen sind;

- **späte Mehrheit** (Late Majority): skeptische Konsumenten, die zögernd auf Innovationen reagieren und sie erst spät aufgreifen;

- **Nachzügler** (Laggards) als die Gruppe von Konsumenten, die besonders traditionsbewusst ist und Neuerungen zuletzt aufgreift.

Kenntnisse über das Adoptionsverhalten der Käufer sind hilfreich, um wiederum die absatzpolitischen Instrumente zielgruppengerecht einsetzen zu können. Allerdings ist zu beachten, dass der konkrete Diffusionsprozess immer auch durch die Charakteristika der betreffenden Innovation beeinflusst wird, was in der Entscheidungsfindung seitens des Anbieters Berücksichtigung finden sollte.

(3) Referenzgruppentheoretische Ansätze berücksichtigen, dass der Mensch nicht als isoliertes Individuum zu sehen ist, sondern Beziehungen zu unterschiedlichen Gruppen von anderen Menschen unterhält (Familie, Freunde, Arbeitskollegen, Sportkameraden etc.). Sofern sich das Verhalten des Einzelnen auf die Werthaltungen, Normen und Verhaltensweisen einer Gruppe bezieht, so wird diese zu einer Referenzgruppe. Die Mitgliedschaft in einer bestimmten Gruppe ist nicht zwingende Voraussetzung dafür, dass es sich um eine Referenzgruppe handelt: So ist es denkbar, dass ein Konsument sich die Mitgliedschaft nur wünscht und sich deshalb in seinem Verhalten daran orientiert (z.B. Kauf der Kleidung einer bestimmten Marke durch einen Teenager, weil diese Marke bei seiner Clique gerade „in" ist und der Teenager sich erhofft, mit der neuen Kleidung Aufnahme in die Gruppe zu finden – möglicherweise vergeblich). Ebenso gibt es aber auch viele Fälle, in denen der einzelne Konsument sich ganz bewusst vom Verhalten einer Gruppe distanziert und bestimmte Leistungen gerade nicht nachfragt (Beispiel: Verzicht auf den Erwerb eines Pkw-Modells, das als spießig oder prahlerisch gilt). Auch eine Negativabgrenzung kann sich somit auf eine Referenzgruppe beziehen. Empirisch hat sich gezeigt, dass die Orientierung an Referenzgruppen eine umso größere Rolle spielt, wenn es sich um im Konsum auffällige Leistungen handelt.

(4) Risikotheoretische Ansätze greifen den Sachverhalt auf, dass jeder Nachfrager beim Kauf einer Leistung ein mehr oder weniger stark ausgeprägtes subjektives Risiko wahrnimmt (siehe Abschnitt 3.2.1.1.2). Das insgesamt empfundene Risiko kann dabei idealtypisch in unterschiedliche Kategorien aufgespalten werden (Homburg/Krohmer 2006):

- **Leistungsrisiko** (funktionelles Risiko): Der Konsument hat Zweifel, ob die Leistung die gewünschten Anforderungen erfüllen kann.

- **Soziales Risiko**: Der Konsument befürchtet, dass aus dem Erwerb oder der Nutzung einer Leistung ein Schaden für sein Ansehen resultieren könnte (bei seiner Bezugsgruppe oder allgemein gesellschaftlich).

- **Finanzielles Risiko**: Gerade bei relativ hochpreisigen Leistungen (z.B. Kauf eines Autos) kann der Käufer befürchten, seine finanziellen Mittel nicht optimal einzusetzen.

- **Physisches Risiko** (Sicherheitsrisiko): Dieses empfindet der Käufer, wenn er mit der Inanspruchnahme einer Leistung gesundheitliche Gefahren befürchtet.

- **Psychologisches Risiko**: Dieses nimmt ein Käufer wahr, wenn Erwerb oder Nutzung einer Leistung als mit den eigenen Überzeugungen nur schwer vereinbar angesehen wird (z.B. Erwerb eines Kosmetikproduktes, von dem eine überzeugte Tierschützerin nicht genau weiß, ob für seine Entwicklung Tierversuche durchgeführt wurden).

- **Zeitrisiko**: Dieses entsteht, wenn der Käufer nicht weiß, wie viel Zeit er für den Kauf oder den Gebrauch einer Leistung tatsächlich investieren muss.

Das im Einzelfall wahrgenommene Risiko des Nachfragers hängt im Wesentlichen von seinem individuellen Informationsstand bezüglich der betreffenden Leistung ab. In der jeweiligen Situation muss er entscheiden, ob er das Risiko akzeptiert, es durch weitere Informationsbeschaffung zu reduzieren versucht oder angesichts der Höhe des Risikos von einem Kauf Abstand nimmt. Für den Anbieter, der einen Kunden gewinnen will, stellt sich die Aufgabe, diesen so weit wie möglich mit den erforderlichen Informationen zu versorgen.

Während die vier bisher behandelten Ansätze vor allem auf die Erklärung des Erstkaufverhaltens abzielen, haben die beiden folgenden Konzepte – wie schon in Abbildung 3-15 dargestellt – die Frage des Wiederholkaufverhaltens zum Gegenstand.

(5) Dissonanztheoretische Ansätze: Am bekanntesten ist in diesem Zusammenhang die **Theorie der kognitiven Dissonanz** geworden (Festinger 1957). Danach liegt Dissonanz vor, wenn die kognitiven Elemente eines Konsumenten (Wissen, Erfahrungen, Einstellungen und Meinungen) nicht miteinander vereinbar sind, z.B. weil die Erfahrungen, die mit einer Leistung gemacht werden, den Erwartungen nicht entsprechen. Eine derartige Dissonanz kann als „Störgefühl" auch bereits vor dem Kauf bestehen. Sind die kognitiven Elemente dagegen miteinander vereinbar, so besteht Konsonanz. Je stärker die Dissonanz, die ein Konsument empfindet, desto stärker verspürt er das

Bedürfnis, seine Dissonanz zu reduzieren, was zu unterschiedlichen Konsequenzen in seinem Verhalten führen kann (Homburg/Krohmer 2006):

- Der Käufer kann gezielt nach konsonanten Informationen über die erworbene Leistung suchen, um seine eigene Einschätzung zu beeinflussen.

- Er kann dissonante Informationen vermeiden, indem er z.B. negative Meinungsäußerungen aus seinem Umfeld „überhört".

- Als dritte Möglichkeit kann er bestimmte Informationen in dissonanzvermeidender Weise interpretieren, z.B. indem er die Zuverlässigkeit der Informationsquelle in Frage stellt.

- Nach dem Kauf verändert der Konsument seine Einstellung zu dem Produkt, um Konsonanz zu erreichen.

- Schließlich kann er durch Handlungen, z.B. Beschwerden, negative Folgen des Kaufes zu kompensieren versuchen.

Im Einzelfall kann der Anbieter dem Nachfrager durchaus bei der Reduzierung seiner Dissonanzen helfen und damit die Bereitschaft zum Wiederkauf erhöhen.

(6) Lerntheoretische Ansätze tragen der Tatsache Rechnung, dass der Käufer mit jedem Kauf neues Wissen erlangt und die gesammelten Erfahrungen beim nächsten Kauf nutzen kann. Lernen, zu verstehen als gezielte Aufnahme von Informationen, ihre systematisierte Aufbewahrung im Gedächtnis und ihre Verwendung in ähnlichen Problemsituationen, kann insofern für das Wiederholkaufverhalten eine große Rolle spielen. In den Verhaltenswissenschaften gibt es verschiedene lerntheoretische Ansätze, die für das Konsumentenverhalten relevant sind (Nieschlag et al. 2002). Dabei stehen wahrscheinlichkeitstheoretische Aussagen über das Käuferverhalten unter dem Einfluss von Lernvorgängen im Vordergrund (Busse von Colbe et al. 1992):

- Eine Kaufentscheidung wird durch Bedürfnisse und durch vielfältige äußere Reize geprägt, so dass gesammelte Erfahrungen mit einer Leistung im Zusammenspiel mit der aktuellen Umweltsituation die Kaufentscheidung beeinflussen können.

- Sofern der Konsument nach dem Kauf positive Erfahrungen mit der Leistung macht, steigt die Wahrscheinlichkeit, dass er bei der nächsten Gelegenheit unter ähnlichen Bedingungen die gleiche Leistung noch einmal kaufen wird.

- Je häufiger ein Käufer negative Erfahrungen mit einer Leistung macht, desto größer ist die Wahrscheinlichkeit, dass er sie nicht wieder nachfragt.

- Das erlernte Kaufverhalten kann wieder verschwinden, wenn der Kenntnisstand des Käufers nicht z.B. mit Hilfe der Absatzpolitik aufrechterhalten wird, denn Wissen kann in Folge von Nichtnutzung verloren gehen.

Es zeigt sich, dass die verhaltenswissenschaftliche Forschung zahlreiche Erkenntnisse zur Analyse des individuellen Käuferverhaltens bereitzustellen vermag. Aber auch im Bereich des Beschaffungsverhaltens von Organisationen spielen die Verhaltenswissenschaften eine nicht zu unterschätzende Rolle.

3.2.1.1.4 Das Beschaffungsverhalten von Organisationen

Im Rahmen des vorhergehenden Abschnitts wurde das Kaufverhalten von Individuen in ihrer Rolle als Konsumenten, d.h. als Nachfrager nach Konsumgütern (zur Deckung des originären Bedarfs) betrachtet. Nunmehr stehen die Nachfrager nach **Investitionsgütern** (bzw. Industriegütern; Backhaus/Voeth 2007) mit ihrem derivativen Bedarf im Mittelpunkt. Nachfrager von Investitionsgütern sind vor allem Unternehmungen, daneben aber etwa auch Behörden oder Verbände, also nicht einzelne Personen, sondern Organisationen. Investive Beschaffungsprozesse unterscheiden sich von solchen konsumtiver Art in einigen wesentlichen Punkten. Als solche Besonderheiten des so genannten **organisationalen Beschaffungsverhaltens** werden neben der Abgeleitetheit des Bedarfs (siehe Abschnitt 3.2.1.1.1) im Allgemeinen genannt (Backhaus/Voeth 2007; Backhaus/Büschken 1995; Fließ 2000):

- An organisationalen Beschaffungsentscheidungen sind mehrere Personen beteiligt: **Multipersonalität**.

- Sowohl auf Anbieter- als auch auf Nachfragerseite wirken regelmäßig mehrere Organisationen mit: **Multiorganisationalität**.

- Die zum Austausch anstehenden Leistungsbündel werden vielfach in einzelfallspezifischen und oft langwierigen Verhandlungen zwischen Anbieter und Nachfrager festgelegt: **Individualität und Interaktionsintensität**.

- Die Abwicklung von Investitionsgütergeschäften zieht sich oft über einen sehr langen, nicht selten mehrjährigen Zeitraum hin (Beispiel: Großanlagengeschäft): **Langfristigkeit**.

- Die Nachfrager sind an Leistungsbündeln interessiert, die durch eine Vielzahl von Vorkauf-, kaufbegleitenden und Nachkauf-Dienstleistungen geprägt sind: **Service-Intensität**.

Diese Besonderheiten, die zum Teil noch um die Hochwertigkeit der Leistungsbündel (hohes finanzielles Volumen) oder auch um den durch interne Beschaffungsrichtlinien geprägten hohen Formalisierungsgrad des Kaufaktes ergänzt werden, sind dabei nicht allgemeingültig: Die Beschaffung eines Kraftwerks ist sicherlich stärker davon betroffen als der Einkauf von normierten Kleinteilen (z.B. Schrauben im Tausender-Pack). Vielfach liegen diese Merkmale jedoch relativ stark ausgeprägt vor und bringen es mit sich, dass organisationale Kaufprozesse häufig durch eine erhebliche Komplexität, einen für Anbieter und Nachfrager gleichermaßen hohen Neuigkeitsgrad sowie erhebliche Unsicherheit auf beiden Seiten gekennzeichnet sind. Insofern ist es zweckmäßig, die zentralen Bestimmungsfaktoren des organisationalen Beschaffungsverhaltens einer näheren Analyse zu unterziehen.

Abbildung 3-18 gibt dafür den Rahmen vor. Viele weitere für die Thematik relevante Fragestellungen müssen dabei ausgeklammert werden und bleiben der entsprechenden Spezialliteratur vorbehalten (Büschken 1994; Specht 1985; Webster/Wind 1972; zum Überblick Fließ 2000). Im unteren Bereich der Abbildung finden sich die **Kaufbeteiligten**. Drei Ebenen wirken insofern auf den organisationalen Kaufprozess ein (Engelhardt/Günter 1981):

■ das **Individuum**,

■ das **Beschaffungsgremium** als Gruppe von Individuen,

■ die **Gesamtorganisation**, in die Individuen und Beschaffungsgremium eingegliedert sind.

Abbildung 3-18: Bestimmungsfaktoren des organisationalen Beschaffungsverhaltens

---

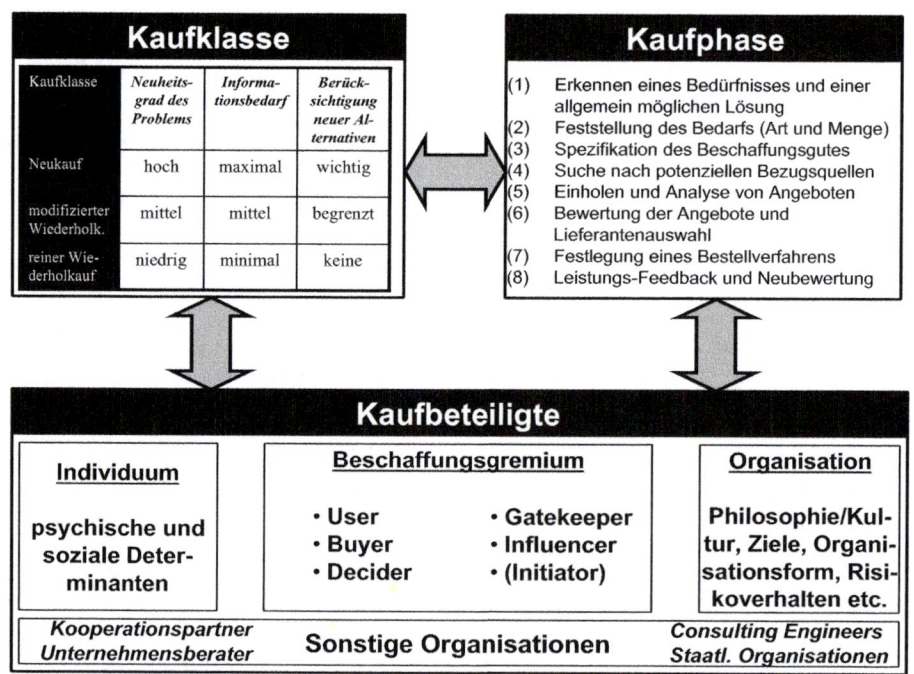

Auf psychische und soziale Determinanten, die das Kaufverhaltens des **Individuums** beeinflussen, muss an dieser Stelle nicht weiter eingegangen werden, da entsprechende Erklärungsansätze bereits in Abschnitt 3.2.1.1.3 thematisiert wurden. Die Ansätze zum individuellen Käuferverhalten im Investitionsgüterbereich stellen weitgehend Übertragungen der aus dem Konsumgüterbereich bekannten Konzepte dar.

Einer näheren Betrachtung bedarf dagegen das Beschaffungsgremium ("**Buying Center**"). Im Buying Center kommt die Multipersonalität von organisationalen Beschaffungsprozessen zum Ausdruck: Regelmäßig sind an derartigen Prozessen mehrere Personen mit zum Teil divergierender Interessenlage beteiligt, was innerhalb des Beschaffungsgremiums zu Konflikten führen kann, die es zu lösen gilt. Ursächlich für die Multipersonalität ist die Tatsache, dass von organisationalen Beschaffungsprozessen häufig unterschiedliche Funktionsbereiche und Hierarchieebenen innerhalb der Unternehmung betroffen sind, nicht selten sind sogar noch außerhalb der Unternehmung stehende Personen Mitglieder des Buying Centers (z.B. Consulting Engineers, die bei der Beschaffung einer Großanlage beratende Aufgaben übernehmen). Jeder der Beteiligten wird in seinem Sinne versuchen, auf den Kaufprozess einzuwirken. In der Literatur sind verschiedene Ansätze entwickelt worden, die Zusammensetzung des Buying Centers und die Einflussnahme der beteiligten Personen zu strukturieren und zu analysieren. Die beiden bekanntesten Konzepte seien an dieser Stelle kurz skizziert.

Rolle	Beschreibung
Initiatoren	Organisationsangehörige, die zum Kauf eines bestimmten Produkts anregen und dieses innerhalb der Organisation nachfragen. Diese können auch Anwender sein. Bei staatlichen und öffentlichen Einrichtungen sind dies überwiegend die Politiker und deren Helfer.
Anwender (User)	Personen, die die zu beschaffenden Waren oder Dienstleistungen in Anspruch nehmen werden. In vielen Fällen sind es die Anwender, von denen der Vorschlag zum Kauf ausgeht und die auch bei der Definition der Produkteigenschaften mitwirken.
Einflussnehmer (Influencer)	Personen, die Einfluss auf die Kaufentscheidung haben (oft technisches Personal). Häufig definieren sie die Spezifikationen und stellen Informationen für die Bewertung von Alternativen bereit.
Entscheidungsträger (Decider)	Personen mit der Befugnis und (Letzt-)Verantwortung, über Produktbedarf und/oder Lieferanten zu entscheiden.
Genehmigungsinstanzen	Personen, welche die von Entscheidungsträgern oder Einkäufern vorgeschlagenen Maßnahmen genehmigen müssen.
Einkäufer (Buyer)	Personen, die mit der formalen Befugnis für die Wahl des Lieferanten und die Festlegung der Einkaufsbedingungen ausgestattet sind. Einkäufer können an der Ausgestaltung der Produktspezifikationen beteiligt sein, wirken jedoch vornehmlich an der Auswahl der Anbieter und an den Verhandlungen mit. Bei komplexeren Anschaffungen können auch hochrangige Führungskräfte zu den Einkäufern zählen und an den Verhandlungen teilnehmen.
Informations- und Kontaktselektierer (Gatekeeper)	Personen, die Informationen oder Kontaktaufnahmen zu Mitgliedern des Beschaffungsteams selektiv ermöglichen, aber auch sperren können. Beispiel: Mitarbeiter im Empfang oder in der Telefonzentrale, die verhindern, dass Gespräche zwischen Vertretern und Anwendern oder Entscheidungsträgern zustande kommen.

Tabelle 3-6: Rollenverteilung im Buying Center (Quelle: nach Kotler et al. 2007, S. 327f., in Erweiterung von Webster/Wind 1972)

Tabelle 3-6 nennt und beschreibt die wesentlichen Rollen im Buying Center. Dabei ist zu beachten, dass eine Rolle ebenso durch mehrere Personen wahrgenommen werden kann (Beispiel: mehrere Verwender einer Maschine) wie eine einzelne Person mehrere Rollen ausüben kann (Beispiel: Der Entscheidungsträger ist gleichzeitig die Genehmigungsinstanz.).

Nicht zwingend sind alle Rollen in einem Kaufprozess vertreten. Je wichtiger und komplexer jedoch der Prozess ist, desto wahrscheinlicher wird eine Besetzung sämtlicher Rollen, wobei insbesondere Influencer und Gatekeeper regelmäßig mehrfach zu finden sind. Für einen Anbieter ist es dann besonders wichtig, die richtigen Ansprechpartner im Buying Center herauszufiltern, wie das folgende Beispiel 3-6 zeigt (Quelle: Kotler et al. 2007, S. 328).

Beispiel 3-6: Buying Center für Klinikbedarf

Ein Zulieferer für Klinikbedarf verkauft ein breites Spektrum von Produkten. Für öffentliche Kliniken in Deutschland versucht er ausfindig zu machen, wer an Kaufentscheidungen mitwirkt. Als Mitwirkende werden die Beschaffungsstelle, die Stationsschwester, der Pflegedienstleiter, die Fachärzte und der Chefarzt erkannt.

Jede dieser Parteien spielt eine andere Rolle, je nach dem zu kaufenden Artikel. Bei Verbrauchsmaterial wie Watte, Binden, Injektionsnadeln und Gummihandschuhen bestellt die Stationsschwester mit Genehmigung der Pflegedienstleistung in der Regel ohne Markenbenennung, nur unter dem Gattungsbegriff wie z.B. „Heftpflaster, 1.000 Stück, Größe A". Die Auswahl der Lieferanten und Marken wird in der Beschaffungsabteilung nach dem Niedrigstpreisprinzip getroffen. Hersteller werden leicht gewechselt, eine Rückmeldung an die Hersteller über die Produktzufriedenheit ist nicht vorgesehen.

Medikamente können nur von den Fachärzten angefordert werden, im Regelfall von einer vorgegebenen Markenliste der Beschaffungsabteilung. Eine Abweichung von diesen Marken ist nur auf begründeten Antrag hin möglich. Einmalige, systemverändernde Beschaffungen und Artikel hohen Werts müssen über den Chefarzt laufen und werden in der Regel durch Einholen mehrerer Angebote preislich und leistungsmäßig überprüft.

Ein zweiter weit verbreiteter Ansatz ist das **Promotorenmodell** von Witte (1973). In diesem Ansatz wird danach unterschieden, ob die auf einen Kaufprozess Einfluss nehmenden Personen Fachkompetenz, Machtkompetenz oder beides besitzen. So finden sich entsprechend **Fachpromotoren**, die sich durch spezifisches Fachwissen auszeichnen, und **Machtpromotoren**, die vor allem formalen Einfluss haben (insbesondere auf Grund ihrer hierarchischen Stellung). Derartige Promotoren spielen vor allem dann eine wichtige Rolle, wenn es um die Beschaffung **innovativer Leistungen** geht, denn in diesen Fällen finden sich in der Unternehmung häufig Opponenten (Klöter 1997), die entsprechenden Beschaffungsvorhaben ablehnend gegenüber stehen, wobei wiederum **Fach-** und **Machtopponenten** unterschieden werden können. Diese bringen Einwände gegen die geplante Beschaffungsmaßnahme ins Spiel, die technologischer, ökonomischer oder auch ökologischer Art sein können (Fließ 2000):

▪ **Technologische Argumente** können sich z.B. auf die Funktionsfähigkeit des Beschaffungsgutes, gegen den (zu frühen) Zeitpunkt der Beschaffung oder gegen die Kompatibilität des Beschaffungsgutes mit der bestehenden Ausstattung richten.

▪ **Ökonomische Argumente** kritisieren das Verhältnis zwischen Kosten und Nutzen der geplanten Anschaffung, indem der Nutzen angezweifelt, das mit dem Kauf verbundene Risiko herausgestellt oder auch denkbare Folgekosten (z.B. für Reparaturen) betont werden.

▪ **Ökologische Argumente** beschäftigen sich vor allem mit der schwierigen Prognostizierbarkeit von Technikfolgen und mit den hohen Gefährdungspotenzialen mancher Innovationen.

Opponentenverhalten kann dabei auf Fähigkeits- ebenso wie auf Willensbarrieren beruhen. Oft sind es aber auch die Unentschlossenen, die sich noch keine feste Meinung gebildet haben, die Beschaffungsvorhaben bremsen. Je nachdem, wie stark sich Promotoren oder Opponenten im Beschaffungsgremium präsentieren, verlaufen Beschaffungsprozesse entweder zügig und reibungslos oder zäh und konfliktreich, wobei auch ein Scheitern möglich ist. Dabei müssen Opponenten keinesfalls ausschließlich negativ gesehen werden, denn häufig sind sie es, die mit dem „warnenden Zeigefinger" übereilte Entscheidungen verhindern und – flankiert durch die Einbringung ihrer Kenntnisse und Erfahrungen – der Unternehmung letztlich mehr nutzen als schaden. In diesem Zusammenhang kommt einer dritten Kategorie von Promotoren und Opponenten eine besondere Rolle zu: den **Prozesspromotoren** und **Prozessopponenten** (Fließ 2000; Hauschildt 2004). Sie nutzen ihre spezifischen Kenntnisse und ihre Position innerhalb der Struktur der Unternehmung dazu, innovative Beschaffungsvorhaben entweder zu forcieren oder zu bremsen, indem sie Verbindungen knüpfen, Informationen streuen und Konflikte positiv oder negativ beeinflussen.

Oft ist es nicht möglich, Promotoren und Opponenten auf den ersten Blick zu identifizieren, da sie ihre Aktivitäten teilweise eher im Hintergrund entfalten. Eine solche Identifikation ist aber insbesondere aus Anbietersicht wichtig, um die entsprechenden Personen situationsgerecht ansprechen zu können. Fließ (2000) schlägt daher die in Tabelle 3-7 aufgeführte Vorgehensweise zur Analyse vor.

Das Beschaffungsgremium kann – wie in Abbildung 3-18 dargestellt – nicht isoliert gesehen werden, sondern bei der Analyse des organisationalen Beschaffungsverhaltens ist auch die Einbindung des Buying Center in die **Gesamtorganisation**, speziell in die Unternehmung, zu beachten. Strategische Zielsetzungen, Unternehmungskultur, Aufbau- und Ablauforganisation, Führungsgrundsätze oder auch die Kommunikationsinfrastruktur seien nur beispielhaft aufgeführt, um die Vielzahl von Faktoren zu dokumentieren, die auf das Beschaffungsverhalten einwirken können. Auf Grund ihres eher Rahmen gebenden Charakters werden sie an dieser Stelle allerdings nicht näher betrachtet.

Schritt	Fragestellung
1	Sind im betrachteten Kaufprozess Barrieren zu erkennen?
2	Um welche Barrieren handelt es sich: Willensbarrieren und/oder Fähigkeitsbarrieren?
3	Welche Personen verkörpern diese Barrieren?
4	Setzen die Personen die Macht ihrer hierarchischen Position ein, um Widerstand zu leisten (Machtopponent)?
5	Setzen die Personen ihr Fachwissen ein, um Widerstand zu leisten (Fachopponent)?
6	Setzen die Personen ihre Prozesskenntnis ein, um Widerstand zu leisten (Prozessopponent)?
7	Welche Formen des Widerstandes zeigen die Opponenten? Dies deutet auf die Stärke des Widerstandes.
8	Gibt es Personen, die sich für die Überwindung der Barrieren stark machen (Promotoren)?
9	Setzen sie ihre hierarchische Macht ein, um Willensbarrieren zu überwinden (Machtpromotoren)?
10	Setzen sie ihr fachliches Wissen ein, um Fähigkeitsbarrieren zu überwinden (Fachpromotoren)?
11	Zeichnen sie sich durch besondere Fähigkeiten der Koordination und Integration während des Kaufprozesses aus (Prozesspromotoren)?
12	Wie bewerten Promotoren und Opponenten die Konsequenzen für die Unternehmung und die eigene Person? Dies deutet auf loyales oder egozentriertes Verhalten.
13	Zusammenfassung: Welche Opponenten- und Promotorenstruktur kennzeichnet den Kaufprozess? Wie effizient wird der Kaufprozess vermutlich verlaufen?

Tabelle 3-7: Analyseschritte nach dem Promotorenmodell (Quelle: Fließ 2000, S. 325)

Schließlich sind im Bereich der Kaufbeteiligten **unternehmungsexterne Organisationen** zu nennen, die gleichfalls eine wichtige Rolle spielen können. Der beratende Ingenieur (Consulting Engineer) als denkbares Mitglied des Buying Centers wurde bereits als Beispiel aufgeführt, aber auch Kooperationspartner, Unternehmungsberater, Finanzpartner des Kunden oder staatliche Organisationen können als mögliche externe Kaufbeteiligte in Frage kommen und sind insofern fallweise in die Analyse organisatorischer Beschaffungsprozesse einzubeziehen.

Ein zweiter in Abbildung 3-18 aufgezeigter Einflussfaktor auf das Kaufverhalten ist die **Kaufklasse** (Robinson/Faris/Wind 1967). Die Kennzeichen der drei Kaufklassen lassen sich gemäß Tabelle 3-8 zusammenfassen.

Neukauf (Erstkauf)	Modifizierter Wiederkauf	Unmodifizierter (reiner) Wiederkauf
– Neues, vorher nicht gegebenes Problem – Oft noch sehr wenig strukturierter Bedarf – Anstoß von außerhalb der Unternehmung oder interne Anregung – Wenige oder keine diesbezügliche Kauferfahrung – Hohes Informationsbedürfnis – Notwendigkeit, alternative Problemlösungen und alternative Anbieter zu suchen – Unregelmäßiges Auftreten – aber von großer Bedeutung für nachgelagerte Entscheidungen	– Bekannte Kaufalternativen, die sich aber geändert haben – Zusätzlicher Informationsbedarf, und zwar auf Grund äußerer Ereignisse oder interner Einflüsse – Der Kaufprozess wird nur teilweise wieder aufgerollt	– Fortlaufender oder wiederholter Bedarf, der auf Routinebasis erledigt wird – Die Entscheidung fällt weitgehend im Einkaufsbereich – Es besteht explizit oder implizit eine Liste der möglichen Lieferanten – Neue Lieferanten werden nicht berücksichtigt – Die Käufer haben Kauferfahrung und benötigen wenig neue Information – Kaufobjekt, Preis, Lieferzeit etc. können in diesem Rahmen durchaus variieren, und zwar von Kauf zu Kauf, bis eine neue Lieferquelle in die Überlegungen aufgenommen wird

Tabelle 3-8: Kennzeichen unterschiedlicher Kaufklassen (Quelle: nach Engelhardt/Günter 1981, S. 53f.)

Der Erst- bzw. Neukauf findet sich in der Praxis eher selten. Zumeist handelt es sich um (un-)modifizierte Wiederkaufprozesse.

	Erkennen des Problems	Identifikation geeigneter Produkte	Suche nach Lieferanten	Entgegennahme von Angeboten	Auftragsvergabe	Kauf	Bewertung
Neukauf	Beginn						Ende
Modifizierter Wiederkauf		Beginn					Ende
Reiner Wiederkauf					Beginn	Ende	

Tabelle 3-9: Das Buygrid-Modell (Quelle: Homburg/Krohmer 2006, S. 91, in Anlehnung an Robinson/Faris/Wind 1967, S. 14ff.)

Als dritter Einflussfaktor nennt Abbildung 3-18 die **Kaufphase**. Derartige Phasenansätze finden sich in der Literatur in unterschiedlicher Form. Der in Abbildung 3-18 zu sehende geht auf Robinson/Faris/Wind (1967) zurück und bedarf keiner weiteren Erläuterung. Werden die Kaufphasen mit den Kaufklassen kombiniert, ergibt sich das so genannte „**Buygrid-Modell**" (siehe Tabelle 3-9), das später in verschiedener Form weiterentwickelt und verfeinert wurde (Quellenangaben bei Homburg/Krohmer 2006).

Dies mag als kurzer Überblick bezüglich einiger wesentlicher Aspekte, die das Beschaffungsverhalten von Organisationen prägen und damit wichtige Marktstrukturmerkmale darstellen, genügen. Viele weiterführende Betrachtungen, die an dieser Stelle grundsätzlich möglich wären, können der (zum Teil zitierten) Spezialliteratur entnommen werden.

3.2.1.1.5 Marktsegmentierung als Ergebnis der Nachfrageranalyse

Die Nachfrager- bzw. Kundenanalyse kann als zentrale Voraussetzung einer marktorientierten Unternehmungsführung angesehen werden. Sie lässt sich wie folgt definieren (Plinke 1995b, Sp. 1329):

Kundenanalyse ist die systematische Sammlung, Ordnung, Verdichtung und Auswertung von Informationen über Kunden und Kundengruppen. Kundenanalyse dient also der Schaffung der informatorischen Basis für das Verhalten von Anbietern gegenüber der kritischen Ressource Kunde mit dem Ziel, die Verfügbarkeit dieser Ressource auf Dauer sicherzustellen.

Zwei Dimensionen der Kundenanalyse sind dabei zu unterscheiden (Plinke 1995b):

- Analyse der **Bedeutung** von Kunden für die Unternehmung;
- Analyse der **Geschäftsprozesse** der Kunden.

Während der erstgenannte Aspekt für alle Märkte gilt, stellt der zweitgenannte eine investitionsgüterspezifische Ergänzung dar.

An anderer Stelle werden Leitfragen der Kundenanalyse zu einem so genannten „Paradigma des Kaufverhaltens" zusammengefasst (Meffert 2000, S. 98):

- Wer kauft?   → Kaufakteure, Träger der Kaufentscheidung
- Was?   → Kaufobjekte
- Warum?   → Kaufmotive
- Wie?   → Kaufentscheidungsprozesse, Kaufpraktiken
- Wieviel?   → Kaufmenge
- Wann und wie oft?   → Kaufzeitpunkt, Kaufhäufigkeit
- Wo bzw. bei wem?   → Einkaufsstätten-, Lieferantenwahl

Zu beiden Dimensionen bzw. zu allen Fragen enthält der vorliegende Abschnitt 3.2 eine Reihe von Aussagen. Insbesondere zur Analyse der Geschäftsprozesse wird Abschnitt 3.3 jedoch noch einige Ergänzungen liefern. Dennoch erscheint es hier zweckmäßig, bereits auf ein Themenfeld einzugehen, dem im Rahmen der marktorientierten Unternehmungsführung eine zentrale Bedeutung zukommt und das auf das Engste mit der Nachfrageanalyse verknüpft ist, da deren Informationen dringend benötigt werden: die Marktsegmentierung. Die folgende Definition sei dabei zu Grunde gelegt (in Anlehnung an Engelhardt/Günter 1981, S. 87; Kleinaltenkamp 2002b, S. 193):

Marktsegmentierung

- ■ ist die Zerlegung eines gegebenen oder gedachten Marktes in Teilmärkte (Marktsegmente) mit Abnehmergruppen, die homogener als der Gesamtmarkt auf bestimmte absatzpolitische Aktivitäten reagieren (**Informationsaspekt**),
- ■ anschließender Auswahl der zu bearbeitenden Marktsegmente (**Entscheidungsaspekt**)
- ■ sowie die Ausrichtung des Marketing-Mix auf die Marktsegmente (**Aktionsaspekt**).

Die Behandlung des Aktionsaspekts erfolgt primär in Kapitel 5. Informations- und Entscheidungsaspekt jedoch können als integraler Bestandteil der Nachfrageranalyse angesehen werden und sind daher folgerichtig im vorliegenden Abschnitt näher zu thematisieren.

Grundsätzlich dient die Marktsegmentierung verschiedenen Zwecken, von denen nachfolgend die wichtigsten genannt sind (Freter 1995, Sp. 1805):

- ■ Marktidentifizierung (Marktabgrenzung, d.h. Abgrenzung des relevanten Gesamtmarktes, Bestimmung der relevanten Teilmärkte, Auffinden vernachlässigter Teilmärkte),
- ■ bessere Befriedigung der Bedürfnisse der Kunden,
- ■ Erzielung von Wettbewerbsvorteilen,
- ■ Vermeidung von Substitutionseffekten zwischen den Marken im eigenen Sortiment,
- ■ rechtzeitige Beurteilung von Neueinführungen der Konkurrenten und rechtzeitiges Ergreifen von Gegenmaßnahmen,
- ■ Präzisierung der Zielgruppen eingeführter Marken,
- ■ fundierte Prognose der (segmentspezifischen) Marktentwicklung,
- ■ exaktere Ableitung von Marktreaktionsfunktionen,
- ■ gezielter Einsatz der Marketing-Instrumente,
- ■ optimale Allokation des Marketing-Budgets auf die einzelnen Segmente,
- ■ Erhöhung der Zielerreichungsgrade.

Die Marktsegmentierung dient damit vor allem einer exakteren Abstimmung der betrieblichen Aktivitäten auf die Gegebenheiten des Marktes und damit der Sicherstellung der Wettbewerbsfähigkeit der Unternehmung.

Eine erfolgreiche Marktsegmentierung bedarf eines systematischen Vorgehens, denn Fehler können zu gravierenden Fehlsteuerungseffekten führen. Die folgenden **Schritte der Marktsegmentierung** sollten daher beachtet werden:

1. Abgrenzung des relevanten Marktes,
2. Prüfung des Käuferverhaltens auf dem relevanten Markt,
3. Bestimmung der Segmentierungskriterien,
4. Bewertung der Segmente,
5. Auswahl der Segmente,

6. Ausrichtung der Marketing-Maßnahmen auf die Segmente,
7. Kontrolle des Erfolgs und eventuell Korrektur der Segmente.

Die **Abgrenzung des relevanten Marktes** wurde bereits in Abschnitt 3.1.2 behandelt und wird an dieser Stelle noch einmal hinsichtlich ihrer Bedeutung hervorgehoben. Die **Prüfung des Käuferverhaltens** bezieht sich auf die Frage, inwieweit die Käufer homogen oder heterogen auf die durch den Anbieter entfalteten oder geplanten Marktbearbeitungsaktivitäten reagieren: Reagieren alle Nachfrager z.B. auf eine Werbekampagne, auf ein neues Produkt oder eine Preiserhöhung annähernd gleich (homogen), erübrigt sich eine Marktsegmentierung, denn ein gezieltes Eingehen auf einzelne Kundengruppen wäre weitgehend wirkungslos. Es geht nur darum, einmal „die richtige" Kundenansprache zu finden, denn diese erreicht dann alle relevanten Nachfrager. Reagieren die Käufer hingegen unterschiedlich (heterogen), so wird eine segmentierte Marktbearbeitung interessant, denn dann besteht offenbar die Möglichkeit, für bestimmte Kundengruppen gezielte Kaufanreize zu setzen. In diesem Fall stellt sich dann im nächsten Schritt die Frage, mit Hilfe welcher **Segmentierungskriterien** die Kunden so in Gruppen aufgeteilt werden können, dass das Verhalten innerhalb der Gruppe möglichst homogen, das Verhalten zwischen den Gruppen dagegen so weit wie möglich heterogen ist. Hierin liegt der wohl schwierigste Schritt der Marktsegmentierung, bei dem auch in der Praxis die meisten Fehler gemacht werden. Die Käufer beispielsweise nach dem Alter zu segmentieren, macht keinen Sinn, wenn das Alter keine Rolle für das Nachfrageverhalten spielt – im Gegenteil: Wenn die „Alten" sich als solche ungerechtfertigter Weise eingestuft fühlen, kann dies sogar durchaus negative Auswirkungen auf den Erfolg der segmentierenden Unternehmung haben, da bestimmte Zielgruppen verärgert werden und abwandern. Grundsätzlich sollten daher bei der Auswahl der Segmentierungskriterien unbedingt die folgenden Anforderungen beachtet werden (Freter 1995; Homburg/Krohmer 2006; Meffert 2000):

- **Verhaltensrelevanz**: Die Kriterien sollten sicherstellen, dass zwischen den Segmenten spürbare Unterschiede im Kaufverhalten zu beobachten sind.

- **Ansprechbarkeit**: Die Kunden in den einzelnen Segmenten müssen im Rahmen der absatzpolitischen Aktivitäten erreichbar sein.

- **Trennschärfe**: Die Kriterien sollen dafür sorgen, dass die einzelnen Segmente deutlich voneinander getrennt werden können.

- **Messbarkeit**: Die Kriterien der Segmentierung sollten operational und möglichst gut messbar sein.

- **Zeitliche Stabilität**: Wünschenswert ist, dass mit den Kriterien zeitlich möglichst stabile Segmente gebildet werden können, die nicht einer fortlaufenden Modifikation infolge veränderter Marktbedingungen bedürfen.

▪ **Wirtschaftlichkeit**: Die Kriterien sollen sicherstellen, dass die Erfassung und Bearbeitung der Segmente mit ökonomisch vertretbarem Aufwand möglich ist, so dass der Nutzen der Segmentierung deren Kosten übersteigt.

Beispiele		Merkmale der Zielpersonen	
		Allgemeine Merkmale	Kaufspezifische Merkmale
Erfassung der Merkmale	Direkt beobachtbare Einzelmerkmale	– Demografische Merkmale (Alter, Geschlecht, Familienstand, geografische Merkmale usw.) – Sozioökonomische Merkmale (Einkommen, Beruf, Schulbildung, Religion, soziale Schicht usw.)	– Abnahmemenge bzw. -häufigkeit – Verwendungszweck – Marken-, Lieferanten- und Ladentreue – Reaktionsbereitschaft auf Marketing-Instrumente und gleichförmiges Verhalten in bestimmten Kaufsituationen ohne erkennbare andere Strukturmerkmale
	Ableitbare komplexe Merkmale	– Persönlichkeitsmerkmale (Risikoneigung, Entscheidungsfreudigkeit, Selbstvertrauen usw.) – Life-Style	– Kaufmotive – Erwartungen gegenüber einem Produkt bzw. Lieferanten – Einstellungen gegenüber einem Produkt bzw. Lieferanten – Präferenzen

Tabelle 3-10: Marktsegmentierungskriterien im Konsumgüterbereich (Quelle: Hammann et al. 2001, S. 92, nach Frank et al. 1972, S. 27)

Vor diesem Hintergrund kann eine nahezu unüberschaubare Vielzahl von Kriterien generell in Frage kommen; jedes Kriterium, das eingesetzt werden soll, ist aber stets anhand der genannten Anforderungen zu überprüfen, denn häufig sind es nicht die besonders leicht zugänglichen Merkmale (z.B. Alter, Geschlecht, Wohnort), die tatsächlich prägend für das Kaufverhalten und damit segmentierungsadäquat sind. Für Investitionsgütermärkte werden dabei angesichts der Besonderheiten des organisationalen Beschaffungsverhaltens zum Teil andere Kriterien vorgeschlagen als für Konsumgütermärkte. Die Tabelle 3-10 und 3-11 liefern Beispiele für beide Markttypen (siehe ergänzend z.B. Kotler et al. 2007; Homburg/Krohmer 2006).

Tabelle 3-11 zeigt, dass in Investitionsgütermärkten zwischen Kriterien, die sich auf die gesamte Organisation bzw. die Unternehmung beziehen, zum einen und Kriterien, die sich auf die einzelnen Mitglieder des Buying Centers beziehen, zum anderen unterschieden wird. Dies entspricht einem Vorgehen, das in der Literatur auch als **zwei-**

stufige Marktsegmentierung bezeichnet wird und bei dem einer **Makrosegmentierung** auf Unternehmungsebene eine **Mikrosegmentierung** auf Buying-Center-Ebene folgen kann (siehe Abbildung 3-19). Die Mikrosegmentierung wird demgemäß allerdings nur erforderlich, wenn die Makrosegmente nicht schon in sich homogenes Nachfrageverhalten zeigen.

Erfassung der Merkmale	Merkmale der Nachfragerorganisation	
	Allgemeine Merkmale	Kaufspezifische Merkmale
Direkt beobachtbar	Organisationsbezogene Merkmale: Unternehmungsgröße, Organisationsstruktur, Standort, Betriebsform, Finanzrestriktionen u.a.	Organisationsbezogene Merkmale: Abnahmemenge bzw. -häufigkeit, Wertschöpfungsprozesse, Anwendungsbereich der nachgefragten Leistung, Neu-/ Wiederholungskauf, Marken-/ Lieferantentreue, Verwenderbranche/Letztverwendersektor
	Buying-Center-bezogene Merkmale: demografische und sozioökonomische Merkmale der Buying-Center-Mitglieder (z.B. Ausbildung, Beruf, Alter, Stellung in der Unternehmung)	Buying-Center-bezogene Merkmale: Größe und Struktur des Buying Centers
Indirekt beobachtbar/ abgeleitet	Organisationsbezogene Merkmale: Unternehmungsphilosophie, Zielsystem der Unternehmung	Organisationsbezogene Merkmale: organisatorische Beschaffungsregeln
	Buying-Center-bezogene Merkmale: Persönlichkeitsmerkmale der Buying-Center-Mitglieder (z.B. Know-how, Risikoneigung, Entscheidungsfreudigkeit, Selbstvertrauen, Life-Style der Buying-Center-Mitglieder)	Buying-Center-bezogene Merkmale: Kaufmotive, individuelle Zielsysteme, Anforderungsprofile, Entscheidungsregeln der Kaufbeteiligten, Kaufbedeutung in der Einschätzung der Kaufbeteiligten, Einstellungen/Erwartungen gegenüber Produkt/Lieferanten, Präferenzen

Tabelle 3-11: Marktsegmentierungskriterien im Investitionsgüterbereich (Quelle: Kleinaltenkamp 2002b, S. 195, in Anlehnung an Frank et al. 1972, S. 27; Engelhardt 1995b, Sp. 1063f.)

Abbildung 3-19: Ablaufschema der zweistufigen Marktsegmentierung (Quelle: Engelhardt/ Günter 1981, S. 91; Übersetzung des Originals von Wind/Cardozo 1974, S. 156)

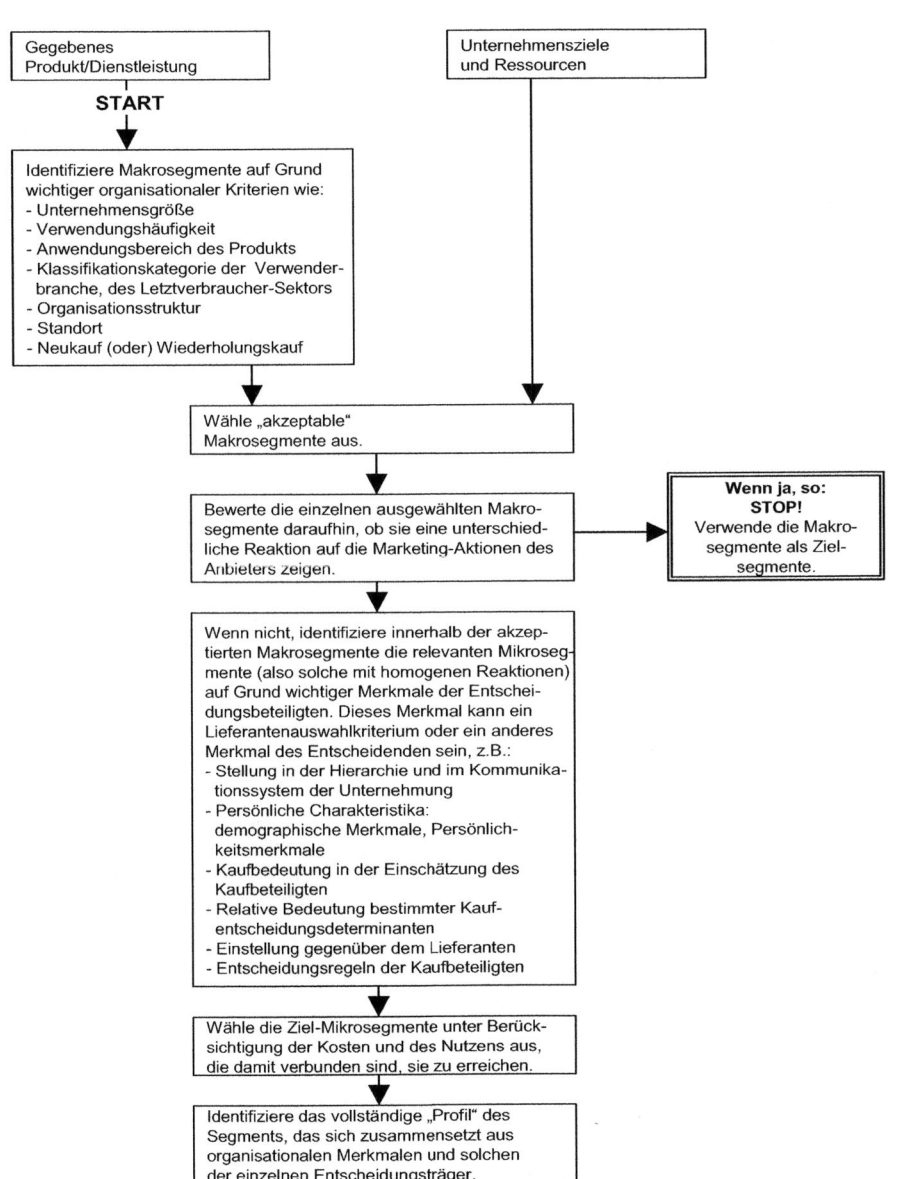

Unabhängig von den betrachteten Fällen wird man häufig feststellen, dass die Segmentierung anhand nur eines einzelnen Kriteriums zu grob ist. Dies kann – auf Abbildung 3-19 übertragen – bedeuten, dass bei der Makro- und bei der Mikrosegmentierung mehrere Kriterien herangezogen werden, mit denen die Segmentierung immer weiter verfeinert wird. Beispiel 3-7 zeigt dies (Kotler et al. 2007, S. 382).

Beispiel 3-7: Marktsegmentierung durch einen Aluminiumhersteller

Ein Aluminiumhersteller führte zunächst eine aus drei Schritten bestehende Makrosegmentierung durch. Er betrachtete die Endverbrauchermärkte, die er bearbeiten wollte: Automobile, Wohnungsbau und Getränkeindustrie. Er entschied sich für den Wohnungsbau und ermittelte die attraktivste Anwendung für sein Produkt: Halbfabrikate, Bauteile oder Wintergärten. Die Unternehmung entschied sich für Bauteile und legte als nächstes die Kundengröße fest: Es wählte die Großkunden.

Als zweiten Schritt nahm der Aluminiumproduzent eine Mikrosegmentierung innerhalb des Marktes für Aluminiumbauteile für Großkunden vor. Die Unternehmung ermittelte drei Kundengruppen: die preisbewussten, die servicebewussten und die qualitätsbewussten Kunden. Da sich die Unternehmung über ihre guten Kundendienstleistungen profilierte, entschied sie sich für das Marktsegment, das besonderen Wert auf Service legte.

An die unter Nutzung geeigneter Kriterien erfolgte Segmentbildung schließt sich – wie im Beispiel – die **Bewertung der einzelnen Segmente** an, um darauf aufbauend zu einer **Auswahl der zu bearbeitenden Segmente** zu gelangen. Für diese beiden Schritte bedarf es geeigneter Bewertungsmaßstäbe, die gleichzeitig auch als Auswahlkriterien dienen können. Eine Orientierung allein an quantitativen Größen reicht dabei meistens nicht aus; vielmehr sind auch qualitative Aspekte zu berücksichtigen. Einige typische Kriterien sind in Tabelle 3-12 zusammengefasst.

Quantitative Kriterien	Qualitative Kriterien
– Segmentvolumina und -potenziale hinsichtlich Menge und Wert – Erreichbare segmentbezogene Marktanteile – Erzielbare Preisniveaus – Anfragehäufigkeit und Anfragenumfang – Für die Erschließung und Erhaltung von Marktsegmenten notwendige segmentspezifische Kosten – Erwartete segmentspezifische Erfolgssituation als Gewinn- oder Deckungsbeitragsgröße (Ermittlung auf Basis der Absatzsegmentrechnung; Köhler 1993)	– Segmentspezifische Entwicklungstendenzen in Bezug auf Nachfrage, Wettbewerb und Umfeld (Technologie, Gesamtwirtschaft, Ökologie, gesellschaftliche Entwicklungen, rechtliche Tendenzen) – Grad der gegebenen und/oder erreichbaren Kundenbindung – Innerbetriebliche und markt(-segment-)bezogene Synergieeffekte – Segmentspezifische Wettbewerbsvorteile

Tabelle 3-12: Bewertungskriterien für Marktsegmente (Quelle: in Anlehnung an Kleinaltenkamp 2002b, S. 216f.)

Oft werden mehrere Kriterien miteinander kombiniert, um eine möglichst breite Entscheidungsbasis zu erhalten. Dies kann z.B. in Form so genannter **Kunden- oder Geschäftsbeziehungsportfolios** erfolgen. Ein entsprechendes Beispiel aus dem Business-to-Business-Bereich zeigt Abbildung 3-20.

Abbildung 3-20: Geschäftsbeziehungsportfolio (Quelle: Plinke 1989, S. 316)

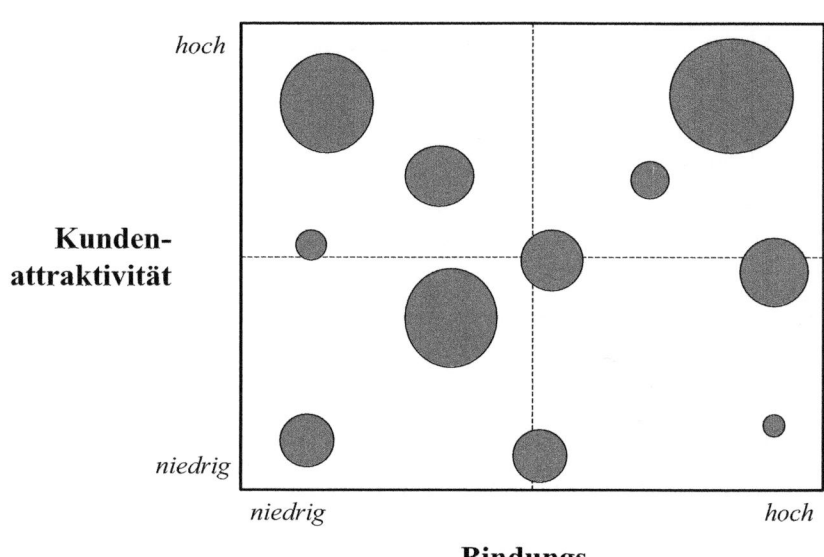

Zur Erläuterung (Kleinaltenkamp 2002a):

■ Die **Kundenattraktivität** umfasst alle zukünftigen Erfolgswirkungen, die in einer Geschäftsbeziehung zu einem Kunden erzielt werden können. Dies sind neben dem ökonomischen Erfolg (Gewinn bzw. Deckungsbeitrag) auch Aspekte wie Know-how-Gewinn, Reputationsaufbau oder die Nutzbarkeit der Beziehung als Referenz gegenüber anderen potenziellen Kunden.

■ Mit dem **Bindungspotenzial** werden alle bestehenden und aufbaufähigen Möglichkeiten abgebildet, einen Kunden bezüglich seiner Kaufentscheidungen an die eigene Unternehmung zu binden. Dabei kann es sich um technologische Bindungen handeln (z.B. Notwendigkeit der Verwendung herstellerspezifischer Ersatzteile), aber auch um vertragliche (z.B. langfristige Rahmenverträge), psychologische (z.B. persönliche Beziehungen, Vertrauenseffekte) oder institutionelle Bindungen (z.B. Kapitalbeteiligungen).

Je höher die Attraktivität und je stärker das Bindungspotenzial der einem Segment zu-zurechnenden Kunden ist, desto eher wird sich eine segmentspezifische Vorgehens-weise, verbunden mit den entsprechenden Investitionen, für den Anbieter lohnen. Allerdings ist zu beachten, dass die Anwendung derartiger Konzepte durchaus nicht unproblematisch ist, da z.B. die Abschätzung der Kundenattraktivität mit Prognose- und Bewertungsproblemen verbunden ist. Die Bindungseffekte müssen zudem nicht von Dauer sein und können sich durch technische oder gesellschaftliche Entwick-lungen verändern. Daher können Portfolios zwar als Entscheidungshilfe dienen, soll-ten aber das analytische Vorgehen des Entscheidungsträgers niemals ersetzen.

Die **Auswahl der zu bearbeitenden Marktsegmente** bedarf einer Entscheidung auf zwei Ebenen (zu Einzelheiten vgl. Abschnitt 5.4.2.2):

- **Grad der Marktabdeckung**: Sollen alle identifizierten Marktsegmente oder nur ein Teil derselben abgedeckt werden?

- **Art der Marktbearbeitung**: Sollen alle ausgewählten Segmente mit einer ein-heitlichen Strategie oder mit segmentspezifischen Strategien bearbeitet werden?

Vorteile der Marktsegmentierung	Nachteile der Marktsegmentierung
– Spezielle Präferenzwirkungen können aus-genutzt werden. – Das Absatzpotenzial kann stabilisiert wer-den. – Der autonome Bereich der Preispolitik kann vergrößert werden. – Erlösverbesserungen können erreicht wer-den. – Streuverluste der Werbung können vermie-den werden. – Die Gefahr des Eindringens von Konkurren-ten in ein spezielles Marktsegment ist gerin-ger als auf dem Gesamtmarkt.	– Marktsegmentierung kann sehr teuer wer-den (Segmentierungs- und Marktbearbei-tungskosten). – Marktsegmentierung kann zu höherer Infle-xibilität der Produktionsfaktoren führen (Herstellung von Spezialprodukten). – Einzelne Marktsegmente können evtl. wirt-schaftlich nicht tragfähig sein. – Ständige Beobachtung der Teilmärkte ist notwendig, da sich die Segmente im Zeitab-lauf verschieben und sich spezifische Be-dürfnisse einer einzelnen Abnehmergruppe schneller ändern können als die Bedürfnisse des Gesamtmarktes. – Das Risiko des Verlustes eines speziellen Marktsegmentes beim Eindringen eines Konkurrenten ist größer als beim Gesamt-markt.

Tabelle 3-13: Vor- und Nachteile der Marktsegmentierung

Aufbauend auf dieser grundlegenden Entscheidung kann die konkrete **Ausrichtung der Marketing-Maßnahmen auf die einzelnen Segmente** erfolgen (siehe Kapitel 5). Die **Kontrolle und gegebenenfalls Korrektur** der einmal getroffenen Segmentierungs-entscheidungen stellt den letzten Schritt der Marktsegmentierung dar, dokumentiert aber gleichzeitig deren kontinuierlich-dynamischen Charakter, der keine Einmal-entscheidung für die Zukunft darstellt, sondern stets bezüglich Zusammensetzung der

Segmente sowie Umfang und Art der Segmentbearbeitung weiterzuführen ist. Gerade diese **dynamische Segmentierung** wird in der Praxis oft unvollkommen betrieben.

Zum Abschluss dieses Abschnitts sind in Tabelle 3-13 zusammenfassend die wesentlichen Vor- und Nachteile der Marktsegmentierung aufgeführt.

3.2.1.2 Wettbewerb und Konkurrenz aus einzelwirtschaftlicher Sicht

3.2.1.2.1 Wettbewerb und seine Bestimmungsfaktoren

Eine zweite wichtige Gruppe von Marktstrukturmerkmalen ergibt sich aus der Betrachtung der in Märkten bestehenden Wettbewerbsbeziehungen. Bevor diese Merkmale im Einzelnen analysiert werden können, bedarf es zunächst einer Klärung des Begriffs des **Wettbewerbs**, denn auch für diesen finden sich in der Literatur verschiedene Fassungen:

1. In einem **allgemeinen Sinne** kann Wettbewerb als Prozess der Auswahl von Objekten zwischen Alternativen nach dem Kriterium der Eignung des ausgewählten Objekts für die jeweilige Umgebung verstanden werden (von Weizsäcker 1995). Dieser Wettbewerbsbegriff ist so abstrakt, dass er grundsätzlich auch auf Phänomene außerhalb des wirtschaftlichen Bereichs angewendet werden kann, und bedarf daher einer Konkretisierung.

2. Von Hayek (1937) hat den Begriff vom „**Wettbewerb als Entdeckungsverfahren**" geprägt: Demnach stellt Wettbewerb ein Verfahren zur Entdeckung immer besserer Gelegenheiten zur Befriedigung der Marktgegenseite dar. Da dieser Begriff auf den Aspekt der Bedürfnisbefriedigung abstellt, wird seine ökonomische Prägung unmittelbar deutlich.

3. Engt man dieses Verständnis weiter im Hinblick auf den **einzelwirtschaftlichen Kontext** ein, so „bedeutet Wettbewerb marktbezogenes Verhalten, nämlich das Ringen der Anbieter um die Gunst der Kunden bzw. um alle knappen Ressourcen, durch welche die Gunst der Kunden besser erreicht werden kann" (Diller 2001a, S. 1903). Insofern streben Unternehmungen als anbietende Institutionen danach, den Anforderungen der Abnehmer besser gerecht zu werden als andere Anbieter und auf diese Weise in den Augen der Kunden **Wettbewerbsvorteile** zu erzielen. Ein solcher kundenbezogener Wettbewerbsvorteil (Kundenvorteil) ist dadurch gekennzeichnet, dass die betreffende Leistungseigenschaft aus Sicht des Kunden wahrnehmbar und relevant und der Leistungsunterschied gegenüber den Wettbewerbern zudem dauerhaft ist (Simon 1988).

Allen drei Begriffen gemeinsam ist die Sichtweise des Wettbewerbs als Phänomen mit einem **dynamischen Charakter**: Beschreibungen bestehender Wettbewerbskonstellationen stellen insofern immer nur Momentaufnahmen dar, denn die Unternehmungen setzen ihre Aktionsparameter ein, um sich im Wettbewerb zu behaupten und ihre Wettbewerbsposition möglichst zu verbessern. Damit ihnen dies gelingt, benötigen sie eine entsprechende **Wettbewerbsfähigkeit**. Diese äußert sich nämlich in den Möglichkeiten einer Unternehmung zur Erzielung von Wettbewerbsvorteilen (ausführlich Reckenfelderbäumer 2001).

Als die beiden grundlegendsten Gestaltungsparameter im Wettbewerb stehen den Unternehmungen das **Leistungsbündel** (Zusammensetzung, Umfang, Qualität) sowie der **Preis** zur Verfügung. Mit Hilfe dieser beiden Dimensionen lässt sich eine erste relativ allgemeine Systematisierung von Formen des Wettbewerbs vornehmen (Tabelle 3-14).

		Preise der Anbieter	
		Identisch	Nicht identisch
Leistungsbündel der Anbieter	Identisch	„Homogener Wettbewerb"	Preiswettbewerb
	Nicht identisch	Leistungswettbewerb	Preis- und Leistungswettbewerb (heterogener Wettbewerb)

Tabelle 3-14: Formen des Wettbewerbs (Quelle: Busse von Colbe et al. 1992, S. 12)

Bei identischen Preisen und Leistungsbündeln kann von Wettbewerb im Grunde keine Rede mehr sein, weil die Konkurrenten sich gegenseitig vollständig neutralisieren. Anders gesehen lässt sich diese Form als vollkommener Wettbewerb interpretieren. Dieser Fall ist jedoch allenfalls theoretisch denkbar, denn minimale Unterschiede zumindest im Hinblick auf die Leistungsbündel werden sich in der Praxis immer finden. Selbst in Märkten, in denen die Leistungsbündel auf den ersten Blick relativ homogen sind (z.B. Tankstellenmarkt), finden sich wenigstens im Bereich der Nebenleistungen gewisse Unterschiede, die ursächlich für Wettbewerbsvor- oder -nachteile sein können (z.B. Standort, Freundlichkeit des Personals).

Da die Struktur eines Marktes ganz wesentlich nicht nur durch die **Art des Wettbewerbs** (siehe Tabelle 3-14), sondern auch durch dessen **Intensität** mitbestimmt wird, ist es erforderlich, die Bestimmungsfaktoren des Wettbewerbs einer näheren Betrachtung zu unterziehen. Wesentliche Impulse liefern hierbei Erklärungsansätze der **Industrieökonomik**, die insbesondere von Michael E. Porter zu Beginn der 1980er Jahre auf betriebswirtschaftliche Fragestellungen übertragen wurden (Porter 1999; 2000). Porter systematisiert im Rahmen seiner **Branchenstrukturanalyse** die zentralen Einflussgrößen auf die Wettbewerbsintensität in einer Branche, d.h. eines mit Hilfe technisch-funktionaler Merkmale abgegrenzten Wirtschaftszweigs, mit Hilfe von fünf „Triebkräften" („Driving Forces") (siehe Abbildung 3-21).

Abbildung 3-21: Die Triebkräfte des Branchenwettbewerbs (Quelle: Porter 1999, S. 34)

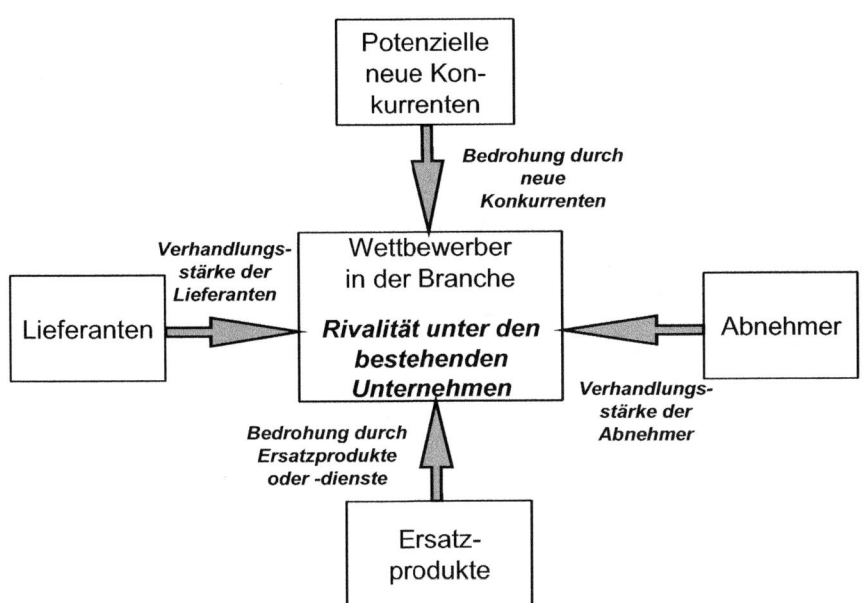

Dem Ansatz von Porter liegt das industrieökonomische **Structure-Conduct-Performance-Paradigma** (Tirole 1998) zu Grunde, nach dem sich die Strukturmerkmale einer Branche auf das strategische Verhalten der Unternehmungen im Markt auswirken und dieses Verhalten wiederum über den Unternehmungserfolg bestimmt (siehe auch Abschnitt 1.4.1.4). Je nachdem, wie sich die angesprochenen Triebkräfte im Einzelfall darstellen, kann eine Branche für bestimmte Unternehmungen damit mehr oder weniger attraktiv sein. Die in Abbildung 3-21 dargestellten Wettbewerbskräfte können sich dabei in jeder Branche unterschiedlich stark äußern und in verschiedenem Maße bedeutsam sein, denn jede Branche hat ihre eigenen Strukturen. Zur Konkretisierung der fünf Kräfte nennt Porter (2000, S. 32) die folgenden wichtigsten **Elemente der Branchenstruktur** (zur Erläuterung ausführlich auch Porter 1999), die an dieser Stelle aus Gründen der Vollständigkeit aufgeführt werden, obwohl die eine oder andere Erklärung zum sachlichen Hintergrund der genannten Aspekte erst im weiteren Verlauf des Lehrbuchs zu finden sein wird:

▪ **Determinanten der Rivalität der bestehenden Wettbewerber in der Branche:** Branchenwachstum, Fix- (oder Lager-)Kosten/Wertschöpfung, Phasen der Überkapazität, Produktunterschiede, Markenidentität, Umstellungskosten, Konzentration und Gleichgewicht, komplexe Informationslage, heterogene Konkurrenten, strategische Unternehmensinteressen, Austrittsbarrieren.

- **Eintrittsbarrieren als Determinanten der Bedrohung durch neue Anbieter**: Economies of Scale, produktbezogene Alleinstellungsmerkmale, Markenidentität, Umstellungskosten, Kapitalbedarf, Zugang zur Distribution, absolute Kostenvorteile (unternehmensinterne Lernkurve, Zugang zu erforderlichen Inputs, unternehmenseigene kostengünstige Produktgestaltung), staatliche Politik, zu erwartende Vergeltungsmaßnahmen.

- **Determinanten der Verhandlungsstärke der Lieferanten (Lieferantenmacht)**: Differenzierung der Inputs, Umstellungskosten der Lieferanten und Unternehmungen der Branche, Ersatz-Inputs, Lieferantenkonzentration, Bedeutung des Auftragsvolumens für Lieferanten, Kosten im Verhältnis zu den Gesamtumsätzen der Branche, Einfluss der Inputs auf Kosten oder Differenzierung, Gefahr der Vorwärtsintegration im Vergleich zur Gefahr der Rückwärtsintegration durch Unternehmen der Branche.

- **Determinanten der Bedrohung durch Ersatzprodukte oder -dienstleistungen (Substitutionsgefahr)**: Relative Preisleistung der Ersatzprodukte, Umstellungskosten, Substitutionsneigung der Abnehmer.

- **Determinanten der Abnehmerstärke (Verhandlungsstärke)**: Verhandlungsmacht (Abnehmerkonzentration gegen Unternehmenskonzentration, Abnehmervolumen, Umstellungskosten der Abnehmer im Vergleich zu denen des Unternehmens, Informationsstand der Abnehmer, Fähigkeit zur Rückwärtsintegration, Ersatzprodukte, Durchhaltevermögen), Preisempfindlichkeit (Preis/Gesamtumsätze, Produktunterschiede, Markenidentität, Einfluss auf Qualität/Leistung, Abnehmergewinne, Anreize durch Entscheidungsträger).

Die Analyse dieser Wettbewerbskräfte ermöglicht es einer Unternehmung, sich über die Möglichkeiten und Grenzen der eigenen Geschäftstätigkeit klar zu werden. Die inhaltliche Breite der von Porter herausgearbeiteten Wettbewerbskräfte macht deutlich, dass eine **Wettbewerbsanalyse** mehr umfassen muss als eine Analyse der Konkurrenten: Bedeutsam sind eben insbesondere auch die Wettbewerbseinflüsse der Lieferanten und der Abnehmer in der Branche. So lässt sich die Wettbewerbsanalyse in einem umfassenden Sinne auch wie folgt definieren (Görgen 1995, Sp. 2717f.):

Wettbewerbsanalyse ist die „zielorientierte und systematische Erhebung, Sammlung, Aufbereitung, Bewertung und Interpretation interner und externer Daten über die derzeitige und zukünftige Wettbewerbssituation des Unternehmens sowie der wettbewerbsbeeinflussenden Faktoren zum Zwecke der Entscheidungsunterstützung im Marketing und in der Unternehmensführung".

Diese Definition macht zudem deutlich, dass die Wettbewerbsanalyse sich nicht nur auf die Gegenwart beziehen darf, sondern auch die zukünftige Wettbewerbssituation umfassen sollte. Eine dynamisierte Wettbewerbsbetrachtung findet sich z.B. im Modell des Hyperwettbewerbs von D´Aveni (1994). Etwas plakativ ausgedrückt lässt sich

Wettbewerb daher auch als „Wettlauf um die Zukunft" interpretieren. Hamel/Prahalad (1995) unterscheiden dabei in ihrem gleichnamigen Werk drei Phasen, in denen sich dieser **Wettlauf um die Zukunft** vollzieht: der Wettbewerb um industriellen Vorausblick und intellektuelle Führung, der Wettbewerb um Verkürzung des Transformationsweges und der Wettbewerb um Marktposition und Marktanteil.

Intellektuelle Führung	Management der Transformationsschritte	Wettbewerb um Marktanteile
– Vorausblick auf die Zukunft der Industrie durch sorgfältige Erforschung der Antriebsfaktoren der Industrie – Entwicklung einer kreativen Vorstellung hinsichtlich der möglichen Entwicklung von Funktionen, Kernkompetenzen, Kundenschnittstellen – Zusammenfassung dieser Vorstellung in einer „strategischen Architektur"	– Präventiver Aufbau von Kernkompetenzen, Entwicklung alternativer Produktkonzepte und Neugestaltung der Kundenschnittstelle – Aufbau und Führung des notwendigen Bündnisses von Mitanbietern – Abdrängen der Konkurrenten auf teurere Transformationspfade	– Aufbau eines weltweiten Zuliefernetzes – Ausarbeitung einer geeigneten Strategie zur Marktpositionierung – Konkurrenten in entscheidenden Märkten zuvorkommen – Maximierung von Effizienz und Produktivität – Management der Wettbewerbsinteraktion

Tabelle 3-15: Die drei Phasen des Wettlaufs um die Zukunft (Quelle: Hamel/Prahalad 1995, S. 86)

Das Phasenmodell von Hamel und Prahalad ist vor dem Hintergrund des kompetenzbasierten Ansatzes entstanden, der in Abschnitt 2.3.4 bereits ausführlicher dargestellt worden ist und in Abschnitt 4.2.7 erneut zur Diskussion steht. In der ersten Phase des Wettbewerbs um intellektuelle Führung geht es gemäß Tabelle 3-15 darum, durch vorausschauendes, unternehmerisches Verhalten die Zukunft vorauszudenken und dabei wichtige Entwicklungen auf Nachfrager- und Anbieterseite zu identifizieren. Dieser gedankliche Schritt löst sich bewusst aus den Gegebenheiten der Gegenwart, um durch möglichst große Offenheit auch den Blick auf neuartige Ansätze zu lenken, die für einen Markt in der Zukunft relevant werden können. Ziel ist es, durch überlegene marktrelevante Ideen eine Art „Deutungshoheit" im Wettbewerb zu erlangen, die das planende Unternehmen in eine günstige Position versetzt. Darauf aufbauend gilt es, die Idee zu konkretisieren und in eine aussichtsreichen Leistungsarchitektur zu überführen, die – zunächst als grober Rahmen für spätere Leistungskonzeptionen – eine Aussicht auf eine langfristig vorteilhafte Positionierung im Zielmarkt bietet. Auch geht es in dieser Phase des vor-marktlichen Wettbewerbs darum, sich bietende Chancen und drohende Gefahren zu erkennen. Ebenfalls noch im vor-marktlichen Bereich geht es in der zweiten Phase des Wettbewerbs um das Management der Migrationsschritte darum, eine möglichst schnelle Umsetzung der ausgewählten Leistungsarchitektur und der damit verbundenen Positionierung im Wettbewerb zu erreichen, um so das Entstehen neuer Marktstrukturen im eigenen Sinne positiv mitzugestalten. Dies setzt die Gewinnung von leistungsfähigen Partnerbetrieben ebenso voraus wie Maßnahmen, den Wettbewerb von der eigenen Zielposition fernzuhalten. Im Mittelpunkt steht der Auf- und Ausbau derjenigen Kompetenzen, die zur Erreichung nachhaltiger Wettbewerbsvorteile dienen. Da die Entwicklung von Kompetenzen ein langwieriger Prozess ist, ist es erforderlich, den Aufbau weitsichtig und frühzeitig zu starten, um auf diesem Wege Entwicklungsvorsprünge vor der Konkurrenz erreichen zu können, die – im Idealfall – nicht mehr (vollständig) aufgeholt werden können. In der dritten Phase (Wettbewerb um Marktanteile) ist der Wettbewerb zwischen alternativen strategischen Positionierungen weitgehend entschieden. Die wichtigsten Standards sind durch die Maßnahmen in den ersten beiden Phasen weitestgehend gesetzt und der Markt entsprechend strukturiert. Die zum Teil noch großen Gestaltungsmöglichkeiten der ersten beiden Phasen bestehen hier nicht mehr. Vielmehr geht es um die Auseinandersetzung um Marktanteile und Marktstellungen auf Basis weitgehend klar definierter Parameter bezüglich Nutzen, Kosten, Preis und Service. Die Autoren betonen, wie wichtig es ist, sich nicht nur mit der letzten Phase zu beschäftigen, sondern vor allem den ersten beiden, stärker zukunftsorientierten Phasen größere Aufmerksamkeit zuzuwenden, da dort die Weichen für den zukünftigen Erfolg gestellt werden. Vor dem Hintergrund der unternehmerischen Ausrichtung der Unternehmensführung, wie sie in diesem Buch vertreten wird, ist dieser Gedanke mit Nachdruck zu bestätigen. Die Betrachtung des Wettbewerbsmodells von Hamel und Prahalad (1995) hilft, die Vorstellung von Unternehmertum im Wettbewerb zu konkretisieren:

■ Unternehmertum ist darauf gerichtet, neue Opportunitäten zu identifizieren.

■ Unternehmertum trägt dazu bei, die Art, wie der Wettbewerb geführt wird, zu hinterfragen und im Sinne eigener Ziele und Fähigkeiten zu verändern.

■ Unternehmertum beinhaltet das permanente Hinterfragen und Verändern der eigenen Geschäftsgrundlage.

■ Unternehmertum kann nicht auf die Erneuerung der Geschäftsbasis beschränkt bleiben (Exploration), sondern muss auch die möglichst umfangreiche Ausnutzung einer bestehenden Geschäftsbasis (Exploitation) betreiben. Dieses Zusammenspiel von Exploration und Exploitation wird auch als organisationale Ambidextrie (Beidhändigkeit) beschrieben (March 1991).

Auch wenn die Wettbewerbsanalyse insgesamt somit deutlich mehr umfasst als die Konkurrenzanalyse, soll Letztgenannte im folgenden Abschnitt noch etwas näher betrachtet werden, um ein angemessenes Gegengewicht zur ausführlichen Betrachtung der Nachfrager im Abschnitt 3.2.1.1 zu schaffen.

3.2.1.2.2 Grundlagen der Konkurrenzanalyse

In industrieökonomischen Konzepten (z.B. Konzeption von Porter) kommt der Konkurrenz- bzw. Konkurrentenanalyse zentrale Bedeutung zu, da sich die Wettbewerbsvorteile und -nachteile einer Unternehmung immer nur im Vergleich zu den Konkurrenten bestimmen lassen. Insofern sind Unternehmungen, die auf der Suche nach Informationen zu ihrer Wettbewerbsposition sind, zwingend auf Informationen aus der Konkurrenzanalyse angewiesen, die sich wie folgt definieren lässt (nach Grunert 1995, Sp. 1229):

Die **Konkurrenzanalyse** ist ein Prozess der Erhebung und Verarbeitung von Daten über Unternehmungen, die als tatsächliche oder potenzielle Konkurrenten betrachtet werden, mit dem Ziel, die gewonnenen Informationen in unternehmerische Entscheidungsprozesse einzubringen.

Dabei lassen sich im Einzelnen drei **Teilaufgaben** identifizieren (Grunert 1995):

1. Analyse der faktischen Ausstattungen der Konkurrenten mit den Fähigkeiten und Ressourcen, die als Erfolgsfaktoren auf dem entsprechenden Markt betrachtet werden;
2. Analyse dessen, was Entscheidungsträger in den konkurrierenden Unternehmungen als Erfolgsfaktoren auffassen;
3. Analyse unternehmerischer Entscheidungs- und Strategiebildungsprozesse.

Die wesentlichen **Schritte der Konkurrenzanalyse** sind eng verwandt mit denen anderer Marktanalysen. Zwar finden sich in der Literatur im Detail kleinere Abweichungen, die meisten Ansätze basieren jedoch im Wesentlichen auf den folgenden Schritten (Grunert 1995, Sp. 1320, sowie die dort angegebene Literatur):

1. Problemerkennung,
2. Problemformulierung,
3. Festlegung des Informationsbedarfs,
4. Festlegung des Analysedesigns,
5. Datenerhebung,
6. Datenbewertung,
7. Datenanalyse,
8. Informationsvermittlung,
9. Informationsverwendung.

Dieses Grundmuster muss im einzelnen Anwendungsfall mit unternehmungs- und marktspezifischen Inhalten gefüllt werden. Ein gewisser Formalisierungsgrad wird zwar grundsätzlich für sinnvoll erachtet, dennoch ist in der Praxis eine systematische Konkurrenzanalyse keineswegs der Normalfall. Vielmehr sind häufig unstrukturierte und unvollständige, zum Teil sogar zufallsgesteuerte Abläufe beobachtbar: In einer zwar schon älteren, aber dennoch grundsätzlich nicht überholten empirischen Untersuchung unter 157 Führungskräften verschiedener Sektoren wurde herausgefunden, dass nur 46 % der Unternehmungen eine systematische Konkurrenzforschung betreiben, bei 45 % der Befragten geschieht die Analyse ad hoc bzw. bei Bedarf und immerhin in 9 % der Unternehmungen wird gar keine Konkurrenzforschung betrieben (Simon 1988). Insofern wird der Konkurrenzforschung (auch „Competitive Intelligence"; Decker/Wagner 2001) nach wie vor offenbar deutlich weniger Bedeutung zugemessen als der Erforschung der Nachfrage. Dies ist angesichts der sich oft schnell ändernden Wettbewerbssituationen in Märkten nicht ungefährlich, denn die Unkenntnis der Stärken und Schwächen kann dazu führen, dass Wettbewerbsnachteile drohen oder sogar schon entstanden sind, die zu spät oder gar nicht bemerkt werden.

Für die Konkurrenzanalyse steht eine Reihe von Informationsquellen zur Verfügung, die je nach Bedarf und Aussagekraft herangezogen werden können (siehe Tabelle 3-16).

Bevor diese Quellen intensiv genutzt werden können, sind die **relevanten Konkurrenten** überhaupt erst einmal zu bestimmen, wobei neben den aktuellen Konkurrenten, die z.B. über ähnliche Leistungsprogramme verfügen oder identische bzw. zumindest annähernd gleiche Kundengruppen bedienen, vor allem auch **potenzielle Konkurrenten** zu beachten sind. Diese sind zwar gegenwärtig noch nicht in dem betreffenden Markt aktiv, könnten dies jedoch in Zukunft sein, und stellen damit eine potenzielle Gefahr für die bestehenden Unternehmungen dar. Sie können (Kleinaltenkamp 2002a)

- unter Umständen Synergien und Verbundwirkungen ausnutzen, über die die etablierten Anbieter nicht verfügen;

- eventuell durch unkonventionelle Verhaltensweisen dafür sorgen, dass sich die „Spielregeln" auf einem Markt vollkommen ändern;

- möglicherweise kleiner und damit flexibler sein – und dadurch schneller zu Anpassungen an Wandlungen der Rahmenbedingungen fähig;

- über Führungskräfte verfügen, die mit dem Markteintritt ehrgeizige Ziele verbinden und daher besonders aggressiv und dynamisch handeln.

Insofern kann die Bedrohung, welche von potenziellen Wettbewerbern ausgeht, durchaus größer sein als die Gefahr, die etablierte Anbieter darstellen, die seit langem bekannt und damit in ihrem Verhalten auch häufig zumindest weitgehend berechenbar sind.

Sobald die aktuell und potenziell relevanten Wettbewerber identifiziert sind, kann geprüft werden, ob es unter diesen Anbietern Gruppen gibt, die sich untereinander durch ein homogenes Wettbewerbsverhalten auszeichnen, sich von anderen Konkurrenten bzw. Gruppen von Konkurrenten jedoch deutlich unterscheiden. An dieser Fragestellung setzt das Konzept der „**Strategischen Gruppen**" an, das wiederum maßgeblich durch Michael E. Porter geprägt wurde (Porter 1999). Insofern ist der Ansatz der Strategischen Gruppen der Branchenstrukturanalyse zuzurechnen. Folgende Definition liegt dem Konzept zu Grunde (Rese 2001, S. 1621; auch Porter 1999, S. 183f.):

Eine **Strategische Gruppe** ist eine Schar von Anbietern in einer Branche, die eine ähnliche oder dieselbe Strategie verfolgen.

	Primärquellen	Sekundärquellen
Interne Quellen	– Marktforschung – Außendienst/Kundendienst – Geschäfts-/Vertriebsleitung – frühere Mitarbeiter von Konkurrenzfirmen – Einkauf – Forschung und Entwicklung – Personalabteilung – Finanz- und Rechnungswesen – Produktion etc.	– Außendienstberichte – Branchenstudien – Konkurrenzdateien – Marktanalysen – Marktforschungsdaten etc.
Externe Quellen	– Mitarbeiter von Konkurrenzfirmen – Banken – Handelspartner – Informationsdienste – Marktforschungsinstitute – Branchenverbände – Industrie- und Handelskammer – Werbeagenturen – Unternehmensberater – Kunden/Verwender etc.	– Tagespresse (Firmenberichte, Inserate, Stellenanzeigen) – Fach- und Wirtschaftspresse – Konkurrenzpublikationen (Hauszeitschriften, Geschäftsberichte, Aktionärsbriefe) – Gebrauchsanweisungen, Prospekte, Preislisten, Internetauftritte – Hochschulen (Vorträge, Dissertationen) – Messe-/Ausstellungskataloge – Bank- und Börsenpublikationen – Veröffentlichungen von Kammern und Verbänden – Berichte wirtschaftswissenschaftlicher Institute – Bundesanzeiger – Handelsgerichtliche Eintragungen – Branchenhandbücher – Patentanmeldungen – Rundfunk, Fernsehen etc.

Tabelle 3-16: Informationsquellen der Konkurrenzforschung (Quelle: Kleinaltenkamp 2002a, S. 99, in Anlehnung an Link 1988, S. 147)

In der Regel ist davon auszugehen, dass es in einer Branche lediglich eine vergleichsweise geringe Zahl derartiger Gruppen gibt, die die grundsätzlichen strategischen Ausrichtungen repräsentieren, die in einer Branche zu finden sind. Keine generelle Aussage ist im Hinblick auf die Frage möglich, ob der Wettbewerb zwischen Anbietern, die sich innerhalb einer Strategischen Gruppe befinden, oder zwischen verschiedenen Gruppen zuzuordnenden Anbietern intensiver ist. Es ist nämlich sowohl denkbar, dass innerhalb einer Strategischen Gruppe ein besonders intensiver Wettbewerb herrscht (Beispiel: der Wettbewerb unter den Lebensmitteldiscountern, die mit ähnlichen Mitteln um die Kunden konkurrieren), als auch, dass der Wettbewerb innerhalb der Gruppe relativ moderat ist, da die betreffenden Anbieter sich untereinander „arrangiert" haben, dafür aber die Bedrohung durch andere Strategische Gruppen erheblich ist, so dass möglicherweise die Erfolgsposition der gesamten Gruppe gefährdet ist (Beispiel: der Eintritt der japanischen Automobilproduzenten in den europäischen Markt vor ca. 35 Jahren). Ein Beispiel für eine Bildung Strategischer Gruppen zeigt Abbildung 3-22.

Abbildung 3-22: Beispielhafte Analyse der strategischen Gruppenstruktur von zehn Maschinenbauunternehmungen (Quelle: Homburg/Krohmer 2006, S. 494)

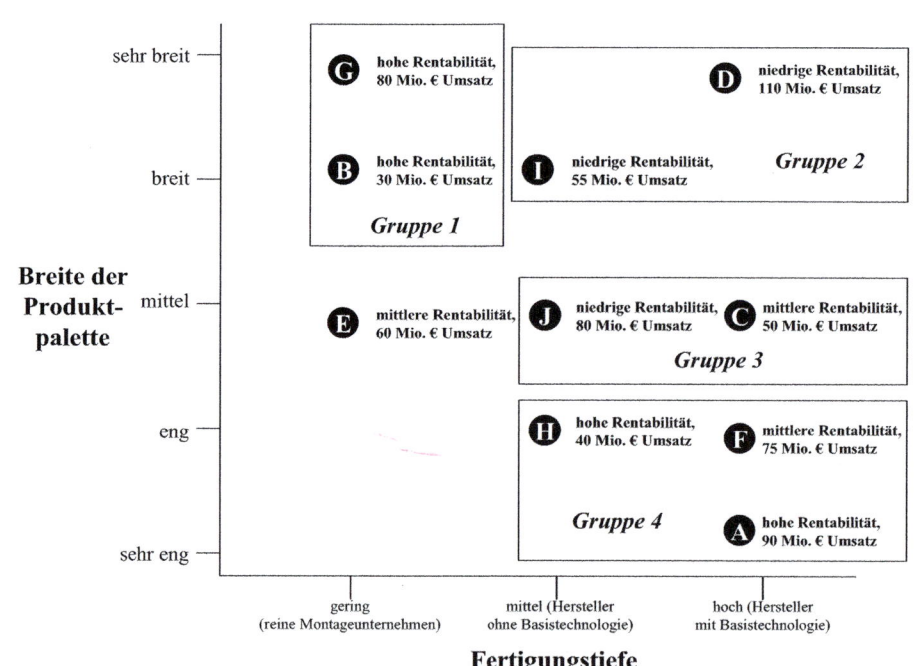

In diesem Beispiel wurden als Dimensionen zur Kennzeichnung der Strategien die Breite der Produktpalette sowie die Fertigungstiefe verwendet. Die Auswahl dieser Dimensionen, die nicht allgemeingültig definiert werden können, stellt einen wichtigen und zugleich risikobehafteten Schritt im Rahmen der Analyse der Strategischen Gruppen dar, denn je nach Festlegung der Dimensionen können sich unterschiedliche Cluster ergeben, die dann auch zu voneinander abweichenden Interpretationen der Branchensituation führen. Zudem ist zu beachten, dass Strategische Gruppen keine statischen Gebilde sind, sondern sich in Abhängigkeit von der Konkurrenzsituation im Zeitverlauf verändern können, so dass eine regelmäßige Überprüfung unverzichtbar ist.

Wird die Analyse mit der nötigen Sorgfalt durchgeführt, so erleichtert sie der Unternehmung die Festlegung der gegenwärtigen und zukünftigen Positionierung innerhalb der Branche bzw. des Marktes, denn sie macht z.B. deutlich, in welchen Strategischen Gruppen besonders attraktive Renditen vorliegen und wo es sich möglicherweise besonders lohnt, sich auf der „strategischen Landkarte" zu positionieren.

Abbildung 3-23: Vorgehensweise bei der Analyse Strategischer Gruppen (Quelle: Kleinaltenkamp 2002a, S. 95, in Anlehnung an Hinterhuber/Kirchebner 1983, S. 857)

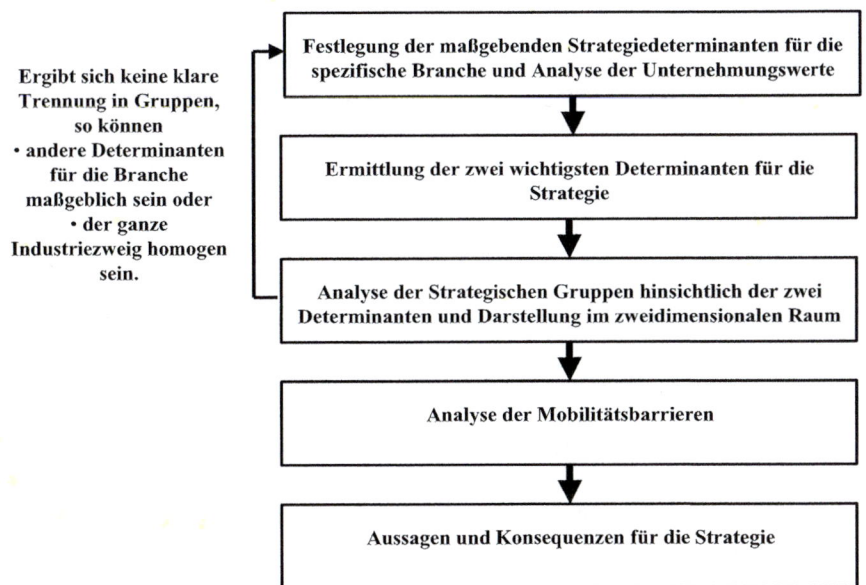

Allerdings sind bei einem angestrebten Wechsel der Position bzw. bei einem Strategiewechsel so genannte **Mobilitätsbarrieren** zwischen den Gruppen zu beachten, die Behinderungen des Marktaustritts aus einer Strategischen Gruppe sowie des Markteintritts in eine andere mit sich bringen können (Kleinaltenkamp 2002a). Ohne derartige Markteintritts- und Marktaustrittsstrategien (genauer müsste es heißen: Gruppeneintritts- und Gruppenaustrittsbarrieren, denn hier wird „Markt" mit „Gruppe" gleichgesetzt; Porter spricht allgemeiner von Eintritts- und Austrittsbarrieren) ließen sich die Rentabilitätsunterschiede zwischen den verschiedenen Gruppen nicht erklären, da dann ein schlichtes Kopieren der erfolgreichen Strategien möglich und rentabilitätssteigernd wäre. Bevor auf die Thematik der Mobilitätsbarrieren noch etwas näher eingegangen wird, gibt Abbildung 3-23 einen zusammenfassenden Überblick zum Konzept der Strategischen Gruppen.

Mobilitätsbarrieren entstehen, weil Strategieveränderungen regelmäßig mit Kosten, Risiken und einem nicht unerheblichen Zeitbedarf verbunden sind, werden aber zum Teil auch bewusst durch die Mitglieder attraktiver Strategischer Gruppen aufgebaut, um Neulinge vom Eindringen in diese Gruppen abzuhalten und damit die eigenen Wettbewerbsvorteile zu festigen. Dafür nehmen sie entsprechende Kosten in Kauf, die als Investitionen in die Sicherung der Märkte anzusehen sind (Kleinaltenkamp 2002a).

Das Konzept der **Markteintrittsbarrieren** geht ursprünglich auf den Industrieökonomen Bain (1956) zurück, der mit Betriebsgrößenvorteilen (z.B. Größendegressionseffekte in der Produktion), absoluten Kostenvorteilen (z.B. niedrigste Finanzierungskosten) und Produktdifferenzierungsvorteilen (z.B. durch ein breites Servicespektrum) drei Arten von Markteintrittsbarrieren unterschied. Die Markteintrittsbarrieren sind im industrieökonomischen Konzept einer der bedeutsamsten Einflussfaktoren auf die Qualität des Marktergebnisses, denn von ihrer Höhe hängt das Ausmaß der Bedrohung und damit der Disziplinierung bestehender Anbieter durch potenzielle Newcomer ab. Hohe Barrieren schützen die etablierten Marktteilnehmer und sorgen dafür, dass die Branchenrendite nicht mit neu hinzutretenden Anbietern geteilt oder dass sie – unter dem Druck einer „latenten Konkurrenz" – zum Verhindern von Markteintritten an die Nachfrager weitergegeben werden muss (Minderlein 1990).

Heute werden in der Literatur häufig zwei Gruppen von Markteintrittsbarrieren unterschieden (Kühn 1995a), auf die auch in Tabelle 3-17 Bezug genommen wird:

- **strukturelle** Markteintrittsbarrieren, die entstehen, wenn etablierte Anbieter Entscheidungen treffen, die zwar keine bewussten Maßnahmen gegen potenzielle Neulinge mit sich bringen, die aber dennoch einen negativen „Value of Entry" für die neuen Konkurrenten nach sich ziehen;

- **strategische** Markteintrittsbarrieren, die auf Entscheidungen der etablierten Anbieter zurückzuführen sind, die nicht getroffen worden wären, hätte es die potenziellen Konkurrenten nicht gegeben, und die für diese zu einem negativen „Value of Entry" führen.

Strukturelle Markteintrittsbarrieren	Strategische Markteintrittsbarrieren
- Betriebsgrößenvorteile - Produktdifferenzierungsvorteile (z.B. Markenidentität, -treue) - Absolute größenunabhängige Kostenvorteile (z.B. Besitz von Produktionstechnologien, günstiger Zugang zu Rohstoffen, günstige Standorte, staatliche Subventionen, lernbedingte Kostendegression, Patente) - Massiver Kapitalbedarf (z.B. für Einstiegswerbung oder F&E) - Hohe Umstellungskosten (z.B. Umschulungskosten für Mitarbeiter) - Erschwerter Zugang zu Vertriebskanälen - Staatliche Politik (z.B. Lizenzzwang, beschränkter Zugang zu Rohstoffquellen)	- Limitpreisstrategie: Durch die Aufrechterhaltung einer hohen Angebotsmenge soll der Angebotspreis so weit gesenkt werden, dass ein kostendeckender Markteintritt nicht möglich ist. - Überkapazitätenstrategie: Der zukünftige Kapazitätsbedarf eines Marktes ist frühzeitig abzudecken, damit die etablierten Unternehmungen die zusätzliche Nachfrage schneller und eventuell kostengünstiger befriedigen können. - Produktdifferenzierungsstrategie: Potenziellen Neulingen wird der Marktzugang durch Besetzung vieler Marktnischen mit strategischen Produktvarianten erschwert.

Tabelle 3-17: Beispiele für Markteintrittsbarrieren (Quelle: nach Kühn 1995a, Sp. 1759f.)

Zu den Markteintrittsbarrieren können **Marktaustrittsbarrieren** kommen, die gleichzeitig als Markteintrittsbarrieren wirken, indem sie den potenziellen Newcomern vor Augen führen, welche Probleme sie bei einem etwaigen Marktaustritt (z.B. in Folge eines Scheiterns im Markt) zu erwarten hätten. Dies kann dazu führen, dass sie auf den Markteintritt von vornherein verzichten. Auch bei den Marktaustrittsbarrieren kann grundsätzlich zwischen solchen struktureller Art (z.B. niedrige Liquidationswerte der nicht mehr benötigten Maschinen und Anlagen, Kosten für Sozialpläne) und solchen strategischer Art (z.B. strategische Verbundwirkungen zwischen den betreffenden Geschäftseinheiten und anderen Geschäftseinheiten innerhalb der Unternehmung, negative Imageeffekte) unterschieden werden. Porter (1999, S. 53f.) nennt die folgenden Ursachen von Austrittsbarrieren:

- **Spezialisierte Aktiva**: Aktiva, die auf bestimmte Branchen oder Standorte spezialisiert sind, weisen niedrige Liquidationswerte oder hohe Transfer- und Umwandlungskosten auf.

- **Fixkosten des Austritts**: Darunter fallen Sozialpläne, Umsiedlungskosten, die Aufrechterhaltung von Ersatzteillagern usw.

- **Strategische Wechselbeziehungen**: Wechselbeziehungen zwischen der betreffenden Geschäftseinheit und anderen Unternehmungsteilen im Hinblick auf Image, Marketingfähigkeit, Zugang zu Finanzmärkten, gemeinsam betriebene Anlagen u.ä. veranlassen die Unternehmung, der Präsenz in der Branche eine hohe strategische Bedeutung beizumessen.

- **Emotionale Barrieren**: Die Weigerung des Managements, ökonomisch gerechtfertigte Austrittsentscheidungen zu fällen, entsteht aus Faktoren wie der Identifikation mit der betreffenden Branche, Loyalität gegenüber den Mitarbeitern, Angst um die eigene Karriere usw.

- **Administrative und soziale Restriktionen**: Aus Sorge um Arbeitsplatzverluste und Angst vor regionalen ökonomischen Auswirkungen kommt es vor, dass staatliche Stellen den Austritt verbieten oder behindern.

Die bestehenden Markteintritts- und -austrittsbarrieren haben somit erheblichen Einfluss auf die Wettbewerbssituation und müssen im Rahmen der Konkurrenzanalyse sorgfältig untersucht werden. Das Zusammenspiel beider Arten von Mobilitätsbarrieren im Hinblick auf die Rentabilität eines Marktes verdeutlicht noch einmal Tabelle 3-18.

		Austrittsbarrieren	
		Niedrig	Hoch
Eintrittsbarrieren	Niedrig	Niedrige, stabile Erträge	Niedrige, unsichere Erträge
	Hoch	Hohe, stabile Erträge	Hohe, unsichere Erträge

Tabelle 3-18: Barrieren und Rentabilität (Quelle: Porter 1999, S. 56)

Für die erfolgreichen Unternehmungen in einer Branche sind hohe Eintritts- und niedrige Austrittsbarrieren besonders erfreulich, denn damit wird gefährlichen Neulingen der Eintritt erschwert oder sogar verhindert, erfolglose Konkurrenten können ohne Schwierigkeiten den Markt verlassen. Sind die Austrittsbarrieren dagegen hoch, werden diese schwachen Unternehmungen in der Branche verbleiben und um ihr Überleben kämpfen, was für die bis dato erfolgreichen Anbieter durchaus unangenehme Folgen haben kann. Die größten Probleme bereiten niedrige Eintritts- bei hohen Austrittsbarrieren, denn dann werden in Aufschwungzeiten viele neue Anbieter angelockt, in Zeiten des Abschwungs jedoch wird das Verlassen des Marktes erschwert und der Konkurrenzkampf verschärft sich. Damit sind die wesentlichen wettbewerbs- und konkurrenzbezogenen Aspekte im Zusammenhang mit der Betrachtung von Marktstrukturen angesprochen worden. Im nächsten Schritt geht es um die Untersuchung der strukturellen Merkmale von Beziehungen zwischen Anbietern und Nachfragern.

3.2.1.3 Die Betrachtung von Anbieter/Nachfrager-Konstellationen

3.2.1.3.1 Marktformen

In diesem Abschnitt wird der Bereich der isolierten Analyse einzelner Institutionen bzw. einzelner Marktseiten verlassen, denn Gegenstand ist die Beziehung der Marktseiten zueinander.

		Nachfrager / Number of buyers		
		Einer / One	Wenige / Few	Viele / Many
Anbieter / Number of suppliers	Einer / One	Zweiseitiges Monopol Bilateral monopoly, „captive market" (spare parts)	Angebotsmonopol/ Nachfrageoligopol Limited supply-side monopoly (fuel pumps)	Angebots-monopol/Nach-frageoligopol Supply-side monopoly (gas, water, electriciy)
	Wenige / Few	Nachfragemonopol/ Angebotsoligopol Limited demand-side monopoly (telephone exchanges, trains)	Zweiseitiges Oligopol Bilateral oligopoly (chemical semi-manufactures)	Angebotsoligo-pol/Nachfragepol ypol Supply-side oligopoly (copi-ers, computers)
	Viele / Many	Nachfragemonopol/ Angebotspolypol Demand-side monopoly (weapons systems, ammunition)	Nachfrageoligopol/ Angebotspolypol Demand-side oligopoly suppliers (components automobile industry)	Zweiseitiges Polypol Polypolistic competition (office supplies)

Tabelle 3-19: Marktformenschema (Quelle: basierend auf Busse von Colbe et al. 1992, S. 10, und van Weele 2005, S. 70)

Zunächst sei dabei zur Einführung ein einfaches, in der Literatur vielfach verwendetes Marktformenschema dargestellt, dem eine rein quantitative Betrachtung der Marktseiten zu Grunde liegt, die noch nichts über die Qualität der Marktbeziehungen aussagt (siehe Tabelle 3-19).

Die Abgrenzung zwischen „wenige" und „viele" ist dabei fließend, so dass zwischen diesen Grundformen viele Übergangsformen denkbar sind, eine exakte Zuordnung eines konkreten Marktes zu einer der Formen (wenn nicht gerade das in der Praxis weitestgehend irrelevante zweiseitige Monopol vorliegt) dadurch bedingt aber auch oft schwierig ist. Tabelle 3-19 nennt dennoch einige Beispiele.

Derartige Marktformen als qualitativ ausgerichtete Marktstrukturmerkmale werden in der Volkswirtschaftstheorie oft herangezogen, um daraus Aussagen zum Marktverhalten und zum Marktergebnis abzuleiten, die hier nicht Gegenstand der Ausführungen sind. Aus einzel- bzw. betriebswirtschaftlicher Sicht ist eine derart vereinfachende Betrachtungsweise jedoch nicht hinreichend. Vielmehr bedarf es zu einer brauchbaren Beschreibung der Anbieter-/Nachfrager-Konstellationen weiterer, vor allem qualitativer Aspekte, die Gegenstand des folgenden Abschnitts sind.

3.2.1.3.2 Macht und Abhängigkeit

Als für die Beziehung zwischen Marktteilnehmern prägende Marktstrukturmerkmale können zum einen die Macht sowie zum anderen die Abhängigkeit herausgestellt werden, die es daher näher zu untersuchen gilt.

Der Begriff der **Macht** wird in der Literatur nicht einheitlich verwendet. So kann zwischen einem allgemeinen und einem ökonomischen Machtbegriff unterschieden werden:

Macht im Allgemeinen (Weber 1964, S. 678):

„Macht ist die Chance eines Menschen oder einer Mehrzahl, den eigenen Willen in einem Gemeinschaftshandeln auch gegen den Widerstand anderer Beteiligter durchzusetzen."

Wirtschaftliche Macht (Arndt 1981, S. 51):

„Wer über wirtschaftliche Macht verfügt, ist in der Lage, die Handlungsfähigkeit anderer Wirtschafter einzuschränken, die eingeschränkte Handlungsfähigkeit anderer Wirtschafter auszunutzen und gegebenenfalls sogar die Willensentscheidungen anderer Wirtschafter im eigenen Interesse zu beeinflussen. Im Grenzfall entscheidet der Mächtige über den Schwachen."

Beide Definitionen zeigen, dass es sich bei Macht niemals um eine absolute, sondern stets um eine relative Größe handelt, bei der die Positionen mehrerer Beteiligter einander gegenüber gestellt werden. Insofern liegt es nahe, das Phänomen der Macht als Marktstrukturmerkmal im Sinne der relativen Macht weiter zu konkretisieren. Danach liegt **relative Macht** dann vor, wenn (Freiling 1995, S. 44)

1. eine Unternehmung von den Machtpotenzialen der anderen betroffen ist (**Interdependenzfrage**),

2. die vergleichsweise weniger mächtige Unternehmung nicht oder nur unter Inkaufnahme erheblicher ökonomischer Nachteile in der Lage ist, sich den Machtpotenzialen der stärkeren Unternehmung zu entziehen,

3. ihre eigenen Machtpotenziale im Vergleich zu denen der anderen Unternehmung so schwach sind, dass diese andere Unternehmung in der Lage ist, die eigenen Vorstellungen durchzusetzen (**Dominanzfrage**), sie also Durchsetzungsmacht besitzt.

Je nachdem, wie stark die Interdependenzen der Marktpartner sowie die Dominanz eines der Beteiligten ausgeprägt sind, ergeben sich unterschiedliche Machtkonstellationen, die den Parteien Spielräume zur – u.U. auch missbräuchlichen – Ausnutzung ihrer Machtposition eröffnen. Tabelle 3-20 zeigt die vier Grundtypen möglicher Machtkonstellationen.

		Dominanz einer Partei	
		Schwach	Stark
Interdependenz der Partner	Schwach	Extrem geringes/ nicht vorhandenes Ausnutzungspotenzial	Mäßiges Ausnutzungspotenzial
	Stark	Mäßiges Ausnutzungspotenzial	Großes, teilweise extremes Ausnutzungspotenzial

Tabelle 3-20: Macht als Problem in Austauschbeziehungen (Quelle: Freiling 1995, S. 45)

Die größten Probleme bereitet der Fall starker Interdependenz bei gleichzeitig starker Dominanz eines Partners, da dort das vergleichsweise größte Ausnutzungspotenzial gegeben ist, das auch sehr häufig die Aufmerksamkeit der Kartellbehörden erregt, die danach trachten, den Missbrauch von Marktmacht möglichst zu verhindern. Auch wenn man dieses machtbedingte Ausnutzungspotenzial grundsätzlich skeptisch beurteilen mag, so darf dennoch nicht übersehen werden, dass es aus Sicht der einzelnen Unternehmung im Sinne einer unternehmerischen Betriebsführung ein Ziel sein kann, eine möglichst machtvolle Position im Wettbewerb aufzubauen. Hintergrund der Überlegung ist die Möglichkeit, durch die Machtposition die Geschäftspotenziale umfassender ausnutzen zu können.

Macht kann auf **horizontaler** Ebene bestehen, d.h. im Verhältnis von Institutionen einer Wirtschaftsstufe zueinander. Dies ist dann insbesondere an einer starken Wettbewerbsposition zu erkennen. Im Vordergrund des vorliegenden Abschnitts steht jedoch die Macht auf **vertikaler** Ebene, d.h. zwischen vor- und nachgelagerten Wirtschaftsstufen, z.B. zwischen Lieferanten und ihren Abnehmern. Allerdings sind horizontale und vertikale Macht oft eng miteinander verknüpft: Ein gegenüber seinen Wettbewerbern starker Anbieter (z.B. mit einem hohen Marktanteil) verfügt auf Grund seiner Bedeutung für seinen Beschaffungsmarkt regelmäßig auch über eine starke Position gegenüber den Lieferanten der Branche.

Nunmehr ist zu untersuchen, wie die Zusammenhänge zwischen Macht und Abhängigkeit sind. Vorausgeschickt sei allerdings, dass weder Macht noch Abhängigkeit per se negative Folgen für einen der Beteiligten haben müssen. Vielmehr sind die jeweiligen Verhaltensweisen entscheidend, die immer nur im Einzelfall analysiert und bewertet werden können.

Macht kann nur dann ausgeübt werden, wenn ein faktisches Abhängigkeitsverhältnis zwischen den Beteiligten besteht. Das macht auch die oben stehende Definition der relativen Macht implizit deutlich. Somit ist **Abhängigkeit** stets die **Voraussetzung zur Ausübung von Macht.** Das folgende Beispiel mag diesen Zusammenhang verdeutlichen:

Beispiel 3-8: Abhängigkeit und Macht

Ein Produzent von Maschinen ist auf die Zulieferung von Spezialantrieben angewiesen, die nur er benötigt, die aber auch nur ein hochspezialisierter Lieferant bereitstellen kann. In diesem Fall sind Anbieter und Nachfrager voneinander abhängig, die Ausübung der Macht durch einen der Beteiligten würde nicht nur der Marktgegenseite schaden, sondern auch der eigenen Institution.

Anders ist der Fall, wenn der Maschinenproduzent Konkurrenten hat, die der Lieferant weiterhin versorgt, während der besagte Produzent keine Antriebe mehr erhält. Die Ausnutzung der auf Abhängigkeit beruhenden Macht würde in diesem Fall nur dem betreffenden Abnehmer schaden, denn bei unverändertem Nachfragevolumen auf der dem Maschinenbau nachgelagerten Marktstufe würden vermutlich die Konkurrenten des Maschinenproduzenten die zusätzlichen Antriebe abnehmen, um damit die gesamte Nachfrage versorgen zu können.

Abhängigkeit kann insofern einseitig oder beidseitig sein. Insbesondere einseitige Abhängigkeit verleitet den Stärkeren zur Ausübung und Ausnutzung von Macht.

Abhängigkeitspositionen sind als Folge der Arbeitsteilung zwischen verschiedenen Institutionen zu sehen: Im Falle der vollständigen Selbstversorgung entsteht keine Abhängigkeit, da niemand auf Zulieferungen oder Abnahmen durch andere angewiesen ist. Die Arbeitsteilung wiederum resultiert aus der Spezialisierung: Jeder macht im Extremfall nur das, was er am besten kann, ist damit aber außerordentlich abhängig von vielen anderen Personen und Institutionen. Die Entstehung von Abhängigkeit als Folge von Spezialisierung und Arbeitsteilung wird in Abbildung 3-24 veranschaulicht, die Zusammenhänge werden nachfolgend kurz erläutert (basierend auf Dietl 1995).

Unter Produktionsumwegen ist der Sachverhalt zu verstehen, dass vorhandene Produktionsfaktoren nicht unmittelbar zur Konsumgüterproduktion eingesetzt werden, sondern für Investitionsgüter, mit denen dann mehr Konsumgüter erstellt werden können als wenn die entsprechenden Ressourcen direkt der Konsumgüterproduktion zugeführt worden wären. Die gemeinsame Nutzung von Spezialisierungsvorteilen und Produktionsumwegen steigert die Produktivität, erhöht aber auch die „Sunk Costs" („versunkene Kosten", deren Höhe nach dem Zeitpunkt ihrer Verursachung nicht mehr beeinflusst werden kann), da die benötigten spezifischen Produktionsfaktoren vielfach keiner anderen Verwendung mehr zugeführt werden können. Auf die Diskussion um die Quasirenten in Abschnitt 2.3.1.2 sei an dieser Stelle verwiesen. Es kommt dann (bei wachsenden Einkommen) zu steigender wirtschaftlicher Abhängigkeit der spezialisierten Institutionen. Damit wird eine effiziente Koordination der Abhängigkeitsverhältnisse erforderlich, damit das System nicht „umkippt" und daraus resultierende Einkommensverluste vermieden werden können.

Die letzten Ausführungen leiten bereits über zur Frage einer theoretischen Untermauerung der Abhängigkeitsproblematik (ausführlich siehe Freiling 1995), aus der
dann möglicherweise auch Hinweise auf Ansätze einer effizienten Koordination der
Abhängigkeit abgeleitet werden können. Auf derartige Ansätze wird dann allerdings
erst im Laufe von Abschnitt 3.3 eingegangen.

Abbildung 3-24: Spezialisierung, Arbeitsteilung und wirtschaftliche Abhängigkeit (Quelle:
abgeleitet aus Dietl 1995)

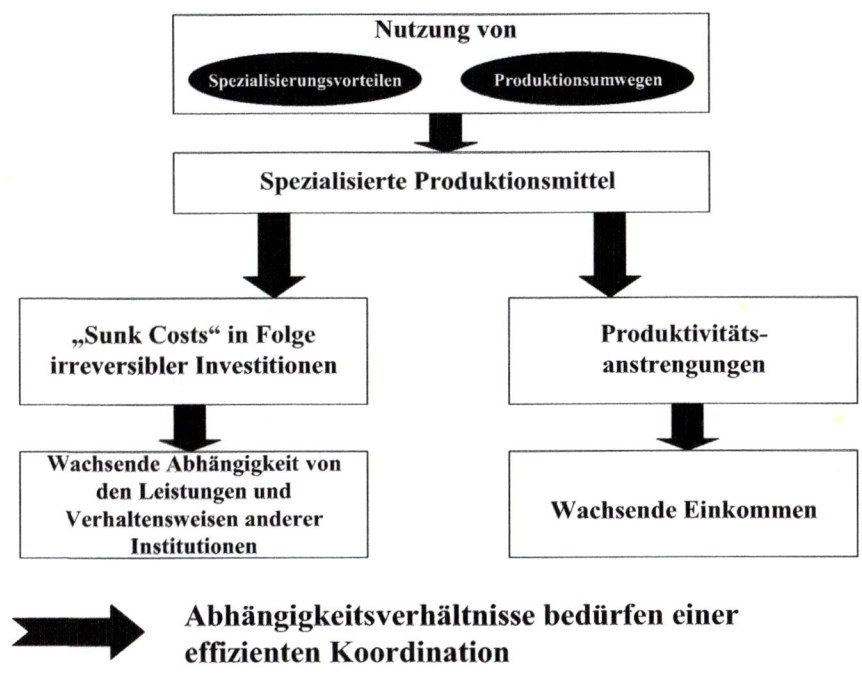

Aus theoretischer Sicht kommt wiederum den Konzepten der Neuen Institutionenökonomik eine besondere Bedeutung zu. In einem ersten Ansatz kann wirtschaftliche
Abhängigkeit vor diesem Hintergrund mit Hilfe des **Transaktionskostenansatzes** erklärt werden, wobei das Leistungsmerkmal der Spezifität eine zentrale Rolle spielt (zu
den Grundlagen siehe Abschnitt 2.3.1.2 und 3.3.1.2). Da die Spezifität in vielen wissenschaftlichen Abhandlungen als das wichtigste Kriterium bei Transaktionskostenbe-
trachtungen herausgehoben wird (u.a. bei Williamson 1990), sei an dieser Stelle insbesondere darauf eingegangen und auf weitere denkbare Vertiefungen verzichtet.

Spezifität wird in diesem Zusammenhang verstanden als spezifischer Zuschnitt von Produktionsfaktoren auf bestimmte Verwendungszwecke und Transaktionsbeziehungen, um damit Transaktionskostenvorteile im Vergleich zum Einsatz allgemein verwendbarer Produktionsfaktoren zu erlangen (Baur 1990). Hochspezifische Produktionsfaktoren sind damit aber für andere Zwecke nicht mehr oder nur eingeschränkt verwendbar, weshalb ihr Eigentümer an der Aufrechterhaltung der Transaktionsbeziehung, für die sie entwickelt worden sind, sehr interessiert sein muss. Hat ein Automobilzulieferer beispielsweise in eine Maschine investiert, auf der er ausschließlich Teile fertigen kann, die bei einem bestimmten Automobilproduzenten Verwendung finden, so wird es ihm besonders wichtig sein, diese Geschäftsbeziehung aufrechtzuerhalten. Derjenige, der spezifische Investitionen vorgenommen hat, ist im Falle opportunistischen Verhaltens (Abschnitt 3.3.1.2) des Marktpartners der Gefahr der Ausnutzung durch denselben ausgesetzt. Insofern ist derjenige, der die spezifischen Investitionen getätigt hat, abhängig vom Verhalten des Marktpartners. Je umfangreicher der Anteil, den die spezifischen Investitionen im Hinblick auf einen Transaktionspartner am Gesamtumfang der Investitionen der betreffenden Unternehmung ausmachen, je spezifischer, d.h. je schlechter in anderen Verwendungen die betreffenden Investitionsobjekte einsetzbar sind, je wichtiger der betreffende Investitionspartner für die Geschäftstätigkeit der investierenden Unternehmung zudem ist, desto größer ist folgerichtig die wirtschaftliche Abhängigkeit, die gegenüber diesem Marktpartner besteht. Der Transaktionskostenansatz sucht vor diesem Hintergrund nach effizienten Koordinationsformen, die das Problem der Ausnutzungsgefahr zu lösen oder einzuschränken vermögen. Dabei kann grundsätzlich festgehalten werden, dass mit steigender Spezifität die Notwendigkeit umfassender vertraglicher Regelungen zunimmt, um demjenigen, der sich durch spezifische Investitionen in das Abhängigkeitsverhältnis begeben hat, einen angemessenen Schutz gegen die einseitige Ausnutzung der Abhängigkeitsposition durch den Marktpartner zu verschaffen.

Wichtig ist bei der Analyse der Abhängigkeitsbeziehungen der Beteiligten die Tatsache, dass im Regelfall nicht nur einer der Marktpartner spezifische Investitionen tätigt: So wie der oben beschriebene Zulieferer sich mit seiner Investition in die betreffende Maschine an dem Automobilproduzenten ausrichtet, so wird sich auch der Automobilproduzent bei der Ausgestaltung seiner Produktionsanlagen auf die Vorleistungen des Zulieferers einstellen müssen und wenigstens ein gewisses Maß an spezifischen Faktoren benötigen, die er zumindest nicht ganz ohne Aufwand auf die Zulieferungen anderer Anbieter umstellen kann. Daher bedarf es der Untersuchung der Spezifitätsverteilung der Beteiligten zueinander, wobei der Begriff der **Reziprozität** zur Beschreibung der Gegenseitigkeit spezifischer Investitionen dient (Backhaus et al. 1994). Sofern die spezifischen Investitionen zwischen den Beteiligten gleichmäßig bzw. symmetrisch ausgeprägt sind, liegt eine beiderseitige Abhängigkeit vor, je mehr die Spezifität jedoch einseitig bzw. asymmetrisch ausgeprägt ist, desto stärker ist die Abhängigkeit des einen Transaktionspartners von dem anderen.

Einen zweiten Weg zur ökonomischen Erklärung der Abhängigkeit bietet die **Informationsökonomik** in Verbindung mit dem **Principal-Agent-Ansatz**. Basierend auf informationsökonomisch zu begründenden Verhaltensunsicherheiten (als Form der endogenen Unsicherheit, die aus der Gefahr opportunistischen Verhaltens resultiert; siehe Abschnitt 3.2.1.1.2) lässt sich die Abhängigkeit in Principal-Agent-Beziehungen erklären. Da sich – wie noch gezeigt wird – alle Marktbeziehungen als Principal-Agent-Beziehungen interpretieren lassen, liefert dieser Ansatz insoweit eine breite Erklärungsbasis.

Zunächst seien die Begriffe Principal und Agent kurz allgemein – und bewusst noch etwas vereinfachend – charakterisiert:

- Ein **Agent** ist eine Person, die im Auftrag einer anderen handelt und dadurch hinsichtlich der konkreten Aufgabenstellung Informationsvorsprünge realisiert.

- Ein **Principal** ist eine Person, die eine andere mit der Wahrnehmung einer Aufgabe betraut und im Hinblick auf die konkrete Aufgabenstellung gegenüber der beauftragten Person Informationsnachteile realisiert.

Prinzipal-Agent- bzw. Agency-Beziehungen weisen vor diesem Hintergrund zwei wesentliche Eigenschaften auf (Meinhövel 2004):

- Der Agent muss über „authority" verfügen, d.h. zum Handeln für den Principal berechtigt sein.
- Zudem ist die Übereinkunft der Parteien („consent") im Sinne übereinstimmender Willenserklärungen erforderlich.

Der Prinzipal-Agenten-Ansatz beschäftigt sich insofern mit Auftraggeber-Auftragnehmer-Beziehungen. Er hat seinen Ursprung bei Ross (1973) und konzentrierte sich zunächst auf institutioneninterne Principal-Agent-Konstellationen, z.B. die Beauftragung von Managern durch Kapitaleigentümer. Als wesentliche Verhaltensannahmen wurden dabei herausgestellt (dazu auch bereits im Zusammenhang mit dem Transaktionskostenansatz in Abschnitt 2.3.1.2):

- unvollständige Information,
- beschränkte Rationalität,
- opportunistisches Verhalten.

Im Rahmen der weiteren Entwicklung des Ansatzes erfolgte eine Ausweitung der Betrachtung auch auf institutionenübergreifende Auftraggeber-Auftragnehmer-Beziehungen. Einige beispielhafte Principal-Agent-Konstellationen zeigt Tabelle 3-21.

Im vorliegenden Fall interessieren zunächst primär die Unsicherheitsformen, die zwischen dem Nachfrager als Principal (Auftraggeber) und dem Anbieter als Agent (Auftragnehmer) zu beobachten sind. Diese Vereinfachung wird später aufgegeben.

Principal	Agent	Aufgabe
Nachfrager	Anbieter	Erbringung der gewünschten Leistungen zur Befriedigung der Bedürfnisse
Eigentümer (Kapitalgeber)	(angestellter) Manager	Führung der Unternehmung zur Sicherung deren Existenz und zufriedenstellender Renditen
Kreditgeber	Aktionäre bzw. Management	Umsichtige Verwendung der finanziellen Mittel
Vorgesetzter	Untergeordneter Arbeitnehmer	Engagierte Befolgung der Anordnung
Vermieter	Mieter	Werterhaltende Instandhaltung des Hauses
Wähler	Politiker	Effiziente Bereitstellung öffentlicher Güter
Politiker	Bürokrat	Effiziente verwaltungstechnische Umsetzung der politischen Entscheidungen

Tabelle 3-21: Beispielhafte Principal-Agent-Konstellationen (Quelle: in Erweiterung von Erlei et al. 2007, S. 75)

Aus der Beauftragung des Agenten durch den Prinzipal ergeben sich im Wesentlichen die folgenden **Transaktionsprobleme**:

- Die Handlungen des Agenten können durch den Prinzipal nicht vollständig beobachtet werden.

- Der Agent verfügt bereits vor der Beauftragung über Informationen, die für den Prinzipal nicht erkennbar sind (z.B. sein tatsächlich beabsichtigter Arbeitseinsatz).

- Aus Sicht des Prinzipals besteht die Gefahr des eigennützigen (opportunistischen) Verhaltens des Agenten.

- Der Prinzipal hat Probleme, die Handlungen des Agenten zu kontrollieren.

Die zentrale Ursache für die zwischen Anbieter und Nachfrager bestehenden Verhaltensunsicherheiten ist damit aber die bereits mehrfach angesprochene ungleiche Informationsverteilung zwischen den beiden Marktpartnern (**Informationsasymmetrie**). Diese Informationsasymmetrie nämlich führt dazu, dass das Verhalten des jeweiligen Austauschpartners aus der Sicht eines bestimmten Marktteilnehmers in der konkreten Austauschsituation nicht völlig überschaubar ist. Dabei lassen sich mehrere Arten von Unsicherheit unterscheiden (Tabelle 3-22).

		Nach Vertragsabschluss	
		Principal kann das Verhalten des Agent beobachten	Principal kann das Verhalten des Agent nicht beobachten
Vor Vertragsab-schluss	Verhalten des Agent steht fest	„Hidden Characteris-tics" (Qualitätsunsi-cherheit); „Adverse Selection"	*[nicht betrachtet]*
	Agent kann sein Ver-halten variieren	„Hidden Intention"; „Hold Up"	"Hidden Action"; "Moral Hazard"

Tabelle 3-22: Formen von Verhaltensunsicherheit (Quelle: Fließ 2000, nach Spremann 1990, S. 565f.)

Hidden Characteristics und Hidden Intention als die beiden Formen von Unsicherheit, bei denen der Prinzipal das Verhaltens des Agenten zumindest nach Vertragsabschluss beobachten kann (im Falle von Hidden Action ist diese Ex-post-Beobachtbarkeit nicht mehr gegeben), werden auch als **Hidden Information** bezeichnet (Kaas 1992; Spre-mann 1990; abweichend davon Jost 2001b). Somit lassen sich grob zwei Grundformen von Verhaltensunsicherheit unterscheiden (Kaas 1992, nach Arrow 1985):

- Hidden Information als die Unsicherheit des Principal, dass der Agent bestimmte, für die Zusammenarbeit wichtige Informationen ausnutzen könnte, die der Princi-pal nicht (zumindest nicht kostenfrei) erlangen kann;

- Hidden Action als die Unsicherheit des Principal, dass der Agent während der Zusammenarbeit Entscheidungen zum eigenen Vorteil, aber zum Nachteil des Principal trifft, die dieser nicht (zumindest nicht kostenfrei) beobachten oder beur-teilen kann.

Die in Tabelle 3-22 angesprochene Nicht-Beobachtbarkeit ist also keine im absoluten Sinne, sondern eine solche, die der Principal im Falle der Inkaufnahme entsprechender Kosten zumindest teilweise umgehen könnte, wobei eine exakte Bezifferung dieser Kosten nicht möglich ist. Dieser Sachverhalt wird im Zuge der Behandlung denkbarer Transaktions- bzw. Kooperationsdesigns in Abschnitt 3.3 näher thematisiert.

Zur weiteren Verdeutlichung der Formen von Verhaltensunsicherheit nennt Beispiel 3-9 zu den Feldern der Tabelle 3-22 jeweils einfache Beispielfälle.

Beispiel 3-9: Illustrationen für Formen der Verhaltensunsicherheit

- **Hidden Characteristics**: Der Nachfrager als Principal ist unsicher über die Qualifikation des Anbieters (Agent) oder bestimmte Eigenschaften der angebotenen Leistungen. So kann z.B. ein Dienstleister damit werben, besonders qualifiziertes Personal zu haben, in Wirklichkeit aber nur mit Billigkräften arbeiten, die er kurzfristig auch nicht austauschen kann, so dass das Verhalten des Agent feststeht. In diesem Fall besteht für den Auftraggeber die Gefahr, eine falsche Auswahl zu treffen (**Adverse Selection**), indem er einen für seine Zwecke nicht geeigneten Anbieter engagiert.

▪ **Hidden Intention**: Der Anbieter (Agent) verfolgt eine für den Nachfrager (Prinzipal) nicht erkennbare Absicht, kann sein Verhalten aber durchaus noch verändern. Da der Nachfrager das Verhalten zumindest nachträglich noch beobachten kann, kommen allzu krasse Formen der Ausnutzung des Informationsvorsprungs oft nicht in Frage. Denkbar ist aber, dass der Anbieter bewusst Vertragslücken lässt, die ihm Spielräume für opportunistisches Verhalten eröffnen, mit dem er den Nachfrager „überfällt" (**Hold Up**). So könnte er z.B. minderwertiges Material einsetzen, weil der Vertrag diesbezüglich keine explizite Festlegung getroffen hat.

▪ **Hidden Action**: Da der Nachfrager als Prinzipal das Verhalten des Anbieters als Agent in diesem Fall auch nachträglich nicht beobachten kann, der Anbieter aber gleichzeitig sehr wohl sein Verhalten noch zu steuern in der Lage ist, liegen in diesem Fall aus Sicht des Principal die größten Gefahren opportunistischen Verhaltens vor. So ist es etwa vorstellbar, dass bei einem Beratungsprojekt, das auf Basis von Beraterstunden entgolten wird, mehr Stunden in Rechnung gestellt werden als für das Projekt tatsächlich angefallen sind. Der Principal muss subjektiv für sich einschätzen, wie hoch er das entsprechende Risiko einschätzt (**Moral Hazard**) und wie hoch entsprechend seine Unsicherheit ist.

Abhängigkeit entsteht vor diesem Hintergrund aus der Tatsache, dass derjenige Marktpartner mit Informationsnachteilen (Principal) davon abhängig ist, dass der Marktpartner mit Informationsvorteilen (Agent) die Informationsasymmetrie nicht über ein aus Sicht des Prinzipals tolerierbares Maß hinaus zum eigenen Vorteil ausnutzt.

Bisher wurde vereinfachend unterstellt, dass die Informationsvorsprünge jeweils auf eine Marktseite – hier: die Anbieter – konzentriert sind. Faktisch ist es aber so, dass beide Marktseiten Informationsvorsprünge im Hinblick auf die eigenen Verhaltensweisen haben werden: Der Anbieter weiß besser über sich selbst, seine Leistungen und seine Verhaltensabsichten Bescheid, während der Nachfrager mehr Informationen über seine konkreten Erwartungen, aber z.B. auch über seine eigene Zahlungsfähigkeit und -bereitschaft besitzt. Damit ergeben sich Abhängigkeitsbeziehungen in beiden Richtungen, deren Auswirkungen sich dann nach dem konkreten Verhalten der einzelnen Beteiligten richten. Insofern treten in der Praxis im Normalfall nicht einseitige, sondern **bilaterale Prinzipal-Agenten-Konstellationen** auf, bei denen eine eindeutige Zuweisung der Rollen zum Anbieter oder zum Nachfrager nicht möglich ist: Vielmehr können die Rollen im Verlauf einer Austauschbeziehung gegebenenfalls sogar mehrfach wechseln, woraus beiderseitige Abhängigkeiten und Verhaltensunsicherheiten resultieren, die auch durch vertragliche Regelungen – und seien sie noch so ausgefeilt – nicht vollständig beseitigt werden können. Abbildung 3-25 verdeutlicht die Zusammenhänge bilateraler Principal-Agent-Beziehungen am Beispiel einer – vereinfacht dargestellten – Unternehmungsberatungsleistung (siehe Beispiel 3-10).

[handschriftliche Notiz: ↳ Infolücken auf beiden Seiten, in „wechselnden Zeiten / Abständen"]

Abbildung 3-25: Bilaterale Principal-Agent-Beziehung am Beispiel einer Unternehmungsberatungsleistung

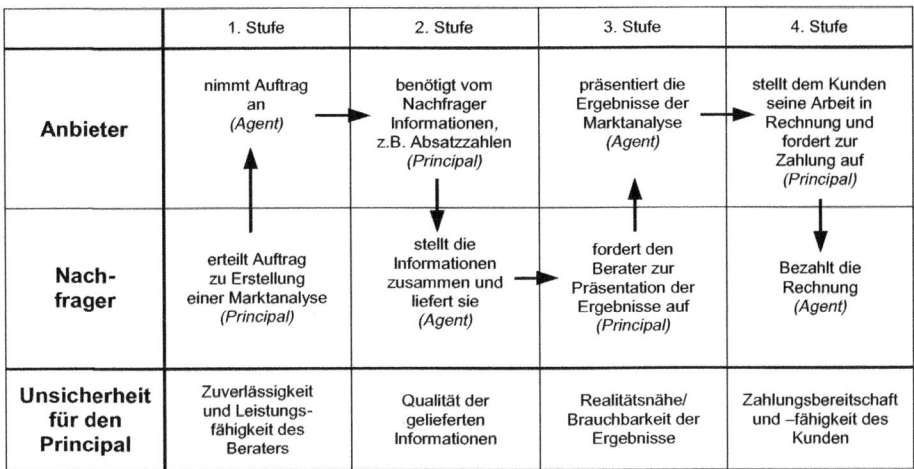

	1. Stufe	2. Stufe	3. Stufe	4. Stufe
Anbieter	nimmt Auftrag an *(Agent)*	benötigt vom Nachfrager Informationen, z.B. Absatzzahlen *(Principal)*	präsentiert die Ergebnisse der Marktanalyse *(Agent)*	stellt dem Kunden seine Arbeit in Rechnung und fordert zur Zahlung auf *(Principal)*
Nach-frager	erteilt Auftrag zu Erstellung einer Marktanalyse *(Principal)*	stellt die Informationen zusammen und liefert sie *(Agent)*	fordert den Berater zur Präsentation der Ergebnisse auf *(Principal)*	Bezahlt die Rechnung *(Agent)*
Unsicherheit für den Principal	Zuverlässigkeit und Leistungs- fähigkeit des Beraters	Qualität der gelieferten Informationen	Realitätsnähe/ Brauchbarkeit der Ergebnisse	Zahlungsbereitschaft und –fähigkeit des Kunden

Beispiel 3-10: Bilaterale Principal-Agent-Beziehung am Beispiel einer Unternehmungsberatungsleistung

Im in der Abbildung dargestellten Fall erteilt zunächst die nachfragende Unternehmung den Auftrag zur Erstellung einer Marktanalyse und ist damit als Auftraggeber Principal. Die den Auftrag annehmende Unternehmungsberatung ist auf dieser **ersten Stufe** Agent. Auf den ersten Blick ist diese Rollenkonstellation für die gesamte Abwicklung der Transaktion gültig. Auf einer übergeordneten, auf den Gesamtauftrag bezogenen Ebene kann diese Sichtweise auch vertreten werden. Sieht man sich die Abwicklung des Beratungsgeschäfts jedoch etwas näher an, so lässt sich feststellen, dass auf einer der Gesamtauftragsebene nachgelagerten Ebene die Erbringung der Beratungsleistung einer Reihe von „Einzel"- bzw. „Subaufträgen" bedarf, bei denen einmal die Beratungsgesellschaft, einmal die Klientenunternehmung die Rolle des Auftraggebers und damit des Prinzipals übernimmt, die jeweils andere dann diejenige des Agenten. So zeigt die Abbildung, dass auf einer **zweiten** Stufe des Projekts die Beratungsgesellschaft von der Unternehmung Informationen benötigt, mit deren Bereitstellung sie diese „beauftragt" (z.B. die Beschaffung von Absatzzahlen aus der Vertriebsstatistik). Die Klientenunternehmung nimmt diese Aufgabe an und liefert die gewünschten Informationen, hat hier also als Agent fungiert, von dem die Beratungsgesellschaft abhängig ist, will sie mit ihren Leistungen die bestmögliche Qualität erreichen. Gegen Ende des Projektes (hier vereinfacht die **dritte Stufe**) fordert die Kundenunternehmung die Berater zur Präsentation der Ergebnisse auf, fungiert also wieder als Auftraggeber, dessen Forderung die Beratungsgesellschaft als Agent nachkommt und damit ihrer Leistungsverpflichtung Genüge tut. Auf einer **vierten Stufe** schließlich wird jedoch die Beratungsgesellschaft noch einmal selbst zum Prinzipal, indem sie die Klientenunternehmung zur Begleichung der Rechnung auffordert – zumindest in teilweiser Unkenntnis der Zahlungsfähigkeit und -bereitschaft der Marktgegenseite.

Auf jeder Stufe einer derartigen wechselseitigen Principal-Agent-Beziehung ist der jeweilige Prinzipal vom Verhalten des jeweiligen Agenten abhängig und unterliegt damit den entsprechenden Verhaltensunsicherheiten. Jeder Beteiligte ist zeitweise auf die zuverlässige Mitarbeit des anderen angewiesen, wobei die Rollen und damit die Abhängigkeitskonstellationen wenn schon nicht ständig, so doch relativ häufig im Laufe der Abwicklung einer Markttransaktion wechseln können. Zur Bewältigung derartiger Abhängigkeitsprobleme, die im Rahmen von langfristigen Geschäftsbeziehungen noch sehr viel bedeutsamer sind als bei der Abwicklung von Einzeltransaktionen, müssen innerhalb der Austauschprozesse effizienzfördernde Maßnahmen ergriffen werden; während jedoch das Phänomen der Abhängigkeit an sich ein wichtiges Marktstrukturmerkmal ist, fallen die daraus resultierenden Maßnahmen in den Bereich der Marktprozesse und somit in den Abschnitt 3.3 des vorliegenden Kapitels.

3.2.1.4 Umfeld und Ordnungsrahmen

3.2.1.4.1 Relevante Umfeldfaktoren im Überblick

Bereits im Rahmen der Abschnitte 1.3 und 1.4 wurde darauf hingewiesen, dass die Unternehmung nicht nur in die Beziehungen zu ihren Kunden, Konkurrenten und Lieferanten eingebunden ist, sondern auch in ein weiteres marktliches Umfeld, in dem insbesondere technologische, gesellschaftliche, rechtlich-politische und ökonomische sowie ökologische Aspekte eine Rolle spielen und den Erfolg der Unternehmung mitbestimmen können. Im Rahmen der Unternehmungsführung werden diese Faktoren auch als „**allgemeine Umwelt**" bezeichnet, zu der die Unternehmung lediglich Beziehungen eher indirekter Art unterhält, worin sie sich von der „**Aufgabenumwelt**" (insbesondere Kunden, Lieferanten, Konkurrenten, aber auch bestimmte Behörden sowie die Arbeitnehmer als Akteure des Arbeitsmarktes) unterscheidet, zu der die Unternehmung in direkter Interaktion steht und auf die sie zumindest bedingt Einfluss nehmen kann (Macharzina/Wolf 2005). Tabelle 3-23 zeigt in Ergänzung zu Kapitel 1 einen Katalog wichtiger Faktoren der Allgemeinen Umwelt im Überblick, die bereits von Farmer/Richman (1970) in einer der frühen Arbeiten zur Analyse unternehmungsführungsrelevanter Umweltvariablen herausgearbeitet wurden. Dabei muss gesagt werden, dass die Grenze zwischen den Bereichen der Aufgabenumwelt und der allgemeinen Umwelt nicht allgemeingültig, sondern nur der Tendenz nach gezogen werden kann, denn für jede Unternehmung sind die direkten Interaktionspartner, die damit das Geschehen in der Unternehmung unmittelbar beeinflussen und die daher der Aufgabenumwelt zuzurechnen sind, andere: Jede Unternehmung hat ihre eigenen Kunden, Lieferanten und Behördenkontakte. Es würde an dieser Stelle zu weit führen, alle genannten Aspekte näher zu beleuchten. Daher wurden und werden die jeweils relevanten Aspekte aus diesem breiten Spektrum jeweils an den Stellen des vorliegenden Buchs aufgegriffen, an denen sie passen und benötigt werden. Als kurzer Überblick mag die Tabelle genügen.

▇ Umweltsegment 1: Bildungsstand

– Anteil der Bevölkerung und der Arbeitnehmer, der lesen und schreiben kann sowie Grundrechenarten beherrscht; Dauer der Schulpflicht

– Stand der Berufsausbildung und der übrigen weiterführenden Bildungsangebote; Ausmaß, angebotene Typen und Qualität von Bildungsaktivitäten, die nicht von Wirtschaftsunternehmen durchgeführt werden; Relation von Lehrpersonal zu Auszubildenden

– Anteil der Höherqualifizierten in der Bevölkerung; Anteil der Personen mit Hochschulabschluss; Persönlichkeitsmerkmale der Höherqualifizierten

▇ Umweltsegment 2: Gesellschaftliche Merkmale

– Einstellung gegenüber Management generell und insbesondere gegenüber dem Management von Wirtschaftsunternehmen; Einstellung gegenüber der Art und Weise, wie Manager ihre Tätigkeit handhaben und diese beurteilen

– Einstellung gegenüber hierarchischen Strukturen, insbesondere Einstellung gegenüber Autorität und Untergebenheit; Übereinstimmung mit der Auffassung von Managern zu diesen Sachverhalten

– Form der Zusammenarbeit gegenüber Wirtschaftsorganisationen; Ausmaß, in dem Unternehmen, die öffentliche Verwaltung, Gewerkschaften, Bildungseinrichtungen und andere relevante Institutionen miteinander kooperieren, um die Effizienz und den wirtschaftlichen Fortschritt zu erhöhen

▇ Umweltsegment 3: Politische und rechtliche Merkmale

– Relevante Normen der Gesetzgebung; Qualität, Effizienz und Effektivität des Rechtssystems, speziell im Hinblick auf das Wirtschaftsrecht, das Arbeitsrecht und das Steuerrecht; Ausmaß der Anwendung rechtlicher Normen; Verlässlichkeit des Rechtssystems

– Verteidigungspolitik; Einfluss der Verteidigungspolitik auf die Wirtschaftsunternehmen, besonders im Hinblick auf deren wirtschaftliche Beziehungen zu Partnern aus anderen Verteidigungsblöcken

– Außenpolitik; Einfluss der Außenpolitik auf die Wirtschaftsunternehmen, bezüglich Handelsbeschränkungen, Quotenregelungen, Zölle, Zollunion, Wechselkursbestimmungen

▇ Umweltsegment 4: Ökonomische Merkmale

– Allgemeines wirtschaftliches Umfeld; grundlegende Faktoren wie die Art des Wirtschaftssystems (Marktwirtschaft, soziale Marktwirtschaft, Zentralverwaltungswirtschaft)

– Zentralbanksystem und Geldpolitik; Organisation und Handlungsweise der Zentralbank, beispielsweise im Hinblick auf die Kontrolle der Geschäftsbanken oder im Hinblick auf die Fähigkeit, die Geldmenge zu kontrollieren

– Fiskalpolitik; Handhabung von Staatsausgaben und Staatsverschuldung im Hinblick auf deren Umfang, Fristigkeit und Wirksamkeit; Gesamtanteil der Staatsausgaben am Bruttosozialprodukt

---

Tabelle 3-23: Faktoren des marktlichen Umfelds von Unternehmungen (Quelle: gekürzt nach Macharzina/Wolf 2005, S. 20f., nach Farmer/Richman 1970)

3.2.1.4.2 Marktregeln als Einflussgrößen von Marktstrukturen

Marktregeln können in sehr unterschiedlicher Form auftreten. In Abschnitt 3.1.1 wurden mit Schneider (1995) zwei grundlegende Arten herausgestellt:

■ **Regelsysteme für das Ausüben von Unternehmerfunktionen** (zu nennen sind hier insbesondere Planung, Koordination und Kontrolle von Handlungen in Märkten),

■ **Elemente der Marktverfassung**, die rechtliche Regelungen (z.B. GWB oder UWG), aber auch (ungeschriebene) Verhaltensnormen wie Sitten, Gebräuche und Traditionen umfasst.

Während die erste Gruppe eher unternehmungsinternen Charakter hat und daher später behandelt wird, prägt die zweite Gruppe die Marktstrukturen entscheidend mit, so dass sie im vorliegenden Abschnitt thematisiert wird. Eine grobe Einordnung der relevanten Regelungsformen liefert die in Abbildung 3-26 dargestellte Regelungspyramide.

Abbildung 3-26: Regelungspyramide

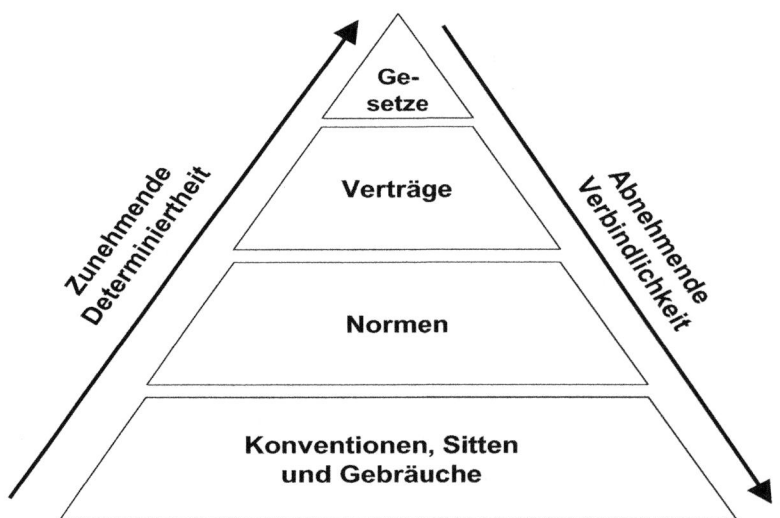

Marktregeln können insofern mehr oder weniger kodifiziert und festgeschrieben sein und sind nicht immer in gleichem Maße bindend. Zudem sind die sich ergebenden (bzw. die verbleibenden) Handlungsspielräume je nach Markt durchaus sehr verschieden:

- **Gesetzliche Regelungen** sind grundsätzlich für alle Marktteilnehmer verbindlich (z.B. Gesetz gegen Wettbewerbsbeschränkungen, Handelsgesetzbuch).

- **Verträge** sind nur für die jeweils beteiligten Vertragspartner bindend (z.B. Kaufvertrag, Mietvertrag).

- **Normen** sind zwar festgeschriebene Vereinheitlichungen (Standards) von bestimmten Gegenständen oder Abläufen, sie müssen aber vielfach nicht zwingend eingehalten werden, sondern nur dann, wenn eine an einer Transaktion beteiligte Seite dieses fordert (z.B. Qualitätsstandards nach DIN EN ISO).

- **Konventionen, Sitten und Gebräuche** sind ungeschriebene Verhaltensregeln, die dem „üblichen" Vorgehen auf Märkten entsprechen, die aber grundsätzlich weder rechtlich bindend noch allgemeingültig sind (z.B. bestimmte Verhandlungsmuster). Allerdings nehmen sie in manchen Bereichen faktisch fast den Charakter rechtsverbindlicher Normen an und beeinflussen damit als „lex mercatoria" u.a. Schiedsgerichte, die die Vertragsparteien anerkennen.

Da es im Folgenden ausgeschlossen ist, einen auch nur ansatzweise vollständigen Überblick über die Vielzahl der Marktregeln zu geben, sollen die Sachverhalte lediglich an Hand einiger Beispiele dokumentiert werden. Zudem findet sich im Wirtschaftsleben regelmäßig eine Mixtur unterschiedlicher Regeln, die den Rahmen für Austauschprozesse prägen

Gesetze als oberste Stufe der Regelungspyramide betreffen alle Bereiche des menschlichen und des wirtschaftlichen Handelns; sie reichen von sehr grundlegenden Regelungen (insbesondere kann hier das Grundgesetz genannt werden) über Bestimmungen für bestimmte Rechtsgebiete (z.B. Strafgesetzbuch, Handelsgesetzbuch) bis hin zu sehr speziellen Regelungen (z.B. Verpackungsverordnung, Produkthaftungsgesetz). Als Marktregeln sind diese Gesetze je nach Markt von unterschiedlicher Bedeutung. Besondere Relevanz haben für die marktorientierte Unternehmungsführung Gesetze, die im Zusammenhang mit den Marketing-Aktivitäten der Unternehmung stehen. Abbildung 3-27 gibt einen Überblick über in diesem Zusammenhang wichtige Regelungen, ohne dabei einen Anspruch auf Vollständigkeit zu erheben. Ausdrücklich hervorzuheben sind dabei die beiden wettbewerbsrechtlich geprägten Gesetze, die das „Funktionieren" der Märkte sicherstellen sollen: das Gesetz gegen Wettbewerbsbeschränkungen (GWB) und das Gesetz gegen unlauteren Wettbewerb (UWG).

Abbildung 3-27: Rechtsnormen mit Bedeutung für das Marketing (Quelle: Schröder 1995, Sp. 2217f.)

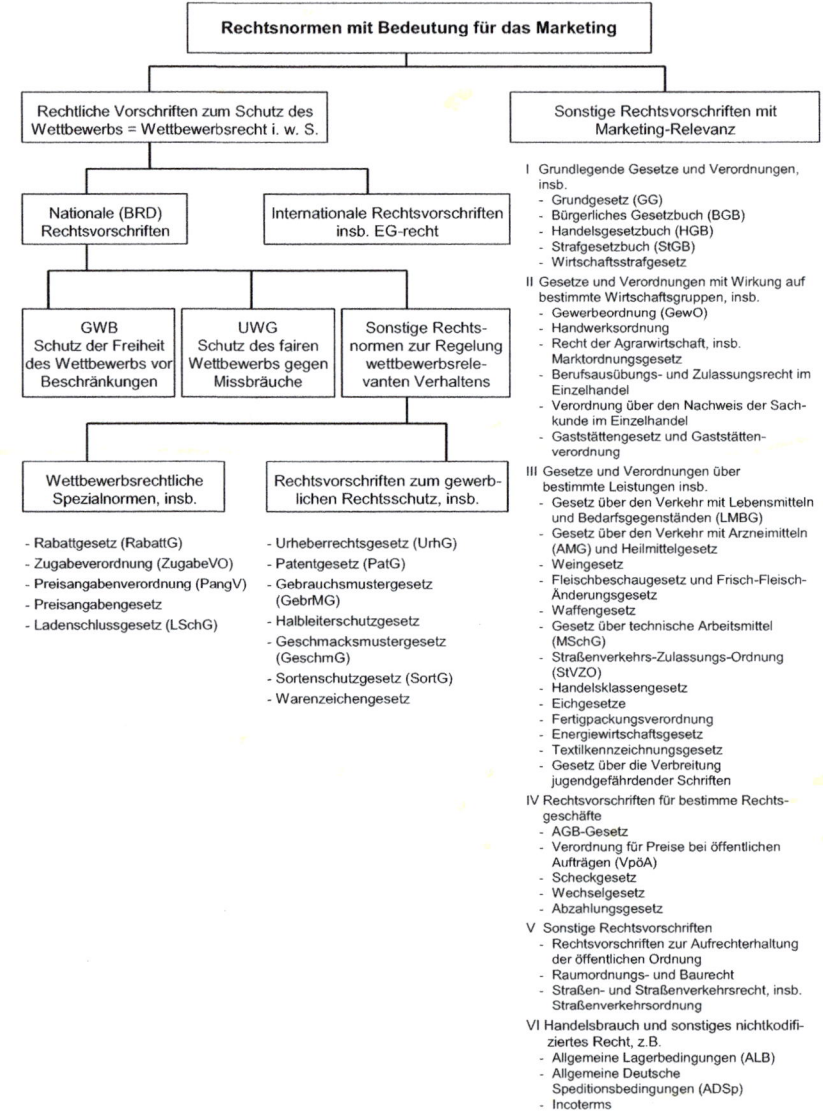

Rechtsnormen können restriktive und auch schützende Wirkungen nach sich ziehen, denn sie begrenzen einerseits die Marktaktivitäten der Unternehmung. Andererseits gewähren sie ihr aber auch Schutz gegenüber rechtswidrigen Verhaltensweisen anderer Unternehmungen (Schröder 1995). Insofern sollten Gesetze geeignet sein, die Unsicherheit der Marktteilnehmer im Hinblick auf bestimmte Sachverhalte zu reduzieren. Allerdings stellt sich dabei stets die Frage nach der Optimierung des daraus resultierenden Regulierungsgrades, denn eine zu starke Einschränkung der Handlungsspielräume ist gleichfalls nicht wünschenswert, da sie die unternehmerischen Entfaltungsmöglichkeiten einengt und die Innovationskraft hemmen kann.

Eine Besonderheit von Gesetzen besteht darin, dass sie an ein definiertes Territorium gebunden sind. Dies ist im Regelfall ein Nationalstaat, teilweise aber auch eine supranationale Organisation wie z.B. die EU. Für ökonomische Tätigkeit innerhalb des betreffenden Territoriums haben die Gesetze Gültigkeit. Ganz anders verhält es sich jedoch bei Koordinationsprozessen, die über diese territorialen Grenzen hinausreichen. Hier besteht die Möglichkeit, dass sich an der Transaktion beteiligte Parteien dem Zugriff eines territorialen Rechtssystems völlig entziehen können, was mit erheblicher Unsicherheit einher geht und ein zentrales Charakteristikum des internationalen Geschäfts darstellt.

Verträge als zweite Stufe der Regelungspyramide sind Vereinbarungen zwischen zwei oder mehr Marktteilnehmern, die nicht isoliert funktionieren, sondern stets eine umfassende institutionelle Ordnung voraussetzen. Kaufverträge z.B. wären ohne Eigentumsrechte, ein Währungssystem, die Sprache, die Vertragsfreiheit und ein zu Grunde liegendes Vertragsrecht gar nicht möglich.

In Verträgen können sehr unterschiedliche Sachverhalte geregelt werden. So lassen sich im Investitionsgüterbereich etwa die folgenden Arten von Verträgen unterscheiden (Günter 1995, S. 928):

- Kaufverträge, Lieferverträge (Einzel- oder Rahmenaufträge),
- Werkverträge,
- Mietverträge (Leasing), Pachtverträge,
- Lizenz- bzw. Know-how-Verträge,
- Verträge über projektbezogene Kooperationen
  - mit Komplementär-Partnern,
  - zwischen Lieferanten und Abnehmern, z.B. in Form einer Entwicklungszusammenarbeit,
- Verträge über längerfristige Kooperationen (im Grenzfall bis hin zu Unternehmungszusammenschlüssen),
- Verträge mit Absatzmittlern (Handel u.a.),
- Dienstleistungsverträge (z.B. Wartungsverträge),
- Managementverträge (Betrieb von Anlagen durch Anbieter),
- Personal- und Arbeitsverträge (z.B. Handelvertreterverträge),

- Vertriebsbindungen,
- Qualitätssicherungsvereinbarungen,
- Allgemeine Geschäftsbedingungen (AGB).

Die Rolle von Verträgen als Marktregeln wird aus einem einfachen Beispiel ersichtlich, das zeigt, wie wichtig derartige Regelungen sind (Günter 1995).

Beispiel 3-11: Die Bedeutung von Verträgen als Marktregeln

Ein mittelständischer Betrieb verwendet und kauft gelegentlich Gabelstapler für Zwecke des innerbetrieblichen Transports. Die Lieferantenwahl und Auftragsvergabe hängt in erheblichem Maße von Vertragsklauseln in Verträgen mit Lieferanten (Herstellern oder Händlern) ab. Deren Ausgestaltung hat zunächst verschiedene betriebswirtschaftliche Aspekte und Funktionen, sie muss nicht zuletzt aber auch juristisch abgesichert werden. Ob der Verwenderbetrieb etwa Kauf oder Miete (Leasing) bevorzugt, wird u.a. von finanziellen Erwägungen und Restriktionen abhängen. Die Vereinbarung von Wartungsverträgen für Flurförderfahrzeuge hängt in hohem Maße vom eigenen Know-how und von Personalkapazitäten des Verwenders ab. Der Abschluss von Full-Service-Verträgen zu einem Pauschalpreis ist stark durch Risikoüberlegungen bestimmt – informationsökonomisch betrachtet: durch Qualitätsunsicherheit und deren Bewältigung durch die Beteiligten. Die weiteren Festlegungen der Auftragsvergabe und -abwicklung für derartige Fahrzeuge wie auch für andere Maschinen, Geräte und Anlagen enthalten eine Reihe von vertragspolitischen Entscheidungen wie etwa die Lieferbedingungen, Gewährleistungs- und Haftungs"spielregeln", Erfüllungsort und Gerichtsstand sowie – in bestimmten anderen Fällen des Investitionsgüterbereichs – eventuell Exklusivitäts- und Geheimhaltungsklauseln.

Von entscheidender Bedeutung für das ökonomische Ergebnis von Markttransaktionen kann es sein, welche Aspekte eines Vertrags definitiv durch Vereinbarungen geklärt werden und welche, gewollt oder implizit, offen bleiben bzw. flexibel gestaltet werden. Dieser Festlegungsgrad entscheidet letztlich über die Risikoverteilung zwischen den Beteiligten, über Rückgriffsmöglichkeiten im Haftungsfall, aber auch über die Regelung von Konflikten. Unterschiedliche Vertragstypen bringen zum Ausdruck, wie Anbieter und Nachfrager die empfundene Unsicherheit bewältigen wollen. So ist etwa denkbar, dass feste Regelungen für alle vorstellbaren Entwicklungen getroffen werden. Möglich sind aber auch weniger starre Regelungen. Dabei hat der Umfang der Existenz von Such-, Erfahrungs- und Vertrauenseigenschaften starken Einfluss auf die Vertragsgestaltung, aber auch auf die Möglichkeiten der vertraglichen Absicherung: Bei einer Dominanz der Sucheigenschaften ergibt sich wenig vertraglicher Regelungsbedarf, da die wesentlichen Leistungseigenschaften bereits vor dem Kauf beurteilt werden können. Leistungsmerkmale, die erst nach dem Kauf beurteilbar sind und somit Erfahrungseigenschaften darstellen, lassen sich z.B. über Garantien absichern, während Vertrauenseigenschaften i.d.R. gar nicht abzusichern sind, da es an Maßstäben zu ihrer Überprüfung fehlt, die zum Gegenstand des Vertrages gemacht werden könnten.

Abbildung 3-28 gibt einen Überblick, welche Vertragstypen aus ökonomischer Sicht grundsätzlich unterschieden werden können.

„Reine" klassische Verträge entsprechen dem Denkgebäude der klassischen Theorie, sind aber im Hinblick auf die Praxis unrealistisch, da eine hundertprozentige Vollständigkeit des Vertragsinhalts niemals erreicht werden kann. Allerdings gibt es bestimmte Verträge, die relativ nah an diesen Fall heranreichen. Hier kann der einfache Kauf von Benzin an der Tankstelle gegen Barzahlung genannt werden. Ein derartiger Kauf basiert auf einem (mündlichen) Kaufvertrag, bei dem im Grunde nur Einigung über den Kaufzeitpunkt und die gewünschte Benzinmenge erzielt werden muss, was der Käufer durch die Betätigung der Zapfsäule erledigt. Alle anderen Parameter werden mit dieser Tätigkeit fixiert: Preis und Zahlungszeitpunkt als weitere Vertragsbestandteile liegen entsprechend fest.

Abbildung 3-28: Systematisierung von Vertragstypen (Quelle: Dietl 1995, S. 572)

Vertragsformen	Zeitlicher Horizont	Vertragsinhalt	Eigenschaften der Vertragspartner	Anpassungs- und Durchsetzungsmechanismen	Beispiel
Klassischer Vertrag	zeitpunktorientiert	vollständig	ohne Bedeutung	Preis (i.V.m. formaler Gesetzgebung)	Einfacher Kaufvertrag
Neoklassischer Vertrag	zeitraumorientiert mit begrenzter Dauer	teilweise unvollständig	geringe Bedeutung	Schlichtung	größerer Werkvertrag
Bilateraler relationaler Vertrag (unternehmensübergreifend)	langfristig	unvollständig	große Bedeutung	Verhandlung	Joint Venture
Integrierter relationaler Vertrag (unternehmensintern)	langfristig	unvollständig	große Bedeutung	Anweisung	unbefristeter Arbeitsvertrag

Normen auf der dritten Stufe der Regelungspyramide werden durch spezielle Normungsinstitutionen (z.B. Deutsches Institut für Normung – DIN) festgelegt und beinhalten Anforderungen und Spezifikationen hinsichtlich bestimmter Objekte oder Abläufe. Ein einfaches Beispiel sind z.B. die Normen, die Schreibpapier seinen Namen geben: DIN A4, DIN A5 usw. Ein anderes Beispiel ist die Normenreihe zur Qualitätssicherung (DIN EN ISO 9000ff.). Wer sich darauf beruft, bestimmte Normen einzuhalten, verpflichtet sich gleichzeitig, diesen Anforderungen auch tatsächlich zu entsprechen. Für den Marktpartner hat dies zur Folge, dass seine Unsicherheit sich reduziert, denn er weiß zumindest hinsichtlich der normierten Leistungseigenschaften, was er zu erwarten hat: DIN A4-Papier hat eben eine bestimmte Größe, so dass es in die Papierfächer von Druckern passt, ohne dass Anpassungen vorgenommen werden müssen. Gleichzeitig reduziert die Orientierung an Normen den Erklärungsbedarf des Anbieters hinsichtlich der zu erwartenden Leistung. Allerdings ist zu beachten, dass der Begriff der Norm nicht nur im hier zugrunde liegenden engen Sinne verwendet wird, sondern oft z.B. auch von „Rechtsnormen" (im Sinne von Gesetzen oder von „Verhaltensnormen") im Sinne von den nachfolgend behandelten Sitten und Gebräuchen) die Rede ist.

Oft wird der Begriff der Norm auch für über diese eher enge Sichtweise hinausgehende Marktregeln verwendet, z.B. im Sinne von Gesetzesnorm oder Verhaltensnorm. Letzteres leitet zur untersten Stufe der Regelungspyramide über, den **Konventionen, Sitten und Gebräuchen**. Derartige Marktregeln haben allerdings im Unterschied zu den zuvor behandelten bis auf wenige Ausnahmen (z.B. Lex Mercatoria) weniger juristischen, sondern eher moralischen Charakter: Die Nichtbeachtung kann gesellschaftliche oder ideelle Sanktionen nach sich ziehen, die dann zu einer schlechten Reputation und somit gegebenenfalls auch zu negativen wirtschaftlichen Auswirkungen führen können. Insofern tragen auch derartige Marktregeln zum Abbau von Unsicherheit bei und bilden Orientierungspunkte für die handelnden Marktteilnehmer.

3.2.1.4.3 Die Szenario-Technik als Instrument der Umfeldanalyse

Die Szenario-Technik ist eines der bekanntesten Instrumente zur Analyse zukünftiger Entwicklungen im Bereich der umfeldbezogenen Marktstrukturmerkmale (von Reibnitz 1987). Daher soll sie hier vorgestellt werden, um zu verdeutlichen, auf welche Weise sich eine Unternehmung Informationen insbesondere zur zukünftigen Entwicklung des Umfelds beschaffen kann. Dabei geht es in der Szenario-Technik nicht darum, bestimmte Entwicklungen möglichst präzise vorherzusagen bzw. zu prognostizieren, sondern vielmehr darum, einen Möglichkeitenraum aufzuspannen, der zeigt, welche Konsequenzen sich für eine Unternehmung aus bestimmten zukünftigen Umweltkonstellationen ergeben können. Es sollen Zukunftssituationen beschrieben und Wege der Entwicklung zu diesen Situationen geschildert werden. Erste Ansätze der Szenario-Technik wurden zu Beginn der 1970er Jahre im Zusammenhang mit der aus der ersten Ölkrise resultierenden Unsicherheit entwickelt, als nach innovativen Möglichkeiten der Informationsgewinnung gesucht wurde (Kleinaltenkamp 2002a). Grundsätzlich können die folgenden idealtypischen **Charakteristika** von Szenarien herausgestellt werden:

- Darstellung eines hypothetischen Zukunftsbildes eines sozio-ökonomischen Bereichs und des Entwicklungspfades zu diesem Zukunftsbild;

- in Verbindung mit weiteren Szenarien Angabe eines Spektrums bzw. Raumes möglicher zukünftiger Entwicklungen des untersuchten Bereichs;

- systematische und transparente Erarbeitung unter Heranziehung mehrerer Faktoren sowie der Zusammenhänge zwischen diesen; Berücksichtigung von Plausibilität und Widerspruchsfreiheit;

- Beinhaltung sowohl qualitativer als auch quantitativer Aussagen, die einen ausformulierten Text bilden;

- Unterstützung bei der Orientierung über zukünftige Entwicklungen und/oder der Entscheidungsvorbereitung.

Die Untersuchungsfelder sind dazu nahezu unbegrenzt – je nachdem, welchen Informationszweck die Unternehmung in der jeweiligen Situation verfolgt. So können sich Szenarien z.B. beziehen auf Politik, Wissenschaft, technische Entwicklung, Ausbildung, Wechselkurse, Wertvorstellungen, Welthandel, Infrastruktur, Bevölkerungsstruktur, Gesellschaft, Wettbewerb oder Gesetzgebung. Dabei kann die Vorgehensweise der Szenario-Technik grob in drei Arbeitschritte unterteilt werden (Graevenitz/Würgler 1983):

1. Zunächst müssen die relevanten Umweltbereiche in Abhängigkeit von der jeweiligen Zwecksetzung der Unternehmung ausgewählt und anschließend gründlich analysiert werden.

2. Danach müssen für die einzelnen Umweltsektoren separate Teilszenarien erarbeitet werden.

3. Schließlich werden Wirkungsanalysen durchgeführt und die Teilszenarien zu Gesamtszenarien verbunden, die in sich konsistent sind.

Etwas differenzierter ist das Vorgehen des Batelle-Instituts, das in Abbildung 3-29 dargestellt ist. Die einzelnen Schritte seien kurz erläutert (Kleinaltenkamp 2002a):

- Zunächst wird die jeweilige Aufgabenstellung festgelegt und das zu bearbeitende Untersuchungsfeld übersichtlich und systematisch strukturiert.

- Anschließend werden alle das Untersuchungsfeld betreffenden Einflussfaktoren identifiziert und in ihrer Wirkung zu analysieren versucht. Wirkungsbeziehungen zwischen unterschiedlichen Einflussfaktoren können ergänzend in so genannten „Strukturbildern" dargestellt werden.

- Im dritten Schritt sollen auf dieser Basis möglichst quantifizierbare Deskriptoren ermittelt werden, die zur Kennzeichnung der einzelnen Umfeldbereiche geeignet sind. Soweit es möglich ist, wird ihre zukünftige Entwicklung prognostiziert. Größen, deren Verlauf in der Zukunft höchst ungewiss ist, werden als „Kritische Deskriptoren" bezeichnet (z.B. Bruttosozialprodukt als Deskriptor für zahlreiche volkswirtschaftliche Indikatoren). Für diese werden alternative Annahmen berücksichtigt, die zu jeweils unterschiedlichen Projektionen und damit letztlich auch zu anderen Szenarien führen.

Abbildung 3-29: Schritte der Szenario-Technik nach dem Konzept des Batelle-Instituts (Quelle: Geschka 1999, S. 525)

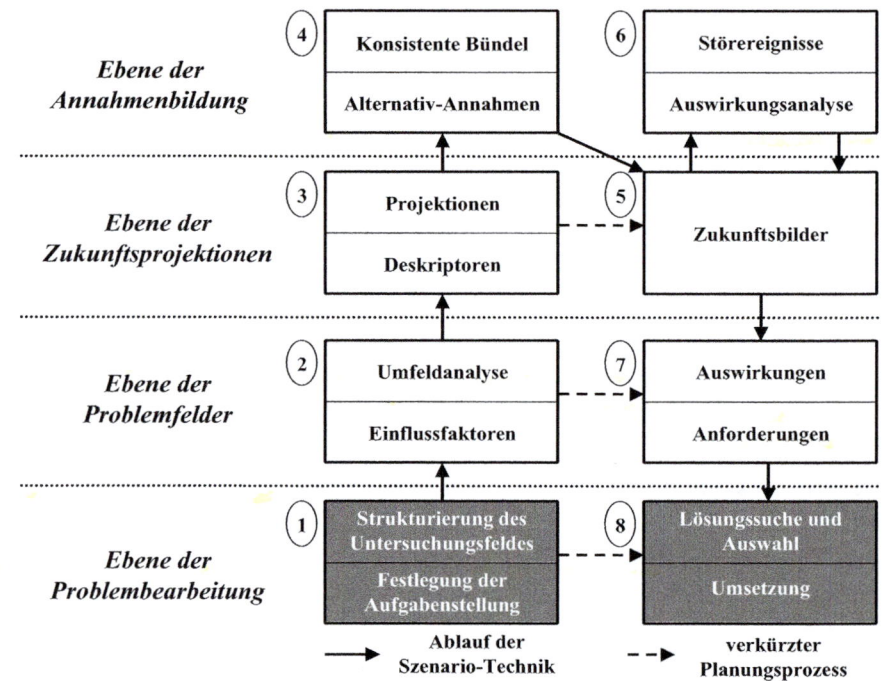

■ Danach wird die Vielzahl von Alternativ-Annahmen reduziert, indem in sich konsistente Bündel zusammengestellt werden. Neben der Konsistenz der Annahmenbündel wird aber auch ihre Unterschiedlichkeit als Auswahlkriterium herangezogen, damit sich in den nächsten Schritten möglichst stark voneinander abweichende Szenarien ergeben.

■ Im fünften Schritt werden die sich auf diese Weise ergebenden Annahmenbündel mit den für die unkritischen Deskriptoren prognostizierten Werten (Schritt 3) zu alternativen Zukunftsbildern zusammengeführt, die die Szenarien darstellen.

■ Anschließend wird der Versuch unternommen, die Auswirkungen möglicher Störereignisse auf die Szenarien zu ermitteln und zu bewerten. Solche Störgrößen können z.B. mit Kreativitätstechniken (Noellke 2006) identifiziert und mit Hilfe von Relevanz- und Plausibilitätsüberlegungen ausgewählt werden.

- Im siebten und damit vorletzten Schritt wird gefragt, welche Konsequenzen sich aus den formulierten Szenarien für das betrachtete Untersuchungsfeld ergeben und welche Anforderungen daraus für die zukünftige Betätigung in diesem Bereich erwachsen.

- Abschließend sind auf Grundlage der Analyse Lösungsmöglichkeiten für die zu erwartenden Problemstellungen sowie Maßnahmen, wie diese umgesetzt werden können, herauszuarbeiten.

Bei der Analyse von täglich oder doch zumindest häufig auftretenden Problemen kann ein verkürzter Planungsprozess zum Einsatz kommen, bei dem im Extremfall sogar unmittelbar von der Problemanalyse zur Lösungssuche (von Schritt 1 zu Schritt 8) übergegangen werden kann (Geschka 1999). Grafisch wird die Vorgehensweise der Szenario-Technik häufig mit Hilfe des so genannten „**Szenario-Trichters**" dargestellt (Abbildung 3-30).

Abbildung 3-30: Der Szenario-Trichter (Quelle: in Anlehnung an Geschka/von Reibnitz 1983, S. 129)

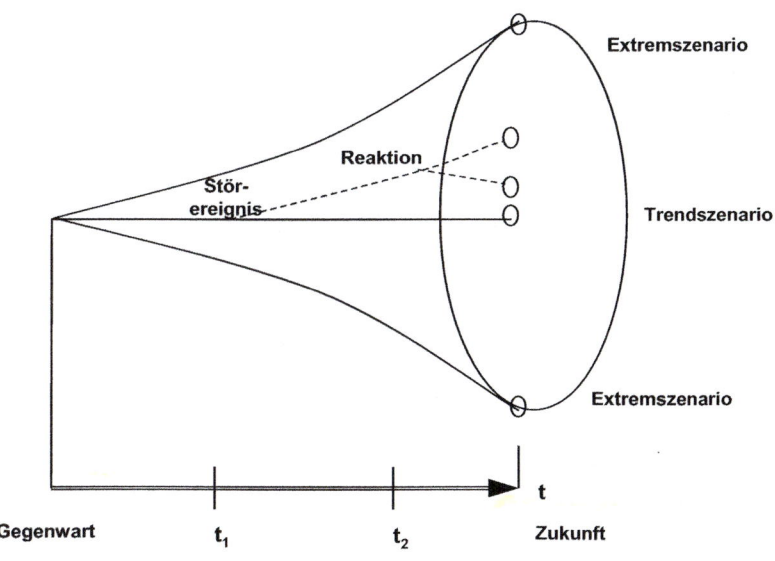

Beispiele für zwei weit in das 21. Jahrhundert gerichtete Szenarien, die Ute von Reibnitz im Jahre 1995 für die Entwicklung in China aufgestellt hat, mögen zur Verdeutlichung der Zusammenhänge beitragen (Krogh 1995, S. 124). Das Beispiel eignet sich deswegen, weil nach der Ausformulierung des Szenarios schon rund anderthalb Jahrzehnte vergangen sind, der Prognosezeitraum noch immer läuft und aus der Perspektive des neutralen Betrachters demzufolge eine erste Abschätzung über das Zutreffen der Szenarien bereits möglich ist.

Beispiel 3-12: Szenarien für die Zukunft Chinas

Der lange Marsch ins Ungewisse

Auszüge aus zwei Szenarien, in denen Beraterin von Reibnitz die Zukunft Chinas untersucht

Szenario A: "... China hat eine ziemlich radikale Kurskorrektur vom Kommunismus über die sozialistische Marktwirtschaft zum Kapitalismus hinter sich gebracht. ... Die Aussöhnung mit dem ehemaligen Erzfeind Japan hat China das Tor zu den letzten bisher noch nicht zugänglichen Zukunftstechnologien und zum japanischen Kapital geöffnet. Inzwischen hat Japan auf Grund interner politischer und gesellschaftlicher Probleme seine Technologieführerschaft verloren, und China hat die Position Japans übernommen.

Dies bedeutet, dass Schlüsseltechnologien des 21. Jahrhunderts in China entwickelt werden. Diese Führung in Zukunftstechnologien (Elektronik, Bio- und Materialtechnologie) wurde ... ermöglicht durch ein umfassendes Bildungsprogramm, das man in den späten 1990er-Jahren begonnen und das später auch entlegene Provinzen umfasst hat. ...

Dieses Szenario bietet sicherlich viele Möglichkeiten für einen westlichen Investor. ... Trotzdem birgt auch dieses prosperierende Szenario Risiken wie Unzufriedenheit und Revolution durch die Ausbeutung, ein dramatisches Ansteigen der Umweltprobleme. ... Man stelle sich vor, jede chinesische Familie besäße ein Auto!"

Szenario B: „... Die Autonomie und teilweise Autarkie einiger wohlhabender chinesischer Provinzen hat zu einer Loslösung von der Zentralregierung in Beijing geführt. Besonders die Provinz Guangdong hat nach der Fusion mit Hongkong 1997 von Wirtschaftskraft, Technologie-Know-how und Kapitel ... profitiert. ... Als nächstes spalten sich die prosperierenden Industriezentren Shanghai und Tianjin ab. Die ärmeren Provinzen wollen nicht auf den Reichtum der wirtschaftlich stärkeren Provinzen verzichten und versuchen, dies mit Waffengewalt zu erzwingen.

Das Ergebnis ist eine völlige Auflösung des Großreiches China, was zu einer Vielzahl von unabhängigen Staaten führt, die sich untereinander das Leben mit protektionistischen Maßnahmen schwer machen....

Wer unter diesem Szenario vordergründig die Risiken für seine Investitionen sieht, sollte ... bedenken, dass es in den ärmeren Provinzen weiterhin günstige Arbeitskräfte gibt. ... Andererseits entsteht ein enormer Wettbewerbsdruck auf dem Weltmarkt durch den südostchinesischen Staat, der zur neuen High-Tech-Schaltstelle weltweit wird."

Die Szenario-Technik bietet prinzipiell gute Möglichkeiten, alle relevanten Umweltbereiche adäquat abzubilden. Sie hilft bei der Durchdringung komplexer Zusammenhänge und veranlasst dazu, auch einmal die „eingefahrenen Bahnen" der Planung zu verlassen, da sie zu Kreativität anregt. Allerdings ist die Szenario-Technik ein sehr aufwändiges Instrument. So sind die Schwierigkeiten nicht zu unterschätzen, die mit der Beschaffung der für die Szenario-Erstellung erforderlichen Informationen verbunden sind. Auch die Zusammenführung der Einzelszenarien zu konsistenten Gesamt-bildern ist nicht unproblematisch. Schließlich besteht immer auch die Gefahr, wichtige potenzielle Störereignisse nicht vorausgedacht zu haben, so dass trotz allem noch Zukunftszustände auftreten können, die über die Szenario-Technik nicht erfasst wor-den sind.

Damit ist die Analyse wichtiger Marktstrukturmerkmale grundlegend abgeschlossen. Im folgenden Abschnitt erfolgt allerdings insofern eine Ergänzung, als die Ebene der bisher implizit unterstellten einstufigen Marktstrukturen verlassen wird.

3.2.2 Die Betrachtung mehrstufiger Marktstrukturen

Einstufige Marktstrukturen, d.h. z.B. die Beziehung zwischen einem Anbieter und seinen Nachfragern, sind stets nur ein Ausschnitt aus einer mehrstufigen Kette, der herausgelöst wird, um bestimmte Sachverhalte intensiver und detaillierter analysieren zu können: Mehrstufigkeit in Marktstrukturen ist insofern nicht die Ausnahme, son-dern die Regel.

Abbildung 3-31: Gütereinteilung nach Verarbeitungsstufen (Quelle: Engelhardt/Günter 1981, S. 28)

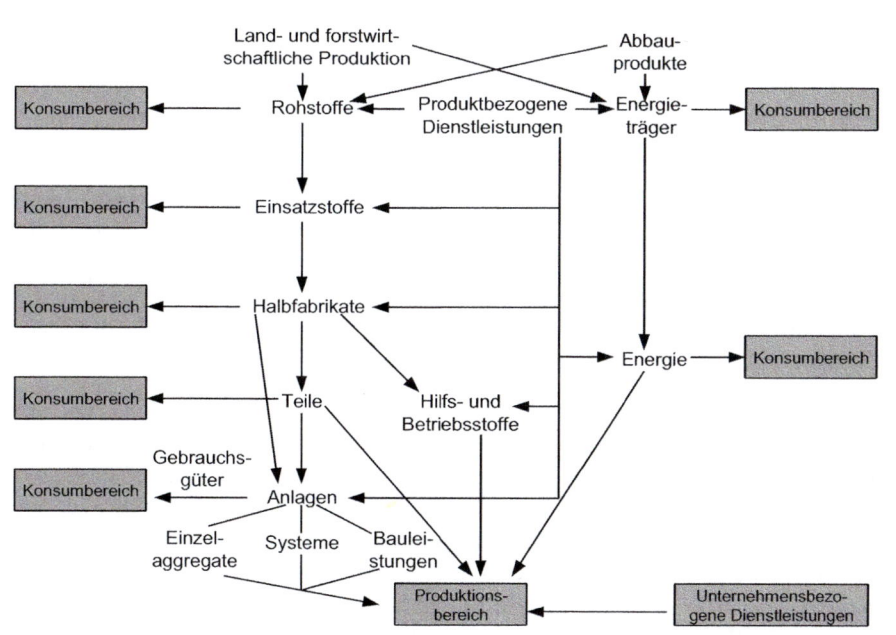

Jeder Marktteilnehmer ist für die Erbringung seiner Leistungen auf Vorleistungen anderer angewiesen (z.B. Zukauf von Material durch den Produktionsbetrieb, aber auch Kauf von Lebensmitteln durch den Arbeitnehmer, die diesen in die Lage versetzen, seine Arbeitskraft aufrecht zu erhalten und auf dem Arbeitsmarkt anzubieten). Abbildung 3-31 zeigt die Mehrstufigkeit an Hand der verschiedenen Verarbeitungsstufen, die sich im Investitionsgüterbereich finden. Jede Marktstufe ist mit mindestens einer, i.d.R. mit mehreren anderen Marktstufen verbunden, so dass auch diese marktstufenübergreifenden Zusammenhänge bei der Analyse der Marktstrukturen beachtet werden müssen, da sich daraus z.B. Implikationen für die Machtverteilung ergeben können. Besonders deutlich wird hier auch das in Abschnitt 3.2.1.1.4 behandelte Phänomen der derivativen Nachfrage, denn die Ableitung des Bedarfs der Nachfrager erfolgt oft über mehrere Marktstufen hinweg.

In der Realität sind die Strukturen noch sehr viel komplexer, da z.B. der Handel auf den verschiedenen Stufen eine Rolle spielen kann und damit die Marktstrukturen mit beeinflusst. Auch Kooperationen auf horizontaler oder vertikaler Ebene können von Bedeutung sein, da sie z.B. nicht ohne Einfluss auf die Marktposition der Beteiligten bleiben. Selbst vermeintlich unspektakuläre Anbieter-Nachfrager-Beziehungen können durch die Mehrstufigkeit komplizierter werden, was in einfacher Form durch Abbildung 3-32 dokumentiert werden soll.

Allein schon die Frage „Wer ist mein Kunde?" ist offenbar nicht immer so eindeutig zu beantworten, wie es auf den ersten Blick erscheinen mag:

- So muss der Hersteller im linken Bereich der Abbildung beachten, dass er mit seinen Leistungen seinen direkten Kunden in die Lage versetzt, dass dieser wiederum seine Kunden zufrieden stellen kann.

- Im mittleren Zweig der Abbildung setzt der Hersteller seine Waren über den Handel ab, so dass dieser sein direkter Kunde ist. Letztlich stellt er aber seine Leistungen für die Konsumenten her, so dass er deren Bedürfnisse bei der Produktgestaltung beachten muss. Zudem steht er zu diesen Konsumenten über den Kundendienst auch in direktem Kontakt, so dass nicht nur eine indirekte Kunden-Lieferanten-Beziehung, sondern zumindest partiell sogar eine solche direkter Art besteht.

- Im dritten Fall schließlich arbeitet der Produzent mit einem Spediteur zusammen, der für ihn zunächst einmal ein Lieferant von Speditionsleistungen ist. Da der Spediteur aber auch gegenüber den Kunden des Produzenten in Erscheinung tritt, stellt der Spediteur für den Produzenten gleichzeitig ein Bindeglied zu seinen Kunden dar, das möglicherweise mit Schnittstellenproblemen behaftet ist und daher sorgfältig gestaltet werden muss. Neben der direkten Beziehung zum Kunden hat der Produzent also auch eine indirekte, die über einen seiner eigenen Lieferanten (den Spediteur) läuft.

Abbildung 3-32: Mehrstufige Anbieter-Nachfrager-Beziehungen

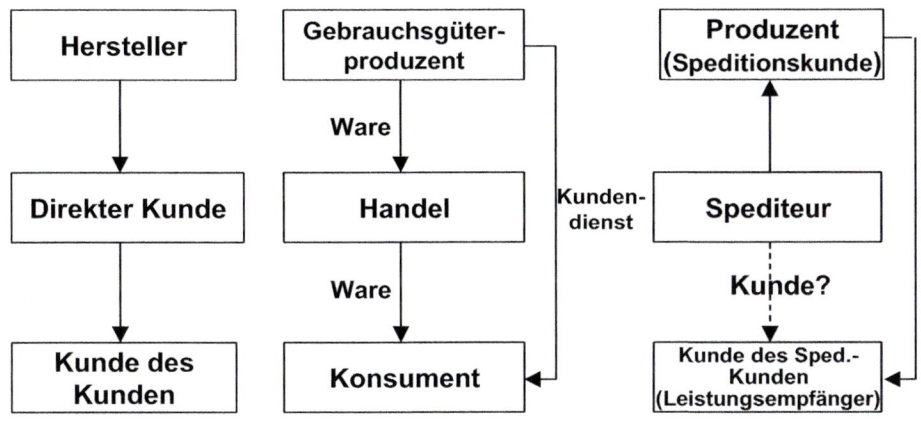

Schon diese einfachen Konstellationen machen deutlich, dass die Marktstruktur auf einer Marktstufe immer auch durch die Einflüsse der vor- und nachgelagerten Stufen geprägt ist. Die damit verbundenen Hauptprobleme seien noch einmal herausgestellt:

- **Transparenzmangel**: Anbieter und/oder Nachfrager haben oft nur begrenzte Kenntnisse bezüglich der Abläufe auf den vor- und nachgelagerten Marktstufen, häufig aber auch nur geringen Einfluss darauf. Daraus resultiert Unsicherheit. Beispiel: Der Käufer eines Konfektionsanzuges weiß nicht, wer diesen Anzug letztlich hergestellt hat und aus welchen Quellen dieser Hersteller seine Materialien bezogen hat.

- **Derivative (abgeleitete) Nachfrage**: Je mehr Marktstufen der eigenen folgen, umso schwieriger ist die Bedarfsgerechtigkeit im Hinblick auf die nachgelagerten Marktstufen abzuschätzen.

- **Macht/Durchsetzungsvermögen**: Es stellt sich die Frage, wie sich die eigenen Interessen und Vorstellungen über mehrere Marktstufen hinweg durchsetzen lassen, denn möglicherweise bestehen Interessenkonflikte zwischen den vor- und nachgelagerten Stufen. Ein derartiges Durchsetzungsvermögen ist ein wichtiger

Machtfaktor, der auch bei der Betrachtung einer einzelnen Marktstufe zu berücksichtigen ist.

■ **Konzernverflechtungen**: Dieser Aspekt ist vielfach mit dem zuvor genannten verknüpft: Große, diversifizierte Konzerne haben oft eine starke Stellung auf verschiedenen Marktstufen, so dass es zu kurz greifen würde, nur eine herauszugreifen. Dies gilt auch für konzernexterne Anbieter, die die Situation in ihrem Markt beurteilen wollen.

Zur genaueren Analyse können auch für mehrstufige Marktstrukturen die Merkmale herangezogen werden, die für die einstufigen Marktstrukturen herausgearbeitet wurden. Allerdings sind die Ausprägungen, die diese Merkmale aufweisen können, bei mehrstufigen Strukturen deutlich vielschichtiger und komplexer.

3.2.3 Der Wandel von Marktstrukturen

Im vorliegenden Abschnitt liegt die Betonung nicht mehr auf der Betrachtung zu einem Zeitpunkt gegebener Strukturen bzw. Zustände, sondern diese eher statische Perspektive wird zu Gunsten einer dynamischen Sicht aufgegeben, die sich mit den Entwicklungen von Marktstrukturen im Zeitablauf beschäftigt.

3.2.3.1 Die Entstehung von Märkten

Die Entstehung marktlicher Institutionen, zu denen auch Märkte an sich gehören, wurde ausführlich in Abschnitt 2.2 behandelt. Dem ist an dieser Stelle grundsätzlich nichts Neues hinzuzufügen. Märkte dienen der Abwicklung von Austauschprozessen in arbeitsteiligen Wirtschaftssystemen. Sie entstehen zum Teil durch geplantes Handeln, zum Teil aber auch spontan, weil sich Wirtschaftssubjekte zum Tausch zusammenfinden. Anstöße zur Entstehung von Märkten können vom Staat kommen (z.B. Versteigerung der UMTS-Lizenzen), aber auch Anbieter und/oder Nachfrager können die Impulsgeber sein. So kann etwa ein Anbieter mit einem völlig neuartigen Produkt (Beispiel: erstmaliges Angebot eines MP3-Players) einen neuen Markt initiieren. Nachfragerseitig wird zur Entstehung eines neuen Marktes etwa dann beigetragen, wenn ein Bedarf nach einer bisher nicht angebotenen Leistung geäußert wird (Beispiel: Entwicklung neuer Finanzierungskonzepte beim Anlagenkauf). I.d.R. kann eine Seite allein noch keinen Markt begründen, sondern das Zusammenfinden von Anbietern und Nachfragern ist erforderlich, so dass sich die Märkte aus der Verfolgung der jeweiligen Individualinteressen durch beide Marktseiten im Zuge einer weitgehend ungeplanten Entwicklung ergeben.

3.2.3.2 Entwicklungs- und Umstrukturierungsprozesse in Märkten

3.2.3.2.1 Branchenentwicklungsmodelle

Zur Entwicklung von Branchen bzw. Märkten im Zeitverlauf sind in der Literatur verschiedene Modelle entwickelt und zum Teil auch empirisch überprüft worden. Aus dem Kreise dieser Modelle werden nachfolgend das Produktlebenszyklusmodell als das wohl bekannteste Konzept und das Technologielebenszyklusmodell als wichtige Ergänzung vorgestellt. Andere Modelle, die nicht weiter vertieft werden, sind z.B. das ebenfalls technologieorientierte, von McKinsey vorgestellte S-Kurven-Konzept (z.B. Perlitz 1988) sowie das Modell von Abernathy/Utterback (1978) zur Beschreibung von Innovationsentwicklungsprozessen. Beide Konzepte vermögen, insbesondere für Investitionsgütermärkte, die im vorliegenden Abschnitt zu findenden Aussagen zu ergänzen.

(1) Das Produktlebenszykluskonzept

Das **Produktlebenszykluskonzept** stellt ein deterministisches und zeitraumbezogenes Marktreaktionsmodell dar. Es gehört zu den ältesten Modellen, mit denen die Veränderungsprozesse in Märkten abgebildet werden sollen, besitzt aber nach wie vor große Relevanz. Der Produktlebenszyklus beschreibt die erwartete oder in der Vergangenheit beobachtete Entwicklung des Absatzes bestimmter Produkte während der Zeitspanne zwischen Markteintritt und Marktaustritt. Dieser Zeitraum wird oft auch als „**Marktzyklus**" bezeichnet, von dem sich der **Entstehungszyklus** von Produkten abgrenzen lässt, der dem Markteintritt vorausgeht und die noch nicht erlöswirksame Produktinventions- und -entwicklungsphase beinhaltet (Meinig 1995). Ergänzend kann sogar ein noch weiteres Verständnis des Produktlebenszyklus formuliert werden, wenn über die Marktphase hinaus eine **Verwendungs-** sowie eine **Entsorgungsphase** berücksichtigt werden, die beide i.d.R. noch andauern, wenn das Produkt schon gar nicht mehr am Markt angeboten wird. Im vorliegenden Abschnitt liegt der Schwerpunkt jedoch auf dem Marktzyklus.

Das Produktlebenszykluskonzept basiert auf der Annahme, dass der Absatz von Produkten bestimmten zeitlich determinierten Gesetzmäßigkeiten unterliegt, die sich am Verlauf zentraler Kennzahlen (insbesondere Umsatz, Gewinn, Deckungsbeitrag) ablesen lassen. Die grundlegende Aussage ist dabei, dass jedes Produkt zunächst steigende und dann sinkende Umsätze erzielt und dabei ganz bestimmte Phasen durchläuft. Dies gilt unabhängig davon, ob die Gesamtlebensdauer des Produkts Jahrzehnte, einige Jahre oder aber nur wenig Monate beträgt (Meffert 2000). Grundsätzlich werden derartige Lebenszyklen nicht nur für einzelne Produkte ermittelt, sondern auch z.B. für ganze Branchen, für Marken oder für Produktlinien. Am generellen Verlauf ändert sich jedoch nichts. Abbildung 3-33 zeigt eine beispielhafte Darstellung des idealtypischen Produktlebenszyklusverlaufs, wie sie sich in der Literatur vielfach in gleicher oder ähnlicher Form findet. Hier handelt es sich um ein fünfphasiges Modell.

Abbildung 3-33: Produktlebenszyklusmodell (Quelle: Becker 2006, S. 724)

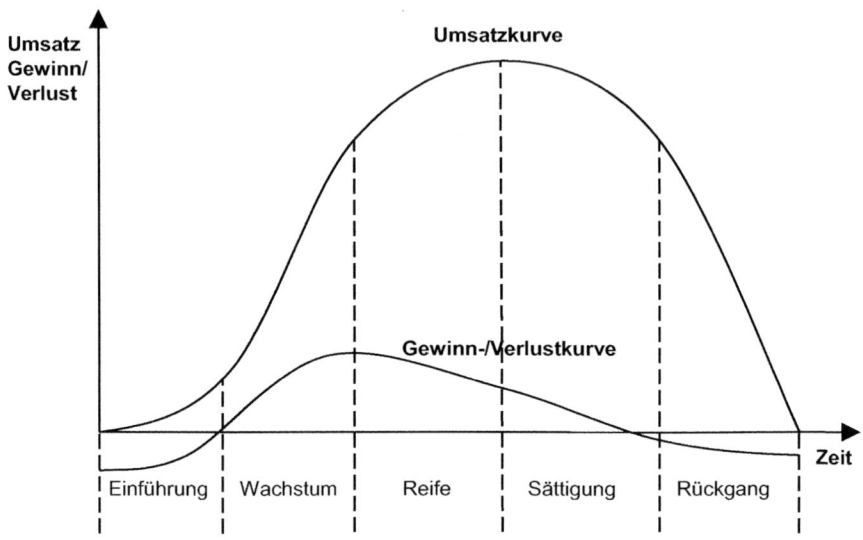

Die einzelnen Phasen lassen sich idealtypisch gemäß Tabelle 3-24 charakterisieren, wobei die Reife- und die Sättigungsphase zusammengefasst werden können (siehe auch Becker 2006; Meffert 2000).

Kriterien	Einführungsphase	Wachstumsphase	Reife- bzw. Sättigungsphase	Degenerations-/ Rückgangsphase
Wachstums-rate	Steigende Wachstumsrate	Hohe steigende Wachstumsrate	Höchste Wachstumsrate am Übergang von der Wachstums- in die Reifephase = Wendepunkt der Umsatzentwicklung	Stagnation oder negative Wachstumsrate
Markt-potenzial	Nicht überschaubar; Erfüllung eines kleinen Teils der potenziellen Nachfrage	Unsichere Bestimmung durch Preissenkungen (Nutzung der Erfahrungseffekte)	Überschaubarkeit des Marktpotenzials	Begrenztes Marktpotenzial, häufig nur Ersatzbedarf
Marktanteile	Entwicklung der Marktanteile nicht abschätzbar	Konzentration der Marktanteile auf wenige Anbieter	Konzentration der Marktanteile auf wenige Anbieter	Verstärkung der Konzentration, da schwache Konkurrenten ausscheiden (Erfahrungseffekte)

Fortsetzung Tabelle 3-24:

Sortiment	Spezialisiertes, flexibles Produkt- und Dienstleistungsspektrum (großes technisches Know-how)	Intensivierung des Wettbewerbs – Erweiterung des Produkt- und Dienstleistungsangebots	Sortimentsbereinigung	Weiterer Abbau des Produktspektrums, Segmentierung des Marktes
Anzahl der Wettbewerber	Gering	Höchstwert der Anzahl an Wettbewerbern am Übergang zur Reifephase	Kristallisierung des Wettbewerbs: Konkurrenten ohne Produkt- und Kostenvorteile scheiden aus	Weitere Verringerung der Anzahl der Wettbewerber
Stabilität der Marktanteile	Stark schwankend, sehr instabil	konsolidierte Marktanteile durch Erfahrungseffekte	stabil Änderungen nur bei außergewöhnlichen Ereignissen	stabil Änderungen nur bei außergewöhnlichen Ereignissen
Stabilität der Abnehmerkreise	Keine Bedingungen an die Anbieter	Gewisse Kundentreue, häufig unter Beibehaltung alternativer Bezugsquellen	Festgelegte Einkaufspolitik der Abnehmer	Stabiler Abnehmerkreis, sinkende Anbieterzahl, wenig alternative Bezugsquellen
Eintrittsbarrieren	Im Allgemeinen keine Eintrittsbarrieren, wenn kein Wettbewerber den Markt dominiert; Eintritt hängt ab von Kapitalkraft, technischem Know-how und Risikobereitschaft	Schwieriger Marktzugang, wenn führende Unternehmen das Kostensenkungspotenzial der Erfahrungs-kurve ausschöp-fen; Eintritt oft nur durch Schaffung von Marktnischen	Wegen wachsender „Erfahrung" stärkster Konkurrenten Markteintrittsprobleme; wegen geringen Wachstums sind aktuellen Konkurrenten Marktanteile abzuwerben	Im Allgemeinen keine Veranlassung, in einen stagnierenden oder schrumpfenden Markt einzudringen
Technologie	Technische Innovationen als Voraussetzung für die Erschließung neuer Märkte	Produkt- und Verfahrensverbesserungen	Verfahrensverfeinerung, da Marktanforderungen bekannt; Rationalisierung der Produktions-, Distributionsprozesse	Bekannte, verbreitete und stagnierende Technologie
Marktform	Monopol	Oligopol	Oligopol, Polypol	Oligopol

Tabelle 3-24: Kennzeichnung der einzelnen Phasen des Produktlebenszyklus (Quelle: leicht modifiziert nach Nieschlag et al. 2002, S. 128)

Die einzelnen Phasen lassen sich somit wie folgt charakterisieren (Meinig 1995):

■ **Einführungsphase**: Es werden erste Erlöse erzielt, der erste Anbieter am Markt befindet sich in einer monopolähnlichen Situation und hat die Möglichkeit zur Realisierung von „Pioniergewinnen". Zum Schutz vor Imitationen können patent- oder wettbewerbsrechtliche Absicherungen getroffen werden. Die ersten Anbieter müssen aber vor allem bei innovativen Produkten zunächst gegen die Markt- widerstände der Nachfrager kämpfen. Die Umsätze sind noch gering und wachsen nur langsam. Zum Teil werden noch hohe Verluste in Kauf genommen, die aus den erheblichen F&E- sowie Markterschließungskosten resultieren. Im Idealfall wird zum Ende der Phase die Gewinnschwelle (Break-Even-Point) überschritten.

■ **Wachstumsphase**: Es kommt zu einer Beschleunigung des Wachstums, da die vorhergehenden absatzpolitischen Maßnahmen nunmehr ihre Wirkung entfalten. Dabei vollzieht sich die Umsatzentwicklung häufig in Schüben, da das Wechsel- spiel von Absatzimpulsen und Absatzhemmnissen nur schwer zu beeinflussen ist. In der Mitte dieser Phase erreichen die Umsatzwachstumsraten ihr Maximum. Oft wird in dieser Phase auch die höchste Rendite erzielt, da die mengenabhängigen Stückkosten erheblich sinken. Zudem gelingt der Abbau von Marktwiderständen. Allerdings verstärkt das Eindringen neuer Konkurrenten nicht nur das Markt- wachstum, sondern gefährdet auch die Monopolstellung der Pionierunternehmer. Zudem setzt Preiswettbewerb ein.

■ **Reifephase**: Im Markt werden noch absolute Umsatzzuwächse bei allerdings sin- kenden Wachstumsraten erzielt. Der einsetzende Verdrängungswettbewerb lässt die Renditen der Marktteilnehmer auf der Anbieterseite sinken. Der Preis- wettbewerb verschärft sich, die Preise verfallen. Damit deutet sich das Erreichen der Marktkapazitätsgrenze an, das Marktpotenzial ist ausgeschöpft. Auch die Markentreue der Käufer lässt vielfach nach.

■ **Sättigungsphase**: Die Sättigungsphase beginnt an der Stelle des Umsatz- maximums. Von da an setzt ein Negativwachstum ein. Die Unternehmungen neh- men in dieser Phase oft eine Umpositionierung und Modifikation ihrer Produkte vor, um die endgültige Marktsättigung hinauszuzögern.

■ **Degenerationsphase**: Das Nachfragepotenzial ist nahezu vollständig ausgeschöpft. In dieser späten Marktphase ist der Produktnutzen mit den Bedürfnissen der Nachfrager nur noch unzureichend vereinbar: Neue Produkte sind zur Bedürfnis- befriedigung besser geeignet. Den Unternehmungen entstehen durch den niedri- gen Umsatz häufig Verluste. Ein Verbleiben im Markt erfolgt dann oft nur noch auf Grund der Existenz von Verbundeffekten mit anderen Produkten.

Je nachdem, in welcher Phase sich ein Produkt bzw. ein Markt befindet, ergeben sich entsprechend unterschiedliche Rahmenbedingungen, die in der Unternehmens- führung zu berücksichtigen sind. Insofern stellt die jeweilige Marktphase ein wichtiges Marktstrukturmerkmal dar. Tabelle 3-25 macht beispielhaft für die Ausgestaltung der technischen Parameter von Produkten im Investitionsgüterbereich deutlich, wie sich die einzelnen Marktphasen auswirken können.

Produktlebens-zyklusphase	Einführung	Wachstum	Reife	Sättigung	Degeneration
Nachfrager-anforderungen	Anforderungen nur latent ausgeprägt	Anpassung an kundenspezif. Umfeld	Erfüllung von Standards	Zusatz-funktionen	Niedrige Kosten
Technische Parameter	Grundprodukt technisch realisieren	Produktvarianten und Anwendungs-beratung	Setzen oder Erfüllen von Standards	Unterschiedliche Marken und Modelle	Elimination und Substitution vorbereiten

Tabelle 3-25: Der Zusammenhang zwischen Produktlebenszyklus, Nachfrageranforderungen und Leistungsgestaltung (Quelle: Kleinaltenkamp 2002a, S. 155)

In vielen Märkten stehen die Unternehmungen vor dem Problem, dass die Produktlebenszyklen im Laufe der Zeit immer kürzer geworden sind. So wurde bereits in den 1990er Jahren herausgefunden, dass im Vergleich zwischen den 1990er und den 1970er Jahren in einzelnen Branchen hohe zweistellige Verkürzungsraten der Lebenszyklen zu beobachten waren (Droege et al. 1993):

- Anlagenbau: 28,6 %;
- Fahrzeugbau: 32,6 %;
- Maschinenbau: 40,9 % ;
- Chemie: 44,2 %;
- Elektrotechnik: 46,0 %;
- Informationstechnik: 52,3 %.

Für den Maschinenbau bedeutet dies z.B., dass eine bestimmte Maschinengeneration nicht mehr wie früher 12 Jahre Zeit hat, die hohen Entwicklungskosten am Markt über Erlöse wieder einzuspielen, sondern nur noch etwa 7 Jahre. In der Informationstechnik fand sich gar ein Rückgang von gut 10 auf nur noch etwa 5 Jahre. Einigkeit herrscht zudem darüber, dass sich diese Entwicklung zukünftig eher noch verstärken wird, den Unternehmungen also immer weniger Zeit bleibt, die für die Deckung der Kosten erforderlichen Umsätze zu erzielen. Besonders davon betroffen sind diejenigen Branchen, die sehr stark technologiebetrieben sind. Die in Abbildung 3-33 dargestellten Kurvenverläufe vollziehen sich somit in einer immer kürzeren Zeitspanne, so dass es für die Unternehmungen zunehmend wichtiger wird, früh in den Markt einzutreten, um an den positiven Marktphasen ausreichend partizipieren und in diesem so genannten „Zeitwettbewerb" auf Dauer bestehen zu können.

Das Produktlebenszykluskonzept zeichnet sich ohne Zweifel durch eine große Anschaulichkeit aus. Allerdings ist es nicht frei von **Kritik** geblieben, die sich nicht zuletzt gegen den Anspruch der Allgemeingültigkeit richtet, der im Zusammenhang mit dem Modell häufig erhoben wird. Folgende Kritikpunkte können im Einzelnen genannt werden (Meffert 2000; Meinig 1995):

- Der Allgemeingültigkeitsanspruch des Ansatzes ist abzulehnen. Differenzierte Forschungsarbeiten, die Lebenszyklen für bestimmte Güterkategorien nachweisen wollen, scheitern oft schon an der Definition einer geeigneten Bezugsbasis in Form „des Produktes": Die häufig zu findenden laufenden Anpassungen von Produkten an veränderte Rahmenbedingungen sorgen dafür, dass viele Produkte die für eine Lebenszyklusbetrachtung erforderliche Konstanz (Gleichförmigkeit) im Zeitablauf gar nicht mitbringen.

- Eine Gesetzmäßigkeit des Lebenszyklus lässt sich weder empirisch noch theoretisch herleiten und liegt daher nicht vor. Insbesondere die unterstellte gleichförmige Verbreitung der Produkte im Markt ist nicht gegeben. So deutet die Empirie häufig auf rechts- oder linkssteile Kurvenverläufe hin.

- Es ist unrealistisch, von bestimmten phasentypischen absatzpolitischen Aktivitäten der Anbieter auszugehen. Zudem beeinflussen mit den absatzpolitischen Aktivitäten diejenigen Faktoren den Lebenszyklus, die dann zu seiner Erklärung herangezogen werden.

- Anzuzweifeln ist auch der „Zwangsverlauf" der quantitativen Marktstruktur vom Angebotsmonopol in der Einführungsphase über das Polypol in der Sättigungsphase bis hin zum Oligopol in der Degenerationsphase. Praktisch sind viele andere Konstellationen nachweisbar.

- Die Definitionen von Märkten und Geschäftsfeldern, die der Lebenszyklusbetrachtung zu Grunde liegen, können sich im Zeitverlauf ändern.

- Die dauernden Veränderungen in der Unternehmungsumwelt finden im Modell keine Berücksichtigung.

- Schließlich gibt es keine eindeutigen Kriterien zur Abgrenzung der einzelnen Phasen. Zudem ist eine Phasenbestimmung überhaupt erst ex post durchführbar, da es zuvor an den nötigen Daten zur zukünftigen Marktentwicklung fehlt.

Insofern bleibt festzuhalten, dass das Produktlebenszykluskonzept zwar eine große Aussagekraft im beschreibenden Bereich hat, als Entscheidungshilfe aus den genannten Gründen jedoch nur sehr bedingt geeignet ist.

(2) Der Technologielebenszyklus

Technologielebenszyklen betrachten nicht einzelne Produkte, sondern die Technologien, die hinter einer Mehrzahl, oft sogar hinter einer Vielzahl von Produkten stehen. Zur weiteren Konkretisierung sei zunächst der Begriff der Technologie präzisiert (Kleinaltenkamp/Jacob 2006, S. 34; siehe auch Specht et al. 2002):

Technologie bezeichnet das Wissen über Wirkungszusammenhänge, die zur Lösung technischer Probleme genutzt werden können. Sie dient der Schaffung von Voraussetzungen zur wirtschaftlichen und wettbewerbsorientierten Herstellung von Produkten. Die Technologie ist damit Grundlage der Technik, die wiederum die Konkretisierung und Materialisierung der Technologie in Leistungen darstellt.

Ähnlich wie Produkte, so durchlaufen auch Technologien einen idealtypischen Lebenszyklus, in dessen Verlauf eine unterschiedlich starke Integration der Technologien in Produkte und Dienstleistungen erfolgt, so dass die Technologien je nach Phase den Wettbewerb mehr oder weniger intensiv beeinflussen. Abbildung 3-34 stellt das Modell des Technologielebenszyklus grafisch dar.

Abbildung 3-34: Der Technologielebenszyklus (Quelle: Kleinaltenkamp/Jacob 2006, S. 35)

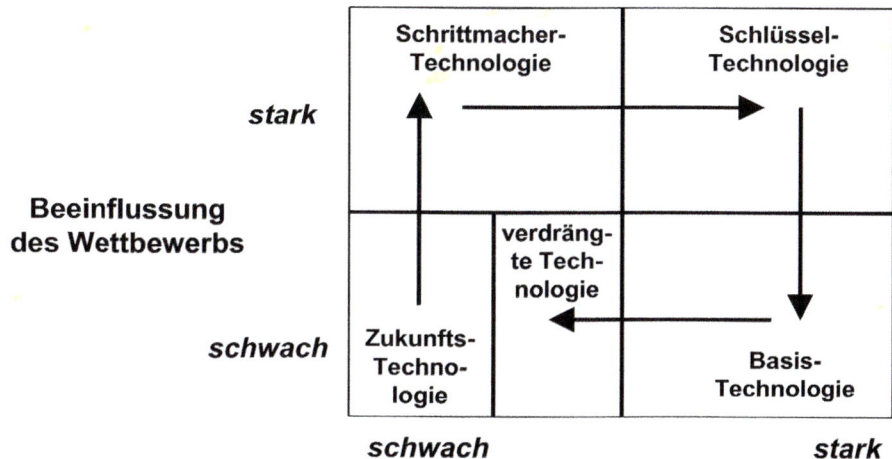

Je nach der Phase, in der sich einzelne Technologien befinden, ergeben sich für die Anbieter, die über die entsprechenden Technologien verfügen, unterschiedliche Handlungsoptionen zu deren Nutzung. Folgende Aspekte sind dabei zu beachten (Kleinaltenkamp/Jacob 2006):

■ **Zukunftstechnologien**: Für derartige Technologien wurde bislang lediglich Grundlagenforschung betrieben. Sie werden deshalb kaum marktbezogen verwertet (Beispiel: Herstellung von Kristallen in der Schwerelosigkeit des Weltraums).

- **Schrittmachertechnologien**: Bei diesen existieren bereits erste Pilot- und Testanwendungen. Allerdings ist die weitere Entwicklung noch nicht exakt vorhersehbar (z.B. Mikromechanik).

- **Schlüsseltechnologien**: Sie haben bereits eine weite Verbreitung gefunden und versprechen weitere Verbesserungs- und Differenzierungspotenziale, die auch den Wettbewerb entsprechend stark zu beeinflussen vermögen (Beispiel: Lasertechnologie).

- **Basistechnologien**: Dabei handelt es sich um grundlegende technische Prinzipien mit einer großen Anwendungsbreite. Allerdings bieten sich kaum noch weitere Innovationspotenziale (Beispiel: Hydraulik). Neue Impulse können sich vor allem dann ergeben, wenn Basistechnologien mit Schlüssel- oder Schrittmachertechnologien kombiniert werden (z.B. Verwendung von neuen mikroelektronischen Mess- und Regelaggregaten bei hydraulischen Geräten).

- **Verdrängte Technologien**: Die Breite der potenziellen Einsatzgebiete nimmt ab, Investitionen in derartige Technologien werden kaum noch vorgenommen. Nach und nach tendiert ihre Bedeutung gegen Null (Beispiel: Röhrentechnologie).

Auch dieses Modell hat seine Stärke in der Beschreibung und Einordnung bestimmter in der Praxis zu beobachtender Zusammenhänge. Nicht zuletzt auf Grund seiner konzeptionellen Verwandtschaft mit dem Produktlebenszykluskonzept ist es jedoch gleichfalls nicht frei von **Kritik** geblieben (Wolfrum 1994):

- Die Ableitung von generellen Technologielebenszyklen wird durch die unterschiedlichen Zusammenhänge zwischen Branchen-, Technologie- und Produktlebenszyklen erschwert.

- Bei der Phasenabgrenzung ergeben sich Schwierigkeiten durch die mangelnde Operationalisierbarkeit und fehlende Allgemeingültigkeit der Indikatoren „Beeinflussung des Wettbewerbs" und „Integration in Produkte und Betriebsmittel".

- Zudem ist empirisch zu beobachten, dass nicht alle Technologien den gesamten Zyklus in der in Abbildung 3-34 dargestellten Form durchlaufen.

- Schließlich bleibt der Aussagewert des Ansatzes auch deshalb begrenzt, weil die Verschiedenartigkeit der Quellen des technologischen Wandels durch die vergleichsweise einfache Form der Darstellung nicht umfassend berücksichtigt werden kann.

Trotz dieser Einschränkungen liefert das Technologielebenszyklusmodell eine interessante Ergänzung der herkömmlichen Produkt- bzw. Marktlebenszyklusmodelle, da es zusätzlich die produktübergreifende Perspektive berücksichtigt.

3.2.3.2.2 Die Internationalisierung von Absatz- und Beschaffungsmärkten - eine spezifische Erscheinungsform der Marktentwicklung

Die **Internationalisierung** stellt – als Absatz-Internationalisierung – eine Form der Marktentwicklung dar, die in den letzten Jahren mehr und mehr in den Mittelpunkt des Interesses gerückt ist. Dies gilt sowohl in einzel- als auch in gesamtwirtschaftlicher Hinsicht. Allerdings stellt die Internationalisierung alles andere als ein neues Phänomen dar (Kutschker/Schmid 2006): Die historischen Wurzeln reichen bis 2000 Jahre vor Christus zurück. Ab dem 12. Jahrhundert wurde der Außenhandel in Nordeuropa durch die Hanse wiederbelebt. Vor etwa 500 Jahren gelangten dann international agierende Dynastien, wie etwa die Fugger und Welser in Deutschland oder die Alberti und Medici in Italien zu Bekanntheit und Reichtum. Auch in der Kolonialzeit gab es reichhaltigen internationalen Warenverkehr.

Auch wenn die Internationalisierung von Märkten somit keine plötzlich vor einigen Jahren oder wenigen Jahrzehnten aufgetretene Entwicklung ist, kann sicherlich festgehalten werden, dass sich die Internationalisierungsdynamik in der jüngeren Vergangenheit spürbar erhöht hat: Verbesserte Transportmöglichkeiten und die internationale Vernetzung mittels neuer Informations- und Kommunikationstechnologien sind nur zwei wichtige Internationalisierungstreiber, die in diesem Zusammenhang genannt werden können.

Die Internationalisierung von Märkten stellt einen Prozess dar, der durch die Ziele von Unternehmungen und die Entwicklungen der Umwelt beeinflusst wird (Macharzina/Wolf 2005). Vor diesem Hintergrund ist in der wissenschaftlichen Literatur vielfach empirisch fundiert analysiert worden, welche **Motive und Ziele** die Unternehmungen zur internationalen Unternehmungstätigkeit veranlassen. So können ökonomische (z.B. Gewinnstreben) und nicht-ökonomische (z.B. Prestigeaspekte) Ziele, defensive (z.B. Folgen der Konkurrenz ins Ausland) und offensive (z.B. Übertragung von Wettbewerbsvorteilen ins Ausland) Motive oder auch absatz- (z.B. Erschließung neuer Kundengruppen), beschaffungs- (z.B. Zusammenarbeit mit preisgünstigeren Lieferanten) und produktionspolitische (z.B. Senkung der Arbeitskosten in der Produktion) Ziele unterschieden werden. Oft spielt eine Mischung mehrerer Aspekte eine Rolle.

Zur Erklärung der Internationalisierungsprozesse wird in der Literatur eine Vielzahl von **theoretischen Ansätzen** herangezogen, deren explizite Behandlung an dieser Stelle zu weit führen würde (ausführliche Darstellung und Würdigung z.B. bei Kutschker/Schmid 2006). Die Überlegungen reichen zurück bis zum Merkantilismus des 16. Jahrhunderts und erstrecken sich bis in die Neuzeit. Verstärkt ab den 1960er Jahren erfolgte dann eine intensive Auseinandersetzung mit Theorien der Internationalisierung, so dass alles in allem ein beachtlicher Erkenntnisfortschritt erzielt werden konnte. Allerdings fehlt es bislang an einer konzeptionellen Integration der verschiedenen Ansätze, mit der die Vielzahl von Einfluss- und Erklärungsfaktoren der Internationalisierung in einen systematischen Zusammenhang gebracht werden könnte (Macharzina/Wolf 2005).

Als Grundformen der internationalen Unternehmungstätigkeit können zum einen der Außenhandel, zum anderen die Direktinvestitionen unterschieden werden. Während beim **Außenhandel** ein staatsgrenzenüberschreitender Leistungsaustausch vollzogen wird, ohne dass dafür Investitionen im Ausland getätigt werden müssen, nehmen Unternehmungen im Falle von **Direktinvestitionen** grenzüberschreitende Investitionen vor, um einen dauerhaften Einfluss auf eine Unternehmung in einem anderen Land zu erhalten (Kutschker/Schmid 2006). Eine solche Direktinvestition kann z.B. durch die Errichtung einer neuen Tochtergesellschaft oder aber den Aufkauf einer schon bestehenden Unternehmung vollzogen werden. Sowohl der Außenhandel als auch die Direktinvestitionen können nicht nur zur Erschließung internationaler Absatz-, sondern auch entsprechender Beschaffungsmärkte dienen. Je stärker bestimmte Märkte durch Außenhandel und/oder Direktinvestitionen geprägt sind, als desto internationaler können sie entsprechend eingeordnet werden, ohne dass hier dabei auf eine Konkretisierung eines bestimmten Internationalisierungsgrads eingegangen werden soll. Die Gegenüberstellung von Außenhandel und Direktinvestition offenbart überdies ein Spektrum auslandsbezogener Tätigkeiten von Unternehmungen, welches sich transaktionskostentheoretisch durch die in Abschnitt 2.3.1.2 beschriebenen Tranksaktionsdesigns (Markt, Kooperation oder Integration) erfassen lässt.

Regelmäßig fällt im Zusammenhang mit der Internationalisierung von Märkten der Begriff der **Globalisierung**, ohne dass das Verhältnis zwischen Internationalisierung und Globalisierung immer deutlich wird. Während ein internationaler Markt in dem einen Extremfall schon dann vorliegt, wenn Unternehmungen aus zwei Ländern dort aktiv sind, kann die Globalisierung als die andere Extremform der Internationalisierung angesehen werden: Sie betrifft die ganze Welt, d.h. ein globalisierter Markt entspricht dem Weltmarkt und umfasst prinzipiell bzw. theoretisch alle Länder der Erde (Globalisierung als Ergebnis). Von globalisierten Märkten wird aber auch dann gesprochen, wenn dieser Extremfall (noch) nicht erreicht ist, aber eine Tendenz zum weltweiten Zusammenwachsen der Ländermärkte erkennbar ist (Globalisierung als Prozess). Als besonders weit fortgeschritten wird dabei die Globalisierung der Finanz- bzw. Kapitalmärkte angesehen, aber auch in vielen Waren- und Dienstleistungsmärkten sowie zum Teil auch auf den Arbeitsmärkten sind Globalisierungstendenzen erkennbar (Kutschker/Schmid 2006).

In jüngerer Zeit ist im Kontext der Internationalisierung auch immer häufiger von „Offshoring" die Rede. Dabei handelt es sich um die Verlagerung unternehmerischer Aktivitäten ins Ausland, sei es auf eine Fremdunternehmung (als internationales Outsourcing i.e.S.), sei es auf eine neu gegründete Tochtergesellschaft oder auch ein Joint Venture als Gemeinschaftsunternehmung. Besonders häufig findet sich in der Praxis das IT-Offshoring (z.B. Amberg/Wiener 2006).

Internationalisierung und Globalisierung haben sowohl eine einzel- als auch eine gesamtwirtschaftliche Dimension. Beide können aber nicht voneinander getrennt werden, denn in der Regel sind es einzelwirtschaftliche Motive (von Unternehmungen), die zu gesamtwirtschaftlichen Entwicklungen (von Märkten) führen. Die einzel-wirtschaftliche Perspektive der Internationalisierung wird daher in Abschnitt 5.4.2.2 noch zu vertiefen sein.

3.2.3.2.3 Ökonomische Ansätze zur Erklärung der Entwicklung von Märkten

Ansatzpunkte zur Erklärung des Veränderungsprozesses von Märkten liefert aus ökonomischer Sicht die Wettbewerbstheorie bzw. Markttheorie i.e.S., speziell die **Theorie des Parameterverhaltens**. Der Ansatz wurde im Wesentlichen erstmals von Heuß (1965) entwickelt und kann auch als Herzstück der Industrieökonomik gesehen werden (zur Einordnung Oberender 1994).

Abbildung 3-35: Musteraussagen der Wettbewerbstheorie (Markttheorie i.e.S.) (Quelle: abgeleitet aus Oberender 1994, S. 70f.)

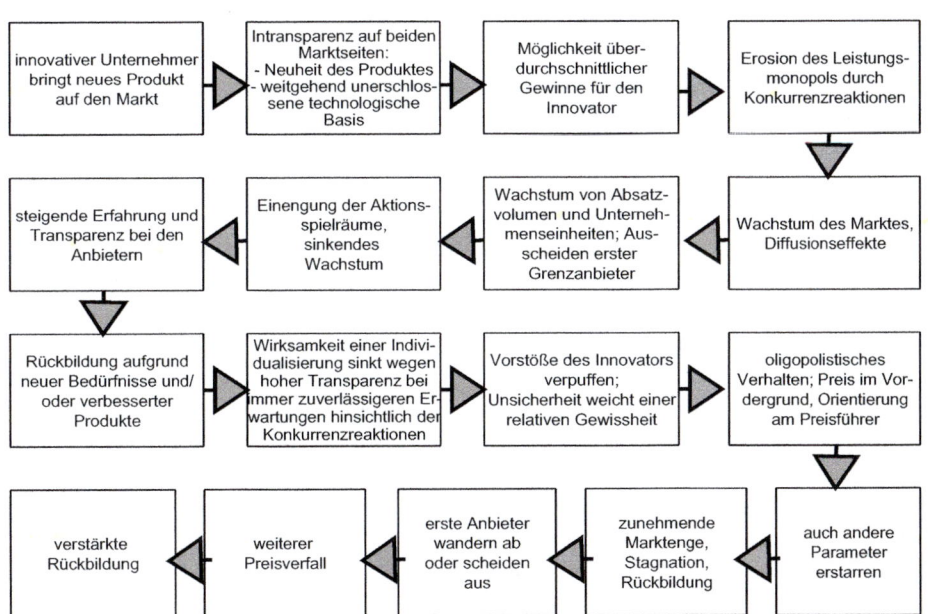

Die Sichtweise von Unternehmungen im Marktprozess wird dabei im Unterschied zu anderen theoretischen Konzepten auf alle zur Verfügung stehenden Parameter ausgedehnt, d.h. in diesem Fall auf Preis, Produkt, Qualität, Forschung und Entwicklung, Werbung, Vertrieb und Konditionen. Darüber hinaus treten die Rolle des Unternehmers im Marktprozess (siehe dazu auch Kapitel 4) sowie die Entwicklung des Marktes in den Vordergrund. Gerade der letztgenannte Aspekt macht diesen Ansatz für den vorliegenden Abschnitt bedeutsam. Die Argumentationskette, die die Theorie des Parameterverhaltens zur (idealtypischen) Erklärung der Entwicklung von Märkten liefert, zeigt Abbildung 3-35 im Überblick. Sie wird nachfolgend erläutert (Oberender 1994). Unübersehbar sind dabei die Anknüpfungspunkte zu dem im vorhergehenden Abschnitt dargestellten betriebswirtschaftlichen Produktlebenszyklusmodell.

Die Markttheorie i.e.S. betrachtet einen innovativen Unternehmer, der mit Hilfe von Aufwendungen für Forschung und Entwicklung ein neues Produkt entwickelt und zur Marktreife bringt. Zu Beginn der Marktphase herrscht Intransparenz sowohl auf Seiten des Anbieters als auch auf Seiten des Nachfragers, da das Produkt für beide neu und seine technologische Basis noch weitgehend unerschlossen ist. Es ergeben sich Möglichkeiten einer Erzielung überdurchschnittlicher Gewinne für den Innovator, die dann von längerer Dauer sind, wenn die übrigen Anbieter die von dem Newcomer ausgehende Bedrohung nicht erkennen. Das vorübergehende Leistungsmonopol des Neulings wird allerdings dann aufgelöst, wenn die Wettbewerber reagieren und das neue Produkt kopieren. So kommt es im Zeitverlauf zu ersten Gegenreaktionen durch spontan imitierende Unternehmer, deren individuelle Fühlbarkeitsschwelle überschritten worden ist. Parallel zu der damit einsetzenden Wachstumsphase des Marktes ergeben sich Diffusionseffekte hinsichtlich eventuell neu zum Einsatz gebrachter Produktionsverfahren. Das steigende Absatzvolumen bringt wachsende Unternehmungseinheiten mit sich. Auf den unter Druck geratenen Substitutionsmärkten scheiden die ersten Grenzanbieter aus, die diesem Druck nicht standhalten können. Im Zeitverlauf verengen oder verlagern sich die Aktionsspielräume der beteiligten Wettbewerber. Es kommt zu sinkenden Wachstumsraten, und der Markt tritt in seine Reifephase. Auf der Anbieterseite erhöht sich die Transparenz, und die Erfahrung nimmt zu, so dass genauere Kenntnisse bezüglich der Reaktionen der Konkurrenten auf eigene Aktionen vorliegen. Im weiteren Verlauf verändern sich die Bedürfnisse der Käufer, und es entstehen wieder neue, verbesserte Produkte, so dass der Markt in die Rückbildungsphase übergeht. Die immer höhere Markttransparenz bei immer zuverlässigeren Erwartungen bezüglich der Konkurrenzreaktionen sorgt dafür, dass die Wirksamkeit einer Leistungsindividualisierung mit Hilfe der absatzpolitischen Parameter sinkt, da die Vorstöße eines Innovators in kurzer Zeit wieder aufgeholt werden können. Die Unsicherheit der Handelnden weicht im Zeitverlauf einer relativen Gewissheit. Es bilden sich oligopolistische Verhaltensweisen heraus, bei denen der Preis als gut operationalisierbarer Gestaltungsparameter in den Vordergrund rückt: Es kommt zu einer „Politik der festen Preisrelationen" der Konkurrenten untereinander, die sich an einem Preisführer orientiert. In der Folge erstarren auch andere absatzpolitische Parameter (z.B. die Werbung), es kommt zur Stagnation und weiteren Rückbildung des Marktes. Die ersten Anbieter wandern ab, weil sie ihre Einkommensziele in den bisherigen Betätigungsfeldern nicht mehr als erreichbar ansehen. Zudem scheiden Grenzanbieter aus, die dem durch Größenvorteile realisierende Großunternehmungen verursachten zunehmenden Preisverfall nicht standhalten können. Dadurch werden die Rückbildungstendenzen des Marktes noch einmal verstärkt. Allerdings ist es durchaus denkbar, dass sich die verbleibenden Anbieter anschließend noch für einen gewissen Zeitraum auf einem ausreichenden Niveau halten, so lange die Nachfrage nicht völlig wegbricht, so dass es schließlich zum Zusammenbruch des Marktes kommt, worauf im folgenden Abschnitt näher eingegangen wird.

3.2.3.3 Der Zusammenbruch von Märkten

Für den Zusammenbruch von Märkten lassen sich zahlreiche **Gründe** nennen, die aus den Ausführungen zur Marktentwicklung abgeleitet werden können. Wichtige Aspekte sind etwa die folgenden:

- Veraltung der Produkte und/oder Technologien;
- Wandel der Nachfragerbedürfnisse;
- Entwicklung von Substitutionsprodukten;
- rechtliche bzw. staatliche Vorgaben (z.B. im Umweltbereich).

In vielen Fällen sind es mehrere Gründe, die zusammen kommen.

Einen zentralen ökonomischen Ansatz zur Erklärung des Zusammenbruchs von Märkten liefert die Informationsökonomik in Verbindung mit der Prinzipal-Agenten-Theorie. Mit dem Phänomen der **adversen Selektion (Adverse Selection)** liegt ein entsprechendes Konstrukt vor, das Akerlof (1970) am Beispiel des Gebrauchtwagenmarktes erläutert hat. Es sei nachfolgend in seinen wesentlichen Grundzügen dargestellt (Spremann 1990).

Ausgangspunkt ist die Tatsache, dass die Käufer auf Grund einer extrem asymmetrischen Informationsvereilung zwischen Anbietern und Nachfragern die Qualität eines Gutes (z.B. eines Gebrauchtwagens) vor dem Kauf nicht beurteilen können. Da derartige Märkte nur eine ungenaue und pauschalierende Bewertung der angebotenen Leistungen erlauben, orientieren sich die Käufer mit ihrer Zahlungsbereitschaft an einem Durchschnittspreis. Daraus resultieren dann Vorteile für die unterdurchschnittlichen Anbieter, Nachteile dagegen für die qualitativ höherwertigen, überdurchschnittlichen Anbieter. Die Folge ist, dass die Anbieter überdurchschnittlicher Qualität diese senken oder aber den Markt sogar ganz verlassen, da sie ihre Kosten nicht decken können. Dies führt wiederum zu einem weiteren Absinken sowohl der durchschnittlichen Qualität als auch des durchschnittlichen Preises. Die Abwärtsspirale setzt sich dann fort: Die besten der verbliebenen Anbieter verlassen nunmehr den Markt, da auch sie nicht mehr auf ihre Kosten kommen. Dieser Prozess der Negativauslese geht so lange weiter, bis nur noch die Leistungen mit der niedrigsten Qualität („Lemons") am Markt verbleiben oder der Markt sich sogar ganz auflöst.

Der Prozess der adversen Selektion tritt ein, wenn (Spremann 1990)

- die sich durch den Marktmechanismus ergebenden Preise, die die gehandelten Leistungsqualitäten bewerten, zu stark pauschalieren, so dass die Anbieter überdurchschnittlicher Qualität darin einen Nachteil für sich sehen, und

- die Anbieter überdurchschnittlicher Qualität den Markt verlassen und außerhalb Vorteile der Zusammenarbeit mit Marktpartnern erzielen können, die darüber hinaus exakter der tatsächlichen Qualität gerecht werden.

Ursache für den Zusammenbruch ist dann letztlich die fehlende Informationseffizienz des Marktes hinsichtlich der Verbreitung qualitätsrelevanter Informationen unter den Marktteilnehmern.

Mit dem Konstrukt der adversen Selektion kann eine Form des Zusammenbruchs von Märkten erklärt werden, aber sicherlich nicht jeder Zusammenbruch eines Marktes. Andere Erklärungen ergeben sich – wie schon angesprochen – unmittelbar aus den im vorhergehenden Abschnitt angesprochenen Modellen zur Veränderung von Märkten, so dass hier nicht noch einmal darauf eingegangen werden muss. Vielmehr wird nun der Bereich der Marktstrukturanalyse verlassen, um die Marktprozesse näher zu erläutern.

	Verständnisfragen 4:
V4-1	Erläutern Sie die Begriffe Bedürfnis, Bedarf und Nutzen sowie deren Beziehung zueinander!
V4-2	Stellen Sie dar, wie mit Hilfe des Transaktionskostenansatzes Make-or-buy-Entscheidungen fundiert werden können und welche Probleme mit dieser Vorgehensweise verbunden sind!
V4-3	Erläutern Sie Bedeutung und Erscheinungsformen von Unsicherheit in Kaufprozessen!
V4-4	Erklären Sie die Bedeutung des Involvements für das Kaufverhalten von Konsumenten!
V4-5	Wodurch unterscheidet sich das Beschaffungsverhalten von Organisationen vom individuellen Kaufverhalten von Konsumenten?
V4-6	Erläutern Sie Gemeinsamkeiten und Unterschiede der Marktsegmentierung im Konsumgüterbereich zum einen, im Investitionsgüterbereich zum anderen!
V4-7	Welche Formen des Wettbewerbs lassen sich unterscheiden und worauf können unterschiedliche Wettbewerbsintensitäten zurückgeführt werden?
V4-8	Erläutern Sie die Bedeutung unterschiedlicher Formen von Verhaltensunsicherheit bei der Betrachtung bilateraler Principal-Agent-Beziehungen!
V4-9	Welche Bedeutung kommt Marktregeln in Marktprozessen zu?

V4-10	Welche Probleme sind mit der Analyse mehrstufiger Marktstrukturen aus der Sicht eines Stahlproduzenten verbunden?
V4-11	Erläutern Sie auf Basis des Produktlebenszyklusmodells die Entstehung, den Wandel und den Zusammenbruch von Märkten!

3.3 Markt, Tausch und Marktprozess

3.3.1 Theorie des Tauschaktes

3.3.1.1 Grundlagen

Eine Analyse des Marktprozesses ist vor dem Hintergrund seiner Einbettung in die Rahmen gebende Marktstruktur unter Beachtung geltender Marktregeln erforderlich (Abschnitt 3.2). Der bereits mehrfach erwähnte Marktprozess betrifft das Zusammentreffen von Anbietern und Nachfragern zum Zwecke der Herbeiführung von Tauschakten und umfasst dabei mehrere Teilprozesse. Zu diesen gehören:

- die Sammlung tauschrelevanter Informationen und deren Verdichtung und Verbreitung,
- das Führen von Verhandlungen,
- der Abschluss von Vereinbarungen,
- der Austausch von Verfügungsrechten und
- die nach Abschluss erforderliche Koordination.

Für das Stattfinden von Marktprozessen ist es unerheblich, ob Verhandlungen zwischen Marktpartnern zum Abschluss führen. Schneider (1995) weist in diesem Zusammenhang auch darauf hin, dass Marktprozesse beobachtbare Handlungen in Märkten darstellen. Generell sind Marktprozesse darauf ausgerichtet, durch Nutzung der Vorteile der Arbeitsteilung Tauschakte herbeizuführen. Dies stellt die Brücke zur Tauschakttheorie dar, die nachfolgend näher erläutert wird. Zu didaktischen Zwecken erfolgt zunächst die isolierte Betrachtung eines Tauschaktes zwischen einem Anbieter und einem Nachfrager (Einzeltransaktion), um ihn sodann in seinen sachlich-zeitlichen Kontext einzuordnen, was auf die Betrachtung von geschäftlichen Beziehungen zwischen den Marktpartnern hinausläuft.

3.3.1.2 Die Einzeltransaktion als Perspektive

3.3.1.2.1 Grundlagen und Grundfragen

Im Zentrum der **Einzeltransaktion** steht der Tauschakt. Er beruht auf dem Prinzip von Leistung und Gegenleistung. Anhand von Abbildung 3-36 kann nachvollzogen werden, dass fernab des Prinzips von Leistung und Gegenleistung auch andere Möglichkeiten bestehen, Güter zu übertragen. Realtransfers bzw. Transferzahlungen fallen in diese Kategorie. Nicht erfasst sind illegale Formen der Besitzaneignung wie z.B. Diebstahl. Der Tausch konkurriert daneben mit anderen Formen der Bereitstellung von Gütern, nämlich der Selbsterstellung, wie dies z.B. im Rahmen der Transaktionskostentheorie innerhalb von Kapitel 2 und Abschnitt 3.2 bereits ausführlicher beschrieben wurde.

Abbildung 3-36: Tausch und Transfer (Quelle: Kirsch et al. 1994, S. 36)

A gibt ... B gibt ...	Gut	Geld	nichts
Gut	Realtausch	Kauf/Verkauf	Realtransfer
Geld	Kauf/Verkauf	Geld- oder Forderungstausch	Transferzahlung
nichts	Realtransfer	Transferzahlung	./.

Folgende zentrale Fragen sind zum Verständnis der Einzeltransaktion im weiteren Verlauf zu klären:

■ Welche Tauscharten gibt es und wie lassen sie sich kennzeichnen?

- Aus welchen Gründen und unter welchen Bedingungen kommen Tauschakte zustande?

- Welche ökonomisch relevanten Wirkungen verbinden sich mit der Durchführung eines Tauschaktes und mit welchen Bestimmungsfaktoren gehen sie einher?

3.3.1.2.2 Tauscharten

Innerhalb von Abbildung 3-36 sind drei Tauscharten unterschieden worden, wobei sich die Unterscheidung auf die auszutauschenden Objekte bezieht. Daneben wäre es denkbar, die Komplexität oder Spezifität der Einzeltransaktion oder aber den Verlauf derselben als Unterscheidungskriterium heranzuziehen. Die in der Abbildung beispielhaft erfassten Tauscharten sind wie folgt zu kennzeichnen:

- Der Kauf bzw. Verkauf stellt den **Tausch i.e.S.** dar, da es heutzutage üblich ist, eine Leistung gegen ein monetäres Entgelt zu tauschen, wobei es völlig unerheblich ist, ob die Gegenleistung bar oder unbar gezahlt wird. Bezüglich der Leistung ist hervorzuheben, dass es unter betriebswirtschaftlichen Gesichtspunkten im Allgemeinen und unter marktlichen Aspekten im Besonderen sinnvoll ist, sie als Leistungsbündel zu verstehen, welches sich aus einer Mehrzahl von Teilleistungen rekrutiert, die materieller oder immaterieller Art sein können. Generell sind zumindest immaterielle Leistungen, wie z.B. Kommunikationsleistungen oder bestimmte verkaufsbezogene Dienste, immer in einem Leistungsbündel enthalten (Engelhardt et al. 1993), was auch innerhalb von 3.3.2 noch eingehender behandelt wird.

- Der **Realtausch** in Reinform schließt eine Geldzahlung zwischen den Transaktionsbeteiligten aus. Diese Art des Tausches war in der Zeit vor der Geldwirtschaft die einzige Tauschmöglichkeit. Mittlerweile stellt der Realtausch eine Ausnahme im Bereich der Einzeltransaktionen dar, ist aber weiterhin keinesfalls unbedeutend. Er bietet sich vor allem dann an, wenn es dem Nachfrager an Finanzmitteln, nicht aber an Realgütern mangelt. Vor allem im Investitionsgüter-Bereich gibt es daher auch zahlreiche Realtauschakte, und zwar insbesondere dann, wenn Geschäfte mit Marktteilnehmern aus devisenschwachen Entwicklungsländern abzuwickeln sind. Man spricht im Investitionsgüter-Sektor auch von den so genannten „**Kompensationsgeschäften**", die auf unterschiedliche Weise organisiert werden können (Abbildung 3-37). Der „klassische Barter" kennzeichnet einen Tauschvollzug ausschließlich auf Güterbasis. Der **moderne Barter** hingegen beruht auf fiktiven Zahlungen und sieht auch nicht vor, dass die Gegenleistung ausschließlich aus Gütern besteht. Der Kauf eines Neuwagens bei Inzahlungnahme des Altfahrzeugs fällt in diese Kategorie. **Dreiecksgeschäfte** gehen oftmals aus dem Problem hervor, dass der Empfänger einer Kompensationsware Verwendungsschwierigkeiten mit dem Gut als Gegenleistung hat und es daher vorzieht, andere Waren von einem Dritten zu beziehen, der die Gegenleistung des Tauschpartners besser verwenden kann.

Beim **Parallelgeschäft** werden zwei unterschiedliche Verträge geschlossen, wobei eine fiktive monetäre Berechnung erfolgt, an die sich eine Verrechnung anschließt.

Abbildung 3-37: Kompensationsgeschäftstypen im Überblick

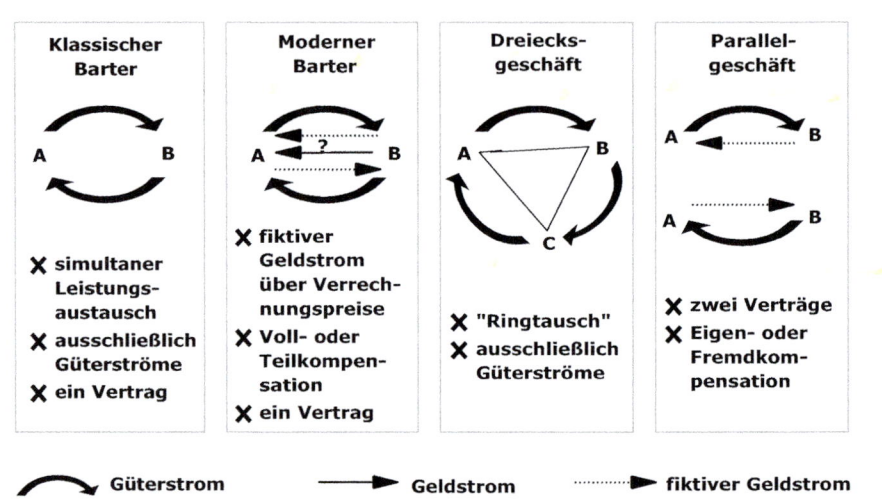

Der **Tausch von Geld und Forderungen** kann sich erstens auf den Austausch von Geld in unterschiedlichen Währungen beziehen. Oftmals werden so genannte Termingeschäfte abgeschlossen, die zu einem späteren Zeitpunkt zu einem vorab fixierten Kurs als Tauschverhältnis die Übergabe entsprechender Valuta vorsehen. Zweitens kann es aus Sicht einer Unternehmung sinnvoll sein, die monetären Forderungen, die aus dem Verkauf von Leistungsbündeln (Produkten) entstanden sind, an eine dritte Partei zu veräußern, um sich gegen den Forderungsausfall abzusichern oder um möglichst schnell einen Zugang von Finanzmitteln zu erhalten. Letzteres ist etwa sinnvoll, wenn die Vorfinanzierung der Leistungserstellung mit erheblichen Zahlungsabflüssen verbunden ist und somit die Liquidität der Unternehmung belastet. Der Verkauf von Forderungen (**Forfaitierung** oder auch **Factoring**) wird im Regelfall mit darauf spezialisierten Factoring-Gesellschaften abgeschlossen, welche den Wert der Forderungen unter Berechnung eines Abschlags ankaufen. Der Abschlag dient zur Absicherung der Risiken sowie zur Erzielung von Arbitragegewinnen.

3.3.1.2.3 Das Zustandekommen von Tauschakten

Mit Blick auf die Beantwortung der zweiten Frage, die oben aufgeworfen wurde, ist festzustellen, dass ein Tausch nur dann zustande kommt, wenn (unter Zugrundelegung einer freien Entscheidung der Marktteilnehmer und somit unter Ausschluss jeglichen Zwangs von außen) eine subjektiv empfundene Besserstellung beider Marktpartner vorliegt. Hierbei ist zu betonen: Der jeweilige Tauschpartner muss lediglich zum Zeitpunkt der Vereinbarung des Tauschakts davon überzeugt sein, dass eine derartige Besserstellung eintritt. Es ist zum Abschluss von Tauschakten unerheblich, ob nach Vollzug der Transaktion dieser Eindruck bestehen bleibt. In manchen Fällen ergibt sich auf Grund unvollständigen Wissens im Nachhinein der Eindruck, dass ein gekauftes Gut möglicherweise weitaus weniger Nutzen stiftet als erwartet. Weiterhin kann durch die Tauschsituation ein besonderer Druck auf die Entscheider aufgebaut werden, durch welchen eine Vorteilhaftigkeit suggeriert wird. Das Grimmsche Märchen von „Hans im Glück" zeigt deutlich, dass die Tauschpartner der Hauptfigur des Märchens es geradezu darauf anlegen, Hans Vorteile aufzuzeigen, die nur bei einer sehr kurzfristigen Betrachtung überhaupt als solche wahrgenommen werden (Plinke 1995c). Als Hans einen fast zentnerschweren Goldklumpen (als Lohn seiner langjährigen Arbeit) gegen ein Pferd eintauscht, insbesondere weil er wenig Lust hat, den schweren Klumpen zu tragen, nimmt das ökonomische Unglück der Hauptfigur seinen Lauf. Hans verliert bereits mit dem ersten Tauschgeschäft den größten Teils seines ansehnlichen Vermögens. Hier müssen jedoch subjektive Wahrnehmung und der Versuch der Objektivierung der Einzeltransaktionen strikt voneinander getrennt werden: Hans ist mit jedem Tauschakt zufrieden und empfindet größtes Glück, irgendwann am Hof seiner Mutter ohne irgendwelche „Last" einzutreffen.

Der Tausch kann verallgemeinernd als Veränderungsbereitschaft der Wirtschaftssubjekte interpretiert werden. Eine derartige Veränderungsbereitschaft, die sich in der Abgabe eines Wirtschaftsgutes und der Aneignung eines anderen manifestiert, beruht nach Plinke (1995c) auf einem subjektiv empfundenen Spannungs- bzw. Mangelzustand, der durch die Transaktion kompensiert bzw. beseitigt werden soll. Derartige Überlegungen von Wirtschaftssubjekten entspringen einem ökonomischen Nützlichkeitskalkül, welches die Kosten- und Nutzenaspekte gemäß Abbildung 3-38 umfasst.

Auch bei einer ausschließlichen Betrachtung der Einzeltransaktion lässt die Abbildung erkennen, dass sich die mit dem Tausch verbundenen Wirkungen weder nur auf den Vertragsgegenstand beziehen, noch nur den Zeitpunkt des Vertragsabschlusses betreffen. Diese Einschätzung trifft auf Anbieter- und Nachfragerseite gleichermaßen zu. Aus didaktischen Gründen bietet es sich an, die Sicht des Nachfragers zu beziehen. Die Abwägung von Nutzen und Kosten stellt sich wie folgt dar, wobei zunächst die **Nutzenkomponenten** vorzustellen sind:

Abbildung 3-38: Der Tausch als Kosten-/Nutzen-Abwägung (Quelle: in Anlehnung an Plinke 1988)

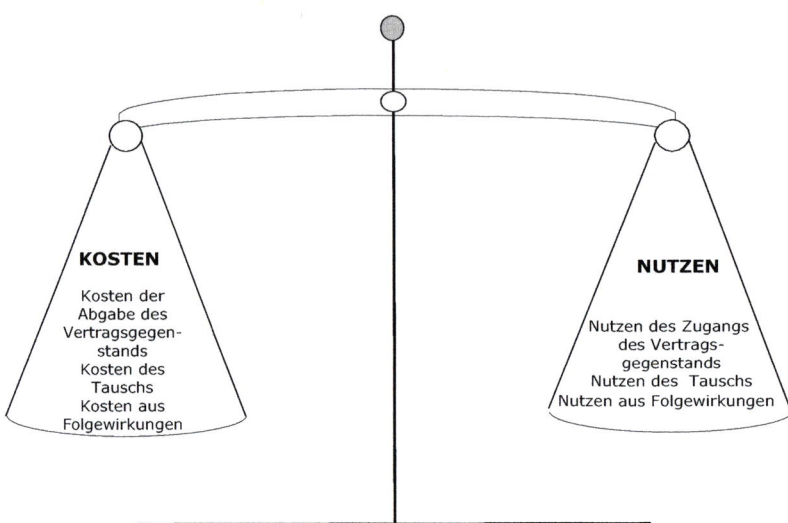

KOSTEN

Kosten der Abgabe des Vertragsgegenstands
Kosten des Tauschs
Kosten aus Folgewirkungen

NUTZEN

Nutzen des Zugangs des Vertragsgegenstands
Nutzen des Tauschs
Nutzen aus Folgewirkungen

◾ Bezüglich der Betrachtung des Nutzens aus dem Zugang des Vertragsgegenstands ist zu betonen, dass das Nutzenpotenzial höchst individuell von der Nachfragersituation abhängt und die Fähigkeit des Nachfragers mit einschließt, das empfangene Leistungsbündel zielgerecht zu nutzen. So werden zahlreiche informationstechnische Hardware- und Softwarelösungen mit Applikationen versehen, die im Regelfall nicht vollständig vom Anwender genutzt werden können. Die Nutzung selbst ist aber stark davon abhängig, wie umfangreich der jeweilige Nutzer mit den Möglichkeiten der Informationstechnologie vertraut ist. Insofern wird auch deutlich, dass aus Sicht des Nachfragers nicht das Leistungsbündel an sich bei der Bewertung im Vordergrund steht, sondern vielmehr die Veränderung seiner eigenen Situation durch die Nutzung der Leistung. So kann der Kauf einer neuen Maschine für den einen Kunden lediglich eine Erweiterung seiner Produktionskapazität bedeuten, für den anderen Kunden hingegen die Möglichkeit, neue Produkte damit zu fertigen und neue Märkte zu erschließen. Auch ist festzustellen, dass situative Faktoren erheblichen Einfluss auf den Nutzen einer Leistung nehmen können. Der Nutzen einer Flasche Wasser ist für einen entkräfteten, durstigen Menschen bei heißen Wetterbedingungen möglicherweise sehr hoch, nach einer vollständigen Mahlzeit mitunter marginal.

◾ Neben dem Nutzen aus dem Zugang des Vertragsgegenstandes profitiert der Nachfrager auch von der Durchführung des Tausches an sich. Der Käufer einer Leistung sammelt während des Beschaffungsvorgangs vielfältige Erfahrungen: Er lernt bestimmte Leistungsanbieter kennen, erfährt etwas über alternative Wege zur Lösung seines Problems, gewinnt Orientierung auf Märkten und lernt, Transaktionen gezielt abzuwickeln. Ein Nutzen ergibt sich unter anderem daraus, dass Erfahrungen mit dem Marktpartner gesammelt werden konnten, wodurch die geschäftliche Beziehung berechenbarer wird. Derartige Begleiteffekte kommen ihm dann zugute, wenn er zu einem späteren Zeitpunkt ähnliche oder andere Lösungen nachfragt, was ihm dann effektiver und/oder (transaktionskosten-) effizienter gelingt. Nicht immer sind allen Käufern derartige Nutzenwirkungen bewusst, weswegen unklar ist, wie umfangreich sie in Entscheidungskalkülen berücksichtigt werden.

■ Der Nutzen aus Folgewirkungen des Austauschs bezieht sich in Abgrenzung zur eben erwähnten Kategorie auf diejenigen Ausstrahlungseffekte, die vom Austauschobjekt selbst ausgehen. So führt die Beschaffung einer bestimmten technischen Infrastruktur zur leichteren Inanspruchnahme von Leistungen, die auf dieser technischen Lösung aufbauen (Bsp: DSL oder UMTS-Lösungen im Bereich der Telekommunikation).

Unter Nutzengesichtspunkten ist zu berücksichtigen, dass nicht allein die vom Leistungsbündel in technischer Sicht ausgehenden physischen Wirkungen Wert stiften, sondern auch psychische und soziale Werte entstehen, die für den Käufer von Belang sind. Mit Blick auf die **Kosten** stellt sich die Situation wie folgt dar:

■ Die Kosten der Abgabe des Vertragsgegenstandes (hier: Gegenleistung für das empfangene Leistungsbündel) beziehen sich auf den Kaufpreis, der gemäß vertraglicher Vereinbarung zu zahlen ist.

■ Die aus Nachfragersicht zu berücksichtigenden Kosten zur Verfügbarmachung und Nutzung des Vertragsgegenstandes gehen jedoch weit über die genannte Kategorie hinaus. So sind insbesondere folgende Kosten im Kalkül zu berücksichtigen:

  • Die Herstellung der Leistungsbereitschaft kann mit zusätzlichen internen Kosten einhergehen (Implementierungskosten).

  • Betrieb, Instandhaltung und spätere Entsorgung sind weitere Kostenkategorien, die sich auf die Vorteilhaftigkeit einer Transaktion auswirken. Ebenso wie lebenszyklusbezogene Nutzeneffekte müssen somit auch Lebenszykluskosten Berücksichtigung finden. Derartige Überlegungen finden ihren Niederschlag im so genannten „Life Cycle Costing" und im Konzept der Total Costs of Ownership".

■ Unter die Kosten des Tausches fallen die innerhalb von Kapitel 2 ausführlicher dargestellten Transaktionskosten.

■ Kosten aus Folgewirkungen des Tausches beziehen sich analog zu oben auf die Effekte, die sich nicht direkt auf den Vertragsgegenstand beziehen, aber im Kontext von Beschaffung und Nutzung die Ausgangssituation verändern. So kann etwa die Beschaffung eines bestimmten Leistungsbündels dazu führen, dass die Flexibilität bei späteren Beschaffungsvorgängen eingeschränkt wird. Lieferantenwechselkosten werden dann zu einem Kostenblock, der die Vorteilhaftigkeit einer Transaktion maßgeblich beeinflussen kann. Im Extremfall induziert die Beschaffung einer Ausgangsleistung aus Kompatibilitätsgründen eine bestimmte Folgekaufentscheidung. Derartige Effekte sind kostenrelevant.

Was hier exemplarisch aus Nachfragersicht betrachtet wurde, lässt sich analog auf die Anbieterseite beziehen (vgl. hierzu Plinke 1995c). Führt man die Überlegungen zusammen, so wird ersichtlich, dass der Tausch einen bilateralen Abwägungsprozess beider Marktseiten darstellt. Nur wenn sich die Nutzenschale gemäß Abbildung 3-38 aus Sicht beider Parteien gegenüber der Kostenschale nach unten neigt, kann ein Tausch zustande kommen. Welche der genannten Kategorien auf die Entscheidung der Beteiligten letztlich Einfluss nehmen, hängt nicht nur von situativen Faktoren ab (z.B. Zeitdruck), sondern auch von generellen Neigungen und der (ökonomischen) Sachkompetenz der Entscheider. Anders formuliert: Wirtschaftssubjekte neigen oft aus unterschiedlichsten Gründen zu Vereinfachungen, was das Risiko von Fehlentscheidungen erhöht. Allerdings können auch bei hoher Sachkompetenz unzweckmäßige Entscheidungen getroffen werden, und zwar dann, wenn es den Entscheidern an verlässlichen Informationen zur Beurteilung der Ausgangssituation mangelt. Dieser Zustand stellt sich bei Entscheidungen unter Unsicherheit regelmäßig, aber in unterschiedlichen Abstufungen ein. Umgekehrt kann auch eine hohe Entscheidungsqualität mit wenigen Informationen erreicht werden. Das ist insbesondere dann der Fall, wenn es gelingt, zuverlässige Indikatoren zu finden, die zudem auf das Zielsystem des Entscheiders ausgerichtet sind.

Während die hier angestellten Überlegungen bislang primär auf die Betrachtung der Kosten- und Nutzenwirkungen bezüglich eines einzelnen Transaktionspartners angestellt wurden, ist mit Blick auf die Realität wirtschaftlicher Entscheidungen die Perspektive dahingehend zu erweitern, dass auch alternative Tauschpartner in das Kalkül mit einzubeziehen sind. Eine Transaktion wird nämlich nur dann erfolgen, wenn aus Sicht der Beteiligten die Konditionen des jeweiligen Tauschpartners unter allen zur Verfügung stehenden Alternativen als überlegen angesehen werden. Plinke (2000) spricht bei einem Übergewicht der Nutzenwirkungen einer Transaktion gegenüber den Kosteneffekten von der **notwendigen Bedingung für die Durchführung eines Tauschaktes**. Sind zusätzlich die Konditionen eines Tauschpartners allen anderen Alternativen überlegen („individueller Superlativ") und gilt dies umgekehrt auch aus Sicht des Tauschpartners, so ist die **hinreichende Bedingung für das Zustandekommen von Transaktionen** erfüllt. Es sei nur am Rande erwähnt, dass eine monetäre Quantifizierung aller Kosten- und Nutzenwirkungen einer Transaktion auf Grund mangelnder Informationen in den meisten Fällen nicht möglich ist.

3.3.1.2.4 Wirkungen und Determinanten von Transaktionen

Die letzte der oben aufgeworfenen Fragen behandelt die ökonomisch relevanten Wirkungen, die sich mit der Durchführung eines Tauschaktes verbinden. In diesem Kontext ist mit Blick auf die einzelne Transaktion auf folgende Effekte zu verweisen:

Im Mittelpunkt jeder Transaktion steht das Ergebnis eines Austauschs von Verfügungsrechten an Wirtschaftsgütern. Nicht immer ist es aus Sicht der Transaktionspartner möglich, Verfügungsrechte hinreichend genau zu definieren, was sich besonders gut am Beispiel von geistigem Eigentum nachvollziehen lässt. Darüber hinaus ist aus ökonomischer Sicht diese juristische Komponente auch weniger wichtig als die eingetretene Potenzialveränderung durch den Abgang des Gegebenen und den Zugang des Erhaltenen. Es sei nur am Rande bemerkt, dass sich die Potenzialveränderungen der Transaktionsbeteiligten zwar primär auf die Leistungs- und Gegenleistungsbündel beziehen, gleichsam aber auch Veränderungen im Zuge des Tauschaktes selbst betreffen können. Wenn sich z.B. Anbieter und Nachfrager im Bereich ihrer Ressourcen erheblich aufeinander einstellen, so kann aus Sicht der Transaktionskostentheorie eine so genannte „Fundamentaltransformation" auftreten (Williamson 1985). Sie beinhaltet, dass vormals unspezifische Faktoren in partnerspezifische umgewandelt werden. Dieser Fall ist jedoch eher typisch für Geschäftsbeziehungen und wird daher auch erst im Folgeabschnitt vorgestellt. In Anknüpfung an das oben Gesagte liegt es nahe, auf den Problemlösungsbeitrag einer Leistung aus Sicht des Käufers bzw. der Gegenleistung aus der Perspektive des Verkäufers abzustellen. Ein solcher Problemlösungsbeitrag kann nicht unabhängig von den vorhandenen Mitteln des Wirtschaftssubjektes betrachtet werden. Passt etwa eine empfangene Leistung besonders gut zu Vorhandenem und ist darüber hinaus der Käufer in der Lage, die Nutzenpotenziale der empfangenen Leistung weitgehend zu erschließen, so ist ein hoher Problemlösungsbeitrag wahrscheinlich.

Mit dem **Austausch von Verfügungsrechten** ist eine zentrale Wirkung der Transaktion bereits beschrieben. Es findet zwischen Verkäufer und Käufer ein Leistungstransfer statt, der den **Güterstrom** der Transaktion darstellt. Güter sind dabei bei weitem nicht ausschließlich auf eine vorliegende physische Materie beschränkt, sondern schließen den weiten Bereich immaterieller Gegenstände (z.B. Rechte, Software, Dienste, Informationen) mit ein. Neben dem Güterstrom ist jeder Tauschakt zusätzlich dadurch gekennzeichnet, dass Informationen zwischen den Marktpartnern ausgetauscht werden. Der Informationsaustausch umgibt den Gütertransfer, da im Regelfall sowohl vor dem Leistungstransfer als auch danach Informationen zum Zwecke der Vor- und Nachbereitung ausgetauscht werden müssen. Es ergeben sich somit durch den Tausch Wissensänderungen, die ebenfalls nennenswerte Potenzialveränderungen beinhalten. Man könnte darüber hinaus bei der Analyse von Tauschprozessen auch von einem parallelen Geldstrom sprechen. Dagegen spricht jedoch, dass ein Fluss monetärer Mittel nicht zwingend Gegenstand einer jeden Transaktion, wie das Beispiel der o.g.

Kompensationsgeschäfte erkennen lässt. Insofern stellt der Transfer monetärer Mittel nichts anderes als einen Teil des **Gegenleistungsstroms** dar.

Der **Informationsstrom** lässt erkennen, dass zwischen Anbieter und Nachfrager in jedem Tauschakt eine minimale Interaktion erforderlich ist. Abstimmungen zwischen den beiden Tauschpartnern sind daher – unabhängig vom Medium des Kontakts – unerlässlich. Bezüglich der Abstimmung ist festzustellen, dass der Kunden dem Anbieter Faktoren für die Leistungserstellung zur Verfügung stellt. Hierbei handelt es sich um die so genannte **Kundenintegration**, d.h. die Integration kundenspezifischer Faktoren in den Verfügungsbereich des Anbieters (Engelhardt et al. 1993). Unter den zu integrierenden Faktoren befinden sich immer Informationen (z.B. Auskünfte über die Bedarfssituation, Neigungen oder auch Konkurrenzangebote), zum Teil aber auch vom Nachfrager bereitgestellte Objekte (z.B. zu reparierendes Auto) oder der Nachfrager als Person selbst (z.B. Anwesenheit beim Friseur zum Zwecke des Hairdressings). Eine derartige Kundenintegration findet bei ausschließlicher Betrachtung der Einzeltransaktion im Bereich der Leistungserstellungsprozesse statt. Zur Verdeutlichung: In jeder Transaktion gelangen so genannte externe Faktoren seitens des einzelnen Kunden in den Verfügungsbereich des Anbieters und beeinflussen zumindest in minimaler Weise seine Leistungserstellungsprozesse, um vor allem einen kundenindividuellen Leistungszuschnitt zu ermöglichen. Diese **integrativen Prozesse** können begleitet werden von so genannten „**autonomen Prozessen**", bei denen die Leistungserstellung ohne Berücksichtigung der Bedürfnisse eines Einzelkunden erfolgt. Bei derartigen autonomen Prozessen handelt es sich also um die vom Einzelbedarf unabhängige Fertigung, die sich auf den anonymen Markt bezieht. Der Vollständigkeit halber sei bemerkt, dass sich die hier geführte Integrativitätsdiskussion auch auf den Eingriff des Anbieters in den Verfügungsbereich des Nachfragers beziehen lässt. In solchen Fällen wird von **Lieferanten- bzw. Anbieterintegration** gesprochen.

Ein wichtiger Bestimmungsfaktor für das Ergebnis von Tauschakten ist die Machtrelation zwischen zwei Tauschpartnern (vgl. Abschnitt 3.2). Je nachdem, ob die **Macht** symmetrisch oder asymmetrisch verteilt ist, werden Leistung und Gegenleistung bemessen. Dabei besteht für weniger mächtige Wirtschaftssubjekte die Gefahr, von ihrem Marktpartner übervorteilt zu werden. Diese Gefahr ist dann besonders groß, wenn der mächtige Tauschpartner wichtige Potenziale kontrolliert, die dringend benötigt werden und die aus anderen Quellen nicht beschaffbar sind. Die Machtverteilung vor der Transaktion wird somit zu einer für den Tauschakt Rahmen gebenden Größe. Es ist durchaus denkbar, dass durch den Tausch eine Veränderung der Machtposition stattfindet. Das ist etwa der Fall, wenn sich der weniger mächtige Partner im Zuge der Transaktion Zugang zu den für ihn wichtigen Potenzialen verschafft. So müssen etwa wissensintensive Dienstleistungsbetriebe Vorkehrungen treffen, dass ihre im Wettbewerb wertvolle Wissensbasis nicht durch unkontrollierte Wissensdiffusion zerstört wird. Beispielsweise können organisationale Nachfrager mit einer hohen Beschaffungskompetenz und einem großen Wissensabsorptionsvermögen (Cohen/Levinthal 1990) durch Transaktionen derart geschult werden, dass sie die Leistung fortan selbst erbringen können (von der Buy- zur Make-Situation) und möglicherweise auf mittlere Sicht sogar Märkte auf diese Weise bedienen können (von der Buy- über die Make- zur Sell-Situation).

Anknüpfend an die Ausführungen zur Transaktionskostentheorie sind der Informationsstand und die **Informationsverteilung** zwischen den Tauschpartnern Bestimmungsfaktoren von Tauschprozessen mit maßgeblichem Einfluss auf die Art der zustande kommenden Transaktion. Durch die Berücksichtigung dieser und der in Abschnitt 2.3.1 genannten Parameter gilt es, eine situationsgerechte, d.h. transaktionskostenminimale Lösung zu finden. Durch die individuelle Gestaltung der Transaktions-Designs geht die Transaktionskostentheorie davon aus, dass sich eine passende Lösung finden lässt (z.B. im Extremfall hoher Unsicherheit die Hierarchie). Verhaltenswissenschaftlich stellt sich dies anders dar: Jedes Individuum verfügt über eine bestimmte Neigung zum Umgang mit Unsicherheit. Überschreitet die subjektiv wahrgenommene Unsicherheit bestimmte Grenzen, so fühlt sich das Individuum nicht mehr in der Lage, eine Situation zu beherrschen. Greifen etwaige unsicherheitssenkende Maßnahmen nicht, so unterbleibt eine entsprechende Transaktion vollends.

Aus Sicht der Betrachtung einzelner Transaktionen ist festzuhalten, dass ihre Entstehung im Wesentlichen als ein Ausfluss der Arbeitsteilung von Wirtschaftssubjekten anzusehen ist. Durch die Arbeitsteilung wird die Möglichkeit zur Spezialisierung und zur Wahrnehmung von Spezialisierungsvorteilen von Wirtschaftssubjekten eröffnet.

Im folgenden Schritt wird die Betrachtungsperspektive erweitert. Während bislang lediglich die einzelne Transaktion dargestellt wurde, geht es nunmehr um deren Einbettung in Geschäftsbeziehungen zwischen Anbieter und Kunden. Diese Geschäftsbeziehungen bieten in der Regel einen Rahmen für eine Mehrzahl von Transaktionen, die über die Zeit vereinbart werden.

3.3.1.3 Die Geschäftsbeziehung als Bezugsrahmen

3.3.1.3.1 Begriffliche Grundlagen

Der Begriff der Geschäftsbeziehung wird in der Betriebswirtschaftslehre alles andere als einheitlich gefasst. Unklar ist vor allem, ab wann eine Geschäftsbeziehung beginnt und wann sie endet. Eine generelle Lösung dieses Problems ist unabhängig vom konkreten Sachverhalt nicht möglich. Eine auch im Kontext dieses Buches geeignete Definition von Geschäftsbeziehungen geht auf Diller (1994, S. 8) zurück:

Geschäftsbeziehungen lassen sich definieren als

- von ökonomischen oder nicht-ökonomischen Zielen geleitete
- direkte (persönliche oder unpersönliche)
- integrative

▨ auf mehrmalige Transaktionen ausgerichtete

▨ Interaktionsprozesse

▨ zwischen einem Güteranbieter und einem Güternachfrager

▨ in Verbindung mit dem Kauf von Wirtschaftsgütern.

Die Betrachtung von Geschäftsbeziehungen ist erforderlich, weil auf diesem Wege auch die Handlungen und Motive der Wirtschaftssubjekte erfasst werden können, die über eine einzelne Transaktion hinausgehen. Im Regelfall ist das Handeln von Menschen auf größere Zusammenhänge ausgerichtet und damit transaktionsübergreifend. Dann aber ist der oben dargestellte Bezugsrahmen der Einzeltransaktion zwar aus didaktischen Gründen hilfreich, zum Verständnis der Realität jedoch zu eng. Vor allem Anbieter verfolgen in den meisten Fällen das Ziel, durch die Durchführung einer ersten Transaktion mit einem Kunden die Grundlage für Folgetransaktionen zu legen, um sich auf diese Weise die Nachfrage als kritisches Potenzial zu sichern (Engelhardt/Freiling 1995b). Kundenbindungsprogramme von Anbietern sind nur ein Beispiel, um dieses Ziel zu belegen.

Beispiel 3-13: Wiederholungskauf und Geschäftsbeziehung

Auf anonymen Märkten sind viele Konsumenten nicht zuletzt aus Bequemlichkeitsgründen marken- und/oder lieferantentreu. Der Kauf von Zigaretten einer bestimmten Marke geht oftmals damit einher, dass ein Kunde mehrfach bei dem selben Tabakhändler (oder auch Zigarettenautomat) kauft. Im Regelfall erwächst daraus jedoch keine Geschäftsbeziehung im oben beschriebenen Sinne, weil es trotz Mehrmaligkeit des Kaufs an der dafür erforderlichen Interaktion und Integration mangelt (Diller 2006b, S. 19f.).

Auch die Kunden sind oftmals an der Durchführung mehrerer Transaktionen mit demselben Anbieter interessiert, weil dadurch die Abwicklung von Tauschvorgängen erheblich vereinfacht und die Unsicherheit im Kontext einer Transaktion durch die gegenseitige Vertrautheit reduziert werden kann. Derartige primär ökonomische Überlegungen sind verhaltenswissenschaftlich insofern zu ergänzen, als Menschen sich an bestimmte Umfelder gewöhnen und einen Wechsel auf Grund des damit verbundenen Aufwands scheuen.

3.3.1.3.2 Geschäftsbeziehungen im Kontext des Episoden-Potenzial-Konzeptes

Kirsch et al. (1980) heben in ihrem Ansatz die Einbettung von Transaktionen in ein sozio-ökonomisches Feld hervor. In einem derartigen Umfeld werden unterschiedliche soziale Akteure tätig und nehmen Einfluss auf den Verlauf von Austauschprozessen. Kirsch et al. (1980) sprechen an Stelle von Transaktionen allgemeiner von Episoden, subsumieren diesem Begriff aber alle tauschrelevanten Anbahnungs-, Vereinbarungs- und Umsetzungsprozesse einer Transaktion, was den inhaltlichen Deckungsgrad mit der Einzeltransaktion erkennen lässt. Eine Episode im Sinne von Kirsch et al. (1980) wird durch strukturelle Rahmenfaktoren beeinflusst, die dem Episodenumfeld zuzurechnen sind. Diese Rahmen gebenden Faktoren werden von den Autoren als Potenziale bezeichnet. Neben exogenen Einflüssen, die weder dem Nachfrager noch dem Anbieter zuzurechnen sind, gehören hierzu die Potenziale des Anbieters und diejenigen des Nachfragers. Es liegt nahe, dass gerade innerhalb von Geschäftsbeziehungen derartige Potenziale durch Aktivierung in Tauschprozessen maßgeblichen Einfluss auf den Transaktionsverlauf nehmen. Geht man z.B. von langjährigen Beziehungen zwischen einem Bankkunden und dem jeweiligen Kreditinstitut aus, so verfügt der Kundenberater der Bank im Regelfall über eine umfangreiche Kundendatenbank mit wichtigen Informationen zur individuellen Bedienung des Kunden, während der Kunde möglicherweise durch bankspezifische Softwarelösungen in den Genuss einer effizienten und komfortablen Abwicklung von Bankgeschäften gelangt. Die bilateralen Potenzialanpassungen zwischen Anbieter- und Nachfragerseite im Zuge von Geschäftsbeziehungen lassen die **Integrativität** erkennen, die Diller (1994) zum Gegenstand seiner Definition von Geschäftsbeziehungen macht. Parallel lässt sich am genannten Beispiel nachvollziehen, dass Geschäftsbeziehungen sowohl auf persönlicher als auch auf unpersönlicher Interaktion (z.B. computergestützte Kommunikation) beruhen.

3.3.1.3.3 Bezugsebenen von Geschäftsbeziehungen

Was jedoch eine Geschäftsbeziehung zwischen einem Anbieter und einem Nachfrager konkret beinhaltet, lässt sich anhand zweier Strukturmodelle nachvollziehen, die nachfolgend skizziert werden. Das erste Modell geht auf Arbeiten von Diller zurück (siehe Abbildung 3-39, Diller/Kusterer 1988; Diller 1994), das zweite Modell entstammt der Netzwerktheorie der so genannten „Industrial Marketing and Purchasing Group (IMP Group)". Zu einem vertiefenden Verständnis von Geschäftsbeziehungen und den dadurch geordneten Tauschprozessen sind beide Modelle geeignet.

Diller und Kusterer (1988) stellen ein Vier-Ebenen-Modell von Geschäftsbeziehungen vor, das nachfolgend beschrieben wird. Die **sachliche Ebene** einer Geschäftsbeziehung gibt Auskunft über die inhaltliche Ausgestaltung und damit über die Sachprobleme, die der Anbieter für den Nachfrager und zum nicht unwesentlichen Teil mit ihm zusammen löst. Auf der Ebene der Sachprobleme sind zahlreiche Transaktionsspezifika zu klären. Hierzu gehören vor allem:

- Vereinbarungen über zu erstellende Leistungsbündel in qualitativer und quantitativer Hinsicht,

- Absprachen zum Zwecke der zeitlichen Koordination von Leistungserstellung und Leistungsübergabe sowie

- Vereinbarungen über die Gegenleistung.

Abbildung 3-39: Bezugsebenen einer Geschäftsbeziehung (Quelle: Diller 1994, S. 48)

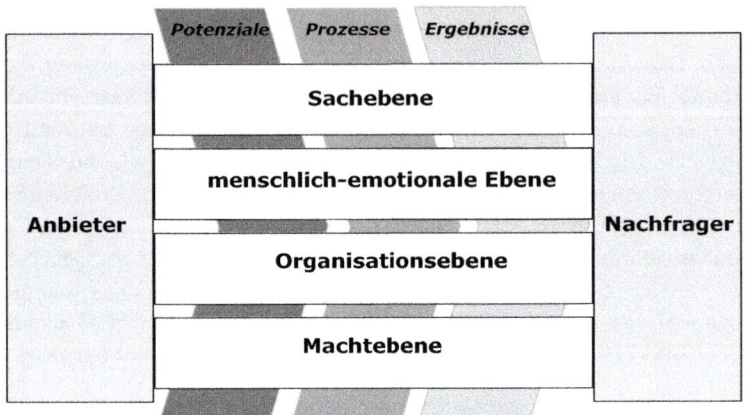

Um jedoch der Vielschichtigkeit von Geschäftsbeziehungen gerecht werden zu können, ist es erforderlich, über die sachliche Ebene hinauszugehen und insbesondere auch die **menschlich-emotionale Dimension** zu beachten, deren Relevanz sich daraus ergibt, dass sie auf das Verhalten und die Zufriedenheit der Geschäftspartner großen Einfluss nimmt. Die Zufriedenheit eines Geschäftspartners ist in diesem Zusammenhang als dessen emotionale Reaktion auf die von ihm kognitiv bewertete Beziehung zum anderen Partner zu verstehen, wobei der Zufriedenheitsgrad auf einem Abgleich eigener Erwartungen und Erfahrungen beruht (Stauss 1999). Emotionale Elemente, wie z.B. die persönliche Anerkennung zwischen Personen der Anbieter- und Nachfragerseite, die Offenheit der Kommunikation sowie die Vertrauenswürdigkeit, nehmen erheblichen Einfluss auf die Bewertung und leisten einen Beitrag zur Erklärung, warum Geschäftsbeziehungen auch dann fortgesetzt werden, wenn unter sachlichen Gesichtspunkten bestimmte Aspekte gegen eine Fortführung sprechen.

Die **Organisationsebene** von Geschäftsbeziehungen betrifft die grundsätzlichen Regelungen für die Austauschprozesse, die abzuwickeln sind. Organisationale Regelungen können explizit in Verträgen vorgenommen werden und haben damit einen hohen Grad an formaler Verbindlichkeit. Daneben kann eine Verbindlichkeit aber auch dadurch erzeugt werden, dass auf informalem Wege Abwicklungskonventionen geschaffen werden, die von den Partnern überwiegend bewusst, zum Teil aber auch unbewusst akzeptiert werden.

Abbildung 3-40: Ausgangspunkte von Macht in Geschäftsbeziehungen (Quelle: in Anlehnung an Freiling 1995, S. 48)

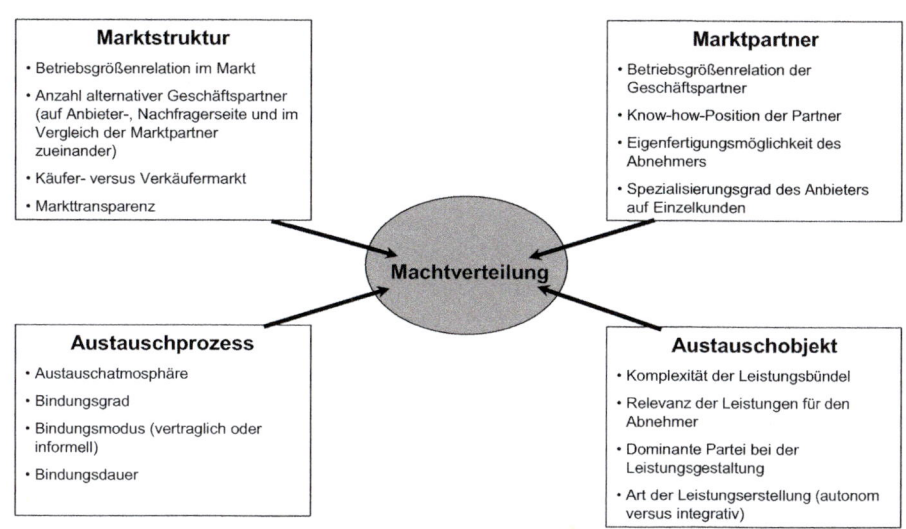

Die **Machtebene** ist zum Verständnis der Art der Zusammenarbeit zweier Partner zentral (vgl. Abschnitt 3.2.1.3.2). Sie betrifft in erster Linie die Frage, in welchem Umfang ein Geschäftspartner auf das Verhalten seines Gegenübers (einzeln oder als Gruppe) Einfluss auszuüben im Stande ist. Grundlage jeglicher Macht ist eine Abhängigkeitsbeziehung, über die Macht übertragen und damit überhaupt erst eingesetzt werden kann. Anders gesprochen liegt keine Macht vor, wenn sich ein Geschäftspartner dem Einfluss seines Gegenübers ohne weiteres entziehen könnte. Auf Grund von gegenseitigen Anpassungen innerhalb von Geschäftsbeziehungen tritt dieser Fall jedoch nicht ein. Vielmehr wird die bestehende Geschäftsbeziehung zum Machtübertragungsmedium. Dann aber stellt sich die Frage nach der Verhandlungsstärke und -position der beteiligten Marktpartner. Vier Bereiche nehmen Einfluss auf die Machtverteilung und lassen erkennen, dass die Quellen von Macht nicht selten auf die beiden Partner verteilt sind, wobei jedoch in aller Regel Machtüberschüsse zu Gunsten einer Partei bestehen. Der Abbildung 3-40 können mit der Marktstruktur des zu betrachtenden Marktes, den Geschäftspartnern, den Austauschobjekten im Rahmen einer Beziehung sowie dem Austauschprozess die grundsätzlich wichtigsten Ausgangspunkte von Macht innerhalb von Geschäftsbeziehungen entnommen werden. Innerhalb der einzelnen Bereiche sind die wichtigsten Faktoren genannt, auf welche die Macht jeweils zurückgeführt werden kann. Deren Bedeutung ergibt sich aus der konkreten Situation im Einzelfall. French und Raven (1959) haben im allgemeineren Kontext herausgestellt, dass Macht auf folgenden Quellen beruht: Legitimationsmacht, Belohnungsmacht, Bestrafungsmacht, Identifikationsmacht (auf Basis einer Identifikation mit Bezugspersonen) und Expertenmacht.

Es ist im Einzelfall wohl kaum möglich, die einzelnen Machtquellen gegeneinander aufzurechnen. Gleichwohl ist ein umfassendes Verständnis der Machtsituation innerhalb von Geschäftsbeziehungen ohne eine integrierte Betrachtung aller Machtquellen nicht denkbar. Damit tritt das Problem der Operationalisierung und Messung von Macht auf, welches als noch unbefriedigend gelöst anzusehen ist.

Fasst man die genannten Dimensionen zusammen, so ergibt sich ein vielschichtiges Bild von den Elementen einer Geschäftsbeziehung, die als solche den Rahmen für oft zahlreiche Transaktionen zwischen einem einzelnen Anbieter und einem einzelnen Nachfrager legen. In Anlehnung an Abbildung 3-39 kann eine zusätzliche Differenzierung dahingehend erfolgen, dass transaktions- und beziehungsrelevante Effekte auf der Potenzial-, der Prozess- und der Ergebnisebene analysiert werden. Anhand von Tabelle 3-26 ist nachzuvollziehen, welche einzelnen Faktoren demnach die Qualität einer Geschäftsbeziehung bestimmen und damit den oben gelegten Rahmen konkreter ausfüllen.

Geschäftsbeziehungen sind als Bezugsrahmen einzelner Transaktionen vor allem deswegen zu beachten, weil sich durch die relativ enge Verbindung von Beziehungspartnern Potenziale erschließen lassen, die bei einer losen Koppelung von Anbieter und Nachfrager in ausschließlich auf Einzeltransaktionen beruhenden Tauschprozessen unzugänglich wären. Unter diesen Potenzialen ragen heraus: Synergien, Innovationsmöglichkeiten und Aussicht auf Senkung von Transaktionskosten. Die mit den genannten Geschäftsbeziehungspotenzialen verbundenen Wirkungen hängen zu erheblichen Teilen von Art und Umfang ab, in dem die Partner geschäftsbeziehungsspezifische Investitionen vornehmen und sich dadurch bedingt in ihren Potenzialen und Prozessen aufeinander einstellen. Derartige partnerspezifische Investitionen versetzen den Investor in die Lage, sich Vorteile gegenüber allen anderen Konkurrenten zu verschaffen, die derartige Anpassungen noch nicht vorgenommen haben. Auf Grund der schwindenden Vergleichbarkeit mit seinen Konkurrenten manövriert sich der Investor in die Situation eines „Quasi-Monopolisten". Eine vormals unspezifische Ausgangssituation wird in eine spezifische gewandelt, was neben diesem „First-Mover Advantage" üblicherweise mit dem Problem der Abhängigkeit vom Transaktionspartner einhergeht. Stünde der Geschäftspartner zum Zwecke anschließender Transaktionen nicht mehr zur Verfügung, ließen sich die getätigten Investitionen nicht mehr amortisieren. In diesem Zusammenhang ist auf die Diskussion um geschäftsbeziehungsbasierte Quasirenten zu verweisen (s. Abschnitt 2.3.1.2): Aufgrund des spezifischen Zuschnitts der Investitionen klafft eine Lücke zwischen erst- und zweitbester Verwendung, wobei die Idiosynkrasie den Extremfall darstellt. In solchen Fällen führen partnerspezifische Investitionen zu einem „Lock-in-Effekt", der zu einer engen ökonomisch bedingten Bindung an den Geschäftspartner mit begrenzten oder nicht mehr vorhandenen Wechselmöglichkeiten führt.

Ebene	Potenziale	Prozesse	Ergebnisse

Sachlich	– Kompetenz
	– Ausstattung
	– Verkaufsunter-
	  stützung
	– Leistungsfähige
	  Marktforschung
		– Preisverhandlungen
		– Special Make-ups
		– Verkaufsförderung
		– Produktentwicklung
		– Prospektgestaltung
		– Vor- und Nachver-
		  kaufsservice
		– Beschwerde-
		  management
			– Bedürfnisgerechte
			  Produkte
			– Einhaltung von
			  Vereinbarungen
			– Gutes Preis-
			  Leistungs-
			  Verhältnis
			– Brauchbare Markt-
			  daten

Menschlich-
emotional
	– Soziale Kompe-
	  tenz (Freundlich-
	  keit, Ähnlichkeit,
	  Vertrauenswür-
	  digkeit)
	– Kenntnis von
	  persönlichen Da-
	  ten
		– Anteil privater Themen
		– Anpassung an Kun-
		  denstil
		– Intensität privater
		  Kontakte
			– Angenehme At-
			  mosphäre
			– Personen- statt
			  unternehmungs-
			  orientiertes Den-
			  ken

Organisatorisch	– Organisatorische
	  Struktur: spezielle
	  Ansprechpartner,
	  Entscheidungs-
	  kompetenz
		– Auftragsabwicklung
		– Kontaktintervalle
		– Zahlungsabwicklung
			– Logistikeffizienz
			  (Zeit, Lieferum-
			  fang, Lieferquali-
			  tät)

Machtbezogen	– Vertrauen (Komp-
	  romiss-
	  bereitschaft, ge-
	  meinsame Erfah-
	  rungen, ökonomi-
	  sche Bedeutung)
	– Macht (Informa-
	  tionsvorteile)
		– Vertrauensbildung
		– Machtgebrauch
			– Furcht
			– Vertrauen
			– Unabhängigkeit

Tabelle 3-26: Indikatoren der Beziehungsqualität (Quelle: in Anlehnung an Diller 1995, S. 49ff.)

Fallbeispiel 2: MCC – „smartville"

In jüngerer Zeit bilden sich in der Automobilzulieferindustrie immer engere Geschäftsbeziehungen zwischen Zulieferern und Automobilproduzenten, auch Original Equipment Manufacturer (OEM) genannt, heraus. Ein besonders weitreichendes Beispiel stellen die Beziehungen zwischen der Micro Compact Car GmbH, kurz MCC, und ihren so genannten Systempartnern dar. Zur Fertigung des Kleinstwagens „smart" nebst aller damit verbundenen Aufgaben wurde ein so genannter „Industriepark" im lothringischen Hambach gegründet. Mit den Firmen Magna, Bosch, Dynamit Nobel, VDO, Krupp Automotive Systems sowie dem Joint Venture von Surtema und Eisenmann arbeiten neben zwei Gruppen logistischer Spezialdienstleister einige der weltbesten Autmobilzulieferer direkt auf dem eigens für die Fertigung des „smart" eingerichteten Areal der Daimler-Chrysler-Tochterunternehmung MCC.

Die Zusammenarbeit zwischen MCC einerseits, den Systempartnern andererseits unterscheidet sich von anderen Geschäftsbeziehungen in dieser Branche in vielerlei Hinsicht. Zu den wichtigsten Merkmalen der betreffenden Geschäftsbeziehungen sind zu zählen:

- Die Systempartner haben sich bereit erklärt, eine eigene Fertigungsstätte ausschließlich für MCC einzurichten.

- Es existieren keine räumlichen Grenzen zwischen den Systempartnern und MCC. Man arbeitet nicht nur auf demselben Areal, sondern zum erheblichen Teil in denselben Produktionshallen. Wenn überhaupt, so können Markierungen in den Hallen als eine Art „virtuelle Betriebsgrenze" betrachtet werden.

- Für die Möglichkeit, auf dem Areal von MCC zu arbeiten, werden mit den Lieferanten Vereinbarungen arrangiert, die eine Beteiligung an den entstehenden Kosten vorsehen. Für eine effiziente Nutzung der vorhandenen Fläche werden Vorkehrungen getroffen.

- Die Zulieferer übernehmen in stärkerem Maße als in anderen Geschäftsbeziehungen der Zulieferindustrie die Koordination der ihnen zuarbeitenden Lieferanten in der Belieferungskette.

- Die Zusammenarbeit zwischen MCC und den Systempartnern vollzieht sich auf dem Wege von langfristig ausgelegten, bezüglich der Inhalte aber an vielen Stellen offen gehaltenen Rahmenverträgen. Der Abschluss von so genannten „Life-Cycle-Contracts" ist üblich und beinhaltet Lieferbeziehungen, die sich zumindest auf den Lebenszyklus eines Produktes beziehen. Gleichwohl legt die enge Ausrichtung der Partner aufeinander eine zeitlich darüber hinaus greifende Zusammenarbeit nahe.

- Die Systempartner realisieren so genannte „Just-in-Time-Belieferungskonzepte", bei denen eine Vorproduktion mit entsprechender Lagerhaltung vermieden bzw. auf ein Mindestmaß reduziert wird. Dabei wird nach dem „Pay-for-Performance"-Prinzip verfahren, so dass nur tatsächlich in die Endmontage eingegangene Zuliefermodule abgerechnet werden.

Die Zusammenarbeit zwischen MCC und den Systempartnern vollzog sich anfangs mit einigen Problemen, die jedoch nach einer mehrmonatigen Startphase überwunden wurden.

Die Fallstudie MCC bietet die Möglichkeit, bestimmte Grundfragen von Geschäftsbeziehungen zu diskutieren:

F2-1	Erläutern Sie die Vorteilhaftigkeit derartiger Geschäftsbeziehungen aus Sicht beider Marktseiten.
F2-2	Bestimmen Sie die größten Kooperationsprobleme, die derartige Geschäftsbeziehungen erwarten lassen, und stellen Sie ihnen Lösungsvorschläge gegenüber.
F2-3	Innerhalb von engen Geschäftsbeziehungen besteht die Gefahr von „Wear-out-Effekten" insbesondere auf Zuliefererseite: Durch die gesicherte Zusammenarbeit erlahmen produktivitätssteigernde und innovationsfördernde Aktivitäten. Inwieweit sind auch in diesem Beispiel derartige Probleme wahrscheinlich? Wie lassen sich etwaige Vorkehrungen treffen?
F2-4	Beschreiben Sie die vorliegenden Geschäftsbeziehungen anhand des Modells von Diller. Welche Bezugsebenen einer Geschäftsbeziehung sind Ihres Erachtens für den Erfolg der Zusammenarbeit zentral?

Eine etwas anders fundierte Begründung für den Verbleib in Geschäftsbeziehungen formulieren Thibaut und Kelley (1959; daneben: Schütze 1992). Ausgangspunkt des Modells ist, dass sowohl Anbieter als auch Nachfrager in einer Geschäftsbeziehung auf Basis bestimmter Zielsetzungen und unter Berücksichtigung von Vergleichsmaßstäben (Comparison Levels, CL) handeln, wobei die Erwartungen und das Verhalten gegenüber dem jeweiligen Geschäftspartner auf Erfahrungen der Vergangenheit beruhen. Das Modell von Thibaut und Kelley (1959) ist geeignet, um auf Basis empfundener Kosten- und Nutzenwirkungen der Geschäftspartner Aussagen über deren Verbleib in bzw. den Abbruch von Geschäftsbeziehungen zu treffen. Dabei werden alternative Geschäftspartner in den Überlegungen berücksichtigt.

Aus Sicht des einzelnen Geschäftspartners stellt sich das Kalkül wie folgt dar:

- Es wird die Attraktivität einer bestehenden Beziehung auf Basis von Erfahrungen der Vergangenheit bewertet. Hierfür wird im Folgenden das Symbol W verwendet.

- Ob generell ein Akteur bereit ist, sich zu binden, hängt von dem allgemeinen Vergleichsmaßstab CL (Comparison Level) ab, der im Falle positiver Erfahrungen hoch ausfällt et vice versa und sich aus Bindungserfahrungen mit unterschiedlichen Partnern in der Vergangenheit zusammensetzt. Thibaut und Kelley gehen in ihrem Modell davon aus, dass jüngere Erfahrungen in den CL stärkeren Eingang finden als lang zurückliegende. Der CL fällt positiv aus, wenn die Nutzenwirkungen von Geschäftsbeziehungen die Kosten übersteigen. Dadurch wird deutlich, dass der CL Erwartungen des jeweiligen Geschäftspartners reflektiert.

- Um Aussagen treffen zu können, ob der Verbleib in einer Geschäftsbeziehung sinnvoll ist, ist es erforderlich, den Wert von Alternativen zu bestimmen. Hierzu bedarf es der Ermittlung des Vergleichswerts für Alternativen (Comparison Level for Alternatives: CL_{alt}). Der CL_{alt} ist der Vergleichsmaßstab für die beste verfügbare Alternative.

- Anhand von Abbildung 3-41 lassen sich nunmehr drei Konstellationen unterscheiden. Im ersten Fall liegt eine Situation vor, in der die aktuelle Geschäftsbeziehung unter Kosten- und Nutzengesichtspunkten als sehr attraktiv bewertet wird. Der Akteur ist darüber hinaus in der glücklichen Lage, über alternative Partner zu verfügen, von denen der beste zwar nicht den Wert der aktuellen Beziehung erreicht, aber dennoch weit über dem für Bindungsentscheidungen zentralen CL liegt. Insofern ist der Akteur von dem aktuellen Geschäftspartner weitgehend unabhängig. Gleichwohl würde ein Wechsel seine Ausgangsposition verschlechtern.

- Im zweiten Fall ist die aktuelle Beziehung attraktiv. Alle zur Verfügung stehenden Vergleichsalternativen sind aber unannehmbar. Insofern liegt eine Abhängigkeit vom aktuellen Partner vor.

- Noch ungünstiger gestaltet sich in des der dritte Fall. Der Wert der aktuellen Geschäftsbeziehung W ist äußerst unattraktiv und liegt unterhalb des CL. Ein Wechsel ist aber noch unattraktiver, weil der CL_{alt} den Wert W unterschreitet. Insofern liegt ein Zustand der Abhängigkeit vor.

Abbildung 3-41: Attraktivität und Abhängigkeit in Beziehungen (Quelle: Herkner1991, S. 398)

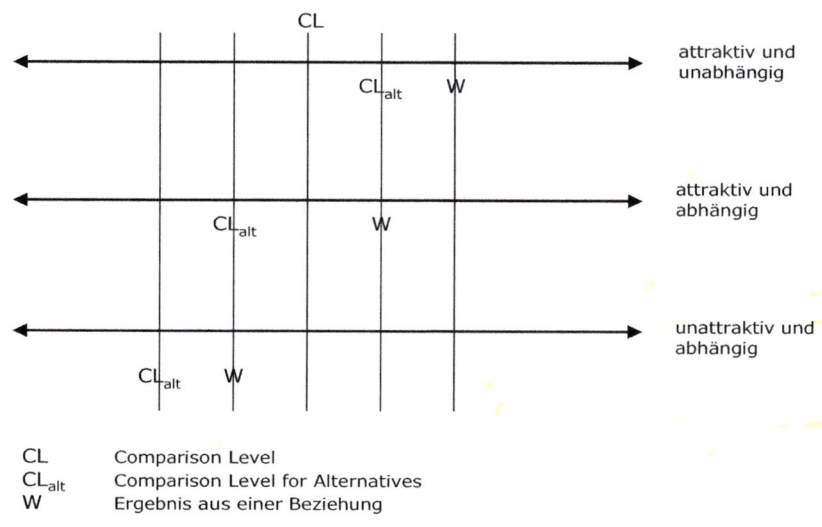

Nicht betrachtet ist der Fall einer unattraktiven Geschäftsbeziehung bei Unabhängigkeit. In diesem Fall würde sich der CL_{alt} oberhalb von W, aber unterhalb von CL befinden. Ein Wechsel wäre sinnvoll. Gleiches gilt im Übrigen auch für den Fall eines gegenüber W höheren CL_{alt}, der zudem oberhalb von CL liegt.

Die Betrachtung von Thibaut und Kelley leitet zu einem anderen wichtigen Bestimmungsfaktor von Geschäftsbeziehungen über, nämlich dem **Commitment**. Söllner (1993) versteht unter Commitment die Bindung eines Geschäftspartners an ein bestimmtes Objekt (hier einen Beziehungspartner), die auf geleisteten Inputs und erwarteten Ergebnissen (Outputs) einer Geschäftsbeziehung beruht. Unter den Inputs erfasst Söllner spezifische Investitionen ebenso wie spezifische Werte und Werthaltungen (z.B. Vertrauen und Loyalität). Im Outputbereich werden der Beziehungserfolg und die Beziehungsgerechtigkeit berücksichtigt. Eine derartige Betrachtung ist auch für die letzte der in diesem Zusammenhang vorzustellenden Forschungsrichtungen relevant.

3.3.1.3.4 Geschäftsbeziehungen im Kontext der Netzwerktheorie

Der Netzwerkansatz, der innerhalb der Industrial Marketing and Purchasing Group (IMP Group) entwickelt worden ist (z.B. Turnbull/Valla 1986), unternimmt den Versuch, längerfristige Geschäftsbeziehungen in den sachlich-zeitlichen Kontext einzuordnen. Dabei wird insbesondere auf Beziehungen in Investitionsgütermärkten abgestellt. Gleichwohl lassen sich zahlreiche Überlegungen in modifizierter Weise auch für Konsumgütermärkte nutzen. Im Rahmen der Analyse werden, wie Abbildung 3-42 zu entnehmen ist, vier wesentliche Bezugsebenen identifiziert:

(1) die handelnden Parteien (Anbieter und Nachfrager),
(2) die Interaktionsprozesse zwischen ihnen,
(3) die Atmosphäre, welche die Interaktion umgibt, und
(4) die Makroumwelt der Interaktion.

Abbildung 3-42: Das Modell der IMP Group (Quelle: Turnbull/Valla 1986, S. 5)

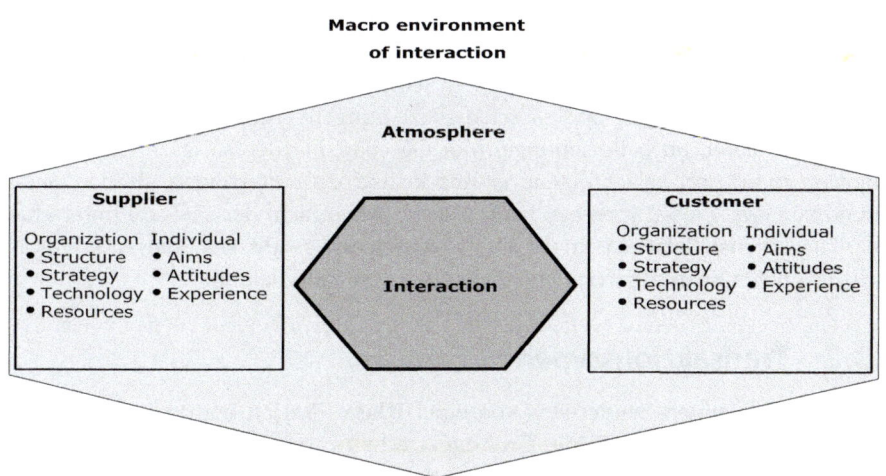

Bezüglich der relevanten **Partner** wird nicht nur auf die beteiligten Unternehmungen abgestellt, sondern auch auf die einzelnen Menschen mit ihren Zielen, Einstellungen und Erfahrungen. Für die Erfassung der Realität in Geschäftsbeziehungen ist dies erforderlich, weil erstens Unternehmungs- und individuelle Ziele keinesfalls deckungsgleich sein müssen und zweitens innerhalb von Geschäftsbeziehungen enge persönliche Beziehungen zwischen Anbieterpersonal und Nachfrager bestehen können, welche die Geschäftsbeziehung und die damit verbundenen Transaktionen prägen. So ist durchaus der Fall denkbar, dass ein Vertriebsmitarbeiter einem Kunden Angebotsbedingungen unterbreitet, die über den Spielraum hinausgehen, den ihm seine eigene

Unternehmung gesetzt hat, die er aber dennoch umsetzt, weil er den Kunden seit langer Zeit kennt und schätzt.

Die **Interaktion** als Element des netzwerktheoretischen Ansatzes der IMP Group bezieht sich sowohl auf Transaktionsepisoden im Sinne des unter Abschnitt 3.3.1.3.2 beschriebenen Ansatzes von Kirsch, Kutschker und Lutschewitz als auch auf langfristige Geschäftsbeziehungen. Die Interaktion ist bei weitem nicht nur durch den Leistungsaustausch geprägt, sondern immer auch durch soziale Beziehungen zwischen den Akteuren.

Umgeben wird die Interaktion durch eine spezifische **Atmosphäre**, die durch folgende Bestimmungsfaktoren charakterisiert ist:

- Frage der kooperativen bzw. konfliktären Grundhaltung der Akteure,
- Macht und Abhängigkeit im Verhältnis zwischen den Partnern,
- Vertrauen.

Vertrauen entsteht vor allem dann, wenn die Beziehung kooperativ geprägt ist.

Die **Makroumwelt** der Interaktion wird durch die Marktstruktur, die Marktdynamik, die soziale Umwelt und den Internationalisierungsgrad bestimmt. Durch die Berücksichtigung derartiger Faktoren gelingt es, einen weit gefassten Bezugsrahmen zur Analyse von Tauschakten und Geschäftsbeziehungen vorzulegen, der zugleich die Möglichkeit bietet, auch Beziehungen der Geschäftspartner zu anderen Wirtschaftssubjekten zu erfassen. Nachfolgend ist nun kritisch zu hinterfragen, ob man generalisierend von *dem* Tausch sprechen kann. Dies in Anbetracht der Vielzahl unterschiedlicher Tauschkonstellationen im Ergebnis verneinend, stellt sich die Anschlussfrage nach geeigneten Strukturierungsmöglichkeiten von Tauschakten.

3.3.2 Transaktionstypen

Eine **Typologie** unterscheidet sich von einer **Klassifikation** dadurch, dass nicht nur ein Kriterium zur Trennung einer Grundgesamtheit verwendet wird, sondern mehrere zur Anwendung gelangen. Wenngleich im Rahmen dieses Abschnitts im Schwerpunkt Typologien zu behandeln sind, so ist dennoch kurz darauf hinzuweisen, dass auch anhand von Klassifikationen dem o.g. Ziel entsprochen werden kann. Ein Beispiel derartiger Klassifikationen ist etwa die informationsökonomisch basierte Trennung in Such-, Erfahrungs- bzw. Vertrauenskäufe (vgl. Abschnitt 3.2.1.1.1), die auf den gleichnamigen Eigenschaften von Teilleistungen und einer Zuordnung nach dem Schwerpunktprinzip beruht. Aus der Vielzahl vorliegender Typologien mit erkennbarer Relevanz zur Erfassung der Unterschiedlichkeit von Marktprozessen (u.a. Meyer et al. 1998) ragen nachfolgend etwas ausführlicher dargestellte Ansätze heraus.

Erstens wurde bereits innerhalb von Kapitel 2 eine Unterscheidung vorgestellt, die auf die Transaktionskostentheorie zurückgeht und insbesondere auf den beiden Dimensionen Unsicherheit und Spezifität beruht. Die Unterteilung kann Abbildung 2-9 entnommen werden.

Zweitens unterscheiden Alchian und Woodward (1988) zwischen so genannten Kontraktgütern (Contracts) und Austauschgütern (Exchanges). Da der Unterscheidung Merkmale des Austauschprozesses, des Leistungsergebnisses und der Informationsverteilung zwischen Anbieter und Nachfrager zu Grunde liegen, erscheint es möglich, sie im Rahmen von Typologien zu erfassen. Die Austauschgüter werden wie folgt gekennzeichnet: „An exchange is a transfer of property rights to resources that involves no promises or latent future responsibility" (Alchian/Woodward 1988, S. 66). Derartige Austauschgüter, zu denen etwa homogene Massenwaren für den anonymen Markt zu zählen sind, werden vor dem Absatz produziert, was verdeutlicht, dass mit ihnen ein Marktrisiko einhergeht, weil unklar ist, ob die erstellten Produkte tatsächlich auch vermarktet werden können. Ein Produktionsrisiko tritt hingegen auf Grund bereits vollzogener Leistungserstellung nicht auf. Das Gegenteil trifft auf Kontraktgüter im Sinne von Alchian und Woodward zu: Bei Kontraktgütern wird eine Vereinbarung zwischen Anbieter und Nachfrager getroffen, dass zu einem späteren Zeitpunkt eine noch fertig zu stellende Leistung zu übergeben ist. Etwas genauer wird der Begriff des Kontraktgutes bei Schade und Schott (1991) sowie bei Kaas (1991) aufgearbeitet: „Kontraktgüter sind Produkte,

- die im Moment des Kaufes noch nicht existieren und damit nur in einem Leistungsversprechen bestehen und deren Erstellung nicht standardisierbar ist,

- bei deren Produktion nach Vertragsabschluss endogene und exogene Risiken wirken,

- bei denen ein hohes Maß an Vertrauen zwischen den Vertragspartnern notwendig ist, weil Suche und Erfahrung als rationale Verhaltensweisen zum Abbau der Qualitätsunsicherheit ausscheiden,

- bei denen folglich die Möglichkeiten einer Qualitätssteuerung, im Sinne einer Steuerung des Verhaltens des Herstellers, im Vordergrund des Auswahlprozesses stehen müssen,

- deren Erstellung die gleichen Probleme aufwirft, die auch im Rahmen der Prinzipal-Agenten-Theorie behandelt werden, und

- bei denen der Vertrag als Instrument zur Leistungssteuerung und Risikoallokation wesentliche Produkteigenschaft ist" (Schade/Schott 1991, S. 18).

Die Leistungen einer Unternehmensberatung fallen z.B. in diese Kategorie: Der Anbieter unterliegt hier keinem Marktrisiko, da er sich den Absatz mit der Vereinbarung bereits sichert. Hingegen setzt er sich einem zum Teil erheblichen Produktionsrisiko aus, da nicht absehbar ist, wie weit er der Vereinbarung gerecht wird. Der Absatz bezieht sich im Falle von Kontraktgütern auf **Leistungsversprechen**, nicht auf vorgefertigte Güter (Schade/Schott 1993). Es ist davon auszugehen, dass Kontraktgüter nur dann vermarktet werden können, wenn der Nachfrager hinreichend in die Leistungsfähigkeit und den Leistungswillen des Anbieters vertraut. Die Unterscheidung in Austausch- und Kontraktgüter ist vor allem deswegen so wichtig, weil die damit verbundenen Marktprozesse völlig unterschiedlich verlaufen und sowohl Anbieter als auch Nachfrager je nach Transaktionstypus eine spezifische Rolle einnehmen müssen. So muss der Nachfrager im Falle von Marktprozessen zur Erbringung und Übergabe von Kontraktgütern in aller Regel ungleich aktiver sein. Dies manifestiert sich unter anderem in dem Grad der Kundenintegration. Auch der Anbieter muss aufgeschlossen sein, um der individuellen Situation der Kontraktguterstellung gerecht zu werden. Bei einer genaueren Analyse der Spezifika von Austausch- und Kontraktgütern stellt sich heraus, dass die Unterscheidung große Ähnlichkeiten zur Trennung von autonomen und integrativen Leistungserstellungsprozessen aufweist. Letztere ist wiederum Bestandteil einer separaten Typologie.

Auf die Integrativität der Leistungserstellungsprozesse Bezug nehmend, haben Engelhardt et al. (1993) eine dritte hier relevante Unterscheidung vorgelegt, die einen Rahmen bietet, um Leistungen jeglicher Art zu erfassen und in einem zweidimensionalen Merkmalsraum zu positionieren. Der Auffassung folgend, dass jede in einem Marktprozess zu vermarktende Leistung eine Zusammenstellung mehrerer Einzelleistungen ist, sprechen die Autoren auch von einem Leistungsbündel als Absatzobjekt. Jedes individuelle Leistungsbündel kann gemäß Abbildung 3-43 innerhalb der Typologie anhand von zwei Dimensionen charakterisiert und positioniert werden. Dabei ist zunächst zu betonen, dass jeder Austauschprozess individuell bezüglich der Prozess- und der Ergebnisdimension zu analysieren ist, bevor eine Einordnung in den zweidimensionalen Merkmalsraum möglich ist. Daraus folgt zugleich, dass die Positionierung von Leistungsbündeln in Abbildung 3-43 lediglich exemplarisch und vom Einzelfall abstrahierend erfolgte.

Die Prozessdimension des Ansatzes betrifft die Art der Leistungserstellung. Grundsätzlich kann zwischen autonomen und integrativen Prozessen unterschieden werden. Um jedoch ein spezielles Leistungsbündel zu erstellen, sind verschiedenartige Teilprozesse vonnöten. Im Regelfall setzt sich ein Leistungsbündel sowohl aus autonomen als auch aus integrativen Prozessen zusammen. Auf jeden Fall nimmt jedoch der Kunde im Zuge der Kundenintegration (Integration externer Faktoren) Einfluss auf den Leistungserstellungsprozess des Anbieters. Zumindest im Rahmen des Verkaufsprozesses ist eine derartige Integration unausweichlich. Dies erklärt, warum in jedem Marktprozess, der in die Hervorbringung eines entsprechenden Leistungsbündels mündet, ein minimaler Anteil an integrativen Prozessen vorhanden ist („Integrativitätssockel"). Diese Besonderheit ist im linken Bereich der Abbildung bei der Analyse des Mischungsverhältnisses aus autonomen und integrativen Prozessen berücksichtigt.

---

*Abbildung 3-43: Integrativität und Immaterialität als Basis einer umfassenden Leistungstypo-
logie (Quelle: Engelhardt et al. 1993, S. 417)*

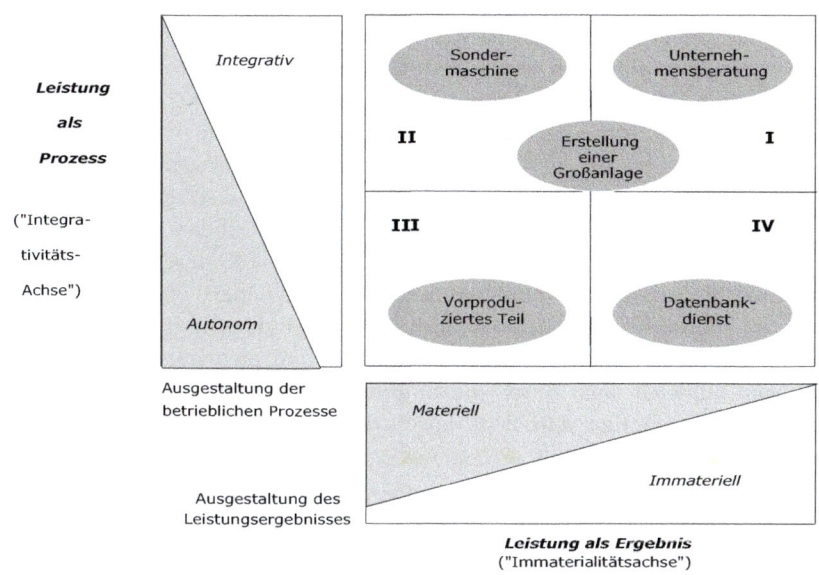

Der durch die Integrativitätsachse repräsentierten Prozessdimension stellen die Autoren die Ergebnisdimension gegenüber. Hier wird das Leistungsergebnis in Form des
erbrachten Leistungsbündels bezüglich seiner Bestandteile näher analysiert. Immaterielle Leistungsbestandteile werden materiellen gegenübergestellt. Erneut ist eine
Besonderheit festzustellen: Der materielle Anteil an einem Leistungsbündel kann völlig entfallen. Nie aber setzt sich ein Leistungsbündel ausschließlich aus materiellen
Ergebnisbestandteilen zusammen. Bestimmte begleitende Dienste, wie etwa im Bereich von Kommunikations- und Vertriebsleistungen, sind zur Erreichung der Marktfähigkeit eines Produktes nicht wegzudenken. Sie lassen erkennen, warum neben dem
oben erwähnten Integrativitätssockel zugleich ein „Immaterialitätssockel" existiert.
Eine Differenzierung von immateriellen und materiellen Ergebnisbestandteilen ist
sinnvoll, um erstens den sich daraus ergebenden Unterschieden in der Qualitätswahr-
nehmung des Nachfragers Rechnung tragen zu können. Immateriell geprägte Leistungsbündel sind auf Grund der sinnlichen Erfassung weitaus schwieriger zu beurteilen als materiell geprägte. Zweitens ergeben sich auch aus Anbietersicht Besonderheiten, weil immaterielle Leistungsbestandteile nur sehr begrenzt speicherbar sind, besonderen Schwierigkeiten bei der Darstellung zu Akquisitionszwecken unterliegen
und nur schwierig einer Qualitätssicherung unterzogen werden können.

Weitere Besonderheiten und Probleme, die mit Integrativität und Immaterialität in Verbindung stehen, können dem Beitrag von Engelhardt et al. (1993) entnommen werden. Als wesentliche Konsequenzen sind an dieser Stelle festzuhalten:

Jeder Marktprozess unterscheidet sich anhand des Integrativitäts- und Immaterialitätsgrades der Absatzobjekte. Gleichwohl lassen sich typische Ausgangskonstellationen identifizieren, die in der vorliegenden Unterscheidung durch die in Abbildung 3-43 dargestellten Grundtypen repräsentiert werden. Sowohl für die Anbieter- als auch für die Nachfragerseite ergeben sich wichtige Konsequenzen in Abhängigkeit vom situativ relevanten Typ, die sich im Absatz- bzw. Beschaffungsmanagement niederschlagen. So ist der Bereich der immateriell-integrativen Leistungsbündel (Grundtypus I) z.B. dadurch charakterisiert, dass der Anbieter nicht über vorgefertigte Leistungen verfügt und daher auf Leistungssurrogate (z.B. eigene Kompetenz) zurückgreifen muss, um die Nachfrager zu animieren, ihn als Geschäftspartner auszuwählen. Weiterhin muss er darauf vorbereitet sein, sich an die individuelle Bedarfssituation sehr weitgehend anpassen zu müssen. Der Nachfrager hingegen muss sich seiner Rolle bewusst sein, zugleich auch durch die Einbringung externer Faktoren an der Leistungserstellung beteiligt zu sein. Sehr zutreffend ist daher auch die Vorstellung, den Nachfrager als „Co-maker" bzw. „Pro-sumer" zu betrachten (Toffler 1980).

Die Typologie bricht mit traditionellen betriebswirtschaftlichen Vorstellungen und erlaubt eine Annäherung an die Realität von Marktprozessen. Dies könnte kaum deutlicher werden als durch die begründete Aussage, dass es rein autonom gefertigte Sachleistungen in der Realität nicht gibt.

Eine vierte und letzte hier vorzustellende Typologie stellt in der Sache auf den Verlauf des Austauschprozesses ab, ohne dabei das Austauschobjekt als Leistungsergebnis zu vernachlässigen. Die von Backhaus und Voeth (2007) vorgestellte Typologie ist für den vorliegenden Kontext darüber hinaus deswegen relevant, weil sie auf einer ökonomisch-theoretischen Fundierung beruht (Backhaus et al. 1994) und zugleich in hohem Maße praxisrelevant ist (ähnlich auch der Ansatz von Plinke 1991). Wie auch der Ansatz von Engelhardt et al. (1993) erlaubt die Typologie die Erfassung grundsätzlich aller Austauschprozesse, wenngleich sie ursprünglich für Investitionsgütermärkte entwickelt worden ist.

Zur Kennzeichnung der in Abbildung 3-44 dargestellten Typologie sind folgende Aspekte zentral:

■ Austauschprozesse können so ausgestaltet sein, dass sie primär auf die einmalige Durchführung eines Tauschaktes zwischen Anbieter und Nachfrager ausgerichtet sind und damit Folgetransaktionen – auch wenn sie nicht völlig ausgeschlossen werden – zumindest nicht im Mittelpunkt des Interesses der Transaktionsbeteiligten stehen. Ihnen stehen Tauschakte gegenüber, die bewusst von Geschäftsbeziehungen umgeben sind.

▪ Transaktionen können bezüglich ihres Inhalts so ausgerichtet sein, dass die zu erstellenden Leistungen über einen Standardisierungsgrad verfügen, der auf die Bedürfnisse einer Mehrzahl von Kunden in einem Gesamtmarkt oder einem Marktsegment ausgerichtet ist. Dagegen kann bewusst die kundenindividuelle Gestaltung von Transaktionen und vor allem von Leistungsergebnissen im Mittelpunkt stehen.

Abbildung 3-44: Geschäftstypen nach Backhaus und Voeth (Quelle: Backhaus/Voeth 2007, S. 202)

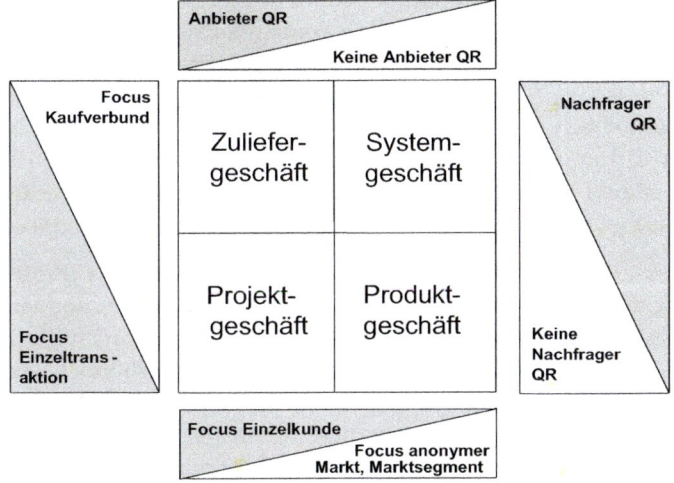

Auf Basis der Ausgestaltung von Transaktionen anhand der beiden angesprochenen Aspekte ergibt sich ein zweidimensionaler Merkmalsraum (Abbildung 3-44) mit vier Geschäftstypen:

In der ökonomischen Theorie ist traditionell das so genannte „**Produktgeschäft**" am häufigsten beschrieben worden. Es beinhaltet den scheinbar üblichen Fall, auf den sich die Mikroökonomie bezieht, nämlich den Austausch eines (vergleichsweise) homogenen Produktes auf mehr oder weniger anonymen Märkten. Hier wird eine überwiegend autonom vorgefertigte Leistung an einen Nachfrager abgesetzt, wobei die Wiederholung der Transaktion mit demselben Tauschpartner aus Sicht der Beteiligten nicht bewusst geplant ist. Entsprechend stellt sich der Anbieter mit seinen Potenzialen nicht auf den Einzelkunden ein. Ebenso wenig bestehen kaufbezogene Verbundwirkungen für den Nachfrager. Insofern entstehen weder seitens des Anbieters noch des Nachfragers Quasirenten (QR), da im Falle von Investitionen zum Zwecke der Leistungserstellung bzw. der Beschaffung selbige nicht auf die spezielle Geschäftsbeziehung ausgerichtet sind. Damit ist nicht ausgeschlossen, dass zu einem späteren Zeitpunkt Anbieter und Nachfrager erneut zum Zwecke des Tausches zusammenfinden. Dies beeinflusst die Planungen der beiden Marktseiten jedoch nicht.

Im Gegensatz dazu ist das **Systemgeschäft** gerade dadurch gekennzeichnet, dass ein Kaufverbund entsteht, der vom Anbieter in seinen Vermarktungsüberlegungen bewusst herbeigeführt werden soll und auf den der Nachfrager bereit ist, sich einzulassen. Der Nachfrager trifft demnach eine Kaufentscheidung, die dazu führt, dass er zu einem späteren Zeitpunkt erneut bei dem betreffenden Anbieter Folgekäufe tätigt. Schließt ein Nutzer beispielsweise einen zweijährigen Rahmenvertrag mit einem Anbieter eines Mobilfunknetzes ab, so kauft er in einem ersten Schritt zu einem oftmals eher „symbolischen" Preis ein Endgerät, verpflichtet sich aber gleichzeitig, eine bestimmte Grundgebühr zu zahlen und unternimmt Folgetransaktionen mit jedem Telefongespräch im Rahmen des geschlossenen Vertrages. Der Vertragsstandard, der angeboten wird, ist in den meisten Fällen auf eine größere Gruppe von Kunden ausgerichtet, so dass die Aktivitäten des Anbieters nicht einzelkundenbezogen sind. Ähnlich verhält es sich mit dem Käufer eines Tafelservice: Ersatz- und Erweiterungskäufe werden sich auf die einmal gekaufte Grundausstattung beziehen. Spezifische Investitionen nimmt vor diesem Hintergrund der Nachfrager vor, so dass auf seiner Seite eine Quasirente und eine damit verbundene (einseitige) Abhängigkeit entstehen.

Entgegengesetzt ist die Situation im Falle des **Anlagengeschäfts (Projektgeschäfts)**. Hier tätigt nicht der Nachfrager partnerspezifische Investitionen, sondern der Anbieter. Häufig ergibt sich eine derartige Konstellation bei der Durchführung komplexer Projekte mit einem entsprechend umfangreichen Leistungsbündel, welches zu erstellen ist. Großanlagen fallen ebenso wie komplexe Projekte im Rahmen der Auftragsforschung oder der Beratungspraxis in diese Kategorie. In derartigen Fällen ist der Anbieter (mit seinen etwaigen Kooperationspartnern) nur dann in der Lage, das Projekt erfolgreich zu bewältigen, wenn er sich in sehr weitgehender Weise und bereits vor endgültiger Auftragsvergabe auf das Problem seines Kunden einstellt und sich parallel dazu in seinen Absatzbemühungen auf die äußerst schwierige Einzeltransaktion konzentriert. Die damit verbundenen Tätigkeiten sind in hohem Maße partnerspezifisch und bewirken die Entstehung von Quasirenten seitens des Anbieters, die vom Nachfrager opportunistisch ausgenutzt werden können. Letzteres gilt in besonderer Weise, wenn der Nachfrager von starkem Wettbewerb unter den Anbietern profitiert, wie dies in vielen Bietungsverfahren der Fall ist. Opportunistisches Verhalten ist vor allem deswegen gut denkbar, weil der Nachfrager selbst keine (nennenswerten) spezifischen Investitionen tätigen muss.

Anders ist die Situation hingegen im **Zuliefergeschäft**. Dieser nicht nur in der Automobilzulieferindustrie dominante Geschäftstypus ist dadurch gekennzeichnet, dass das Handeln auf die Einrichtung bzw. Fortführung einer langfristigen Geschäftsbeziehung ausgerichtet ist. Entsprechend werden häufig mehrjährige Rahmenverträge vereinbart, innerhalb derer die Geschäftspartner auf Basis enger gegenseitiger Abhängigkeit einige grundlegende Rechte und Pflichten abstimmen. Der Anbieter richtet sich in seinen Absatzbemühungen auf den individuellen Kunden aus und nimmt in nennenswertem Umfang partnerspezifische Investitionen vor. Umgekehrt stellt sich aber auch der Nachfrager oftmals sehr weitreichend auf seinen Geschäftspartner ein. Das o.g. Fallbeispiel MCC-„smartville" ist ein Beleg für die bilaterale spezifische Investitionstätigkeit, die mit der Schaffung von Quasirenten auf beiden Marktseiten einhergeht. In solchen Situationen ist opportunistisches Handeln einer Marktseite wenig sinnvoll, weil die versuchte Vereinnahmung von Quasirenten mit der Möglichkeit wirksamer Vergeltung seitens des geschädigten Geschäftspartners in Verbindung steht. Für das Zuliefergeschäft ist mit Blick auf den Umfang tendenziell von vergleichbarer spezifischer Investitionstätigkeit der beiden Geschäftspartner auszugehen, wobei eine Symmetrie der Investitionen in der Praxis eher selten der Fall ist. Nicht selten muss die Lieferantenseite umfangreichere spezifische Investitionen vornehmen als die Nachfragerseite (Freiling 1995). Ungeachtet etwaiger Ungleichverteilungen von Quasirenten, welche die Abgrenzung von Projekt- und Zuliefergeschäft erschweren, ist der Geschäftstyp des Zuliefergeschäfts dennoch von hoher praktischer und konzeptioneller Relevanz. Insbesondere lässt die auf die Transaktion und nicht auf das Produkt abstellende Unterscheidung von Backhaus und Voeth (2007) erkennen, dass zum Teil erheblicher Koordinationsbedarf zwischen Anbieter- und Nachfragerseite besteht, dem im Rahmen klassischer Tauschgeschäfte (Produktgeschäft) nicht adäquat entsprochen werden kann.

3.3.3 Marktprozesse und Marktgleichgewicht

Wenn in der Ökonomie von einem marktlichen Gleichgewicht die Rede ist, so ist in aller Regel das Konkurrenzgleichgewicht der Mikroökonomie gemeint. Hierbei handelt es sich um den Gleichgewichtszustand, bei dem alle Planungen der Wirtschaftssubjekte erfüllt werden. In einem derartigen Gleichgewichtszustand ist lediglich das Produktgeschäft effizient. Die Wirtschaftssubjekte verfügen über vollständige Information, die gehandelten Produkte sind homogen, die Produktionstechnologie gegeben und allgemein bekannt.

Es ist bereits an anderen Stellen vor allem innerhalb von Kapitel 2 beschrieben worden, dass im Falle von Unsicherheit Koordinationsbedarf entsteht, der den Marktprozess auslöst. Die Planungen der Wirtschaftssubjekte werden nicht mehr vollständig erfüllt, die Bedürfnisse sind unterschiedlich, variabel, erfordern zum Teil spezifische Lösungen durch den Anbieter und die Zusammenlegung des Wissens unterschiedlicher Parteien. Der Marktprozess beschreibt in diesem Kontext die Prozesse der Informationssammlung (**Screening**), der Informationsverbreitung (**Signaling**), der Tauschanbahnung, des Abschlusses einer Tauschvereinbarung und des Austausches damit verbundener Verfügungsrechte. Derartige Prozesse sind erforderlich, um die Koordination zwischen Angebot und Nachfrage zu verbessern. Vor diesem Hintergrund wird auch die Gegensätzlichkeit der Begriffe „Marktprozess" und „Marktgleichgewicht" deutlich.

Probleme in der marktlichen Koordination können in unterschiedlicher Weise auftreten:

Häufig ergeben sich auf Märkten **Mengendefizite**. Typisch für die heutzutage üblichen **Käufermärkte** ist die Konstellation, dass die angebotene Menge bzw. die auf Grund vorhandener Kapazitäten produzierbare Menge die nachgefragte Menge deutlich übersteigt. Der umgekehrte Fall des **Verkäufermarktes** ist deutlich seltener, wenngleich nicht völlig unbedeutend.

Daneben treten **qualitative Ungleichgewichte** auf, die wie folgt unterschieden werden können: Eine Möglichkeit besteht darin, dass die angebotenen Leistungsbündel den Problemen der Nachfrager nur unzureichend oder gar nicht gerecht werden. Ursache können ungeeignete Produktionsfaktoren ebenso wie deren unzweckmäßiger Zuschnitt sein. Letzteres ist etwa der Fall, wenn Standardlösungen ohne die Bereitschaft angeboten werden, eine kundenindividuelle Anpassung vorzunehmen. Neben der qualitativ minderwertigen Leistung kann aber eine andere Form qualitativer Ungleichgewichte auch darin bestehen, dass Leistungen angeboten werden, die in ihrer Auslegung deutlich über das hinausgehen, was die Nachfrager benötigen. Im Maschinen- und Anlagenbau neigen viele deutsche Hersteller seit vielen Jahren zur Überdimensionierung technischer Merkmale („Over-Engineering"). Ähnlich verhält es sich mit den Applikationen, die Software-Anbieter vermarkten. In den meisten Fällen gehen die Leistungseigenschaften weit über das Maß hinaus, welches ein bestimmter Nachfrager benötigt.

Die größte Herausforderung für Unternehmertum besteht in den so genannten „**Marktlücken**". Hierbei handelt es sich um aktuelle oder sich in der Entwicklung befindliche Bedürfnisse der Kunden, für die noch keine adäquate Lösung zur Verfügung steht. Im Falle manifester Marktlücken ist dem Nachfrager sein Problem als solches bekannt, was ihn dazu animiert, nach Lösungen Ausschau zu halten und sich ggfs. am Problemlösungsprozess selbst zu beteiligen. Für den Anbieter ist dieser Fall einfacher zu bearbeiten, da auch für ihn derartige Verhältnisse leichter zu erkennen sind. Anders ist dies im Falle latenter Marktlücken. Hier ist dem Nachfrager sein Problem noch nicht bewusst. Der Anbieter benötigt hier ein hohes Maß an Intuition und Einfühlungsvermögen in die Wünsche der Nachfrager, um zunächst das Problem zu lokalisieren und anschließend eine Problemlösung zu entwickeln.

Unternehmerisches Handeln in Marktprozessen bewirkt im Kern eine Identifikation unbefriedigender Lösungen aus Nachfragersicht. Nicht zuletzt vor diesem Hintergrund gehen einige Vertreter der Neuen Österreichischen Schule, wie z.B. Kirzner (1978), auch den Weg, anzunehmen, dass durch unternehmerisches Handeln ein Abbau vorhandener Ungleichgewichte während des Marktprozesses erfolgt und damit eine Tendenz in Richtung auf ein Marktgleichgewicht besteht. Ein solcher Prozess wird jedoch in der Realität durch verschiedene Einflussfaktoren gestört:

- **Kundenbedürfnisse** bleiben über die Zeit **nicht konstant**. Gerade in den vergangenen Jahren ist festzustellen, dass die Veränderungsgeschwindigkeit eher deutlich zu- als abgenommen hat. Dann aber führen Nachfrageveränderungen zu neuerlichen Ungleichgewichten.

- Der Unternehmer an sich wird auf Basis seiner marktlichen Intuitionsgabe bewusst den Versuch unternehmen, vorausschauende Problemlösungen zu schaffen, die gegenwärtig von den Nachfragern noch nicht einmal als Problem identifiziert werden. Dann aber werden auch auf diese Weise Ungleichgewichte geschaffen.

- Weder im Falle nachfrager- noch im Falle anbietergetriebener Problemlösungstätigkeit kann angesichts von **Unsicherheit im wirtschaftlichen Handeln** immer von einem **erfolgreichen Vorgehen** ausgegangen werden. Insofern können beabsichtigte Maßnahmen zum Zwecke der besseren Abstimmung von Angebot und Nachfrage auch das Gegenteil bewirken.

	Verständnisfragen 5:
V5-1	Wie ist das betreffende Vorteilhaftigkeitskalkül zu modifizieren, wenn statt einer Transaktion über eine Geschäftsbeziehung mit einem Tauschpartner zu entscheiden ist?
V5-2	Ist die Einteilung in Kontrakt- und Austauschgüter eine Klassifikation oder eine Typologie?
V5-3	Betrachten Sie die Vermarktung von hochintegrativen Dienstleistungen vor dem Hintergrund der Geschäftstypologie von Backhaus und Voeth. Über welche Geschäftstypen lässt sich die Vermarktung grundsätzlich (nicht) vollziehen?
V5-4	Erläutern Sie, in welchem Verhältnis Marktprozess und Marktgleichgewicht zueinander stehen.

4 Die Unternehmung als einzelwirtschaftliches Betrachtungsobjekt

4.1 Die Stellung der Unternehmung in Markt und Umfeld

4.1.1 Die Unternehmung im Kontext externer Stakeholdergruppen

Die Unternehmung ist bereits innerhalb von Kapitel 1 zu den sie umlagernden Märkten und zum Umfeld in Beziehung gesetzt worden. Es ist nunmehr erforderlich, dies zu vertiefen, was auf unterschiedliche Weise möglich ist. Eine erste Gelegenheit bietet der so genannte „Stakeholder-Ansatz", der insbesondere durch Freeman (1984) entwickelt worden ist und auf ein internes Memorandum des Stanford Research Institutes aus dem Jahre 1963 zurückgeht. Stakeholder werden im Sinne von Freeman (1984) bewusst weit interpretiert und betreffen alle unternehmungsbezogenen Interessengruppen externer und interner Art, die auf die Zielerreichung der Unternehmung Einfluss nehmen können oder aber die durch die Zielerreichung der Unternehmung beeinflusst werden. Ihre Beziehung zur Unternehmung ist dadurch definiert, dass sie berechtigte Ansprüche an die Unternehmung stellen. Derartige Ansprüche werden dadurch begründet, dass eine Interessenpartei eine wie auch immer geartete Vorleistung tätigt, die eine Verpflichtung der anderen Seite nach sich zieht, die zu einem späteren Zeitpunkt einzulösen ist.

Stakeholder lassen sich anhand dreier Kriterien differenzieren:

- Nach dem Kriterium der **Unternehmungszugehörigkeit** wird zwischen **externen** und **internen Stakeholdern** unterschieden. Interne Stakeholder sind etwa die Mitarbeiter, der Betriebsrat, das Management oder die Eigenkapitalgeber, externe Stakeholder z.B. Kunden, Öffentlichkeit oder Gläubiger.

- Nach der **Art der Verflechtung einer Interessengruppe** mit der Unternehmung lassen sich **primäre und sekundäre Stakeholder** unterscheiden (Post et al. 2004). Erstgenannte sind diejenigen Anspruchsgruppen, die den primären Unternehmungszweck unmittelbar beeinflussen. So werden auf Grund ihres Einflusses auf die Wertschöpfung horizontale und laterale Kooperationspartner, Kunden, Lieferanten und Beschäftigte dieser Kategorie zugeordnet. Bei sekundären Stakeholdern ist der Einfluss nur mittelbar. Der Staat, die Medien, die Öffentlichkeit, politische Interessenten, Verbände und Kammern sind Beispiele für diesen Bereich. Die Zuordnung ist letztlich aber situativ vorzunehmen.

- Bezüglich der **Wichtigkeit** der Anspruchsgruppen wird zwischen zentralen und nachgeordneten Stakeholdergruppen unterschieden (**Core oder auch Key versus Non-Core Stakeholders**). Da die Übergänge oft fließend sind und die Einordnung über die Zeit wechseln kann, bietet es sich an, entsprechende Abstufungen zu bilden und diese im Zeitablauf zu überprüfen.

Innerhalb von Abbildung 4-1 wird eine Abstufung von Stakeholdergruppen vollzogen, die sich anhand der oben genannten Dimensionen weiter differenzieren lässt.

Abbildung 4-1: Stakeholdergruppen im Überblick

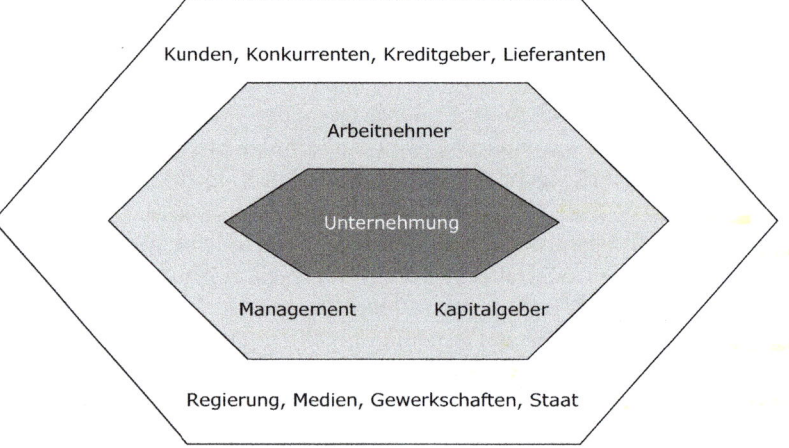

Im Mittelpunkt der Stakeholder-bezogenen Betrachtung stehen damit nicht nur Ansprüche, sondern zugleich Wege und Strategien, um diesen Ansprüchen gerecht zu werden. Da nicht alle Stakeholder in gleicher Weise für die Unternehmung wichtig sind, liegt es daher nahe, Prioritäten bezüglich der Anspruchsbefriedigung zu setzen. Im Extremfall kann dies dazu führen, dass sich die Unternehmung mehr oder weniger auf eine Anspruchsgruppe konzentriert. Im Zeitalter zunehmend wichtiger werdender Kundenorientierung wird nicht selten die Forderung erhoben, Unternehmungen von den Bedürfnissen der Absatzmärkte ausgehend zu führen. Vor allem aus der wissenschaftlichen Disziplin des Marketings werden derartige Forderungen artikuliert, die in eine marktorientierte Unternehmungsführung münden (Meffert 2000).

Favorisiert man den Weg einer derartigen Fokussierung, so wird dem in der Betriebswirtschaftslehre lange Zeit weit verbreiteten Engpassprinzip Rechnung getragen. Eine solche Sichtweise ist nicht unproblematisch. Insbesondere geht mit ihr die Gefahr einher, die Komplexität und Vielschichtigkeit von geschäftlichen Beziehungen zu reduzieren, indem etwa die Güteraustauschvorgänge einseitig in den Vordergrund gerückt werden. Ein Beispiel für eine derartige enge, zu didaktischen Zwecken allerdings durchaus sinnvolle Sichtweise liefert Abbildung 4-2. Mit Blick auf die Ausführungen innerhalb von Abschnitt 3.3.1.3.3 lässt sich erkennen, dass diese sachliche Ebene des Austauschs von Leistung und Gegenleistung lediglich eine Facette der Beziehung zweier Parteien zueinander darstellt und in ihrer Bedeutung zu relativieren ist. Die Übermittlung wichtiger Informationen oder die zwischenmenschlichen Beziehungen von Personen unterschiedlicher Institutionen zeigen auf, dass zu einem umfassenden Verständnis eine erweiterte Sichtweise vonnöten ist.

Abbildung 4-2: Unternehmung, Markt und ökonomische Ströme (Quelle: in Anlehnung an Busse von Colbe/Laßmann 1992, S. 18)

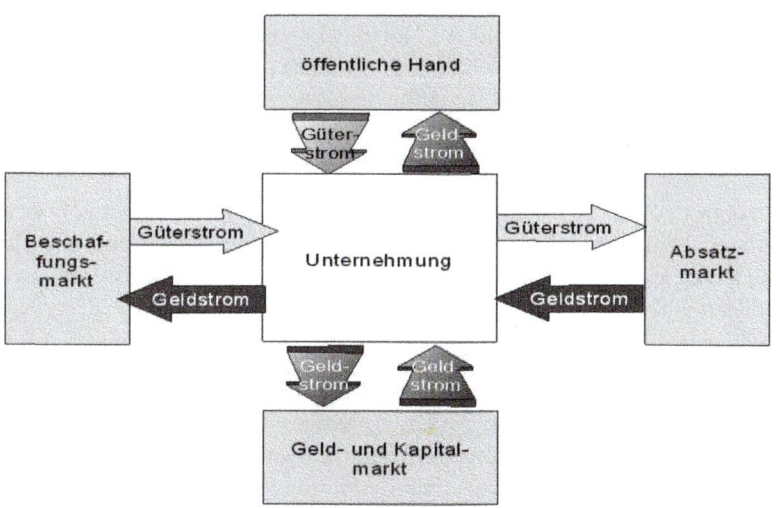

Weiterhin ist zu betonen, dass sich in den meisten Fällen die einzelnen Anspruchsgruppen einer Unternehmung nicht isoliert einander gegenüber stehen. Im Gegenteil beeinflussen sich diese Gruppen untereinander oft sehr stark. Kommen z.B. wichtige Verhandlungen einer börsennotierten Unternehmung mit einem Kunden nicht zu einem erfolgreichen Abschluss, so ist dies ein Signal, welches in Zeiten enger informationstechnischer Vernetzung in kürzester Zeit die Finanzmärkte erreicht, möglicher weise in der Wirtschaftspresse thematisiert und darüber hinaus auch von der Arbeitnehmervertretung aufgegriffen wird.

Wenn jedoch viele und vielschichtige Beziehungen nicht nur zwischen der Unternehmung und den Stakeholdern bestehen, sondern auch unter den Stakeholdern selbst, die nicht immer seitens der Unternehmung in ihrer Struktur hinreichend klar erfasst werden können, so liegt es nahe, einem zu stark engpassorientierten Denken kritisch gegenüber zu stehen (Engelhardt/Freiling 1998). An dieser Stelle setzt der Gedanke des so genannten „**multifokalen Managements**" an (Rasche 2002). Ein multifokales Management schließt vorschnelle Verengungen bezüglich der Handlungsschwerpunkte aus, gleichzeitig aber Priorisierungsmöglichkeiten in Abhängigkeit von der Relevanz einzelner Stakeholder ein. Es bietet somit die Möglichkeit einer besseren Ausbalancierung der dispositiven Schwerpunkte und lenkt – dem Gedanken der Stakeholderorientierung folgend – den Blick nicht nur auf die eng wertschöpfungsbezogenen Prozesse einer Unternehmung, sondern zugleich auf die vielfältigen Interaktionsbeziehungen, die zwischen Unternehmung und Stakeholdern bestehen.

Die durch den Stakeholderansatz betonten Anspruchsgruppen und die mit ihnen verbundenen Machtpotenziale lassen erkennen, dass die Geschicke einer Unternehmung immer zu einem gewissen Grade auch fremdbestimmt sind. Eine klare Trennlinie zwischen den Innen- und Außenbereichen kann daher nicht mehr gezogen werden. Vielmehr lässt sich erkennen, dass die Unternehmung über fließende Grenzen zu Markt und Umfeld verfügt. Der Gedanke der „grenzenlosen Unternehmung" (Picot et al. 2005) steht daher zu Recht im Raum, wobei die informations- und kommunikationstechnische Vernetzung einen erheblichen Beitrag dazu geleistet hat.

Unter Bezugnahme auf Abbildung 4-2 hat die hier geführte Diskussion erhebliche Auswirkungen auf die Gestaltung der Schnittstelle zwischen Markt und Umfeld einerseits sowie Unternehmung andererseits. Dies lässt sich zusammenfassend an den vier in der Abbildung genannten Schnittstellen dokumentieren:

■ Lieferanten auf den **Beschaffungsmärkten** richten sich auf die Bedarfssituation der Unternehmung ein, um dadurch ihre Absatzaussichten zu verbessern. Daneben kann der Fall auftreten, dass sie die Unternehmung als Kooperationspartner benötigen, um etwa eigene Innovationsprozesse zu unterstützen und in eine marktkonforme Richtung zu lenken. Die Unternehmung selbst hat, wie in Abschnitt 3.3.2 erläutert, Möglichkeiten, externe Faktoren in den Verfügungsbereich des Lieferanten einzubringen und darüber Einfluss zu nehmen. Zwischen Lieferanten und ihren Abnehmern ergibt sich somit ein komplexes Geflecht gegenseitiger Erwartungen und Ansprüche. Lieferantenbeziehungen sind aus Unternehmungssicht allein deswegen zentral, weil es erstens zum Teil erhebliche Leistungsunterschiede zwischen potenziellen Lieferanten gibt und mit leistungsfähigen Beschaffungspartnern nicht ohne Weiteres zu günstigen Konditionen kooperiert werden kann. Zweitens wird der Einfluss von Lieferanten auf die eigenen Leistungsbündel im Zuge eines fortschreitenden Outsourcings zunehmend größer (vgl. Abschnitt 3.2.1.1).

■ **Personalmärkte** können als ein spezieller Beschaffungsmarkt verstanden werden und sind daher in Abbildung 4-2 implizit erfasst. Dem Charakter und Stellenwert des humanen Vermögens entsprechend, wäre es durchaus sinnvoll, den Personalmarkt als eigenständigen Markt zu begreifen. Diese Überlegung gilt vor allem auch in Anbetracht der Tatsache, dass sich gemäß Abbildung 4-2 die Leistungs- und Gegenleistungsbündel deutlich von denen üblicher Beschaffungsmarkttransaktionen unterscheiden. Die Schnittstelle der Unternehmung zum Personalmarkt ist vor allem deswegen von besonderer Relevanz, weil sich durch Personaltransaktionen unmittelbare organisationale Veränderungen ergeben. Aus Unternehmungssicht besonders wichtig werden Transaktionen auf dem Personalmarkt, wenn davon die Ebene der Führungskräfte betroffen ist und möglicherweise in der Unternehmungsentwicklung erstmalig eine Trennung von Eigentum und Management vollzogen wird. Derartige Transaktionen rufen dann Änderungen in der Stakeholderstruktur und in der Unternehmungsverfassung hervor. Letztere dient der Konstituierung der die Unternehmung insgesamt tragenden Kräfte und der Gesamtheit der rechtwirksamen Regelungen ihres Zusammenwirkens (Macharzina/Wolf 2005).

■ Die **Kapitalmärkte** sind in jüngerer Zeit unter anderem im Zuge des Neuen Baseler Akkords („Basel II") und der aktuellen Wirtschaftskrise, die als Finanzkrise ihren Anfang nahm, verstärkt in die Aufmerksamkeit gerückt. Die Bereitstellung von Kapital kann zwar grundsätzlich ohne Einschaltung der Kapitalmärkte auf dem Wege der Innenfinanzierung erfolgen. Auf Grund begrenzter Möglichkeiten sind Unternehmungen permanent darum bemüht, die Beziehungen zu Eigen- und Fremdkapitalgebern zu pflegen und von der Außenfinanzierung Gebrauch zu machen. Derartige Bemühungen stellen einen wichtigen Teilbereich der so genannten **Investor Relations** dar (Achleitner/Bassen 2001). Die Außenfinanzierung vollzieht sich entweder über die Bereitstellung von Eigenmitteln, über die Fremdfinanzierung oder über Mischformen im Bereich des so genannten Mezzaninkapitals durch Kapitalgeber, die als Stakeholder bestimmte Renditeerwartungen mit der zeitweisen oder dauerhaften Kapitalüberlassung verbinden. Um diese Stakeholdergruppe bedienen zu können, ist im Rahmen der Pflege umfassend verstandener Investor Relations die Bonität der jeweiligen Unternehmung zu stärken, was auch kommuniziert werden muss. Dies wiederum nimmt Einfluss auf den Zugang zu und die Kosten von bereitgestelltem Kapital. Darüber hinaus verbinden die unterschiedlichen Kapitalgebergruppen mit der Bereitstellung finanzieller Mittel oftmals den Wunsch, auf die grundlegende Ausrichtung der Mittelverwendung Einfluss zu nehmen. Dies mündet in einen gegenseitigen Beeinflussungsprozess, der erneut die Reziprozität der Beziehung zwischen der Unternehmung und den sie umlagernden Stakeholdern belegt und mit Fragen der „Corporate Governance" verknüpft ist, auf die weiter unten in Abschnitt 4.1.3 einzugehen ist.

■ In Anbetracht der Ausführungen innerhalb des Kapitels 3 erübrigt sich eine tiefergehende Darstellung der Beziehungen der Unternehmung zu ihren Kunden auf dem **Absatzmarkt**. Hervorzuheben ist auch hier die Vielschichtigkeit der Beziehungen und die Notwendigkeit der Unternehmung, sich mit den expliziten und impliziten Ansprüchen dieser zentralen Stakeholdergruppe gründlichst auseinander zu setzen.

▨ Abschließend bestehen Beziehungen zwischen der Unternehmung und der **öffentlichen Hand**. Gemäß Abbildung 4-2 wird der Blick geschärft für die infrastrukturellen Leistungen, welche die öffentliche Hand erbringt und die den Unternehmungen zugute kommen. Sie können nur erbracht werden, wenn sich die öffentliche Hand über Steuereinnahmen finanzieren kann. Über diese Transaktionen hinaus gewährt die öffentliche Hand Subventionen für bestimmte Unternehmungen, die in einen Geldstrom in Richtung auf die Unternehmung münden. Nicht selten verbinden sich mit der Subventionsgewährung bestimmte Ansprüche, welche die öffentliche Hand im Rahmen ihrer Wirtschaftsförderung an die empfangende Unternehmung richtet. Auch hier werden die typischen Stakeholderbeziehungen mit ihren Konsequenzen evident.

Auf dieser Basis lässt sich die Einbettung der Unternehmung in die Außenwelt nachvollziehen. Die Unternehmungsführung wird dadurch zum Teil maßgeblich beeinflusst. Mehr noch: in manchen Fällen werden Externen Unternehmerfunktionen übertragen, die eigentlich primär von der Unternehmung selbst wahrzunehmen sind. Dies gilt z.B. im Falle der Einbindung von Lieferanten in eigene Innovationsprozesse oder die Hinzuziehung des Kunden in Prozesse der internen Koordination. Um erforderliche Ressourcen von externen Stakeholdern zu erhalten, sind vielfältige Maßnahmen im Bereich der Abstimmung erforderlich. An dieser Stelle setzt der Folgeabschnitt an.

4.1.2 Unternehmung, Umwelt und Kooperation: Die Unternehmung im Wertenetz

Die Notwendigkeit, externe Ressourcen von Drittparteien zu erlangen, lässt nicht nur einen Koordinations-, sondern zugleich einen damit verbundenen Kooperationsbedarf erkennen. Gleichwohl sind die externen Beziehungen oftmals derart komplex, dass sich Kooperationsnotwendigkeiten und rivalisierende Effekte überlagern. Man spricht in diesem Kontext auch von dem Kunstwort der „ko-opetitiven Beziehungen" (Co-opetition gemäß Brandenburger/Nalebuff 1995), zu denen Bleicher (1986, S. 213) wie folgt Stellung bezieht:

„Am Ende einer von Akquisitionen, aber vor allem von Kooperationen getragenen Entwicklung internationaler Wirtschaftsverflechtungen entsteht ein Bild vernetzter Wirtschaftsbeziehungen von Unternehmungen, das sich deutlich von den Schwarz-Weiß-Konturen vieler wettbewerbstheoretischer Modelle unterscheidet: Eine einzelne Unternehmung steht gegenüber einer anderen gleichzeitig in einem Wettbewerbs- und in einem Partnerschaftsverhältnis, sie ist mit ihr in einem Bereich in ein intensives Ringen um Marktanteile verwickelt, während sie in einem anderen Bereich deren

Lizenznehmer, in einem wieder anderen Bereich Lizenzgeber und schließlich auf einem Zukunftsfeld sogar Partner in einem ‚joint venture' ist. Für diese neue Art einer vieldimensionalen zwischenbetrieblichen Vernetzung von Interessen möchte ich den Begriff ‚partnerschaftlicher Wettbewerb' verwenden."

Der Einordnung folgend, müssen die Beziehungen zu Akteuren aus der Umwelt differenziert betrachtet werden. Brandenburger und Nalebuff (1995) haben dies auf Basis der durch von Neumann und Morgenstern entwickelten **Spieltheorie** (vgl. etwa Jost 2001a) eingehender untersucht. Dabei begreifen sie die Wettbewerbssituation als Spiel mit mehreren Akteuren, die gemäß den Grundannahmen der Spieltheorie über unterschiedliche Ziele verfügen und autonom, d.h. nicht als Gruppe, handeln. In einer solchen Konstellation sind die Ergebnisse eigenen Handelns von dem Verhalten anderer Akteure abhängig, was für betriebliche Entscheidungen als Regelfall anzusehen ist. Die Entscheidungsträger sind sich dieser Sachlage bewusst. Brandenburger und Nalebuff (1995) identifizieren in ihrem Bezugsrahmen des so genannten „Wertenetzes" (Value Net) vier Spielertypen, die eine Unternehmung (U'g) gemäß Abbildung 4-3 umgeben:

Abbildung 4-3: Das Wertenetz im Sinne von Brandenburger/Nalebuff (1995, S. 60)

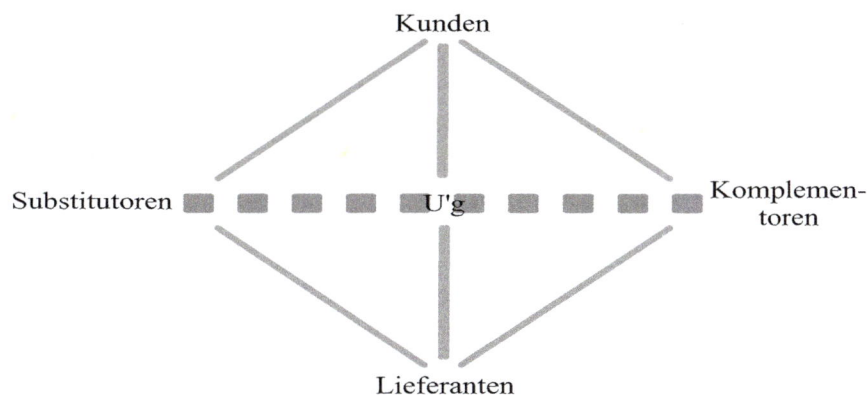

- Mit Konkurrenten (Substitutoren), Lieferanten und Kunden stehen zunächst drei traditionelle Spielertypen zur Diskussion, deren Rolle keiner weiteren Erklärung bedarf.

- Mit den Komplementoren führen sie jedoch einen weiteren, für ihre Argumentation wichtigen und in klassischen Wettbewerbsmodellen nicht erfassten Spielertypus ein. Komplementoren sind Akteure, deren Handeln die zu betrachtende Unternehmung unterstützt. Anhand von Einkaufszentren lässt sich nachvollziehen, dass der Absatz eines Anbieters erheblich davon profitieren kann, dass auch andere leistungsstarke Anbieter vertreten sind, die kaufkräftige Kunden anziehen. Darüber hinaus werden Einkaufs- und Erlebnisparks miteinander verknüpft (z.B. das CentrO in Oberhausen), was in ähnlicher Weise wirken kann.

Relevant für den hier zu diskutierenden Sachverhalt ist die Tatsache, dass in der Realität die Akteure oftmals nicht in Reinform auftreten, sondern unterschiedliche Rollen im Wertenetz einnehmen, was die Ausarbeitung von Kooperationsstrategien erschwert. In diesem Zusammenhang ist hervorzuheben:

- Konkurrenten können sich nicht immer rein kompetitiv zueinander verhalten. Oftmals ist es erforderlich, gemeinsame Aktivitäten zu initiieren, um etwa die Bekanntheit bzw. Attraktivität der gesamten Anbieterschaft zu erhöhen. So musste die Chemieindustrie in den 1990er Jahren mehrmals im Bereich der Kommunikationspolitik durch Gemeinschaftswerbung kooperieren, um öffentlichen Anfeindungen in Sachen Umweltverschmutzung entgegen zu treten. Während dieser kooperativen Maßnahme herrschte zwischen mehreren Betrieben harte Konkurrenz um Marktanteile.

- Lieferanten erweisen sich oftmals als Wertschöpfungspartner, konkurrieren aber zeitgleich mit unternehmungsinternen Anbietern um die Erlangung von Aufträgen. Dies gilt in den Fällen, in denen Unternehmungen vor einer Make-or-buy-Entscheidung stehen (vgl. Abschnitt 3.2.1.1).

- Auch die Komplementorenrolle ist oftmals ambivalent. Hungenberg (2006) verweist darauf, dass im Luftverkehrsbereich Gesellschaften wie American Airlines und Delta Airlines Komplementoren bei der Flugzeugbeschaffung, hingegen aber Konkurrenten mit Blick auf Landerechte sind.

Anknüpfend an die oben geführte Diskussion und unter Bezugnahme auf Abbildung 4-4 lässt sich anhand der Hervorhebung in der Mitte erkennen, dass der Überlagerung von kooperativen und kompetitiven Elementen sowohl in vertikalen als auch in horizontalen Unternehmungsbeziehungen besonderes Augenmerk geschenkt werden muss. Dies lässt sich anhand der Vielfalt von Beziehungen nachvollziehen, wie sie innerhalb der Kapitel 3 und 4 dargestellt worden ist. Folglich sind Kooperationen zur Erlangung von wichtigen Ressourcen mit besonderer Vorsicht zu gestalten. Dies gilt vor allem für diejenigen Kooperationen, die als strategische Partnerschaften einzuordnen sind, weil sie die Geschäftsgrundlage verändern und/oder einen Wandel bezüglich der grundlegenden Vorgehensweise der Unternehmung beinhalten und auf Grund dieser Merkmale von operativen Kooperationen zu unterscheiden sind. Strategische Kooperationen treten in zweierlei Weise auf (Backhaus/Voeth 2007):

Abbildung 4-4: Beziehungsformen im Spannungsfeld zwischen Kooperation und Wettbewerb
(Quelle: Dowling/Lechner 1998, S. 560)

Strategische Allianzen beziehen sich auf Partnerschaften von Unternehmungen auf der gleichen Wirtschaftsstufe (horizontale Kooperation), die in ausgewählten Strategischen Geschäftsfeldern miteinander kooperieren und dabei zum Zwecke der gemeinschaftlichen Erzielung von Wettbewerbsvorteilen eine einheitliche Strategie zu deren Bearbeitung auswählen. Als Beispiel mögen die Luftverkehrsallianzen (Star Alliance, One World, Sky Team) dienen. Strategische Allianzen werden im Regelfall von Joint Ventures dadurch unterschieden, dass bei erstgenannten keine nennenswerte kapitalbezogene Verknüpfung der Kooperationspartner vorgenommen wird. Bei Joint Ventures, die nicht notwendigerweise auf die horizontale Ebene beschränkt sind, ist das Gegenteil der Fall, weswegen sie aus Zweckmäßigkeitsgründen im Übergangsbereich zwischen Kooperation und Konzentration erfasst werden.

Strategische Netzwerke beruhen ebenfalls auf einer strategischen Abstimmung zwischen den Kooperationspartnern, die sich jedoch im Gegensatz zur Strategischen Allianz nicht auf die horizontale Ebene, sondern auf die vertikale und/oder laterale Ebene bezieht. Zum Aufbau der Mobilfunknetze kamen z.B. projektbezogene Strategische Netzwerke der lateralen Art zum Einsatz (Telekommunikationsbetrieb, Software-Spezialbetriebe, Banken, Versicherungen etc.). Strategische Netzwerke setzen sich zumeist aus mehreren Partnern zusammen, die rechtlich selbstständig, aber wirtschaftlich oftmals hochgradig abhängig sind (Sydow 1992).

In beiden strategisch motivierten Kooperationen ist eine Parallelität kompetitiver und kooperativer Effekte oftmals zu beobachten, was die Abstimmung gemeinsamer Maßnahmen zur Schaffung von Wettbewerbsvorteilen der Kooperationsform erschwert. Die damit verbundenen Konflikte erhöhen darüber hinaus die Instabilität der Partnerschaft.

Abbildung 4-5: Kooperationsformen (Quelle: in Anlehnung an Astley/Fombrun 1983, S. 560)

---

	direkt	**Konföderation**	**Konjugation**
		• wenige Partner	• wenige Partner
		• ähnliche Partner	• unähnliche Partner
		• kollusive Partnerschaften	• Geschäftsbeziehungen und Joint Ventures
		• informelle Koordination	• Koordination auf Basis von Verträgen und Rechtsnormen
interorganisationale Beziehungen		**Agglomeration**	**Organismus**
		• viele Partner	• viele Partner
		• ähnliche Partner	• unähnliche Partner
		• Kartelle und Genossenschaften	• offene Netzwerke
		• formale Koordination	• normative Koordination
	indirekt		
		kommensalistisch	symbiotisch
		Art der Interdependenz	

Mit den beiden genannten Partnerschaften lässt sich die Vielzahl von Kooperationsformen nicht ansatzweise erfassen. Zu diesem Zwecke dient eine Systematisierung, die Astley und Fombrun (1983) vorgelegt haben und die – wie in Abbildung 4-5 dargestellt – auf zwei wichtigen Dimensionen beruht.

■ Die erste Dimension betrifft im Kern die **Ähnlichkeit der Kooperationspartner** zueinander. Kooperationen können vor allem dann sinnvoll sein, wenn die Partner über unterschiedliche, sich ergänzende Stärken-/Schwächen-Profile verfügen. In solchen Fällen sprechen die Autoren von symbiotischen Beziehungen. Daneben kann eine Kooperation aber auch dann sinnvoll sein, wenn die Partner über ein hohes Maß an Ähnlichkeit verfügen und durch die Zusammenlegung gleichartiger Ressourcen eine z.B. zur Erlangung von Wettbewerbsvorteilen kritische Größe erstmals erreichen (Freiling 1998). In solchen Fällen liegen kommensalistische Beziehungen vor.

- Die zweite Dimension stellt auf die **Zahl der Kooperationspartner** ab und erfasst die damit verbundene Frage, wie eng die Beziehungen zwischen den betreffenden Betrieben sind. Während in Geschäftsbeziehungen die Beziehungen nicht nur äußerst direkt und eng sind, kann mit Blick auf große Netzwerke und Kartelle oft das Gegenteil beobachtet werden.

Den beiden Dimensionen entsprechend, identifizieren Astley und Fombrun (1983) vier Grundtypen von Beziehungen, die das Spektrum verfügbarer Kooperationsformen in geeigneter Weise erfassen. Eine kurze Skizzierung der vier Typen gestaltet sich wie folgt:

- Eine „**Konföderation**" beinhaltet Kooperationsformen mit engen Beziehungen zwischen wenigen Partnern, die sich ähneln. Mächtige Wettbewerber einer Branche, die ein Individualabkommen zur Stabilisierung des Preisniveaus abschließen, repräsentieren eine Kooperation, die diesem Typus zuzuordnen ist. Auf Grund der engen Beziehungen ist es möglich, die Zusammenarbeit ohne aufwändige formale Regeln zu vollziehen.

- Die „**Agglomeration**" unterscheidet sich von der Konföderation durch die große Zahl der Kooperationspartner und die weitaus weniger engen Beziehungen. Kartelle und große Genossenschaften sind diesem Typ zuzuordnen. Die Merkmale lassen eines der zentralen Probleme dieser Kooperation erkennen: Die Partner sind untereinander zumeist wenig aufeinander abgestimmt, da die Zusammenarbeit primär auf formalen, wenige Parameter betreffenden Rahmenvereinbarungen beruht. Das drohende Koordinationsdefizit führt oft entweder dazu, dass die Kooperationsform wenig synergieträchtig ist oder aber bewirkt, dass unüberbrückbare Interessenskonflikte zwischen den Parteien auftreten, was eine Auflösung der Kooperation bewirkt.

- Der „**Organismus**" ist eine Kooperation vieler unähnlicher Partner, die einen gemeinsamen Zweck verfolgen. Operative und strategische Netzwerke sind diesem Typus zuzuordnen. Eng verbunden mit dem gemeinsamen Zweck werden durch Normen Rahmenrichtlinien geschaffen, die das Zusammenwirken regulieren. Je stärker diese Normen akzeptiert werden, desto besser ist die Aussicht, trotz indirekter Beziehungen zwischen den Partnern Synergien zu erzielen. Entsprechend lässt sich im Vergleich von Agglomerationen und Organismen im Sinne von Astley/Fombrun (1983) beobachten, dass der letzte Typus – von Projektkooperationen wie Konsortien, Arbeitsgemeinschaften u.ä. einmal abgesehen – oftmals weitaus stabiler ist. Dies gilt ungeachtet der Tatsache, dass die Konstellation der Kooperationsbeteiligten durch Netzwerkein- und -austritte Veränderungen unterliegt.

- Die „**Konjugation**" beruht schließlich auf sehr direkten Beziehungen weniger, zumeist ausgewählter Partner, die sich unähnlich sind. Sie ist typisch für Geschäftsbeziehungen, Beziehungen zur Hausbank oder Joint Ventures. Die überwiegend enge Koppelung der Partner beruht zu einem erheblichen Teil, aber keinesfalls ausschließlich auf Verträgen.

Die Betrachtung lässt erkennen, dass jeder Kooperationstypus mit einem spezifischen Regelungsbedarf einhergeht und unterschiedliche institutionelle Mechanismen erfordert, die einzeln oder in Kombination (institutioneller Mix) eine entsprechende Wirkung entfalten. Ein zentraler Grund für die vielfältigen Kooperationsformen in der heutigen Wirtschaft und ihren über die Zeit steigenden Stellenwert ist die Aussicht, kritische Ressourcenengpässe zu kompensieren, was bei rein autonomer Tätigkeit einer Unternehmung oftmals nicht möglich ist. Insofern muss die Beziehung zwischen der Unternehmung und den Akteuren ihrer Umwelt auch dahingehend interpretiert werden, überlebenskritische Ressourcen zu erlangen. Diese Überlegung ist zugleich Ausgangspunkt des so genannten Ressourcenabhängigkeitsansatzes (**Resource Dependence Approach**), der vor allem von Pfeffer und Salancik (1978) entwickelt worden ist. Sie argumentieren, dass jede Unternehmung dem Problem ausgesetzt ist, Ressourcen für das eigene Überleben sicherzustellen, über die sie selbst nicht verfügt. Diese Ressourcenabhängigkeit von Dritten führt dazu, dass Maßnahmen entwickelt werden müssen, um den zumindest vorübergehenden Zugang zu kritischen Ressourcen zu sichern. Grundsätzlich existieren unterschiedliche Wege einer Unternehmung, mit diesem Problem umzugehen. Interne Maßnahmen können etwa beinhalten, dass der Ressourcenbedarf durch Anspruchsherabsetzung reduziert wird bzw. Substitutionsmöglichkeiten erschlossen werden. Extern kann eine Integration des Ressourceneigners, eine Intervention beim Ressourceneigner zum Zwecke der Schwächung seiner Macht oder aber eine Kooperation das grundlegende Problem lösen.

Damit wird zugleich erkennbar, dass die Kooperation nicht immer geeignet ist, die Probleme der Ressourcenverfügbarkeit sinnvoll und vollständig zu lösen. Insofern muss bei einer Gestaltung der Schnittstelle zwischen Unternehmungen immer auch die Alternative der Konzentration in Betracht gezogen werden, die zu einer Neudefinition von Unternehmungsgrenzen führt. Im Rahmen der Konzentration lassen sich unterschiedliche Erscheinungsformen identifizieren: Während das o.g. Joint Venture oftmals eine Mischform von Kooperation und Konzentration darstellt, sind die **Konzernierung** nach § 118 Aktiengesetz sowie die **Verschmelzung** nach § 339ff. Aktiengesetz als Reinformen zu verstehen. Der Prozess der Konzentration kann dadurch zustande kommen, dass eine Unternehmung eine andere im Wege einer **Akquisition** übernimmt. Alternativ kann aus zwei oder mehreren vormals eigenständigen Unternehmungen eine neue Einheit im Zuge des Zusammenschlusses (**Merger**) entstehen.

Die M&A-Forschung ist reich an Motiven, warum Fusionen und Akquisitionen sinnvoll sind. Neben Differenzierungen in Kosten- und Erlössynergien sind unter den wichtigsten Motiven ohne Anspruch auf Vollständigkeit zu nennen (Bartlett/Ghoshal 1989):

■ Strategische Motive, wie vor allem:

- Realisierung von Synergien (Economies of Scale & Scope) – zum Teil in Verbindung mit einer Vermeidung von Überkapazitäten,

- Risikostreuung,

- Erlangung einer „wettbewerbskritischen Größe" – vor allem in Anbetracht der zum Teil sprunghaft steigenden Anforderungen auf internationalen Märkten,

- bessere Erreichung marktbezogener Ziele auf Beschaffungs- und Absatzmärkten (z.B. Erreichung marktbeherrschender Stellungen und machtbedingte Verbesserung der Austauschkonditionen).

■ Finanzielle Motive, wie vor allem:

- Verbesserung des Zugangs zu Finanzmitteln,

- Eröffnung bilanzpolitischer Gestaltungsspielräume,

- Senkung der Steuerlast.

■ Persönliche Motive, die primär im psychologischen Bereich verankert sind.

Die Bandbreite an (auf den ersten Blick verlockenden) Motiven vermag zu einem nicht unerheblichen Teil mit zu erklären, warum M&As in den vergangenen Jahren im Management immer wieder auf außerordentliches Interesse gestoßen sind und ganze „Wellen" von M&A-Transaktionen ausgelöst haben, die kaum an einer wichtigen Branche vorbei gegangen sind. Gleichwohl lassen auch jüngere Beispiele die mit M&As verbundene Brisanz erkennen. So ist etwa der Zusammenschluss von Daimler und Chrysler von großen Erwartungen begleitet worden (insbesondere seitens der Unternehmungsführung, allerdings weniger von den Kapitalmärkten), die sich jedoch allenfalls sehr begrenzt erfüllt haben, was schließlich in der erneuten Trennung mündeten. In diesem Zusammenhang ist auf die oftmals erheblichen Probleme einer „Post-Merger-Integration" bzw. „Post-Acquisition-Integration" zu verweisen. Sie sind in den beträchtlichen Unterschieden verwurzelt, die zwischen den von der M&A-Transaktion betroffenen Unternehmungen mit Blick auf die Strukturen, Prozesse, Strategien, Potenziale, Verhaltensweisen und Werte/Kulturen bestehen. Es erscheint auch im Falle sorgfältiger Prüfung von M&A-Kandidaten kaum möglich, die diesbezüglichen Probleme nach Art und Umfang auch nur halbwegs vollständig abzuschätzen.

4.1.3 Unternehmung, Organisation und Kultur: Das interne Netz struktureller Art

Betrachtet man die Innenbeziehungen, so lassen sich unterschiedliche Bezugsebenen identifizieren, die auf den Ablauf interner Prozesse maßgeblichen Einfluss nehmen (Knyphausen-Aufseß 1995). Innerhalb von Abbildung 4-6 wird ein systematisierender Überblick über diese Ebenen gegeben. Das Modell verdeutlicht, dass sich die Unternehmung intern aus unterschiedlichen Schichten zusammensetzt: Es existieren so genannte Oberflächenstrukturen (Prozesse, Aufbaustrukturen, Produkte, auf einer darunter liegenden Ebene auch die Strategie) neben den Tiefenstrukturen der Unternehmung (Ressourcen, Kompetenzen sowie auf noch tieferer Ebene Werte, Überzeugungen und Kultur). Mit der Tiefe der organisationalen Verankerung der betreffenden Ebenen geht zugleich eine unterschiedliche Veränderbarkeit einher. So kann grob gesagt werden, dass Elemente der Oberflächenstruktur sich noch vergleichsweise leicht ändern lassen, während sich die Tiefenstruktur zum Teil einer gezielten Veränderung durch das Management entzieht.

Abbildung 4-6: Das Schichtenmodell der Unternehmung (Quelle: Freiling 2006, S. 147)

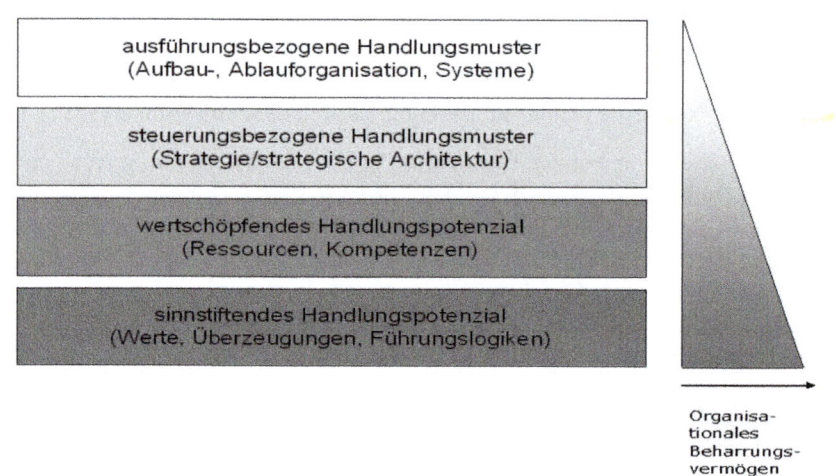

Entlang der genannten Bezugsebenen sind nachfolgend die organisationsrelevanten Binnenverhältnisse von Unternehmungen zu erschließen. Dies setzt eine Klärung des Organisationsbegriffs voraus. Während in diesem Buch der Begriff der Organisation üblicherweise die Institution selbst betrifft („die Unternehmung ist eine Organisation"), behandelt die Organisationslehre insbesondere den Aspekt, dass „die Unternehmung eine Organisation hat" (Heinen 1976). **Organisation** ist dementsprechend zu verstehen als ein System von Regelungen, die eine zielentsprechende Erfüllung von Aufgaben ermöglichen sollen (Frese 2005, S. 25). Organisationsrelevant in diesem Sinne sind:

- formale (z.B. Abteilungen, definierte Prozessfolgen) und informale Strukturen (z.B. von Menschen internalisierte Handlungsmuster),

- die unternehmungsinternen Strukturen, die eindeutig im Vordergrund stehen, und die Strukturen der Unternehmung zur Außenwelt, die zunehmend an Bedeutung gewinnen, gleichwohl in der Organisationslehre bislang noch vergleichsweise wenig Beachtung gefunden haben, sowie

- die o.g. Oberflächen- und Tiefenstrukturen, die in Anlehnung an Abbildung 4-6 nunmehr genauer zu behandeln sind.

Im Bereich ausführungsbezogener Handlungsmuster sind die Struktur- und Prozessorganisation der Unternehmung zu erfassen. Bezüglich der Strukturorganisation stellt sich insbesondere die Frage, wie eine Unternehmung auf der zweiten Führungsebene (also direkt nach der Führungsspitze) organisiert ist. Man unterscheidet hier zwischen der funktionalen Organisation, die sich an gleichartigen bzw. ähnlichen Verrichtungen orientiert (vgl. hierzu die funktionale Sichtweise der Unternehmung in Abschnitt 4.2.2), und der objektorientierten Gliederung.

Eine Objektorientierung kann darin bestehen, dass sich die Unternehmungsorganisation an Produkten/Produktgruppen, Regionen, Kunden oder Projekten ausrichtet. Durch die objektorientierte Organisation ergeben sich dann Sparten bzw. Divisionen, wie sie in vereinfachter Form Abbildung 4-7 entnommen werden können. In der genannten Abbildung rekrutieren sich die Sparten beispielhaft aus Produkten bzw. Produktgruppen.

Die Prozessorganisation betrifft die Regelung und Taktung einzelner Schritte der Leistungserstellung i.w.S. und der begleitenden Koordination. Der prozessorientierte Ansatz, der in Abschnitt 4.2.3 näher vorgestellt wird, behandelt die marktorientierte Gestaltung dieser Abläufe.

Fragen der Strategiegestaltung als Element der Binnenverhältnisse einer Unternehmung werden innerhalb der Abschnitte 5.1.3 und 5.4 ausführlicher behandelt.

Abbildung 4-7: Spartenorganisation

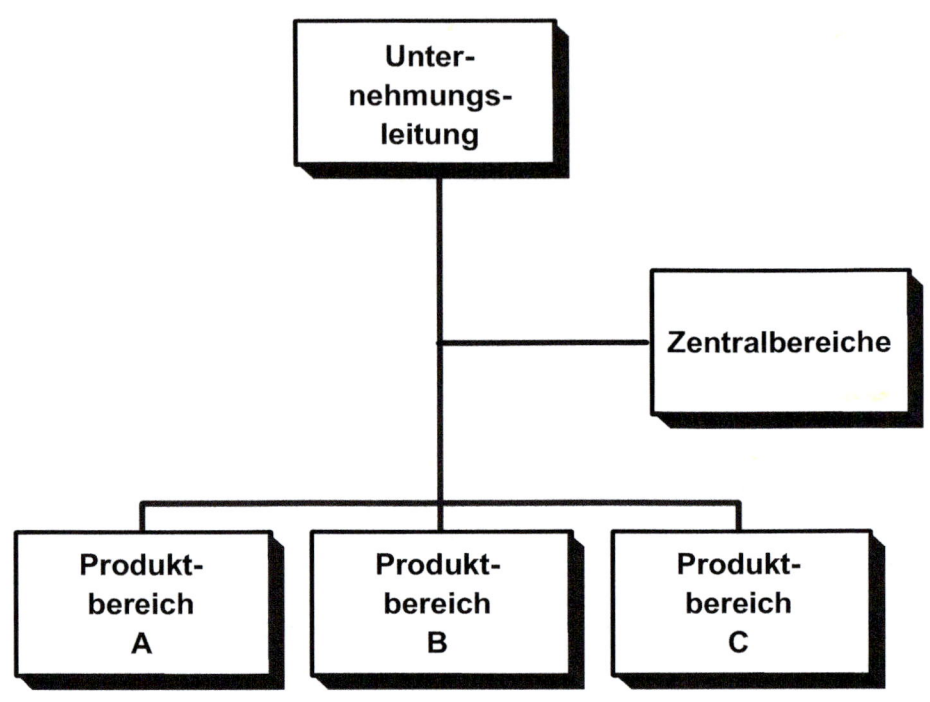

Neben Strukturen und Prozessen wird die Binnenstruktur maßgeblich, aber weitaus weniger deutlich erkennbar von den Ressourcen und Kompetenzen einer Unternehmung sowie dem System der Überzeugungen und Werte bestimmt. Ressourcen und Kompetenzen (ausführlicher behandelt in Abschnitt 4.2.7), aber im weiteren Sinne auch Überzeugungen und Werte sind dem Potenzialbereich der Unternehmung zuzuordnen. Werte, Überzeugungen und die Kultur werden den Sinn bildenden Elementen einer Unternehmung zugeschrieben. Sie beruhen auf einer (zumindest weitgehenden) Akzeptanz bestimmter verhaltensbezogener Grundsätze und kanalisieren damit das Handeln in Institutionen. Die Unternehmungskultur setzt sich dabei vor allem aus folgenden Elementen zusammen, die ein koordinationsrelevantes Ambiente kreieren:

■ Basisannahmen, welche die Beziehung der Unternehmung zur Umwelt ebenso betreffen wie die Sichtweise des Menschen an sich und bezüglich seiner Rolle am Arbeitsplatz, daneben aber auch den Charakter menschlicher Beziehungen,

■ dem Weltbild, welches sich aus den oben genannten Basisannahmen zusammensetzt und diese ordnet,

- Wertvorstellungen, die vermitteln, was aus Sicht der Unternehmung als wichtig erscheint,

- Verhaltensregeln, die sich teils aus expliziten Grundsätzen, zu einem ganz wesentlichen Teil aber auch aus „ungeschriebenen" Regeln zusammensetzen, die sowohl Ver- als auch Gebote darstellen können,

- Symbolen, die in weiterer Interpretation auch Rituale, Geschichten und Legenden („Narratives", „Storytelling") umfassen.

Die Werte und Überzeugungen finden überdies einen Niederschlag in der Unternehmungsverfassung (Macharzina/Wolf 2005, vgl. zusätzlich Schneider 1995, S. 100). Die Unternehmungsverfassung hat konstitutiven Charakter und stellt ein Regelsystem dar, durch welches die der Unternehmung zur Verfügung stehenden Kräfte vereint und geordnet werden sollen. Sie regelt somit Grundsätze des gemeinsamen Handelns in Unternehmungen und dient der Organisation und Koordination menschlicher Arbeitsprozesse. Dabei bedient sie sich gesetzlich kodifizierter Regelungen, interner Übereinkünfte, aber auch geltender Grundsatznormen, sofern sie eine derartige Verbindlichkeit aufweisen, dass ihnen ein einklagbarer Status zufällt. Schneider (1995) betont, dass die Unternehmungsverfassung nicht nur Regelungen umfasst, die aus der Wirtschaftsordnung folgen, sondern zugleich Normen, welche die sozialen Beziehungen in der Gesellschaft regeln, darüber hinaus Verhaltensnormen als Ausdruck der Ethik sowie Rechtsetzungen zur Koordination (einschließlich der weiter unten angesprochenen betrieblichen Mitbestimmung). Neben dieser funktionalen Dimension verfügt die Unternehmungsverfassung zugleich über eine institutionelle Dimension (Chmielewicz 1986). Hierzu zählt die Festlegung der Unternehmungsorgane in Abstimmung mit den geltenden rechtlichen Bestimmungen, die z.B. für Aktiengesellschaften einen Vorstand, einen Aufsichtsrat und eine Hauptversammlung vorsehen. Diese Organe sind wiederum mit Befugnissen und Verantwortlichkeiten zu versehen, wodurch geregelt ist, wie (stark) Stakeholdergruppen auf die Arbeit der Leitungsgremien Einfluss nehmen (sollen).

Im Zusammenhang zur Unternehmungsverfassung ist zugleich auf die Auseinandersetzung um die „Corporate Governance" hinzuweisen. Die Corporate Governance umfasst Methoden und Instrumente zur Steuerung und Überwachung von Unternehmungen. Sie stellt die Gesamtheit aller internationalen und nationalen Werte und Grundsätze für eine gute und verantwortungsvolle Unternehmensführung dar, welche sowohl für die Mitarbeiter als auch für die Leitung von Unternehmungen gelten. Mit der Corporate Governance verbindet sich kein international einheitliches Regelwerk. Vielmehr existieren in den einzelnen Ländern unterschiedliche Vorstellungen, die der Corporate Governance zu Grunde gelegt werden sollen. In Deutschland repräsentiert der so genannte „Corporate-Governance-Kodex" das länderspezifische Verständnis, während in den USA der „Sarbanes-Oxley Act" gilt.

Die Corporate Governance kann als sehr vielschichtig verstanden werden und umfasst obligatorische bzw. freiwillige Maßnahmen wie z.B. das Einhalten von Gesetzen und Regelwerken (Compliance), das Befolgen anerkannter Standards und Empfehlungen sowie das Entwickeln und Befolgen eigener Unternehmensleitlinien. Ein weiterer Aspekt der Corporate Governance ist die Ausgestaltung und Implementierung von Leitungs- und Kontrollstrukturen. Corporate Governance ist unter anderem deswegen erforderlich, weil bezüglich der Beziehungen zwischen der Unternehmung und ihren Stakeholdern Handlungsspielräume bestehen, die es zu regeln und damit zu verringern gilt, um opportunistisches Verhalten einzugrenzen. In diesem Zusammenhang wird auf die in Abschnitt 3.2.1.3.2 behandelte Principal-Agent-Problematik verwiesen. Der Regelungsbedarf ist vor allem dann groß, wenn eine Trennung von Eigentum und Verfügungsmacht mit Blick auf Unternehmungen besteht.

Als Kennzeichen zweckmäßiger Corporate Governance werden u.a. genannt:

- die Funktionsfähigkeit der Unternehmungsleitung,

- die Wahrung berechtigter Interessen von Stakeholdergruppen,

- die zielgerichtete Zusammenarbeit von im Wege der Unternehmungsverfassung eingesetzten Gremien der Unternehmungsleitung und Unternehmungsüberwachung,

- eine stakeholdergerechte Transparenz in der Unternehmenskommunikation,

- ein der Situation angemessener Umgang mit Risiken und

- die Ausrichtung von Managemententscheidungen auf die Erschließung langfristiger Wertschöpfungspotenziale.

Bei diesen Anforderungen an die Corporate Governance stehen Überlegungen auf der Mikroebene im Vordergrund, die aber – wie Macharzina und Wolf (2005) ausführen – auch in den Makrokontext (z.B. Förderung der Transparenz und Leistungsfähigkeit von Märkten, Beachtung rechtsstaatlicher Prinzipien) zu stellen sind, wobei der Einbindung der Unternehmung in die Umwelt Rechnung zu tragen ist. Die gesamte Auseinandersetzung um Corporate Governance ist überdies im Kontext begleitender Rechtsquellen (Gesetz zur Kontrolle und Transparenz im Unternehmensbereich, kurz: KonTraG, und Transparenz- und Publizitätsgesetz, kurz: TransPuG) und der Regelungswerke eines Marktes sowie des relevanten Ausschnitts der Gesellschaft zu sehen. Die Corporate Governance kann durch die Erfüllung o.g. Aufgaben einer verantwortlichen, qualifizierten, transparenten und auf den langfristigen Erfolg ausgerichteten Führung dienen.

Ein Spezialgebiet in diesem Zusammenhang stellt die Mitbestimmung dar. Sie regelt das Verhältnis zwischen der Unternehmung und den Arbeitnehmern und enthält zahlreiche Entscheidungstatbestände, bei denen der Arbeitnehmerseite zur Wahrung ihrer Interessen unterschiedlichste Mitwirkungsmöglichkeiten eingeräumt werden.

Die Rechtsquellen der Mitbestimmung in Deutschland, die als sehr weitreichend angesehen wird (Macharzina/Wolf 2005), sind vor allem:

- das branchenbezogen anzuwendende Montanmitbestimmungsgesetz von 1951,

- das Drittelbeteiligungsgesetz von 2004, das aus dem Betriebsverfassungsgesetz von 1952 hervorgegangen ist,

- das im Jahre 2001 novellierte Betriebsverfassungsgesetz von 1972 und

- das Mitbestimmungsgesetz von 1976.

Zu Einzelheiten bezüglich der jeweiligen Inhalte der genannten Gesetze sei exemplarisch auf Macharzina und Wolf (2005, S. 151f.) verwiesen. Zur grundsätzlichen Einordnung der Mitbestimmung sind die Arten der Mitbestimmung zentral: Die Mitbestimmung bezieht sich erstens auf die Mitwirkung in Leitungsorganen von Unternehmungen (Mitbestimmung auf Unternehmungsebene). Hier finden sich in den betreffenden Rechtsquellen Regelungen, in welcher Form Arbeitnehmervertreter an Leitungsorganen zu beteiligen sind. Daneben gibt es den mit Blick auf die in dieser Schrift gewählte Terminologi etwas missverständlich erscheinenden Begriff der betrieblichen Mitbestimmung (Mitbestimmung auf der Betriebsebene). Hier wird der Betrieb weitaus enger und als technischer Ort der Leistungserstellung interpretiert. Auf dieser Ebene finden sich Vorschriften, welche sich auf die institutionalisierten Interessenvertretungen der Arbeitnehmer (z.B. Betriebsräte) und die Mitwirkungsrechte beziehen. Bezüglich der Mitwirkung der Arbeitnehmer mittels des Betriebsrats kann wie folgt differenziert werden (geregelt im Betriebsverfassungsgesetz von 1972):

- Informationsrechte (z.B. bei der in Abschnitt 4.1.4 dargestellten Personalbedarfsplanung),

- Anhörungsrechte (bei Kündigungen),

- Beratungsrechte (z.B. bei Maßnahmen der beruflichen Bildung),

- Zustimmungsverweigerungs-/Veto-Rechte (z.B. bei Versetzungen von Personal),

- Zustimmungsrechte (z.B. außerordentliche Kündigung von Mitgliedern betrieblicher Organe),

- erzwingbare Initiativen (z.B. innerbetriebliche Stellenausschreibungen),

- Mitbestimmungsrechte (z.B. Sozialpläne).

Die Rechte sind in steigender Mitwirkungsintensität geordnet. Es ist zu beachten, dass sich die geltenden Bestimmungen u.a. in Abhängigkeit von der Rechtsform und der Größe der Unternehmung unterscheiden.

Fragen der betrieblichen Mitbestimmung lenken bereits den Blick auf das Personal einer Unternehmung. Aspekte der Personalwirtschaft sollen im nachfolgenden Abschnitt vertieft werden.

4.1.4 Unternehmung, Teams und Mitarbeiter: Das interne Netz personeller Art

Die Personalwirtschaft befasst sich mit allen betrieblichen Fragestellungen, die den Faktor Arbeit betreffen (Beckmann 2007). Im Mittelpunkt stehen Maßnahmen der Personalplanung, -verwaltung und -entwicklung. Eine solche Kennzeichnung verrät allerdings wenig über die Vielfalt, die das Management der Beziehungen zu den Mitarbeitern eines Betriebs mit sich bringt. Zum Personal zählen dabei alle in der Unternehmung Beschäftigten. Dies gilt unabhängig davon, ob die Beschäftigung befristet oder unbefristet ist, so dass prinzipiell auch die Zeitarbeit zu berücksichtigen ist. Durch die Beschäftigung, die das Ergebnis freier Vertragsgestaltung ist, erfolgt der Übergang von einem Gleichordnungsverhältnis zweier unabhängiger Vertragspartner zu einem Über-/Unterordnungsverhältnis, in dem die Weisung zum Steuerungsinstrument wird bzw. zumindest werden kann. Die Unternehmung verfügt somit durch ihre Führungskräfte gegenüber ihren Beschäftigten über Herrschaftsgewalt im Sinne der hierarchischen Koordination, wie sie die Transaktionskostentheorie beschreibt (vgl. Abschnitt 2.3.1.2). Analog dazu besteht im Sinne der Agency-Theorie ein Principal-Agent-Verhältnis zwischen Vorgesetzten und Mitarbeitern, das mit den üblichen Verhaltensunsicherheiten einhergeht (vgl. Abschnitt 3.2.1.3.2). Ganz anders gestaltet sich die Perspektive, wenn man aus Sicht der Lehre von den Unternehmerfunktionen argumentiert (vg. Abschnitt 2.3.3). Dann wird sichtbar, dass die Beschäftigten – und zwar trotz des bestehenden Unterordnungsverhältnisses – zum Teil in die Wahrnehmung unternehmerischer Funktionen einbezogen sind, was die besondere Bedeutung des Faktors Personal deutlich werden lässt.

Die in der Personalwirtschaft übliche Reduktion auf den Faktor Arbeit erscheint insofern etwas verkürzt und irreführend, als die Verbindung der menschlichen Arbeit zu anderen betrieblichen Faktoren auf diese Weise kaum sichtbar wird. Wenn aber Fragen der Personalwirtschaft im Vordergrund stehen und zurzeit verstärkt im Kontext des nicht nur die Kosten-, sondern auch die Ertragsseite des Personals stärker berücksichtigenden „**Human Resource Management**s" (Huselid 1995) diskutiert werden, so richtet sich der Blick bei weitem nicht nur auf die Arbeit der in der Unternehmung beschäftigten Menschen (Arbeiter bzw. Angestellte). Vielmehr rücken insbesondere folgende Aspekte in den Vordergrund, welche die Beziehungen zu anderen Potenzialkategorien deutlich werden lassen.

▓ Mitarbeiter sind in besonderem Maße die Träger des Wissens, welches Unternehmungen zur Verfügung steht. Dieses personenbezogene Wissen ist zu maßgeblichen Teilen außerhalb des Betriebs im Zuge der Aus- und Weiterbildung der betreffenden Menschen entstanden, zu nicht unwesentlichen Teilen aber auch Ergebnis der Mitwirkung im Betrieb – sei es durch betriebliche Qualifizierungsmaßnahmen oder auch durch bloße Verrichtung der Aufgaben (oftmals vereinfachend als „Learning by doing" bezeichnet). Insofern entsteht durch unternehmungsbezogenes und allgemeines Wissen sowie deren Kopplung über die Zeit ein individueller Erfahrungs-Pool, den es durch die Personalwirtschaft zu erschließen gilt. Diese Erfahrungen sowie die damit verbundenen personellen Fähigkeiten und Fertigkeiten betreffen das sog. „Humankapital" (Becker 1983; Huselid 1995).

- Menschen sind in soziale Netzwerke eingebunden. Diese Netzwerkstrukturen betreffen den Arbeitsplatz der betrachteten Menschen, aber auch deren Privatleben. Nicht nur zu Zwecken allgemeiner Interaktion, sondern auch zur Lösung konkreter betrieblicher Aufgaben bedienen sich Menschen ihrer sozialen Beziehungen, um Rat einzuholen, Bestätigung zu finden oder erkannte Wissenslücken zu schließen. Dieser Bereich betrifft das sog. „**Sozialkapital**" (Bourdieu 1983; Matiaske 1999) eines jeden Menschen, das wiederum für die Personalwirtschaft in ähnlicher Weise wichtig ist wie das oben erwähnte Humankapital. Sozialkapital wird in diesem Sinne verstanden als ein auf Gruppenzugehörigkeiten beruhendes Handlungspotenzial, das die Wirkung des Humankapitals zu steigern vermag.

- Schließlich existieren in Organisationen – wie im vorangegangenen Abschnitt beschrieben – Kulturphänomene, die nicht von den in ihnen handelnden Personen gänzlich getrennt werden können. Insofern werden Mitarbeiter in gewisser Hinsicht Bestandteil der Organisationskultur, indem sie eine solche annehmen bzw. sie durch ihre eigenen Einstellungen und Werte sowie durch das eigene Handeln mitprägen. Daher ist es durchaus nachvollziehbar, analog zu oben von einem **kulturellen Kapital** zu sprechen (Bourdieu 1983).

Darüber hinaus bestehen Beziehungen zwischen dem Personal bzw. dem Faktor Arbeit einerseits und anderen Potenzialkategorien andererseits, auf die hier nicht näher einzugehen ist. Hervorzuheben ist aber der Stellenwert des Faktors Arbeit, der sich durch seine Verbindungen zu anderen Kategorien erschließt. Insofern kann die Arbeit weniger als monolithisches Gebilde verstanden werden. Versucht man den Faktor Arbeit zu isolieren, so kommt man nahezu zwangsläufig zu dem Ergebnis, dass es sich hierbei um ein sog. regeneratives Potenzial (vgl. Abschnitt 2.3.4) handelt, das nach Inanspruchnahme einer Erholung bedarf, um dann wieder Leistung erbingen zu können. Diese Einordnung ist jedoch verkürzt. Wie die Verbindungen der Arbeit zu Wissen, Fähigkeiten und ähnlichen Potenzialen aufzeigen, besteht auch die Möglichkeit, den Faktor Arbeit durch Nutzung anzureichern – ganz im Sinne der sog. generativen Potenziale gemäß Abschnitt 2.3.4.

Die Diskussion verdeutlicht, dass die Personalwirtschaft auf unterschiedlichen Ebenen ansetzen muss: Eine Auseinandersetzung mit dem einzelnen Menschen ist genau so wichtig wie die Zusammenstellung von Arbeitsgruppen (Teams) und die Personalplanung auf Unternehmungsebene. Dabei ist auffällig und weitestgehend nachvollziehbar, dass die Personalwirtschaft den Blick auf das eigene Personal richtet. Allerdings ist die betriebliche Realität zunehmend stärker durch betriebliche Kooperationstätigkeit geprägt ist. Arbeiten unterschiedliche Betriebe etwa in Strategischen Allianzen zusammen (vgl. Abschnitt 4.1.2), so hat dies Konsequenzen bezüglich der „Reichweite" personalwirtschaftlicher Maßnahmen. Auf die interorganisationale Dimension, die nicht unwichtig ist, soll hier aber nicht weiter eingegangen werden. Statt dessen werden nachfolgend Ansatzpunkte auf individueller, gruppenbezogener und betrieblicher Ebene vorgestellt.

Individuelle Ebene: Betrachtet man zunächst den einzelnen Beschäftigten, so geraten personalwirtschaftlich folgende Aspekte in den Blick: das individuelle Wissen, das Können des einzelnen Mitarbeiters, dessen Motivation und schließlich seine Befugnisse. Es ist nicht unüblich, in diesem Zusammenhang von den vier Kategorien des Wissens, Könnens, Wollens und Dürfens zu sprechen. Auf alle vier Bereiche ist kurz einzugehen.

Wissen stellt das Ergebnis von Informationsverarbeitungsprozessen dar, das erstens zu einer spezifischen strukturellen Verknüpfung unterschiedlicher Informationen und zweitens zu einer Repräsentation von Teilen der gedachten oder realen Welt in einem Trägermedium geführt hat (zu einem Überblick: Al-Laham 2003 und Amelingmeyer 2004).

Aus Sicht des einzelnen Menschen wird ersichtlich, dass Wissen durch eine gedankliche Verknüpfungsleistung entsteht, die durch die eigene Wahrnehmungs- und Erfahrungswelt des Betreffenden gelenkt wird. Die Akkumulation von Wissen wird auch als Lernprozess bezeichnet, der einzelnen Menschen, aber auch Gruppen und Organisationen betreffen kann, wie weiter unten noch zu zeigen sein wird.

Wissen liegt in Betrieben in unterschiedlicher Form vor und ist über personelle, materielle (übliche Speichermedien druckbasierter, audiovisueller, computergestützter oder produktbasierter Art) und kollektive Träger (z.B. Organisationskultur) verfügbar. Ungeachtet der Vielfalt von Speichermedien ist die zentrale Rolle des Menschen als Träger von Wissen vergleichsweise unumstritten. Betrachtet man die unterschiedlichen Erscheinungsformen von Wissen, so fällt auf, dass ein Mensch z.B. über den aktuellen Wechselkurs des Euros in US-Dollar informiert sein kann, ohne diese Information tiefgehend deuten oder bewerten zu können. Hingegen kann ein Mensch auch über beachtliches Wissen über die Funktionsweise der internationalen Geldwirtschaft verfügen und somit fundierte Aussagen zur vermeintlichen Wechselkursentwicklung treffen können. Im einen Fall liegt Faktenwissen vor (man spricht auch vom sog. „Know-that"), im anderen Fall Anwendungswissen (das sog. „Know-how"). Daneben werden zum Teil weitere Kategorien eingefügt (z.B. „Know-what" für den Verwendungszweck vorhandenen Wissens und „Know-why" für Wissen, das Menschen zur Gestaltung von Systemen und Prozessen befähigt – vgl. Sanchez/Heene 2004), zum Teil werden aber auch völlig andere Kategorisierungen verwendet.

Von besonderer Bedeutung ist in diesem Zusammenhang die Frage, wie gut zugänglich Wissen ist und wie sicher und selbstverständlich vorhandenes Wissen von den personellen Trägern beherrscht wird. Die Unterscheidung in explizites und implizites Wissen hat dabei besondere Beachtung gefunden. **Implizites Wissen** (oder auch tazites Wissen genannt) ist das sog. „Hintergrundwissen". Wissensträger verfügen über dieses und wenden es gekonnt an, ohne in der Lage zu sein, es jederzeit vollständig und korrekt wieder- und damit weitergeben zu können. Implizites Wissen ist zentraler Bestandteil unserer Lebenswelt. Beim Autofahren findet es ebenso Verwendung wie bei der Verwendung der Muttersprache. Es kennzeichnet den Sachverhalt, dass der Mensch mehr weiß, als er zu artikulieren vermag. Spezielle Erfahrungen und lange Übung unterstützen den Aufbau dieses Hintergrundwissens. Trotz der tiefen Verankerung lässt sich tazites Wissen – zumindest zu Teilen – z.B. durch Beobachtung von Dritten erlernen. Im Gegensatz zum impliziten Wissen ist das explizite Wissen weitaus greifbarer und sowohl dokumentierbar als auch artikulierbar. Der Stoff eines Lehrbuchs etwa ist, wenn nicht ausschließlich, so aber zumindest zu weiten Teilen dem expliziten Wissen zuzuordnen. Es lässt sich daher auch weitaus einfacher weitergeben. Offenbar sind explizites und implizites Wissen nicht grundsätzlich unabhängig voneinander. So nimmt der Fahranfänger in der Fahrschule zunächst in umfangreicher Weise explizites Wissen auf, das er verarbeitet und das allmählich immer selbstverständlicher in seinen Erfahrungsschatz Eingang findet, bis schließlich das Autofahren zur Selbstverständlichkeit geworden ist und die Anwendung des Erlernten keiner besonderen kognitiven Leistung mehr bedarf: Es ist (zusätzlich zum expliziten Wissen) implizites Wissen entstanden, und zum Teil wurde auch explizites in tazites Wissen transformiert.

Dieser Zusammenhang führt uns zu einem Prozess der zunehmenden Verankerung des Wissens in gedanklichen Strukturen des einzelnen Menschen, ggfs. aber auch zwischen Menschen. Heene (1993) unterscheidet in diesem Zusammenhang vier Beherrschungsstufen von Wissen, die Abbildung 4-8 zu entnehmen sind.

■ Die Reproduktion kennzeichnet die mitunter einfachste Form der Wissensbeherrschung. Sie beinhaltet, dass der Wissensträger in der Lage ist, erlerntes Wissen (zumeist expliziter Art) korrekt wiederzugeben. Beispiel: Kenntnis des exakten Wechselkurses von Euro zu US-Dollar.

■ Die Explanation bezieht sich bereits auf die Ebene des Verständnisses. Die Kenntnis der Funktionsprinzipien von Devisenmärkten fiele in diese Kategorie. Es wird deutlich, dass die Explanation die Kenntnis von Ursache-Wirkungs-Beziehungen einschließt.

■ Die Applikation wiederum bezieht sich auf die Fähigkeit des betreffenden Menschen, sein Wissen abzurufen und es zur Bewältigung sich stellender Aufgaben und Herausforderungen einzusetzen. Die Applikation beruht auf internalisierten Ursache-/Wirkungs-Zusammenhängen und betrifft Ziel-/Mittel-Relationen, d.h. die Zuordnung bestimmter Maßnahmen zur Erreichung eines bestimmten Zwecks. Als Beispiel lassen sich geschickte, erfahrungsbasierte Devisenspekulationsgeschäfte in diese Kategorie einordnen.

▓ Die Integration umfasst schließlich die tiefe Verinnerlichung des betroffenen Wissens. Dies schließt ein, Handlungen auf Basis gesammelter Erfahrungen zu evaluieren und zielgerecht zu modifizieren. Die Kenntnis von Regelungslücken oder von „heimlichen Spielregeln" im Devisengeschäft ließe sich dieser Kategorie zuordnen. Es fällt auf, dass spätestens hier tazites Wissen die Integration unterstützt. Wesentlich ist auch, dass – in Verbindung mit der Applikation – handlungsgebundenes Wissen vorliegt, welches die Menschen zu kompetenten Handlungen befähigt. Dieses handlungsgebundene Wissen steht dem kenntnisgebundenen Wissen gegenüber, welches tendenziell die Reproduktion und Explanation betrifft.

Abbildung 4-8: Die Beherrschungsstufen des Wissens (Quelle: Heene 1993)

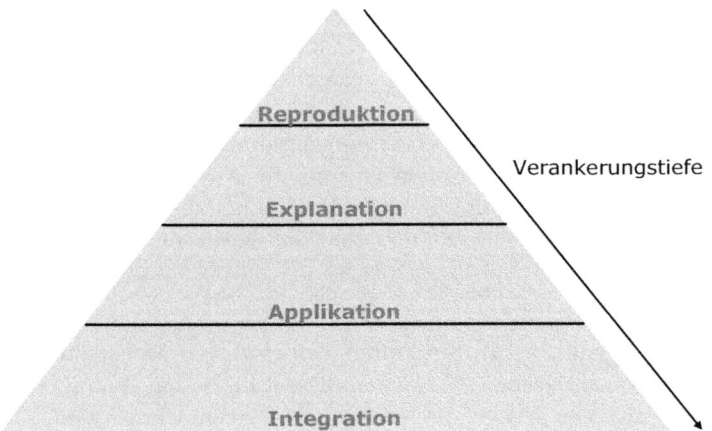

Die Darstellung lässt den Übergang vom Wissen zum **Können** erkennen, der fließend ist. Das Können eines Menschen bezieht sich auf sein Handlungsvermögen. Das Handlungsvermögen lässt sich wiederum durch die persönlichen **Fähigkeiten** und **Fertigkeiten** erfassen. Während Fertigkeiten auf einstudierten Grundmustern beruhen, die sich im Allgemeinen auf körperliche Vorgänge beziehen (z.B. Materialbearbeitung, Werkzeugeinsatz), betreffen Fähigkeiten (Skills) die Beherrschung von Problemlösungsprozessen unterschiedlicher Art. Das Zusammenspiel von Fähigkeiten und Fertigkeiten personeller Art beruht auf dem fachlichen sowie auf dem methodischen Können, die beide im Wesentlichen durch die Berufsausbildung und -weiterbildung vermittelt werden, und auf dem sozialen Können. Unter die letztgenannte Kategorie fallen herkömmlicherweise das Kommunikationsvermögen und die Kooperationsbereitschaft. Auf beide Aspekte wird noch weiter unten auf der gruppenbezogenen Ebene einzugehen sein.

Als Zwischenfazit ist festzuhalten, dass das Handlungspotenzial von Beschäftigten maßgeblich vom Wissen und Können abhängt und dieses Handlungsvermögen durch Lernvorgänge über die Zeit tendenziell wächst. Aus diesem Grunde können Mitarbeiter über die Zeit mehr und andere, vor allem aber auch schwierigere Aufgaben wahrnehmen. Ob das Handlungspotenzial aber überhaupt faktisch genutzt werden kann oder aber im Sinne der Unternehmungsziele überhaupt abgerufen werden darf, ist nicht nur, aber maßgeblich Gegenstand der beiden nachfolgend aufzubereitenden Kategorien: des individuellen Wollens und des sozialen Dürfens. Hinzu kommt aber auch, dass die Unternehmung Rahmenbedingungen schafft, die kompetentes Handeln ermöglichen, und dass die Physis des Einzelnen dem Abruf der Potenziale – z.B. durch Krankheit oder Erschöpfung – nicht entgegensteht.

Das individuelle **Wollen** (Motivation, Leistungsbereitschaft) stellt eine zentrale Aufgabe der Personalführung dar, weil nicht unterstellt werden kann, dass sich die Organisationsziele und die Ziele der einzelnen Mitarbeiter stets und vollständig im Einklang befinden. Dann aber ist es denkbar, dass die Mitarbeiter ihre eigenen individuellen Ziele stärker verfolgen als sich für die Erreichung der Organisationsziele einzusetzen. Generell ist die Motivation von Menschen ein vielschichtiges Konstrukt, das kaum unabhängig von zu Grunde liegenden Motivationstheorien (zu einem Überblick vgl. Jung 2006, S. 381ff.) und deren spezifischen Perspektiven betrachtet werden kann. Die **Motivation** kann allgemein als Zusammenwirken einzelner, im Menschen vorhandener Motive in einer spezifischen Situation verstanden werden (Jung 2006). Motive stellen wiederum die Beweggründe menschlichen Verhaltens dar, welche die Art und Richtung menschlichen Verhaltens bestimmen. Sie sind erlernbar und können von außen insofern beeinflusst werden, als zumindest bestimmte Motive durch Anreize angesprochen werden. Darüber hinaus können durch die Außenwelt neue Motive im Menschen gefördert und entwickelt werden. Dabei ist zu berücksichtigen, dass die Motive des Menschen ihm selbst zwar häufig, aber nicht durchgängig bewusst sind. Insofern kann zwischen latenten und manifesten Motiven unterschieden werden.

Die Motivation gibt letztlich nur Aufschluss über ein mögliches Verhalten des Menschen, erklärt aber noch nicht vollständig die konkrete Handlung. Erst in Verbindung mit einem spezifischen Anreiz des Menschen wird eine Aktion ausgelöst. Insofern ist es aus personalwirtschaftlicher Sicht wünschenswert zu wissen, welche Anreize in Verbindung mit vorhandenen Motiven gesetzt werden müssen, um menschliches Verhalten in eine aus Unternehmungssicht wünschenswerte Richtung zu lenken.

Betrachtet man typische Motivkonstellationen im Kontext der beruflichen Tätigkeit, so ist zwischen der intrinsischen und extrinsischen Motivation zu differenzieren (vgl. auch Abschnitt 2.3.4). Im erstgenannten Fall werden die Motive des Mitarbeiters durch die Ausführung der Arbeit(-saufgabe) befriedigt. Bei extrinsischer Motivation hingegen können die Motive nicht durch die Arbeit selbst angesprochen werden, sondern lediglich durch Aspekte, die mit der Arbeit verbunden sind. Hier ist vor allem an Entlohnungsanreize für eine ausgeführte Tätigkeit oder für ein (wünschenswertes) Ergebnis zu denken, die materieller (z.b. Geldleistung), aber auch immaterieller Natur (z.b. Anerkennung, Sicherheit, Prestige) sein können. Grundsätzlich ist jedoch die Setzung von Anreizen nicht unabhängig vom zu Grunde liegenden Menschenbild (vgl. Jung 2006, S. 375ff.). So ist ein Mensch, der dem Idealtypus des „rational man" mit starker Ausrichtung auf ökonomische Anreize zuzurechnen ist, anders anzusprechen als ein „social man", dem es viel mehr um die Erfüllung sozialer Bedürfnisse geht.

Abschließend ist der Bereich des (sozialen) **Dürfen**s zu behandeln. Hier stellt sich zunächst die Frage, wer den Handlungsrahmen absteckt. Grundsätzlich wird dies die Unternehmung, vertreten durch ihre Führungskräfte, in maßgeblicher Weise sein. Sie schafft durch das System der Weisungen einen Korridor erwünschten Handelns und legt fest, welche Handlungen zu unterlassen sind – unabhängig davon, wie implizit die Festlegungen erfolgen. Da jedoch die Unternehmung niemals strikt von der Außenwelt abgeschottet ist und sich somit auch einem gesellschaftlichen Legitimationsdruck ausgesetzt sieht und da ferner auch innerbetriebliche Kräfte Einfluss auf den Bereich des „Wünschenswerten" nehmen, ist die o.g. Sichtweise etwas zu relativieren. So entstehen innerhalb von Unternehmungen auf zumeist implizitem Wege gewisse Handlungsgrundsätze und „heimliche Spielregeln", die unabhängig von einer formellen Anerkennung durch die Unternehmung Geltung erlangen. Insofern ist zwischen formellen und informellen Regelungen zum Dürfen zu differenzieren. Beide Regelungsbereiche nehmen Einfluss auf den Handlungskorridor des Dürfens.

Gruppenbezogene Ebene: Während bislang der Blick vornehmlich auf den einzelnen Menschen als Mitarbeiter im Betrieb gerichtet worden ist, rückt nun das „Zwischenmenschliche" in den Vordergrund. In der betrieblichen Realität bestehen vielfältige Beziehungen zwischen den einzelnen Mitarbeitern, die zum Teil lose und vorübergehend, zum Teil aber auch intensiv und dauerhaft sind. Das Zusammenwirken der Mitarbeiter in Teams (Arbeitsgruppen) nimmt maßgeblichen Einfluss auf die Leistungsfähigkeit und die faktische Leistung der betrachteten Unternehmung. Insofern rücken die Beziehungen in den Vordergrund – und mit ihnen das sog. „Sozialkapital" einer Unternehmung, das sich aus den Innenbeziehungen, aber auch aus den Beziehungen zur Außenwelt ergibt.

Eine besondere Rolle bezüglich der Leistungsfähigkeit menschlicher Beziehungen in Organisationen fällt dem sog. „transaktiven Wissen" zu (von der Oelsnitz/Busch 2007). Geht man davon aus, dass alle Menschen über ein eigenes, spezifisches System von individuellen Fähigkeiten verfügen, so treten bei der Bearbeitung von Aufgaben im betrieblichen Alltag zwangsläufig Situationen auf, in denen die Hinzuziehung von Spezialisten hilfreich ist. Transaktives Wissen beinhaltet in diesem Zusammenhang:

- Wissen um das Wissen und die Fähigkeiten anderer Mitarbeiter (verfügbares Fachwissen, Persönlichkeitsmerkmale, Interaktionsbeziehungen),

- Wissen, wie man zur gemeinsamen Aufgabenbewältigung diese Potenziale nutzt, und

█ die Fähigkeit zum zielführenden Umgang miteinander.

Durch die Interaktionsbeziehungen zwischen den Menschen in einer Unternehmung entstehen Gruppen. Diese Gruppen können formal eingerichtete Arbeitsgruppen sein, die von den Führungskräften mit entsprechenden Verantwortlichkeiten und Aufgaben versehen worden sind. Zu Zwecken einer wirkungsvollen Zusammenarbeit ist dabei auf eine Kompatibilität der Gruppenmitglieder ebenso zu achten wie auf Grundsätze für das Zusammenwirken und die Auflösung unvermeidbarer Konflikte, die Zuweisung hinreichender Legitimation zur Aufgabenerfüllung (Delegation) sowie das Entstehen einer Gruppenidentität. Der letztgenannte Aspekt verdeutlicht, dass eine Arbeitsgruppe nicht nur von der Zusammenlegung komplementären Wissens bezüglich ihrer Leistungsfähigkeit profitiert, sondern dass auch motivationsfördernde Effekte möglich sind, die bei einer loseren Kopplung von Mitarbeitern möglicherweise ausgeblieben wären.

Neben formalen Gruppen bilden sich Teams zum Teil auch auf informellem, nicht zentral koordiniertem Weg. Die Freiwilligkeit der Zusammenarbeit kann dabei unter Motivationsgesichtspunkten zu deutlichen Steigerungen des Leistungspotenzials beitragen. Eine derartige Erscheinungsform sind die sog. „Communities of Practice" (Zboralski 2008). Eine solche Community of Practice ist ein selbst entstandenes oder gezielt von der Unternehmensführung initiiertes, selbst organisierendes Netzwerk von Mitarbeitern, wobei die Personen in der Gruppe

█ ein gemeinsames Interesse oder Aufgabengebiet und eine gewachsene soziale Identität haben,

█ flexibel zusammensetzbar sind,

█ persönliche und gemeinschaftliche Ziele verfolgen,

█ Wissen, das für das Unternehmen von Relevanz ist, über Grenzen von Organisationseinheiten hinaus entwickeln, austauschen, anwenden und bewahren,

█ sich virtuell oder persönlich treffen und

█ freiwillig Mitglieder sind (Zboralski 2008).

Wenngleich die vielen positiven Wirkungen von Teams außer Frage stehen, so dürfen negative Begleiterscheinungen nicht aus dem Blickfeld geraten. Eine Gruppe kann etwa ein derart starkes Eigenleben entfalten, dass es sich faktisch von der Unternehmung isoliert. Dieses Phänomen wird zuweilen auch mit „Groupthinking" in Verbindung gebracht. In solchen Fällen nehmen die Gruppenmitglieder wichtige Informationen aufgrund verfestigter gedanklicher Strukturen in der Gruppe nicht mehr oder kaum noch zur Kenntnis, was die Entscheidungsqualität deutlich einschränken kann. Auch besteht innerhalb von Gruppen die Gefahr des „Shirkings" bzw. „Trittbrettfahrens", so dass sich einzelne Mitglieder auf die Gruppenleistung verlassen, ihren eigenen Beitrag aber auf ein Minimum zurückfahren. Dieses opportunistische Verhalten ist ein weiterer Beleg für Nachteile und Koordinationsprobleme von Gruppen.

Organisationale Ebene: Auf Unternehmungsebene muss aus Sicht der Personalwirtschaft ein System eingerichtet werden, dass die Aufgabenfelder abzudecken im Stande ist. Ein solches System rekrutiert sich aus folgenden Elementen, die in einem prozessualen Zusammenhang stehen:

- Personalbedarfsplanung,

- Personalbeschaffung,

- Personaleinsatzplanung,

- Personalentwicklung und

- Personalfreisetzung.

Daneben fallen weitere Aufgaben im Bereich der Personalverwaltung, des Personal-Controllings oder der Personalführung an, auf die hier nicht weiter einzugehen ist.

Die **Personalbedarfsplanung** ist sowohl lang- als auch kurzfristig orientiert. Bei langfristiger Planungsperspektive gilt es grob abzuschätzen, welche Anforderungen die Geschäftstätigkeit auf lange Sicht an die Unternehmung stellt. Dies erfordert eine zumindest grobe Erfassung der zukünftigen Verhältnisse in Markt und marktlichem Umfeld, da z.B. technologische Entwicklungen das vorhandene Humankapital entwerten, aber auch deutlich aufwerten können. So hat z.B. die weite Verbreitung von Informations- und Kommunikationstechnologien in fast allen Lebensbereichen den Bedarf an qualifiziertem EDV-Personal sprunghaft ansteigen lassen, was einige Engpässe im Personalmarkt verursachte. Derartige Entwicklungen mit erheblichen personalwirtschaftlichen Implikationen sind im Bereich der langfristigen Personalbedarfsplanung zu berücksichtigen. Die Betrachtung zeigt, dass die Personalbedarfsplanung niemals nur rein quantitativ ausgerichtet ist, sondern auch die qualitative Dimension des Personaleinsatzes zu berücksichtigen hat. In der kurzfristigen Planungsperspektive geht es um Planungshorizonte, die selten über ein Jahr hinausgehen. Auch hier werden quantitative und qualitative Überlegungen angestellt.

Sowohl lang- als auch kurzfristige Personalbedarfsplanung haben zum Teil konfliktäre Ziele zu berücksichtigen. So stellt das Personal immer auch einen erheblichen Kostenfaktor dar, der zu einem großen Teil Fixkosten verursacht. Daneben beeinflusst das verfügbare Personal erheblich die betriebliche Flexibilität. In diesem Sinne ist es zum Teil auch sinnvoll, bewusst etwas mehr Personalkapazität bereitzustellen als auf Basis der zu erwartenden Arbeitsbelastung zwingend erforderlich wäre. Diese Überschusskapazität (Slack) verleiht der Unternehmung z.B. mehr Möglichkeiten, strategischen Aufgaben nachzukommen, die von der Belastung des operativen Geschäfts nicht selten zurückgedrängt werden.

Bei der Bemessung des Personalbedarfs arbeitet die Personalwirtschaft üblicherweise mit anderen betrieblichen Bereichen eng zusammen, um über das dort vorhandene Expertenwissen die Planung spezifizieren zu können. Methodisch stützt sich die Personalbedarfsplanung auf Schätzungen, Epxertenbefragungen, aber auch Regressions- und Korrelationsanalysen.

Die **Personalbeschaffung** beruht auf Informationen der Personalbedarfsplanung und versucht, kurz- und langfristige Lücken zu schließen. Ihr Blickfeld ist dabei nicht allein auf die Anwerbung neuen Personals vom Markt ausgerichtet, sondern schließt auch unternehmungsinterne Quellen mit ein. So ist es z.B. denkbar, dezentrale Engpässe durch Versetzungen aufzulösen. Ebenfalls besteht die Möglichkeit, Beschäftigte, die nicht in einem Vollzeitbeschäftigungsverhältnis stehen, im Beschäftigungsvolumen aufzustocken.

Entscheidungen zur Personalbeschaffung sind im Regelfall mit bestimmten, insbesondere internen Stakeholdergruppen abzustimmen, was teils rechtlich begründet ist (z.B. die Einbeziehung des Betriebsrats), teils aber auch auf Zweckmäßigkeitsüberlegungen beruht. Letzteres ist der Fall, wenn bestimmte Teile der Belegschaft von personellen Umgruppierungen oder Neueinstellungen betroffen sind und durch deren Einbeziehung in den Prozess Konsens geschaffen werden soll. Vor diesem Hintergrund wird deutlich, dass Maßnahmen der Personalbeschaffung koordinativer Voraussetzungen in zumindest zweierlei Weise bedürfen: Erstens ist die Beteiligung der am Entscheidungs- und Umsetzungsprozess beteiligten Stakeholdergruppen (insbesondere Betriebsrat, Unternehmungsführung, Belegschaft) und Abteilungen (z.B. Personalabteilung, betroffene Fachabteilungen) zu regeln. Auch die Hinzuziehung externer Leistungsträger (z.B. Personalberater und -vermittler) ist zu prüfen. Zweitens sind Vorbereitungen im Bereich Information und Kommunikation zu treffen, um sowohl innerbetrieblich die betroffenen Gruppen zu einem geeigneten Zeitpunkt in Kenntnis zu setzen und um – bei externer Personalbeschaffung – zweckmäßige Informationen an den Markt zu geben (z.B. Schaltung von Stellenanzeigen).

Wesentliches Aktionsfeld der Personalbeschaffung ist die Personalauswahl. Hierzu bedarf es der Festlegung eines Evaluationsverfahrens zur Feststellung der Eignung von Kandidaten sowie der Bestimmung von Bewertungskriterien – einschließlich einer Gewichtung. Auf dieser Basis erfolgt die Suche geeigneter Kandidaten, die mit unterschiedlichem Aufwand und Suchradius betrieben werden kann. Nach Feststellung des Kreises von Interessenten, der sich oftmals, aber keineswegs immer durch Bewerbungen ergibt, erfolgt üblicherweise eine Vorauswahl geeigneter Kandidaten, die dann einer intensiveren Eignungsprüfung unterzogen werden. In diesem Zusammenhang werden nicht nur bei externer Personalbeschaffung zumeist Bewerbungsgespräche geführt, die – je nach Relevanz der zu besetzenden Stelle – sogar in Form von mehrtägigen Assessments ausgeführt werden können. Dies ist jedoch eher die Ausnahme. Nach der Eignungsprüfung treffen dann die am Entscheidungsprozess beteiligten Parteien und Personen die Entscheidung zur Stellenbesetzung. Diese Entscheidung erfolgt oftmals in Abstimmung mit den wichtigsten Stakeholdergruppen und kann auch auf der Einholung externen Rats beruhen. Die Umsetzung der Entscheidung betrifft dann den Einstellungsvorgang selbst, der juristisch (Vertrag), administrativ und ökonomisch (Führung von Verhandlungen mit dem ausgewählten Kandidaten) zu begleiten ist.

Die **Personaleinsatzplanung** bezieht sich als drittes Aktionsfeld auf die Zuordnung von Mitarbeitern auf vorhandene Stellen. Diese Zuordnung erfolgt nicht einmalig, sondern ist im Zeitablauf aufgrund sich ändernder Rahmenbedingungen immer wieder zu überprüfen. Der Ablauf der Personaleinsatzplanung unterscheidet sich ohnehin stark in Abhängigkeit von der Art der Geschäftstätigkeit. Betriebe, die etwa im Projektgeschäft tätig sind, werden zwar feste Arbeitsgruppen bilden, aber dennoch die Zuordnung auf einzelne Projekte über die Zeit sehr häufig ändern. Organisationen im öffentlichen Sektor hingegen treffen Zuordnungsentscheidungen, die nicht selten für eine lange Zeit Geltung besitzen.

Bei der Personaleinsatzplanung erfolgt nicht nur eine Zuordnung von Mitarbeitern auf Stellen, sondern auch eine wechselseitige Anpassung von Stelle und Mitarbeiter (Jung 2006). Diese Anpassung dient dazu, Arbeitsplatzbedingungen zu schaffen, die einen reibungslosen Arbeitsablauf und eine humane Arbeitsplatzgestaltung gewährleisten sowie der Einhaltung geltender Schutzbestimmungen dienen (z.B. Jugendschutz, Einsatz behinderter Mitmenschen). Auch sollen durch Anpassungsmaßnahmen Über- und Unterforderungen am Arbeitsplatz vermieden werden.

Die wichtigsten Organisationsmittel der Personaleinsatzplanung sind:

- Organisationsplan (Organigramm – zur Abbildung größerer organisatorischer Abteilungen der Unternehmung),

- Stellenplan (als Zusammenfassung aller in der Unternehmung geschaffenen Stellen, der Abteilungen und Instanzen erkennen lässt – einschließlich der Weisungsverhältnisse),

- Stellenbesetzungsplan (mit der Zuordnung von Personen auf eingerichtete Stellen) und

- Stellenbeschreibung (als Festlegung von Aufgaben, Anforderungsprofil und Verantwortlichkeiten sowie der Festlegung weiterer stellenrelevanter Details wie Vergütung und Vertretung).

Eine solche Personaleinsatzplanung ist dann besonders herausfordernd, wenn die Unternehmung auf veränderlichen Märkten tätig ist und somit häufige Anpassungen erforderlich sind. In solchen Fällen werden nicht nur hohe Anforderungen an die Mitarbeiter bezüglich deren Flexibilität gestellt. Vielmehr müssen Informations- und Planungssysteme angelegt werden, die eine rasche Orientierung und Entscheidungsfindung ermöglichen. In diesem Zusammenhang legen vor allem größere Unternehmungen in jüngerer Zeit aufgrund ihrer erheblichen internen Komplexität und damit geringen Überschaubarkeit sog. „Gelbe-Seiten-Systeme" an. In diesen Systemen werden die Qualifikationsprofile der Mitarbeiter dokumentiert und fortgeschrieben. Weitere personenbezogene Daten ermöglichen dann eine Zuordnungsentscheidung, die betriebliche und individuelle Belange des betroffenen Mitarbeiters berücksichtigt. Derartige Systeme können bei entsprechender Pflege sehr aussagekräftig und nützlich sein. Allerdings ist ihre Einrichtung eine Entscheidung, die mit den einzelnen Interessengruppen im Betrieb unter Beachtung geltender Vorschriften sorgsam abzustimmen ist, da die enthaltenen Daten der Mitarbeiter sehr spezifisch sind und in besonderer Weise als schutzbedürftig gelten.

Der **Personalentwicklung** kommt in der Personalwirtschaft eine entscheidende Bedeutung zu. Sie verfolgt das Ziel der Mitarbeiterqualifizierung zur Erfüllung gegenwärtiger und vor allem zukünftiger Aufgaben. Es ist an unterschiedlichen Stellen in diesem Buch (u.a. Abschnitt 2.3.4) auf die wettbewerbsentscheidende Bedeutung von organisationalen Kompetenzen aufmerksam gemacht worden. Diese Kompetenzen rekrutieren sich aus den individuellen Fähigkeiten der einzelnen Mitarbeiter sowie der Fähigkeit zur Kooperation. Diese Fähigkeiten befinden sich permanent im Wandel. Durch Schulungsmaßnahmen, aber auch durch den Einsatz im Betrieb werden bestimmte Fähigkeiten weiterentwickelt und neue Fähigkeiten angelegt. Durch Nichtnutzung kann der Fall auftreten, dass Fähigkeiten erodieren. In vielen Märkten wandeln sich die Anforderungen an die Unternehmungen und damit auch die Herausforderungen an die Mitarbeiter. Vor diesem Hintergrund wird immer häufiger die Notwendigkeit zu einem sog. „Lifelong Learning" betont, womit deutlich wird, dass die Qualifikation von Mitarbeitern eigentlich nie ein Endstadium erreicht. Hinzu kommt, dass bestimmtes Wissen über die Zeit veraltet. Besonders deutlich wird dies am Beispiel von technologischem Wissen (z.B. EDV-Wissen), das mit jeder Neuerung obsolet werden kann.

Ziele der Personalentwicklung sind in besonderer Weise das o.g. Wissen und Können der Mitarbeiter, wobei allerdings auch eine Verhaltenslenkung im Sinne unternehmungsbezogener Ziele nicht vernachlässigt werden darf, so dass auch die Aspekte des Wollens und Dürfens zumindest implizit, teilweise aber auch ganz explizit Gegenstand der Personalentwicklung sein können. Mit Hilfe der Personalentwicklung besteht die Möglichkeit, den Mitarbeitern neue Arbeits- und ggfs. auch Karriereperspektiven zu eröffnen, was das Motivationspotenzial unterstreicht.

Umgesetzt werden Maßnahmen der Personalentwicklung in unterschiedlicher Weise. Nicht zu vernachlässigen ist die schulende Wirkung des Arbeitseinsatzes selbst, die durch gezielte Maßnahmen der Aus- und Weiterbildung „on the job" getragen bzw. flankiert werden kann. Außerhalb der regulären Arbeit („off the job") bestehen Möglichkeiten der Personalentwicklung vor allem in der Berufsausbildung und der beruflichen Fortbildung, daneben auch Umschulungsmaßnahmen. Neben komplexeren Bildungsprogrammen ergänzen oftmals einzelne Bildungsmaßnahmen die Möglichkeiten der Personalentwicklung und tragen zu einer spezifischen, auf die Weiterbildungsbedarfe und -interessen der Mitarbeiter bezogenen Qualifizierung bei.

Abschließend ist kurz der Bereich der **Personalfreisetzung** zu behandeln. Die Freisetzung von Personal gerät vor allem im Kontext von Unternehmungskrisen in den Mittelpunkt des Interesses. Gleichwohl müssen Freisetzungen als permanent zu prüfendes personalwirtschaftliches Mittel betrachtet werden, die dem Ziel der Aufrechterhaltung der Wettbewerbsfähigkeit dienen. Das grundsätzliche Ziel besteht darin, personelle Überkapazitäten, die über das o.g. Maß der Flexibilitätswahrung (Slack) hinausgehen, zu vermeiden. Dies erfordert oftmals Maßnahmen des Personalabbaus. Die Personalfreisetzung gehört mit zu den heikelsten Ansatzpunkten der Personalwirtschaft, was nicht zuletzt auf die psychologische Dimension zurückzuführen ist. Diese außerordentliche Spannungssituation betrifft bei weitem nicht nur die freizusetzende Person, sondern auch die Führungskräfte, die in den Entscheidungs- und Umsetzungsprozess einbezogen sind, den Betriebsrat (vgl. Abschnitt 4.1.3) und die Mitarbeiter, die von der Freisetzung Kenntnis erlangen. Mit Blick auf die letztgenannte Gruppe können Verunsicherungen entstehen, die sich weit über den betrieblichen Bereich hinaus auswirken. Personalfreisetzung muss aber nicht zwingend mit Entlassungen verbunden sein. So fallen in diesen Bereich etwa auch arbeitszeitverkürzende Maßnahmen (z.B. Abbau von Mehrarbeit/Überstunden, Einführung von Kurzarbeit) oder auch ausbleibende (Wieder-)Besetzungen vakanter Stellen. In solchen Fällen gestaltet sich die Beurteilung der psychologischen Dimension anders.

Kommt es hingegen zu direkter Personalfreisetzung (Frühpensionierung, Aufhebungsvertrag, Entlassung), sind neben der psychologischen Dimension vor allem rechtliche Aspekte zu beachten. So existieren z.B. in Deutschland unterschiedliche Kündigungsformen, die wiederum mit Verfahrensbesonderheiten und besonderen Kündigungsfristen einhergehen, die den Bereich des Arbeitsrechts betreffen.

Die Behandlung hat insgesamt erkennen lassen, dass die personalwirtschaftliche Arbeit durch die **Personalführung**, die den verlängerten Arm der Unternehmungsführung darstellt, zu steuern ist. Die Personalführung widmet sich dem Einwirken auf das Verhalten des Personals und der Gestaltung des gesamten personalwirtschaftlichen Systems. Eine wesentliche Herausforderung der Personalführung besteht darin, das Spannungsfeld zwischen der Verschiedenartigkeit des Personals, den zumeist steigenden Anforderungen auf Absatzmärkten sowie den betrieblichen Zielen zu überbrücken und das Potenzial der Mitarbeiter auszuschöpfen und auf lange Sicht hin auszubauen. Die Personalführung kann dabei in unterschiedlicher Weise praktiziert werden, wobei die nachfolgend aufgeführten Punkte nur exemplarischen Charakter haben:

- Richtung der Personalführung: Zu unterscheiden ist zwischen streng hierarchischer Führung, die auf die Führungsspitze fixiert ist („top-down"), und einer Führung, die Einflüsse von der Basis bewusst zulässt („bottom-up").

■ Bezüglich des Führungsstils wird nach dem Grad der Entscheidungspartizipation häufig zwischen autoritärer und demokratischer Führung unterschieden. Beide Formen sind Extrema und markieren somit die Endpunkte eines Kontinuums. In der betrieblichen Praxis finden sich daher Übergangsformen häufiger als die entsprechenden Reinformen. Tannenbaum und Schmidt (1958) haben diese zu systematisieren versucht und trennen – ausgehend von der autoritären Führung in entsprechenden Abstufungen – zwischen patriarchalischer, informierender, beratender, kooperativer, partizipativer und schließlich demokratischer Führung.

■ Grundsätzliche Ansätze der Personalführung sind von Bass und Avolio (1990) zur Diskussion gestellt worden: Sie differenzieren zwischen transaktionaler und transformatorischer Führung. Eine transaktionale Führung impliziert ein Verhältnis von Vorgesetztem und Mitarbeiter, das einer Tauschsituation ähnelt. Entsprechend können Vorgesetzte von ihren Mitarbeitern vor allem dann Leistungen abverlangen, wenn sie im Gegenzug auch auf Mitarbeiterinteressen und -wünsche Rücksicht nehmen. Rationale Abwägungsprozesse auf beiden Seiten stehen bei diesem Führungsverständnis im Mittelpunkt. Transformatorische Führung hingegen sieht Führungskräfte in erster Linie als Motivatoren. Sie versuchen, an bestimmte Werte und Vorstellungen seitens der Mitarbeiter zu appellieren. Ihre Aufgabe ist das sog. „Sense-making", wodurch Mitarbeiter angesprochen werden und sich für die Erledigung bestimmter Aufgaben aus eigenem Antrieb einsetzen. Im Gegensatz zur rationalen Ausrichtung der transaktionalen Führung setzt die transformatorische Führung somit viel stärker auf der emotionalen Ebene an.

4.1.5 Unternehmung und Betriebstypen

Unternehmungen gibt es in vielfältigster Form. Zu Ordnungs- und Übersichtszwecken existiert eine kaum noch zu überschauende Vielzahl von Kriterien. Es ist nicht beabsichtigt, die damit verbundene Diskussion hier auch nur ansatzweise wiederzugeben. Allerdings ist es nützlich, einige Kriterien zur Ordnung der Vielfalt kurz aufzuführen, weil sie für die konkrete Ausgestaltung der marktorientierten Führung von besonderer Bedeutung sind. Diese Kriterien stellen die Grundlage dar, um daraus zweckmäßige Typologien abzuleiten.

Eine häufige Trennung orientiert sich an Wirtschaftszweigen (Branchen), die vorwiegend technisch abgegrenzt werden. Entsprechend konzentriert sich das Hauptinteresse betriebswirtschaftlicher Art auf die Wertschöpfungsbesonderheiten. In diesem Zusammenhang ist zwischen Agrar-, Industrie- und Dienstleistungsbetrieben zu trennen. Betrachtet man die wertschöpfungsbezogenen Besonderheiten z.B. von Dienstleistungen (spezifische Unsicherheiten im Transaktionsprozess, Mitwirkung des Kunden an der Leistungserstellung – vgl. Engelhardt 1993 et al.), so ist unmittelbar ersichtlich, dass nicht nur rein produktionstechnische Fragen zu Unterschieden zwischen den Gruppierungen führen, sondern in maßgeblicher Weise auch Vermarktungsaspekte.

Über die Wirtschaftszweige hinaus stellt sich die Frage nach der Art des betriebenen Geschäfts. In diesem Zusammenhang existiert die klassische Unterscheidung in Produktions- und Handelsbetriebe, wobei es zwischen beiden Gruppen Übergänge geben kann (An- und Verarbeitungsleistungen des Handels, Handelsware von Produktionsbetrieben). Interessanter ist hingegen eine neuartige Unterscheidung in Betriebe mit einem hohen Anteil an selbst zu erstellenden Tätigkeiten und solchen, die sich im wesentlichen auf die Koordination (Orchestrierung) der Leistungserstellung konzentrieren und somit als „Schaltbrettunternehmungen" (Tiberius/Reckenfelderbäumer 2004) bezeichnet werden können.

In jüngerer Zeit ist die volkswirtschaftliche Bedeutung der mittelständischen Betriebe verstärkt thematisiert worden. Auch einzelwirtschaftlich ergeben sich in diesem Zusammenhang interessante Unterschiede in der Führung und in der internen Koordination. Unter rein auf die Betriebsgröße bezogenen Aspekten stehen sich Klein-, Mittel- und Großbetriebe gegenüber. Bezüglich der genauen Grenzziehung gibt es unterschiedliche Abgrenzungsansätze. Ein Beispiel für eine – durchaus diskutierbare – Trennung fußt auf dem Institut für Mittelstandsforschung Bonn:

- Kleinbetriebe beschäftigen bis zu neun Mitarbeiter und erzielen einen Umsatz unterhalb von 1 Mio. EUR pro Jahr.

- Von Mittelbetrieben wird gesprochen, wenn die Beschäftigtenzahl im Intervall zwischen 10 und 499 und der Jahresumsatz zwischen 1 Mio EUR und 50 Mio. EUR liegt.

- Großbetriebe überschreiten die letztgenannten Schwellenwerte.

Die Gruppe der Klein- und Mittelbetriebe (kleine und mittlere Unternehmungen, kurz: KMU) wird zum (quantitativ abgegrenzten) Mittelstand zusammengefasst. Daneben besteht die Möglichkeit, den Mittelstand qualitativ abzugrenzen und dort auf die Besonderheiten der Führung und Koordination sowie der Mittelausstattung einzugehen (Mugler 2005; Freiling 2008). Mittelstandsbetriebe verfügen gegenüber größeren, anonymer strukturierten Betrieben über zahlreiche führungs-, vermarktungs- und wertschöpfungsbezogene Besonderheiten. Ohne Anspruch auf Vollständigkeit ist zumindest auf folgende Merkmale des betrieblichen Mittelstands zu verweisen:

- Einheit von Eigentum und Führung,

- Überschaubarkeit des Geschäfts aufgrund einfacher Struktur- und Prozessorganisation,

- enge und personalisierte Beziehungen im Innen- und Außenverhältnis,

- starke Prägung durch die Unternehmerperson(en).

Ähnlich gelagert ist die Unterscheidung zwischen Jungbetrieben und etablierten Betrieben (Freiling 2006). Jungbetriebe sind erheblichen führungsbezogenen Besonderheiten ausgesetzt, was sich z.B. in der Entwicklung von Geschäftsideen, der Anfertigung von Business-Plänen und der Ableitung von Geschäftsmodellen niederschlägt. Sie arbeiten oftmals auf Basis enger Fähigkeitsprofile der Führung und engster Mittelrestriktionen. Etablierte Betriebe hingegen sind zum Teil beachtlichen Rigiditäten ausgesetzt, d.h. der organisationale Wandel fällt ihnen aufgrund eingeschliffener Strukturen, Prozesse und Denkweisen schwer.

4.1.6 Die Rechtsform der Unternehmung als Ergebnis externer und interner Erwägungen

4.1.6.1 Überblick

Durch die Wahl der Rechtsform der Unternehmung wird erstens ein innerer Ordnungsrahmen vorgegeben. Zweitens wird durch die Rechtsform Einfluss auf vor allem rechtliche Beziehungen zur Umwelt genommen. Die Wahl einer zweckmäßigen Rechtsform betrifft immer die Gründung einer Unternehmung, darüber hinaus aber auch bestimmte Entwicklungsschritte der Unternehmung über die Zeit, die Änderungen der Rechtsform erfordern. Vor diesem Hintergrund wird deutlich, warum die Wahl der Rechtsform in dem hier vorliegenden Zusammenhang zu diskutieren ist.

Das deutsche und in jüngerer Zeit das europäische Recht erlauben eine Vielzahl unterschiedlicher Rechtsformen, die an dieser Stelle nicht ausführlich aufgearbeitet werden kann. Vielmehr soll eine Kurzvorstellung der in der Praxis wichtigsten Rechtsformen erfolgen. Hierzu werden in Tabelle 4-1 und 4-2 Angaben gemacht, welche Anzahl von Betrieben den einzelnen Rechtsformen zuzuordnen ist und wie sich die steuerpflichtigen Umsätze auf die Rechtsformen verteilen.

Auf dieser Basis lässt sich der exponierte Stellenwert von Einzelkaufleuten, offenen Handelsgesellschaften (OHG), Kommanditgesellschaften (KG), Gesellschaften mit beschränkter Haftung (GmbH) und Aktiengesellschaften (AG) erkennen, wobei sich auffällige Unterschiede bezüglich des erzielten Jahresumsatzes in Abhängigkeit von der Rechtsform ergeben. Offenbar gibt es in Abhängigkeit von der Betriebsgröße, hier gemessen am Umsatz, klar bevorzugte Rechtsformen. Die oben bereits kurz genannten fünf Rechtsformen sollen nicht zuletzt auf Grund ihrer wirtschaftlichen Bedeutung nachfolgend vorgestellt werden.

Rechtsform	Steuerpflichtige in 2007 (Anzahl)	Steuerpflichtige in 2007 (%)
Einzelunternehmen	2.206.651	70,2
OHG (einschließlich GbR)	262.964	8,4
KG (einschließlich GmbH & Co. KG)	132.851	4,2
AG (einschließlich KGaA)	7.631	0,2
GmbH	458.218	14,6
Genossenschaften	5.184	0,2
Betriebe gewerblicher Art von Körperschaften des öffentlichen Rechts	6.206	0,2
Sonstige	60.804	1,9
Insgesamt	3.140.509	100,0

Tabelle 4-1: Anzahl der Betriebe nach Rechtsformen (Quelle: Statistisches Bundesamt (Hrsg.) 2009: Umsatzsteuerstatistik 2007)

Rechtsform	Steuerpflichtiger Umsatz in 2007 (Mio. Euro)	Steuerpflichtiger Umsatz in 2007 (%)
Einzelunternehmen	522.855	10,2
OHG (einschließlich GbR)	231.683	4,5
KG (einschließlich GmbH & Co. KG)	1.206.563	23,4
AG (einschließlich KGaA)	985.646	19,1
GmbH	1.836.854	35,7
Genossenschaften	57.278	1,1
Betriebe gewerblicher Art von Körperschaften des öffentlichen Rechts	31.237	0,6
Sonstige	276.149	5,4
Insgesamt	5.148.265	100,00

Tabelle 4-2: Steuerpflichtige Umsätze nach Rechtsformen (Quelle: Statistisches Bundesamt (Hrsg.) 2009: Umsatzsteuerstatistik 2007)

4.1.6.2 Die Einzelunternehmung

Unterhält eine einzelne natürliche Person selbstständig ein Gewerbe, so liegt der Fall der Einzelunternehmung vor, der von erheblicher gesamtwirtschaftlicher Bedeutung ist. Die Gründung vollzieht sich formlos, was den Aufwand zur Errichtung des Geschäftsbetriebs in Grenzen hält. Der Unternehmer als natürliche Person ist alleiniger Träger des Geschäftsrisikos und haftet für seine Tätigkeit in unbeschränkter Weise. Somit steht auch sein gesamtes Privatvermögen für Haftungszwecke zur Verfügung, was die erhebliche Verantwortung des Unternehmers erkennen lässt.

Die Führung der Einzelunternehmung erfolgt allein durch den Kaufmann als Unternehmer. Im deutschen Handelsrecht (Handelsgesetzbuch, HGB) werden in den §§ 1-6 HGB unterschiedliche Formen von Kaufleuten (z.B. Istkaufmann, Kannkaufmann, Formkaufmann) identifiziert (Korndörfer 2003, S. 69), wobei insbesondere die Frage der effektiven Wahrnehmung einer kaufmännischen Tätigkeit im Vordergrund steht. Während der Istkaufmann nach § 1 Abs. 2 HGB faktisch ein Gewerbe betreibt, kann es im Bereich von Kleinstgewerben Fälle geben, in denen ein nach üblichen kaufmännischen Maßgaben erforderlicher Geschäftsbetrieb nicht vorliegt. Eine Kaufmannseigenschaft ergibt sich in derartigen Fällen erst dann, wenn eine freiwillige Eintragung in das Handelsregister vorgenommen wird und es sich dann um Kannkaufleute nach § 3 HGB handelt.

Neben der unbeschränkten Haftung ergibt sich für Einzelunternehmungen das erhebliche Problem der Aufnahme von Kapital. Die Möglichkeiten, Eigenkapital zu beschaffen, sind begrenzt. Allerdings können nach §§ 230 ff. HGB stille Gesellschafter aufgenommen werden, die eine finanzielle Beteiligung vornehmen, ohne gleichzeitig im Außenverhältnis in Erscheinung zu treten. Die Aufnahmemöglichkeit stiller Gesellschafter steht daneben auch anderen Rechtsformen offen.

Wenn ein Unternehmer als Kaufmann auftritt, so führt er seinen Geschäftsbetrieb unter einer Firma (vgl. Abschnitt 2.1). Die Firma stellt den Namen dar, unter welchem das Gewerbe betrieben wird. Nach deutschem Recht gibt es drei Möglichkeiten der Namensfindung:

- Ursprünglich gab es ausschließlich die **Personenfirma**, die aus dem Familiennamen und zumindest einem ausgeschriebenen Vornamen des Kaufmanns zu bilden ist.

- Nach der jüngsten Rechtsreform ist die **Sachfirma** hinzugetreten, welche auf einer Nennung des sachlichen Gegenstands der unternehmerischen Tätigkeit beruht.

- Daneben ist die Möglichkeit der Schaffung von **Phantasiefirmen** zugelassen worden. Hier findet mit Blick auf die Benennung eine Entkoppelung der Firma von der Person bzw. der Art der Geschäftstätigkeit statt.

Aufgrund der verschiedenen Möglichkeiten der Benennung ist es zum Zwecke der eindeutigen Erkennung der Rechtsform notwendig, das Kürzel „e.K." (eingetragener Kaufmann) in der Firma zu führen.

Strukturell ist die Einzelunternehmung im Vergleich zu allen anderen Rechtsformen am einfachsten aufgebaut. Der Unternehmer hat ferner die weitreichendsten Möglichkeiten, die Geschicke der Unternehmung nach eigenen Vorstellungen zu gestalten. Darin besteht ein wesentlicher Unterschied zu den Gesellschaften.

4.1.6.3 Personengesellschaften

Zu den wichtigsten Personengesellschaften zählen die **offene Handelsgesellschaft** (OHG) und die **Kommanditgesellschaft** (KG). Sie werden nachfolgend näher vorgestellt. Daneben gibt es Gesellschaften bürgerlichen Rechts (GbR, BGB-Gesellschaft) sowie Partnergesellschaften (Thommen/Achleitner 2006).

Die **OHG** ist gesetzlich in den §§ 105ff. HGB geregelt. Ihre Gründung vollzieht sich durch einen Gesellschaftervertrag, der in der Regel schriftlich fixiert wird und die Rechte und Pflichten der Gesellschafter regelt. Die OHG beinhaltet den Betrieb eines Handelsgewerbes. Sie setzt sich aus zwei oder mehreren Gesellschaftern zusammen. Es ist üblich, dass die Gesellschafter in erheblicher Weise in die Geschäftsführung der OHG einbezogen sind. Über den gewöhnlichen Geschäftsgang hinausgehende Entscheidungen bedürfen eines Beschlusses aller Gesellschafter. Innerhalb der OHG können die Gesellschafter die Verteilung der Führungsaufgaben weitgehend nach eigener Maßgabe vornehmen. Die Vertretung der Gesellschaft nach außen erfolgt grundsätzlich nach dem Prinzip der Alleinvertretung, wonach jeder Gesellschafter über Vertretungsmacht verfügt. Von dieser generellen Regelung kann allerdings auf Basis des Gesellschaftervertrags und nach Eintragung in das Handelsregister abgewichen werden, so dass z.B. Gesellschafter nur in Gemeinschaft oder in Verbindung mit einem Prokuristen die Unternehmung vertreten dürfen. Die OHG ist im Vergleich zu vielen anderen Rechtsformen dadurch gekennzeichnet, dass die Gesellschafterstrukturen über die Zeit relativ stabil sind, was zu engen Beziehungen zwischen den Gesellschaftern führt. Für die OHG gilt das Prinzip der unbeschränkten und solidarischen Haftung der Gesellschafter. Die Haftung mit Geschäfts- und Privatvermögen ist so weit gefasst, dass ausscheidende Gesellschafter noch fünf Jahre für alle bis zu ihrem Ausscheiden begründeten Gesellschaftsschulden haften, während neu eintretende Gesellschafter alle früheren Schulden der Gesellschaft Haftung übernehmen (Korndörfer 2003). Die OHG bietet die Vorteile einer guten Überschaubarkeit der Strukturen, eines einfachen und damit wenig Koordinationskosten verursachenden Aufbaus und einer großen Stabilität. Hingegen kann es aufgrund der engen Beziehungen zwischen den Gesellschaftern zu Abstimmungsproblemen kommen, was die Herbeiführung gemeinsamer Beschlüsse erschwert. Mit der Haftungsregelung übernimmt jeder Gesellschafter erhebliche Risiken, was die Attraktivität dieser Rechtsform einschränkt.

Die **KG** findet ihre Rechtsgrundlage in den §§ 161ff. HGB. Ebenso wie die OHG vollzieht sich die Gründung in der Regel in Form eines schriftlich fixierten Gesellschaftervertrags. Ein wesentlicher Unterschied zwischen OHG und KG besteht in der Gesellschafterstruktur und in damit verbundenen Fragen der Haftung. Eine KG setzt sich erstens aus den so genannten „Komplementären" zusammen. Komplementäre sind persönlich haftende Gesellschafter. Ihnen stehen die Kommanditisten gegenüber, die als zweite Gesellschaftergruppe nur in Höhe ihres in die Gesellschaft eingelegten Kapitals haften. Mit dieser Haftungsregelung gehen entsprechende Verantwortlichkeiten bezüglich der Geschäftsführung einher. Den weitaus stärker in die Haftung genommenen Komplementären obliegt das Recht auf die Geschäftsführung. Kommanditisten hingegen haben lediglich bestimmte Mitsprache- und Widerspruchsrechte in Fällen, die über den gewöhnlichen Geschäftsbetrieb hinausgehen. Allerdings besteht seitens der Komplementäre Berichtspflicht gegenüber den Kommanditisten, denen im Übrigen auch ein Recht auf Einsichtnahme in die Bücher zusteht. Die Rechtsform der KG eröffnet einer Unternehmung im Vergleich zu oben genannten Formen bessere Möglichkeiten, Kapital aufzunehmen. Vor allem durch die haftungsbedingt weitaus leichtere Akquirierbarkeit von Kommanditisten lassen sich entsprechende Wirkungen erzielen. Eine breitere Ausstattung mit haftendem Kapital verschafft Unternehmungen dieser Rechtsform wiederum bessere Möglichkeiten der Fremdkapitalaufnahme. Eine KG muss trotz der größeren Gesellschafterzahl nicht zwingend schwieriger zu führen sein als etwa eine OHG. Dies ist vor allem auf die zweigeteilte Gesellschafterstruktur zurückzuführen. Die starke Machtbasis von Komplementären kann allerdings dadurch erschüttert werden, dass kapitalstarke Kommanditisten vertreten sind, die über spezifische gesellschaftsvertragliche Regelungen Einfluss nehmen. Nachteilig an dieser Rechtsform sind die kompliziertere Rechenschaftsproblematik und die damit verbundenen Aufwendungen.

4.1.6.4 Kapitalgesellschaften

Kapitalgesellschaften unterscheiden sich von Personengesellschaften insbesondere durch den Haftungsumfang gegenüber Gläubigern. Bei Personengesellschaften gilt grundsätzlich das Prinzip der persönlichen Haftung. Im Falle von Kapitalgesellschaften entsteht mit der Unternehmung eine juristische Person, die über Gesellschaftsvermögen verfügt. Kapitalgesellschaften haften lediglich in Höhe dieses Gesellschaftsvermögens.

Unter den Kapitalgesellschaften ragen bezüglich ihrer Bedeutung Gesellschaften mit beschränkter Haftung (GmbH) und Aktiengesellschaften (AG) heraus. Neben diesen beiden Formen existieren Genossenschaften, Kommanditgesellschaften auf Aktien (KGaA), GmbH & Co. KGs sowie AG & Co. KGs. Auf die Besonderheiten europäischer Rechtsformen, die im Zuge der europäischen Integration etwas stärker ins Blickfeld geraten, wird hier nicht weiter eingegangen.

Die Rechtsform der **GmbH** ist in einem separaten Gesetz, und zwar dem GmbHG, geregelt. Eine GmbH verfügt als juristische Person über eine eigene Rechtspersönlichkeit, was mit erheblichen Konsequenzen bezüglich der Haftungsfrage verbunden ist. Sie kann in ihrer Grundform gegründet werden, wenn ein notariell beurkundeter Gesellschaftervertrag geschlossen wurde und ein Stammkapital von mindestens 25.000 € zur Verfügung steht. Lange Zeit wurde seitens des Gesetzgebers im Kontext der Verabschiedung des Gesetzes zur Modernisierung des GmbH-Rechts und zur Bekämpfung von Missbräuchen, kurz: MoMiG, darüber diskutiert, diesen Schwellenwert in Anpassung an andere europäische Rechtsformen vergleichbarer Art (allen voran die britische Limited) deutlich abzusenken. Man entschied sich jedoch zu einer Kompromisslösung, bei der die GmbH weiterhin den härteren Stammkapitalkriterien zu genügen hat, während eine abgewandelte Form der GmbH, die sog. „Unternehmergesellschaft (hatungsbeschränkt)" (umgangssprachlich zum Teil auch als „Mini-GmbH" bezeichnet), von dieser Regelung ausgenommen wurde (s.u.). Ein derartiges Stammkapital ist zugleich Haftungskapital für die Gläubiger. Dies impliziert, dass die Gesellschafter nicht mit ihrem Privatvermögen haften. Die einzelnen Gesellschafter leisten Stammeinlagen, deren Umfang mit der Einführung des MoMiG zum 1.11.2008 1 € (vorher: 100 €) nicht unterschreiten darf. In der Praxis rangieren die Einlagen der einzelnen Gesellschafter im Falle einer GmbH allerdings oftmals deutlich oberhalb des gesetzlich geforderten Minimums. Da die Möglichkeit besteht, dass eine Vielzahl von Gesellschaftern die Unternehmung trägt, benötigt die GmbH spezifische Regelungen bezüglich der Unternehmungsführung, was sich unter anderem in den Organen niederschlägt. Eine GmbH verfügt über:

- einen (oder mehrere) **Geschäftsführer**, wobei sich die Geschäftsführung oft, aber nicht immer aus den Gesellschaftern oder zumindest einem Teil der Gesellschafter rekrutiert,

- eine **Gesellschafterversammlung**, die formal als das oberste Organ der GmbH anzusehen ist und die Gesamtheit der Gesellschafter repräsentiert, sowie

- fakultativ einen **Aufsichtsrat**, der die Geschäftsführung überwacht.

Zum Verständnis der Rolle der Gesellschafterversammlung ist zentral, dass sie gegenüber der Geschäftsführung weisungsbefugt ist und damit maßgeblich Einfluss auf die Entscheidungsfindung nehmen kann. Wesentliche Vorteile einer GmbH sind die Haftungsbeschränkung, der Zugang zu Kapital sowie der große Einfluss der Gesellschafter auf die Geschäftsführung. Problematisch ist, dass (1) die Entscheidungsfindung oftmals schwieriger ist als im Bereich der Personengesellschaften, (2) der Handel von Anteilen aufgrund fehlenden Zugangs zur Börse problematisch ist und (3) erhebliche interne Koordinationskosten unvermeidlich sind.

Im Zuge des o.g. MoMiG wurde mit der **Unternehmergesellschaft** (haftungsbeschränkt) eine neue Rechtsform als Unterfall der GmbH geschaffen. Der Zusatz „haftungsbeschränkt" ist zwingend zu führen und muss in ausgeschriebener Weise bei der

Firmennennung mit erscheinen. Auf diese Weise wird dem Geschäftspartner die spezielle Haftungssituation deutlich angezeigt, der diese Gesellschaft unterliegt. Eine Unternehmergesellschaft (haftungsbeschränkt) kann nämlich ab einem Stammkapital in der Höhe von 1 € (nur Bareinlagen, keine Sacheinlagen) gegründet werden, was die extreme Haftungsbeschränkung deutlich werden lässt – auch wenn in der Praxis die faktischen Einlagen die Mindestsumme deutlich übersteigen dürften. Ein notariell beurkundeter Gesellschaftervertrag muss vorliegen, kann aber gegenüber der GmbH im o.g. Sinne stark standardisiert werden, indem ein sog. „Musterprotokoll" verwendet wird. Hierbei handelt es sich um einen Standardvertrag, der die Innenbeziehung bis zu einer Größe von drei Gesellschaftern regeln kann, wenn nicht eine individuelle Vertragsform gefunden wird. Vorteil dieser Musterprotokolle sind die geringen Kosten, die für die notarielle Beurkundung anfallen. Sie belaufen sich aktuell auf etwa 40 € gegenüber 300 € in Fällen mit individuelleren Vertragswerken. Bei einer Unternehmergesellschaft (haftungsbeschränkt) ist es zwingend erforderlich, 25% des erzielten Jahresüberschusses in die Rücklagen einzustellen – und zwar zumindest so lange, bis ein der GmbH entsprechendes Stammkapital von 25.000 € aufgebaut worden ist. Dann kann zugleich eine Umwandlung in eine GmbH erfolgen, wenn dies gesellschafterseitig erwünscht ist. Es besteht jedoch weder ein Zwang oder gar ein Automatismus der Umwandlung. Die Unternehmergesellschaft (haftungsbeschränkt) profitiert überdies von vereinfachten Rechnungslegungsvorschriften.

Die **AG** ist die bevorzugte Rechtsform von Großunternehmungen. Gleichwohl sind auch viele Mittelstandsbetriebe in der Rechtsform der AG organisiert. Ebenso wie die GmbH ist die AG eine Rechtsform mit eigener Rechtspersönlichkeit. Die Gesellschafter einer AG sind Aktionäre, die über das in Aktien aufgesplittete Grundkapital an der Gesellschaft beteiligt sind. Zur Gründung einer AG waren in der Vergangenheit fünf Gründer erforderlich. Mittlerweile reicht die Gegenwart eines Gesellschafters aus. Zur Errichtung einer AG ist ein Grundkapital (gezeichnetes Kapital) im Umfang von 50.000 € erforderlich. Nicht selten ist der Fall, dass AGs über eine kaum noch zu überschauende Zahl von Kleinaktionären verfügen, die neben Großaktionäre treten. Vor allem zwischen Kleinaktionären und Gesellschaft sind die Beziehungen oftmals anonym. Aus diesem Grunde unterliegt die AG auch umfangreichen Publizitätsvorschriften, damit trotz Anonymität die Möglichkeit für Investoren besteht, sich ein Bild von den wirtschaftlichen Verhältnissen zu verschaffen. Eine AG setzt sich obligatorisch aus drei Organen zusammen.

- Der **Vorstand** ist für die Geschäftsführung der AG verantwortlich.

- Eingesetzt und kontrolliert wird der Vorstand durch den **Aufsichtsrat**. Ihm gehören natürliche Personen an, die nicht zeitgleich Mitglieder des Vorstands sein dürfen. Die Aufsichtsräte sind entweder Vertreter der Arbeitnehmer- oder der Kapitalgeberseite, wobei die Anteilseigner über ein leichtes Übergewicht verfügen.

- Die **Hauptversammlung** stellt – als Organ der Aktionäre – das Gesellschaftergremium dar, welches an bestimmten Grundsatzentscheidungen beteiligt ist.

Die AG verfügt über den großen Vorteil, leichtesten Zugang zu den Kapitalmärkten zu bieten und damit die Aufnahme erheblicher Kapitalvolumina zu ermöglichen. Problematisch an der AG ist der immense Koordinationsaufwand, der sich mit dieser Rechtsform verbindet. Auch die gründungsbezogenen Kosten sind erheblich. Dass die Arbeitnehmer in Aktiengesellschaften zum Teil erheblichen Einfluss haben, wird oftmals als erhebliches dispositives Problem wahrgenommen.

4.1.6.5 Kriterien der Rechtsformenwahl

Zentrale Faktoren, welche die Wahl einer bestimmten Rechtsform bestimmen, sind vor allem (Thommen/Achleitner 2006):

- die rechtsformspezifische Haftungssituation,
- die Möglichkeiten und Grenzen der Kapitalbeschaffung,
- die Möglichkeiten der risikotragenden Kapitalgeber, an der Geschäftsführung zu partizipieren,
- die Aussicht, die Steuerbelastung zu minimieren,
- die rechtsformenspezifischen Aufwendungen zum Zwecke der Einhaltung der formalen Richtlinien,
- die Einflussnahme auf die Gewinnverteilung,
- die Publizitäts- und Prüfungspflichten,
- die Flexibilität bei der Änderung der gesellschaftlichen Struktur.

Bei Wahl der Rechtsform sind die genannten Faktoren im Verbund zu betrachten. Es erscheint erforderlich, die Rechtsformenwahl über die Zeit hinweg einer Zweckmäßigkeitsüberprüfung zu unterziehen und ggfs. die Rechtsform zu wechseln.

Während mit den Rechtsformen einer Unternehmung der Blick auf rechtliche Aspekte gerichtet worden ist, erscheint es angesichts der Weichenstellung dieses Buches nunmehr erforderlich, die ökonomischen Aspekte zu betonen. Zu diesem Zwecke wird im nachfolgenden Abschnitt auf die vielfältigen Möglichkeiten eingegangen, Unternehmungen als ökonomische Institutionen zu verstehen.

4.2 Sichtweisen der Unternehmung

4.2.1 Vorbemerkungen

Die Frage, was eine Unternehmung im Detail kennzeichnet, wird bewusst spät behandelt, weil zunächst ein Verständnis für die internen und externen Rahmenbedingungen geschaffen werden musste. Ein solches Verständnis liegt nunmehr vor.

In der Betriebswirtschaftslehre und in den Nachbarwissenschaften sind zahlreiche weiterführende Antworten auf die Frage generiert worden, was eine Unternehmung im Kern repräsentiert. Es muss betont werden, dass sich die Sichtweisen zu einem erheblichen Teil nicht gegenseitig ausschließen. Vielmehr vermitteln sie gerade im Verbund ein Bild von der Vielseitigkeit der Institution Unternehmung. Um demnach den Charakter einer Unternehmung mit Blick auf eine bestimmte Fragestellung zu verstehen, wird es sich oft als nützlich erweisen, die weiter unten vorzustellenden Sichtweisen bezüglich ihrer Antworten miteinander zu vergleichen, um zu einem vertiefenden Verständnis zu gelangen. Insofern ist es auch nicht ohne weiteres möglich, von einer dominanten Perspektive ohne Rücksicht auf das konkrete Betrachtungsobjekt zu sprechen.

Weiterhin ist zu bemerken, dass die Darstellung einzelner Sichtweisen der Unternehmung eine bewusste Auswahl aus einer noch größeren Zahl von Perspektiven ist (vgl. zu einer anderen interessanten Schnittlegung Pfriem 2004). Diese Selektion ist aber aus Gründen der Übersicht unausweichlich. Bereits an anderer Stelle diskutierte, hier ebenfalls verwendbare Perspektiven sind:

- die transaktionskostentheoretische Sichtweise der Unternehmung als ein Geflecht von Verträgen,

- die innerhalb von Abschnitt 4.2.5 implizit wieder auflebende Stakeholder-Perspektive der Unternehmung.

Bei der Behandlung der Perspektiven werden nicht nur die Wesensmerkmale der jeweiligen Sichtweise beschrieben, sondern auch die Konsequenzen, die sich bei der Rezeption der Ansätze in der betrieblichen Praxis ergeben.

4.2.2 Die funktionale Sichtweise

Der funktionale Ansatz (vgl. auch die Ausführungen in Abschnitt 4.1.3) hat die Betriebswirtschaftslehre in ihrer noch jungen Geschichte über die wohl längste Zeit beeinflusst. Er beruht auf dem Streben nach Spezialisierung und Arbeitsteilung und greift dabei grundlegende Überlegungen aus den Arbeiten von Adam Smith auf, die er in seinem Werk „An Inquiry into the Nature and Causes of the Wealth of Nations" im Jahre 1776 anstellte. Im vorliegenden Kontext ist vor allem das vielzitierte Beispiel der Stecknadelproduktion von Smith geeignet, den Grundgedanken funktionalen Denkens zu veranschaulichen (Smith 1776):

In der Stecknadelfabrikation „(...) könnte ein für dieses Geschäft (...) nicht angelernter Arbeiter, der mit dem Gebrauch der dazu verwendeten Maschine nicht vertraut wäre, vielleicht mit dem äußersten Fleiße täglich eine, gewiss aber keine 20 Nadeln machen. In der Art aber, wie dieses Gewerbe jetzt betrieben wird, ist es nicht nur ein eigenes Gewerbe, sondern teilt sich in eine Zahl von Zweigen, von denen die meisten gewissermaßen wieder eigene Gewerbe sind.

Einer zieht den Draht, ein anderer richtet ihn, ein dritter schrotet ihn ab, ein vierter spitzt ihn zu, ein fünfter schleift ihn am oberen Ende (...). So ist das wichtige Geschäft der Stecknadelfabrikation in ungefähr 18 verschiedene Verrichtungen geteilt, die in manchen Fabriken alle von verschiedenen Händen erbracht werden.

(...) Obwohl nun diese Menschen (...) nur leidlich mit den nötigen Maschinen versehen waren, so konnten sie doch (...) zusammen zwölf Pfund Stecknadeln täglich liefern. Ein Pfund enthält 4000 Nadeln mittlerer Größe. Es konnten demnach (...) zehn Menschen täglich über 48000 Nadeln machen.

Die Kennzeichnung von Smith lässt die Arbeitsteilung und die sich daran anschließende Zusammenfassung ähnlicher Tätigkeiten zum Zwecke der Spezialisierung erkennen. Dabei werden technisch vergleichbare Vorgänge zusammengefasst und von anderen getrennt, die über eine solche Verbundenheit nicht verfügen. Der Zusammenfassung technisch gleichartiger Tätigkeiten liegt das Ziel zu Grunde, durch fortschreitende Spezialisierung die Produktivität und Effizienz betrieblicher Prozesse deutlich zu erhöhen. In diesem Sinne setzt sich die Unternehmung aus den betrieblichen Funktionen zusammen und wird durch sie charakterisiert. Zu den typischen betrieblichen Längsschnittsfunktionen zählen:

- Beschaffung,
- Forschung und Entwicklung,
- Produktion und
- Absatz.

siehe meine Zusammenfassung

Die Gliederung dieser Längsschnittsfunktionen orientiert sich am betrieblichen Wertschöpfungsprozess. Eine Gliederung nach derartigen Funktionen wirft die Frage auf, wie die einzelnen Längsschnittsfunktionen aufeinander abgestimmt werden können. Die funktionale Sichtweise geht in ihrer betrieblichen Umsetzung zumeist damit einher, den Funktionen im Verhältnis zueinander Handlungsautonomie zu gewähren. Diese Autonomie kann Einschränkungen unterliegen, wenn Engpässe auftreten. Die Abstimmung orientiert sich dann an dem jeweiligen betrieblichen Engpassbereich. Dem Charakter funktionalen Denkens entsprechend, wird Abstimmungsbedarfen jedoch im Regelfall dadurch entsprochen, dass eine Koordination durch die Unternehmungsleitung erfolgt. Insofern werden Konflikte auf hierarchischem (vertikalem) Wege gelöst – und nicht etwa horizontal durch Abstimmung der Funktionen untereinander. Es lässt sich erkennen, dass bei wachsender Zahl und wachsendem Umfang von Koordinationsproblemen die Unternehmungsleitung allein aus kapazitativen Gründen leicht überfordert werden kann und die Bildung umfangreicher Stabsbereiche (oft bei entsprechender Ausdehnung als „Wasserköpfe" im organisationalen Aufbau gekennzeichnet) daraus resultiert. Die Spezialisierung beinhaltet somit eine zumeist hohe Abgestimmtheit der Tätigkeiten innerhalb eines funktionalen Bereichs, nicht selten aber auch erhebliche Abstimmungsprobleme zwischen den Längsschnittsfunktionen. Diese partielle Abschirmung der Funktionen voneinander führt in der Praxis oftmals zu Divergenzen zwischen

- Produktion und Absatz, wenn der Markt andere Leistungen fordert als diejenigen, welche die Produktion bereitstellt,

- Beschaffung und Produktion, wenn etwa die Beschaffung günstige Vorleistungen identifiziert, die aber nicht mit den Vorstellungen der Produktion konform gehen,

- Forschung und Entwicklung einerseits, Marketing andererseits, wenn technische Machbarkeitsvorstellungen und Eindrücke marktlicher Durchsetzbarkeit divergieren.

Die oftmals mangelnde Abstimmung von Längsschnittsfunktionen im o.g. Sinne untereinander hat dazu geführt, dass neben sie so genannte Querschnittsfunktionen getreten sind, welche der funktionsübergreifenden Koordination dienen. In Abbildung 4-9 wird ein Überblick über eine Unternehmung mit Quer- und Längsschnittsfunktionen gegeben. Querschnittsfunktionen – wie etwa Qualitätsmanagement oder Logistik – bewirken, dass der Abstimmungsaufwand der Unternehmungsleitung und ihrer unterstützenden Bereiche verringert werden kann.

Abbildung 4-9: Das erweiterte Funktionalmodell der Unternehmung

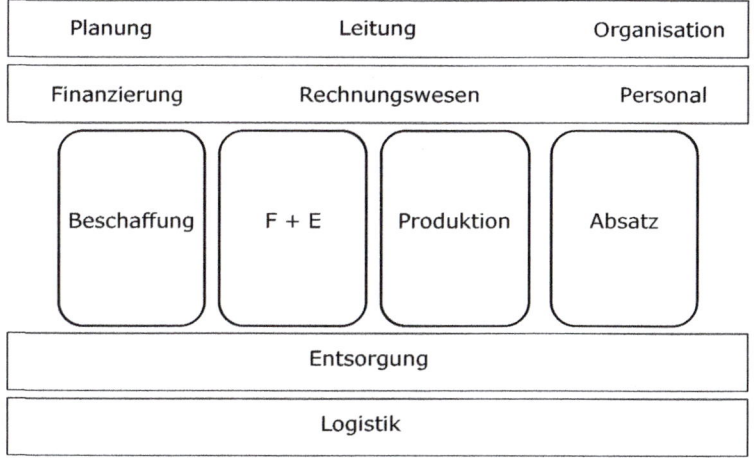

Derartige Konflikte treten vor allem dann auf, wenn funktionales Denken die Strukturorganisation bestimmt, d.h. dass z.B. auf zweiter Führungsebene die Unternehmung nach Funktionen gegliedert ist. Ungeachtet von dieser Organisationsfrage muss aber jede Unternehmung die genannten betrieblichen Funktionen faktisch ausüben. Daher ist es auch grundsätzlich sinnvoll, die Unternehmung als ein funktionales Gebilde zu verstehen. Diese Sichtweise ist insbesondere hilfreich, die technischen Zusammenhänge innerhalb einer Unternehmung besser verstehen zu können und das Streben nach Produktivität und Effizienz zu untermauern. Allerdings besteht die Gefahr, durch ein zu stark funktional geprägtes Denken die Ausrichtung auf den Markt zu vernachlässigen. Dies wiederum könnte die Effektivität als Zielgröße stark beeinträchtigen und damit eine unzureichende Abstimmung der Unternehmung auf den Markt bewirken. Die mit dem funktionalen Ansatz einhergehende Innenorientierung könnte die Außenorientierung übermäßig dominieren. Insofern eignet sich der funktionale Ansatz auch primär zum Verständnis innerorganisatorischer Aspekte, wodurch sich diese Perspektive in nennenswerter Weise von dem nachfolgend darzustellenden Prozessansatz unterscheidet.

4.2.3 Der prozessuale Ansatz

4.2.3.1 Die Wertkette

Der prozessuale Ansatz hat im Rahmen betriebswirtschaftlicher Betrachtungen erstmals im Rahmen der so genannten „Wertkette" von Porter (1980) nachhaltig Beachtung gefunden. Porters Wertkette, die in Abbildung 4-10 dargestellt ist, lässt sich durch die nachfolgend genannten Merkmale eindeutig kennzeichnen.

Abbildung 4-10: Der Grundaufbau der Wertkette (Quelle: Porter 1986, S. 62)

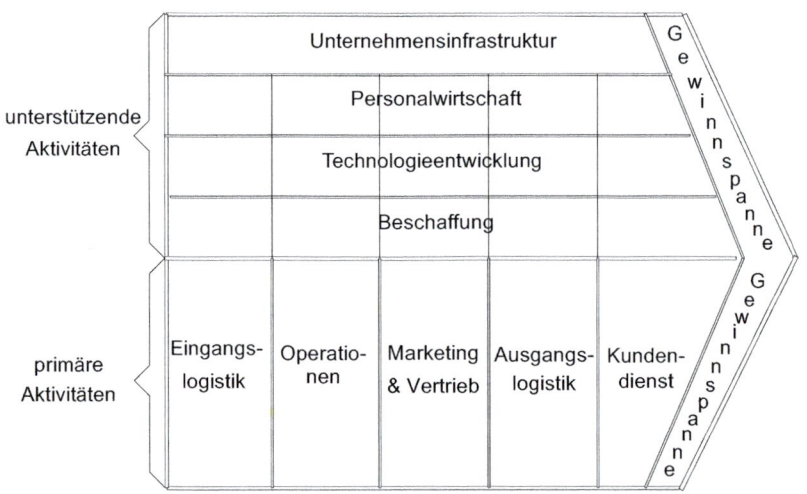

■ Eine Unternehmung stellt in diesem Sinne die zielgerichtete **Zusammenfassung aller werttreibenden Prozesse** (Aktivitäten) einer Unternehmung dar.

■ Alle wertschöpfenden Tätigkeiten einer Unternehmung dienen dem Ziel, der Unternehmung zu **Wettbewerbsvorteilen** auf ihrem relevanten Markt und dadurch zu Gewinnen zu verhelfen. Es lässt sich daher neben einer Effizienzorientierung eine starke Effektivitätsorientierung erkennen, welche das Modell der Wertkette vom funktionalen Denken deutlich unterscheidet.

■ Die Wertschöpfung vollzieht sich über Prozesse (Aktivitäten), wobei zwischen **Primär-** (Eingangslogistik, Produktion, Service, Absatz, Ausgangslogistik) und **Unterstützungsprozessen** (Führung, Personalwirtschaft, Technologiemanagement) differenziert wird.

■ Die Erreichung eines Wettbewerbsvorteils ist nicht nur abhängig von der wirkungsvollen Gestaltung einzelner Aktivitäten, sondern auch von einer möglichst im unternehmungsweiten Kontext erfolgenden **Verknüpfung und Abstimmung** der Prozesse aufeinander. Dies betrifft auch und vor allem die Abstimmung von Unterstützungs- und den die Wertentstehung in besonderer Weise treibenden Primärprozessen.

Der Wertkettenansatz Porters ist in besonderer Weise **marktorientiert**: Dies lässt sich an einem Zitat von Porter wie folgt ablesen: "Wertaktivitäten sind die physisch und technologisch unterscheidbaren, von einem Unternehmen ausgeführten Aktivitäten. Sie sind die Bausteine, aus denen das Unternehmen ein für seine Abnehmer wertvolles Produkt schafft. Die Gewinnspanne ist der Unterschied zwischen dem Gesamtwert und der Summe der Kosten, die durch die Ausführung der Wertaktivitäten entstanden sind" (Porter 2000, S. 68). Aufgrund dieser Marktorientierung wird die Argumentation Porters auch in den Bereich derjenigen Ansätze eingeordnet, die als „outside in"-orientiert gelten.

Im Gegensatz zum funktionalen Ansatz bezieht die Wertkettenbetrachtung Porters die Gestaltung der Schnittstellen zu vor- und nachgelagerten Wertschöpfungsstufen explizit mit ein. Jede Unternehmung repräsentiert zwar eine eigene Wertkette. Sie ist jedoch zugleich **in ein sie umlagerndes System von Wertketten eingebettet**. Die Erzielung von Wettbewerbsvorteilen schließt daher eine Abstimmung mit den Wertketten von Direkt- und Sublieferanten einerseits, von Distributoren und Abnehmern andererseits ein. Dies relativiert die Bedeutung eigenen betrieblichen Handelns und betont den Kontext von oftmals langen Wertschöpfungsketten.

Die Wertkette erlaubt, die ökonomischen Zusammenhänge betrieblicher und zwischenbetrieblicher Prozesse eingehender zu erfassen. Sie hilft, die Entstehung von Wettbewerbsvorteilen nachvollziehen zu können. Zu diesem Zweck lenkt sie das Interesse auf die Prozesse als für sie wichtigste Bezugsebene. Mit Blick auf Beispiele in der Praxis ergeben sich folgende Konsequenzen:

Der Discounter Aldi erzielt deswegen Wettbewerbsvorteile, weil erstens logistische Prozesse außerordentlich effizient abgewickelt werden, zweitens die Beschaffungsprozesse durch Nutzung marktlicher Macht zu im Wettbewerbsvergleich offenkundig sehr günstigen Einstandspreisen beitragen, drittens Lagerungs- und Verkaufsprozesse durch die begleitende Sortiments- und Servicepolitik äußerst rationell organisiert sind und viertens eine in sich geschlossene Prozessstruktur geschaffen wurde.

 Die Billigfluggesellschaft Ryanair ist in ihrer Vorgehensweise und ihrem marktlichen Erfolg in mancherlei Weise mit Aldi vergleichbar. Der Buchungsprozess ist so organisiert, dass die Entstehung von Kosten durch die weitreichende Einbeziehung des Kunden auf ein Minimum reduziert wird. Die Dienstleistungsprozesse an Bord des Flugzeugs wurden ebenfalls minimiert. Der Preissetzungsprozess ist so organisiert, dass die Erreichung eines die Rentabilitätsziele sichernden Durchschnittspreises pro Flug in aller Regel eingehalten werden kann. Darüber hinaus sind alle auf den Flug bezogenen Prozesse so aufeinander abgestimmt, dass die Verweilzeit eines Flugzeugs am Boden minimiert wird. Eine derartige Abstimmung ist nicht zuletzt deswegen von besonderer Relevanz im Kontext der Wettbewerbsvorteilsdiskussion, weil diese Verweilzeit einen zentralen Kostentreiber darstellt.

 Wie auch im Bereich effizienzdominierter Vorgehensweisen zur Erreichung von Wettbewerbsvorteilen ist im Falle der Ausrichtung auf den Nachfragernutzen und damit auf die Effektivität eine weitreichende Abstimmung einzelner Prozesse entscheidend für die Erzielung von Wettbewerbsvorteilen. Dies lässt sich anschaulich anhand des Beispiels von Luxusgütern, wie etwa von höchstpreisigen Uhren, nachvollziehen. Uhren mit hohen Prestigewerten (z.B. Uhren von Jaeger LeCoultre) bedürfen u.a. hochwertiger und zuverlässiger Einzelteile, fehlerfreier Konstruktions- und Produktionsprozesse, hochgradig selektiver Vertriebsmaßnahmen, einer Vielzahl fein abgestimmter Dienstleistungsprozesse sowie einer intensiven Markenpflege und kommunikativen Unterstützung. Aufgrund der Hochpreisigkeit des Angebots werden höchste Qualitätserwartungen geweckt, denen nur bei einer weitreichenden prozessualen Abstimmung entsprochen werden kann.

Die Wertkette hat im Vergleich zur funktionalen Sichtweise zu einem deutlichen Wandel im Verständnis von Unternehmungen und dabei zu einer Betonung strategischer Aspekte beigetragen. Sie muss allein vor diesem Hintergrund als Bereicherung der Diskussion angesehen werden. Problematisch an der Wertkette in der Fassung Porters ist hingegen die Überlagerung durch Fragmente funktionalen Denkens, was sich insbesondere im Bereich der primären Aktivitäten erkennen lässt. Weiterhin wirken zumindest in der Ausgangsfassung Porters die einzelnen Aktivitätenbereiche willkürlich. Eine klare Struktur ist nur in Ansätzen erkennbar, und die Zuordnung zu primären bzw. unterstützenden Aktivitäten erscheint zuweilen fragwürdig. Wie noch zu zeigen sein wird, kann die Zuordnung des Marketings in den Bereich der primären Aktivitäten den Aufgaben eines modernen Marketing-Managements nicht gerecht werden. Grundsätzlicher ist indes der Aspekt, dass die Struktur im Sinne Porters eher eine Fragmentierung zusammenhängender Prozesse bewirkt als eine wettbewerbsvorteilsgenerierende Zusammenführung. Dieser schwerwiegende Aspekt ist im Rahmen einer späteren Weiterentwicklung berücksichtigt worden.

4.2.3.2 Die Geschäftsprozessbetrachtung

Die Geschäftsprozessperspektive setzt an den erkannten Schwächen der Wertkette an und mündet in das so genannte **Prozessmodell der Unternehmung**. Kerngedanke ist – ähnlich der Wertkette – die Ausrichtung der Wertschöpfung einer Unternehmung auf die Bedürfnisse im Markt. Dabei geht das Prozessmodell den Weg, verschiedene Teilprozesse zu so genannten Geschäftsprozessen zusammenzufassen. Die aus dem "Business Process Reengineering" (Hammer/Champy 2004) hervorgegangene Betrachtung legt ein Verständnis von Geschäftsprozessen zu Grunde, welches diejenigen Tätigkeiten zusammenfasst, die der integrierten Lösung eines marktbezogenen Aufgabenpaketes dienen. Die Bildung von Geschäftsprozessen lässt sich in Anlehnung an Abbildung 4-11 nachvollziehen.

Abbildung 4-11: Das Geschäftsprozessmodell

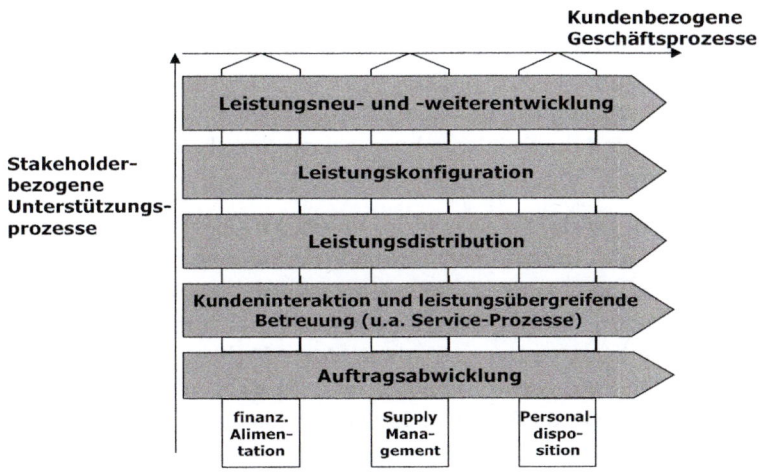

Mit der Entwicklung, kundengerechten Konfiguration von Leistungen, deren Distribution sowie mit der Gestaltung der Kundeninteraktion und der Auftragsabwicklung lassen sich fünf idealtypische Geschäftsprozesse identifizieren, die branchenübergreifend von Belang sind. Anhand der Auftragsabwicklung lässt sich der Grundansatz des Prozessmodells nachvollziehen. Die Auftragsabwicklung stellt einen in sich geschlossenen Bereich dar, der über funktionale Bereichsgrenzen weit hinaus geht und auch von Porter identifizierte Aktivitätsbereiche zusammenführt. So beinhaltet die Auftragsannahme Teilprozesse, die den Vertriebs- und/oder den Verwaltungsbereich betreffen. Der angenommene Auftrag wird zwecks Bearbeitung in anschließende Teilaufgaben aufgelöst, wovon in aller Regel Beschaffungs-, Logistik-, Produktions-, Vertriebs- und damit verbundene Serviceprozesse sowie zahlreiche begleitende Administrationsaufgaben zum Zwecke der Termineinhaltung, der Rechnungsstellung und Debitorenbuchhaltung betroffen sind. Durch einen derartigen Geschäftsprozess wird demnach eine kundenorientierte Bündelung, Ordnung und Gestaltung mehrerer Teilprozesse ermöglicht. Es liegt nahe, Prozessverantwortliche für einzelne Geschäftsprozesse zu benennen, deren Aufgabe darin besteht, den funktionsübergreifenden Koordinationsprozess zu planen, zu steuern und zu kontrollieren. Darüber hinaus besteht die grundsätzliche Möglichkeit, eine Unternehmung auch in Abhängigkeit von Geschäftsprozessen zu gliedern. Allerdings ist festzustellen, dass sich dieser Ansatz in der Organisationspraxis bislang kaum niedergeschlagen hat.

Den Geschäftsprozessen im Sinne des Ansatzes liegen Prozesse niedrigerer Ordnung zu Grunde. Den an der Spitze einer Prozesshierarchie stehenden Geschäftsprozessen folgen die Hauptprozesse, Teilprozesse und Aktivitäten (Reckenfelderbäumer 1998), wobei der Begriff der Aktivität nicht im Sinne Porters zu verstehen ist, sondern weitaus enger gefasst ist.

Im Sinne des Prozessmodells kann demzufolge die Unternehmung auch als ein Bündel geordneter Geschäftsprozesse verstanden werden. Dabei ist in Anlehnung an Abbildung 4-11 festzustellen, dass die Geschäftsprozesse einer Begleitung durch so genannte Unterstützungsprozesse bedürfen. Die Unterstützungsprozesse dienen der Ergreifung flankierender Maßnahmen zur Wahrnehmung der marktbezogenen Aufgaben, wobei die Unterstützung durch interne bzw. externe Stakeholdergruppen der Unternehmung gewährt wird.

Der Prozessansatz unterscheidet sich nicht wesentlich von der Wertkette. Entsprechend gestaltet sich auch die zusammenfassende Beurteilung nur wenig anders. Hervorzuheben ist, dass die marktbezogenen Zusammenhänge der Prozesse innerhalb einer Unternehmung im Rahmen dieser Perspektive noch stärker und konsequenter als in der Wertkette betont werden. Ein besonderes Problem der Geschäftsprozessperspektive stellt hingegen die vollständige und überschneidungsfreie Abgrenzung der Geschäftsprozesse dar, die kaum zu leisten ist. Auch gestaltet es sich schwierig, eine Geschäftsprozessstruktur zu erarbeiten, die möglichst vollständig und zweckmäßig die marktbezogenen Aufgaben abdeckt. Unter Koordinationsgesichtspunkten führt die Anwendung des Prozessansatzes zwar zu einer marktorientierten Ausrichtung der Unternehmung, geht aber mit internen Koordinationsproblemen einher, die in der notwendigen, oftmals schwierigen Budgetzuteilung auf die einzelnen Geschäftsprozesse ihren Ausdruck finden.

4.2.4 Der vertragstheoretische Ansatz

Der vertragstheoretische Ansatz geht auf Alchian und Demsetz (1972) zurück und steht in seinem Annahmengefüge sowie seiner Grundargumentation der Neuen Institutionenlehre nahe. Er wird auch als Theorie der Teamproduktion bezeichnet. Ausgangspunkt dieser Sichtweise ist – ähnlich wie im prozessbezogenen Ansatz – die Koordinationsproblematik. Es wird die Auffassung vertreten, dass durch die Arbeitsteilung und die damit in Verbindung stehende Leistungserstellung in Teams Möglichkeiten bestehen, zu technologisch bedingten Größenvorteilen zu gelangen. So kann exemplarisch auf ein Team einer Umzugsunternehmung verwiesen werden. Würden etwa Mitarbeiter hier ihre Arbeit allein verrichten, so wären sie kaum in der Lage, große und/oder sperrige Objekte zu verfrachten. Auch hängt die Geschwindigkeit ihrer Arbeit von der Zusammenarbeit ab. Im Team hingegen steigen die leistungsbezogenen Möglichkeiten deutlich an.

Unabhängig davon wird das menschliche Verhalten im Kontext der Neuen Institutionenlehre jedoch als opportunistisch modelliert. In diesem Zusammenhang ist Menschen zu unterstellen, dass sie sich nicht immer ohne weiteres in den Dienst der Arbeitsgruppe stellen, sondern eigene Ziele verfolgen und in diesem Zusammenhang mitunter auch an der Minimierung ihres Arbeitseinsatzes interessiert sind (Drückebergerei/Shirking). Aus dieser Problematik heraus entsteht ein Kontrollbedarf, der die Schaffung geeigneter institutioneller Lösungen nahe legt. Zu diesem Zweck wird z.B. erwogen, Kontrolleure einzustellen und Verträge zu schließen, welche opportunistisches Handeln im beschriebenen Sinne unterbinden sollen. Vor diesem Hintergrund kann die Unternehmung auch als ein Netz von Verträgen verstanden werden. Eine ähnliche Sichtweise lässt sich auch anderen Theorien der Neuen Institutionenlehre entnehmen.

4.2.5 Der evolutionäre Ansatz

Die bislang dargestellten Perspektiven betrachten die Unternehmung primär unter ökonomischen Gesichtspunkten. Der evolutionäre Ansatz geht statt dessen einen völlig anderen Weg, indem er im kybernetischen Sinne (Grochla 1978) die Unternehmung mit einem lebenden Organismus vergleicht. Es wird demnach mit Vorstellungen aus anderen Wissenschaftsbereichen gearbeitet, die zum Zwecke des Verständnisses von Unternehmungen auf die Ökonomie übertragen werden. Der evolutionäre Ansatz, der in der Systemtheorie verwurzelt ist (Ulrich 1970; Willke 2006), weicht stark von den zum Teil in der Betriebswirtschaftslehre verbreiteten mechanistischen Vorstellungen von Unternehmungen ab, wie sie etwa auch für die funktionale Perspektive typisch sind. Die Vorstellung von Unternehmungen auf Basis des evolutionären Ansatzes kann anhand von folgenden Prinzipien charakterisiert werden:

Modularitätsprinzip: Das Modularitätsprinzip besagt, dass sich das System „Unternehmung" aus mehreren Teilsystemen (Subsystemen) zusammensetzt, die maßgeblich dazu beitragen, die Unternehmung als Gesamtheit zu verstehen. Diese Subsysteme eines Organismus stellen die Organe dar. Übertragen auf Unternehmungen sind insbesondere Abteilungen, Personengruppen bzw. Geschäftsbereiche als solche zu verstehen.

Interdependenzprinzip: Die Subsysteme einer Unternehmung stehen im Regelfall nicht unverbunden nebeneinander. Vielmehr sind sie durch verschiedenartige Kanäle miteinander verbunden und beeinflussen sich oftmals gegenseitig, wobei die Beziehungen unterschiedlichster Natur sein können. Am Beispiel menschlicher Beziehungen, die unterschiedlich eng und in ihrer inhaltlichen Ausgestaltung grundverschieden sein können, lässt sich die Varietät von Beziehungen nachvollziehen.

Synergetisches Prinzip: Aufgrund bestehender Verbindungen zwischen den Subsystemen besteht die Möglichkeit, Synergien freizusetzen. Durch gegenseitige Abstimmungsprozesse ist die Unternehmung als System mehr als nur die Summe ihrer einzelnen Teile. Entsprechend ist das Leistungspotenzial zweier Menschen, aber auch zweier Subsysteme, die zusammenarbeiten, größer einzuschätzen als das zweier autonom arbeitender.

Teilautonomieprinzip: Ähnlich wie die Organe eines Lebewesens sind auch die Subsysteme einer Unternehmung im Sinne der evolutionären Perspektive nicht perfekt steuerbar. Die mangelnde Steuerbarkeit beruht nicht nur auf der eingeschränkten Beobachtbarkeit aller Handlungen eines Subsystems durch eine koordinierende Stelle, sondern vielmehr auf einem Eigenleben der Organisationseinheit, welches nicht vollständig unterbunden werden kann – und auch gar nicht sollte. Im betrieblichen Alltag existieren z.B. menschliche Gewohnheiten, die sich auf einzelne Personen, aber auch auf Personengruppen beziehen können. Diese Gewohnheiten können auch bei bewusstem Handeln der steuernden Einheit nicht außer Kraft gesetzt werden. Auf Basis dieses Prinzip relativiert sich die Rolle der Unternehmungsführung. Sie ist nicht in der Lage, eine perfekte Steuerung der Unternehmung auszuüben. Folglich beschränkt sich die Aufgabe der Führung auf die Verabschiedung allgemeiner Rahmenrichtlinien für das Handeln in einer Organisation, die möglichst eng auf die Ziele auszurichten sind. Die konkrete Ausfüllung fällt damit bereits in den Bereich der in diesem Sinne geführten Subsysteme. Damit werden die weitreichenden Konsequenzen des Teilautonomieprinzips im Bereich der Führung deutlich. Im Übrigen ist auch festzustellen, dass auf Basis des evolutionären Ansatzes die Subsysteme über Selbsterneuerungskräfte verfügen. Diese ebenfalls seitens der Unternehmungsleitung nicht perfekt steuerbaren Prozesse werden im systemtheoretischen Kontext dem Begriff der Autopoiese subsumiert (Luhmann 1988).

Umweltinteraktionsprinzip: Die Unternehmung als System ist von anderen Systemen umgeben. Zwischen Unternehmung und Umwelt bestehen daher Beziehungen, die bei einer genauen Betrachtung von den Subsystemen als Interaktionsträgern ausgehen. Durch die Umweltinteraktion besitzt die Unternehmung die Möglichkeit, sich an die Umwelt anzupassen bzw. sich mit ihr abzustimmen. So muss im Falle einer komplexen Umwelt die Unternehmung intern hinreichend Komplexität entwickeln, um einen Abgleich zu gewährleisten und damit auch einen Beitrag zur Existenzsicherung zu leisten.

In Anbetracht dieser Prinzipien ist festzustellen, dass die Unternehmung im Sinne dieses Ansatzes eindeutig durch ihre Systemelemente (Subsysteme) charakterisiert ist. Sie selbst stellt ein System dar, welches nach außen zwar abgegrenzt ist, aber über zahlreiche Schnittstellen zur Außenwelt verfügt, die zu regulieren sind. Wesentlich ist, dass sich die Unternehmung durch die Handlungen in ihren Subsystemen, aber auch durch Änderungen in den Außenbedingungen permanent verändert.

Die evolutionäre Perspektive zeichnet sich durch eine große Nähe zu realen Phänomenen aus. Die metaphorischen Vergleiche spiegeln die Realität von Unternehmungen zum Teil recht gut. Hervorzuheben ist die Erkenntnis des evolutionären Ansatzes, dass bei weitem nicht alle Vorgänge im Rahmen sozialer bzw. ökonomischer Systeme planbar sind. Dies steht im Gegensatz zu zahlreichen Herangehensweisen in der Betriebswirtschaftslehre. Trotz der zum Teil großen Nähe zur betrieblichen Wirklichkeit muss indes betont werden, dass biologische Analogien bei weitem nicht immer vollständig zutreffen und ferner im Falle fehlender Übernahmekriterien von Erkenntnissen aus einer Wissenschaftsdisziplin in die andere problematisch sind (Elschen 1982; Schneider 1997).

Der Vollständigkeit halber sei erwähnt, dass eine evolutionäre Sichtweise der Unternehmung und ein Vergleich mit Organismen auch dadurch erfolgen können, dass man Lebenszyklusmodelle auf die organisationale Entwicklung überträgt. Eine solche, hier nicht weiter zu verfolgende Vorstellung beinhaltet die lebenszyklusbezogenen Ausführungen gemäß Abschnitt 3.2.3.2.1.

4.2.6   Der koalitionsbezogene Ansatz

An die Stakeholder-Überlegungen sowie die in Abschnitt 4.1.2 behandelten Ausführungen zum Resource Dependence Approach anknüpfend, kann die Unternehmung in etwas anderer Akzentuierung als in der oben behandelten kybernetischen Sichtweise als ein interessenpluralistisches System verstanden werden. Da jede Unternehmung zur Sicherung ihrer Existenz auf die Zuführung kritischer Potenziale angewiesen ist, diese Mittel aber nicht durchweg intern verfügbar sind, ist es erforderlich, Drittparteien zum Zwecke der zeitweisen oder dauerhaften Unterstützung durch Überlassung von Mitteln zu gewinnen. Eine derartige Bereitstellung von Mitteln ist jedoch nur dann zu erwarten, wenn den Mitteleignern hinreichende Anreize gesetzt werden. Besonders konsequent wird dieser Gedanke in der von Barnard (1938) sowie March und Simon (1958) ausformulierten **Anreiz-Beitrags-Theorie** verfolgt, was anhand von Abbildung 4-12 einer näheren Betrachtung bedarf.

Die Bereitstellung von Mitteln stellt im Sinne des Ansatzes einen Beitrag dar, den Individuen oder auch Gruppen in die Unternehmung leisten. Durch diesen Beitrag werden die Individuen im weiteren Sinne zu Mitgliedern bzw. Beteiligten an der Unternehmung. Ihre Entscheidung bezüglich der Mitgliedschaft respektive des Ausstiegs entspringt einem subjektiven Nützlichkeitskalkül, welches auf der Gegenüberstellung von geleisteten bzw. zu leistenden Beiträgen und unternehmungsseitig zu setzenden Anreizen beruht.

Abbildung 4-12: Die Unternehmung als interessenpluralistisches System

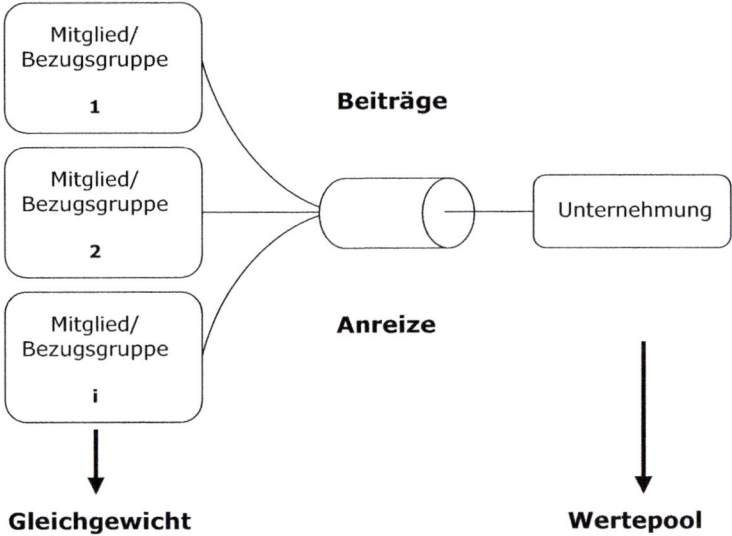

Für die auf kritische Potenziale angewiesene Unternehmung bedeutet dies, dass sie in der Lage sein muss, aus Mitteleignersicht attraktive Anreiz-Beitrags-Bündel zu schnüren. Bei der unternehmungsseitigen Gestaltung von Anreizen und Beiträgen ist allerdings zu beachten, dass eigene Zielsetzungen erfüllt werden müssen. Zu stark die eigene Situation belastende Anreize sind demnach zu vermeiden. Attraktive Anreize aus Sicht der Ressourceneigner müssen allerdings die Unternehmung nicht zwangsläufig stark belasten, da die Anreizbeurteilung ausschließlich subjektiv aus Sicht der Ressourceneigner erfolgt. Insofern liegt es aus Unternehmungssicht nahe, Anreizmechanismen zu etablieren, die aus Sicht der Mittelgeber besonders begehrt sind, ohne die Unternehmung zu sehr zu belasten. Dies setzt eine recht genaue Kenntnis der Mittelgeber voraus.

Die Unternehmung als interessenpluralistisches System muss nicht nur Entscheidungen zur Anreiz-Beitrags-Gestaltung treffen, sondern daneben die als Beiträge erhaltenen Potenziale wirkungsvoll einsetzen. Gelingt dies erfolgreich, so sind Unternehmungen in der Lage, einen Wertüberschuss zu erzielen (Meyer, M. 1995a), der in den in Abbildung 4-12 rechts unten dargestellten Wertepool einfließt. Ein solcher Pool dient vor allem als Vorsorge für erfolglose Zeiten, in denen die Unternehmung aus dem laufenden Geschäft heraus nicht mehr in der Lage ist, attraktive Anreize zu setzen. Wäre in derartigen Fällen keine Rücklage im Sinne des Wertepools vorhanden, wäre die Existenz unmittelbar bedroht.

Insofern lässt sich erkennen, dass sich die Unternehmung in einem ständigen Verhandlungs- und Gestaltungsprozess befindet, der nahezu durchweg zumindest mit einer latenten Existenzbedrohung einhergeht. Damit liegt eine weitere interessante Perspektive der Unternehmung vor, die vor allem in turbulenten Unternehmungsumwelten zu einer realitätsnahen Sichtweise beiträgt. Gleichwohl ist diese Sichtweise in mehrerlei Hinsicht problematisch (Wolf 2005). Ein großes Problem besteht darin, die zentralen Termini der Anreize und Beiträge halbwegs aussagekräftig mit Inhalt zu füllen und zu operationalisieren. Noch schwieriger wird es zu bestimmen, wann bestimmte Organisationsmitglieder die Unternehmung verlassen und welche Anreize wann erwartet werden. Schließlich wird in der interessenpluralistischen Sichtweise zu wenig berücksichtigt, dass sich die mittelgebenden Individuen und Gruppen untereinander beeinflussen, was wiederum Auswirkungen auf die Bewertung von Anreizen und Beiträgen hat.

4.2.7 Der ressourcen- und kompetenzbezogene Ansatz

Auf den Resource- und Competence-based View ist bereits in den Kapiteln 1 und 2 ausführlicher eingegangen worden, weswegen die Betrachtung hier kürzer gefasst wird. Entscheidend ist, dass im Rahmen dieser Sichtweise die Unternehmung als ein Geflecht aus unterschiedlichen wertgenerierenden Ressourcen verstanden wird. Die Sichtweise geht nicht zuletzt auf Edith T. Penrose (1959, S. 24f.) zurück, die in diesem Zusammenhang ausführt:

„The firm is (...) a collection of productive resources the disposal of which between different uses and over time is determined by administrative decision. (...) it is never *resources* themselves that are the 'inputs' to the production process, but only the *services* that the resources can render."

Inputfaktoren für Wertschöpfungsprozesse sind in der Literatur in vielfacher Weise zur Diskussion gestellt worden, worüber Corsten (2001) einen Überblick liefert. Eine für den ressourcen- und kompetenzorientierten Ansatz stellvertretende Unterscheidung geht auf Grant (2008, S. 131) zurück. Er trennt zwischen Potenzialen (1) tangibler Art (finanzielle und physische Potenziale, wobei zu letzteren Grundstücke, Gebäude, Anlagen, Maschinen und Materialien gezählt werden), (2) intangibler Art (Technologie, Reputation, Kultur) und (3) menschlicher Natur. Die menschlichen Potenziale werden in die Bereiche „spezifische Fähigkeiten und Wissen", „Motivation" sowie „Kommunikations- und Interaktionsfähigkeiten" untergliedert. Wenngleich die Nennung weder überschneidungsfrei noch erschöpfend ist, so liefert sie dennoch ein

Bild von der Vielzahl zur Verfügung stehender Inputfaktoren, welche die Unternehmung in ihrer Gesamtheit charakterisieren.

Wichtiger als deren bloße Existenz sind hingegen folgende Aspekte:

▪ Jede Unternehmung verfügt über eine hochspezifische, singuläre Ausstattung an Ressourcen, wozu allein schon das verfügbare Humanvermögen maßgeblich beiträgt („jeder Mensch ist anders").

▪ Zur Kennzeichnung einer jeden Unternehmung ist vor allem auf die individuelle und zielgerichtete Verbindung einzelner Potenziale zu verweisen. Sie verleihen der Unternehmung im Wettbewerb ein heterogenes Profil. Durch spezifische Managemententscheidungen werden die Ressourcen einer jeden Unternehmung in eine bestimmte Richtung gelenkt bzw. zu lenken versucht. Es ist Imitatoren aufgrund unvollständiger Information unmöglich, diese Strukturen perfekt nachzubilden. Berücksichtigt man ferner, dass jede Unternehmung mit einer individuellen Anfangsausstattung an Ressourcen gegründet wird, so lässt sich in Verbindung mit unterschiedlichen Entscheidungs- und Entwicklungspfaden der Unternehmung die **Einzigartigkeit einer jeden Unternehmung** auf Basis des ressourcen- und kompetenzorientierten Ansatzes nachweisen.

▪ Zielgerichtetes Handeln in Unternehmungen bewirkt die Entstehung neuen Wissens und ermöglicht die Überprüfung der Zweckmäßigkeit vollzogener Handlungen. Über die Zeit hinweg entstehen handlungsleitende Routinen, die zur Entstehung von organisationalen Kompetenzen führen. Darauf aufbauend, kann eine Unternehmung ergänzend als eine Zusammenfassung der Routinen und Kompetenzen verstanden werden.

▪ Um die Unternehmung auf Basis des ressourcen- und kompetenzorientierten Ansatzes zu verstehen, ist es erforderlich, sie in ihren zeitlichen Kontext einzuordnen. Jede Unternehmung hat eine individuelle Entwicklungsgeschichte, mit der sich etwa bestimmte Werte und Traditionen verbinden. Dieser geschichtliche Verlauf prägt die Unternehmung nicht nur in der Gegenwart, sondern beeinflusst auch ihr Handeln in der Zukunft. Hat eine Unternehmung etwa eine bestimmte Markenidentität (Meffert/Burmann 2005) aufgebaut, so würde ein Handeln, was mit dieser Identität nicht in Einklang zu bringen ist, aufgebaute Markenwerte vermutlich vernichten. Eine Unternehmung lediglich auf ihr Erscheinungsbild in der Gegenwart auszurichten, würde beinhalten, wichtige Merkmale aus der Betrachtung auszublenden. Die historisch-ganzheitliche Betrachtung ist damit ein wesentliches Merkmal des ressourcen- und kompetenzorientierten Ansatzes.

Der ressourcen- und kompetenzorientierte Ansatz hebt sich von der prozessualen Perspektive dadurch ab, dass zwar die betrieblichen Prozesse nicht ausgeblendet werden, das Hauptinteresse aber den betrieblichen Potenzialen gilt, welche die Prozesse schlussendlich erst ermöglichen. Mit dem evolutionären Ansatz verfügt das ressourcen- und kompetenzorientierte Denken über eine wesentliche Gemeinsamkeit bezüglich der zeitlichen Dimension, wobei ein gravierender Unterschied darin besteht, dass im Gegensatz zur Kybernetik ökonomisch argumentiert wird. Mit dem Koalitionsansatz bestehen Gemeinsamkeiten, da die Notwendigkeit zur Kooperation mit externen Ressourcengebern gesehen wird. Im Unterschied zur interessenpluralistischen Sichtweise werden aber die Innenverhältnisse der Unternehmung weitaus stärker betont.

4.2.8 Schlussbetrachtung

Anstelle einer tabellarischen Zusammenfassung der Ergebnisse werden im Folgenden drei Aspekte bzw. Fragen zur Diskussion gestellt, die anhand der vorgestellten Ansätze zum Teil sehr unterschiedlich zu beantworten sind:

	Verständnisfragen 6
V6-1	Stellen Sie dar, inwieweit Unternehmungen als mechanistische System zu betrachten sind.
V6-2	Führen Sie aus, ob und wie weit Unternehmungen scharf umrissene Gebilde mit klar erkennbaren Unternehmungsgrenzen darstellen.
V6-3	Inwieweit handelt es sich bei Unternehmungen um Institutionen, die permanent in ihrer Existenz bedroht sind?

Nachfolgend werden einige kurze Aussagen zu den einzelnen Fragen getroffen, die das oben Gesagte über die einzelnen Sichtweisen hinaus spiegeln.

(1) In einer Unternehmung gelangen zwar verschiedenartige Mechanismen zur Anwendung. Dass dadurch eine Unternehmung aber mechanistisch und vorhersagbar agiert, trifft nur sehr bedingt zu. Verantwortlich sind hierfür die zahlreichen sozialen Beziehungen innerhalb einer Unternehmung, die auch im Rahmen ökonomischer Diskussionen einer entsprechenden Berücksichtigung bedürfen.

(2) Unternehmungen verfügen über Außengrenzen, die z.B. erforderlich sind, um Identitätsstiftung zu ermöglichen und Wettbewerbsvorteile zu erhalten. Die Unternehmungsgrenzen müssen aber durchlässig sein, um eine Interaktion mit der Außenwelt in zielführender Weise zu ermöglichen. Angesichts enger Kopplungen von Marktpartnern und einer zunehmenden Zahl an Unternehmungskooperationen fällt es zunehmend schwer, die exakten Grenzverläufe zu bestimmen.

(3) Unternehmungen sind in Märkte eingepasst und von externen Ressourcen abhängig. Bedingt durch Rücklagen und vergleichbare Puffer können Unternehmungen eine Vorsorge treffen, um auch in ungünstigen Situationen ihre Existenz wahren zu können. Insgesamt sind derartige Lösungen jedoch in ihrer Wirkung begrenzt. Zahlreiche Beispiele aus der Praxis haben gezeigt, dass auch vermeintlich gut abgesicherte Traditionsbetriebe in kürzester Zeit in bedrohliche Situationen geraten können. Der in der Presse im Jahre 2003 vielzitierte Lipobay-Fall stellte z.B. fast unmittelbar die Existenz der traditionsreichen Bayer AG in Frage. Dieses und andere Beispiele verdeutli-

chen, dass eine zumindest latente Existenzbedrohung nahezu durchweg besteht und gerade in turbulenten Märkten zum Teil sehr groß sein kann.

4.3 Die Bedeutung der Unternehmerfunktionen für Unternehmungen als Institutionen

4.3.1 Unternehmerfunktionen in der ökonomischen Theorie

Der vorliegende Abschnitt greift in Ergänzung zu den zuvor behandelten unterschiedlichen Sichtweisen von Unternehmungen einen Aspekt auf, der bisher noch zu wenig Beachtung gefunden hat: die Frage nämlich, was unter unternehmerischem Handeln zu verstehen ist. Dabei kommt den schon mehrfach angesprochenen Unternehmerfunktionen eine zentrale Bedeutung zu. Bereits in Abschnitt 2.1 wurde hervorgehoben, dass sich **Unternehmungen als Institutionen** mit Schneider (1995) als eine durch Unternehmungsregeln und Unternehmungsstrukturen geordnete Menge an beobachtbaren Handlungsabläufen interpretieren lassen. Die Handlungen in einer Unternehmung sind dabei durch das Ausüben von Unternehmerfunktionen gekennzeichnet. In den Abschnitten 2.3.2 und 2.3.3 wurde darüber hinaus gezeigt, wie durch das Ausüben von Unternehmerfunktionen Institutionen – und damit auch Unternehmungen – entstehen und in ihrem Fortbestand erhalten werden können. Nunmehr sei das an den genannten Stellen nur vergleichsweise knapp abgehandelte Thema der Unternehmerfunktionen einer etwas tiefer gehenden Betrachtung unterzogen, um daraus wiederum Rückschlüsse für das Agieren von Unternehmungen – genauer: der in ihnen handelnden Personen – ziehen zu können. Dabei erfolgt weitgehend eine Konzentration auf **ökonomische Sichtweisen** der Unternehmerfunktionen, wenngleich zu konstatieren ist, dass eine derartige Abgrenzung nicht immer eindeutig möglich ist, zumal sich auch viele andere wissenschaftliche Disziplinen mit entsprechenden Fragestellungen zum Unternehmer und seinen Funktionen beschäftigt haben (Reckenfelderbäumer 2001).

Grundlegend für die folgenden Überlegungen ist ein auf Ludwig von Mises (1940, S. 246) zurückgehendes Zitat:

„Wenn die Wirtschaftswissenschaft von Unternehmern spricht, meint sie nicht Menschen, sondern eine Funktion."

Mit dieser Aussage wird deutlich: Bei der Analyse der Unternehmerfunktionen geht es nicht um die Betrachtung bestimmter Personen („Unternehmerpersönlichkeiten"), sondern im Mittelpunkt steht die Frage, welche Funktionen durch „den Unternehmer" in Wirtschaftssystemen wahrgenommen werden, wodurch mithin die Rolle des Unter-

nehmers gekennzeichnet ist. Auf diese Weise wird es möglich, den Einfluss der Unternehmerfunktionen auf das Geschehen in der Unternehmung, aber auch auf das Marktgeschehen zu erklären.

Die Unternehmerfunktionen haben in der Wirtschaftswissenschaft vielfältige Beachtung gefunden, dabei aber auch sehr unterschiedliche Auslegungen erfahren, so dass trotz der bis vor die Zeit der ökonomischen Klassik zurückreichenden Wurzeln der Lehre von den Unternehmerfunktionen (Schneider 1985) von einem einheitlichen Bild bis heute nicht die Rede sein kann. Dafür sind die Überlegungen der einzelnen Autoren in mehrfacher, teils inhaltlich-sachlicher, teils durch das historische Umfeld bedingter Beziehung zu unterschiedlich ausgeprägt. So sind als Ursachen der Heterogenität zumindest die folgenden Gesichtspunkte erwähnenswert (Reckenfelderbäumer 2001):

- Im Unterschied zu dem Zitat von Ludwig von Mises werden die ökonomisch bedeutsamen **Funktionen** des Unternehmers keinesfalls immer so deutlich von der **Person** und **Persönlichkeit** des Unternehmers getrennt, wie es notwendig erscheint. Im Gegenteil: Personale und funktionale Aspekte werden häufig miteinander vermischt, was zur Folge hat, dass der Blick auf die ökonomische Bedeutung des Unternehmers im Marktprozess nicht klar genug heraustritt.

- In der Literatur finden sich „**statische**" und „**dynamische**" Unternehmerfunktionen. Statische Unternehmerfunktionen sind eher juristisch als ökonomisch geprägt und können damit keinen nennenswerten Beitrag zur Erklärung der Bedeutung von Unternehmer und Unternehmertum im Marktprozess liefern. Derartige statische Funktionen sind etwa diejenige des Kapitalgebers, des Eigentümers oder auch des Arbeitgebers. Diesen statischen steht eine Vielzahl dynamischer Unternehmerfunktionen gegenüber, die die Rolle des Unternehmers im Marktprozess zu erklären versuchen und sehr viele stärker die ökonomische Perspektive berücksichtigen.

- Zum Teil werden die Unternehmerfunktionen nicht deutlich genug herausgearbeitet, sondern es bleibt bei einer eher **vagen Rollenbeschreibung**, der es an der für eine tragfähige Argumentation erforderlichen Präzision fehlt. Eine Interpretation derartiger Arbeiten hinsichtlich ihres Verständnisses der Unternehmerfunktionen muss dann zwangsläufig ungenau bleiben.

- Auffällig ist auch, dass zum einen inhaltlich identische oder doch zumindest sehr ähnliche inhaltliche Auffassungen von den Unternehmerfunktionen nicht selten unterschiedlich benannt werden (**abweichende Terminologie**). Zum anderen aber verbergen sich hinter einem bestimmten Begriff teilweise bei näherer Betrachtung **unterschiedliche Inhalte**. Beides erschwert einen zusammenfassenden Überblick bezüglich der in der Literatur zu findenden Unternehmerfunktionen.

- In zusammenfassenden Auswertungen zu den Unternehmerfunktionen wird häufig übersehen, dass Autoren, die dem Unternehmer mehr als eine Funktion zuweisen, teilweise von einer **Gleichordnung** der verschiedenen Funktionen ausgehen, teilweise aber auch die Funktionen hinsichtlich ihrer Bedeutsamkeit untereinander abstufen und in eine **hierarchische Beziehung** zueinander setzen. Dies hat zur Folge, dass eine rein enumerative Herausarbeitung der Unternehmerfunktionen ein unvollständiges Bild liefern muss.

■ Uneinheitlich behandelt wird zudem die Frage des **Verhältnisses des Unternehmerbegriffs zu „verwandten" Termini**, z.B. Manager, Entrepreneur, Eigentümer, Kapitalist oder Kapitalanwender. Selbst Beiträge, die sich explizit der Klärung dieser Begriffe annehmen, kommen dabei zu keinen eindeutigen Ergebnissen (z.B. Czarniawska-Joerges/Wolff 1991; Hartmann 1959). Dies wirkt sich entsprechend auf die Einordnung der Unternehmerfunktionen aus.

■ Zu berücksichtigen ist sicherlich auch der **historische Zeitpunkt**, zu dem die betrachteten Quellen entstanden sind: Als älteste bedeutsame Quelle zu den Unternehmerfunktionen wird regelmäßig die Arbeit von Cantillon (1755) herangezogen, die um 1725 herum entstanden sein soll (Schneider 1995). Seit dieser Zeit haben sich die Sichtweisen der Funktionen des Unternehmers immer wieder gewandelt, obwohl der Einfluss der Überlegungen von Cantillon auch auf viele neuere Arbeiten unübersehbar ist.

■ Mit der historischen Entwicklung in Verbindung stehen Kennzeichen der **sozialen, politischen und gesellschaftlichen Umfelder**, in denen die einzelnen Autoren gewirkt und die dementsprechend ihr Unternehmerverständnis geprägt haben (Hofmann 1968; Turin 1947).

■ Schließlich liegt ein letzter wichtiger Aspekt darin begründet, dass die Originalquellen zu den Unternehmerfunktionen in **unterschiedlichen Sprachen** verfasst wurden, wobei vor allem deutsch-, englisch- und französischsprachige Arbeiten zu nennen sind. Diese sprachliche Problematik wird z.B. erkennbar, wenn die Beziehung der Begriffspaare „Entrepreneur/Unternehmer" und „Unternehmertum/Entrepreneurship" zueinander analysiert wird, wobei durchaus unterschiedliche Sichtweisen deutlich werden (siehe z.B. Ripsas 1997).

Der zuletzt angesprochene Aspekt sei an dieser Stelle noch etwas vertieft. Vordergründig erscheint es vertretbar, die in der Literatur zu findenden Begriffspaare „**Unternehmer/Entrepreneur**" und „**Unternehmertum/Entrepreneurship**" jeweils als Synonyma anzusehen. Diese Gleichsetzung zeigt sich aber bei näherer Betrachtung als allenfalls bedingt haltbar: So bezieht sich – etwas vereinfacht ausgedrückt – der Begriff des Entrepreneurs vor allem auf diejenige Person, die eine Unternehmungsgründung vornimmt, der Begriff des Unternehmers umfasst dagegen auch die Führung einer bereits bestehenden Unternehmung und steht nicht zwingend im Zusammenhang mit der Gründung (Ripsas 1997). Um Missverständnisse zu vermeiden, wird „Entrepreneur" daher teilweise auch mit „Unternehmensgründer" übersetzt (z.B. Klandt 1984). Entsprechend werden auch „Unternehmertum" und „Entrepreneurship" nicht deckungsgleich verwendet, da letztgenannter Terminus vor allem auf den Sachverhalt der Neugründung bezogen wird. Auch innerhalb einer Sprache sind darüber hinaus sehr unterschiedliche Begriffsinhalte vorzufinden, so dass die zahlreichen Interpretationsmöglichkeiten zudem vermutlich auch in Zukunft nicht hinfällig sein werden. Für die Zwecke der vorliegenden Ausführungen ist ein Entrepreneurship- oder Unternehmertumbegriff, der sich allein auf die Gründung von Unternehmungen bezieht, ebenso ungeeignet wie eine Beschränkung des Unternehmers oder Entrepreneurs auf diejenigen Personen, die Unternehmungen gründen: Anders nämlich wäre ein unternehmerisches Denken und Handeln in Unternehmungen durch möglichst alle beteiligten Personen, ein **Unternehmertum** als Triebkraft der Erlangung und Erhaltung von **Wettbewerbsfähigkeit** (siehe Abschnitt 4.3.3) von vornherein nicht denkbar. Daher muss grundsätzlich davon ausgegangen werden, dass unternehmerisches Verhalten auch außerhalb von Gründungsprozessen grundsätzlich durch jede Person möglich ist. So verweist z.B. auch Casson (1996) darauf, dass die gleiche Art von Unternehmertum, die für die Gründung einer Unternehmung benötigt wird, erforderlich ist, um der Unternehmung die für das Überleben notwendige Flexibilität zu verleihen. Daher wird den meist etwas weiter gefassten deutschen Begriffen „Unternehmer" und „Unternehmertum" gegenüber den englisch- bzw. französischsprachigen Termini der Vorzug gegeben. Wenn insofern im Folgenden vom „Unternehmer" die Rede ist, schließt dies den (gründungsbezogenen) Entrepreneur mit ein; entsprechend ist ein (gründungsbezogenes) Entrepreneurship Bestandteil des Unternehmertums. Unternehmertum kann also als Oberbegriff zum Terminus Entrepreneurship eingeordnet werden (Freiling 2006). Allerdings sei noch einmal deutlich darauf hingewiesen, dass dieses Begriffsverständnis nur eines unter vielen im Schrifttum zu findenden darstellt.

Angesichts der genannten Aspekte ergibt sich in der Literatur ein sehr heterogenes Bild dessen, was als Unternehmerfunktionen herausgestellt wird. Insofern – das sei noch einmal betont – kann von einer in sich geschlossenen „Theorie der Unternehmerfunktionen" derzeit noch keine Rede sein, so dass mit Schneider (1995) dem Terminus „Lehre von den Unternehmerfunktionen" der Vorzug gegeben wird. Einen Überblick zu im Schrifttum zu findenden Unternehmerfunktionen, der allerdings auch verwandte Termini sowie nicht ausschließlich ökonomisch geprägte Sichtweisen berücksichtigt, liefert Tabelle 4-3 (die Jahreszahlen beziehen sich auf die Erstauflagen der jeweiligen Hauptveröffentlichungen und sind nicht immer mit den im Literaturverzeichnis angegebenen identisch; siehe dazu auch Bretz 1988). Im Gesamtblick offenbart Tabelle 4-3 eine geradezu erschlagende Vielfalt von unternehmerischen Funktionen, worauf nachfolgend noch genauer einzugehen sein wird.

Name (Erscheinungsjahr der Hauptquelle)	Kennzeichnung der Unternehmerfunktionen
Richard Cantillon (1755)	Entrepreneur als **Risikoträger**, Pächter als Prototyp: feste Abgaben an den Grundeigentümer, aber unsicherer Lohn; Unternehmer ihrer eigenen Arbeit auf eigene Gefahr und Rechnung; auch Bettler und Räuber sind Unternehmer.
Francois Quesnay (1758)	Entrepreneur als reicher und intelligenter **Betreiber einer Großfarm**; Statik: gegebener Output, gegebene Preise und Produktionsfaktoren; physiokratisch-materialistische Tradition: alleinige Produktivität des Bodens.
Anne-Robert Jacques Turgot (1766)	Entrepreneur Manufacturier als **industrieller Kapitalanwender und Arbeitgeber**; „laissez faire, laissez aller".
Adam Smith (1776)	Undertaker als **Kapitalist und Kapitalanwender**; laissez faire: Eigeninteresse als Bedingung für allgemeinen Wohlstand (unsichtbare Hand des Marktes als natürliche Ordnung).
Jeremy Bentham (1793)	Projector als **Ausfüller neuer, innovativer Kanäle**; verbreitet den „Geist des Neuen" in der Volkswirtschaft; typisch: „Government Contractor".
Jean-Baptiste Say (1815)	Entrepreneur als Nachfrager/**Vereiniger von Produktivdiensten** und Anwender/**Produzent für den Markt**; „Gutes Urteil" als Hauptqualität: Mittler für die Erfüllung von Bedürfnissen.
Johann Heinrich von Thünen (1826)	Unternehmer als **Träger von Risiko und innovativer Genialität**; Probleme und „schlaflose Nächte" als Förderer unternehmerischen Talents.
Hans K.E. von Mangoldt (1855)	Unternehmer als **Träger nicht versicherbaren Risikos** und spekulativer Produzent für den Markt; „Rentabilität" als Vergütung für besondere Fähigkeiten und Übernahme von Verantwortung.
John Stewart Mill (1859)	Entrepreneur als **Kapitalist, Risikoträger und Oberaufseher**; Bezieher von Kapitalzins, Risikoprämie und Unternehmerlohn.
Léon Walras (1860)	„Entrepreneur" als Kombinator der produktiven Dienste; steter **Wiederhersteller des Gleichgewichts** im statischen System: „faisant ni bénéfice ni perte".
Karl Marx (1867)	Unternehmer als **despotischer Nutznießer des „Mehrwertes"** (= ausbeuterischer Profit aus unbezahlter Mehrarbeit); alleinige Produktivität der Arbeit.
Carl Menger (1871)	Unternehmer als **Dirigent im Hintergrund**; zeitliche Koordination der Produktionsfaktoren; Österreichische Schule: subjektivistische Perspektive.
Francis A. Walker (1876)	Entrepreneur als **"Captain of Industry"**/Arbeitgeber; wird durch seine Funktion zum Kapitalisten; Führer des gesellschaftlichen Fortschritts: Organisator und Energetisierer.

Fortsetzung Tabelle 4-3:

Name (Erscheinungsjahr der Hauptquelle)	Kennzeichnung der Unternehmerfunktionen
Frederik B. Hawley (1882)	Enterpriser als **Träger von produktivem Risiko** (Spekulant: unproduktives Risiko); ökonomisch unentbehrlicher Kombinator der Produktionsfaktoren.
Victor Mataja (1884)	Unternehmer als Bezieher von Unternehmergewinn neben Einkommen aus Naturgaben, Arbeitsprodukten oder Kapitalertrag.
Karl Rodbertus (1884)	Unternehmer als Träger einer staatswirtschaftlichen Funktion; vierte Klasse, die die anderen „auskauft" und deren Produktivdienste kombiniert.
Alfred Marshall (1891)	Undertaker als „Multifaceted Capitalist"; Versorger der Bedürfnisse anderer; geborener Menschenführer, Arbeitgeber, Manager, Kombinator usw.
John Bates Clark (1899)	Entrepreneuer macht Arbeit und Kapital erst produktiv; "mit leeren Händen": trägt kein Risiko; Verwirklichung von Ideen: Sozialisierungstendenz von Unternehmertum.
Gustav von Schmoller (1900)	Unternehmer als zentraler Faktor jeglichen ökonomischen Handelns; kreativ-innovativer Organisator; Deutsche Historische Schule.
Werner Sombart (1903)	Unternehmer als treibende Kraft des Kapitalismus; schöpferische Tat des Einzelnen; aber Erwerbsidee: Objektivierung der kapitalistischen Motivation.
Josef Schumpeter (1911)	Unternehmer als aktiver, innovativer Durchsetzer neuer Kombinationen: wirtschaftliche Führerschaft als Funktion; dynamischer (Zer)Störer des Marktgleichgewichts.
Max Weber (1920)	Unternehmer als Rationalisierer/Überwinder des Traditionalismus (Bürokratieansatz) und protestantischer Asket: Disziplin, Selbstkontrolle.
Kurt Wiedenfeld (1920)	Unternehmer als Gestalter des Risikos; Risiko entsteht erst durch die unternehmerische Entscheidung.
Frank H. Knight (1921)	Entrepreneur als Produkt wahrer, nicht messbarer Ungewissheit; Träger letzter Verantwortung; Broker neuer Technologien; Menschenkenner.
Charles A. Tuttle (1927)	Entrepreneur als Geschäftseigentümer: Abgrenzung von Kapital- und Grundeigentum sowie Arbeit.
Alfred Amonn (1928)	Unternehmer als Verkehrssubjekt mit Verfügungsmacht über Kapital; statischer (potenzieller) versus dynamischer (aktueller, eigentlicher) Unternehmer.
Johannes Gerhardt (1930)	Unternehmer als einzige gegen die bureaukratische Wissensherrschaft immune Instanz; eigentliches Risiko: Verlust der Unternehmerstellung.

Fortsetzung Tabelle 4-3

Name (Erscheinungsjahr der Hauptquelle)	Kennzeichnung der Unternehmerfunktionen
Erich Häussermann (1932)	Unternehmer als disponierender, „wirtschaftlich schöpferischer" Arbeitgeber; volkswirtschaftliches Ausgleichs- und Regulierungsorgan „wider Willen".
John M. Keynes (1936)	Entrepreneur als Eigentümer und Entscheidungsträger; unsichere Erwartungen: gemischtes Spiel aus Können und Zufall ("Animal Spirits").
Ludwig von Mises (1940)	**Jeder handelnde Mensch** ist Entrepreneur (dynamische Wirtschaft): Demokratisierung des Konzeptes; „Promoter" als besonders findiger Entrepreneur.
Arthur H. Cole (1949)	Entrepreneur als Gründer, Erhalter oder Ausbauer eines **gewinnorientierten Geschäftes**; Innovation, Management und Anpassung an äußere Umstände.
Leland H. Jenks (1949)	Entrepreneur als **Role Taker**; Geschäftseinheit als System von unternehmerischen und nicht unternehmerischen Rollen: Umfelddominanz.
Fritz Redlich (1949)	Unternehmer als **dämonische Figur**: schöpferisch-zerstörerische Interpretation des persönlichen Elements im Wirtschaftsleben.
George L.S. Shackle (1955)	Enterpriser als **Unsicherheitsträger und Entscheider**: Improvisator, Erfinder; "Bounded Uncertainty" als Quelle von Kreativität.
Harvey Leibenstein (1968)	Entrepreneur als **Ausnutzer von Unzulänglichkeiten**: „X-Inefficiency"; „Slack"; „Fuzzy Areas"; Input-Completer.
Israel M. Kirzner (1973)	Entrepreneur als **findiger Arbitrageur**: Ausnutzer von Preisunterschieden (unvollkommene Information); Wiederhersteller des Marktgleichgewichts.

Tabelle 4-3: Unterschiedliche Sichtweisen der Unternehmerfunktionen im Überblick (Quelle: nach Bretz 1988, S. 33ff.)

Besonders häufig werden in der Literatur die folgenden Funktionen (wörtlich oder sinngemäß) genannt (Hofmann 1968, S. 138):

- die letzte Entscheidung fällen/Grundsatzentscheidungen treffen;
- Kombination der Produktionsfaktoren (insbesondere Kombination von Kapital und Arbeit);
- Zielsetzung, Plan der Unternehmung ersinnen, festlegen und ständige Zielausrichtung;
- Marktproduktion (zukünftige, unbestimmte Nachfrage);
- Anpassung des Angebots an die Nachfrage;
- Risiko tragen;

- Oberaufsicht und Leitung;
- Überwachung und Kontrolle.

Diese Aufstellung macht zumindest deutlich, dass die Rolle des Unternehmers vor allem sehr grundsätzliche Aufgaben umfasst, die allerdings im Detail unterschiedlich gesehen werden. Aus diesem Grunde werden im folgenden Abschnitt diese unterschiedlichen Sichtweisen auf wichtige „Schulen" verdichtet, die in der jüngeren Vergangenheit in den Vordergrund getreten sind. Dabei werden zum Teil auch die Ansätze berücksichtigt und grundlegend eingeordnet, die bereits in Abschnitt 2.3 zur Erklärung der Entstehung von Institutionen herangezogen worden sind.

4.3.2   „Schulen" und Systematisierungsansätze innerhalb der Lehre von den Unternehmerfunktionen

In der wissenschaftlichen Auseinandersetzung mit dem Unternehmer und seinen Funktionen hat es immer wieder Versuche einer Systematisierung gegeben, indem die unterschiedlichen Vertreter mit ihren jeweiligen Sichtweisen so genannten „Schulen" zugeordnet wurden (z.B. Cunningham/Lischeron 1991). Die meisten Ansätze gehen dabei auf Cantillon (1755) zurück und zeigen darauf aufbauend die Inhalte einzelner „Schulen" in der Unternehmerforschung auf. So findet sich etwa die folgende Einteilung (Hébert/Link 1988; Ripsas 1997):

- Die **Deutsche Schule**, zu deren Vertretern von Thünen und, begründet durch die Übereinstimmung in Theoriemerkmalen sowie gemeinsamer kultureller Tradition, auch Schumpeter gezählt werden, hebt die **Innovationsfunktion** des Unternehmers in der Wirtschaft hervor.

- Für die **Chicagoer Schule** mit den ihr zugeordneten Hauptvertretern Knight und Schultz wird im Unterschied dazu die **Übernahme von Risiko** bzw. das Tragen von Unsicherheit als typisch erachtet. Diese Funktion wird aber auch von Vertretern anderer Schulen durchaus hervorgehoben.

- Schließlich wird für die **Österreichische Schule** der Unternehmerforschung, die als durch von Mises und Kirzner, in gewisser Weise auch Shackle geprägt eingeordnet werden kann, die Betonung des **Aufspürens von Arbitragemöglichkeiten** als typisch herausgestellt.

In neuerer Zeit wird diese Dreiteilung durch einen vierten Aspekt ergänzt, indem auf die **Koordinationsfunktion** des Unternehmers verwiesen wird (Ripsas 1997), die vor allem durch Casson (1982) eine besondere Betonung erfahren hat.

Gegen alle genannten Schulen ließen sich im Detail Bedenken äußern, deren Behandlung an dieser Stelle zu weit gehen würde (dazu z.B. Ripsas 1997). Allerdings kann zusammenfassend festgestellt werden, dass innerhalb der einzelnen Schulen jeweils nur Teilaspekte der Unternehmerfunktionen beleuchtet werden, ohne dass ein geschlossenes Gesamtbild von den unternehmerischen Aufgaben entsteht. Zudem wird nicht berücksichtigt, dass die verschiedenen Unternehmerfunktionen nicht auf derselben inhaltlichen Ebene stehen. Dies gilt auch für eine daran angelehnte Dreiteilung, die in den letzten Jahren vor allem in der deutschsprachigen Literatur eine gewisse Verbreitung gefunden hat (siehe Tabelle 4-4).

Kriterium	Schumpeter	Kirzner	Casson
Ausgangspunkt	Kritik am vollkommenen Wettbewerb	Kritik am vollkommenen Wettbewerb	Kritik am vollkommenen Wettbewerb
wesentliche Funktionen	Erkennen und Durchsetzen neuer Möglichkeiten auf wirtschaftlichem Gebiet (Herbeiführen von Änderungen): **Innovationsfunktion**	Informationsbeschaffung, Arbitrage und Spekulation: **Arbitragefunktion**	Koordinationsentscheidungen: **Koordinationsfunktion**
Gleichgewichtsbezug	Aufbrechen von Gleichgewichten	Tendenz zu Gleichgewichten	Herbeiführen von Gleichgewichten
Transaktionskosten	keine Kostenbetrachtung	keine Kostenbetrachtung	Minimierung von Transaktionskosten

Tabelle 4-4: Dynamische Unternehmerfunktionen im Vergleich (Quelle: in Anlehnung an Wieandt 1994, S. 22)

Streng genommen liegt die einzige Gemeinsamkeit der drei Sichtweisen in ihrem Ausgangspunkt, der Kritik am Modell des vollkommenen Wettbewerbs. Regelmäßig fehlt es jedoch am Versuch einer integrierten Betrachtung dieser (oder auch anderer) Einzelfunktionen im Sinne einer Zusammenführung zu einem in sich geschlossenen theoretischen Konzept, das die einzelnen Funktionen zueinander in Beziehung setzt. Vor diesem Hintergrund lässt sich eine Unterscheidung in monofunktionale, metafunktionale und multifunktionale Ansätze treffen (Freiling 2006 und 2008):

■ **Monofunktionale Ansätze** stellen lediglich auf eine Funktion ab, die sie als charakteristisch für Unternehmertum einstufen. Die Arbitragefunktion nach Kirzner kann als ein solcher Ansatz gelten.

■ **Metafunktionale Ansätze** stellen grundätzlich gleichfalls auf nur eine Unternehmerfunktion ab. Diese ist aber in ihrem Inhalt so vielseitig und breit, dass sie faktisch mehrere der oben genannten Einzelfunktionen betrifft. Da demnach mehrere Einzelfunktionen gebündelt werden, kann von einer Metafunktion gesprochen werden. Zu nennen sind dabei beispielsweise die Koordinationsfunktion nach Casson sowie die Innovationsfunktion nach Schumpeter.

■ **Multifunktionale Ansätze** schließlich umfassen eine Mehrzahl von Einzelfunktionen, die aufeinander abgestimmt wahrgenommen werden müssen. Sie können in einem Gleich- oder in einem Über-/Unterordnungs-Verhältnis zueinander stehen. Beispielhaft ist in diesem Zusammenhang der in Abschnitt 2.3.3 bereits vorgestellte Ansatz von Dieter Schneider (1995), der sich zudem besser als andere für eine institutionelle Betrachtung eignet und daher im folgenden Abschnitt herangezogen wird, um die Bedeutung der Unternehmerfunktionen für die grundlegende Stellung von Unternehmungen im Wettbewerb zu erläutern. Dies erscheint um so mehr sinnvoll, als dieser Ansatz als besonders breit ausgearbeitet sowie ökonomisch und historisch fundiert gelten kann (Paul/Horsch 2004). Die Weiterentwicklung dieses Ansatzes vor dem speziellen Hintergrund des Gründungsmanagements gemäß Freiling (2006 und 2008) stellt ein weiteres Beispiel eines multifunktionalen Ansatzes dar,

4.3.3 Das Ausüben von Unternehmerfunktionen als Grundlage der Wettbewerbsfähigkeit von Unternehmungen

In Abschnitt 2.3.3 wurden die folgenden Unternehmerfunktionen nach Schneider (1995) vorgestellt sowie die Annahmen einer entsprechenden Lehre von den Unternehmerfunktionen erläutert:

- **Übernahme von Einkommensunsicherheiten** anderer Menschen als institutionenbegründende Funktion;

- **Erzielen von Arbitrage- bzw. Spekulationsgewinnen** in und zwischen Märkten als institutionenerhaltende Funktion nach außen;

- **Durchsetzen von Änderungen** in wirtschaftlicher Führerschaft als institutionenerhaltende Funktion nach innen.

Auf die Grundlagen dieses Ansatzes muss an dieser Stelle somit nicht noch einmal eingegangen werden. Vielmehr soll aufgezeigt werden, auf welche Weise eine Unternehmung – durch die in ihr handelnden Menschen – durch Unternehmertum ihre Wettbewerbsfähigkeit beeinflussen kann (ausführlich dazu Reckenfelderbäumer 2001). In diesem Kontext lässt sich auch der ansonsten nicht einfach zu spezifizierende Begriff des Unternehmertums konzeptualisieren.

Unternehmertum

Unternehmertum stellt die auf Schaffung und Erhaltung von Wettbewerbsvorteilen ausgerichtete Wahrnehmung von Unternehmerfunktionen dar.

Abbildung 4-13 zeigt ein Modell, welches die Rolle von Unternehmerfunktionen bei der Entstehung von Wettbewerbsvorteilen hervorhebt, im Überblick.

Ausgangspunkt dieses Modells ist der aus der Realität abzuleitende und daher hier zu Grunde zu legende Sachverhalt, dass eine Unternehmung nach Wettbewerbsfähigkeit strebt. **Wettbewerbsfähigkeit** sei dabei wie folgt definiert (Schneider 1997, S. 68):

„Insofern bezeichnet Wettbewerbsfähigkeit den Bedingungsrahmen für künftige Marktprozesse, durch die Nachfrager in Absatzmärkten bzw. Anbieter in Beschaffungsmärkten gewonnen und somit gegenüber Konkurrenten Vorteile errungen werden sollen."

Abbildung 4-13: Die Entstehung von Wettbewerbsvorteilen durch das Ausüben von Unternehmerfunktionen in der Modellbetrachtung (Quelle: Reckenfelderbäumer 2001, S. 196)

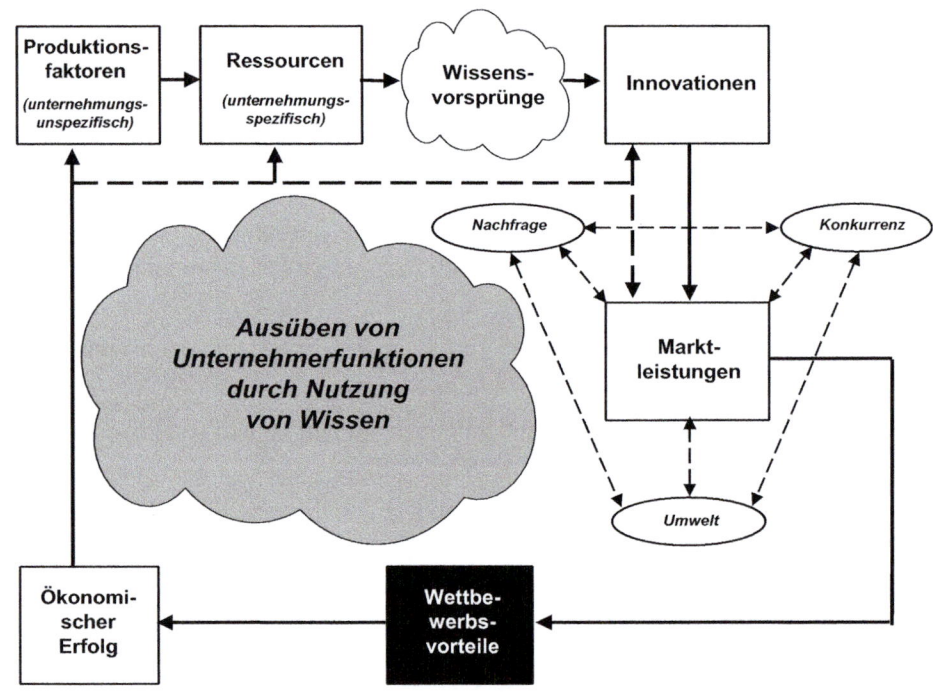

Daraus lässt sich ableiten, dass Wettbewerbsfähigkeit letztlich der Erzielung von Wettbewerbsvorteilen dienen soll. Mit anderen Worten: Wettbewerbsfähigkeit äußert sich in den Möglichkeiten einer Unternehmung zur Erzielung von Wettbewerbsvorteilen. Kernaufgabe des Management (im funktionalen, nicht im institutionellen Sinne) ist es somit, auf das Erlangen von Wettbewerbsvorteilen hinzuarbeiten. **Management** wiederum beinhaltet die Tätigkeit des Ausübens von Unternehmerfunktionen in Handlungssystemen, hier eben in Unternehmungen (Schneider 1995). Damit ist Management gleichbedeutend mit Unternehmungsführung, so dass Management, Unternehmungsführung und auch Ausüben von Unternehmerfunktionen in diesem Zusammenhang als synonyme Termini angesehen werden können. Es sei an dieser Stelle erwähnt, dass sich in der Literatur durchaus auch etwas andere Sichtweisen zum Verhältnis der Begriffe untereinander und zu weiteren verwandten finden. So differenziert z.B. Hinterhuber (2004a) zwischen Management und Leadership (und damit implizit auch Unternehmertum). Damit hätte Unternehmertum dann einen proaktiveren und „unternehmerischeren" Charakter als Management. Für die Zwecke des vorliegenden Lehrbuchs soll allerdings der Sichtweise von Schneider gefolgt werden, mit der eine weitere Ausdifferenzierung der Begriffe nicht erforderlich wird. In diesem Sinne lässt sich das Management dann im Sinne von Schneider (1995) in drei elementare Tätigkeitsbereiche aufspalten, nämlich – entsprechend den Unternehmerfunktionen – die Übernahme von Einkommensunsicherheiten für andere Personen bzw. Personengruppen, das Streben nach, verbunden mit der Hoffnung auf das Erzielen von Arbitragegewinnen durch das Ausschöpfen von Preisunterschieden auf externen Märkten sowie das Durchsetzen von Änderungen innerhalb der Unternehmung.

Vor diesem Hintergrund kann nun auch das Verhältnis zwischen **Manager** und **Unternehmer** näher präzisiert werden: „**Manager**" heißen in diesem Kontext Personen, auf die Unternehmerfunktionen übertragen werden, genauer gesagt: Personen, die „von anderen (Auftraggebern) beauftragt [werden, A.d.V.], Unternehmerfunktionen durch eigene Willensbildung und Willensdurchsetzung für andere leitend auszuüben" (Schneider 1997, S. 106). Der Manager in einer Unternehmung ist somit nicht nur – wie alle anderen Menschen auch (vgl. Abschnitt 2.3.3) – zur Reduzierung seiner eigenen Einkommensunsicherheiten Unternehmer seines Wissens, seiner Arbeitskraft und seines sonstigen Vermögens, sondern er übt Unternehmerfunktionen darüber hinaus im Auftrag anderer Menschen aus, die – vereinfacht ausgedrückt – auf einen Teil der ihnen grundsätzlich möglichen Unternehmertätigkeit verzichten und diese auf den übernahmewilligen Manager übertragen. Dabei kann ein solcher Manager je nach spezifischer Aufgabenstellung seine Arbeitszeit mit unterschiedlichen Schwergewichten auf die einzelnen Unternehmerfunktionen übertragen: Während der Leiter eines Zentralbereichs „Organisation" überwiegend mit der Funktion des Durchsetzens von Änderungen befasst ist, obliegt dem Verkaufsleiter vor allem die Erbringung eines Beitrags zur Erzielung von Arbitragegewinnen, indem er mit seinem unternehmerischen Wissen Absatzchancen aufzuspüren und auszunutzen weiß.

Diese Sichtweise des Managers als Person, auf die Unternehmerfunktionen übertragen werden, verzichtet somit auf eine Kontrastierung von Manager und Unternehmer, sondern sieht in der Person – genauer: der Rolle – des **Managers vielmehr eine Sonderform des Unternehmers**: Während jedermann zunächst einmal grundsätzlich Unternehmer ist (nämlich seines Wissens, seiner Arbeitskraft und seines sonstigen Vermögens), ist der Unternehmer eben nicht nur Unternehmer seiner selbst, sondern auch Unternehmer im Auftrage anderer. Diese Einordnung wird in der Literatur allerdings vielfach anders gesehen, denn – etwas vereinfacht ausgedrückt – findet sich dort regelmäßig der Unternehmer als derjenige, der die grundlegenden Weichenstellungen vornimmt, während der Manager für die Reibungslosigkeit der betrieblichen Abläufe und deren Optimierung im Detail verantwortlich ist (z.B. Baumol 1968; Marshall 1979; Niman 1991). Diese Sichtweise wird hier ausdrücklich nicht geteilt.

Dem Ausüben von Unternehmerfunktionen als Ausdruck von Unternehmertum kommt angesichts der vorhergehenden Ausführungen eine dominierende Bedeutung beim Streben nach Wettbewerbsfähigkeit zu. Damit erklärt sich auch die Ansiedlung im Zentrum von Abbildung 4-13: Es soll verdeutlicht werden, dass dieser Sachverhalt alle Teilbereiche des Modells durchzieht und nicht an einer Stelle konkret eingefügt werden kann. Da das Ausüben von Unternehmerfunktionen nach Art und Umfang stark davon abhängt, inwieweit für den Handelnden das unvollständige und ungleich verteilte **Wissen** zur Verfügung steht (vgl. Abschnitt 2.3.3), bietet es sich an, den Wissensaspekt in der Darstellung direkt mit den Unternehmerfunktionen zu verknüpfen.

Damit sich ein in sich schlüssiges Modell ergibt, ist es erforderlich, die Aktionsfelder des Ausübens von Unternehmerfunktionen weiter zu konkretisieren, um auf diese Weise zeigen zu können, auf welchem Wege sich die Entstehung von Wettbewerbsvorteilen – und spiegelbildlich auch von Wettbewerbsnachteilen – vollzieht. Zu diesem Zweck sei der Begriff des Wettbewerbsvorteils vor dem Hintergrund der Lehre von den Unternehmerfunktionen an dieser Stelle wie folgt präzisiert (Reckenfelderbäumer 2001, S. 215):

Ein **Wettbewerbsvorteil** ist das Ergebnis einer im Vergleich zur Konkurrenz erfolgreicheren Ausübung von Unternehmerfunktionen, die sich in Unterschieden bei verschiedenen Gestaltungsobjekten niederschlagen kann; diese Unterschiede müssen aus Sicht der Nachfrager letztlich wahrnehmbar und bedeutsam sein, um zu Wettbewerbsfähigkeit führen zu können.

Die in der Definition genannten Gestaltungsobjekte werden in den folgenden Erläuterungen näher betrachtet. Dabei sei zunächst hervorgehoben, dass der Wettbewerbsvorteil an sich letztlich eine abstrakte, zumindest nicht unmittelbar fassbare Größe ist: Er ist zurückzuführen auf unterschiedliches Wissen (genauer: **Wissensvorsprünge**), das eine Unternehmung (genauer: die Personen, die innerhalb der Unternehmung als Manager Unternehmerfunktionen ausüben) in **Innovationen** umzusetzen versteht. Dabei können verschiedene Arten von Innovationen unterschieden werden, nämlich (Schneider 1997):

■ **Produktinnovationen**, d.h. neue Absatzobjekte,

■ **Prozessinnovationen**, d.h. Produktionsverfahren,

■ **Marktstrukturinnovationen**, d.h. das Erschließen neuer Absatz- und Beschaffungsmärkte oder neuer Kooperations- bzw. Vertragsformen in einzelnen Märkten,

■ **rechtlich-organisatorische Innovationen**, d.h. das Durchsetzen von Änderungen in der Unternehmungsverfassung und das Verwirklichen von Arbitragen gegen Regulierungen.

Diese Innovationen prägen unmittelbar (im Falle der Produktinnovationen) oder zumindest mittelbar die **Marktleistungen** der Unternehmung, die erforderlich sind, um

Wettbewerbsvorteile im Spannungsfeld von Nachfrage, Konkurrenz und Umwelt der Unternehmung realisieren zu können. Insofern stellen die Innovationen für sich allein genommen nach der hier vertretenen Auffassung noch keinen Wettbewerbsvorteil dar, da dieser immer erst durch die Einbringung in das marktliche Beziehungsgeflecht verwirklicht werden kann. Das Vorliegen eines Wettbewerbsvorteils kann somit nur dann bestätigt (oder verneint) werden, wenn er sich im Markt erkennen lässt. Dieses „Erkennen" muss sich an geeigneten Maßstäben orientieren. Dafür erscheint am besten der **ökonomische Erfolg** der Unternehmung geeignet (siehe Abschnitt 1.2), denn dieser kann im vorliegenden Modell als Maßstab für die Wettbewerbsposition einer Unternehmung gelten: Er gibt als Differenz von Erlösen und Kosten wieder, inwieweit es der Unternehmung gelungen ist, sich in den bearbeiteten Märkten zu behaupten. Dabei werden nicht nur die Absatzmärkte berücksichtigt, in denen die Unternehmung primär ihre Erlöse erzielt, sondern auch die Beschaffungsmärkte (einschließlich solcher für Personal und Kapital), die wesentlichen Einfluss auf die Kosten der Unternehmung haben.

Die Realisierbarkeit von Wettbewerbsvorteilen, bestimmt durch die Fähigkeit zur Nutzung von Wissensvorsprüngen zur Hervorbringung von Innovationen sowie deren Umsetzung in Marktleistungen, hängt – um den Argumentationsstrang aus Abbildung 4-13 wieder aufzunehmen – ursächlich mit dem Geschick der Management-Aufgaben wahrnehmenden Personen bei der Gestaltung weiterer Aktionsfelder zusammen (siehe zum Vergleich auch Abschnitt 2.3.4 zum kompetenztheoretischen Ansatz). Dies sind im Einzelnen (1.) die **Produktionsfaktoren**, die allgemein zugänglich auf Beschaffungsmärkten verfügbar sind und durch die Unternehmung dort in zunächst unternehmungsunspezifischer Form bezogen werden können, und (2.) die **Ressourcen** als materielle und immaterielle unternehmungsspezifische Wirtschaftsgüter, die sich durch das Ausüben von Unternehmerfunktionen als veränderte bzw. veredelte Produktionsfaktoren ergeben (Schneider 1997). Die erfolgreiche Kombination der Ressourcen führt dann zu den schon angesprochenen (3.) **Innovationen**, die schließlich für (4.) die **Marktleistungen** benötigt werden. Damit sind nunmehr alle zentralen Aktionsfelder auf dem Weg zur Erlangung von Wettbewerbsvorteilen skizziert: Ursächlich für das Vorliegen von Wettbewerbsvorteilen ist bei dieser Sicht der Dinge, dass Unternehmungen bzw. die in ihnen tätigen Manager sich beim Ausüben von Unternehmerfunktionen im Hinblick auf die vier Aktionsfelder nicht alle gleichermaßen geschickt verhalten bzw. dabei durchaus höchst verschiedene Fähigkeiten zeigen. Anders ausgedrückt: Beim Vergleich mehrerer Unternehmungen sind Unterschiede im Hinblick auf die dort vorzufindenden Produktionsfaktoren, vor allem aber bezüglich der Ressourcen, Innovationen und Marktleistungen zu beobachten. Wettbewerbsvor- und auch -nachteile sind auf diese Unterschiede zurückzuführen. Die Unternehmung ist daher auf jeder Stufe gefordert, sich fähiger als ihre Konkurrenten zu zeigen, damit es zu Wettbewerbsvorteilen kommt: So schlagen etwa Schwächen bei der Beschaffung der Produktionsfaktoren oder auch bei der Gestaltung der Ressourcen auf die Innovationsfähigkeit und damit auch auf die Marktleistungen ebenso negativ durch, wie Defizite bei der Umsetzung von Innovationen in Marktleistungen selbst herausragende Vorsprünge bei der Ressourcenausstattung letztlich zunichte machen, das Erzielen eines Wettbewerbsvorteils somit verhindern können.

Deutlich wird in dieser Betrachtung auch: Eine Reduktion der Wahrnehmung von Unternehmerfunktion allein auf die Schaffung neuer Geschäftsgrundlagen (Aufgabenbereich der „Exploration" im Sinne von March 1991) greift zu kurz. Gerade im Kontext der Erzielung von Wettbewerbsvorteilen ist es unerlässlich, die Potenziale des neu Erkannten und neu Geschaffenen auch zu erschließen. Dies spiegelt sich im Aufgabenbereich der „Exploitation" im Sinne von March (1991). Beide Aufgabenbereiche sind miteinander zu verzahnen, so dass letztlich die aufeinander abgestimmte Wahrnehmung von Unternehmerfunktionen durch die Unternehmung darüber entscheidet, ob und wie weit Wettbewerbsvorteile entstehen bzw. entstanden sind.

In Abbildung 4-13 sind Verbindungslinien zwischen dem ökonomischen Erfolg als Indikator für Wettbewerbsvorteile und den eben genannten vier Handlungsfeldern des Ausübens von Unternehmerfunktionen zu sehen. Zur Vermeidung von Missverständnissen bedürfen diese Linien einer kurzen Erläuterung. Die Verbindungen sollen nicht nur andeuten, dass der ökonomische Erfolg direkten Einfluss auf die Produktionsfaktoren (durchgezogene Linie) und indirekten Einfluss auf die Ressourcen, Innovationen und Marktleistungen (gestrichelte Linien) hat. Vielmehr sind sie differenzierter so zu verstehen, dass mit dem ökonomischen Erfolg und den daraus zufließenden finanziellen Mitteln (spiegelbildlich gilt dies auch für die misserfolgsbedingt abfließenden Mittel) die Möglichkeiten hinsichtlich Quantität und Qualität bestimmt werden, weitere Produktionsfaktoren zu beschaffen, die für die Hervorbringung ergänzender Marktleistungen benötigt werden. Damit ist der ökonomische Erfolg aber auch zumindest mittelbar bedeutsam für die Gestaltung von Ressourcen, Innovationen und Marktleistungen – daher die gestrichelten Verbindungslinien: Deren Entwicklung bzw. Hervorbringung nämlich wird tendenziell durch den ökonomischen Erfolg und die dadurch verfügbaren Mittel erleichtert. In diesem Zusammenhang sei allerdings dem Missverständnis entgegen gewirkt, dass allein der ökonomische Erfolg einer Vorperiode für die Möglichkeiten des Ausfüllens der vier Aktionsfelder in einer Betrachtungsperiode verantwortlich sein könnte: Das Ausüben der Unternehmerfunktionen beruht nach wie vor auf dem in der Unternehmung verfügbaren Wissen, dessen Bestand sich allerdings von Periode zu Periode verändert, z.B. durch Lernen aus Erfahrungen. Daher haben die Aktivitäten auf jeder Stufe des Modells immer auch Einfluss und Rückwirkungen auf sämtliche anderen Stufen, womit die „Wolke" in Abbildung 4-13 auch weiterhin ihre elementare Bedeutung behält. Damit wurde ein theoretischer Bezugsrahmen für das Handeln von Unternehmungen in Märkten auf Basis der Lehre von den Unternehmerfunktionen dargelegt. In Kapitel 5 werden konkrete Ansatzpunkte für die Handlungsweisen von Unternehmungen als Marktteilnehmern analysiert.

	Verständnisfragen 7:
V7-1	Erläutern Sie Gemeinsamkeiten und Unterschiede verschiedener Ihnen bekannter Sichtweisen der Unternehmerfunktionen!
V7-2	Wie lässt sich mit Hilfe der Lehre von den Unternehmerfunktionen nach Schneider die Wettbewerbsfähigkeit von Unternehmungen erklären?

4.4 Gründung, Entwicklung und Niedergang von Unternehmungen: der Unternehmungslebenszyklus

Überlegungen zum Lebenszyklus von Unternehmungen – oder allgemeiner: Organisationen – auf Basis der evolutorischen Sichtweise von Organisationen (siehe Abschnitt 4.2.5) haben in der wissenschaftlichen Literatur große Verbreitung gefunden. Daher soll diesem Sachverhalt zum Ende des vorliegenden Kapitels Rechnung getragen werden, um noch einmal deutlich zu machen, dass Unternehmungen keine starren Gebilde sind, sondern ebenso wie Märkte Veränderungsprozessen unterliegen.

Lebenszyklusmodelle für Unternehmungen gehen von der grundsätzlichen Annahme aus, dass sich „Organisationen als soziale Systeme im Zeitablauf nach ähnlichen Mustern entwickeln wie biologische Systeme" (Ringlstetter/Kaiser 2004, Sp. 726). Entsprechende Betrachtungen wurden bereits vor langer Zeit angestellt. So verweist Kieser (1992) auf Chapman und Ashton (1914, S. 512): „The growth of a business and its volume and form which it ultimately assumes are apparently determined in somewhat the same fashion as the development of an organism in the animal or vegetable world." Dementprechend würde der Entwicklungsprozess von Unternehmungen gleichsam natürlichen Gesetzen unterliegen und typischerweise die Phasen der Geburt, des Wachstums, der Stagnation, der Degeneration sowie schließlich des Todes durchlaufen. Für jede dieser Phasen können dann bestimmte Handlungsempfehlungen abgeleitet werden. Im Detail liefert die Literatur eine Vielzahl unterschiedlicher Modelle, die auf dieser Grundannahme beruhen, im Einzelnen dann aber spezifische Merkmale aufweisen, z.B. im Hinblick auf die Zahl der identifizierten Phasen oder auch hinsichtlich der Merkmale, die zur Charakterisierung dieser Phasen herangezogen werden (Überblick z.B. bei Korallus 1988).

In der Literatur hat eine Systematisierung dieser Modelle, die auf Nathusius (1979) zurückgeht, große Verbreitung gefunden (Ringlstetter/Kaiser 2004):

■ **Metamorphose-Modelle**, bei denen die Lebenszyklusphasen nach Alter oder Größe der Unternehmung abgegrenzt werden;

- **Krisen-Modelle**, bei denen eine Notwendigkeit von sprunghaften Veränderungen während des Wachstums von Unternehmungen thematisiert wird;

- **Marktentwicklungs-Modelle**, bei denen der Lebenszyklus der Unternehmungen in Abhängigkeit vom Absatzmarkt gesehen wird;

- **Strukturänderungs-Modelle**, bei denen die Lebenszyklusphasen anhand der Veränderungen in der Organisationsstruktur der Unternehmung abgegrenzt werden;

- **Verhaltensänderungs-Modelle**, die sich mit phasentypischen Verhaltensweisen und Einstellungen des Managements beschäftigen.

Zu beachten ist, dass diese Einteilung nicht überschneidungsfrei ist, da sie in erster Linie nach den Aussageschwerpunkten der einzelnen Modelle aufgegliedert ist.

Angesichts der Vielzahl existierender Modelle kann es nicht überraschen, dass die phasenspezifischen Handlungsempfehlungen, die daraus abgeleitet werden können, häufig uneinheitlich sind, je nachdem, welches Modell herangezogen wird. Daher stellt sich beim Versuch der Nutzung in der Praxis die Frage, welches Modell Verwendung finden sollte. Auch eine Zuordnung des Entwicklungsstandes einer Unternehmung ist eindeutig im Prinzip nur in der Gründungsphase und am Ende des Unternehmungslebenszyklus möglich, da die Zyklusverläufe im Detail sehr unterschiedlich aussehen können. Generelle Regeln zum Verlauf von Unternehmungslebenszyklen kann es schließlich kaum geben, wenn man sich den Unterschied zwischen biologischen und sozialen Systemen vor Augen führt: Anders als bei biologischen Organismen kann der Startpunkt des Unternehmungslebenszyklus kaum klar fixiert werden. Zudem sind Unternehmungen nicht von vornherein dazu „verurteilt", igendwann einmal vergehen zu müssen, denn durch ein geschicktes Management kann der Fortbestand von Unternehmungen auch dauerhaft sichergestellt werden (Ringlstetter/Kaiser 2004). Hier kommt dem Unternehmertum bzw. dem Ausüben von Unternehmerfunktionen wiederum eine entscheidende Bedeutung zu. Dies bringt auch die in Abschnitt 4.3.3 noch einmal angesprochene Differenzierung in institutionenbegründende und institutionenerhaltende Unternehmerfunktionen zum Ausdruck: Unternehmertum ist eben nicht nur bei der Gründung von Unternehmungen gefordert, sondern auch im weiteren Verlauf der Existenz der Unternehmung. Gegebenenfalls ist auch das Schließen einer Unternehmung Ausdruck unternehmerischen Verhaltens, wenn nämlich die verantwortlichen Manager erkennen, dass ein weiterer Verbleib im Markt nicht mehr zur Erfüllung der erforderlichen Mindestziele führt und sie sich daher zum Rückzug entschließen, um frei werdende Ressourcen gegebenenfalls an anderer Stelle zur Nutzung sich dort bietender geschäftlicher Möglichkeiten einzusetzen. Insofern sind es neben den externen Einflussfaktoren letztendlich die Manager mit ihrem unternehmerischen Geschick, die darüber (mit)entscheiden, welchen Verlauf eine Unternehmung in ihrem Lebenszyklus nimmt. Dies belegt die eingeschränkte Aussagekraft von Anleihen in der Biologie zur Erklärung von Unternehmungsentwicklungsprozessen. Entsprechende Lebenszyklusmodelle sind insofern sehr wertvoll, um idealtypische Verläufe aufzuzeigen und zu erläutern, sie können aber immer nur ein vereinfachendes und unvollständiges Abbild der Realität zeichnen. An dieser Stelle ist ergänzend und abschließend auf die empirische Pfadforschung zu verweisen (z.B. Schreyögg et al. 2003). Sie will Entwicklungsverläufge von Unternehmungen im Kontext der wettbewerblichen Interaktionen und unter Berücksichtigung von sachlich-zeitlichen Entscheidungszusammenhängen modellieren.

5 Die Unternehmung als handelndes Wirtschaftssubjekt auf Märkten

5.1 Marketing und Management

5.1.1 Entwicklungslinien von Marketing und Management

Marketing und Management sind in der zeitgenössischen Betriebswirtschaftslehre unmittelbar miteinander verknüpft. Diese enge Koppelung bestand nicht immer, sondern ist Ergebnis eines längeren Annäherungsprozesses beider Disziplinen. Nachfolgend soll ein kurzer Überblick über die Entwicklungspfade beider Bereiche gegeben werden.

Die Wissenschaftsdisziplin **Management** verfügt über eine umfangreichere Historie als das Marketing. Müller-Stewens und Lechner (2005) stellen heraus, dass die begrifflichen Ursprünge bis in das 19. Jahrhundert zurückreichen. Nimmt man die Strategielehre als Kristallisationspunkt des Managements hinzu, so reichen die Wurzeln bis in die Kriegsführung der Antike. Gleichwohl hat eine betriebswirtschaftliche Managementlehre als eigenständig wahrnehmbare Disziplin erst in den 30er und 40er Jahren des 20. Jahrhunderts den Durchbruch erzielt (Bowman et al. 2002). Spätestens seit den 1960er Jahren durchlebt die Managementwissenschaft eine Blütezeit, die – von einigen Oszillationen begleitet – bis heute angehalten hat. Während sich ein detaillierter Überblick u.a. anhand der Beiträge von Knyphausen-Aufseß (1995) und Bresser (1998) gewinnen lässt, sollen hier unter Berücksichtigung von Entwicklungsabschnitten ausschließlich einige inhaltliche Schwerpunkte der Entwicklung aufgezeigt werden (Steinmann/Schreyögg 2005; Hungenberg 2006).

- Noch vor der Blütezeit des Managements haben die so genannten "Klassiker des Managements" eine Ausgangsbasis gelegt, die in besonderer Weise von den Problemstellungen der Praxis ausgeht und das Ziel verfolgt, der Entwicklung von Gestaltungsempfehlungen für innerbetriebliche Arbeitsvorgänge zu dienen. Die Arbeiten von Taylor (1911) zum "Scientific Management" auf der Fabrikebene, Fayol (1929) und Weber (1921) lassen sich diesem Zweig zuordnen (Steinmann/Schreyögg 2005). Die Grundausrichtung ist als stark effizienzorientiert, innenfokussiert und mit Blick auf das Menschenbild als recht einschichtig zu betrachten.

- Derartige Akzente waren für die verhaltenswissenschaftlichen Managementforscher wie Barnard (1938), Simon (1948), Cyert und March (1963) ein Anlass, eine andersartige Sichtweise vom Management zu entwickeln. Im Mittelpunkt steht vor allem die Auffassung, dass die Unternehmung eine Koalition unterschiedlicher Individuen und Interessengruppen ist (vgl. hierzu auch Abschnitt 4.2.6). Entsprechend besteht das Management zu einem erheblichen Teil darin, den Zusammenhalt auf dem Wege von Verhandlungsprozessen auch bei dem Regelfall sich widerstrebender Interessen einzelner Personen und/oder Gruppen sicherzustellen.

- Der Einstieg in ein strategisch ausgerichtetes Management, welches die in der Praxis vorherrschende Finanzplanung bzw. Langfristplanung ablöste, wurde vor allem aufbauend auf den Arbeiten von Chandler vollzogen (Chandler 1962). Ausgehend von Fragen des betrieblichen Wachstums, werden wachstumstreibende Größen, wie. z.B. Ressourcen und Kompetenzen (Penrose 1959; Andrews 1971), erstmalig ausführlicher diskutiert und Wachstumsstrategien abgeleitet.

- In den 1970er Jahren wurden diese wissenschaftlichen Untersuchungen um in der Praxis entwickelte Konzepte ergänzt, die vor allem der Steuerung der Vielfalt geschäftlicher Aktivitäten dienten. In diesem Zusammenhang wurden von den Beratungsgesellschaften Portfolio-Modelle entwickelt (siehe Abschnitt 5.2). Damit in enger Verbindung stehend, wurde auf Basis empirischer Untersuchungen der bis heute vor allem methodisch umstrittene Versuch (Nicolai/Kieser 2002) unternommen, Erfolgsfaktoren zu identifizieren (vgl. Abschnitt 1.4.1.6), um spezifische Ansatzpunkte für ein strategisch ausgerichtetes Management zu finden.

- Eine Ausrichtung der Unternehmung auf die sie umgebenden Märkte und Umfelder wurde in den 1980er Jahren im Schwerpunkt durch Porter (1980) vertreten. Porter vertritt die industrieökonomisch basierte Argumentation, dass sich die Unternehmung an den herrschenden Marktstrukturen zu orientieren habe. Aufbauend auf einer **Anpassung** der Unternehmung an den Markt beschreibt er die auf den betrieblichen Prozessen beruhenden Möglichkeiten, einen Wettbewerbsvorteil aufzubauen.

- Eine Gegenposition erfuhr die Auffassung Porters durch die ressourcen- und kompetenzorientierte Sichtweise des Strategischen Managements, die auf den Arbeiten von Penrose (1959), Rumelt (1984) und Wernerfelt (1984) beruht, sich aber erst in den 1990er Jahren gegenüber der industrieökonomischen Sichtweise Porters durchsetzen konnte. Ungleich stärker auf den Voluntarismus fixiert, werden unternehmungseigene Stärkepositionen von marktlicher Relevanz in den Mittelpunkt des Strategischen Managements gerückt.

- Von der voluntaristischen Ausrichtung animiert, können die 2000er Jahre inzwischen als die Epoche verstanden werden, in der das Unternehmertum, hier im Sinne konsequenter Erneuerungsinitiativen, den Charakter des Managements entscheidend prägt. Abbildung 5-1 hebt dies hervor und lässt zudem die früheren Entwicklungsstufen des Managements nochmals in etwas anderer Systematisierung erkennen.

Abbildung 5-1: Entwicklungsphasen des Managements (Quelle: Grant/Nippa 2006, S. 42f.)

Zeitraum	1950er Jahre	1960er bis frühe 1970er Jahre	späte 1970er bis Mitte 1980er Jahre	Mitte 1980er bis 1990er Jahre	2000er Jahre
Dominieren-des Thema	Budgetplanung und -kontrolle	Unternehmens-planung	Positionierung	Wettbewerbsvorteil	Strategische und organisatorische Innovation
Hauptaspekte	Finanzielle Kontrolle mittels operativer Budgets	Planung des Unternehmens-wachstums (insb. Diversifikation und Portfolios)	Markt-/Branchen-auswahl, Positionierung zwecks Marktführerschaft	Strategieausrich-tung auf Quellen des Wettbewerbs-vorteils, Entwicklung neuer Geschäftsfelder	Verbindung von Größe mit Flexibilität/Reak-tionsfähigkeit
Prinzipielle Konzepte und Techniken	Finanzbudgetierung, Investitionsplanung, Projektbewertung	Mittel- und langfristige Vorhersagen, Unternehmens-planungsmodelle, Synergie	Branchenanalyse, Segmentierung, Erfahrungskurve, PIMS-Analyse, Strategische Geschäftsfelder, Portfolio-Planung	Ressourcen und Kompetenzen, Shareholder Value, Wissensmanage-ment, IT	Unternehmens-strategien, Wettbewerb um Standards, Komplexität & Selbstorganisation
Organisatori-sche Kon-sequenzen	Systeme betrieblicher und finanzieller Budgetierung als Erfolgsfaktor, Koordinations- und Kontroll-mechanismen	Planungs-abteilungen, langfristige Pla-nungsprozesse, Mergers & Acquisitions	Multidivisionale und multinationale Strukturen, größere Branchen- und Marktselektivität	Unternehmens-restrukturierung & Reengineering, Neufokussierung, Outsourcing, E-Business	Allianzen und Netzwerke, neue Führungs-modelle, informelle Strukturen, Emergenz

Im Strategischen Management jüngerer Prägung wird somit verstärkt das Verhältnis zwischen Unternehmung und Umwelt thematisiert, welches bezüglich der Einfluss-nahme der Unternehmung auf die Umwelt (et vice versa) in den einzelnen Entwick-lungsabschnitten unterschiedlich beurteilt wird. Diese Erkenntnis ist wichtig, um die Entwicklung des Managements mit der des Marketings in Beziehung zu setzen. Mit der Historie des Marketings (Bartels 1988; Meffert 1994; Hansen/Bode 1999) lässt sich zugleich nachvollziehen, dass der Begriff des Marketings in unterschiedlichster Weise interpretiert werden kann:

▨ Ursprünglich bestand das Marketing primär darin, die Funktion des Leistungs-vertriebs sowie der absatzmarktbezogenen Kommunikation zu übernehmen. Ein derartiges funktionales Verständnis sieht eine nennenswerte Einflussnahme des Marketings auf Leistungsgestaltung und Unternehmungsführung nicht vor. Damit einher ging in der betrieblichen Praxis primär eine innenorientierte Ausrichtung, nach der sich die Nachfrager an den Angeboten zu orientieren haben.

▨ In Käufermärkten mit starker wettbewerblicher Selektion erwies sich eine derartige innengerichtete Sichtweise als äußerst problematisch, was ausgehend von den USA zu einer völligen Kehrtwendung im Verständnis des Marketings führte, die – mit gewissen Abstrichen – auch heute noch Bestand hat. Im Mittelpunkt stand fortan die Ausrichtung auf die Bedürfnisse und Problemstellungen der Kundschaft. Angetrieben durch die Beiträge von Drucker (1954), Levitt (1960) und Kotler (1967) erfolgte eine außenorientierte Sichtweise, die zum "Marketing Concept" erklärt wurde und sich von einer Verkaufsorientierung durch die nachfolgende Charakterisierung abhebt.

Drucker (1954, S. 37):

"There is only one valid definition of business purpose: to create a satisfied customer. It is the customer who determines what the business is. Because it is its purpose to create a customer, any business enterprise has two - and only these two - basic functions: marketing and innovation. (...) Actually marketing is so basic that it is not just enough to have a strong sales force and to entrust marketing into it. Marketing is not only much broader than selling, it is not a specialized activity at all. It is the whole business seen from the point of view of its final result, that is from the customer's point of view."

Levitt (1960, S. 50):

"Selling focuses on the needs of the seller; marketing on the needs of the buyer. Selling is preoccupied with the seller's need to convert his product into cash; marketing with the idea of satisfying the needs of the customer by means of the product and the whole cluster of things associated with creating, delivering and finally consuming (using) it."

Die Hinwendung zum Marketing Concept führte zu einer völligen Neujustierung der Rolle des Marketings, die mit folgenden Konsequenzen einherging: Marketing konnte fortan nicht mehr als eine typische betriebliche Längsschnittfunktion verstanden werden, wie dies etwa noch für die Zusammenfassung vertrieblicher und kommunikativer Prozesse möglich war. Wenn man überhaupt das Marketing noch in den funktionalen Kontext einordnen wollte, so hatte das Marketing den Charakter einer Querschnittsfunktion mit der Aufgabe einer marktorientierten Zusammenarbeit auch mit "marktfernen" Bereichen wie der Forschung & Entwicklung sowie der Produktion. Aufgrund der Notwendigkeit, Absatzmärkte strategisch zu bedienen, wurde es aber in weiten Teilen der Marketingwissenschaft als zweckmäßiger erachtet, Marketing in den Kontext der Unternehmungsführung einzuordnen und Marketing schlechthin als **marktorientierte Unternehmungsführung** zu verstehen (Meffert 1994). Dann aber rücken Marketing und Management so eng zusammen, dass sie nicht mehr voneinander getrennt werden können und ineinander aufgehen. Damit verbunden ist eine Ausrichtung der Unternehmung auf den Engpassfaktor Absatzmarkt. Seitens der Managementwissenschaft sowie anderer Disziplinen der Betriebswirtschaftslehre ist gegen eine derartige Auffassung zum Teil heftig opponiert worden (Schneider 1983). Auch in Anbetracht anderer potenzieller Engpassbereiche sowie der Notwendigkeit zur Betonung interner Stärken zur Gestaltung von Märkten im Sinne der Unternehmung sind Marketing und Management nach der vorübergehenden „Vereinung" derzeit wieder etwas auseinander gerückt.

5.1.2 Marketing als marktorientierte Unternehmungsführung

Mit der obigen Kennzeichnung ist die Grundlage für das Verständnis von Marketing gelegt, wie es innerhalb der Marketing-Wissenschaft in überwiegender Weise Verwendung findet. Eine nähere Kennzeichnung umfasst die Expansions- und Konsolidierungstendenzen der Vergangenheit, die das so genannte "Broadening" und "Deepening" des Marketing Concepts betreffen: Das **Broadening** impliziert, dass Marketing als Denkhaltung auf zunehmend mehr Anwendungsbereiche übertragen worden ist. Ausgehend von den Konsumgütermärkten wurde das Marketing auf Investitionsgüter- und Dienstleistungsmärkte ebenso übertragen wie auf nicht-erwerbswirtschaftliche Organisationen (Non-Profit-Organisationen) und auf soziale Anliegen. In der Interpretation als "Generic Concept of Marketing" (Kotler 1972) gelangte es in allen austauschbezogenen und austauschähnlichen Beziehungen zur Anwendung, was von vielen Marketingforschern zwar als grundsätzlich denkbar, in der konkreten Auslegung aufgrund der damit verbundenen Konsequenzen ("Marketing is everything" im Sinne von McKenna 1991) letztlich doch als zu weit gefasst verstanden wurde. Das **Deepening** stellt die Entwicklung einer zunehmenden Verfeinerung der Marketing-Philosophie dar, die zum Zwecke der Vermeidung von Missverständnissen dringend erforderlich war. Vor diesem Hintergrund ist das Marketing als marktorientierte Unternehmungsführung wie folgt zu charakterisieren, wobei zwischen obligatorischen und fakultativen Bausteinen der Marketing-Philosophie zu differenzieren ist.

Die **obligatorischen Bestandteile des Marketing-Verständnisses** im Sinne einer marktorientierten Unternehmungsführung sind wie folgt zu fassen:

▪ Marketing ist anhand von vier wesentlichen Orientierungspunkten zu kennzeichnen:

- Der Orientierungspunkt **Markt- und Kundenorientierung** stellt die Außenorientierung heraus. Durch ein Denken in Kategorien des Kunden erfolgt die Schaffung von Voraussetzungen, um über ein hohes Maß der nachfragerseitig wahrgenommenen Kundenorientierung zugleich Kundenzufriedenheit zu erzeugen und damit wiederum eine Loyalität des Kunden zu ermöglichen. Das Ende dieser kausalen Kette stellt die Erfolgserzielung dar. Es wird unterstellt, durch ein Denken in Kategorien des Kunden erfolgreicher zu sein als bei einer Ignoranz dieses Prinzips. Dabei ist zu berücksichtigen, dass ein solches Denken nur dann umgesetzt werden kann, wenn die Leistungsträger einer Unternehmung eine derartige Denkweise akzeptiert und internalisiert haben. Auf das damit verbundene Implementierungsproblem ist aufgrund seiner erheblichen Tragweite in Abschnitt 5.5 separat einzugehen.

- Kundenorientierung ist als alleiniges Kennzeichen des Marketings jedoch unzureichend, weil davon auszugehen ist, dass sich auch Wettbewerber in ähnlicher Weise verhalten. Demzufolge ist die Marketing-Philosophie auch dadurch gekennzeichnet, in Kategorien des **Wettbewerbsvorteils** zu denken. Hier zeigt sich die unmittelbare Nähe zum Management.

- Um die Schlagkraft der Unternehmung erhöhen zu können, gleichzeitig aber auch gegenüber geschäftlichen Bedrohungen abgesichert zu sein, impliziert die Marketing-Philosophie ein Denken in den Kategorien des **marktlichen Umfelds**, wie es innerhalb von Kapitel 1 beschrieben worden ist. Jüngere Beispiele bezüglich der frühzeitigen Nutzung elektronischer Medien (erleichterte Kommunikation, neue Möglichkeiten zur Distribution bzw. Distributionsunterstützung, Elektronisierung der Dienstleistungserbringung) belegen, wie wichtig es aus Marketing-Sicht ist, derartige Chancen zur Verbesserung des Marketings zu nutzen.
- Darüber hinaus impliziert Marketing das Denken in strategischen und operativen Kategorien.

▨ Marketing beruht auf der Anwendung des Rekursprinzips: Das Rekursprinzip besagt in der konkreten Anwendung auf das Marketing, dass die Erfüllung eigener Ziele der Unternehmung nur auf mittelbarem Wege möglich ist, und zwar dann, wenn es durch die Bezugnahme auf den Kunden gelingt, zumindest einen Beitrag zur Lösung seiner Probleme und damit zur Erfüllung seiner Ziele zu leisten. Damit wird zugleich deutlich, dass Kundenorientierung nicht als Selbstzweck zu missdeuten ist, sondern im Gegenteil ein Mittel zum Zweck der Erreichung der eigenen Unternehmungsziele darstellt.

▨ Durch die soeben geführte Diskussion wird ersichtlich, dass Marketing darüber hinaus als ein Konzept zur zielgerichteten Steuerung von Tauschprozessen zu verstehen ist.

▨ Hammann et al. (2001) weisen ferner darauf hin, dass über die einzelwirtschaftliche Ebene hinaus Marketing zur Beseitigung marktlicher Engpässe beiträgt.

▨ Marketing muss zumindest als das marktorientierte Management von Absatzmärkten verstanden werden. Ob und ggfs. welche weiteren Märkte ebenfalls dem Marketing zu subsumieren sind, ist Gegenstand der fakultativen Merkmale.

Wenn nachfolgend von **fakultativen Merkmalen der Marketing-Philosophie** die Rede ist, so lässt sich daran erkennen, dass sich die inhaltliche Tragweite des Marketings über den o.g. Bereich hinaus ausweiten lässt. Ob und wie weit eine Ausweitung des Marketings sinnvoll ist, soll nicht Gegenstand der Darstellung sein. Es ist vielmehr aufzuzeigen, was auf Basis von Überlegungen innerhalb der Marketing-Wissenschaft auch als Objektbereich der Disziplin verstanden werden kann.

▨ Eine erste Ausweitung besteht darin, Marketing als marktorientierte Unternehmungsführung nicht nur auf Absatzmärkte zu begrenzen, sondern alle marktlichen Schnittstellen mit in die Betrachtung aufzunehmen. Konkret beinhaltet eine solche Denk- und Vorgehensweise:

- ein **Beschaffungsmarketing** zur zielgerichteten Einflussnahme auf die Beschaffungsmärkte, wie es z.B. von Hammann und Lohrberg (1986) oder Koppelmann (2004) eingefordert wird (vgl. Abschnitt 5.6.3),

- ein **Finanzmarketing** (Süchting 1995), um auf den Finanzmärkten ein Denken in den Kategorien der Investoren zu praktizieren und unter Berücksichtigung von deren Wünschen Voraussetzungen für den Zugang zu Finanzmitteln sowie für die Vereinbarung günstiger Konditionen aus Sicht der Unternehmung zu schaffen,

- ein **Personalmarketing**, um aus der Vielzahl potenzieller Arbeitskräfte durch Orientierung an deren Bedürfnissen diejenigen für die Unternehmung zu gewinnen, die unter relevanten Kriterien, wie etwa Leistungsfähigkeit, Motivation, Loyalität, den höchsten Zielerreichungsgrad versprechen.

▨ Eine zweite, noch weiter greifende Ausweitung stellt darauf ab, über die direkten marktlichen Schnittstellen hinaus auch das Management derjenigen Beziehungen in das Marketing einzubeziehen, die im weiteren Sinne als Tauschverhältnisse verstanden werden können. Derartige Konstellationen liegen etwa vor, wenn die Beziehungen zu den externen Stakeholder-Gruppen einer Unternehmung betrachtet werden (z.B. Staat, Öffentlichkeit, öffentliche Meinung).

▨ Zum Teil wird auch ein so genanntes "internes Marketing" gefordert (Stauss 2001). Es beinhaltet die planvolle Gestaltung unternehmungsinterner Austauschbeziehungen und wird in ein personalorientiertes internes Marketing, ein Marketing interner Leistungen und ein kooperationsinternes Marketing unterschieden.

Die Betrachtung lässt erkennen, dass die Breite dessen, was unter Marketing als marktorientierter Unternehmungsführung zu verstehen ist, maßgeblich davon abhängt, wie eine Kundenbeziehung interpretiert wird. Löst man sich von der Vorstellung, dass Kundenbeziehungen nur zu Nachfragern auf Absatzmärkten im engeren Sinne bestehen, so wird der Kreis dessen, was unter Marketing erfasst werden kann, zum Teil drastisch erweitert.

5.1.3 Strategieverständnis

Die bisherige Betrachtung hat deutlich werden lassen, dass Marketing bei weitem nicht mehr ausschließlich instrumentell und damit primär operativ interpretiert werden kann. Vielmehr hat das Marketing wesentliche strategische Aufgaben wahrzunehmen. In Anbetracht dieser Tatsache stellt sich die Frage, was strategisches Handeln und damit auch eine Strategie kennzeichnet. Eine derartige Betrachtung ist unerlässlich, um nachfolgend den Strategieprozess, die Strategische Analyse sowie die Strategiefindung nachvollziehen zu können.

Nicht selten findet sich in Lehrbüchern die Formulierung, die Strategie sei ein vollständiges Handlungsprogramm (z.B. Hammann et al. 2001). Dieser Auffassung kann inhaltlich nicht widersprochen werden, wie sich auch anhand der nachfolgenden Ausführungen zeigen wird. Allerdings trägt eine derartige Kennzeichnung wenig zur Klärung der Inhalte von Strategien bei. Demnach muss eine darüber hinaus greifende Strategiediskussion einsetzen, die zugleich klärt, welche Handlungen das Programm bestimmen und wann ein Programm als vollständig einzuordnen ist. Aufgrund der zentralen Bedeutung des Strategiebegriffs für Marketing und Management ist es erforderlich, ein präzises Verständnis auf Basis älterer und jüngerer Beiträge zum Thema zu entwickeln. Entsprechend ist es nützlich, anhand von Tabelle 5-1 einen Überblick über Strategieinterpretationen in der Literatur zu vermitteln.

Autor(en)	Strategiebegriff	Input für Strategiediskussion
Chandler 1962	"... the determination of the long run goals and objectives of an enterprise, and the adoption of courses of action and the allocation of resources necessary for carrying out these goals."	– Zielbestimmung – Allokation
Quinn 1980	"A strategy is a pattern or a plan that integrates an organization's major goals, policies, and action sequences into a cohesive whole. A well-formulated strategy helps to marshal and allocate an organization's resources into a unique and viable posture based upon its relative internal competences and shortcomings, anticipated changes in the environment, and contingent moves by intelligent opponents."	– Zielbestimmung – Ordnungs- bzw. Klammerfunktion – Allokation
Stoner et al. 1995	"... the broad program for defining and achieving an organization's objectives; the organization's response to its environment over time."	– Zielbestimmung und Zielerfüllung
Grønhaug/ Nordhaug 1992, S. 439	"Strategy involves efforts directed at creating the best possible use of the resources possessed by the firm. Emphasis is placed on the utilization of the organization's relative advantages vis-a-vis the competitors in its efforts to serve the market."	– Allokation – Wettbewerbsvorteilsorientierung
Ohmae 1983	"What business strategy is all about is, in a word, competitive advantage. (...) The sole purpose of strategic planning is to enable a company to gain, as efficiently as possible, a sustainable edge over its competitors. Corporate strategy thus implies an attempt to alter a company's strengths relative to that of its competitors in the most efficient way."	– Wettbewerbsvorteilsorientierung
Day/ Wensley 1988, S. 1	"Strategy is about seeking new edges in a market while slowing the erosion of present advantages."	– Wettbewerbsvorteilsorientierung

Fortsetzung Tabelle 5-1:

Porter 1996, S. 68, 70, 75	(1) Positioning: "Strategy is the creation of a unique and valuable position, involving a different set of activities. (...) The essence of strategic positioning is to choose activities that are different from the rivals'." (2) Trade-offs: "Strategy is making trade-offs in competing. The essence of strategy is choosing what not to do. Without trade-offs, there would be no need for choice and thus no need for strategy. Any good idea could and would be quickly imitated." (3) Fit: "Strategy is creating a fit among a company's activities. The success of a strategy depends on doing many things well - not just a few - and integrating among them. If there is no fit among activities, there is no distinctive strategy and little sustainability."	– Wettbewerbs-vorteils-orientierung – Umsetzung von Wettbewerbs-vorteilen
Andrews 1971	"... finding a match between what a firm can do (organizational strengths and weaknesses) within the universe of what it might do (environmental opportunities and threats)." "... strategy as a means for helping them [senior managers] shape the future destiny of their firms."	– Selektions- und Allokations-funktion – Zielerfüllung
Day 1984	"A strategy provides a logic that integrates the parochial perspectives of functional departments and operating units, and points them all in the same direction. Otherwise, each function will do what it thinks important or serves its immediate interests."	– Ordnungs-funktion

Tabelle 5-1: Strategieinterpretationen in der Literatur

Die Betrachtung lässt erkennen, dass insbesondere drei wesentliche Merkmale bestimmen, worin eine Strategie besteht:

■ Im Mittelpunkt einer Strategie steht die Funktion, die betrieblichen Aktivitäten zu ordnen und zu lenken. Diese Ordnungs- und Lenkungsfunktion ist untrennbar mit der Notwendigkeit verknüpft, knappe Faktoren in möglichst sinnvoller Weise zu allozieren. Diese Allokationsfunktion ist wiederum mit Koordinationsentscheidungen verbunden, die sowohl den Innenbereich der Unternehmung als auch ihre Verbindungen zur Außenwelt betreffen. Insofern handelt es sich bezüglich des ersten Merkmals einer Strategie um den sachlichen Verbund aus **Allokation** von Mitteln, **Koordination** von Aktivitäten und deren **Integration**.

■ Die Ordnung und Integration betrieblicher Aktivitäten wirft unmittelbar die Anschlussfrage nach dem relevanten Orientierungspunkt auf. Die Antwort lässt sich einigen Definitionen gemäß Tabelle 5-1 entnehmen (z.B. Chandler 1962; Quinn 1980), die zum Teil explizit auf die grundlegenden **Unternehmungsziele** abstellen. Damit lässt sich an dieser Stelle festhalten, dass die Setzung grundlegender Ziele sachlogisch kaum von der Strategie zu trennen ist. Die Ziele sind Ausgangspunkt einer Strategie und geben damit den Rahmen für die Grundausrichtung der Tätigkeit. Ziele benötigen aber zugleich Objekte, auf die sie sich beziehen. Die **Definition einer Geschäftsgrundlage** im Sinne eines als relevant erachteten Marktes stellt ein derartiges Objekt dar. Kernelement einer Strategie ist somit zugleich die Bestimmung der Geschäftstätigkeit in Verbindung mit der grundlegenden Ausrichtung, wie das Geschäft betrieben werden soll (**Richtungsentscheidung**).

■ Einige Definitionen lassen deutlich erkennen, welchem Zweck eine Strategie dient (Ohmae 1983; Grønhaug/Nordhaug 1992): der **Erzielung von Wettbewerbsvorteilen**. Zu Konkretisierungszwecken ist der Hinweis auf die Implikationen erforderlich, wenn die Erwirtschaftung von Wettbewerbsvorteilen zum integralen Bestandteil des Strategieverständnisses wird: Eine solche Sichtweise bedeutet, dass eine Strategie auf die Schaffung neuer und den Ausbau bzw. die Erhaltung vorhandener **Erfolgspotenziale** gerichtet ist, da sich in den Erfolgspotenzialen die Wettbewerbsvorteile konkretisieren. Da Erfolgspotenziale vor allem in Form Strategischer Geschäftsfelder zum Teil sehr schnell akquiriert (aber auch abgestoßen) werden können, wird deutlich, dass strategisches Handeln nicht zwangsläufig mit langfristigem Agieren gleichzusetzen ist.

Eine solche Kennzeichnung ist nützlich, um ein präziseres Verständnis von den Inhalten einer Strategie zu erhalten. Wann aber ein Handlungsprogramm vollständig ist, kann auch mit den genannten Elementen einer Strategie noch nicht in befriedigender Weise bestimmt werden. Vor diesem Hintergrund ist es verständlich, dass in den späten 1990er Jahren erneut eine intensivere Strategiediskussion geführt wurde, welche einer diesbezüglichen Klärung diente. Vor allem Porter (1996) leistete einen entsprechenden Beitrag, der insbesondere Eignung aufwies, die schwierige Frage nach den grundsätzlichen Orientierungspunkten für die Umsetzung von Wettbewerbsvorteilen präziser zu beantworten. Seine diesbezüglichen Leitlinien sind ebenfalls Tabelle 5-1 zu entnehmen. Auf sie ist nachfolgend unter Bezugnahme auf Freiling (2002) einzugehen:

■ **Strategische Positionierung**: In der strategischen Positionierung ist in der Auffassung Porters das kreative Element zu sehen. Sie beinhaltet das von Unternehmungsstärken ausgehende Auffinden einer marktlichen Position, die für die Zielkunden attraktiv ist und zugleich eine Abhebung von der Konkurrenz erlaubt. Die Erkennung von bislang unbeachteten Lücken stellt eine Chance dar, Wettbewerbsvorteile zu erlangen.

■ **Strategische Selektion**: Unternehmungen laufen Gefahr, eine Marktaufgabe zu definieren, die derart breit angelegt ist, dass sie aus Kundensicht nicht in kompetenter Weise bezogen werden kann. Insofern erfordert die Erlangung von Wettbewerbsvorteilen zugleich eine der Mittelausstattung angepasste Fokussierung, um in einem entsprechend definierten marktlichen Handlungsraum die notwendige Wirkung für einen wettbewerblichen Vorteil entfalten zu können.

■ **Strategische Stimmigkeit**: Wenn eine bestimmte Zielposition bezogen wird, ist es erforderlich, die betrieblichen Prozesse konsequent auf deren Erreichung auszurichten. Dies erfordert eine Abstimmung der Prozesse untereinander sowie ein über die Zeit hinweg permanent zu verbesserndes Ineinandergreifen der entsprechenden Tätigkeiten. Je besser eine derartige Abgestimmtheit gelingt, desto besser sind die Aussichten für die Unternehmung, sich im Wettbewerb durch Synergien abzusetzen.

Die entsprechenden Überlegungen Porters (1996) sind in das Modell der so genannten "Produktivitätsgrenze" eingegangen, auf welches im Zuge des Fallbeispiels 3 (Dell Computer Corp.) im Anhang Bezug genommen wird. Anhand der beschriebenen Elemente liegt nunmehr ein genaueres Verständnis vor, was unter Strategie in inhaltlicher Sicht zu verstehen ist. Eine Ergänzung ist insofern erforderlich, als Strategien mit einem Prozess einhergehen, den es nachfolgend vorzustellen gilt.

5.1.4 Überblick über den Strategieprozess im Marketing und Management

Der Strategie- und Managementprozess lässt sich in unterschiedlicher Weise interpretieren. Es besteht die Möglichkeit, ihn als zeitliche Aneinanderreihung der Wahrnehmung einzelner Aufgaben zu verstehen. Geht man einen derartigen Weg, wäre eine phasenbezogene Schnittlegung z.B. wie folgt zu gestalten:

■ Analyse,
■ Planung,
■ Entscheidung,
■ Umsetzung und
■ Kontrolle.

Ein solches Verständnis ließe sich auf Basis entsprechender Rahmenwerke in der Literatur noch weiter ausdifferenzieren. Allerdings stellt sich die Frage, ob es sich bei den genannten Prozessabschnitten um zeitlich aneinander anschließende Bereiche handelt oder ob nicht vielmehr auch eine Parallelität möglich und sogar in vielen Fällen üblich ist. Dies lässt sich etwa nachvollziehen, wenn Gulick (1937) in Anlehnung an die Kapitalien der unten aufgeführten Prozessbereiche das so genannte "POSDCORB"-Modell vorstellt, welches sich in der konkreten Abfolge auf sieben Bereiche des strategierelevanten Managements bezieht. Bezüglich der entsprechenden Teilbereiche ist festzustellen, dass bestimmte Aufgaben überlappend sind und zum Teil sogar Querschnittsbereiche im Managementprozess repräsentieren. Die Budgetierung und die Koordination können als Beispiele gelten. Die genaue Unterscheidung stellt sich wie folgt dar:

■ Planning,
■ Organizing,

- Staffing (Stellenbesetzung),
- Directing,
- CO-ordinating,
- Reporting (Berichterstattung) und
- Budgeting.

In Anbetracht derartiger Realphänomene stellt sich dann grundsätzlich die Frage, ob sich der Managementprozess nicht in Analogie zum Prozessmodell der Unternehmung (Abschnitt 4.2.3.2) aus bestimmten Hauptprozessen zusammensetzt, die im Schwerpunkt nebeneinander ablaufen und sich gegenseitig ergänzen. Ein derartiges Modell, welches Hauptprozesse im Managementprozess zu identifizieren sucht, kann sich folgender Strukturelemente bedienen:

- **Analyse- und Informationsprozess**, der die permanente Bereitstellung entscheidungsrelevanter Informationen zum Ziel hat,

- **Führungsprozess**, welcher die ständige Verpflichtung der Unternehmungseinheiten auf den gewählten strategischen Pfad zum Gegenstand hat und Motivationsfragen einschließt,

- **Allokationsprozess**, durch den die zielgerechte Verteilung knapper Inputgüter sicherzustellen ist,

- **Koordinationsprozess**, der die Verteilung von Verantwortung ebenso beinhaltet wie die interne und an den externen Schnittstellen ansetzende Abstimmung,

- **Controllingprozess**, durch den geeignete Maßgrößen identifiziert, Messverfahren implementiert, unter Nutzung der im Informationsprozess erhobenen Anhaltspunkte Soll-/Ist-Vergleiche vorgenommen werden und Ursachenanalysen erfolgen.

Aufgrund der Bedeutung erscheint es notwendig, das Controlling etwas ausführlicher zu beleuchten: Das Controllingverständnis in der Betriebswirtschaftslehre kann nicht als einheitlich betrachtet werden und unterliegt im Zeitverlauf Änderungen. Erstaunlich ist, dass der Controlling-Begriff trotz seiner unverkennbaren angelsächsischen Herkunft im betriebswirtschaftlichen Bereich weitgehend an den deutschen Sprachraum gebunden ist. Im englischsprachigen Raum finden sich dafür als weitgehend analoge Bezeichnungen die Begriffe „Management Accounting" bzw. „Managerial Accounting". Wie eng bzw. weit das Controlling gefasst werden kann, ist in der Literatur rege und kontrovers diskutiert worden. Unstrittig ist, dass das Controlling im Sinne des englischen Verbs „to control" weiter zu fassen ist als das deutsche Verb „kontrollieren", so dass dem Controlling eine Steuerungsfunktion zugewiesen werden kann. Diese Steuerungsfunktion ist im Wesentlichen als Entscheidungsunterstützungsfunktion, nicht aber als Entscheidungsfunktion zu verstehen. Letzteres würde das Controlling dann ja auch in den Rang des Managements heben, was jedoch in der deutschen Betriebswirtschaftslehre mehrheitlich so nicht gesehen wird. Was aber im Detail die Steuerungs- und Kontrollaufgaben des Controllings bestimmt, kann den unterschiedlichen Konzeptionen gemäß Tabelle 5-2 entnommen werden. Wenngleich sich kein Verständnis eindeutig durchgesetzt hat, so wird Controlling heutzutage doch mehrheitlich so weit gefasst, dass neben Informationsaufgaben auch Planungs- und Kontrollaufgaben wahrzunehmen sind.

Konzeption	Hauptvertreter	Zentrale Inhalte
informationsorientierter Controlling-Ansatz	Müller 1974	Controlling als Abstimmung der Informationserzeugung und -bereitstellung auf den Informationsbedarf
planungs- und kontrollorientierter Controlling-Ansatz	Horváth 1978	Controlling als Abstimmung des Planungs- und Kontrollsystems mit dem Informationsversorgungssystem
koordinationsorientierter Controlling-Ansatz	Küpper 1988, Weber 2004	Controlling als Koordination des Führungsgesamtsystems (Koordination als Planung, Kontrolle, Gestaltung des Informationssystems, Personalführung, Organisation)

Tabelle 5-2: Controlling-Verständnisse im deutschsprachigen Raum

Somit ist in der Tendenz eine Ausweitung der Inhalte festzustellen, die dem Controlling zugeordnet werden. Während es ursprünglich als Ergänzung des Rechnungswesens fungierte und operative Informationen lieferte, hat es über die Zeit in immer stärkerer Weise strategische Funktionen im Bereich der Entscheidungsunterstützung übernommen. Viele der in Abschnitt 5.2 beschriebenen Planungs- und Analysemethoden werden heute dem Controlling zugeordnet. In jüngerer Zeit hat daneben die Auseinandersetzung um das so genannte Performance Measurement bzw. Performance Management die Grundausrichtung des Controllings beeinflusst. Ein Performance Management (vgl. stellvertretend für andere Müller-Stewens/Lechner 2005) versucht, neben einer Betrachtung der Entwicklung finanzwirtschaftlicher Kennzahlen (wie Gewinn, Deckungsbeitrag, Rentabilität) auch die so genannten „Vorsteuergrößen" des Erfolgs zu erfassen. Größen, die auf den Erfolg grundsätzlich Einfluss nehmen können, wurden bereits im Abschnitt 1.4.1.6 im Kontext der Auseinandersetzung um Erfolgspotenziale und Erfolgsfaktoren diskutiert. Im Performance Management wird in hierarchisch gestaffelter Weise zunächst auf die Kundenperspektive (z.B. Kundenzufriedenheit, Kundenloyalität) zurückgegriffen, die der finanzwirtschaftlichen Perspektive kausal vorgelagert ist: Ohne Zufriedenstellung des Kunden ist zumindest mittel- bis langfristig kaum an eine Erzielung überdurchschnittlicher Gewinne zu denken, weil die Erlöspotenziale bedroht sind. Die Kundenperspektive beruht wiederum auf der internen Prozessperspektive: So ist die Qualität interner Prozesse eine Grundlage für die Erzielung von Kundenzufriedenheit. Die Wettbewerbsfähigkeit interner Prozesse ist wiederum abhängig von der Lern- und Entwicklungsperspektive (z.B. die Entwicklung des Fachwissens der Mitarbeiter). Diese vier aufeinander aufbauenden Perspektiven ermöglichen eine Ausrichtung des Controllings, die sich stärker von vergangenheitsorientierten Größen wie erzielten Gewinnen löst und aktuell sowie zukünftig relevante Entwicklungen mit erfasst. Darüber hinaus beziehen sich die Informationen nicht mehr primär auf interne Größen, sondern auch auf den Markt. Im Performance Management besteht die Gelegenheit einer ausgewogenen Betrachtung aller oben genannten Perspektiven, und zwar insbesondere in Form von „Balanced Scorecards" (Kaplan/Norton 1997).

Im Sinne einer zeitlichen und zum Teil auch inhaltlichen Überlappung bestimmter Teilelemente eines umfassenden Strategie- und Managementprozesses gestaltet sich die weitere Vorgehensweise: Analyse, Planung, Allokation und Controlling greifen bereits ineinander, wenn es gilt, im nachfolgenden Schritt die Bestimmung der strategischen Position der Unternehmung im Markt vorzunehmen. Koordinative Aspekte treten hinzu, wenn daran anschließend Zielbildung, Strategiefindung und Strategieumsetzung diskutiert werden.

	Verständnisfragen 8:
V8-1	Skizzieren Sie das Verhältnis von Marketing und Management. Gehen Sie auf unterschiedliche Sichtweisen bezüglich des Verhältnisses ein.
V8-2	Warum kann es sinnvoll sein, Marketing und Management eng miteinander zu verzahnen?
V8-3	Diskutieren Sie, wie weit es sinnvoll ist, eine Strategie als vollständiges Handlungsprogramm zu verstehen.

5.2 Die Analyse der strategischen Position von Unternehmungen im Markt

5.2.1 Strategische Geschäftsfelder als Basis der Unternehmungsanalyse

Die Analyse der strategischen Position von Unternehmungen im Markt stellt den Ausgangspunkt des Prozesses der Strategieentwicklung dar. Grundsätzlich sind dabei die folgenden Untersuchungsfelder zu berücksichtigen:

- Nachfrager,
- Konkurrenz,
- marktliches Umfeld (technologisch, gesellschaftlich-kulturell, rechtlich-politisch, ökonomisch),
- Unternehmung.

Während die ersten drei Faktoren der Marktanalyse (bzw. externen Analyse) zugerechnet werden können, für die relevante Fragestellungen sowie entsprechende Analyseinstrumente bereits in Abschnitt 3.2 vorgestellt wurden, sind im Rahmen des vorliegenden Abschnitts 5.2 noch entsprechende Überlegungen zur Unternehmungsanalyse (bzw. internen Analyse) zu ergänzen, um auf diese Weise die Grundlage für die Analyse der strategischen Position von Unternehmungen im Markt zu schaffen.

Bevor darauf näher eingegangen wird, muss jedoch zunächst auf das Konstrukt des **„Strategischen Geschäftsfelds (SGF)"** eingegangen werden, da diese Strategischen Geschäftsfelder Träger insbesondere der Wettbewerbsstrategien (siehe Abschnitt 5.4) der Unternehmungen sind. Mithin sind sie auch Gegenstand der strategischen Analyse, die mit Hilfe der vor allem in den Abschnitten 5.2.2 und 5.2.3 behandelten Instrumente durchgeführt wird.

Strategische Geschäftsfelder lassen sich an Hand der folgenden **Abgrenzungskriterien** bilden (Becker 2006, S. 419):

- „ein eindeutig definierbares und dauerhaftes **Kundenproblem** (= spezifische Produkt-/Markt-Kombination) als relativ autonome Einheit mit eigenen Chancen, Bedrohungen und Tendenzen,

- diese spezifische Produkt/Markt-Kombination hebt sich klar von **anderen Kombinationen** ab (= intern homogen, extern heterogen), und zwar u.a. in Bezug auf
  - Kundenbedürfnisse (z.B. Qualitäts-, Image-, Preis-, Serviceansprüche),
  - Marktverhältnisse (z.B. Größe, Wachstum, Wettbewerbsstruktur),
  - Kostenstruktur (z.B. Forschung und Entwicklung, Produktion, Marketing),

- für diese spezifische Produkt/Markt-Kombination können unabhängig von den Strategien in anderen Geschäftsfeldern **eigene Strategien** geplant und realisiert werden [A.d.V.: es dürfen somit **keine Verbundeffekte** zwischen verschiedenen SGF existieren],

- diese spezifische Produkt/Markt-Kombination muss vorhandene **Wettbewerbsvorteile** nutzen bzw. solche aufbauen können (wichtig für die konkurrenzorientierte Formulierung von Strategien)".

- Zudem sollte jedes SGF eine **einheitliche Leitung** mit eindeutigen Führungskompetenzen aufweisen sowie einen eigenständigen Abrechnungskreis innerhalb des Rechnungswesens der Unternehmung darstellen (Kleinaltenkamp 2002a).

In der Praxis sind diese Kriterien in ihrer Gesamtheit nur schwer einzuhalten, denn insbesondere die Nicht-Existenz von Verbundeffekten ist in den seltensten Fällen gegeben. Zudem ist zu beachten, dass ein strenges Befolgen dieses Kriteriums auch positive Verbundeffekte, z.B. beschaffungsvolumenabhängige Vorteile im Einkauf oder die gemeinsame Nutzung der Vertriebsorganisation, zerschneiden kann und daher ökonomisch unter Umständen nachteilig wäre. Insofern werden die SGF-Abgrenzungen von dem beschriebenen „Idealfall" zwangsläufig mehr oder weniger abweichen müssen, wobei vor allem die Beachtung der marktbezogenen Kriterien in den meisten Fällen besonders wichtig ist, wenn tatsächlich eine eigenständige Steuerung der verschiedenen Marktaktivitäten der Unternehmung angestrebt wird. Darauf nämlich zielt die Zerlegung der Unternehmungsaktivitäten in SGF ab, weshalb auch von „Produkt-Markt-Kombinationen" oder „Markt-Konkurrenz-Angebotskombinationen" gesprochen wird (Kleinaltenkamp 2002a). Mit der Bildung der SGF wird gleichzeitig eine im Vergleich zur Gesamtunternehmung geringere Komplexität der für strategische Entscheidungen jeweils relevanten Umweltfaktoren angestrebt.

Häufig werden Strategische Geschäftsfelder (SGF) von Strategischen Geschäftseinheiten (SGE) unterschieden. Tabelle 5-3 zeigt die wesentlichen Unterschiede.

	Strategisches Geschäftsfeld	Strategische Geschäftseinheit
Form der Segmentierung	Außensegmentierung	Innensegmentierung
Umsetzungsgrad	Gedankliche Abgrenzung	Real-organisatorische Abgrenzung
Originärer Charakter	Nicht an die Definition von SGE gebunden	Immer an die Definition von SGF gebunden

Tabelle 5-3: Unterscheidungsmerkmale von Strategischen Geschäftsfeldern und Strategischen Geschäftseinheiten (Quelle: Link 1985, S. 52)

Die Tabelle macht deutlich, dass im Sinne einer marktorientierten Unternehmungsführung die gedankliche Abgrenzung der SGF der Abgrenzung organisatorischer SGE vorausgehen muss. Nicht unumstritten ist jedoch, ob es überhaupt einer real-organisatorischen Umsetzung der SGF bedarf (zu entsprechenden Quellen zusammenfassend Kleinaltenkamp 2002a):

▨ Zum Teil wird die Auffassung vertreten, dass SGF nur als gedankliche Konstrukte mit Hilfsmittelfunktion verstanden werden sollten. Die bestehende Unternehmungsorganisation müsste insofern erhalten bleiben, SGF dürften allein im Rahmen der strategischen Planung Berücksichtigung finden.

▨ Genau entgegengesetzt argumentieren andere Autoren, die eine konsequente organisatorische Umsetzung der SGF in Form von SGE für zwingend erforderlich halten, um die mit der SGF-Bildung angestrebten strategischen Zielsetzungen auch tatsächlich adäquat verfolgen zu können. SGF sollten daher mit entsprechenden organisatorischen Einheiten identisch sein.

▨ Eine Zwischenposition nehmen die Vertreter einer so genannten „**dualen Organisation**" ein (Szyperski/Winand 1979). Diese schlagen vor, SGF als Organisationseinheiten „neben" der eigentlichen Organisation zu führen (Sekundärorganisation).

SGF sollten – dies wird gerade aus der Marketingperspektive betont – in jedem Fall vom Markt, nicht aber von den Produkten her abgegrenzt werden, denn es ist ebenso denkbar, dass ein Produkt in mehreren Geschäftsfeldern abgesetzt wird, wie möglicherweise mehrere Produkte einem Geschäftsfeld zugerechnet werden können (Kleinaltenkamp 2002a). Im ersten Fall jedoch ist offenkundig, dass erhebliche Verbundeffekte bei der Produktion, aber auch in der Beschaffung bei der SGF-Abgrenzung in Kauf genommen werden müssen. Eine „Identität" von Produkten bzw. Produktgruppen und SGF sollte nur dann gegeben sein, wenn die betreffenden Produkte tatsächlich jeweils auf eine entsprechende homogene Marktkonstellation (insbesondere hinsichtlich Kunden und Konkurrenten) treffen. Finden sich dagegen für ein Produkt unterschiedliche Marktkonstellationen, werden i.d.R. unterschiedliche Strategien und damit auch unterschiedliche SGF sinnvoll und erforderlich sein.

Bei der Abgrenzung von SGF sollte darüber hinaus immer auch beachtet werden, dass sich die Ausprägungen der verschiedenen Abgrenzungskriterien angesichts der Umweltdynamik im Zeitverlauf verändern, so dass eine regelmäßige Überprüfung und gegebenenfalls Anpassung der SGF-Abgrenzung erforderlich ist.

Besondere Popularität hat im Rahmen der SGF-Abgrenzung der Ansatz von Abell (1980) gefunden, der auf den in Abbildung 5-2 dargestellten drei Kriterien beruht.

Abbildung 5-2: Dimensionen der Geschäftsfeldabgrenzung (Quelle: Abell 1980, S. 27)

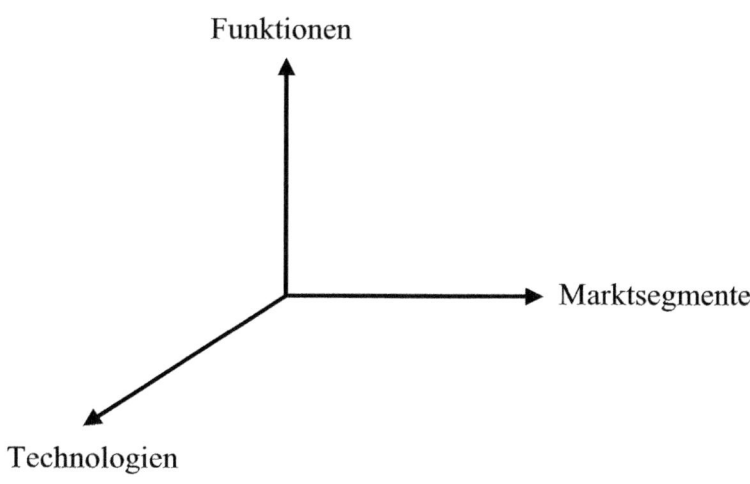

Für jedes Geschäftsfeld wird aus den grundsätzlich möglichen Aktivitäten ein bestimmter Teilbereich ausgewählt, nämlich

▪ bestimmte Marktsegmente (siehe Abschnitt 3.2.1.1.5) aus der Gesamtheit der Nachfrager,

▪ bestimmte Funktionen, die die entsprechenden Angebote beim Kunden erfüllen sollen, woraus sich dann Rückschlüsse für das dem SGF zuzuordnende Leistungsspektrum ergeben,

▪ sowie bestimmte Technologien, die der Erfüllung der vorgesehenen Funktionen dienen sollen, aus denen sich somit gleichfalls Rückschlüsse auf die angebotenen Leistungen ergeben.

Beispiel 5-1 verdeutlicht diese Vorgehensweise für einen Fall aus dem Investitionsgüterbereich (Kleinaltenkamp 2002a, S. 68).

Beispiel 5-1: Abgrenzung Strategischer Geschäftsfelder eines Werkzeugmaschinenherstellers

Die Aktivitäten eines Werkzeugmaschinenherstellers können anhand folgender Kriterien in Strategische Geschäftsfelder gegliedert werden:

▪ Die Funktionserfüllung kann das maschinelle Bohren, Fräsen und/oder Schleifen umfassen. Zusätzlich kann auch eine Anwendungsberatung angeboten werden.

▪ Die gewünschten Funktionen können durch mechanische Bearbeitung, Erodieren, Laserschneiden oder Wasserstrahlschneiden herbeigeführt werden. Auch könnte hierbei auf die Zahl der Achsen, die Zahl der Spindeln oder die Art der Steuerung, über die eine Maschine verfügt, abgestellt werden.

▪ Als Nachfragersegmente kommen kleine und mittelgroße Unternehmungen des Werkzeug- und Formen- sowie des Prototypenbaus, die Zulieferindustrie oder Großbetriebe der Automobilindustrie sowie des Flugzeug- und Schiffbaus in Frage.

Da der Ansatz von Abell jedoch die SGF ganz schwerpunktmäßig über die Nachfrager und die Produkte definiert, erscheint es sinnvoll, ergänzend weitere Dimensionen zu berücksichtigen (Kleinaltenkamp 2002a):

▪ die Wettbewerbsbeziehungen,
▪ die sonstigen Umweltbereiche, gegebenenfalls zudem
▪ die Verfahrenstechnologien, die für die Herstellung der betreffenden Produkte benötigt werden.

Auf Basis der SGF-Abgrenzung können dann weitere Maßnahmen der strategischen Analyse vorgenommen werden.

5.2.2 Die Analyse von Stärken und Schwächen der Unternehmung – Grundlage für die Nutzung von Chancen und Reduzierung von Gefahren im Markt

Im Rahmen der Unternehmungsanalyse geht es primär darum, ein möglichst objektives Bild der gegenwärtigen und zukünftigen **Stärken** und **Schwächen** der Unternehmung zu entwickeln (Welge/Al-Laham 2001). Entscheidend ist es dabei, die Fülle der in der Unternehmung verfügbaren Einzelinformationen zu strukturieren und diejenigen Informationen auszuwählen und aufzubereiten, die tatsächlich einen möglichst zuverlässigen Eindruck von den Stärken und Schwächen zu vermitteln vermögen. Tabelle 5-4 zeigt einen beispielhaften Katalog von Faktoren, die bei einer Stärken-Schwächen-Analyse herangezogen werden können. Derartige Checklisten bilden häufig den ersten Schritt im Rahmen der Unternehmungsanalyse.

Allgemeine Unternehmensentwicklung	– Umsatzentwicklung – Cashflowentwicklung – Entwicklung des Personalbestands – Entwicklung der Kosten (fixe Kosten, variable Kosten)
Marketing	– Marketingleistung (Sortiment, v.a. Breite, Tiefe und Bedürfniskonformität des Sortiments; Qualität der Hauptleistungen, v.a. Konstanz und Individualität der Leistungen sowie Fehlerraten; Qualität der Nebenleistungen, z.B. Anwendungsberatung, Garantieleistungen und Lieferservice; Qualitätsimage) – Preis (allgemeines Preisniveau; Rabatte; Zahlungskonditionen) – Marktbearbeitungsaktivitäten (Werbung; Verkauf; Verkaufsförderung; Öffentlichkeitsarbeit; Markenpolitik; Imagepflege) – Distribution (inländische Absatzorganisation; Exportorganisation; Lieferbereitschaft; vor allem Lagerbewirtschaftung und Transportwesen)
Produktion	– Produktionsprogramm – Produktionstechnologie (Zweckmäßigkeit, Modernität, Automationsgrad) – Vertikale Integration – Produktionskapazitäten – Produktivität – Produktionskosten – Einkauf und Versorgungssicherheit
Forschung & Entwicklung	– Leistungsfähigkeit der F&E (gegenwärtige Aktivitäten sowie geplante Investitionen hinsichtlich Verfahrens-, Produkt- und Softwareentwicklung; F&E-Know-how; Patente und Lizenzen)
Finanzen	– Kapitalvolumen und Kapitalstruktur (Finanzierungspotenzial; Working Capital) – Kapitalumschlag (Gesamtkapitalumschlag; Lagerumschlag; Debitorenumschlag) – Stille Reserven – Liquidität – Investitionsintensität

Fortsetzung Tabelle 5-4:

Personal	– Qualitative Leistungsfähigkeit der Mitarbeiter (Leistungswille; Betriebsklima; Teamgeist; Unité de doctrine) – Entgeltpolitik und Sozialleistungen
Führung und Organisation	– Entwicklungsstand des Planungs- und Kontrollsystems – Qualität der Führungskräfte (Entscheidungsgüte und -geschwindigkeit) – Strategie-Struktur-Kultur-Fit – Know-how (bezüglich Kooperationen; Akquisitionen)
Innovationsfähigkeit	– Einführung neuer Marktleistungen – Erschließung neuer Märkte – Erschließung neuer Absatzkanäle

Tabelle 5-4: Checkliste zur Unternehmungsanalyse (Quelle: Macharzina/Wolf 2005, S. 263)

Um herauszufinden, ob eine Unternehmung oder auch einzelne Strategische Geschäftsfelder hinsichtlich der verschiedenen Faktoren Stärken oder Schwächen aufzuweisen haben, müssen diese Faktoren quantitativ, zumindest aber qualitativ bewertet und anschließend anhand geeigneter Vergleichsmaßstäbe analysiert werden. Dabei kommen verschiedene Ansatzpunkte in Frage, die auch miteinander kombiniert werden können (Welge/Al-Laham 2007):

■ Vergleich mit **Konkurrenten**, um die eigene Unternehmung an den direkten Wettbewerbern zu messen;

■ **branchenübergreifende** Vergleiche, bei denen im Rahmen des Benchmarkings die eigene Unternehmung mit so genannten „Best-Practice-Unternehmungen" verglichen wird;

■ **kundenorientierte** Vergleiche, bei denen die eigene Unternehmung an den Anforderungen der Kunden gemessen wird, insbesondere bezüglich der kaufentscheidenden Faktoren.

Das **Benchmarking** als in den letzten gut 15 bis 20 Jahren verstärkt in den Blickpunkt des Interesses gerückter Ansatz sei an dieser Stelle noch etwas näher beleuchtet.

„**Benchmarking** wird als kontinuierliches Bemühen bezeichnet, bei dem Produkte und Dienstleistungen, Prozesse und Methoden wirtschaftlicher Tätigkeit über mehrere Unternehmen oder Bereiche hinweg verglichen werden mit dem Ziel, Unterschiede zu anderen Unternehmen oder Bereichen offen zu legen, Ursachen für Unterschiede aufzuzeigen und wettbewerbsorientierte Zielvorgaben zu ermitteln." (Macharzina/Wolf 2005, S. 328)

Kennzeichnend für das Benchmarking ist somit, dass Vergleiche immer mit den „Besten der Besten" erfolgen sollen, unabhängig davon, ob diese in der eigenen Unternehmung, derselben Branche oder auch in völlig anderen Branchen angesiedelt sind.

Das Benchmarking kann sich dabei auf sehr unterschiedliche Untersuchungsobjekte beziehen, wie Abbildung 5-3 noch einmal zeigt.

Abbildung 5-3: Objekte des Benchmarking (Quelle: in Anlehnung an Pieske 1994, S. 19)

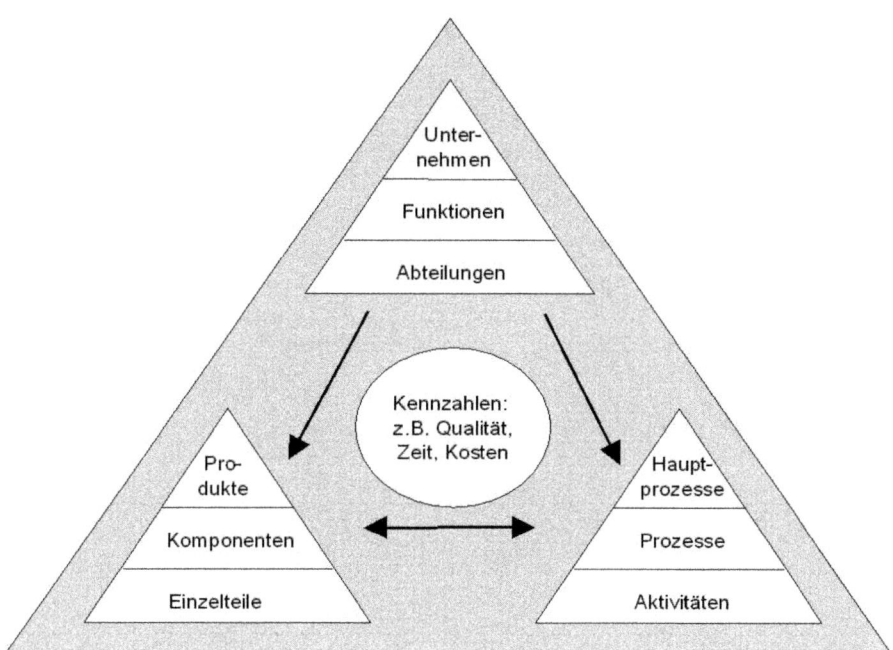

Ergänzend zeigt Abbildung 5-4 den Ablauf eines Benchmarking-Prozesses im Überblick.

Insbesondere in der Umsetzungsphase zeigt sich, dass das Benchmarking über die reine Unternehmungsanalyse deutlich hinausgeht, da es konkrete Verbesserungen herbeiführen will. In den drei ersten Phasen jedoch ergeben sich wertvolle Informationen und Impulse für eine Stärken-Schwächen-Analyse, die über den engen Rahmen der eigenen Branche hinweg hilfreiche Ansatzpunkte für die Strategieformulierung bieten können.

Abbildung 5-4: Prozess und Aufgaben des Benchmarking (Quelle: Welge/Al-Laham 2001, S. 279)

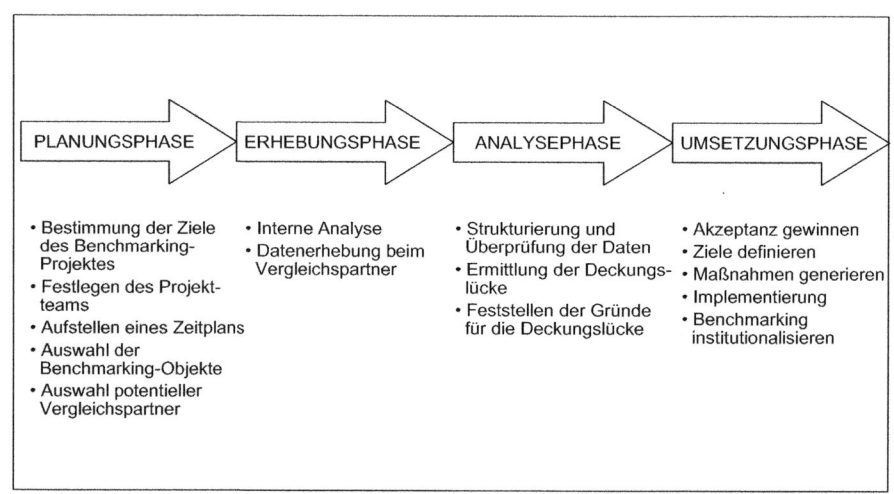

Am Ende der Stärken-Schwächen-Analyse sollte ein **Stärken-Schwächen-Profil** als komprimiertes Ergebnis stehen, das auf einen Blick zeigt, wo die untersuchte Einheit, Unternehmung oder SGF bzw. SGE, besondere Stärken und/oder Schwächen aufzuweisen hat. Abbildung 5-5 zeigt ein Beispiel für ein derartiges Profil. Typisch ist, dass für die einzelnen geprüften Merkmale Punktwerte abgeleitet werden, um die Anschaulichkeit zu erhöhen. In Abbildung 5-5 wurde neben der untersuchten Strategischen Geschäftseinheit auch die stärkste Konkurrenzunternehmung mit ihrem Stärken-Schwächen-Profil berücksichtigt.

In einem nächsten Schritt kann dann die Unternehmungsanalyse mit der Analyse der externen Umwelt zusammengeführt werden, um die **Chancen** und **Gefahren** für die weitere Unternehmungstätigkeit zu identifizieren. Diese Chancen-Gefahren-Analyse wird auch als **WOTS-UP-Analyse** bezeichnet, da sie „Weaknesses", „Opportunities", „Threats" und „Strengths" miteinander in Verbindung bringt (Macharzina/Wolf 2005). Hierbei werden die im Rahmen der Umweltanalyse aufgedeckten zukünftigen Umweltentwicklungen zu dem Stärken-Schwächen-Profil in Beziehung gesetzt, um im Rahmen einer Informationsverdichtung erkennen zu können, wo mögliche Chancen und Gefahren für die Unternehmung liegen. Chancen finden sich, wenn eine bestimmte Umweltentwicklung auf eine spezifische Stärke der Unternehmung trifft. Umgekehrt bestehen vor allem dort Gefahren, wo eine Umweltentwicklung auf eine Schwäche der Unternehmung stößt. Abbildung 5-6 verdeutlicht die beschriebene Vorgehensweise der WOTS-UP-Analyse.

Abbildung 5-5: Beispielhafte Darstellung eines Stärken-Schwächen-Profils (Quelle: Hardock 2002, S. 218)

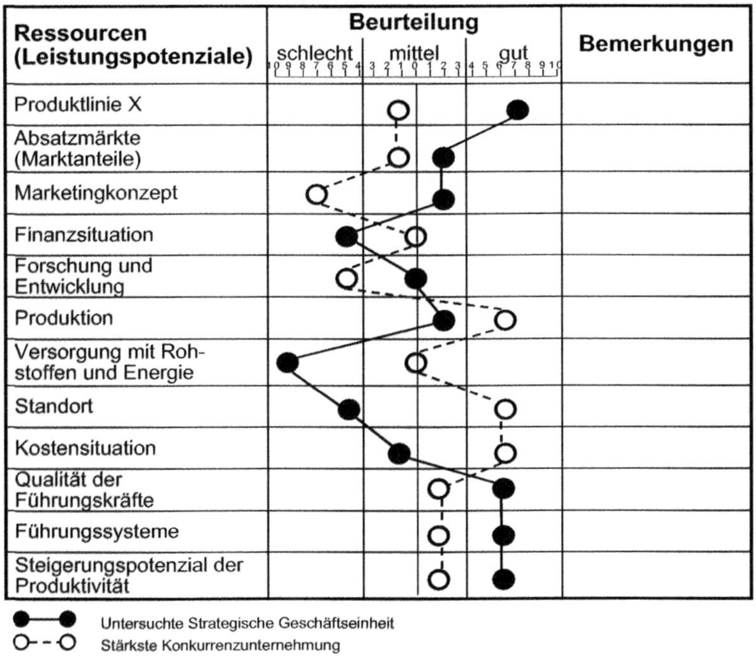

Ressourcen (Leistungspotenziale)	Beurteilung			Bemerkungen
	schlecht	mittel	gut	
Produktlinie X				
Absatzmärkte (Marktanteile)				
Marketingkonzept				
Finanzsituation				
Forschung und Entwicklung				
Produktion				
Versorgung mit Roh-stoffen und Energie				
Standort				
Kostensituation				
Qualität der Führungskräfte				
Führungssysteme				
Steigerungspotenzial der Produktivität				

●—● Untersuchte Strategische Geschäftseinheit
O– –O Stärkste Konkurrenzunternehmung

Abbildung 5-6: Konzeption der WOTS-UP-Analyse (Quelle: Macharzina/Wolf 2005, S. 320)

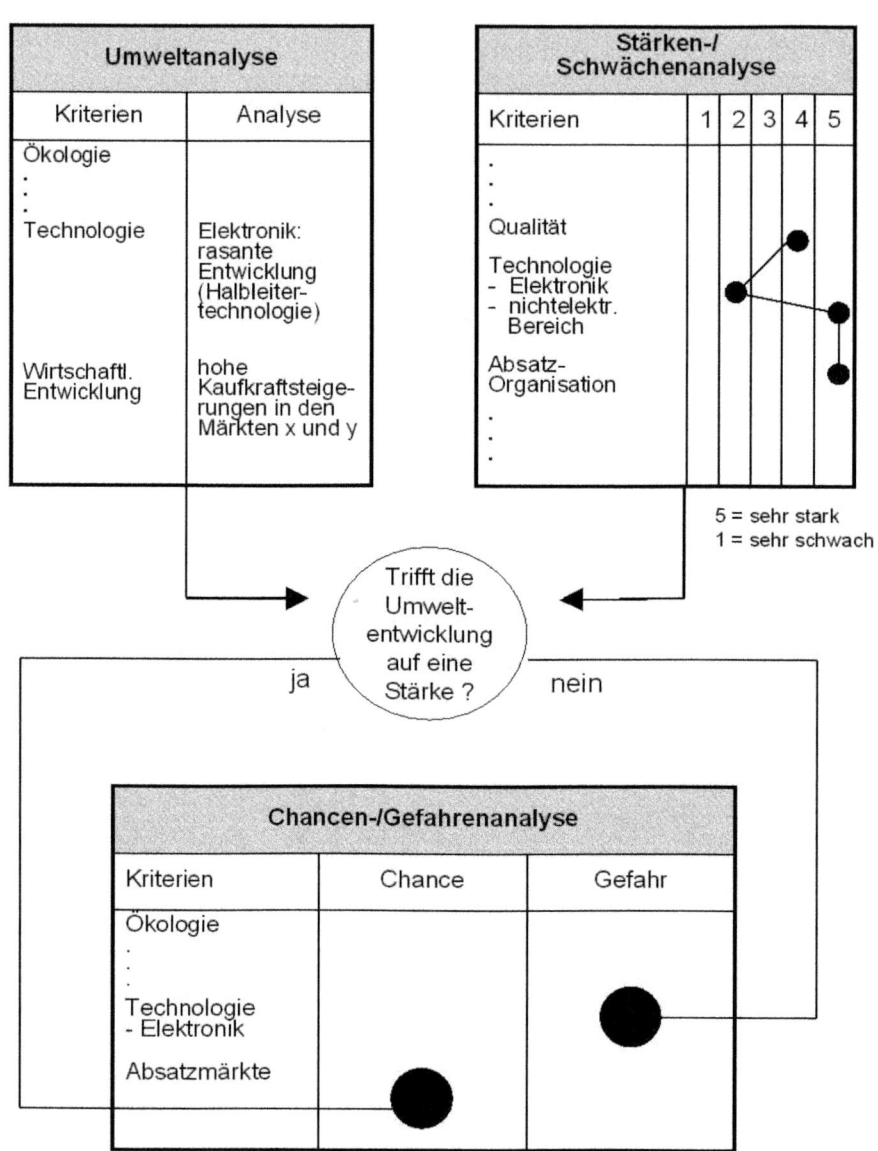

Aus dieser Darstellung allein können noch keine Handlungsempfehlungen abgeleitet werden. Es ergeben sich lediglich Hinweise, auf welche Aktionsfelder in Zukunft besonderes Augenmerk gelegt werden sollte. Um zu den angesprochenen Handlungsempfehlungen gelangen zu können, wird daher häufig ergänzend eine so genannte **SWOT-Analyse** (Strengths-Weaknesses-Opportunities-Threats-Analysis) bzw. TOWS-Analyse (Macharzina/Wolf 2005) nachgeschoben, die über die WOTS-UP-Analyse hinaus geht, indem sie zu konkreten Strategieansätzen zu gelangen versucht. Abbildung 5-7 zeigt die entsprechende Einordnung der Strategietypen.

Abbildung 5-7: SWOT-Analyse-Matrix (Quelle: Hardock 2002, S. 220)

	Opportunities 1. 2. 3. ...	Threats 1. 2. 3. ...
Strengths 1. 2. 3. ...	SO-Strategien	ST-Strategien
Weaknesses 1. 2. 3. ...	WO-Strategien	WT-Strategien

Damit leitet die SWOT-Analyse in Grundzügen bereits zum Schritt der Strategieformulierung (Abschnitt 5.4) über bzw. gibt ihm zumindest erste Impulse. Die vier Innenfelder der Matrix lassen sich wie folgt charakterisieren (Hardock 2002):

- **SO-Strategien** dienen zur Nutzung der Chancen einer Unternehmung unter Einsatz ihrer Stärken. Beispielsweise kann die sich aus einem verstärkten gesellschaftlichen Trend zu mehr Umweltbewusstsein ergebende Chance durch ein ausgeprägtes Know-how der Unternehmung zur Herstellung ökologischer Produkte genutzt werden. In dieser Kategorie finden sich vor allem Strategien, die auf Wachstum oder die Neuentwicklung von Produkten abzielen.

- **ST-Strategien** dienen dagegen dazu, durch den Einsatz eigener Stärken aus der Umwelt erwachsenden Gefahren entgegen zu wirken. Beispielsweise könnten vorhandene politische Kontakte genutzt werden, um für die Unternehmung nachteilige Gesetzesvorhaben zu bremsen.

▨ **WO-Strategien** werden verfolgt, wenn durch die Beseitigung eigener Schwächen sich bietende Chancen genutzt werden sollen. Um etwa an wachsenden Märkten teilhaben zu können, in denen Innovationsstärke der entscheidende Wettbewerbsvorteil ist, könnte eine Unternehmung danach streben, die vorhandene Schwäche langer Markteinführungszeiten durch Beschleunigung der Entwicklungsprozesse zu reduzieren. Denkbar ist aber auch, dass die Unternehmung sich bietende Chancen nutzt, um vorhandene Schwächen zu beseitigen, z.B. durch Kooperation mit einem Vertriebspartner für ein Land, in dem man über keine eigene Vertriebsorganisation verfügt.

▨ **WT-Strategien** dienen dem Abbau von Schwächen und der Reduktion von Gefahren. Dies kann z.B. durch Desinvestitionen in bestimmten schwachen und bedrohten SGF erfolgen.

Wichtig ist, bei der Entwicklung entsprechender strategischer Konzepte wiederum nicht nur die gegenwärtige Situation zu berücksichtigen, sondern auch den Blick in die Zukunft zu richten. Dies gilt nicht nur für die Entwicklung der externen Umwelt, sondern auch für die voraussichtliche Konstellation der Stärken und Schwächen, denn auch diese können sich durch Änderungen der Konkurrenzsituation oder einen Wandel der Nachfragerbedürfnisse zum Teil deutlich verschieben.

5.2.3 Die Portfolio-Technik als instrumentelle Brücke zwischen Unternehmungsanalyse und Strategieentwicklung

Die Portfolio-Technik kann als dasjenige Instrument im Rahmen der Strategischen Planung bzw. umfassender des strategischen Controllings angesehen werden, das vermutlich die größte Popularität und Verbreitung in der Praxis gefunden hat, da es auf anschauliche Art und Weise einen Überblick hinsichtlich der Position sämtlicher Strategischer Geschäftsfelder einer Unternehmung im Markt zu vermitteln vermag. Die Methode wurde zu Beginn der 1970er Jahre in Anlehnung an die finanzwirtschaftliche Portfolio Selection Theory (Markowitz 1959), in der es um die Optimierung des Wertpapier-Portefeuilles eines Anlegers unter Chance-Risiko-Gesichtspunkten geht, von Henderson (1971) und der Boston Consulting Group (1970) entwickelt. Mit ihrer Hilfe sollten Planungs- und Steuerungsprobleme gelöst werden, die sich vor allem in großen und stark diversifizierten US-amerikanischen Unternehmungen fanden. Eine Unternehmung wie General Electric etwa, die als einer der Pioniere der Anwendung der Portfolio-Technik in der strategischen Planung gilt, wies damals über 170 weitgehend eigenständig agierende Sparten oder Profit-Center auf. Es fehlte jedoch an einer angemessenen Methodik, diese autonomen Bereiche zu integrieren und auf übergeordnete Ziele hin auszurichten. Dies eben sollte mit der Portfolio-Technik ermöglicht werden (Welge/Al-Laham 2007).

Im Kontext der Portfolio-Technik entstand im Übrigen auch das in Abschnitt 5.2.1 behandelte Konzept der Gliederung der Unternehmungsaktivitäten in Strategische Geschäftsfelder und Strategische Geschäftseinheiten: Im schon angesprochenen Fall von General Electric fasste die Unternehmungsberatungsgesellschaft McKinsey die über 170 Profit-Center zu 43 SGEs zusammen, wodurch das Unternehmungsgeschehen sehr viel überschaubarer wurde als zuvor. Im Rahmen der Portfolio-Technik geht es dann darum, die SGE in einer Portfolio-Matrix zu positionieren. Die SGE (oder SGF, je nach organisatorischer Umsetzung) sind also – Bezug nehmend auf den finanzwirtschaftlichen Bereich – die „Wertpapiere", die die Unternehmungsleitung in ein adäquates Mischungsverhältnis bringen muss, um die angetrebten Unternehmungsziele erreichen zu können.

Da eine Portfolio-Matrix immer nur zwei Achsen bzw. Dimensionen haben kann, stellt sich die Frage, welche Dimensionen zur Strukturierung der SGE am besten geeignet sind. Darüber herrscht in der Literatur allerdings keinesfalls Einigkeit, so dass eine Vielzahl unterschiedlicher Konzepte entstanden ist. Regelmäßig – und darin liegt eine Gemeinsamkeit der Ansätze – werden jedoch eine **Umweltvariable** (exogene Variable) und eine **Unternehmungsvariable** (endogene Variable) herangezogen, um die Verknüpfung der Unternehmung mit der Umwelt sowie die damit verbundenen Interdependenzen berücksichtigen zu können (Macharzina/Wolf 2005). Welche Umweltvariable und welche Unternehmungsvariable dabei jedoch Verwendung finden sollte, darüber gehen die Meinungen auseinander.

Eine weitere Gemeinsamkeit der verschiedenen Portfolio-Ansätze liegt darin, dass jeweils **Normstrategien** für die einzelnen SGE in Abhängigkeit von ihrer Positionierung in der Portfolio-Matrix abgeleitet werden, woraus sich die Funktion der Portfolio-Technik als Brücke zwischen strategischer Analyse und Strategieformulierung ergibt.

Im Folgenden werden stellvertretend für viele andere Portfolio-Konzepte die beiden bekanntesten Ansätze kurz vorgestellt: das Marktanteils-Marktwachstums-Portfolio der Boston Consulting Group sowie das Marktattraktivitäts-Wettbewerbsvorteils-Portfolio von McKinsey (vertiefend etwa Hahn 2005, Hinterhuber 2004 und Müller-Stewens 1995 sowie die dort jeweils angegebene Literatur).

(1) Marktanteils-Marktwachstums-Portfolio („BCG-Matrix"):

Den grundlegendsten und auch einfachsten Ansatz stellt das BCG-Portfolio dar, das als Portfolio-Dimensionen die Schlüsselgrößen „**durchschnittliches Marktwachstum**" und „**relativer Marktanteil**" verwendet. Mit dem durchschnittlichen Marktwachstum als Umweltvariable wird die Entwicklung der Märkte der für die Unternehmung definierten SGE abgeschätzt, während der relative Marktanteil als Unternehmungsvariable zeigen soll, wie die Position der eigenen SGE im Vergleich zu anderen am Markt tätigen Anbietern ist. Der relative Marktanteil wird dabei definiert als der Marktanteil der eigenen SGE im Vergleich zum Marktanteil des stärksten, manchmal auch des Mittels der drei stärksten Konkurrenten (Macharzina/Wolf 2005). Beide Dimensionen können die Ausprägungen „hoch" und „niedrig" annehmen, so dass sich eine Vier-Felder-Matrix ergibt. Die Festlegung der jeweiligen Grenze zwischen „hoch" und „niedrig" kann dabei differieren und für das Marktwachstum z.B. bei 3 % oder 5 % pro Jahr liegen, für den relativen Marktanteil liegt sie häufig bei 1, d.h. die eigene SGE ist genau so groß wie die des (der) größten Wettbewerber(s).

Die Abschätzung des durchschnittlichen Marktwachstums basiert auf dem in Abschnitt 3.2.3.2.1 vorgestellten **Produktlebenszyklusmodell**: Je nachdem, in welcher Phase sich ein Markt befindet, können entsprechende Wachstumsprognosen für die weitere Entwicklung abgeleitet werden. Allerdings sei hier unmittelbar auf die bereits konstatierte fehlende Allgemeingültigkeit des Ansatzes verwiesen, wodurch die Prognose der Marktentwicklung erschwert wird.

Die Bedeutung des relativen Marktanteils für die strategische Portfolio-Analyse wird über das Konzept der **Erfahrungskurve** begründet (Henderson 1974): Der in verschiedenen empirischen Studien nachgewiesene **Erfahrungskurveneffekt** besagt, dass mit jeder Verdoppelung der im Zeitablauf kumulierten Produktionsmenge die wertschöpfungsbezogenen Stückkosten eines Produkts potenziell inflationsbereinigt durchschnittlich um 20 bis 30 Prozent zurückgehen, da sich Lern- und Größendegressionseffekte einstellen. Auch hier muss allerdings kritisch angemerkt werden, dass sich diese Effekte zum einen nicht „automatisch" einstellen, sondern eines aktiven Kostenmanagements zum Ausnutzen vorhandener Kostensenkungspotenziale bedürfen, zum anderen sind sie – zumindest in der angegebenen Größenordnung – nicht allgemeingültig (Kleinaltenkamp 2002a).

Abbildung 5-8 zeigt das Grundschema des BCG-Portfolios in leicht modifizierter Form, die auch die für die vier Felder vorgesehenen Normstrategien nennt. Die einzelnen SGE werden dann entsprechend ihrer Stellung als Kreise in dieser Matrix positioniert, wobei die Größe der Kreise dem Umsatz oder oft auch dem Deckungsbeitrag entspricht, den die einzelnen SGE erwirtschaften. Idealtypisch durchläuft eine SGE jedes der vier Felder, beginnend als Fragezeichen (Nachwuchsprodukt; Question Mark), dann zum Star werdend, im nächsten Schritt zur Melkkuh (Cash Cow) mutierend, um schließlich als armer Hund (Problemprodukt; Poor Dog) zu enden. Dies entspricht dem Ablauf des Produktlebenszyklusmodells. Die vier sich ergebenden Normstrategien werden wie folgt begründet (zusammenfassend siehe Macharzina/Wolf 2005; Welge/Al-Laham 2007):

Abbildung 5-8: Die BCG-Matrix (Quelle: Müller-Stewens 1995, Sp. 2044)

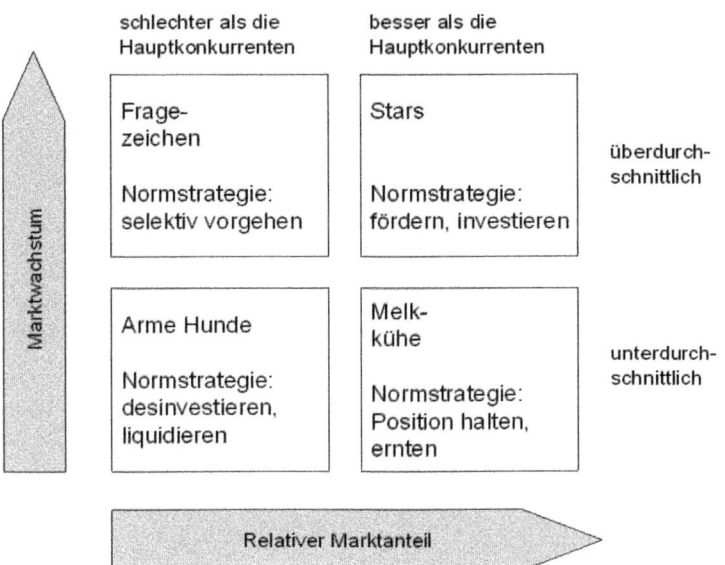

■ Bei den **Fragezeichen** reicht der Mittelrückfluss (noch) nicht zur Deckung der erforderlichen Investitionen aus. Diese SGE heißen Fragezeichen, weil sie sich in einer Marktphase befinden, in der noch nicht klar ist, ob sie sich zu Stars entwickeln oder vorzeitig zum Poor Dog werden. Sofern die Chancen für den Aufstieg zum Star gut eingeschätzt werden, müssen laut Normstrategie entsprechende Investitionen in die SGE getätigt werden. Werden die Chancen dagegen als eher gering eingeschätzt, wird ein zügiger Rückzug vom Markt vorgeschlagen. Insofern sind für die Fragezeichen selektive Vorgehensweisen zur gezielten Verwendung der begrenzten Mittel empfehlenswert.

■ **Stars** befinden sich üblicherweise in der Wachstumsphase ihres Lebenszyklus. Sie bedürfen allerdings zusätzlicher Investitionen, verbunden mit einer Erweiterung der Kapazitäten, um die starke Marktstellung halten oder sogar ausbauen zu können. Die Stars erwirtschaften in der Regel noch keinen nennenswerten Finanzmittelzufluss, sichern aber das Wachstum der Unternehmung und sind die zukünftigen Cash Cows, die der Unternehmung dann die erforderlichen Mittel bringen.

▓ Die **Cash Cows** sind erfolgreiche SGE, die sich in der Reife- oder Sättigungsphase des Marktlebenszyklus befinden. Es sind nur noch Ersatz- bzw. Rationalisierungsinvestitionen zu empfehlen, aber keine Erweiterungsinvestitionen, da der Markt kein Wachstum mehr aufweist, das diese erfordern würde. Es gilt, die Position zu halten und die (Finanz-)Mittel zu erwirtschaften und abzuschöpfen, die für die Förderung von Nachwuchsprodukten und Stars benötigt werden.

▓ SGE als **Poor Dogs** befinden sich zum Teil bereits in der Degenerationsphase. Sie weisen kein Marktwachstum und eine relativ schwache Marktstellung auf und erwirtschaften keine zufriedenstellenden Mittelrückflüsse. Daher sollte hier eine sog. „Desinvestition" erfolgen, sofern nicht Verbundeffekte mit anderen SGE (z.B. der Kundenwunsch nach einem entsprechenden Angebotsspektrum) dagegen sprechen.

Als wesentliche Kritikpunkte am BCG-Konzept können die folgenden festgehalten werden:

▓ Mit der Abgrenzung des relevanten Marktes werden bereits die Weichen für die Bestimmung der Ausprägungen des Marktwachstums und des relativen Marktanteils gestellt. Da die Marktabgrenzung aber stets nur subjektiv erfolgen kann, wird die Portfolio-Darstellung zwangsläufig durch das Ausnutzen von Ermessensspielräumen beeinflusst.

▓ Die Kritik an der Allgemeingültigkeit des Produkt- bzw. Marktlebenszykluskonzepts sowie am Erfahrungskurvenkonzept schlägt auch auf die Aussagekraft des BCG-Portfolios durch, da sich die Ungenauigkeiten fortpflanzen.

▓ Empirisch hat sich gezeigt, dass der relative Marktanteil kein zuverlässiger Indikator für den Erfolg von SGE ist: Viele kleine SGE sind erfolgreich, viele große nicht.

▓ Es werden nur zwei Schlüsselgrößen auf den Unternehmungserfolg berücksichtigt, worin eine geradezu heroische Vereinfachung liegt. Viele andere Größen, die Gegenstand der Umwelt- und Unternehmungsanalyse sein können, bleiben dagegen unberücksichtigt.

▓ Die Verdichtung auf nur vier Felder führt dazu, dass die Zuordnung von Normstrategien zu den SGE nur vergleichsweise grob erfolgen kann. Berücksichtigt man zudem, dass bei der Festlegung der Grenzen zwischen den Feldern erhebliche Spielräume bestehen, zeigt sich, dass die Normstrategien keinesfalls schematisch angewendet werden dürfen, sondern stets einer sorgfältigen Überprüfung hinsichtlich ihrer Angemessenheit bedürfen.

Nicht zuletzt aus diesen und anderen (Welge/Al-Laham 2007) Kritikpunkten heraus wurde das McKinsey-Portfolio entwickelt, das nunmehr skizziert sei.

(2) Marktattraktivitäts-Wettbewerbsvorteils-Portfolio ("McKinsey-Matrix"):

Die wesentlichen Unterschiede der McKinsey- gegenüber der BCG-Matrix bestehen in

- einer wesentlichen Erweiterung der berücksichtigten strategischen Einflussgrößen auf den Unternehmungserfolg in den Dimensionen "Marktattraktivität" (Umweltvariable) und "Relative Wettbewerbsposition" (Unternehmungsvariable), die eine Zusammenfassung vieler Einzelaspekte darstellen, sowie

- einer Erhöhung der Zahl der Ausprägungen der Dimensionen von zwei auf drei (z.B. "hoch", "mittel", "niedrig"), so dass sich neun statt vier Felder ergeben (verbunden mit einer entsprechenden Zahl an Normstrategien).

Abbildung 5-9 zeigt die McKinsey-Matrix einschließlich der entsprechenden Normstrategien.

Abbildung 5-9: Die McKinsey-Matrix (Quelle: Müller-Stewens 1995, Sp. 2045)

Die in den beiden Dimensionen durch eine gewichtende Verknüpfung eingehenden Erfolgsfaktoren wurden dabei der so genannten **PIMS-Studie** entnommen, die auf eine empirische branchenübergreifende Ermittlung einer Vielzahl von quantitativen und qualitativen Einflussgrößen auf den Unternehmungserfolg abzielt (Buzzell/Gale 1989). Tabelle 5-5 und Tabelle 5-6 zeigen den beiden Portfolio-Dimensionen zuzuordnende Einflussfaktoren.

Relative Marktpo-sition	– Marktanteil und dessen Entwicklung – Größe und Finanzkraft der Unternehmung – Wachstumsrate der Unternehmung – Rentabilität (Deckungsbeitrag, Umsatzrendite und Kapitalumschlag) – Risiko (Grad der Etabliertheit im Markt) – Marketingpotenzial (Image der Unternehmung und daraus resultierende Abnehmerbeziehungen; Preisvorteile aufgrund von Qualität, Lieferzeiten, Service; Technik, Sortimentsbreite)
Relatives Pro-duktionspotenzial	– Prozesswirtschaftlichkeit (Kostenvorteile aufgrund der Modernität der Produktionsprozesse, der Kapazitätsausnutzung, Produktionsbedingungen, Größe der Produktionseinheiten; Innovationsfähigkeit und technisches Know-how der Unternehmung; Lizenzbeziehungen) – Hardware (Erhaltung der Marktanteile mit den gegenwärtigen oder in Bau befindlichen Kapazitäten; Standortvorteile; Steigerungspotenzial der Produktivität; Umweltfreundlichkeit der Produktionsprozesse; Lieferbedingungen, Kundendienst) – Energie- und Rohstoffversorgung (Erhaltung der gegenwärtigen Marktanteile unter den voraussichtlichen Versorgungsbedingungen; Kostensituation der Energie- und Rohstoffversorgung)
Relatives For-schungs- und Ent-wicklungspotenzial	– Stand der Grundlagenforschung, angewandten Forschung, experimentellen und anwendungstechnischen Entwicklung im Vergleich zur Marktposition der Unternehmung – Innovationspotenzial und Innovationskontinuität
Relative Qualifika-tion der Führungs-kräfte und Mitar-beiter	– Professionalität und Urteilsfähigkeit, Einsatz und Kultur der Belegschaft – Innovationsklima – Qualität der Führungssysteme – Gewinnkapazitäten der Unternehmung, Synergien

Tabelle 5-5: Einflussgrößen der Dimension „Relative Wettbewerbsposition" (Quelle: Macharzina/Wolf 2005, S. 364)

Marktwachstum und Marktgröße	
Marktqualität	– Rentabilität der Branche (Deckungsbeitrag, Umsatzrendite, Kapital-umschlag) – Stellung im Marktlebenszyklus – Spielraum für Preispolitik – technologisches Niveau und Innovationspotenzial – Schutzfähigkeit des technischen Know-hows – Investitionsintensität – Wettbewerbsintensität und -struktur – Anzahl und Struktur potenzieller Abnehmer – Verhaltensstabilität der Abnehmer – Eintrittsbarrieren für neue Anbieter – Anforderung an Distribution und Service – Variabilität der Wettbewerbsbedingungen – Substitutionsmöglichkeiten
Energie- und Rohstoffversorgung	– Störungsanfälligkeit in der Versorgung von Energie und Rohstoffen – Beeinträchtigung der Wirtschaftlichkeit der Produktionsprozesse durch Erhöhung der Energie- und Rohstoffpreise – Existenz von alternativen Rohstoffen und Energieträgern
Umweltsituation	– Konjunkturabhängigkeit – Inflationsauswirkungen – Abhängigkeit von der Gesetzgebung – Abhängigkeit von der öffentlichen Einstellung – Risiko staatlicher Eingriffe

Tabelle 5-6: Einflussgrößen der Dimension „Marktattraktivität" (Quelle: Macharzina/Wolf 2005, S. 365)

Zwar beseitigt die McKinsey-Matrix auf diese Weise die Problematik der Berücksichtigung von nur zwei Einflussgrößen sowie der Ableitung von nur vier Typen von Normstrategien. Die anderen Kritikpunkte am BCG-Portfolio bleiben jedoch im Wesentlichen auch für das McKinsey-Portfolio erhalten. Es treten zudem einige neue Aspekte hinzu (Macharzina/Wolf 2005):

■ Die Auswahl, Messung und Gewichtung der berücksichtigten Erfolgsfaktoren ist keinesfalls unproblematisch, da kausale Zusammenhänge der Faktoren untereinander sowie mit den Erfolgspotenzialen der SGE in der Regel nicht zuverlässig nachgewiesen werden können.

■ Die Allgemeingültigkeit der in der PIMS-Studie erhobenen Zusammenhänge wird gleichfalls durch neuere empirische Untersuchungen in Frage gestellt: „Von einem einheitlichen, sich über alle Handlungskonstellationen erstreckenden Beziehungs- muster kann demnach nicht die Rede sein." (Macharzina/Wolf 2005, S. 368f.).

Damit kann auch die McKinsey-Methode die Entscheidungsträger in den Unterneh- mungen nicht von der Pflicht entbinden, die vorgeschlagenen Normstrategien, die in Struktur und Inhalten denjenigen der BCG-Matrix ähneln und an dieser Stelle nicht weiter erörtert werden müssen, vor ihrer Ausgestaltung und Umsetzung einer sorgfäl- tigen Prüfung bezüglich ihrer situationsspezifischen Anwendbarkeit zu unterziehen.

Neben diesen beiden Portfolios gibt es in der Literatur viele weitere, die nicht zuletzt durch die Unternehmungsberatungsgesellschaften eine große Verbreitung gefunden haben. So finden sich z.B. (Hahn 2005; Macharzina/Wolf 2005; Welge/Al-Laham 2007):

- Branchenattraktivitäts-Unternehmenspositions-Portfolio,
- Marktstadien-Wettbewerbspositions-Portfolio (Arthur D. Little-Konzept),
- Lorange-Portfolio (Basisdimensionen: Marktattraktivität, Geschäftsfeldstärke, Kon- solidierungsattraktivität),
- Ressourcen-Portfolios,
- Technologie-Portfolios,
- Ökologie-Portfolios,
- Länder-Portfolios,
- Kompetenz-Portfolios,
- Personal-Portfolios.

Die Reihe ließe sich nahezu beliebig fortsetzen, zumal insbesondere bei den sechs Letztgenannten wiederum mehrere verschiedene Ausprägungen existieren. Darauf soll hier jedoch nicht weiter eingegangen werden. Stattdessen seien die wesentlichen Stärken und Schwächen der SGE-bezogenen Portfolios zum Abschluss dieses Ab- schnitts noch einmal zusammengefasst (Macharzina/Wolf 2005; daneben Hahn 2005):

- **Stärken der Portfolio-Technik:**

  - Anschaulichkeit und Einfachheit der Handhabung,
  - Berücksichtigung quantitativ und qualitativ fassbarer Einflussfaktoren,
  - prinzipiell Ausrichtung am Sicherheitsziel der Unternehmung durch Streben nach Ausgewogenheit der Mittelzu- und -abflüsse,
  - Zwang für den Anwender zur Konzentration auf das Wesentliche,
  - Betonung der Erfolgspotenziale und damit der Erfolgsursachen,
  - Gesamtunternehmensbezogenheit,
  - Möglichkeit zur Analyse und Abschätzung der Entwicklungsprozesse durch Ergänzung von Ist- um Soll-Portfolios,
  - integrierte Betrachtung von Erfolgs-, Finanz- und Risikoaspekten.

▧ **Schwächen der Portfolio-Technik:**

- Ungenauigkeit und Unsicherheit bei der Abgrenzung Strategischer Geschäftsfelder und -einheiten,
- fehlende Allgemeingültigkeit bei der Auswahl der relevanten strategischen Erfolgsfaktoren,
- Subjektivität der Erfassung, Bewertung und Gewichtung der Erfolgsfaktoren,
- häufig fehlende theoretische und empirische Fundierung der Typisierung der Strategischen Geschäftseinheiten,
- häufig Vernachlässigung möglicher Konkurrenzreaktionen auf die Anwendung der Normstrategien,
- nicht selten uneinheitliche Normstrategieempfehlungen der verschiedenen Portfolio-Ansätze für ein und dasselbe Geschäftsfeld.

Insofern muss vor einer pauschalen und unreflektierten Anwendung der Portfolio-Methode gewarnt werden. Entsprechende Konzepte machen keineswegs eine sorgfältige Entscheidungsfindung des Anwenders hinfällig, sondern können diese allenfalls erleichtern, insbesondere durch die mit den Portfolios verbundene Visualisierbarkeit der Unternehmungslage. Die Portfolio-Technik ist somit nicht als Entscheidungsinstrument im engeren Sinne, sondern als **Hilfsmittel zur Entscheidungsfindung** einzuordnen, was ihrer Bedeutung als Ansatz des Strategie-Controlling entspricht.

	Verständnisfragen 9:
V9-1	Welche Bedeutung haben Strategische Geschäftsfelder für die Unternehmungsplanung und was ist bei ihrer Abgrenzung zu beachten?
V9-2	Worin unterscheidet sich das Benchmarking von der Konkurrenzanalyse?
V9-3	Erläutern Sie Gemeinsamkeiten und Unterschiede von Boston-Consulting- und McKinsey-Portfolio im Hinblick auf Methodik, Stärken und Schwächen!

5.3 Das Zielsystem der Unternehmung

Die Rolle von Zielen ist in dieser Schrift bereits mehrfach angesprochen worden, u.a. im Kontext des Strategieverständnisses (Abschnitt 5.1.3). Der Zielbegriff wird in der betriebswirtschaftlichen Literatur keinesfalls eindeutig gebraucht. Die nachfolgenden Beispiele belegen dies (Macharzina/Wolf 2005, S. 206; dort auch die genauen Quellenangaben).

Ziele

■ Ziele sind zukünftige Zustände der Realität, die von einem Entscheidungsträger angestrebt werden (Hauschildt 1977).

■ Ziele sind gewünschte Zustände (Zukunftsentwürfe), aus denen sich Kriterien zur Normierung und Messung von Verhaltensweisen bzw. Konsequenzen dieser Verhaltensweisen ableiten lassen (Kappler 1975).

■ Ziele sind als generelle Imperative aufzufassen (Heinen 1976).

■ Ein Organisationsziel wird in der Regel etwa definiert als ein erwünschter Zustand, den die Organisation in einem zukünftigen Zeitpunkt realisieren will (Müller 1977).

■ A goal is defined as a planned position or result to be achieved (Richards 1978).

■ Ziele (oder Zwecke) werden allgemein verstanden als Aussagen oder Vorstellungen über angestrebte Zustände, die durch Handlungen hergestellt werden sollen (Kubicek 1981).

■ Ziele bezeichnen als erstrebenswert angesehene Zustände, die als Ergebnis von bestimmten Verhaltensweisen eintreten sollen (Schmidt 1987).

Die Definitionen von Hauschildt, Müller, Richards, Kubicek und Schmidt sind dabei inhaltlich sehr ähnlich und können als typisch angesehen werden. Basierend auf diesen Definitionen können sodann die **Funktionen** abgeleitet werden, die Ziele erfüllen sollen (z.B. Welge/Al-Laham 2007):

■ **Selektionsfunktion**: Ziele sollen eine bewusste Auswahlentscheidung zwischen mehreren Handlungsalternativen ermöglichen.

■ **Orientierungsfunktion**: Sämtliche Aktivitäten sollen auf ein mehr oder weniger übergeordnetes Ziel ausgerichtet werden. Festgelegte Ziele bieten einen Rahmen für Handlungen und Entscheidungen und erleichtern damit den Unternehmungs-mitgliedern die Orientierung.

■ **Steuerungsfunktion**: Ziele ermöglichen die Steuerung bzw. Lenkung von Verhaltensweisen durch Vorgabe von Leistungsgrößen (Sollvorgaben), ohne die dafür erforderlichen Handlungen und Entscheidungen im Detail vorgeben zu müssen.

■ **Koordinationsfunktion**: Ziele sollen die verschiedenen Aktivitäten der Unternehmungsmitglieder aneinander anpassen und aufeinander abstimmen.

■ **Motivations- und Anreizfunktion**: Ziele sollen die Unternehmungsmitglieder zur Leistungssteigerung veranlassen und einen Leistungsanreiz darstellen.

■ **Bewertungsfunktion**: Ziele sollen dazu beitragen, dass Handlungsalternativen und Strategien im Hinblick auf ihren Beitrag zur Zielerreichung hin bewertet werden können.

■ **Kontrollfunktion**: Ziele können als Sollvorgaben dienen, die den erreichten Ergebnissen gegenüber gestellt werden, um Vergleiche durchführen und Abweichungsanalysen vornehmen zu können.

Gerade im Strategiebildungs- und Umsetzungsprozess kommen den Zielen somit wichtige Aufgaben zu. Damit sie diese Aufgaben zuverlässig erfüllen, müssen bei der

Formulierung von Zielen bestimmte **Anforderungen** beachtet werden, was insbesondere in der Praxis häufig nicht genügend berücksichtigt wird:

■ Ziele sollten **realistisch** gesetzt werden, d.h. sie sollten sich vor allem an den verfügbaren finanziellen Mitteln, den Personalkapazitäten und -fähigkeiten sowie den sonstigen betrieblichen Restriktionen orientieren und auch tatsächlich erreichbar sein.

■ Zielsysteme als Zusammenfassungen und Strukturierungen mehrerer unterschiedlicher Ziele sollten **frei von Widersprüchen** sein. Daher sind die Beziehungen zwischen den Zielen, die im weiteren Verlauf dieses Abschnitts behandelt werden, zu beachten.

■ Ziele sollten **operational** sein. Dies ist der Fall, wenn sie im Hinblick auf drei Dimensionen konkretisiert werden (Macharzina/Wolf 2005):
- Der **Zielinhalt** stellt die sachliche Festlegung dessen dar, was angestrebt wird. Zum Teil ist in diesem Zusammenhhang auch von Zielgröße die Rede. Beispiele für Zielinhalte sind Gewinn, Umsatz oder Kosten.
- Das **Zielausmaß** legt das verfolgte Anspruchniveau in absoluter oder relativer Hinsicht fest (z.B. monetäre Größen, Prozentsätze).
- Mit dem **zeitlichen Bezug** wird festgelegt, bis wann ein Ziel erreicht werden soll. Beispiele wären etwa Monats-, Quartals- oder Jahresziele.

■ Schließlich sollten Ziele zum Zwecke der gezielten Steuerung **differenziert** für unterschiedliche Bezugsobjekte oder Bezugssubjekte formuliert werden, z.B. für bestimmte Kundengruppen, Regionen, Produktgruppen oder Organisationsbereiche.

Häufig ergeben sich Über- bzw. Unterordnungsbeziehungen zwischen unterschiedlichen Zielen in der Form, dass mehrere Ebenen der Zielformulierung unterschieden werden, die sich dann in Form einer **Zielpyramide** darstellen lassen. Abbildung 5-10 zeigt ein entsprechend aufgebautes Modell.

Von oben nach unten nehmen die entsprechenden Ziele an Konkretheit zu. Gleichzeitig stellt die jeweils untere Ebene ein Mittel zum Zweck der Erreichung der auf der nächsthöheren Ebene angesiedelten Ziele dar. So beschreibt, basierend auf den allgemeinen Wertvorstellungen, der Unternehmungszweck zunächst ganz grundsätzlich, welche Arten von Leistungen die Unternehmung erbringen will („Was ist unser Geschäft?" bzw. „Was sollte unser Geschäft sein?"), bevor die Ziele dann Schritt für Schritt heruntergebrochen werden, im vorliegenden Fall bis zu den einzelnen Marketing-Aktionsfeldern (z.B. angebots-, distributions- und kommunikationspolitisches Aktionsfeld) und den in diesen Aktionsfeldern zur Verfügung stehenden Instrumenten (z.B. Produktdifferenzierung, Werbekonzeption, Vertriebsweg) (siehe dazu Abschnitt 5.6) (ausführlich dazu Becker 2006; Meffert 2000).

Abbildung 5-10: Elemente („Bausteine") der Zielpyramide (Quelle: Becker 2006, S. 28)

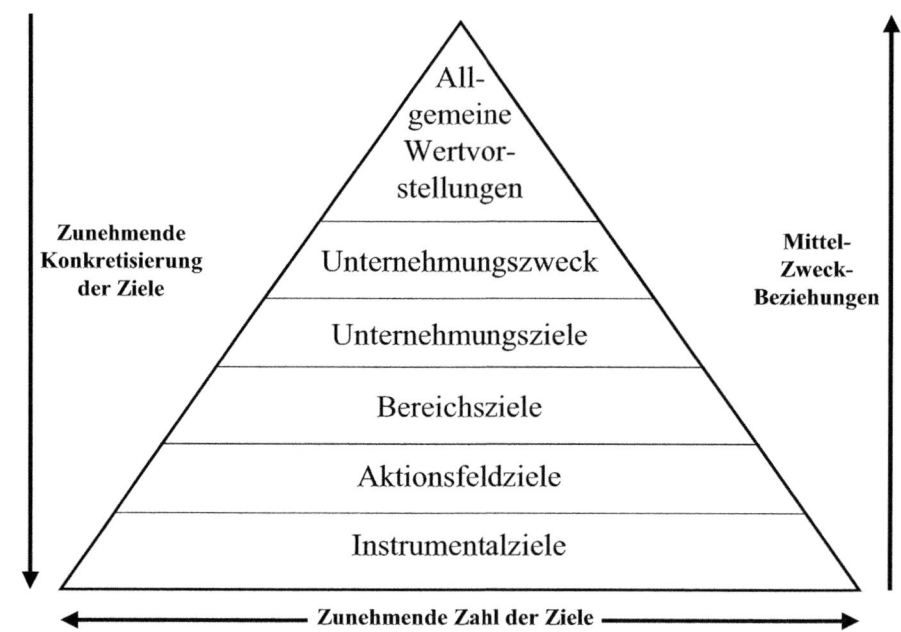

Die **allgemeinen Wertvorstellungen** äußern sich in den **Geschäftsgrundsätzen**, die eine Unternehmung für sich formuliert (Becker 2006, S. 29):

> „Was die allgemeinen Wertvorstellungen (sog. Meta-Ziele) von Unternehmen betrifft, so reichen sie von Fragen bzw. entsprechenden Festlegungen zur Position (Engagement) gegenüber Gesellschafts-, Wirtschafts- und Wettbewerbsordnung bzw. -politik bis hin zu Grundprinzipien (Vergaltensweisen) für den Umgang mit Mitarbeitern, Kunden, Kapitaleignern, Lieferanten, Konkurrenten und Öffentlichkeit."

Regelmäßig finden derartige Wertvorstellungen ihren Ausdruck im **Leitbild** der Unternehmung. So werden im Zuge der Leitbildformulierung etwa Antworten auf die folgenden Fragen gegeben (Scheuch 2007, S. 177):

- Wer sind wir?

- Was wollen wir?

- Wofür sind wir da?

- Welche Grundwerte beachten wir?

- Wer sind unsere wichtigsten Anspruchsgruppen (Stakeholder)?

- Was sind unsere Hauptaktivitäten?

Auf Basis derartiger allgemeiner Wertvorstellungen, die oft auch als „**Unterneh-mungsphilosophie**" bezeichnet werden und die einen wichtigen Baustein zur For-mung einer **Unternehmungsidentität** (**Corporate Identity**) darstellen, kann dann in einem ersten weiteren Konkretisierungsschritt die **Unternehmungszwecksetzung** definiert werden. Eine wichtige Rolle spielen in diesem Zusammenhang die Mission und die Vision (Becker 2006, S. 39): Die **Mission** bringt den eigentlichen Unterneh-mungszweck „auf den Punkt" („klare Absicht") und gibt der Unternehmung in Ver-bindung mit einer **Vision** („ehrgeizige Zukunftsvorstellung", die einen Spannungsbo-gen aufbaut und so abstrakt formuliert sein muss, dass sie alle Organisationsmitglie-der anspricht und aktiviert, gleichzeitig aber auch so konkret ist, dass sich die Erreich-barkeit seitens der Betroffenen nachvollziehen lässt) einen bestimmten Handlungsrah-men und auch eine feste Handlungsrichtung vor. Insofern können Mission und Vision auch als die normativen Elemente im Rahmen der Zielformulierung eingeordnet wer-den (siehe Abschnitt 1.2), denen dann strategische und operative Ziele nachgeordnet sind. Damit finden sich auch bei den Zielen die normative, strategische und operative Ebene der Führung wieder. Beispiel 5-2 zeigt, wie die konsequente Ausrichtung an einer Vision als gleichermaßen ehrgeiziger wie langfristiger Zielsetzung zum Erfolg führen kann:

Beispiel 5-2: Komatsu – Ein überzeugtes Bekenntnis zu einem Ziel (Lombriser/Aplanalp 1997, S. 233)

Die beiden Inhaber (Vater und Sohn) der Firma Komatsu, die Erdbaumaschinen herstellt, verkün-deten zu Beginn der 1960er Jahre das ambitiöse Ziel „Maru-C". Das war Japanisch und bedeute-te in seiner Übersetzung ungefähr: „Caterpillar einkreisen". Caterpillar war seinerzeit der welt-größte Hersteller von Erdbaumaschinen, genoss einen hervorragenden Ruf bezüglich Service und Qualität, erzielte einen Umsatz von 1,4 Mrd. US-$ und beherrschte mehr als 50 % des Welt-marktes. Komatsu dagegen erreichte nur etwas mehr als 10 % des Umsatzes von Caterpillar, war ausschließlich in Japan tätig, verfügte über geringes technisches Know-how, bot lediglich eine begrenzte Produktpalette und kämpfte mit einem schlechten Ruf bezüglich Maschinen- und Servicequalität. Hinzu kam, dass das japanische MITI (Ministerium für Internationalen Handel und Industrie) keine Möglichkeit sah, bei Erdbaumaschinen einen Wettbewerbsvorteil zu erzielen und deshalb 1963 zur Stärkung von Komatsu ein Joint Venture von Caterpillar genehmigte.

Die strategische Intention „Maru-C" schien daher völlig unrealistisch oder gar abwegig. Damals hätten die beiden Inhaber wohl auch kaum präzise beschreiben können, wie das Einkreisen im Einzelnen vor sich gehen sollte. Doch etwa 20 Jahre später betrug der Weltmarktanteil von Ko-matsu 25 %, der Umsatz ca. 3 Mrd. US-$ und der Gewinn rund 95 Mio. US-$. Im gleichen Jahr verzeichnete Caterpillar einen Marktanteil von 42 % und einen Umsatz von 6,6 Mrd. US-$, dies allerdings bei einem Verlust von 428 Mio. US-$. Caterpillar erholte sich zwar später von dem Gewinneinbruch, aber heute noch ist Komatsu – nunmehr selbst ein Riese in der Branche – ein bedeutender Konkurrent.

Das Beispiel zeigt, welche Kraft in Visonen steckt. Ein überzeugtes Bekenntnis zu einem Ziel, ein gemeinsamer Traum, eine verlockende Zukunftsvorstellung vermag ungeahnte Kräfte zu aktivie-ren. Komatsu erreichte das Ziel „Maru-C" Schritt für Schritt durch gezielten Ressourcen-Leverage, wobei der Aufbau von Kernkompetenzen im Vordergrund stand. Alljährlich gab der Präsident die neue Herausforderung bekannt. Einmal war dies Qualitätsverbesserung, dann Kostensenkung, dann internationale Expansion, dann die Entwicklung einer neuen Produktlinie. Auf diese Weise wurde „Maru-C" zur Realität, obwohl ehemals nur wenige daran geglaubt hatten.

Auf den nachfolgenden Hierarchieebenen der Zielpyramide kommen im Einzelnen sehr unterschiedliche Ziele in mehreren Kategorien in Frage. Tabelle 5-7 zeigt einen Katalog typischer Ziele.

1. Marktleistungsziele	– Produktqualität – Produktinnovation – Kundenservice – Sortiment
2. Marktstellungsziele	– Umsatz – Marktanteil – Marktgeltung – Neue Märkte
3. Rentabilitätsziele	– Gewinn – Umsatzrentabilität – Rentabilität des Gesamtkapitals – Rentabilität des Eigenkapitals
4. Finanzwirtschaftliche Ziele	– Kreditwürdigkeit – Liquidität – Selbstfinanzierung – Kapitalstruktur
5. Macht- und Prestigeziele	– Unabhängigkeit – Image und Prestige – Politischer Einfluss – Gesellschaftlicher Einfluss
6. Soziale Ziele in Bezug auf die Mitarbeiter	– Einkommen und soziale Sicherheit – Arbeitszufriedenheit – Soziale Integration – Persönliche Entwicklung
7. Gesellschaftsbezogene Ziele	– Umweltschutz und Vermeidung sozialer Kosten der unternehmerischen Tätigkeit – Nicht-kommerzielle Leistungen für externe Anspruchsgruppen der Unternehmung – Beiträge an die volkswirtschaftliche Infrastruktur – Sponsoring (finanzielle Förderung von Kultur, Wissenschaft und gesellschaftlicher Wohlfahrt)

Tabelle 5-7: Katalog möglicher Unternehmungsziele (Quelle: Ulrich/Fluri 1992, S. 97)

In zahlreichen empirischen Studien wurde immer wieder überprüft, welche Ziele Unternehmungen in der Praxis tatsächlich verfolgen. Einige Ergebnisse fasst Tabelle 5-8 zusammen. Dabei fällt auf, dass regelmäßig nicht das viel zitierte Gewinnstreben an erster Stelle steht, sondern eher die Sicherung der Unternehmungsexistenz sowie qualitäts- und kundenbezogene Zielinhalte. Bei der Interpretation der Daten ist allerdings zu berücksichtigen, dass sie durch bestimmte Befragungseffekte geprägt sein können, z.B. die Scheu der Teilnehmer, sich offen zum Gewinnziel zu bekennen, da es als moralisch anrüchig gelten könnte, dieses an die erste Stelle zu setzen. Im Zuge der Verfolgung des Shareholder Value-Gedankens dürfte das „Bekenntnis" zum Gewinnziel heute vermutlich stärker ausgeprägter sein als zur Zeit der zitierten Studien.

Töpfer 1985	Fritz et al. 1985	Raffée/Förster/Krupp 1987	Raffée/Fritz 1992
196 Unternehmungen	43 Unternehmungen	53 Unternehmungen	144 Unternehmungen
1. Sicherung der Wettbewerbsfähigkeit 2. Angemessener Gewinn 3. Verbesserung der Marktposition 4. Benutzerfreundlichkeit der Produkte 5. Erhaltung der Marktposition 6. Erhaltung der Arbeitsplätze 7. Umweltfreundlichkeit der Produkte	1. Sicherung des Unternehmensbestandes 2. Qualität des Angebots 3. Gewinn 4. Deckungsbeitrag 5. Soziale Verantwortung 6. Ansehen in der Öffentlichkeit 7. Unternehmenswachstum 8. Verbraucherversorgung 9. Marktanteil 10. Macht und Einfluss auf dem Markt 11. Umweltschutz	1. Wettbewerbsfähigkeit 2. Qualität des Angebots 3. Sicherung des Unternehmensbestandes 4. Qualitatives Wachstum 5. Ansehen in der Öffentlichkeit 6. Verbraucherversorgung 7. Deckungsbeitrag 8. Gewinn 9. Soziale Verantwortung 10. Umweltschutz 11. Verbraucherversorgung mit umweltfreundlichen Produkten 12. Unabhängigkeit 13. Umsatz 14. Marktanteil 15. Quantitatives Wachstum 16. Macht und Einfluss auf dem Markt	1. Kundenzufriedenheit 2. Sicherung des Unternehmensbestandes 3. Wettbewerbsfähigkeit 4. Qualität des Angebots 5. Langfristige Gewinnerzielung 6. Gewinnerzielung insgesamt 7. Kosteneinsparungen 8. Gesundes Liquiditätspolster 9. Kundenloyalität 10. Kapazitätsauslastung 11. Rentabilität des Gesamtkapitals 12. Produktivitätssteigerungen 13. Finanzielle Unabhängigkeit 14. Mitarbeiterzufriedenheit 15. Umsatz 16. Erhaltung und Schaffung von Arbeitsplätzen

Tabelle 5-8: Unternehmungsziele in der Industrie (Quelle: Macharzina 1999, S. 172)

Bei einer derartigen Vielzahl von Zielen ist es nachvollziehbar, dass unterschiedliche Ziele keinesfalls immer in Einklang miteinander stehen. Vielmehr sind verschiedene Arten von Zielbeziehungen denkbar:

■ **Zielkomplementarität** besteht, wenn die Verfolgung von Ziel A gleichzeitig der Realisierung von Ziel B dient. So führt eine Erhöhung des Gewinns in der Regel zu einer Verbesserung der Rentabilität. Dieser Fall wird auch als **Zielharmonie** bezeichnet.

- **Zielindifferenz (Zielneutralität)** liegt vor, wenn die Verfolgung eines Ziels A ohne Auswirkungen auf die Realisierung des Ziels B bleibt. Völlige Indifferenz ist in der Praxis allerdings auf Grund der vielfältigen Verbundeffekte eher die Ausnahme. Ein Beispiel für eine (zumindest weitgehend) indifferente Zielbeziehung ist etwa diejenige zwischen der Verbesserung der Essensqualität in der Werkskantine und der Steigerung des Marktanteils.

- **Zielkonflikte** finden sich, wenn sich die Verfolgung von Ziel A negativ auf die Realisierbarkeit von Ziel B auswirkt. Dabei können die Formen der Zielkonkurrenz und der Zielantinomie unterschieden werden. **Zielantinomie** bezeichnet den – in der Realität wiederum eher seltenen - Fall, dass sich zwei Ziele hinsichtlich ihrer Erreichbarkeit gegenseitig ausschließen (Beispiel: Steigerung der Herstellungsmenge und absolute Kostensenkung in der Produktion bei Konstanz der Fertigungsstückkosten). Im Falle der **Zielkonkurrenz** liegt dagegen nur eine – mehr oder weniger ausgeprägte – partielle Beeinträchtigung vor (Beispiel: Erhöhung der Mitarbeiterzufriedenheit bei gleichzeitigem Abbau von Personalkosten durch Massenentlassungen).

Im Falle von Zielkonflikten muss entschieden werden, welche Ziele Priorität besitzen und somit den anderen übergeordnet werden sollen. Denkbar ist auch, dass die Optimierung einer Zielgröße A in den Mittelpunkt gerückt wird, während für die Zielgröße B die Erreichung eines Mindestziels als Nebenbedingung formuliert wird. So könnte eine Unternehmung etwa nach Umsatzmaximierung unter der Nebenbedingung streben, dass die Kosten für den Vertriebsaußendienst dennoch um mindestens 5 % gesenkt werden.

Abschließend seien die Schritte, die im Rahmen eines **Zielbildungsprozesses** zu durchlaufen sind, noch einmal kurz zusammengefasst (Welge/Al-Laham 2007):

- Zielsuche;
- Operationalisierung der Ziele;
- Zielanalyse und -ordnung;
- Prüfung auf Realisierbarkeit;
- Zielentscheidung (Selektion);
- Durchsetzung der Ziele;
- Zielüberprüfung.

Mit der Festlegung der Ziele im Rahmen eines Zielsystems sind die Weichen für die dann folgende weitere Ausgestaltung der Strategie gestellt.

	Verständnisfragen 10:
V10-1	Welchen Zwecken dient die Festlegung von Zielen im Kontext der Strategieformulierung?
V10-2	Worin sehen Sie die Bedeutung einer starken Vision für den Unternehmungserfolg?
V10-3	Welche Anforderungen sind an ein operationales und konsistentes Zielsystem zu stellen und wie lassen sie sich erfüllen?

5.4 Entwicklung einer Strategiekonzeption für marktorientiertes Handeln

5.4.1 Die Strategieebenen einer Unternehmung

5.4.1.1 Die Funktionalstrategie

Strategische Entscheidungen werden auf unterschiedlichen Bezugsebenen getroffen, die zum Teil in hierarchischer Relation zueinander stehen. So rangiert die so genannte "Corporate Strategy" (Abschnitt 5.4.1.3) an der Spitze der hierarchischen Bezugsebenen. Ihr ist die Ebene der "Business Strategy" (Abschnitt 5.4.1.2) nachgelagert, welcher wiederum die Funktionalstrategie folgt. Parallel dazu bedarf es im Zeitalter einer zunehmenden Zahl und Intensität von Unternehmungskooperationen der Ausarbeitung von Kollektivstrategien (Abschnitt 5.4.1.4). In der Geschichte der Managementforschung stand lange Zeit die Ausarbeitung funktionaler Strategien im Vordergrund, die sich im Sinne des Funktionsmodells (vgl. Abschnitt 4.2.2) auf einzelne betriebliche Funktionen wie Absatz, Produktion, Beschaffung und Forschung/Entwicklung beziehen. Es ist innerhalb dieses Buches an verschiedenen Stellen hervorgehoben worden, dass ein funktionales Denken Gefahr läuft, betriebliche Zusammenhänge zumindest gedanklich, zum Teil aber auch organisatorisch zu zerschneiden und damit den Blick für das Ganze zu verlieren. Insofern ist es erforderlich, den Stellenwert von Funktionalstrategien gesondert zu diskutieren. In diesem Zusammenhang sind folgende Aussagen zu treffen:

- Die Ausarbeitung von Funktionalstrategien ist im Sinne einer umfassenden strategischen Steuerung unerlässlich.

- Strategische Entscheidungen in den einzelnen Funktionen sind oftmals derivativer Natur und orientieren sich an vorangegangenen Grundsatzentscheidungen im Bereich der geschäftsfeldbezogenen Strategie (Business Strategy) bzw. der Unternehmungsstrategie (Corporate Strategy).

▓ Im Zentrum funktionaler Strategieüberlegungen stehen vor allem Festlegungen bezüglich des Umfangs selbst wahrzunehmender Aufgaben im Bereich der jeweiligen Funktion, was insbesondere mit vertikalen Koordinationsentscheidungen strategischer Art einhergeht. Daneben stellt sich die Frage, ob und ggfs. wie weit die Unternehmung mit anderen Unternehmungen auf horizontaler bzw. lateraler Ebene kooperiert. So sind z.B. F&E-Kooperationen ein beliebtes Mittel, um knappe Mittel zu schonen und zugleich Voraussetzungen für einen wirkungsvollen Mitteleinsatz zu schaffen. Daneben sind im Bereich der Distribution gemeinschaftliche Vertriebssysteme mehrerer Hersteller ein oftmals wirkungsvoller Ansatz, um vorhandene Vertriebskapazitäten besser auszulasten und die Penetration relevanter Märkte zu erhöhen. Im Produktionsbereich kann es unter dem Gesichtspunkt der Sicherung zusätzlicher Kapazitäten im Falle temporärer Engpässe sinnvoll sein, über entsprechende Beziehungen zu verfügen.

Bei der Ausgestaltung von Funktionalstrategien ist insbesondere auf die Abstimmung der Vorgehensweise mit anderen Funktionsbereichen zum Zwecke der in sich stimmigen Ausfüllung von Rahmenentscheidungen zu achten. Dies öffnet den Blick auf die nächsthöhere Hierarchieebene strategischen Handelns: die Business Strategy.

5.4.1.2 Die Business Strategy

Die Business Strategy setzt auf der Bezugsebene der Strategischen Geschäftsfelder an. Sie wurde vor allem in den Publikationen von Porter (1980) in das Bewusstsein gerückt und fortan – teils implizit, teils explizit – in der Forschung zum Strategischen Marketing internalisiert (Becker 2006; Meffert 2000). Für jedes dieser als „Produkt-/Markt-Kombinationen" gekennzeichneten Objekte des Strategischen Marketings und Managements (vgl. Abschnitt 3.2.1.1.3) gilt es, ein in sich geschlossenes Handlungsprogramm zu entwerfen, welches der Erlangung und/oder Verteidigung nachhaltiger Wettbewerbsvorteile dient. Dies erfordert Festlegungen, auf welchen Markt bzw. Teilmarkt das jeweilige Strategische Geschäftsfeld auszurichten ist. Vorbehaltlich der Ausführungen im Abschnitt 5.4.2 ist der Fall denkbar, dass ein als relevant erachteter Teilmarkt segmentiert und differenziert bearbeitet werden soll. In derartigen Fällen ist die jeweilige Business Strategy auf Wettbewerbsvorteile in einem bestimmten Segment ausgerichtet. Sollte trotz grundsätzlicher Möglichkeit auf eine Segmentierung verzichtet werden, so richtet sich die Business Strategy auf einen Gesamtmarkt.

Eine Business Strategy ist nur dann vollständig, wenn Entscheidungen in den einzelnen Aufbauelementen getroffen worden sind, aus denen sie sich zusammensetzt. Diese Aufbauelemente sind:

▓ die **nachfragerbezogene Grundausrichtung**, welche die Stimulierung der Nachfrage (z.B. überragende Belieferungskonzeption versus Niedrigstpreise), den Parzellierungsansatz des Marktes und das unter regionalen Gesichtspunkten als relevant erachtete Marktareal (z.B. lokale versus internationale Tätigkeit) umfasst und in Abschnitt 5.4.2.2 ausführlicher dargestellt wird,

▪ die **konkurrenzbezogene Grundausrichtung** (Abschnitt 5.4.2.3), welche die Selektion strategischer Partner ebenso umfasst wie die Definition der relevanten Konkurrenten sowie die Beantwortung der Frage, in welchem Verhältnis die eigenen Aktivitäten zur Konkurrenz stehen sollen (z.B. Anpassung versus Differenzierung).

Flankierend verbinden sich mit der Ausarbeitung einer Business Strategy auch **wachstumsbezogene Strategieaspekte** (vgl. Abschnitt 5.4.2.1), welche die planende Unternehmung selbst betreffen und aus den Rahmenüberlegungen im Bereich der Corporate Strategy abgeleitet sind. Daher sind sie auch in diesem Strategiebereich zu behandeln.

5.4.1.3 Die Corporate Strategy

Im Rahmen der Corporate Strategy erfolgt eine Koordination der einzelnen Geschäftstätigkeiten, die durch die Strategischen Geschäftsfelder und die damit verbundenen Business Strategies repräsentiert werden. Insofern wird deutlich, in welcher Weise die Corporate Strategy das "Dach" des Strategischen Marketings und Managements bildet. Die Portfolio-Analyse (vgl. Abschnitt 5.2.3) bildet hierfür den planerischen Rahmen und unterstützt den Entscheidungsprozess. Die dort genannten Bedenken gegen die Portfolio-Technik haben aber erkennen lassen, dass eine sich allein darauf stützende Entscheidungsfindung hochgradig problematisch ist. Gleichwohl lassen sich anhand der Portfolio-Technik Überlegungen in Richtung auf eine zweckmäßige Allokation der vorhandenen Mittel sowie grobe Aussagen bezüglich der Cash-Situation, des Umsatzes und der Rentabilität treffen, die unter Controlling-Gesichtspunkten von Belang sind. Aufgrund der genannten Merkmale lässt sich die den Managementprozess unterstützende Wirkung der Portfolio-Technik auf der Ebene der Corporate Strategy erkennen.

Eng verknüpft mit der Portfolio-Analyse ist die so genannte **"Stay-or-exit-Entscheidung"**. Durch sie wird ausgehend von der gegebenen Geschäftsdefinition festgelegt, welche Strategischen Geschäftsfelder fortgeführt bzw. aufgegeben werden. Die diesbezüglichen Entscheidungsalternativen lauten:

▪ **"Stay"** im Falle einer strategisch unmodifizierten Fortführung der Tätigkeit,

▪ **"Modified Stay"** im Falle einer generellen Fortführung der Geschäftstätigkeit in dem jeweiligen Geschäftsfeld, bei der allerdings die strategische Grundausrichtung rekonfiguriert werden muss, und

▓ "Exit" für den Fall, dass unter strategischen Gesichtspunkten eine Weiterführung insofern sinnlos wäre, weil eine weitere Tätigkeit wertvernichtend und/oder ein Aufbau bzw. Erhalt von Wettbewerbsvorteilen nicht erreichbar erscheint.

Neben der integrierten Steuerung der Geschäftstätigkeiten mit den Entscheidungsbereichen des Aufbaus, der Entwicklung und der Eliminierung von Strategischen Geschäftsfeldern ist ein weiterer zentraler Teilbereich der Corporate Strategy die Ausformulierung einer integrierten Wachstumsstrategie, die ebenfalls von einem gegebenen Portfolio von Strategischen Geschäftsfeldern ausgeht und dieses zielkonform weiterzuentwickeln versucht. Die Bezeichnung "Wachstumsstrategie" beinhaltet nicht zwingend die Vorgabe quantitativen Wachstums. Vielmehr geht es darum, eine Aussage zum Wachstum auf der Zielebene zu treffen und eine Konkretisierung durch eine strategische Richtung und ein damit verbundenes Maßnahmenprogramm vorzunehmen. Dies kann Schrumpfungs- und Rückzugsüberlegungen zum Zwecke der Bereinigung der Geschäftstätigkeit beinhalten.

Neben der wachstumsbezogenen Ausrichtung stellt die Corporate Strategy weiterhin auf eine geschäftsfeldübergreifende Koordination ab. Zu den strategierelevanten Größen, die über die Strategischen Geschäftsfelder hinaus von Belang sind, zählen insbesondere die Ressourcen, Kompetenzen und Geschäftsprozesse. Da sie allesamt die Grundlage nachhaltiger Wettbewerbsvorteile der gesamten Unternehmung darstellen können und als Erfolgspotenziale gelten, dient die Corporate Strategy nicht nur der sinnvollsten innerbetrieblichen Allokation der in diesen Größen gebundenen Potenziale, sondern auch der Ableitung geeigneter Maßnahmenprogramme zum Zwecke ihrer Weiterentwicklung. Eine unternehmungszielkonforme Steuerung dieser Größen könnte vernachlässigt werden, wenn deren Management ausschließlich geschäftsfeldbezogen erfolgt. Für die gesamte Unternehmung relevante Ressourcen werden dann oftmals bestimmten Geschäftsfeldern dauerhaft und oftmals mehr oder weniger exklusiv zugeordnet, was deren weitere Entfaltung behindern kann. Darüber hinaus besteht die Möglichkeit von Reibungsverlusten durch Verteilungskämpfe zwischen den Geschäftsfeldern.

5.4.1.4 Die Kollektivstrategie

Die Erzielung nachhaltiger Wettbewerbsvorteile einer Unternehmung erfolgt primär durch entsprechende Weichenstellungen im Bereich der Business Strategy und der Corporate Strategy. Allerdings lassen die zum Teil sprunghaft steigenden Anforderungen auf Märkten sowie die Bedrohungen aus dem Umfeld oftmals kaum noch die Erreichung derartiger Wettbewerbsvorteile zu. Aus diesem Grund muss in besonderer Weise die Frage gestellt werden, in welchem Umfang sich strategische Kooperationen mit anderen Unternehmungen anbieten, um durch ein entsprechendes Kollektiv den Aufbau und Erhalt von Wettbewerbsvorteilen zu garantieren.

Kollektivstrategien (Bresser 1989) sind dadurch gekennzeichnet, dass die Zusammenarbeit von Unternehmungen über die operative Ebene hinausgeht und eine zumindest planerische Zusammenfassung ausgewählter Geschäftstätigkeiten selbstständiger Unternehmungen und die damit einhergehende gemeinschaftliche Entscheidung über strategische Belange beinhaltet. Kollektivstrategien widmen sich insbesondere folgenden Aspekten:

- Definition der Kooperationsziele,

- Festlegung der Anzahl von Unternehmungen im Kollektiv,

- Entscheidungen über die Art sowie die Intensität (einschließlich Fristigkeit) der Beziehungen zwischen den Kooperationspartnern,

- Bestimmung, ob die Partner (a) eher in kommensalistischer (Ähnlichkeit der Ausgangssituationen und/oder Profile) oder eher in symbiotischer Beziehung (vgl. Abschnitt 4.1.2) sowie (b) in horizontaler, vertikaler und/oder lateraler Relation zueinander stehen.

Einzelne Kollektivstrategien werden genauer vorgestellt, wenn in Abschnitt 5.4.2.3 die konkurrenzbezogene Grundausrichtung einer marktorientierten Strategie diskutiert wird. Die separate Vorstellung von Business, Corporate und Collective Strategy vor den Elementen einer marktorientierten Strategie ist erforderlich, um innerhalb der nächsten Abschnitte für ein Grundverständnis zu sorgen, auf welchen Strategieebenen die jeweilige Diskussion ansetzt.

5.4.2 Die Elemente einer marktorientierten Strategie

5.4.2.1 Wachstumsbezogene Grundausrichtung

Dem Denken innerhalb des Marketing-Dreiecks gemäß Abbildung 5-11 folgend, setzt die wachstumsbezogene Grundausrichtung an der Unternehmung an. Durch sie wird nicht nur vorgegeben, ob und ggfs. auf welchem Wege eine Unternehmung zu wachsen beabsichtigt, sondern zugleich eine Aussage über mögliche Änderungen der Geschäftsabgrenzung getroffen. Insofern ist die wachstumsbezogene Grundausrichtung in Teilen sowohl (zum geringeren Teil) für die Business Strategy als auch (zum größeren Teil) für die Corporate Strategy relevant.

Dem starken Wachstum vieler Märkte in den 1960er Jahren folgend, wurden zunächst strategische Ansätze für das Unternehmungswachstum entwickelt. Die in der Managementliteratur wohl bekannteste Systematisierung sind die in Abbildung 5-12 enthaltenen Marktfeldstrategien im Sinne von Ansoff (1965). Ansoff stellt zwei Entscheidungsdimensionen heraus: Erstens muss eine Festlegung im Produkt- und damit zugleich im Sortimentsbereich bezüglich einer Ausweitung getroffen werden, zweitens ist zu entscheiden, ob weitere Märkte in der Zukunft zu erschließen sind. Daraus ergeben sich vier Basisalternativen, die allesamt ein vor allem absatz- und umsatzbezogenes Wachstum ermöglichen. Allerdings unterscheiden sich die zu erwartenden Widerstände und Risiken in Abhängigkeit von der gewählten Vorgehensweise zum Teil beträchtlich, was sich anhand der nachfolgenden Darstellung unter Berücksichtigung von praktischen Beispielen nachvollziehen lässt.

Abbildung 5-11: Überblick über die Ansatzpunkte einer marktorientierten Strategie

---

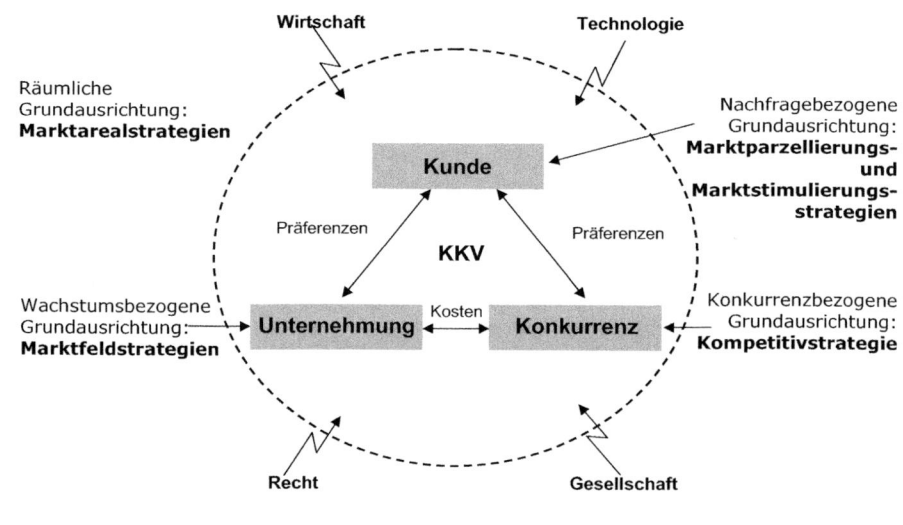

Option 1.1: Die **Marktdurchdringung** beruht auf der Beibehaltung der Produkt-/Markt-Zuordnung, so dass weder neue Leistungen in das Sortiment aufgenommen werden, noch eine Veränderung der Zielkundschaft erfolgt. Demnach ergibt sich bei der vorliegenden Marktfeldstrategie keine Veränderung der Corporate Strategy. Ob hingegen Änderungen im Bereich der Business Strategy erforderlich sind, kann zwar nicht allgemeingültig beantwortet werden, ist aber zumindest tendenziell zu bejahen. Der Grund ist darin zu sehen, dass in der Regel nur durch strategische Umorientierungen die beabsichtigten Wachstumseffekte erreichbar sind. Teilweise kann aber auch der verstärkte Einsatz operativer Aktionsparameter im Marketing (vgl. Abschnitt 5.6) Wachstum ermöglichen.

Abbildung 5-12: Marktfeldstrategien nach Ansoff (1965)

Märkte **Produkte/Sortiment**	Bedienung gegenwärtiger Märkte	Hinzunahme neuer Märkte
Angebot gegenwärtiger Produkte	Marktfeldstrategie 1.1 **Marktdurchdringung** (market penetration)	Marktfeldstrategie 1.2 **Markterschließung** (market development)
Hinzunahme neuer Produkte	Marktfeldstrategie 2.1 **Produktentwicklung** (product development)	Marktfeldstrategie 2.2 **Diversifikation** (diversification)

Die konkreten Ansatzpunkte einer Marktpenetration sind:

▨ Erhöhung der Verwendungsrate bei aktuellen Kunden: Stellt man etwa auf Zeitungen und Zeitschriften ab, so wäre ein Ziel, die Gelegenheitsleser zu einem Abonnement zu bewegen, was sich u.a. durch attraktive Bezugsbedingungen erreichen lässt.

▨ Abwerbung von Kunden der Konkurrenz: In diesem Fall muss die Vorgehensweise darauf ausgerichtet sein, einen **"Out Supplier"**-Status (Status eines Anbieters, der sich nicht in einer festen Geschäftsbeziehung zum Kunden befindet) in den eines **"In Suppliers"** (Status einer etablierten Geschäftsbeziehung) umzuwandeln. Anhand des Bankensektors lassen sich sowohl Probleme als auch Lösungsansätze erkennen. Die Bindung an eine Hausbank z.B. durch ein Girokonto ist vor allem auch deswegen so hoch, weil bei einem Wechsel ein erheblicher administrativer Aufwand entsteht. Banken können oftmals nur dann bei der Abwerbung eines Kunden erfolgreich sein, wenn sie sich zur Verfügung stellen, die Meldungen der neuen Bankverbindung an alle Geschäftspartner des Kunden sowie alle damit verbundenen Kosten zu übernehmen. Daneben müssen dem Kunden überzeugende Gründe vermittelt werden, warum es dauerhaft ratsamer ist, den Wechsel vorzunehmen.

▨ Bindung noch nicht bedienter Kunden: Nicht alle Märkte sind auf Basis des Diffusionsprozesses (vgl. Abschnitt 3.2.1.1.3) vollständig penetriert. Ein Ansatzpunkt für die Marktdurchdringung besteht demnach darin, diese potenzielle Nachfragerschaft anzusprechen. Fitness-Studios versuchen, potenzielle Kunden durch unentgeltliche Probe-Abonnements und ähnliche Incentives zu akquirieren. Sie nutzen die Kontakte, um darauf aufbauend Kundendaten zu sammeln, die über die

Zeit hinweg zur Ansprache der Zielkunden genutzt werden. Nach entsprechenden Interessensbekundungen seitens der potenziellen Nachfrager werden dann gezielte Kundenbindungsinitiativen gestartet.

Die Erzielung von Wachstum auf Basis der Marktdurchdringung ist vor allem in stagnierenden Märkten mit hoher Wettbewerbsintensität zumeist ein schwieriges Unterfangen. Wachstumseffekte sind in solchen Situationen weitestgehend nur zu Lasten der Konkurrenz möglich, was der Grundausrichtung einen Verdrängungscharakter verleiht. Die aggressive Vorgehensweise kann Konkurrenten zu gefährlichen Gegenschlägen verleiten. Über das Besagte hinaus ist die Penetration aber auch als eine Strategieoption einzuordnen, die in anderer Hinsicht mit begrenztem Risiko einhergeht: Die Kenntnis der Märkte und die Erfahrung mit den angebotenen Produkten bedingen oft eine hohe Beherrschung des Geschäfts.

Option 1.2: Im Rahmen der **Markterschließung** werden neue Käuferschichten mit bereits vorhandenen Leistungsangeboten angesprochen, die bislang nicht bearbeitet wurden. Aufgrund der Erschließung neuer Segmente und/oder Märkte erfolgt eine Verbreiterung der Geschäftstätigkeit, die sich auf die Corporate Strategy auswirkt. Zu den wichtigsten Ansatzpunkten einer Markterschließung gehören:

- Zugang zu **neuen Käuferschichten** in der bislang bearbeiteten Region: So bieten etwa Discotheken spezielle Veranstaltungen für etwas ältere Kundenkreise an, um unter anderem von deren Kaufkraft zu profitieren ("Ü 30"-Parties).

- Erschließung **neuer Regionen**: Die unmodifizierte Vermarktung vorhandener Produkte in anderen Ländern ist eine Option, die sich vor allem dann anbietet, wenn z.B. im internationalen Kontext der Verlauf von Produktlebenszyklen unterschiedlich ist. Unternehmungen, die in Ländern mit zeitlich früh adoptierender Kundschaft tätig sind, können das besagte Phänomen zum Zwecke der Generierung von Wachstum sinnvoll nutzen, wie sich dies am Beispiel der Anbieter von Mobiltelefonen zeigen lässt. Zur Erschließung neuer Regionen im Kontext des internationalen Marketings ("Going International") sei auf Backhaus et al. (2003) verwiesen.

- Erschließung **neuer Verwendungsbereiche**: Teflon-Beschichtungen sind ein Beispiel für Produktlösungen, die anfangs ausschließlich im Bereich der Raumfahrt eingesetzt wurden. Zu einem späteren Zeitpunkt entschloss man sich, den Verwendungsbereich auf private Haushalte auszuweiten.

Die Markterschließung ist insofern risikoreicher als die Penetration, als Käuferschichten bearbeitet werden, über die man im Regelfall nur wenige Informationen sammeln konnte. Die Vertrautheit ist damit weitaus geringer. Da ferner umfassende Leistungsadaptionen an die neue Kundschaft nicht Gegenstand der Markterschließung sind, besteht die Gefahr, auf erhebliche Marktwiderstände zu stoßen.

Option 2.1: Die **Produktentwicklung** im Sinne der Ansoff-Matrix beruht im Kern auf einer Ergänzung des vorhandenen Sortiments um neue Produkte, die Ergebnis eigener F&E-Tätigkeit sein, aber auch von Dritten entwickelt und/oder produziert werden können. Die durch neue Sachgüter und/oder Dienste hinzugewonnene Sortimentsbreite wird dazu benutzt, gegenwärtige Kunden umfassender oder auf neuartige Weise bedienen zu können. Bei der Produktentwicklung als Marktfeldstrategie ist zwischen **Markt- und Betriebsneuheiten** zu unterscheiden, was in Anbetracht jeweils unterschiedlich hoher Widerstände im Markt sinnvoll ist. Im Vergleich zur Markterschließung ist das marktliche Risiko insofern niedriger, als die Zielkundschaft bereits hinlänglich bekannt ist. Bei Betriebsneuheiten (Produkte sind nur für den Betrieb, nicht aber für den Markt neu) ist das Risiko auch deswegen überschaubar, weil eine Leistung eingeführt wird, für die Wettbewerber bereits Marktwiderstände überwunden haben. Marktneuheiten sind in Anbetracht einer noch nicht erfolgten Reaktion des Marktes und geringer Erfahrungen im Bereich der Produktion durchweg mit höherem Risiko behaftet.

Option 2.2: Die in der Managementforschung intensiv und kontrovers diskutierte Marktfeldstrategie der **Diversifikation** beruht auf der Hinzunahme neuer Produkte in das Sortiment und der Erschließung neuer Märkte. Das damit verbundene Risiko ist deswegen besonders groß, weil die Unternehmung "Neuland" betritt. In der Vergangenheit wurde von der Diversifikation in unterschiedlichster Weise mit stark streuendem Erfolg Gebrauch gemacht. Äußerst erfolgreiche Beispiele (z.B. Nokia mit dem Einstieg in das Mobilfunkgeschäft als traditioneller Anbieter von Winterreifen, Anglerschuhen und Fernsehgeräten) stehen großen Fehlschlägen gegenüber (z.B. der alte Daimler-Benz-Konzern bei dem Versuch in den 1980er Jahren, sich zu einem globalen Technologiekonzern zu entwickeln). Insofern ist es notwendig, unterschiedliche Diversifikationsformen zu identifizieren:

- Bezüglich der Verbundenheit zum Stammgeschäft werden die **horizontale**, **vertikale** und **laterale Diversifikation** voneinander getrennt. Da bei der horizontalen Diversifikation eine Geschäftstätigkeit auf der gleichen Wirtschaftsstufe hinzugenommen wird (z.B. Produktion von Geschirrspülern durch einen Waschmaschinenhersteller), ist die Nähe zum Stammgeschäft groß, was die Übertragung von Erfahrungen in gewissem Maße zulässt. Bei der vertikalen Diversifikation wird entweder von der Vorwärts- oder der Rückwärtsintegration Gebrauch gemacht. Aus Sicht eines Stahlherstellers fiele die Hinzunahme der Erzförderung in die Rückwartsintegration, die Herstellung von Zulieferteilen in die Vorwärtsintegration. Letztgenannte ist vor allem deswegen problematisch, weil die Unternehmung in eine Konkurrenzbeziehung zu bisherigen Kunden tritt. Im Falle der lateralen Diversifikation besteht keinerlei Anbindung an das Stammgeschäft mehr, weswegen aufgrund fehlender Erfahrungen das Fehlschlagrisiko dort als besonders hoch angesehen wird.

▨ Bezüglich der Nutzung vorhandener Ressourcen und Kompetenzen kann zwischen verbundener (**konzentrischer**) und **unverbundener** (konglomerater) **Diversifikation** unterschieden werden (Bateman/Snell 2007). Auf Basis empirischer Untersuchungen (Barney 2007) lässt sich prinzipiell der Eindruck bestätigen, dass die verbundene der unverbundenen Diversifikation überlegen ist. Insofern wird die Empfehlung vertreten, bei der Erschließung neuer Bereiche auf die sinnvolle Übertragung vorhandener Fähigkeiten zu achten.

Dem Tatbestand zunehmend begrenzter Wachstumsmöglichkeiten und zahlreicher Unternehmungskrisen Rechnung tragend, sind über die Ansoff-Matrix hinaus Versuche unternommen worden, in Analogie zu den Marktfeldstrategien des Wachstums Schrumpfungs-/Fokussierungsstrategien zu entwickeln. Ein entsprechendes Schema, welches Wachstums- und Schrumpfungsoptionen zusammenführt, ist Abbildung 5-13 zu entnehmen (Müller-Stewens/Lechner 2005). Die nicht näher erläuterten Schrumpfungsoptionen erschließen sich weitgehend auf Basis des oben Gesagten. Das Beispiel der Firma Nokia verdeutlicht darüber hinaus, was Gegenstand einer „progressiven Produktverdichtung" ist: Zeitgleich zum Entschluss, durch den Einstieg in die Telekommunikation neue Käuferschichten in neuen internationalen Märkten zu erschließen, stand eine Straffung des Sortiments in anderen Geschäftsbereichen (vor allem Produktion von Fernsehern, Schuhen, Anglerzubehör). Daneben ist festzustellen, dass durch Schrumpfungsstrategien Sortimentslücken entstehen, Verbundeffekte zerschnitten werden und Imageverluste eintreten können. Diesen Nachteilen steht die Aussicht auf eine effektivere und effizientere Allokation von Mitteln gegenüber. Daneben können gerade durch eine Fokussierung Nischen besser besetzt und verteidigt werden.

Abbildung 5-13: Wachstums- und Schrumpfungsstrategien (Quelle: in Anlehnung an Müller-Stewens/Lechner 2005)

	Abbau der Produkte	Gegenwärtig angebotene Produkte	Neue Produkte
Abbau der Märkte	Rückzug	Produktkonstante Marktverdichtung	Progressive Marktverdichtung
Gegenwärtig bediente Märkte	Marktkonstante Produktverdichtung	Marktdurchdringung	Produktentwicklung
Neue Märkte	Progressive Produktverdichtung	Marktentwicklung	Diversifikation

Es ist bislang nicht näher diskutiert worden, wodurch die Wachstumsstrategien umzusetzen sind. Grundsätzlich bieten sich hierzu zwei Möglichkeiten an, die miteinander kombiniert werden können. Die eine Alternative besteht in **externem Wachstum**. In diesem Fall werden über Mergers & Acquisitions Drittunternehmungen übernommen (vgl. Abschnitt 4.1.2). Auf diese Weise lassen sich unter Absatz- und Umsatzgesichtspunkten Sprünge realisieren. Allerdings ist die finanzielle Belastung oftmals erheblich. Daneben entstehen beträchtliche Integrationsprobleme, da bezüglich der ursprünglich selbstständigen Betriebe auf verschiedensten Ebenen Anpassungsnotwendigkeiten bestehen. Nicht zuletzt deswegen kann auch eine Verwässerung des Profils der integrierenden Unternehmung auftreten. Bei der zweiten Alternative, dem **internen Wachstum**, wächst die Unternehmung auf "organischem" Wege. Diese Form des Wachstums vollzieht sich wesentlich langsamer als im oben genannten Fall. Allerdings handelt es sich in der Regel um ein weitgehend friktionsloses Wachstum, welches mit einem geringen und zumeist beherrschbaren organisationalen Wandel einhergeht.

5.4.2.2 Nachfragebezogene Grundausrichtung

Nach der grundsätzlichen Ausrichtung der Unternehmung im Kontext gesetzter Ziele, die unter anderem durch die Wachstumsstrategie Berücksichtigung finden, ist zur Umsetzung von Wettbewerbsvorteilen eine Aussage darüber zu treffen, in welcher Weise die Kunden auf welchem Markt anzusprechen und von den Stärken der eigenen Unternehmung zu überzeugen sind. Die nachfragebezogene Grundausrichtung muss im Kern drei Fragen beantworten (Becker 2006, vgl. daneben auch Kuss/Tomczak 2004): Erstens muss eine Aussage zum Areal getroffen werden, auf dem sich die Unternehmung grundsätzlich engagieren will (**Marktarealstrategie**). Zweitens ist festzulegen, wie ein Markt strukturiert und bezüglich relevanter Strukturmerkmale bearbeitet werden muss. Die **Marktparzellierungsstrategie** gibt Auskunft über diese zentrale Fragestellung. Drittens muss beantwortet werden, durch welche Argumentation die Zielkundschaft zu gewinnen ist. Die **Marktstimulierungsstrategie** widmet sich diesem Aspekt.

Mit Blick auf das **Marktareal** ist grob zwischen einer rein lokalen, einer im nationalen Kontext regionalen, einer nationalen, einer internationalen sowie einer globalen Ausrichtung zu unterscheiden. Die Trennlinie zwischen einer internationalen und einer globalen Arealstrategie kann ganz grob und vereinfachend so gezogen werden, dass bei erstgenannter einige Länder z.B. in räumlicher Nähe oder mit ähnlichen kulturellen Rahmenbedingungen bearbeitet werden, hingegen eine weltweite Ausrichtung nicht beabsichtigt ist. Eine beliebte Zwischenform vieler Unternehmungen, die im internationalen Kontext agieren, besteht darin, sich auf die so genannten Triade-Märkte (USA, Europa, Japan) zu konzentrieren.

Grundsätzlich gilt die Erschließung internationaler Märkte als gefährlich, was auf verhaltensbezogene und externe Unsicherheit zurückzuführen ist. Erstgenannte beruht auf der Unkenntnis des Verhaltens der Marktgegenseite, Letztere auf den vielfältigen Unwägbarkeiten auf internationalen Märkten, die durch die Komplexität eine nicht unerhebliche Zuspitzung erfahren. Die Unsicherheit im internationalen Geschäft erfordert in besonderer Weise die behutsame und vorausschauende Planung des Entwicklungsprozesses. Nicht selten werden zuerst diejenigen Märkte erschlossen, die unter kulturellen Gesichtspunkten naheliegend erscheinen (Psychic Distance Chain), wobei anfangs auf Markterschließungsformen zurückgegriffen wird, bei denen der Wertschöpfungsschwerpunkt im Inland liegt (Establishment Chain), während über die Zeit durch Direktinvestitionen Wertschöpfungsschwerpunkte im Zielland aufgebaut werden. Daneben bedarf es der Schaffung und Nutzung geeigneter Institutionen, die zur Reduzierung der Unwägbarkeiten beitragen. Sobald nationale Grenzen überschritten werden, kann dies in Ermangelung der Anwendbarkeit staatlichen Rechts zum Problem werden, was regelmäßig dazu führt, dass private Regelungen die Lücke füllen.

Abbildung 5-14: Marktparzellierungsstrategien (Quelle: Becker 2006, S. 237)

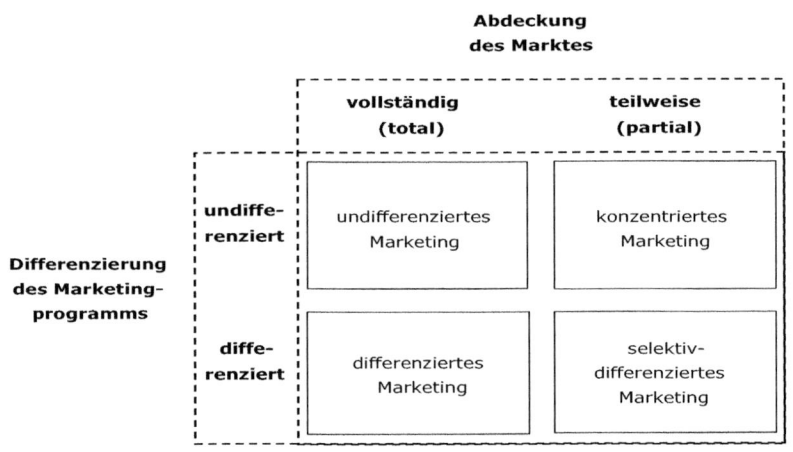

Nach vorgenommener Abgrenzung des relevanten Marktes und ggfs. erfolgter Segmentierung (vgl. Abschnitte 3.1.2 und 3.2.1.1.5) muss die Art der Marktbearbeitung in Form der Marktparzellierung festgelegt werden, die im Ergebnis zu einer Feinjustierung der Marktabgrenzung und einer Priorisierung der Tätigkeiten im Markt führt. Die Marktparzellierung ist für die Business Strategy grundlegend, weil durch sie die geltende Produkt-/Markt-Abgrenzung vorgenommen wird. Unter Bezugnahme auf Abbildung 5-14 sind für die Marktparzellierung Festlegungen entlang zweier Dimensionen erforderlich.

- Grundlegend muss geklärt werden, ob der als relevant erachtete Markt tatsächlich in voller Bandbreite bedient werden soll (Fall der vollständigen Marktabdeckung) oder ob es sinnvoller erscheint, sich auf ausgewählte Teilbereiche zu fokussieren (Fall der partialen Marktabdeckung).

- Darüber hinaus stellt sich die Frage, ob das Marketinginstrumentarium auf einzelne Teilmärkte spezifisch zugeschnitten werden soll (Differenzierung des Marketing-Programms) oder ob ein segmentübergreifender Pauschalansatz (undifferenziertes Marketing-Programm) bevorzugt wird, der weitaus eher die Möglichkeit zur Erzielung von Größeneffekten eröffnet.

Die vier Optionen der Marktparzellierung stellen sich unter Berücksichtigung von Praxisbeispielen wie folgt dar:

- Das **undifferenzierte Marketing** beinhaltet die vollständige Abdeckung des als relevant erachteten Marktes, wobei auch im Falle von Unterschieden im Kaufverhalten und grundsätzlich möglicher Segmentierung auf jegliche Differenzierung des Marketingprogramms verzichtet wird. Eine solche Vorgehensweise bietet sich z.B. dann an, wenn kostenbasierte Wettbewerbsvorteile angestrebt werden und/oder nachfragerseitig eine klar erkennbare Bereitschaft vorliegt, vereinheitlichte Produkte selbstständig an die eigenen Bedürfnisse anzupassen (Self Customization). Coca-Cola hat mit seinem Star-Produkt Coke jahrzehntelang ein undifferenziertes Marketing praktiziert, in dem man sich konsequent auf die Gemeinsamkeiten im Kaufverhalten konzentrierte. Während Coca-Cola später Differenzierungen vorgenommen hat, gehen heute noch die erfolgreichsten Handels-Discounter den Weg des undifferenzierten Marketings in Reinform. Als Kernproblem des undifferenzierten Marketings erweist sich die Definition des repräsentativen Bedarfs und die darauf bezogene Ausrichtung der Marketingaktivitäten.

- **Differenziertes Marketing** beinhaltet ebenfalls die Gesamtabdeckung des Marktes, wobei jedoch auf Basis einer Segmentierung jedes Segment spezifisch bearbeitet wird. Gegenwärtig beabsichtigen die Weltautomobilkonzerne mit ihren Einzelmarken, eine derartige Vorgehensweise zu praktizieren. Der Volkswagen-Konzern ist der Umsetzung durch gezielte Zukäufe von Marken im Bereich der automobilen Ober- und Luxusklasse sehr nahe gekommen, was sich daran ablesen lässt, dass nicht nur alle für den Automobilmarkt relevanten Produktkategorien abgedeckt werden, sondern auch je nach Käuferschicht unterschiedliche Preisklassen. So sind die Marken Skoda, Seat, Volkswagen und Audi zu einem erheblichen Teil in denselben Märkten vertreten, sprechen aber unterschiedliche Kundenkreise auf differenzierte Weise an.

- Nicht immer ist es sinnvoll, den als relevant erachteten Markt auch vollständig abzudecken. Eine Feinjustierungsmöglichkeit besteht etwa darin, bestimmte Segmente zu isolieren, um sie mit spezifischen Marketingprogrammen zu bearbeiten. Gleichwohl wird davon Abstand genommen, alle Segmente abzudecken. Wird eine derartige Vorgehensweise gewählt, so handelt es sich um **selektiv-differenziertes Marketing**. Piaggio ist beispielsweise ein Anbieter im Motorradmarkt und hat sich mit seiner Marke „Vespa" auf Mopeds und Motorroller konzentriert. Eine Ausweitung der Tätigkeit auf andere Segmente des Marktes erscheint nicht beabsichtigt.

▪ Während der o.g. Ansatz der Marktparzellierung eine partielle Marktabdeckung mit differenziertem Marketingprogramm vorsieht, geht das **konzentrierte Marketing** in eine andere Richtung: Zwar werden auch hier nur ausgewählte Segmente bearbeitet, allerdings wird darauf verzichtet, für jedes dieser Segmente eine eigenständige Marketingstrategie auszuarbeiten. Vielmehr wird ein einheitliches Marketingprogramm für alle relevanten Segmente erstellt. Toshiba konzentriert sich z.B. im Computermarkt auf das Angebot von Notebooks im High-end-Bereich. Nicht selten ist das konzentrierte Marketing Ausdruck einer Nischenstrategie. Vor allem mittelständischen Betrieben bietet eine derartige Vorgehensweise die Möglichkeit, zugleich eine starke Ausrichtung auf die Zielkunden mit einer Begrenzung der Kosten für individuelle Leistungsangebote zu verbinden.

Die Ausführungen zur Marktparzellierung haben bereits erkennen lassen, dass dazu in enger Verbindung Aussagen getroffen werden müssen, wie der Anbieter die Zielkunden anzusprechen und für sich zu gewinnen gedenkt. Die Marktstimulierungsstrategien widmen sich diesem Aspekt. In diesem Kontext wird häufig auf die generischen Strategievarianten im Sinne von Porter (1980) verwiesen, die sich aus der Differenzierung, der Kostenführerschaft und der Konzentration auf Schwerpunkte zusammensetzen. Wie die bereits vorgetragenen Überlegungen erkennen lassen, vermischt Porter jedoch Fragen der Marktparzellierung, der Marktstimulierung und daneben – wie in Abschnitt 5.4.2.3 noch deutlich werden wird – der konkurrenzbezogenen Grundausrichtung, was sowohl aus didaktischen als auch planerischen Gründen zumindest an dieser Stelle unzweckmäßig erscheint. Allerdings kann der Ansatz Porters zur Findung integrierter Strategietypen herangezogen werden, die über die hier einzeln aufgeführten Strategien hinausgreifen und sie verdichten.

Generische Stimulierungsstrategien lassen sich auf der Basis des Ansatzes von Becker (2006) identifizieren. In Abbildung 5-15 sind die Grundoptionen der Präferenz- und Preis-Mengen-Strategie dargestellt.

Eine **Präferenzstrategie** beruht auf der Schaffung, dem Erhalt und dem Ausbau von Kundenvorteilen. Entsprechend setzt die Strategieoption an dem zu schaffenden und zu vermittelnden **Nachfragernutzen** und dem damit verbundenen **Leistungsergebnis** an. Die Vielzahl von Vorgehensweisen im Rahmen einer Präferenzstrategie ist nahezu unbegrenzt. Bevorzugte Ansatzpunkte, die in vielfältiger Weise miteinander kombiniert werden können, sind vor allem:

▪ innovative Produktkonzepte, die in eine erkannte Marktlücke stoßen,
▪ technisch durch Wettbewerber nicht erreichte, marktrelevante Leistungsstandards,
▪ durch Dienstleistungen hochgradig individualisierte Leistungsbündel,

- attraktive Produkt- und Verpackungs-Designs,
- Bequeme und kundenfreundliche Belieferungslösungen,
- auf Markenidentität beruhende Markenkonzepte.

Abbildung 5-15: Basisoptionen der Marktstimulierung

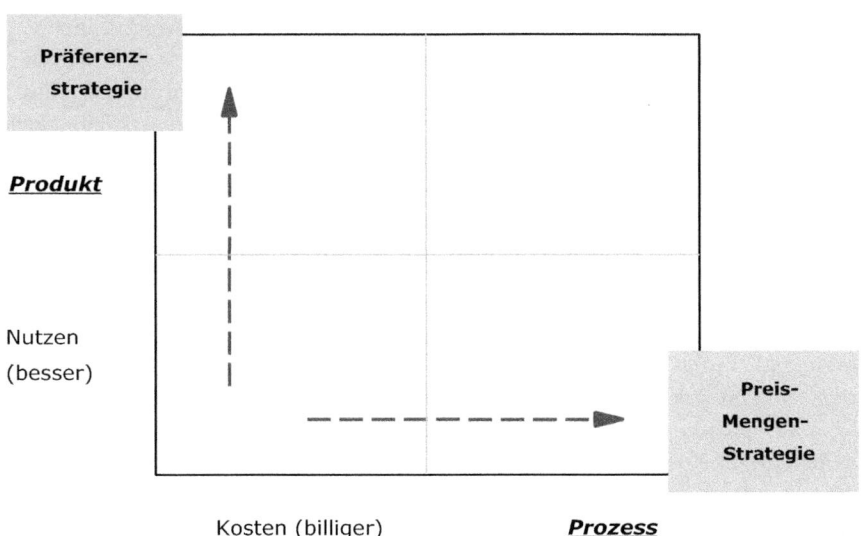

Die Aufzählung ließe sich nahezu beliebig ergänzen, und es muss als eine Grundaufgabe marktorientierter Unternehmungsführung verstanden werden, ständig neue Überlegungen anzustellen, wie Kunden im Rahmen dieser Strategie angesprochen werden können. Die kreative Aufgabe und die unternehmerische Dimension des Markthandelns lässt sich hier besonders klar erkennen. Dabei beruht die Verfolgung einer Präferenzstrategie auf der Erhöhung des Nutzens der eigenen Leistung beim Nachfrager durch den Einsatz aller nicht-preislichen Marketing-Instrumente zum Zwecke einer nachhaltigen Präferenzwirkung. Durch eine in sich stimmige und marktrelevante Vorgehensweise besteht die Möglichkeit zur Erschließung preislicher Spielräume, welche die Erwirtschaftung hoher Stückdeckungsbeiträge erlauben. Insofern wird im Rahmen der Präferenzstrategie auf Grund der überragenden Nutzenposition vom „**Skimming Pricing**" Gebrauch gemacht (vgl. Abschnitt 5.6.2.2). Um die Nachhaltigkeit von Wettbewerbsvorteilen im Rahmen einer Präferenzstrategie abzusichern, bietet es sich an, eine auf mehreren Nutzenkomponenten beruhende Profilierung anzustreben, was die Imitationschancen der Konkurrenz deutlich einschränkt. Insofern wird in solchen Fällen, die im Übrigen dem Wesen dieses Strategietyps am deutlichsten entsprechen, von einer mehrdimensionalen Profilierung gesprochen.

Der Präferenzstrategie steht die **Preis-Mengen-Strategie** gegenüber, deren Hauptstoßrichtung der **Leistungserstellungsprozess** ist. Die Preis-Mengen-Strategie ist auf die Erzielung von Wettbewerbsvorteilen ausgerichtet, denen eine überlegene Kostenposition zu Grunde liegt. Diese überlegene Position wird nicht dazu genutzt, durch Anpassung an das marktliche Preisniveau hohe Stückdeckungsbeiträge zu erzielen. Vielmehr soll eine im Wettbewerbsvergleich überlegene Kostenposition mit Niedrigstpreisen einhergehen und auf diesem Wege die Nachfrage auf den Anbieter lenken. Der Preis wird damit zum entscheidenden und in der Reinform dieses Strategietyps zugleich zum alleinigen Präferenzfaktor für den Kunden. Man spricht deswegen auch von einer eindimensionalen Profilierung. Zur Kennzeichnung dieser Form der Marktstimulierung ist zentral, dass sie auf Mengeneffekten beruht, die wiederum die Aussicht auf einen sich selbst verstärkenden Mechanismus eröffnen: Durch zusätzliche Nachfragemenge wird der Anbieter in die Lage versetzt, größere Stückzahlen zu produzieren, günstiger einzukaufen, schneller und umfassender Erfahrungen zu sammeln und früher als Konkurrenten zu rationalisieren. Insofern wird deutlich, dass sich die Preis-Mengen-Strategie zu erheblichen Teilen auf der Erschließung von Erfahrungskurveneffekten gründet.

Bezüglich der detaillierten Vorgehensweise beruht eine Preis-Mengen-Strategie auf der Vereinheitlichung von Wertschöpfungsprozessen und Leistungsergebnissen sowie deren effizienzorientierter Verbesserung über die Zeit hinweg vor allem durch die Nutzung produktivitätssteigernder Verfahrensinnovationen. Allerdings gilt auch hier das bereits im Kontext der Präferenzstrategie Gesagte: Es ist Aufgabe unternehmerischen Handelns, in umfassender Weise effizienzsteigernde Maßnahmen zu ergreifen. Zum umfassenden Verständnis einer Preis-Mengen-Strategie ist es unerlässlich, auf die Notwendigkeit einer hohen Produktqualität im engeren Sinne zu verweisen. Ein entsprechender Mengeneffekt ist nur dann zu erwarten, wenn die Qualität der angebotenen, hochgradig rationell angelegten Leistungen zuverlässig auf hohem Niveau garantiert werden kann. Zahlreiche Lebensmittel-Discounter verfolgen einen derartigen Ansatz, indem sie eine begrenzte Sortimentstiefe und -breite anbieten, für die aber hohe Qualitätsstandards sowie ein hoher Verfügbarkeitsgrad in den Filialen garantiert werden können.

Die konsequente Verfolgung einer der beiden entsprechenden Strategien aus Sicht der planenden Geschäftsfelder bietet den Ausblick auf die Erlangung von Wettbewerbsvorteilen. Allerdings kann im Zuge der marktlichen Entwicklung die Situation eintreten, dass vor allem in reiferen Phasen den Anbietern sowohl deutliche Preissenkungen als auch Nutzensteigerungen abverlangt werden. Dies eröffnet Diskussionen um die so genannte „Dynamisierung" der Strategien (Gilbert/Strebel 1987; Kleinaltenkamp 1987) sowie um den Einsatz von „hybriden" Strategien, welche neben die generischen treten. Abbildung 5-16 ist zu entnehmen, dass ein Abweichen von generischen Strategien der Marktstimulierung in zweierlei Weise denkbar ist:

Abbildung 5-16: Wettbewerbsstrategien im Kontext der Branchenentwicklung (Quelle: in Anlehnung an Gilbert/Strebel 1987; Kleinaltenkamp 1987; Corsten 1998)

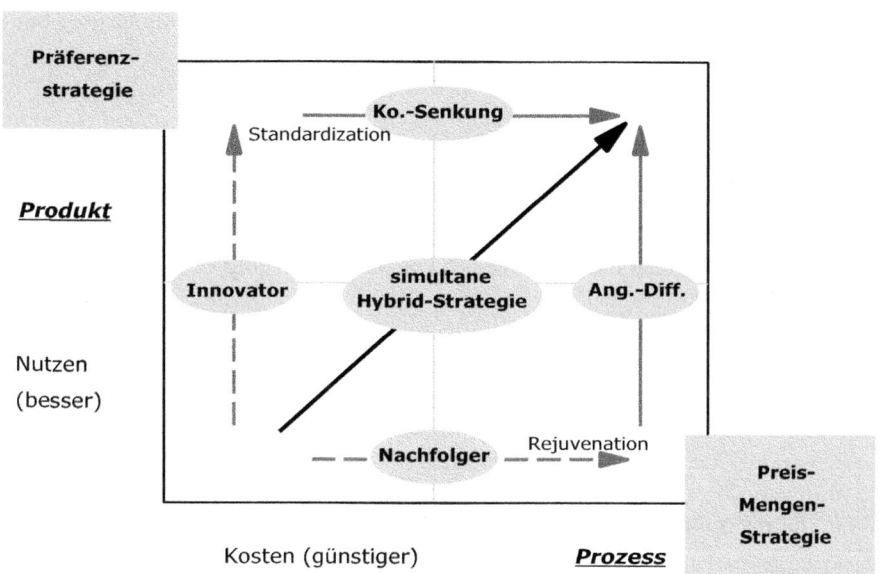

Eine Möglichkeit stellen **sequentielle Hybridstrategien** dar. Sie kommen zur Anwendung, wenn eine Unternehmung nach der Verfolgung eines generischen Strategietyps auf den jeweils anderen umschwenkt. Innovatoren wählen in aller Regel zunächst eine Präferenzstrategie aus, bevor sie nach einem vorangeschrittenen Reifeprozess im Markt – auch in Folge nur noch marginaler Nutzensteigerungen – oftmals gezwungen werden, ihre Kosten erheblich zu senken. Unternehmungen wie Sony können als Beispiel dienen: Sony betätigte sich im Bereich der Unterhaltungselektronik mehrfach als Pionier und wurde nach den jeweils erfolgreichen Vorstößen in vielen Märkten zu Standardisierungsprozessen gezwungen. Ähnlich erging es Unternehmungen wie Apple oder später auch IBM im Computermarkt. Imitatoren wählen hingegen oftmals – wenngleich bei weitem nicht immer – den umgekehrten Weg: Sie verfolgen zunächst eine Preis-Mengen-Strategie und werden später durch den Wettbewerb zu einer Angebotsdifferenzierung gezwungen, die nur durch einen Strategiewechsel erreicht werden kann. Die japanische Automobilindustrie hat sich in den 1980er und 1990er Jahren an diesem strategischen Pfad orientiert. Im Konzept der „Outpacing Strategies" weisen Gilbert und Strebel (1987) auf die Notwendigkeit einer derartigen Umorientierung hin, die erforderlich sei, um auf lange Sicht eine Spitzenstellung im Markt zu erreichen. Bezüglich der

Umsetzung ergibt sich eine Mehrzahl von Problemen. So ist vor allem ein günstiger Zeitpunkt für einen derartigen Strategiewechsel unter Berücksichtigung marktlicher Veränderungen und der Handlungen von Konkurrenten äußerst schwierig zu bestimmen. Daneben erfordert der Strategiewechsel intern ein hohes Maß an Flexibilität und geht mit zusätzlichen Kosten für die Umpositionierung einher. Extern kann der Strategie-Shift seitens der Stammkundschaft zu Irritationen und Ablehnung führen.

Nicht zuletzt aus derartigen Gründen wurde Mitte der 1990er Jahre intensiv über die Möglichkeiten einer so genannten **simultanen Hybridstrategie** nachgedacht (Fleck 1995). Angetrieben durch mittels Informations- und Kommunikationstechnologie flexibilisierte Wertschöpfungskonzepte ergaben sich zunehmend mehr Gelegenheiten, eine individualisierte Leistungserstellung mit einer umfangreichen Vereinheitlichung von Prozessen und Produktbestandteilen zu verbinden. Vor allem das Konzept der "Mass Customization" (Kotha 1995) stellte die Fertigung einer Losgröße im Umfang von einer Einheit zu Kosten in Aussicht, die denen der Massenfertigung sehr nahe kommen. Die damit verbundenen Möglichkeiten in Verbindung mit einer beobachtbaren marktlichen Akzeptanz simultaner Hybridstrategien bewirkte eine deutliche Hinwendung zu diesem Strategietyp, den Unternehmungen wie Benetton, die Swatch-Gruppe sowie zahlreiche Automobilkonzerne im Rahmen von so genannten "Plattformenstrategien" erfolgreich implementierten.

Fallbeispiel 3: Dell Computer Corp. (Quelle: in Anlehnung an Freiling 2002)

Die Dell Computer Corp. wurde im Jahre 1984 gegründet und erzielte 1999 einen Jahresumsatz von mehr als 18 Mrd. US-$. Dell versuchte von Beginn an, sich durch den direkten Verkauf selbst montierter Computer in eindeutiger Weise marktlich zu positionieren. Dabei machte man sich die gesunkene Erklärungsbedürftigkeit von Computern zunutze, um bei der Bedienung bestimmter Zielgruppen Handelsorganisationen aus dem Distributionsprozess auszuschalten. Im Marketing-Konzept wurden in einer ersten Stufe folgende Schwerpunkte gesetzt: Verkauf nach dem Vorbild des Versandhandels, auf die Zielgruppen ausgerichtete, stark fokussierte Kommunikation sowie niedrige Preise. Die Ergebnisse der ersten Entwicklungsstufe lassen sich wie folgt skizzieren: Dells Konzept stieß bei der Zielkundschaft auf große und schnell wachsende Nachfrage. Allerdings stellte sich bereits nach kurzer Zeit heraus, dass das Konzept leicht imitierbar war, so dass durch die rasche Reaktion etablierter Versandhändler kein nachhaltiger Wettbewerbsvorteil entstehen konnte. In einer zweiten Stufe sah sich Dell gezwungen, den eingeschlagenen Weg zu verfeinern und nach Möglichkeiten zu suchen, eine rasche Imitation zu verhindern. Man entschied sich unter Beibehaltung der Grundausrichtung zu einer zweigleisigen Strategie, die sich auf die Leistungsgestaltung und den Fertigungsprozess bezog. Bei der Leistungsgestaltung führte man umfangreiche Garantieleistungen auf die Computer ein, etablierte einen „Vor-Ort-Service" der Kundenbetreuung sowie eine gebührenfreie Hotline für Anwendungsprobleme. Weiterhin sah man eine individuelle Einflussnahme des Kunden auf die Produktgestaltung vor. Parallel dazu wurde der gesamte Fertigungsprozess reorganisiert. Die Vollautomatisierung der Montage basierte auf dem Einsatz flexibler Fertigungsroboter. Effizienzsteigernde Maßnahmen über den Fertigungsbereich hinaus betrafen insbesondere die Lagerhaltung. Kapitalkosten wurden reduziert, indem Dell Lieferantenrechnungen erst nach Eingang von Kundenzahlungen beglich. Die Vorgehensweise erwies sich als geeignet, um sich von den härtesten Wettbewerbern aus dem Versandhandel abzusetzen. Auf der Leistungsseite war es den Händlern unmöglich, ein vergleichbares Angebot zu schaffen. Für den Bereich der Leistungserstellung galt Gleiches umso mehr.

Dennoch wurde Dell mittelfristig durch Imitations- und Substitutionsbestrebungen anderer Computer-Hersteller bedroht. Insofern war die Position Dells nach wie vor angreifbar.

In einer dritten Stufe wurden zur Schaffung eines nachhaltigen Wettbewerbsvorteils folgende Maßnahmen ergriffen, die auch erfolgreich im Sinne der Zielsetzung umgesetzt werden konnten:

- Intensivierung der F&E zur Generierung von Prozess- und Produktinnovationen,
- Aufbau eines „Quick Response"-Systems, welches eine zügige und zugleich kundenindividuelle Abwicklung von rund 10.000 Aufträgen pro Tag ermöglicht,
- Etablierung eines Informations- und Kommunikationssystems, welches alle auftragsbezogenen Daten in mehrfacher Weise (nach Produkten, Produktgruppen, Kunden, Marktsegmenten, Regionen) auswertet und täglich in der Lage ist, neue Marktentwicklungen zu erfassen und mit der Sortimentsgestaltung abzugleichen,
- kontinuierliche Verbesserung des kundenindividuellen Fertigungssystems.

Eine wesentliche Stärke von Dell bestand darin, die geschaffenen Voraussetzungen wirkungsvoll und zunehmend besser im Markt nutzen zu können. Dell sah sich in die Lage versetzt, Bedarfsverschiebungen unter den Zielkunden zu erkennen und so zu verdichten, dass dadurch die Herausbildung neuer Käufergruppen erkennbar wird. In Verbindung mit der flexiblen und kundenorientierten Fertigung sowie der Möglichkeit, neuen Bedarfssituationen durch eigene F&E-Tätigkeit zu entsprechen, wurde eine Grundlage für die Behauptung in den dynamischen Computermärkten gelegt.

Nach dieser äußerst erfolgreichen Entwicklung trat Dell etwas später in einen vierten Abschnitt ein, der durch Stagnation in der Leistungsfähigkeit gekennzeichnet war. Der Verbesserungselan erlahmte allmählich. Die Konkurrenzvorteile wurden nicht mehr effektiv genutzt, und die produktbezogene Innovationstätigkeit ließ nach, so dass das Leistungsprogramm steigenden Ansprüchen der Zielkundschaft nicht mehr voll gerecht wurde. Parallel verbesserten Dells Konkurrenten (Compaq, IBM, aber auch einige Superstores im Bereich des Elektronikhandels) ihre Angebote mit Hilfe von Niedrigpreisen, höherem Belieferungskomfort, besseren Installationsdiensten sowie Garantien und erhielten Zugang zu Dells Kundenstamm. Die stärker werdende Konkurrenz verunsicherte das Management von Dell schließlich so sehr, dass in einer fünften Stufe im Bewusstsein eigener Stärke eine Repositionierung mit dem Ziel vorgenommen wurde, sich den Konkurrenten zu stellen, anstatt sich wieder deutlicher von ihnen zu differenzieren. Dell schaltete zusätzlich zum direkten Vertrieb Einzelhändler ein und vermarktete ein neues Laptop-Programm sehr preisgünstig. Dabei ergaben sich zwei Probleme: Erstens passte man sich zunehmend dem Auftreten der Konkurrenz an und verlor an Profil. Zweitens mangelte es dem Konzept an Vorbereitung, was sich darin äußerte, dass Dell durch die Fehleinschätzung der Nachfrage nach Laptops die Lieferfähigkeit einzubüßen drohte und daher in zunehmendem Umfang auf unzuverlässige Fremdfirmen als Kooperationspartner zurückgreifen musste, für deren Koordination es an Kooperationskompetenz mangelte. Dadurch kam es zu deutlichen Reputationsschäden. Durch die Krise wurden die Kräfte im operativen Bereich so stark gebunden, dass die immer noch vorhandenen wettbewerbsvorteilsrelevanten Kompetenzen nur noch rudimentär genutzt werden konnten. Die Leistungsfähigkeit Dells sank ab und löste eine Krise aus, die den Ausgangspunkt einer neuerlichen Umpositionierung darstellte (Stufe 6). Sie hatte eine Rückkehr zur alten Grundausrichtung (Stufen 1 bis 4) und eine Wiederbelebung traditioneller Stärken zwecks Abhebung von der Konkurrenz zum Gegenstand: Die Belieferung des Einzelhandels wurde eingestellt und das vorhandene Informations- und Kommunikationssystem stärker genutzt. Dabei kam Dell der Sachverhalt zugute, dass die Konkurrenz die grundsätzlichen Stärken Dells noch immer weder imitieren, noch geeignet substituieren konnte. Dell musste zwar in Kauf nehmen, dass die neuerliche Umpositionierung weder kostenneutral, noch die Rückkehr zum alten Entwicklungsverlauf ohne weitere Wirkungsverluste möglich war. Allerdings ließ sich im Anschluss an die Umpositionierung die Leistungsfähigkeit wieder steigern. Man war auf Basis des Informations- und Kommunikationssystems in der Lage, eine kundennahe und segmentgerechte Generation neuer Laptops nach Ablauf von neun Monaten einzuführen. Dell gelang es, die alten Wettbewerbsvorteile wiederzubeleben und die Krise zu überwinden.

Im Kontext der Strategiediskussion verbindet sich das Fallbeispiel mit der Behandlung folgender Fragen und Diskussionspunkte:

F3-1	Beschreiben Sie die Marktstimulierungsstrategie, die Dell im Zeitablauf verfolgte.
F3-2	Ordnen Sie die Vorgehensweise von Dell in den zweidimensionalen Merkmalsraum ein, der sich aus dem nicht-preislichen Nachfragernutzen und der relativen Kostenposition ergibt.
F3-3	Prüfen Sie, ob und wie weit es Dell gelungen ist, eine Kernkompetenz aufzubauen. Benennen Sie die im Fall beschriebene Kompetenz.

5.4.2.3 Konkurrenzbezogene Grundausrichtung

Mit der konkurrenzbezogenen Ausrichtung wird der dritte Eckpunkt des schon mehrfach genannten Marketing-Dreiecks behandelt. Die konkurrenzbezogene Ausrichtung der Strategie verfügt über formale Ähnlichkeiten mit der nachfragerbezogenen Vorgehensweise: Zunächst ist zu bestimmen, wie der Kreis der relevanten Konkurrenz aus Sicht der Unternehmung definiert werden soll. Dabei ist nicht nur in Betracht zu ziehen, welche Konkurrenten auf die eigene Unternehmung bzw. ihre Geschäftsfelder einwirken, sondern auch auf welche Rivalen durch eigenes Handeln Einfluss genommen werden soll. Weiterhin wird der Kreis von Konkurrenten dadurch beeinflusst, mit welchen Anbietern horizontal kooperiert wird. Im Anschluss an die Abgrenzung der relevanten Konkurrenz, die auch potenzielle Konkurrenten mit einschließt, ist dann eine Entscheidung darüber zu treffen, wie den Rivalen begegnet wird. In dieser Reihenfolge wird auch hier vorgegangen.

Im Mittelpunkt der Bestimmung der relevanten Konkurrenz steht die Frage, ob autonom oder kooperativ vorgegangen werden soll. Kooperationsmöglichkeiten bestehen in unterschiedlicher Form, wie dies innerhalb von Abschnitt 4.1.2 näher beschrieben und im Rahmen von Abbildung 4-5 systematisiert wurde. Eine nähere Erörterung erübrigt sich daher an dieser Stelle. Während grundsätzlich zwischen strategischen und operativen Kooperationen unterschieden werden kann, interessieren im vorliegenden Kontext primär strategische Kooperationen. Der Grund ist darin zu sehen, dass sich im Falle von operativen und damit oftmals fallbezogenen Kooperationen die grundlegende Konkurrenzbeziehung nicht ändert, sondern lediglich temporär durch kooperative Elemente überlagert wird. Allerdings können operativ motivierte Kooperationen dann relevant werden, wenn sich ihr Charakter während der Zusammenarbeit allmählich ändert oder aber die Kooperationsergebnisse neue strategische Perspektiven eröffnen. Gerade im Falle kooperativer F&E-Projekte ergeben sich derartige Konstellationen häufiger. Unter den strategischen Kooperationen treten zwei Formen in den Vordergrund:

■ Durch Begründung von Strategischen Allianzen (Beispiel: Computergeschäft von Fujitsu und Siemens) kann eine vormals kompetitive in eine kooperative Beziehung umgewandelt werden, was von der Beziehung der Kooperationspartner vor der Zusammenarbeit abhängig ist. Diese Einschätzung gilt ungeachtet der so genannten „Co-opetition" (Abschnitt 4.1.2), die allein schon deswegen besteht, weil sich die Partner auf anderen Geschäftsfeldern als Konkurrenten gegenüberstehen und ferner auch Strategische Allianzen zu einem späteren Zeitpunkt aufgekündigt werden können, wodurch das Konkurrenzverhältnis wieder auflebt. Durch derartige Allianzen wird zugleich ein einheitliches strategisches Programm der Beteiligten etabliert, welches die Dominanz des Kooperationscharakters belegt.

■ Strategische Netzwerke führen Beteiligte zusammen, die in vertikaler oder lateraler Beziehung zueinander stehen. Insofern handelt es sich bei derartigen Kooperationen vom grundsätzlichen Charakter eher nicht um vormalige Konkurrenten. Dennoch sind auch Strategische Netzwerke im Bereich der konkurrenzbezogenen Grundausrichtung nicht irrelevant. So ist erstens darauf zu verweisen, dass im Falle vertikaler Kooperation eine indirekte Konkurrenzbeziehung um Wertschöpfungsanteile bestehen kann, was sich anhand der Make-or-buy-Frage nachvollziehen lässt. Darüber hinaus sind auch laterale Beziehungen nicht unbeachtlich, da die entsprechenden Kooperationspartner möglicherweise eine strategische Absicht besitzen, in einem bestimmten Geschäftsbereich aktiv zu sein. Insofern können sich Konvergenzprozesse der geschäftlichen Aktivitäten ergeben, die auf längere Sicht zur Entstehung von Konkurrenzverhältnissen führen können und daher bei der Erfassung potenzieller Konkurrenz ohnehin zu berücksichtigen sind.

Sofern geklärt ist, ob und wie strategisch kooperiert werden soll, ist der Kreis aktueller und potenzieller Konkurrenten ersichtlich. Auf dieser Basis sind konkrete Konkurrenzstrategien zu entwickeln. Die wichtigsten Strategiefragen sind in diesem Zusammenhang:

■ offensive versus defensive Vorgehensweise,
■ Aktivität versus Reaktivät der Ausrichtung,
■ Adaption versus Abhebung vom üblichen Verhalten im Wettbewerb,
■ Akzeptanz versus Absicht zur Änderung gegebener Wettbewerbsverhältnisse.

Anhand von Abbildung 5-17 lässt sich nachvollziehen, dass auf Basis der beschriebenen Grundfragen vier unterschiedliche Strategietypen identifiziert werden können. Die Wahl dieser Optionen ist zu einem erheblichen Teil abhängig von der wettbewerblichen Situation, in der sich die betreffende Unternehmung bzw. das jeweilige Geschäftsfeld befindet. So werden sich aktuelle oder potenzielle Marktführer z.B. deutlich anders verhalten als vergleichsweise schwache Wettbewerber. Im Einzelnen lassen sich bezüglich der Ausgangssituation im Wettbewerb folgende Konstellationen identifizieren (Kotler et al. 2007; Haedrich/Tomczak 2004):

■ Marktführer,

- Herausforderer,
- Mitläufer und
- Nischenanbieter.

Abbildung 5-17: Konkurrenzorientierte Strategien

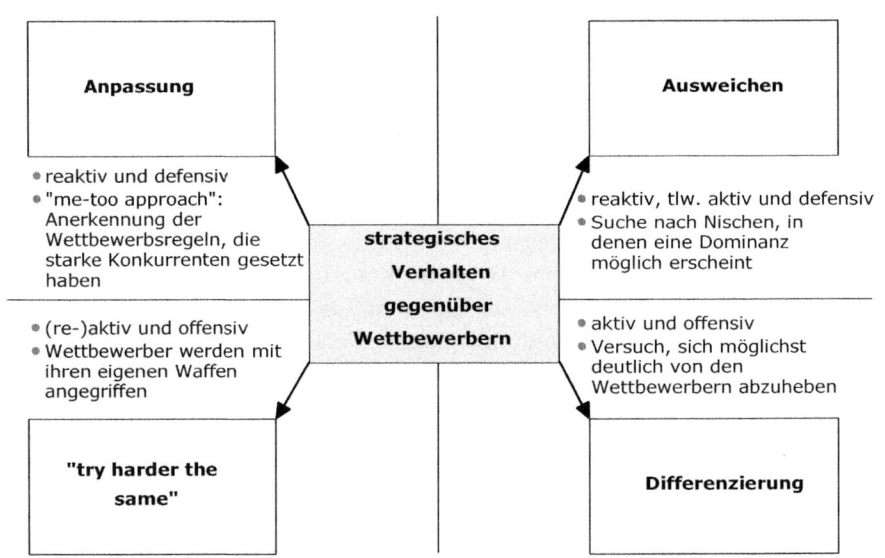

Anpassung

- reaktiv und defensiv
- "me-too approach": Anerkennung der Wettbewerbsregeln, die starke Konkurrenten gesetzt haben

- (re-)aktiv und offensiv
- Wettbewerber werden mit ihren eigenen Waffen angegriffen

strategisches Verhalten gegenüber Wettbewerbern

Ausweichen

- reaktiv, tlw. aktiv und defensiv
- Suche nach Nischen, in denen eine Dominanz möglich erscheint

- aktiv und offensiv
- Versuch, sich möglichst deutlich von den Wettbewerbern abzuheben

"try harder the same"

Differenzierung

Es fällt auf, dass der Status des Nischenanbieters sachlogisch auf einer anderen Ebene als die drei vorgenannten liegt. Die Kompetitivstrategietypen werden gerade vor diesem Hintergrund nachfolgend genauer vorgestellt.

- Eine **Differenzierungsstrategie** stellt eine Option dar, die grundsätzlich in allen Ausgangssituationen relevant sein kann. Für Nischenbesetzer, Herausforderer und Marktführer eignet sie sich, um eine erlangte Position zu festigen und gegen den Angriff konkurrierender Drittparteien abzusichern. Mitläufer haben durch die Verfolgung einer Differenzierungsstrategie die Möglichkeit, sich grundlegend umzupositionieren. Eine Differenzierungsstrategie ist proaktiv ausgerichtet und schließt die bewusste Einflussnahme auf die Wettbewerbsverhältnisse ein. Im Rahmen einer Differenzierung erfolgt keine direkte Bedrängung der Konkurrenz, sondern eine Fokussierung auf vorhandene oder zu schaffende Alleinstellungsmerkmale, was sich über unterschiedlichste Aktionsparameter vollziehen lässt (vgl. hierzu Abschnitt 5.6). Mit der Umsetzung einer Differenzierungsstrategie ist der Aufbau und die Stärkung von Mobilitätsbarrieren struktureller und strategischer Art verbunden. Insbesondere ein Signaling gegenüber Wettbewerbern (Heil 1998), im Falle eines Angriffs von deren Seite zurückzuschlagen, ist in diesem Zusammenhang zu Zwecken der Untermauerung nützlich. Der Aufbau der Marke Swatch kann als Beleg dafür dienen, dass ein unter Druck befindlicher Mitläufer im Markt eine derartige Differenzierung durch mehrdimensionale Abhebung erfolgreich umsetzen kann.

- Eine **Ausweichstrategie** ist im Gegensatz dazu durch eine defensive und zumeist (allerdings nicht immer) reaktive Grundausrichtung gekennzeichnet. Gleichwohl verbinden sich mit dieser Strategieoption Gestaltungsziele im Wettbewerb. Im Einzelnen wird mit einer Ausweichstrategie beabsichtigt, sich aus hart umkämpften Märkten oder Teilmärkten zu lösen und auf solche Teilmärkte auszuweichen, deren Wettbewerbsintensität deutlich niedriger ist und welche die Erlangung einer Teilmarktführerschaft aussichtsreich erscheinen lassen. Eine Ausweichstrategie eignet sich in besonderer Weise für Mitläufer sowie Nischenakteure, da sich hier in den Rückzugsgebieten Gestaltungsmöglichkeiten ergeben. Auch Herausforderer, die sich zunächst auf einem eingegrenzten Teilmarkt profilieren wollen oder die mit ihren ersten Angriffsbemühungen auf den Marktführer gescheitert sind, können von dieser Option erfolgreich Gebrauch machen. Ein Teil der deutschen Werkzeugmaschinenbauer hat in den vergangenen Jahren diese Strategieoption genutzt, als man versucht hat, im US-amerikanischen Markt Fuß zu fassen. Man konzentrierte sich auf die High-tech-Nischen des Gesamtmarktes und überließ große Teile des Volumengeschäftes japanischen und amerikanischen Konkurrenten. Betriebe des deutschen Mittelstands verfolgen überdies häufig derartige Ansätze.

- Die **Anpassungsstrategie** ist reaktiv und defensiv ausgerichtet. Eine Veränderung der wettbewerblichen Standards ist nicht beabsichtigt. Vielmehr werden die geltenden Gepflogenheiten akzeptiert, welche andere Anbieter im Markt etabliert haben. Eine solche Option ist vor allem für marktschwache Mitläufer sinnvoll, die Gefahr laufen, bei vom Wettbewerbsstandard abweichendem Handeln zum Ziel von Konkurrenzattacken zu werden. Aufgrund der eigenen Schwäche besteht die Gefahr, einen derartigen Angriff nicht zu überstehen. Eine derartige Vorgehensweise beseitigt zwar nicht die Ursachen der Defizite, schafft aber Voraussetzungen zur weiteren Behauptung im Markt und späterer Verbesserung der eigenen Situation. Kleinere Betriebe der Zementindustrie haben z.B. eine derartige Strategie verfolgt.

- Der Ansatz „**try harder the same**" trägt Züge einer **Verdrängungsstrategie** und beruht auf einer Stärkeposition, in der sich üblicherweise nur Marktführer oder Herausforderer befinden. Bei dieser Vorgehensweise wird beobachtet, welche wettbewerblichen Vorstöße die Konkurrenz unternimmt, um dann darauf mit dem Einsatz der gleichen Mittel zu antworten. Die Handlung soll bewirken, dass der Vorstoß des Wettbewerbers zumindest neutralisiert wird, eher aber noch von der

Wirkung ins Gegenteil verkehrt wird. Vorstöße wie die Beantwortung von Tiefpreisen der Konkurrenz mit ausgesprochenen Kampfpreisen im Sinne eines auf Verdrängung abzielenden „**Predatory Pricing**" sind als Extremformen diesem Typus zuzuordnen. Die Strategieoption trägt sowohl aktive als auch reaktive Züge, wobei vom Charakter die erstgenannten dominieren.

Die Darstellung der Strategieoptionen hat deutlich werden lassen, dass Begriffe wie Differenzierungsstrategien bewusst in einen anderen Kontext gestellt werden als dies z.B. bei Porter (1980) geschieht. Die Differenzierung im hier dargestellten Sinne bezieht sich auf die jeweilige Konkurrenz. Im Sinne der Strategien, die Porter vorstellt (Differenzierung, Kostenführerschaft und Konzentration auf Schwerpunkte) handelt es sich um eine Vermischung unterschiedlicher Strategieebenen. Auch eine solche Vorgehensweise kann sinnvoll sein, um etwa deutlich zu machen, dass im Falle einer Differenzierung die konkurrenzbezogene Grundausrichtung von entscheidendem Gewicht ist. Sie ist allerdings dann unzweckmäßig und auch in die Irre führend, wenn eine derartige Priorisierung nicht möglich ist, weil z.B. im Rahmen der Umsetzung einer Differenzierungsstrategie die Marktstimulierung zum entscheidenden Strategiefaktor wird. Dann wird sich eine Dekomponierung einzelner Strategieelemente wie in hier dargelegter Form sinnvoller erweisen. Im abschließenden Überblick soll aber der Gedanke integrativer Strategietypen im Sinne Porters berücksichtigt werden.

5.4.2.4 Abschließender Überblick

Aus den vorangegangenen Ausführungen lässt sich entlang des Marketing-Dreiecks erkennen, dass die Ausarbeitung einer Strategie auf Festlegungen entlang der einzelnen Strategiedimensionen beruht. Aus Entscheidungen auf den einzelnen Ebenen ergibt sich ein strategisches Profil, das seitens des Anbieters zu bestimmen ist. Dabei ist es eine kreative unternehmerische Aufgabe, die einzelnen Strategiefestlegungen unter Berücksichtigung der geltenden Rahmenbedingungen aufeinander abzustimmen, um damit die Grundlage zur Erzielung von Wettbewerbsvorteilen zu schaffen. Über die einzelnen Festlegungen hinweg ist es zu diesem Zwecke erforderlich, einen Akzent im gesamten Marketing-Auftritt zu setzen. Diese Akzentsetzung beruht auf der Frage, ob bezüglich einzelner Strategieelemente eine besondere Betonung erfolgen soll, die das gesamte Strategieprofil prägt. An dieser Stelle lassen sich Porters Überlegungen aufgreifen und einordnen (Porter 1980).

Porter (1980) unterscheidet zwischen folgenden Strategien, die hier als integrierte Strategietypen verstanden und damit reinterpretiert werden:

- Differenzierungsstrategie,

- Kostenführerschaft,

- Konzentration auf Schwerpunkte (mit Differenzierungs- oder mit Kostenfokus).

Mit der **Differenzierungsstrategie** hebt Porter auf die Gestaltung der Leistung ab. Vor allem durch eine präferenzstrategische Komponente im Bereich der Marktstimulierung lässt sich eine Differenzierung umsetzen. Allerdings – und dies lassen die Ausführungen der vorangegangenen Abschnitte erkennen – erfordert dies zugleich eine darauf abgestimmte konkurrenzbezogene Vorgehensweise, da Orientierungspunkt der Differenzierung nur die Wettbewerber sein können. Dies gilt ungeachtet der Tatsache, dass die Differenzierung vom Nachfrager wahrnehmbar sein muss. Die Betrachtung lässt aber zugleich erkennen, dass eine Differenzierungsstrategie in bislang konturierter Weise noch keineswegs als vollständig zu gelten vermag: Es muss festgelegt werden, ob und wie Wachstum erreicht werden soll (Marktfeldstrategie), auf welchen regionalen Märkten eine Differenzierung angestrebt wird (Marktarealstrategie) und welche Marktparzellierung bevorzugt wird.

Für die **Kostenführerschaft** gelten analoge Überlegungen: Ziel ist es, die Nachfrage durch den Preisfaktor und gestützt auf eine überlegene Kostenposition auf den eigenen Betrieb zu lenken. Schon hier wird deutlich, dass die Konkurrenzorientierung eine zentrale Rolle bei der erfolgreichen Umsetzung der Strategie spielt: Durch preisliche Vorstöße werden Konkurrenten unter Druck gesetzt, was auf einem „try harder the same" beruhen kann, aber nicht muss. Ebenso ist es denkbar, dass durch einen entsprechenden preislichen Vorstoß eine Differenzierung (im Sinne der konkurrenzorientierten Vorgehensweise!) erfolgt, weil die Wettbewerber nicht in der Lage oder nicht willens sind, entsprechend zu reagieren und sich so z.B. in ein anderes Preissegment einordnen. Bezüglich der Marktstimulierung beruht die Kostenführerschaft in konsequenter Weise auf einer Preis-/Mengen-Strategie. Anknüpfend an das oben Gesagte, muss eine Kostenführerschaft aber auch Festlegungen bezüglich der anderen Strategiedimensionen enthalten.

Die **Konzentration auf Schwerpunkte** kann gemäß Porter (1980) über einen Differenzierungs- oder über einen Kostenführerschaftsakzent verfügen. Prägend für die Konzentration auf Schwerpunkte ist hingegen die Frage der Marktabdeckung. So fallen vor allem nischenorientierte Vorgehensweisen oftmals in diesen Bereich. Bezüglich der Akzentuierung kann auf die obigen Ausführungen verwiesen werden.

Die Betrachtung lässt erkennen, dass auch die von Porter (1980) herausgestellten Strategievarianten in Anbetracht der unterschiedlichen Strategieebenen und Strategiebereiche einschließlich der einzelnen Optionen je Strategie nur ein unvollständiges Bild vermitteln können. Auch in diesem Zusammenhang ist auf die Notwendigkeit unternehmerisch ausgerichteten Handelns zu verweisen, wodurch unter Berücksichtigung geltender Rahmenbedingungen und langfristiger Entwicklungen auch neue Strategievarianten in Betracht zu ziehen sind. Durch die Vielzahl an Optionen ergibt sich jedenfalls ein breiteres Spektrum an Möglichkeiten als es in Lehrbüchern darstellbar ist.

Abschließend ist nochmals auf die Verbindung der Strategieebenen und der Strategiebereiche einzugehen, um das Verhältnis zueinander zu klären. Dabei stellt sich heraus, dass die Kollektivstrategien nicht auf einer logischen Ebene mit den Strategieebenen stehen (müssen). Die Frage der Kollektivstrategien stellt sich vielmehr im übergreifenden Bereich von Corporate und Business Strategy, aber auch wieder in der konkreten Ausgestaltung. Dies wird deutlich, wenn in Tabelle 5-9 entlang der in Abschnitt 5.4.1 beschriebenen Strategieebenen die einzelnen strategischen Festlegungen gemäß obiger Abschnitte zugeordnet werden, um die Ansatzpunkte abschließend zu verdeutlichen. Dabei stellt sich heraus, dass Kollektivstrategien sowohl im Kontext der Corporate Strategy als auch der Business Strategy zu prüfen sind. Ähnliches gilt übrigens auch für die in Tabelle 5-9 nicht mehr aufgeführten Funktionalstrategien. In allen Bereichen können Kooperationen erst die Möglichkeit eröffnen, eine Strategie auch umzusetzen.

Die einzelnen Matrixzellen von Tabelle 5-9 sind nachfolgend nicht mehr zu erläutern, weil dies bereits in den vorangegangenen Abschnitten erfolgt ist. Vielmehr verfolgt die Tabelle in diesem Bereich synoptische Zwecke.

Strategie- bereiche Strategie- ebenen	Marktfeld- strategien	Marktareal- strategien	Marktpar- zellierungs- strategien	Marktsti- mulierungs- strategien	Kollektiv- strategien
Corporate Strategy	X	X	(X)		X
Business Strategy	(X)	X	X	X	X

Tabelle 5-9: Strategische Vorgehensweisen im Spiegel der Strategieebenen

5.4.3 Die Handlungsebenen im Marketing-Management

Die Strategiefindung ist Ausgangspunkt für konkrete Entscheidungen, die im Marketing getroffen werden müssen. Die Handlungen, die den strategischen Rahmen konstituieren und inhaltlich ausfüllen, lassen sich unterschiedlichen Ebenen zuordnen, die in hierarchischer Beziehung zueinander stehen. Innerhalb von Abbildung 5-18 wird ein Überblick über diese Handlungsebenen (nicht: Strategieebenen) im Marketing gegeben, die der Überführung von strategischen Entscheidungen in operatives Handeln dienen.

*Abbildung 5-18: Handlungsebenen im Marketing (Quelle: in Anlehnung an Frei-
ling/Reckenfelderbäumer 1996, S. 33)*

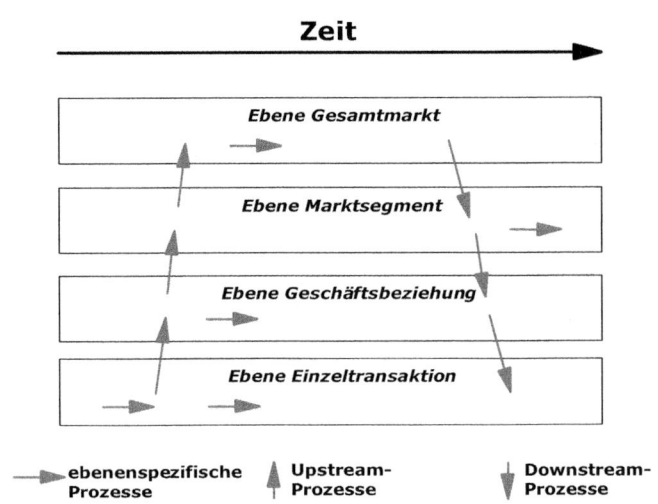

Die höchste Bezugsebene im Marketing-Management stellt die Ebene des **Gesamtmarktes** dar. Auf dieser Ebene müssen grundsätzliche Entscheidungen über die relevante Nachfrage und über die grundsätzlich hierfür bereitzustellenden Leistungs-
konzepte getroffen werden. Diese Entscheidungen sind Rahmen gebend für die
gesamte Geschäftsausrichtung und bestimmen die Aussicht auf die Erzielung von
Marktnähe. Zum Zwecke der Konkretisierung sind sie in Entscheidungen auf der Ebene des betreffenden **Marktsegments** zu überführen, sofern eine Marktsegmentierung
praktiziert wird. Da auch auf dieser Ebene mehrere Kunden der Unternehmung gegenüberstehen, wird im Verbund von Entscheidungen auf der Gesamtmarkt- und Seg-
mentebene durch die Ausrichtung am repräsentiven Bedarf der jeweiligen Bezugsein-
heit das faktische Maß an **Marktorientierung** bestimmt.

Auf den darunter liegenden Ebenen werden Entscheidungen eines Anbieters analysiert, die sich allein auf einen Kunden beziehen. Entsprechend steht hier die Schaffung
von **Kundenorientierung** im Vordergrund. Auf der **Geschäftsbeziehungsebene** wird
versucht, den individuellen Wünschen des Kunden gerecht zu werden, wobei die
Anpassungen nicht auf eine spezielle Transaktion gerichtet sind, sondern eine transak-
tionsübergreifende Anpassung des Anbieters an den Nachfrager sowie zum Teil auch
umgekehrt bewirken sollen. Erst auf der **Transaktionsebene** werden konkrete Maßnahmen ergriffen, um dem individuellen Kundenwunsch situationsgerecht zu entsprechen.

Die Überführung von Entscheidungen von der Gesamtmarkt- bis hin zur Transaktionsebene stellt einen stufenweisen Konkretisierungsprozess dar, der auch als „Downstream-Prozess" gekennzeichnet werden kann. Strategisches Handeln wird dadurch Schritt für Schritt in einzelne operative Handlungen überführt. Je besser die Prozesse ineinander greifen, desto größer ist die Aussicht auf die Umsetzung einer gewählten Strategie.

Darüber hinaus finden Dispositionen auf jeder einzelnen Ebene statt, die zum Teil nicht durchgängig Gegenstand derartiger Konkretisierungsprozesse sind. Die konkrete Ausgestaltung eines Customer Relationship Managements kann als Beispiel dienen.

Zum Zwecke der Umsetzung von Erneuerungsimpulsen aus dem operativen Geschäft ist es erforderlich, dass neben den Downstream-Prozessen auch Upstream-Prozesse eingeleitet werden und ebenenübergreifend wirken. So ist vor allem an Erfahrungen mit einzelnen Kunden in spezifischen Transaktionen zu denken, die Rückschlüsse auf ungelöste Probleme oder grundsätzliche Verbesserungsmöglichkeiten zulassen. In solchen Fällen ist es erforderlich, neben einer transaktionsbezogenen Vorgehensweise zu prüfen, ob die gefundene Lösung zugleich sinnvolle Verbesserungen im Bereich der Bedienung des betreffenden Kunden sowie des Segmentes und des Marktes zulässt, dem der Kunde angehört. Mit derartigen Rückkoppelungsprozessen zwischen den Handlungsebenen besteht Aussicht auf Ingangsetzung übergreifender Lernprozesse, die auch in völlig anderen geschäftlichen Kontextbereichen des Betriebs zu Erneuerungen führen können. Durch ebenenübergreifende und revolvierende Prozesse wird somit die Umsetzung der gewählten Strategie sowie die Marketing-Implementierung vorangetrieben. Gleichzeitig erfolgt aber auch eine Anpassung an das ökonomisch Machbare.

5.5 Strategie- und Marketing-Implementierung

5.5.1 Das Grundproblem der Strategie- und Marketing-Implementierung

Eine erste wesentliche Erkenntnis der Strategie- und Marketingforschung besteht darin, dass erarbeitete Strategien auch dann oftmals nicht in verabschiedeter Form umgesetzt werden, wenn Beteiligte unterschiedlicher Hierarchieebenen an der Ausformulierung beteiligt gewesen sind und ihre Zustimmung zu den Inhalten geäußert haben. Mintzberg (1987) gehört zu denjenigen Forschern, die die Besonderheiten und Grundprobleme des Strategieprozesses näher untersucht haben (zu einem Überblick über weitere Beiträge vgl. Müller-Stewens/Lechner 2005). Mintzberg differenziert im Übergang zwischen Ausformulierung und anschließender Verabschiedung sowie finaler Umsetzung zwischen fünf Strategiearten (vgl. Abbildung 5-19), welche zu einem vertiefenden Verständnis des Strategieprozesses beitragen.

Abbildung 5-19: Der Strategieprozess (Quelle: Mintzberg 1987, S. 14)

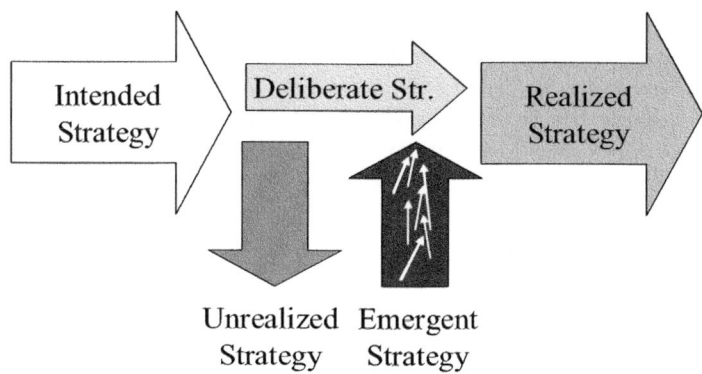

Den Ausgangspunkt stellt die nach einem internen Willensbildungsprozess verabschiedete und somit seitens der Führung beabsichtigte Strategie dar (Intended Strategy). Da die Strategieumsetzung einen längerfristigen Prozess darstellt, dessen Planung zudem auf unvollständiger Information über die Rahmenbedingungen erfolgt ist, ergibt sich innerhalb der Implementierung die Notwendigkeit, bestimmte Strategieelemente herauszufiltern, die entweder nicht mehr zeitgemäß erscheinen oder aber schlichtweg nicht realisierbar sind. Insofern erfolgt eine Reduktion bestimmter Strategieinhalte, wobei Mintzberg die zu eliminierenden Teile der nicht-realisierten Strategie (Unrealized Strategy) zuordnet. Ihr gegenüber steht die so genannte „Deliberate Strategy", welche die Teilbereiche der Intended Strategy umfasst, die auch nach gründlicher Abwägung weiterhin Bestand haben sollen und in die faktisch umgesetzte Strategie (Realized Strategy) eingehen. Die bisher dargestellten Elemente des Strategieprozesses lassen einen Filterprozess erkennen, der im Kern zu einer Auslese ursprünglich angedachter Strategieinhalte führt. Mintzberg weist allerdings auch darauf hin, dass der letztlich umgesetzten Strategie auch bestimmte Aspekte während des Umsetzungsprozesses hinzugefügt werden, die nicht Gegenstand der Ausgangsplanung gewesen sind und die sich über den Umsetzungsprozess mehr oder weniger spontan bilden. Dieser Teilbereich stellt die **emergente Strategie** dar, die zwar nicht Gegenstand formaler Planungsprozesse gewesen ist, aber dennoch über eine Ordnung verfügen kann, die auf spontanem Wege entstanden ist. Es handelt sich daher um einzelne, zunächst nicht zusammenhängende Aktionen, deren Verdichtung und Gleichgerichtetheit über die Zeit hinweg die emergente Strategie begründet.

Das Modell des Strategieprozesses von Mintzberg dient vor allem dazu, den Stellenwert geplanter Strategien zu relativieren und den empirisch nachweisbaren Einfluss zu betonen, der von emergenten Prozessen ausgeht. Im Einzelnen hebt Mintzberg hervor, dass nicht zuletzt Mischformen aus intendierten und emergenten Strategieelementen zentrale Bedeutung im Rahmen der Strategieumsetzung zukommt. So nützlich derartige Einsichten für die Implementierungsforschung auch sein mögen, so wenig wird darüber ausgesagt, wie sich emergente Strategien konstituieren. Arbeiten wie die von Quinn (1980) setzen an dieser Stelle an, tragen aber auch nur begrenzt zu weiterführenden Einsichten bei. So betont Quinn in seiner Vorstellung vom „logischen Inkrementalismus" erstens die Simultanität externer und interner Einflussfaktoren auf den Strategieprozess und zweitens die nur begrenzte Steuerungsmöglichkeit der Unternehmungsleitung.

Fallbeispiel 4: Wie kommen Strategien zustande? - Der Fall Intel (Quelle: Bamberger/Wrona 2004)

Im Jahre 1970 tritt Intel in den Markt für Halbleiterspeicher (DRAM) ein und wird aufgrund einer überlegenen Fertigungstechnologie der erste erfolgreiche Spieler auf diesem Markt. In den Folgejahren verdrängen DRAMs die his dahin verbreiteten Magnetkern-Speicher. Im Jahre 1974 besitzt Intel einen weltweiten Marktanteil von über 80%. Die Folgejahre sind jedoch geprägt durch eine rasche weltweite Verbreitung der Technologie, durch die starke Zunahme von Konkurrenzprodukten und damit gleichzeitig durch einen massiven Preisverfall. Das Innovationsprodukt DRAM entwickelt sich zum Massenprodukt.

Gleichzeitig haben sich aus dem laufenden Produktions- und Entwicklungsgeschehen ungeplant zwei weitere Technologien entwickelt: Mikroprozessoren und EPROMs. Beide Technologien werden mit „heftiger Lobbyarbeit" der entwickelnden Einheiten in das Produktionsprogramm Intels aufgenommen – zunächst vor dem Hintergrund der Möglichkeit, dadurch mehr Halbleiterspeicher zu verkaufen. Produziert werden sie auf denselben Fertigungsanlagen, da eine hohe technologische Verbundenheit besteht und sich somit Möglichkeiten einer flexiblen Nutzung (Ausgleich von Marktschwankungen) der aufwändigen Anlagen ergeben.

Die strategische Antwort von Intels Top-Management auf die marktlichen Herausforderungen ist eindeutig: Intel sieht in DRAMs ihre Kerntechnologie und beabsichtigt, sie weiterhin durch sehr hohe Forschungs- und Entwicklungsausgaben zu forcieren. Die Entscheidung ist auch emotional geprägt, da DRAMs Intel zu dem gemacht hatten, was es war: „Intel - the memory company". Ein Manager der mittleren Ebene drückt dies so aus: "It was kind of like Ford deciding to get out of cars."

In der Zwischenzeit hatten sich jedoch die Wachstumsraten von Mikroprozessoren und Halbleitern stark erhöht. Die Produktionssteuerung erfolgt bei Intel historisch auf der Grundlage der Regel „Deckungsbeitragsmaximierung", um primär profitable Premium-Geschäfte (wie seinerzeit die DRAMs) zu bearbeiten. Im Zuge der ansteigenden Profitabilität speziell des Nischenproduktes Mikroprozessor kommt es zu einer Veränderung der Produktionsstruktur zugunsten der Mikroprozessoren. Gleichzeitig werden Investitionen in neue Prozesstechnologien durch das mittlere Management speziell mit Bezug auf die Erfordernisse der Mikroprozessoren vorgenommen, die schließlich darin münden, dass DRAMs – entgegen den strategischen Plänen des Top-Managements – nur noch einen geringen Teil der realen Fertigung ausmachen.

Während sich Intels Top-Manager nicht willens oder fähig sehen, die Unwirksamkeit ihrer Strategie zu erkennen, sind bereits Projekt-, Marketing- und Betriebsleiter dabei, Intels Strategie neu auszurichten – durch Umschichten der Ressourcen von Speicherbauteilen auf Mikroprozessoren. Schließlich traf im Oktober 1985 das Top-Management die Entscheidung, aus dem DRAM-Geschäft auszutreten, um weitere Verluste zu vermeiden und Intel zur weltweit führenden „microcomputer company" auszubauen.

Andy Grove fasst die Entwicklung Intels so zusammen: „Das Management mag sich von unserem Strategiegerede täuschen lassen, aber die Leute draußen vor Ort sahen es kommen, dass wir uns aus den Speicherchips zurückziehen mussten. Solche Leute formulieren Strategien mit den Fingerspitzen. Unsere bedeutendste strategische Entscheidung ergab sich nicht aus weitsichtigen Unternehmensvisionen, sondern aus den Marketing- und Investitionsmaßnahmen von Linienmanagern, die genau sahen, wie die Dinge standen."

F4-1	Beschreiben Sie den Strategieprozess von Intel anhand des Modells von Mintzberg (s. Abbildung 5-19).
F4-2	Erklären Sie, warum der Strategieprozess bei Intel einen derartigen Verlauf genommen hat.
F4-3	Welche Managementkonsequenzen lassen sich aus dem Fallbeispiel ziehen?

Neben dem oben beschriebenen Grundproblem einer unvollständigen Umsetzung verabschiedeter Strategien ergibt sich eine weitere Herausforderung im Implementierungs-Management, die auf einer völlig anderen Ebene ansetzt und in der Sache noch grundsätzlicher ist: Die Umsetzung der Marketing-Philosophie erfordert eine Vielzahl bestimmter Voraussetzungen, die – empirischen Untersuchungen zufolge (McNamara 1972; Hilker 1993; Plinke 1996) – in den meisten Betrieben als unvollständig erfüllt gelten. Kotler hat das Problem der Marketing-Implementierung darin lokalisiert, dass beim Wandel in Richtung auf eine marktorientierte Unternehmung drei Kernprobleme bezüglich der Internalisierung der marktorientierten Unternehmensführung auftreten: der allgemeine Widerstand der Organisation gegen eine Veränderung, das äußerst langsame Lernen seitens der Organisationsbeteiligten sowie das rasche Vergessen derselben (Kotler/Keller 2005). Insgesamt erweist es sich als schwierig, Marketing so zu praktizieren, dass es in der Tat zu einem die gesamte Unternehmung durchdringenden Konzept mit starkem Fokus auf Marktorientierung wird.

Eine Untersuchung von Plinke (1996) kommt zu dem Ergebnis, dass eine Vielzahl von Faktoren der Umsetzung der Grundlagen des Marketing-Konzepts im oben beschriebenen Sinne entgegensteht, was Abbildung 5-20 entnommen werden kann. Bezüglich der zehn Hauptproblemfelder, die Plinke identifiziert, zählen die **Vision und Strategie** zu den eher unproblematischen Bereichen. Unklare Ziele sowie unzureichende Leitlinien des Handelns sind in diesem Bereich die Hauptprobleme. **Qualifikation**sprobleme beruhen vor allem auf einer unprofessionellen Arbeitsweise der Mitarbeiter in Verbindung mit Defiziten in der Ausbildung. Im Bereich der **Motivation** haben sich die fehlende Bereitschaft zum Wandel, das geringe Engagement der Personen im akquisitorischen Bereich und die fehlende Identifikation mit den gesetzten Zielen als Hindernisse für die Marketing-Implementierung erwiesen. **Ressourcen**bezogene Defizite beziehen sich auf personelle Unterbesetzungen ebenso wie auf eine unzureichende Infrastruktur und insgesamt zu knapp bemessene Budgets.

Abbildung 5-20: Barrieren der Marketingimplementierung (Quelle: Plinke 1996, S. 50; Zahlen gerundet)

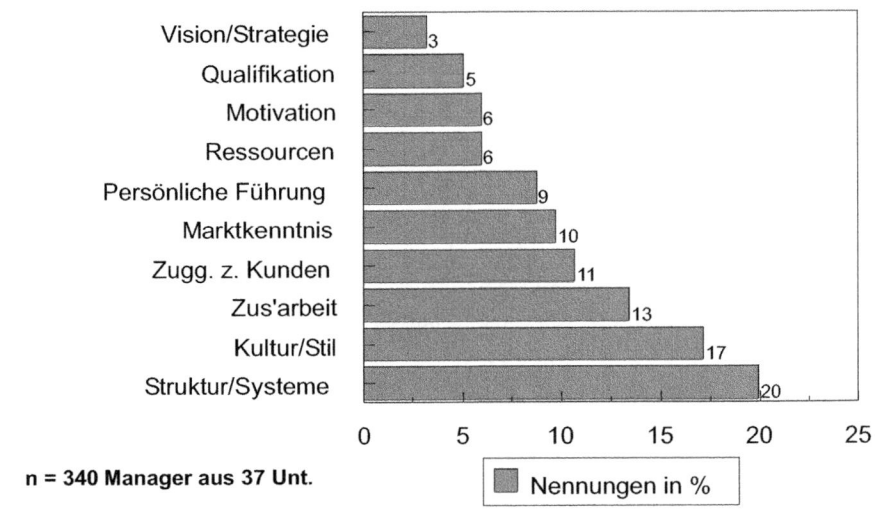

n = 340 Manager aus 37 Unt.

Bezüglich des Stellenwerts schon weitaus gewichtiger nimmt sich der Bereich der **personellen Führung** aus. Die Marketing-Implementierung scheitert oft allein daran, dass unzweckmäßige Prioritäten gesetzt werden, die operative Aspekte im Vergleich zu strategischen Fragen zu stark gewichten. Daneben wird die unzureichende Einsicht von Führungskräften in die Notwendigkeit einer Marktorientierung zum grundsätzlichen Führungsproblem. Führungsschwächen und mangelnde Kontinuität wirken in die gleiche Richtung. Die Problembereiche **Marktkenntnis und Zugang zum Kunden** sind nicht unabhängig voneinander und lassen die Schwierigkeiten der befragten Unternehmungen erkennen, die eigene Marktsituation sowie die Kundenwünsche zutreffend einzuordnen sowie einen für die Marktorientierung hinreichenden Kundenkontakt und Informationsfluss zu gewährleisten. Das Problemfeld der **Zusammenar-**

beit in der Unternehmung beruht auf Ressort-Egoismen, schlechter interner Kommunikation und einem fehlenden Verantwortungsgefühl für die Belange des Marktes.

Bezüglich der Gewichtung haben sich indes zwei Teilbereiche als besonders schwerwiegende Hindernisse der Marketing-Implementierung erwiesen. Im Bereich der **Kultur und des Stils** der Unternehmung wirken eine mangelnde Dienstleistungsmentalität, eine übermäßige Bürokratisierung sowie ein ausgeprägtes hierarchisches und Kunden gegenüber zu gleichgültiges Denken einer Marketing-Implementierung entgegen. Im Bereich der **Strukturen und Systeme** zeigen sich die größten Herausforderungen für die Marketing-Implementierung. Eine marktferne Organisation, ein fehlendes bzw. unzureichendes marktbezogenes Berichtswesen sowie eine Produkt- statt Marktorientierung ragen aus diesem Problemfeld hervor.

Die Implementierungsdiskussion macht abschließend deutlich, dass die Ausarbeitung einer adäquaten und viel versprechenden Marketing- bzw. Managementkonzeption allein bei weitem nicht ausreichend ist. Bonoma (1985) hat in diesem Zusammenhang darauf verwiesen, dass eine ungeeignete oder fehlschlagende Implementierung die Wirkungskraft einer angemessenen Strategiekonzeption entweder stark einschränkt oder sogar zu einer das Wesen verändernden Verwässerung führt. Umgekehrt kann eine erfolgreiche Implementierungskonzeption die Schwäche eines unpassenden Strategiekonzepts mitunter kompensieren. Auch anhand dieser Feststellung lässt sich der Stellenwert des Implementierungs-Managements verdeutlichen, was die Frage nach Ansatzpunkten für die Vorgehensweise aufwirft.

5.5.2 Grundsätzliche Vorgehensweisen zur Lösung des Implementierungsproblems

Die Ableitung grundsätzlicher Überlegungen zur Implementierung muss berücksichtigen, dass die jeweilige Vorgehensweise in hohem Maße von dem situationsspezifischen Geflecht von Umsetzungsproblemen abhängig ist. Dennoch lassen sich einige generelle Aussagen treffen. Backhaus und Voeth (2007) stellen in diesem Zusammenhang die Notwendigkeit zur Berücksichtigung von vier Kernelementen der (Marketing-)Implementierung heraus und ordnen ihnen entsprechende Maßnahmen zu (ähnlich von der Oelsnitz 1999):

■ **Kulturelle Faktoren**: Wenngleich grundsätzliche Bedenken gegen die generelle und vor allem rasche Änderbarkeit und Steuerbarkeit von Unternehmungskulturen durch das Management vorgebracht werden, so lässt sich in jüngeren Publikationen (z.B. von der Oelsnitz 1999) zumindest halbwegs übereinstimmend die Überzeugung eines moderaten Einflusses erkennen. Die Erzielung von Wirkungen im Sinne der Marketing-Implementierung hängt dabei entscheidend davon ab, dass die von Kulturveränderungen betroffenen Mitarbeiter frühzeitig und möglichst breit in den Veränderungsprozess einbezogen werden und die Gelegenheit erhalten, ihre Vorstellungen zu einer der Marketing-Implementierung gerecht werdenden „Soll-Kultur" einzubringen. Hilker (1993) verweist darüber hinaus auf eine Mehrzahl flankierender Maßnahmen, wie z.B. Führungsstil, Führungsgrundsätze, Kommunikationsstil, unternehmungsinterne Informationspolitik und Anreizsysteme. Hierbei handelt es sich jedoch um Instrumente, deren Auswirkungen auf eine marktorientierte Unternehmungskultur empirisch noch in keiner zufriedenstellenden Weise belegt sind.

▪ **Managementsysteme**: Hierunter sind Regelungen und Verfahren zur Unterstützung der Betriebsprozesse zu verstehen. Informations-, Kommunikations-, Personalmanagement-, Qualitätsmanagement- oder Controllingsysteme können als Beispiele dienen. Derartige Systeme können bei entsprechender Gestaltung ein Handeln im Sinne des Marketingkonzeptes ermöglichen und aufgrund ihrer vorstrukturierenden Wirkung die Handlungen in eine für die Marketing-Implementierung günstige Richtung lenken. Am Beispiel des Qualitätsmanagements wird dieser Aspekt weiter unten vertieft. Hinsichtlich des Marketings sei insbesondere die Bedeutung des Performance Measurement (siehe Abschnitt 5.1.4) in diesem Kontext hervorgehoben.

▪ **Strukturelle Faktoren**: Die Marketing-Implementierung erfordert eine organisatorische Gestaltung, welche die marktbezogene Bündelung von Aufgaben unterstützt. Innerhalb von Abschnitt 4.2.2 ist der funktionale Ansatz beschrieben worden, der eine organisatorische Gliederungsmöglichkeit darstellt. Durch seine Anwendung werden marktlich zusammenhängende Aufgaben oftmals getrennt, um durch eine technisch-funktionale Zusammenfassung von Aufgaben Effizienzsteigerungen zu erreichen. Eine derartige Organisation ist deutlich weniger marktnah als beispielsweise eine objektbezogene Gliederung, die etwa an Regionen, Kundengruppen oder Projekten ansetzt.

▪ **Mitarbeiterführung**: Zum Zwecke der Marketing-Implementierung ist es erforderlich, die Fähigkeiten, das Wissen und die Kreativität der Mitarbeiter so zu nutzen, dass über die Zeit hinweg eine – auch und insbesondere im Konkurrenzvergleich – zunehmend bessere Erfüllung der Marktaufgaben gewährleistet wird. Dies erfordert eine Harmonisierung von Kunden- und Mitarbeiterorientierung im Marketing und Management sowie eine Implementierung markt- und wettbewerbsvorteilsorientierten Denkens in allen Bereichen der Organisation. Aufgrund der Abnutzungseffekte von Maßnahmen im Bereich der extrinsischen Motivation sind dabei Anreize zu betonen, welche die intrinsische Motivation erhöhen.

Über die einzelnen Ansatzpunkte hinaus ist die Frage zu stellen, wie die Maßnahmen in einen die Marketing-Implementierung fördernden Gesamtansatz zu integrieren sind. Hierbei ist zwischen Grundmodellen der Implementierung und konkreten Koordinationskonzepten zu differenzieren.

Folgende **Implementierungsmodelle** stehen in der Implementierungs- und Strategieprozessforschung zur Diskussion (Bourgeois/Brodwin 1994):

▓ Das „Commander Model" beruht darauf, dass die Führungsspitze die Strategie erarbeitet und kraft ihrer formalen Macht über die einzelnen Hierarchiestufen hinweg durch alle Abteilungen umsetzt. Bei der Umsetzung spielen Interessen der Belegschaft keine erkennbare Rolle, was das extreme Konfliktpotenzial einer derartigen Vorgehensweise erkennen lässt.

▓ Das „Change Model" weist der Unternehmungsspitze eine Rolle zu, welche die Erarbeitung einer adäquaten Strategie auf mehr oder weniger autonomem Wege ebenso umfasst wie die Suche nach einer dazu passenden Implementierungskonzeption. Die Belegschaft findet mit ihren Interessen bei der Strategiefindung keine Berücksichtigung und wird erst in den Implementierungsprozess miteinbezogen. Dadurch ist das Konfliktpotenzial auch bei diesem Ansatz recht hoch.

▓ Das „Collaborative Model" stellt ein Partizipationsmodell der Belegschaft in doppelter Hinsicht dar. Sowohl in den Prozess der Strategiefindung als auch der Strategieumsetzung wird die Basis einbezogen. Dem Modell liegt die Auffassung zu Grunde, dass durch die Einbeziehung der Basis eine recht weit reichende Konsensschaffung möglich ist, die der Strategieimplementierung förderlich ist. Darüber hinaus besteht die Möglichkeit, dezentrales Wissen zu nutzen und die Kreativität der Mitarbeiter wirkungsvoller auszuschöpfen.

▓ Beim „Cultural Model" erarbeitet die Führung die Strategie und übernimmt eine Moderationsfunktion im Umsetzungsprozess. Auf diesem Wege wird davon ausgegangen, dass sich ein kultureller Wandel und eine Konsensbildung vollziehen, welche die Strategieumsetzung tragen. Ob sich tatsächlich auf diesem Wege kultureller Wandel einstellt, ist angesichts der Schwierigkeit, einen solchen generell herbeizuführen, zumindest fraglich.

▓ Beim „Crescive Model" (Konvergenzmodell) werden Strategiefindung und Strategieimplementierung den dezentralen Einheiten überlassen. Die Führung konzentriert sich darauf, einen allgemeinen Rahmen zu setzen und die laufenden Prozesse zu moderieren sowie zu kontrollieren. Die Einbeziehung der Basis geht bei diesem Modell am weitesten. Probleme bei dieser Vorgehensweise sind die begrenzte Steuerbarkeit des Prozesses und der mitunter hohe Koordinationsaufwand, der sich ergibt.

Mit Blick auf **Koordinationskonzepte der Implementierung** (nachfolgend insbesondere der Marketing-Implementierung) ist man mittlerweile übereinstimmend der Ansicht (Plinke 1996), dass plakative Maßnahmen, wie z.B. die Einrichtung einer für die Implementierung verantwortlichen Marketing-Abteilung, ebenso wenig zielführend sind wie geradezu hilflos wirkende einmalige Aktionen („Tag der Marktorientierung" oder „Jahr des Marketing"). Weiterhin besteht Einigkeit, dass Marketing-Implementierung nicht als einmalige Aufgabe missverstanden werden sollte, sondern vielmehr eine Herausforderung darstellt, welche die Unternehmung permanent zwingt, geeignete Wege zur Umsetzung des Marketing-Konzepts zu finden. Nachfolgend werden unter der Vielzahl grundsätzlich denkbarer Vorgehensweisen bewusst einige herausgegriffen und kurz vorgestellt, die in der Implementierungsforschung ausführlicher thematisiert worden sind (Hilker 1993; Backhaus/Voeth 2007).

Ein erster Ansatzpunkt besteht darin, von dem Prinzip der so genannten „**internen Kunden-Lieferanten-Beziehungen**" Gebrauch zu machen. Hierbei handelt es sich um ein übergreifendes Steuerungsprinzip, welches ausgehend von den Anforderungen auf den externen Absatzmärkten versucht, alle internen Leistungsbeziehungen zu identifizieren und sie marktlichen Steuerungsprinzipien zu unterziehen. Anhand von Abbildung 5-21 lässt sich feststellen, dass die internen Kunden-Lieferanten-Beziehungen in mittelbarer oder unmittelbarer Relation zur Bedienung des externen Kunden stehen. Bedingt durch die Zuordnung eines Subsystems der Unternehmung zu einem zu bedienenden Kunden wird innerhalb der Unternehmung eine Sogwirkung ausgelöst, da andere Subsysteme wiederum Zulieferfunktion für die Einheit haben, welche die marktliche Aufgabe übernommen hat. Bereits dadurch kann eine unternehmungsweite Ausrichtung auf den Markt zumindest ansatzweise erreicht werden. Eine Verstärkung ist möglich, indem die internen Abnehmer mit Sanktionsmechanismen ausgestattet werden, die in Märkten gelten. Dadurch besteht die Möglichkeit, Transmissionsverluste zu vermeiden, die entstehen, wenn die Beziehung eines Subsystems zum Markt zu indirekter Natur ist.

Abbildung 5-21: Interne Kunden-Lieferanten-Beziehungen (Quelle: Schildknecht 1992, S. 128)

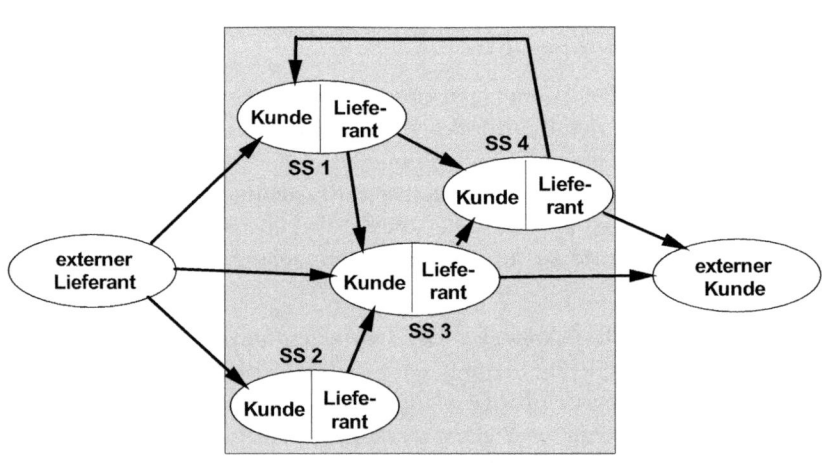

SS i: Subsystem i

Eine weitere Möglichkeit der umfassenden und dauerhaften Marketing-Implementierung besteht in der Umsetzung eines umfassenden Qualitätsmanagements (Total Quality Managements). Ein derartiges Qualitätsverständnis ist dadurch geprägt, dass es Qualität als die Erfüllung der Nachfragerbedürfnisse interpretiert. Eine solche Vorstellung geht mit dem Marketingkonzept in hohem Maße konform. Da sich ein **Total Quality Management** aus einem integrierten Management der Leistungsergebnisse, Prozesse, Potenziale und Umweltbeziehungen zusammensetzt, erfasst es grundsätzlich alle Bereiche einer Unternehmung und verpflichtet sie durch die Qualitätsorientierung zu marktgerechtem Handeln. Da ein solches Qualitätsmanagement überdies allen Mitarbeitern in allen Abteilungen eine mitgestaltende Rolle bei der Realisierung von Qualität zuweist, besteht über den „Umweg" der Qualitätsorientierung zugleich die Möglichkeit der Marketing-Implementierung, da die Ziele eines derartigen Qualitätsmanagements und des Marketings zu einem hohen Grade deckungsgleich sind.

Darüber hinaus wird eine weitere Möglichkeit zur dauerhaften und kontinuierlichen Marketing-Implementierung darin gesehen, die Unternehmung in den Zustand einer „lernenden Organisation" zu überführen (Hilker 1993; Backhaus/Voeth 2007). So nachvollziehbar der Gedanke auf den ersten Blick erscheinen mag, so wenig darf übersehen werden, dass das Konzept der lernenden Organisation viel zu unscharf umrissen ist, um halbwegs konkrete Orientierungspunkte für die Marketing-Implementierung zu liefern. Darüber hinaus stellt sich die Frage, ob und wie weit die Vorstellung von einer Unternehmung, die lernt, überhaupt zutreffend sein kann, da Lernprozesse an Lebewesen gebunden sind.

5.5.3 Planungs- und Gestaltungsinstrumente des Implementierungs-Managements

Unter anderem um die Strategie- und Marketing-Implementierung zu flankieren, sind in jüngerer Zeit im Kontext des Strategischen Marketings und Managements (einschließlich der Gründungsforschung) einige Planungs- und Führungsinstrumente in unterschiedlichen Kontexten entwickelt worden, die zum Teil eng ineinander greifen und zu einer Verbindung zwischen strategischen Entscheidungen und damit in Einklang stehenden operativen Handlungen führen. In diesem Kontext sind die Strategische Positionierung, die Entwicklung von Geschäftsmodellen sowie die Ausarbeitung von Business-Plänen zu nennen.

Die **Strategische Positionierung**, auf die im Abschnitt 5.1.3 Bezug genommen wurde, gibt erstens eine grundlegende Richtung für die Geschäftstätigkeit vor, betont aber daneben auch die Notwendigkeit, strategiekonforme Einzelmaßnahmen abzugrenzen (Selektionsaufgabe) sowie eine interne Abstimmung einzelner Maßnahmen vorzunehmen (stimmigkeitsbezogene Aufgabe) und über die Zeit hinweg fortlaufend zu verbessern. Gerade durch die Berücksichtigung des letztgenannten Punktes wird es möglich, dem Aspekt einer kontinuierlichen und dauerhaften Marketing-Implementierung gerecht zu werden. Durch die bis tief in den operativen Bereich hineinreichenden Abstimmungsprozesse lässt sich die marktbezogene Leistungsfähigkeit einer Unternehmung erhöhen, was der Marketing-Implementierung dienlich ist.

Mit dem Begriff **Geschäftsmodell** (zum Teil auch: Business Model) wird die Abbildung des betrieblichen Produktions- und Leistungssystems einer Unternehmung bezeichnet (Freiling 2006). Durch ein Geschäftsmodell wird in vereinfachter und aggregierter Form abgebildet, welche Potenziale in die Unternehmung fließen und wie diese durch innerbetriebliche (und kooperative) Aktivitäten in vermarktungsfähige Leistungen für relevante Märkte transformiert werden. Dabei werden Ansatzpunkte zur Generierung von Erlösen und Kosten durch die Geschäftätigkeit aufgezeigt, wodurch die wesentlichen Grundlagen für Erfolg oder Misserfolg ökonomischer Aktivitäten analysiert werden können Ein **Geschäftsmodell** (Timmers 1998, Freiling 2006) setzt sich aus drei Elementen zusammen und bezieht sich auf die strategische und operative Grundausrichtung eines Geschäftsfeldes:

■ Die „**Value Proposition**" bezeichnet die marktliche Gelegenheit, auf welche die Geschäftätigkeit zum Zwecke der Erzielung eines Wettbewerbsvorteils abhebt. Oftmals wird eine Marktlücke oder ein durch Konkurrenten zu unvollständig abgedeckter Marktbereich zur Grundlage der Value Proposition gewählt.

■ Die **Wertschöpfungsarchitektur** ist im Gegensatz zur Value Proposition ungleich operativer angelegt. Sie versucht, die marktliche Gelegenheit, auf der die Value Proposition beruht, durch eine primär technisch-organisatorische Lösung umzusetzen. Dies schließt Abstimmungsprozesse in allen wichtigen Funktionsbereichen ein.

■ Über das **Ertragsmodell** wird auf Basis der Value Proposition die Erlösperspektive konkretisiert und nach Möglichkeit quantifiziert sowie unter Bezugnahme auf die Wertschöpfungsarchitektur die Kostenbelastung bestimmt. Somit können Aussagen über die Erfolgsträchtigkeit einer bestimmten geschäftlichen Tätigkeit getroffen werden.

Da das Geschäftsmodell alle drei Elemente im Verbund betrachtet, lässt sich sein Wert für das Implementierungs-Management abschätzen.

Während ein Geschäftsmodell ein Instrument interner Planungs-, Entscheidungs- und Umsetzungsprozesse ist, dient der **Business-Plan** zwar auch internen, in erheblichem Umfang aber externen Zwecken. Ein Business-Plan kann wie folgt gekennzeichnet werden (Dollinger 2003, S. 127):

Ein **Business-Plan** ist "(...) the formal written expression of the entrepreneurial vision, describing the strategy and operations of the proposed venture".

Der Business-Plan ist somit ein schriftliches Dokument und damit das Ergebnis eines intensiven Planungsprozesses, in dessen Mittelpunkt der systematische, ziel- und strategiegerechte Aufbau einer geschäftlichen Tätigkeit steht (Freiling 2006). Er ist geleitet durch die unternehmerische Vision, die in dem Dokument verbalisiert wird. Weiterhin greift er eine geschäftliche Idee auf und präsentiert sie in ausgereifter(er) Form, eingepasst in eine längerfristig ausgerichtete Strategieperspektive und einen konkreten Umsetzungsrahmen.

Vor allem zum Zwecke der Gewinnung von Investoren für eine geschäftliche Tätigkeit sind Business-Pläne vonnöten, da in ihnen umfassende Angaben gemacht werden, die in besonderer Weise auf die Informationsbedürfnisse wichtiger Stakeholder-Gruppen ausgerichtet sind. Nicht zuletzt deswegen wird in Business-Plänen ein großes Potenzial gesehen, um Strategieumsetzung zu betreiben.

Zusätzlich zu diesen verbindenden Elementen zwischen strategischen Entscheidungen und operativen Handlungen ist vor allem der Einsatz des Marketing-Instrumentariums zu planen.

	Verständnisfragen 11:
V11-1	Welche Konsequenzen ergeben sich für die Strategieplanung, wenn von einem signifikanten Einfluss der „emergenten Strategie" auf die umgesetzte Strategie auszugehen ist?
V11-2	Untersuchen Sie die Kerninhalte des Marketingkonzepts nach möglichen Barrieren der Marketing-Implementierung.
V11-3	Stellen Sie heraus, in welcher Weise die Strategische Positionierung und das Geschäftsmodell ineinander greifen.

5.6 Marktbeeinflussung durch das Marketing-Instrumentarium

5.6.1 Das Instrumentarium im Überblick

Das Marketing-Instrumentarium hat die Funktion, den durch die Strategie vorgegebenen Rahmen mit konkreten Maßnahmen auszufüllen und damit zur Verwirklichung der strategischen Zielsetzungen beizutragen. Insofern stehen die Marketing-Instrumente zum Strategiekonzept in einer Mittel-Zweck-Beziehung. Dies bedeutet jedoch keinesfalls – wie zum Teil in der insbesondere älteren Literatur unterstellt –, dass die Marketing-Instrumente ausschließlich operativen Charakter haben: Begriffe wie „Produktstrategie" oder „Strategisches Preismanagement" zeigen, dass die Ausgestaltung der Instrumente untrennbar mit strategischen Fragestellungen verknüpft ist. Insofern können Instrumentalentscheidungen je nach Situation sowohl strategischer als auch operativer Natur sein.

Als charakteristisch für Marketing-Instrumente sind vor allem zwei **Eigenschaften** zu nennen (Diller 2001b):

- ihre Eignung zur Beeinflussung von Austauschprozessen am Markt (kurzfristiger **Mittelcharakter**) sowie

- die tatsächliche Steuerbarkeit des Einsatzes durch die Unternehmung (**Aktionsparameter**).

Dies bringt auch die folgende Definition noch einmal zum Ausdruck (Becker 2006, S. 487):

„Unter **Marketinginstrumenten** werden dabei jene konkreten („seh-, hör-, riech-, schmeck-, fühl- und/oder greifbaren") Aktionsinstrumente (Parameter) verstanden, mit denen am Markt agiert und auch reagiert werden kann, um gesetzte Ziele und daraus abgeleitete Strategien zu realisieren. Sie stellen die auf die bearbeiteten Zielgruppen bzw. Märkte des Unternehmens gerichteten Marketingmaßnahmen dar."

Die Marketing-Instrumente sollen somit die Marktteilnehmer im Sinne der Unternehmung, die die Instrumente einsetzt, beeinflussen. Grundsätzlich können sich die Instrumente auf alle Märkte richten, in denen die Unternehmung tätig ist: auf die Absatz- ebenso wie auf die Beschaffungsmärkte, einschließlich Finanz- und Personalmärkten. Traditionell im Mittelpunkt stand allerdings das absatzmarktbezogene Instrumentarium, das sich auch im Aufbau zahlreicher Standardlehrbücher zum Marketing widerspiegelt (z.B. Meffert 2000; Nieschlag et al. 2002), wenngleich die ehemals dominierende instrumentelle Perspektive des Marketing auch in diesen Lehrbüchern zumindest in den neueren Auflagen vor allem um Aspekte der Strategieformulierung ergänzt wurde. Auch im vorliegenden Abschnitt steht zunächst die Absatzmarktperspektive im Vordergrund, die jedoch in Abschnitt 5.6.3 um die beschaffungspolitische Sicht ergänzt wird.

Bei der Gestaltung der Marketing-Instrumente sind verschiedene Entscheidungsebenen zu beachten (Becker 2006, S. 486):

- **Universaler Aspekt**: Welche Marketing-Instrumente stehen in einer konkreten, unternehmungsindividuellen Entscheidungssituation überhaupt zur Verfügung?

- **Selektiver Aspekt**: Welche Instrumente des verfügbaren Marketing-Instrumentariums sollen eingesetzt werden?

- **Qualitativer Aspekt**: Wie sollen die einzusetzenden Instrumente gehandhabt werden?

- **Quantitativer Aspekt**: In welchem Umfang sollen die einzusetzenden Instrumente angewandt werden?

- **Zeitlicher Aspekt**: In welcher zeitlichen Reihenfolge sollen die einzelnen Instrumente eingesetzt werden?

▓ **Kombinativer Aspekt**: In welcher Kombination zueinander sollen die einzelnen Marketing-Instrumente wirksam werden?

Im Einzelnen kann eine Vielzahl von möglichen Marketing-Instrumenten unterschieden werden, die untereinander zahlreiche Interdependenzen aufweisen und insofern nur schwer voneinander abgegrenzt werden können. Auf Grund dieser Zusammenhänge wird für die Gesamtheit der Marketing-Instrumente auch der Begriff des **Marketing-Mix** verwendet: Dieser Begriff bringt deutlich zum Ausdruck, dass die verschiedenen Marketing-Maßnahmen nicht als isolierte Bausteine zu betrachten sind, sondern synergetische Effekte erzeugen und daher als interdependentes Maßnahmenpaket auszugestalten sind (Kühn 1995b). Dennoch gibt es eine Vielzahl von Systematisierungsansätzen, die das Instrumentarium zu strukturieren versuchen, um die konkreten Ansatzpunkte für die Entscheidungsfindung herauszustellen (zum Überblick Becker 2006). Der bekannteste Instrumentalkatalog geht dabei auf McCarthy (1960) zurück, der in die so genannten „**4 Ps**" unterschieden hat:

▓ Product,
▓ Price,
▓ Place,
▓ Promotion.

In enger Anlehnung an dieses Konzept hat sich in der deutschsprachigen Literatur eine ähnliche Gliederung herausgebildet, nämlich in

▓ Produkt- und Sortimentspolitik,
▓ Preis-, Kontrahierungs- bzw. Entgelt- und Konditionenpolitik,
▓ Distributionspolitik,
▓ Kommunikationspolitik.

Diese Systematik besticht zum einen durch ihre Übersichtlichkeit, hat aber zum anderen den großen Nachteil, dass sie die Zusammenhänge zwischen den einzelnen Instrumenten gänzlich unberücksichtigt lässt und daneben einen unvollständigen sowie eher anbieterorientierten Eindruck vermittelt. Daher wird – ohne auf weitere denkbare Systematisierungen einzugehen – an dieser Stelle ein etwas anderer Ansatz verwendet, der in Abbildung 5-22 grafisch dargestellt ist.

Dieser Systematik liegt eine Dreiteilung zu Grunde, nämlich in

▓ **Leistungspolitik** (als Beitrag des Anbieters zum Tauschprozess),
▓ **Gegenleistungspolitik** (als Beitrag des Nachfragers zum Tauschprozess) und
▓ **Kontrahierungspolitik** (als verbindende Klammer zwischen Leistungs- und Gegenleistungspolitik).

Diese drei Teilbereiche des Marketing-Instrumentariums werden im folgenden Abschnitt 5.6.2 näher erläutert. Dabei wird jedoch nur auf sehr grundlegende Aspekte eingegangen, da dies für den hier angestrebten Überblick genügt und weitere Details bei Bedarf problemlos der einschlägigen Literatur entnommen werden können (z.B. Becker 2006; Homburg/Krohmer 2006; Meffert 2000; Nieschlag et al. 2002).

Abbildung 5-22: Das Marketing-Instrumentarium

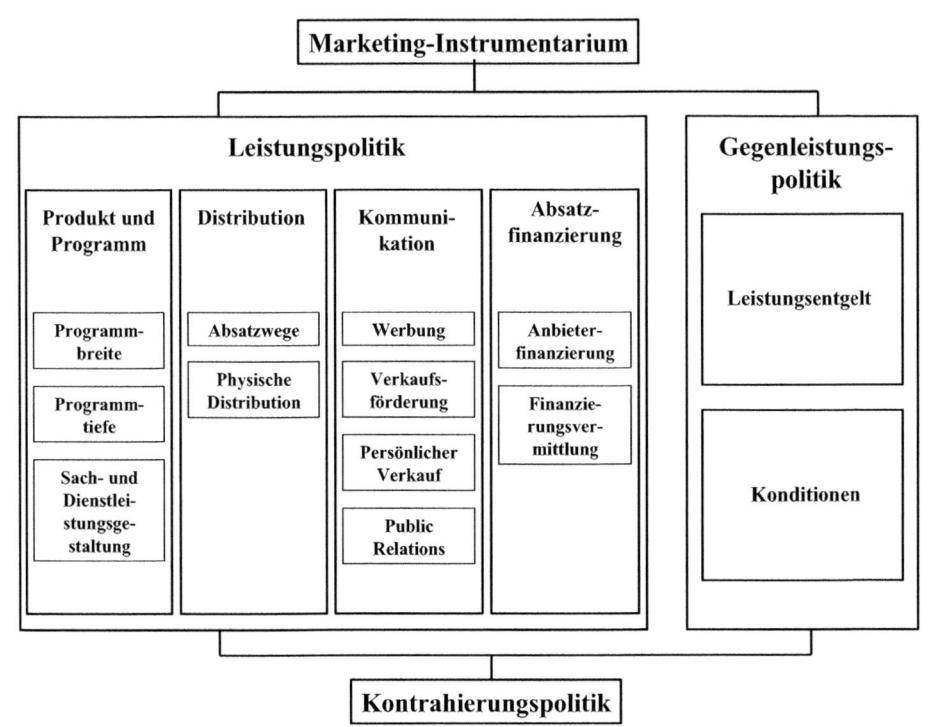

5.6.2 Die Inhalte der Aktionsparameter des Marketings

5.6.2.1 Leistungspolitik

Im Rahmen der Leistungspolitik trifft der Anbieter Entscheidungen darüber, welche Leistungen den ausgewählten Zielgruppen auf welche Art und Weise angeboten werden sollen. Dabei können vier Gestaltungsfelder unterschieden werden: 1. Produkt und Programm, 2. Distribution, 3. Kommunikation und 4. Kundenfinanzierung. Die einzelnen Bereiche umfassen dabei wiederum eine Reihe von Detailentscheidungen, von denen die wichtigsten die nachfolgend angesprochenen sind.

(1) Produkt und Programm

Jeder Anbieter muss zunächst einmal festlegen, welche Leistungen er auf Basis aktueller oder zukünftiger Marktanforderungen seinen Kunden anbieten will. Darin kann der Kern der absatzwirtschaftlichen Aktivitäten einer Unternehmung gesehen werden, denn die meisten anderen Instrumente müssen sich an den Produkten und ihren Eigenschaften orientieren und haben insofern eher „flankierenden" Charakter. Die Gesamtheit der Leistungen wird als (Leistungs)Programm oder Sortiment bezeichnet, das wie folgt definiert sei (Engelhardt 1990):

Das **Programm** (oder **Sortiment**) eines Anbieters umfasst die Summe aller selbsterstellten oder selbsterstellbaren und fremdbezogenen oder fremdbeziehbaren Sach- und Dienstleistungen, die ein Anbieter zu einem bestimmten Zeitpunkt seinen Abnehmern und potenziellen Abnehmern anbietet.

Die **Programm-** bzw. **Sortimentspolitik** befasst sich entsprechend mit der Gestaltung des Leistungsprogramms. Diese Definition ist relativ weit gefasst, so dass sie für Unternehmungen aller Branchen Gültigkeit besitzt: vom Handel über die Industrie bis zum Dienstleistungsbereich. Die Programmgestaltung bezieht sich insofern im vorliegenden Kontext ausdrücklich auf das Absatz-, nicht aber auf das Produktionsprogramm, das mit dem Absatzprogramm nicht identisch sein muss (z.B. bei Zukauf und Weiterveräußerung von Fertigerzeugnissen durch eine Industrieunternehmung), zum Teil sogar überhaupt nicht vorhanden ist (in typischer Weise beim Handel, der Produkte bezieht und weitgehend unverändert weiterverkauft).

Als die beiden wesentlichen Entscheidungsfelder im Rahmen der Programmgestaltung können die Bestimmung der Programmbreite und die Festlegung der Programmtiefe herausgestellt werden:

- Die **Programmbreite** bringt zum Ausdruck, wie viele verschiedene **Produktkategorien** angeboten werden. So kann z.B. eine Molkerei die Kategorien Milch, Butter, Joghurt und Quark ihrem Programm zurechnen. Werden Produktkategorien hinzugenommen, verbreitert sich das Programm. Dieser Fall wird als **Diversifizierung bzw. Diversifikation** bezeichnet. Wird die Programmbreite verringert, so liegt der Fall der **Spezialisierung** vor.

- Die **Programmtiefe** bringt zum Ausdruck, wie viele **Produktvarianten** innerhalb einer Kategorie angeboten werden. So können im Fall der Molkerei innerhalb der Kategorie Joghurt die Varianten Kirsch, Erdbeere, Heidelbeere und Zitrone unterschieden werden. Kommen weitere Geschmacksrichtungen hinzu, vergrößert sich also die Programmtiefe, so liegt der Fall der **Produktdifferenzierung** vor. Im Falle der Reduzierung der Programmtiefe kommt es dagegen zur **Standardisierung**.

Abbildung 5-23 ordnet die Entscheidungen über die Programmbreite und -tiefe in das Gesamtspektrum programmpolitischer Entscheidungen ein.

Abbildung 5-23: Programmpolitische Gestaltungsoptionen (Quelle: in Anlehnung an Engelhardt 1990, S. 26)

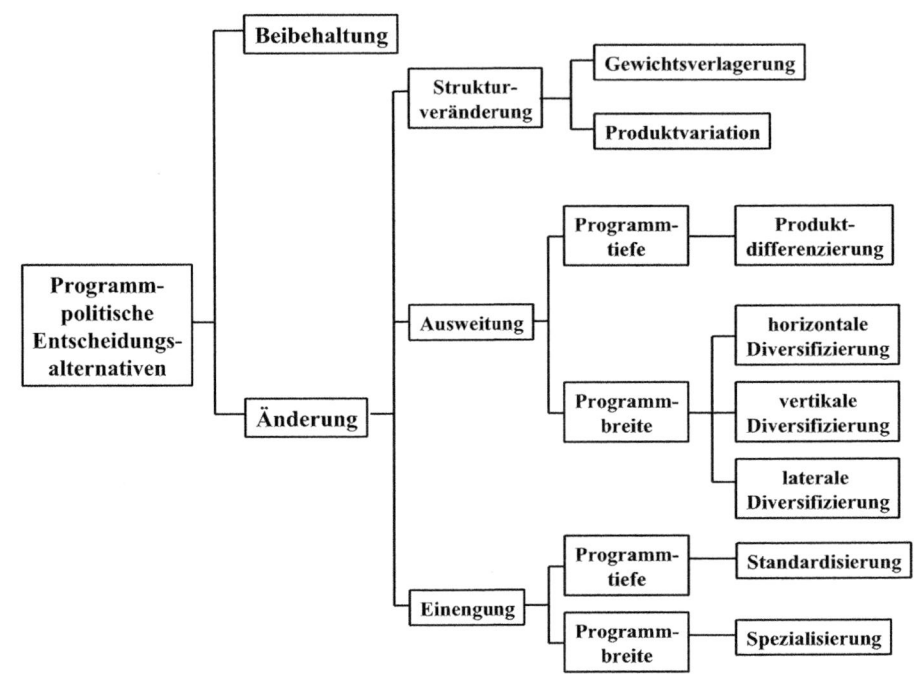

Ergänzend zu den vorhergehenden Ausführungen seien die drei Grundtypen der Diversifizierung erwähnt (siehe dazu im strategischen Kontext auch bereits Abschnitt 5.4.2.1):

▨ Der Fall der **horizontalen Diversifizierung** liegt vor, wenn die neuen Produkte auf derselben Marktstufe wie die alten stehen und zu diesen eine gewisse Verwandtschaft aufweisen, z.B. gleiche Beschaffungs- oder Vertriebsprozesse. So würde die Ergänzung des Programms der als Beispiel dienenden Molkerei um Frischkäse eine derartige horizontale Diversifikation darstellen. Hauptmotiv eines derartigen Vorgangs ist die Ausnutzung vorhandener Stärken für eine Mehrzahl von Produkten.

▨ Werden Produkte vor- oder nachgelagerter Marktstufen hinzugenommen, so handelt es sich um eine **vertikale Diversifikation**. Bei vorgelagerten Marktstufen (Einstieg der Molkerei in die Milchwirtschaft mit eigenen Kühen) spricht man von **Rückwärtsintegration**, beim Einstieg in nachgelagerte Marktstufen (z.B. Aufbau von eigenen Einzelhandelsgeschäften durch die Molkerei) von **Vorwärtsintegra-**

tion. Während die Rückwärtsintegration primär der Reduzierung der Beschaffungsunsicherheit dient, zielt die Vorwärtsintegration auf Erhöhung der Absatzsicherheit durch die auf Folgemärkten häufig günstigere Absatzlage.

- Bei einer **lateralen Diversifikation** werden Produkte in das Absatzprogramm aufgenommen, zu denen weder marktstufenbezogen, noch verwandtschaftsbedingte Verbindungen bestehen. So könnte die Molkerei z.B. einen Schraubenhersteller aufkaufen oder eine Bank gründen. Als Motiv wird regelmäßig die Risikostreuung genannt, wobei nicht übersehen werden darf, dass so genannte Mischkonzerne, die hochgradig lateral diversifiziert hatten, in der Vergangenheit oft auf die größten Schwierigkeiten gestoßen sind, da sie sich in den für sie völlig neuen Geschäftsfeldern nicht zurecht gefunden haben. Als ein misslungenes Beispiel lateraler Diversifikation mag die Volkswagen AG mit ihrem Versuch des Einstiegs in den Markt für Bürokommunikation durch Übernahme von Triumph-Adler dienen.

Die Abbildung zeigt zudem, dass als Form der Änderung des Programms neben einer Ausweitung oder Einengung der Programmbreite oder Programmtiefe auch der Fall der **Strukturveränderung** zu beachten ist. Dabei liegt eine **Gewichtsverlagerung** vor, wenn sich die Umsatzanteile der im Programm enthaltenen Produkte im Zeitverlauf nachhaltig verändern (Beispiel Molkerei: Der Umsatzanteil von Light-Produkten mit wenig Fett steigt zu Ungunsten des Anteils fetthaltigerer Produkte). Der zweite Fall, die **Produktvariation**, liegt vor, wenn einzelne Produkte durch neue Produkte substituiert werden, z.B. im Falle eines Modellwechsels oder – bei der Molkerei – einer Veränderung der Rezeptur bestimmter Milchprodukte.

Während bei der Programmgestaltung also die Gesamtsicht auf die Summe aller Produkte im Vordergrund steht, geht es bei der Produktpolitik um das einzelne Produkt. Als Produkt kommen dabei Sach- ebenso wie Dienstleistungen in Frage, zumal in der Praxis ohnehin Leistungsbündel als Absatzobjekte anzutreffen sind, die sich aus unterschiedlichen Teilleistungen zusammensetzen (Engelhardt et al. 1993). In diesem Zusammenhang kann Produktpolitik wie folgt definiert werden (Engelhardt 1990):

Die **Produktpolitik** umfasst alle Maßnahmen, die die Entwicklung, Veränderung oder Eliminierung der den Gegenstand der Unternehmungstätigkeit bildenden Leistungsbündel zum Inhalt haben.

Im Rahmen der Produktpolitik müssen die Eigenschaften der angebotenen Sach- und Dienstleistungen so gestaltet werden, dass sie den Nutzenvorstellungen der Nachfrager entsprechen und damit adäquat zur Befriedigung ihrer Bedürfnisse beitragen (siehe Abschnitt 3.2.1.1.1). Dabei steht aus Nachfragersicht zunächst der **Funktionsnutzen** im Mittelpunkt, der sich aus der Eignung eines Produkts zur Erfüllung bestimmter Funktionen ergibt (z.B. die technische Funktionsfähigkeit einer Maschine, der Lichtschutzeffekt einer Sonnencreme). Aber auch ökonomische, individualpsychologische, ästhetische, soziologische oder ethische Nutzenelemente können eine wichtige Rolle spielen, so dass eine alleinige Konzentration auf den Funktionsnutzen zu kurz greifen würde. Dies wird etwa am Beispiel von Kleidung deutlich, bei der neben der Funktionalität („Schutz" des Körpers, Bequemlichkeit, Haltbarkeit etc.) auch der Preis, die optische Anmutung, die Modernität oder das „In-sein" der Marke über den wahrgenommenen Nutzen entscheiden. Da - wie schon an anderer Stelle erwähnt - die Nutzenvorstellungen der Nachfrager intersubjektiv sehr unterschiedlich sein können, müssen im Rahmen der Produktpolitik zielgruppengerechte Angebote geschaffen werden.

Die Entwicklung und Einführung neuer Produkte ist immer mit Risiken behaftet: Empirische Untersuchungen gehen von Misserfolgsquoten von 75 bis 80 Prozent aus. Einige „Flops" von Unternehmungen, die in anderen Bereichen durchaus erfolgreich sind bzw. waren, seien beispielhaft angeführt:

- ▨ Videosystem 2000 (Grundig u.a.),
- ▨ Rechenschieber mit rückseitig eingebautem elektronischem Rechner (Faber Castell),
- ▨ „Top Job", das Waschverstärkertuch auf dem deutschen Markt (Procter & Gamble),
- ▨ 400-Gramm-Kaffeepackungen (Jacobs, Tchibo).

Insgesamt 80.000 Flops hat der Marketingberater Robert McMath in einer Ausstellung zusammengetragen. Kotler et al. (2007, S. 438f.) greifen einige besonders prägnante Fälle heraus:

Beispiel 5-3: Beispiele für fehlgeschlagene Produkteinführungen

- ▨ „Der Wert einer Marke besteht in dem guten Namen, den sie sich im Laufe der Zeit verdient hat. Manche Leute entwickeln eine Bindung an die Marke. Sie vertrauen, dass die Marke dauerhaft eine Reihe von Eigenschaften bietet. Man soll dieses Vertrauen nicht vergeuden, indem der gute Markenname für etwas gebraucht wird, das dem Markencharakter nicht entspricht. Das zuckerfreie Gorgonzola-Käsedressing der Marke >>Louis Sherry<< war alles, was Louis Sherry, bekannt für Bonbons und Eiscreme, nicht sein sollte: zuckerfrei, Käse und Salatdressing. Das gesunde Müsli von der Keksmarke >>Cracker Jack<< und Waschmittel der Bekleidungsmarke >>Fruit of the Loom<< waren andere missglückte Versuche, gute Namen zu dehnen.
- ▨ >>Me-too<<-Produkte sind besonders oft erfolglos. Diejenigen, die damit Erfolg haben, benötigen ein überdurchschnittliches Ausmaß an Durchhaltevermögen und mehr Ressourcen, als die meisten Marketer zur Verfügung haben. Bevor sich Pepsi-Cola als Hauptkonkurrent von Coca-Cola etabliert hatte, führte es eine sehr unsichere Existenz. Deutlicher gesagt: Von den vielen Marken, welche Coca-Cola in mehr als einem Jahrhundert nachahmten, ist Pepsi-Cola die einzige überlebende Marke. Haben Sie schon einmal von Toca-Cola gehört? Von Coco-Cola? Yum-Yum Cola? BQ Cola? Willibald Cola? Oder Kong-Cola, >>das königliche Getränk<<? Ebenso fraglich ist, ob ein erneuter Versuch, Afri-Cola im Markt zu etablieren, erfolgreich sein wird. Ein etabliertes Produkt hat jedenfalls einen ausgesprochenen Vorteil gegenüber >>Me-too<<-Produkten, die vorgeben, neu zu sein, aber sich eindeutig nicht von ihm abheben.
- ▨ Im Normalfall kaufen Menschen keine Produkte, die ihre Mängel herausstellen. Gilettes Shampoo mit der Aufschrift >>For Oily Hair Only<< floppte, da Leute nicht gerne an ihr fettiges Haar erinnert werden wollen. Sie werden eher Produkte benutzen, die das Problem diskret ansprechen und z.B. in kleiner Schrift >>für empfindliche Haut<< auf Verpackungen schreiben, die ansonsten identisch mit dem regulären Produkt sind. Auch wollen Menschen nicht damit bombardiert werden, dass sie übergewichtig sind, Mundgeruch haben, stark

schwitzen oder altern. Sie wollen ihre Mängel oder Eigenheiten anderen Menschen nicht dadurch offen legen, dass sie entsprechende Produkte im Einkaufswagen oder an der Kasse zur Schau stellen.

▨ Einige Produkte unterscheiden sich radikal von den Waren, Dienstleistungen oder Erfahrungen, die der Konsument normaler Weise erwirbt. Sie scheitern, weil der Konsument in seiner Erfahrungswelt keinen Bezug zu ihnen hat. Bei manchen Produkten kann man den Flop schon voraussagen, sobald man hört, wie sie benannt wurden: Toaster-Eier, Gurken-Deodorant, Schlankheits-Teewurst.

Gerade angesichts dieser hohen Misserfolgsgefahren muss die Entwicklung und Einführung neuer Produkte in ein systematisches **Innovationsmanagement** eingebunden sein, bei dem grob die folgenden Phasen unterschieden werden können (Homburg/ Krohmer 2006):

- **Ideengewinnung und -konkretisierung**: Ideen für neue Produkte müssen aus internen und externen Quellen gesammelt werden. Interne Quellen könne z.B. sein: das Vorschlagswesen, Außendienstmitarbeiter oder Beschwerdeinformationen. Als externe Quellen kommen u.a. in Betracht: Kunden, Wettbewerber oder Absatzmittler (insbesondere der Handel). Die Ideen müssen darauf hin überprüft werden, ob es sich lohnt, sie weiter zu verfolgen, vor allem, ob sie mit der Strategie kompatibel sind und zu den vorhandenen Ressourcen passen. Nicht lohnend erscheinende Ideen werden verworfen, andere weiter ausgebaut und konkretisiert.

- **Konzeptdefinition**: In der nächsten Phase werden die Produktideen weiter präzisiert, insbesondere im Hinblick auf die angestrebte Zielgruppe, das zentrale Nutzenversprechen, die Produkteigenschaften und die angestrebte Positionierung.

- **Konzeptbewertung und -selektion**: Am Ende der Konzeptdefinition existieren mehrere Konzepte, die jedoch angesichts der begrenzten Ressourcen einer Unternehmung nicht alle weiter verfolgt und umgesetzt werden können. Daher müssen die einzelnen Konzepte sorgfältig bewertet und anschließend selektiert werden. Wichtige Kriterien sind dabei die Marktfähigkeit des Produktes (z.B. die Bedarfsgerechtigkeit), die Vermarktungskompetenzen des Anbieters für dieses Produkt (z.B. Marktzugang, Markt-Know-how) sowie die Wirtschaftlichkeit (potenzieller Erfolgsbeitrag des neuen Produktes). Die entsprechenden Einschätzungen sind immer mit Unsicherheit verbunden, müssen aber gerade deshalb mit der größtmöglichen Sorgfalt durchgeführt werden, um die Flop-Gefahr zu reduzieren.

- **Markteinführung neuer Produkte**: Hat eine Produktidee alle Entwicklungsstufen erfolgreich durchlaufen, erfolgt die Markteinführung im Rahmen einer entsprechenden Markteinführungsstrategie, in deren Rahmen festgelegt wird, wann (Zeitpunkt), wo (Zielmarkt) und wie (Unterstützung durch die Marketing-Instrumente) das Produkt eingeführt werden soll. Der Markteinführung geht oft ein so genanntes Prä-Marketing (Vorfeld-Marketing) voraus, mit dem die Einführung vorbereitet werden soll.

Grundsätzlich stehen dem Anbieter im Rahmen der Produktpolitik verschiedene Gestaltungsparameter zur Verfügung, über die er sich bereits im Rahmen der Neuproduktentwicklung Gedanken machen muss. Abbildung 5-24 zeigt die wesentlichen Aspekte im Überblick.

Die Abbildung zeigt die enge Verwobenheit der Produktgestaltung mit anderen Feldern der Leistungspolitik, wie Distribution, Kommunikation und Finanzierung, die später noch gesondert behandelt werden. Darüber hinaus sind im äußeren Kreis die Leistungen zu berücksichtigen, die durch die gegebenenfalls eingeschalteten Distributionsstufen, insbesondere den Handel, erbracht werden. Alle diese Elemente prägen letztlich den Nutzen der Nachfrager. Im Rahmen der Produktpolitik stehen allerdings traditionell die fünf inneren Kreise im Vordergrund, über die erstmalig im Rahmen der Neuproduktentwicklung (Phase 2) zu befinden ist. Die Festlegung dieser Leistungseigenschaften ist dann im weiteren Verlauf des Lebenszyklus eines Produktes aber immer wieder zu hinterfragen und gegebenenfalls zu modifizieren.

Den Ausgangspunkt der Leistungsgestaltung bildet die Festlegung der **funktionalen Eigenschaften** des Produktes, die sich an den Nutzenvorstellungen der Nachfrager orientieren muss. Diese funktionalen Eigenschaften bilden den Produktkern. Dabei handelt es sich im Detail um eine Reihe unterschiedlicher Eigenschaften, die im Hinblick auf verschiedene Komponenten definiert werden müssen (Engelhardt 1990):

- **Art** der Funktionaleigenschaften: Bei einem Staubsauger können z.B. unterschieden werden: Material des Gehäuses, Konstruktionsprinzip (Boden- oder Handstaubsauger), Einsatzmöglichkeiten (Teppiche, Vorhänge, Steinboden) usw.

- **Niveau** bzw. **Intensität** der Funktionaleigenschaften (Ausprägungen), z.B.: Stärke des Gehäuses, Saugkraft, Bruchfestigkeit.

- **Kombination** der Funktionaleigenschaften zu einem Ganzen, z.B.: hohe Saugleistung mit niedriger Geräuschentwicklung, verbunden mit vielfältigen Einsatzmöglichkeiten.

- **Zeitliche Erstreckung** der die einzelnen Funktionaleigenschaften realisierenden Produktbestandteile: Abstimmung der Lebensdauer der einzelnen Funktionaleigenschaften auf die Lebensdauer der anderen; Beispiel: Abstimmung der Lebensdauer des Gehäuses auf die Lebensdauer des Motors.

Besondere Bedeutung kommt in diesem Zusammenhang der so genannten **Integralqualität** zu, die sich durch die Kombination der einzelnen funktionalen Eigenschaften sowie der Abstimmung deren unterschiedlicher Lebensdauern ergibt. Sie spielt auch für die potenziellen Käufer eine wichtige Rolle. Insofern muss es dem Anbieter gelingen, diese Integralqualität überzeugend zu verdeutlichen. Zu diesem Zweck dienen nicht zuletzt die übrigen Gestaltungsparameter der Produktpolitik.

Abbildung 5-24: Produktpolitische Gestaltungsparameter (Quelle: in Anlehnung an Engelhardt 1990, S. 2)

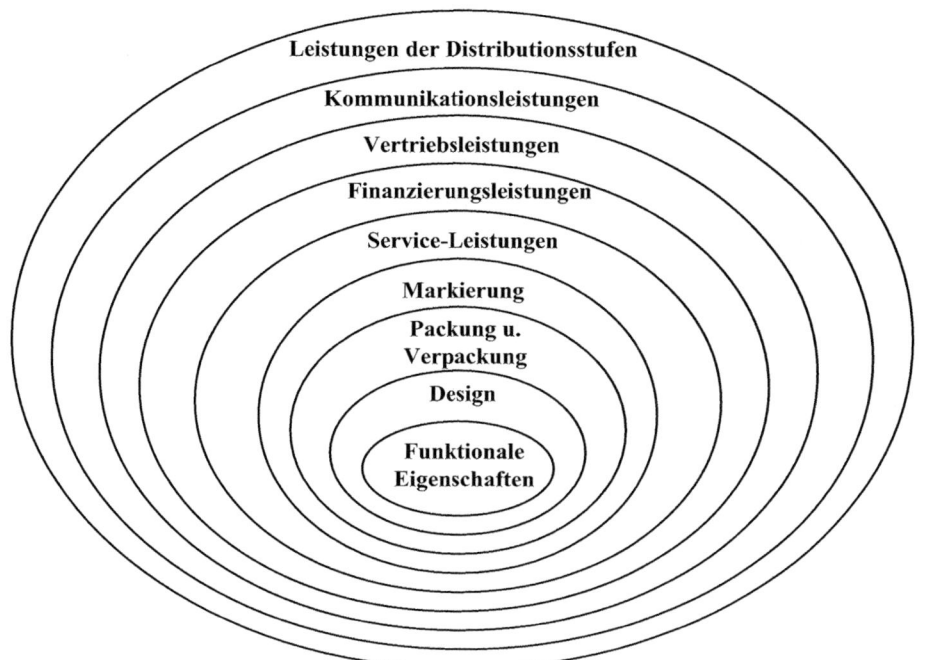

So ist das **Design**, hier genauer: das Produktdesign, mit den funktionalen Eigenschaften des Produkts besonders eng verbunden. Das Produktdesign „konzentriert sich auf die körperhafte, dreidimensionale Gestaltung serieller Erzeugnisse" (Koppelmann 1995, Sp. 441), d.h. die äußere Gestaltung der Produkte, und kann von der Gestaltung der funktionalen Eigenschaften nur unzureichend abgegrenzt werden. So muss im Rahmen der Designgestaltung über die Frage der Ästhetik (Farbe, Form etc.), über die Bedienungs- und Wartungsfreundlichkeit sowie die Arbeitssicherheit entschieden werden. Dem Design kommt aber auch eine wichtige Identifikationsaufgabe für das Produkt zu. Als Beispiele seien die Form der Coca-Cola-Flasche oder des VW Käfer angeführt. Prinzipiell sollte das Design die Erfüllung der funktionalen Anforderungen erleichtern. Es ist aber auch denkbar, dass insbesondere die Berücksichtigung künstlerischer Aspekte das Gegenteil bewirkt, z.B. wenn aus optischen Gründen bestimmte Bedienungselemente entfallen oder an unvorteilhaften Stellen angebracht werden.

Auf der nächsten Ebene der Festlegung der Leistungseigenschaften sind Entscheidungen über **Packung und Verpackung** erforderlich, sofern diese für den betreffenden Anbieter eine Rolle spielen. Für viele Dienstleister etwa ist dieser Aspekt bedeutungslos, da sich eine Beratungsleistung oder eine Urlaubsreise nicht im physischen Sinne verpacken lassen. Besondere Relevanz kommt diesem Themenfeld allerdings im Konsumgütersektor zu.

Die **Packung** ist dann von Bedeutung, wenn die Verkaufseinheiten eines Produktes unterschiedlich groß sein können (Engelhardt 1990). Sie stellt die Füllmenge eines Produktes dar (z.B. 500-g-Packung Müsli, 400-ml-Flasche Shampoo, „Sixpack" Bier). Für die Entscheidung über die Packungsgröße spielen Aspekte wie die Höhe der Abpack- und Vertriebskosten je verkaufter Mengeneinheit (tendenziell sinkend mit steigender Packungsgröße), das Ausnutzen preispolitischer Spielräume (z.B. Differenzierung des Preises je Mengeneinheit in Abhängigkeit von der Packungsgröße), die Bereitschaft der Kunden zur Abnahme großer Mengen oder auch Bevorratungsmöglichkeiten der Produkte (u.a. die Frage der Verderblichkeit bzw. Haltbarkeit) eine Rolle.

Im Unterschied zur Packung wird **Verpackung** als „Sammelbegriff für jegliche Art von Umhüllung eines oder mehrerer Produkte verstanden" (Meffert 2000, S. 455). Dabei kann eine derartige Umhüllung durchaus aus mehreren Schichten bestehen, weshalb etwa zwischen Transport-, Um- und Verkaufsverpackung unterschieden wird, die jeweils zur Erfüllung unterschiedlicher **Verpackungsfunktionen** bzw. Anforderungen aus Hersteller-, Handels- und Verbrauchersicht beitragen (siehe Tabelle 5-10).

Dieser Anforderungskatalog macht deutlich, dass die Verpackung wiederum zur Erfüllung der Funktionaleigenschaften beiträgt und zudem auch einen Designaspekt (Verpackungsdesign) aufweist, insofern also mit den zuvor behandelten Ebenen der Produktgestaltung verflochten ist.

Entsprechende Anknüpfungspunkte finden sich auch zur nächsten Ebene in Abbildung 5-24, der **Markierung**. Diese wurde traditionell ebenfalls der Produktgestaltung zugerechnet und wird nach wie vor in vielen Lehrbüchern auch unter dem Abschnitt zur Produktpolitik behandelt (z.B. Nieschlag et al. 2002). Allerdings hat sich in den letzten Jahren und Jahrzehnten die Marke zu einem derart wichtigen Instrument entwickelt, dass sich die Stimmen mehren, dass die Markenpolitik verschiedene andere Marketing-Instrumente integriert und daher gesondert, gleichsam als „mixübergreifendes" Entscheidungsfeld behandelt werden sollte (z.B. Meffert 2000). Daher wird sich Abschnitt 5.6.2.4 explizit mit der Markenpolitik und ihrer Stellung innerhalb – oder „oberhalb" (?) – des Marketing-Instrumentariums beschäftigen, weshalb die entsprechenden Fragestellungen im vorliegenden Abschnitt ausgeklammert werden können.

Hersteller/Abfüller	Handel	Verbraucher
– Hohe Abfüllgeschwindig-keit – Eignung zur Profilierung – Eignung als Informations-träger – Kostengünstig – Vermittlung intendierter Preis- und Qualitätsvor-stellungen	– Optimale Nutzung von Regalplatz – Scanningfähig – Selbstbedienungsgerecht – Optimales Handling – Eignung für Verkaufsförde-rung	– Ansprechendes Design, hohe Anmutungsqualität – Sichtbarkeit des Inhalts – Leicht zu öffnen/zu ver-schließen – Verbrauchswirtschaft-lichkeit – Möglichkeit der Zweitver-wendung – Ökologische Qualität
– Stapelfähig – Palettierungsfähig – Raumsparend		– Sicherheit vor missbräuchlicher Öffnung – Verbrauchergerechte Größe
– Gewichtsgünstig – Bruchsicher – Haltbarkeit des Inhalts – Schutz des Inhalts		

Tabelle 5-10: Anforderungen an die Verpackung aus der Sicht von drei Bezugsgruppen (Quelle: Nieschlag et al. 2002, S. 672)

Es verbleibt damit im Rahmen der Gestaltung der Leistungseigenschaften als letzte anzusprechende Ebene diejenige der **Service-Leistungen**. Wenn konsequent der Sicht-weise gefolgt wird, die auch den vorliegenden Ausführungen zu Grunde liegt, Absatz-objekte seien stets Leistungsbündel, die weder eindeutig als Sach- noch als Dienst-leistungen klassifiziert werden können (siehe Abschnitt 3.3.2), so stellt sich die Frage ergänzender Service-Leistungen prinzipiell nicht, da sie per se in dem definierten Leistungsbündel enthalten sind (ähnlich wie auch Finanzierungs-, Kommunikations- und Distributionsleistungen). Aus pragmatisch-praxisorientierten Erwägungen heraus seien diese Service-Leistungen aber dennoch explizit hervorgehoben und kurz charak-terisiert. Sie haben im vorliegenden Kontext den Charakter von den Absatz der Kern-leistung (Primärleistung) flankierenden Sekundärleistungen (Hammann 1974), die vor, während oder nach dem Kauf der Primärleistung erbracht werden. Eine Trennung der Sekundär- von den Primärleistungen fällt dabei häufig schwer, insbesondere wenn vermeintliche Nebenleistungen für den Kunden in besonderem Maße Nutzen stiftend sind, wie z.B. im Fall einer 24-Stunden-Instandhaltungsbereitschaft eines Maschinen-bauers in Verbindung mit einer Garantie der ständigen Einsatzverfügbarkeit der Ma-schine. Derartige Service-Leistungen können durchaus ausschlaggebend für den Kauf sein – insbesondere bei relativ homogenen Kernleistungen. Tabelle 5-11 zeigt einige Beispiele für verschiedene Arten von Service-Leistungen, die oft auch als „**Kunden-dienst**" bezeichnet werden (Meyer, M. 1995b).

Zeitpunkt Art	Vor dem Kauf	Nach dem Kauf (Kundendienst i.e.S.)
Technisch	– Technische Beratung – Projektausarbeitung – Lieferung zur Probe	– Montage – Ersatzteilversorgung – Wartung – Reparaturdienst
Kaufmännisch	– Kinderhort – Bestelldienst – Beratung und Information	– Umtauschrecht – Lieferung – Installation – Schulungskurse
Problemlösungsbezogen	– Problemdefinition – Problemanalyse – Problemausschreibung	– Anlagenverwaltung (z.B. Gebäudemanagement durch eine Baufirma) – Kundenunterstützung

Tabelle 5-11: Formen von Service- bzw. Kundendienstleistungen (Quelle: Meffert 2000, S. 944)

Das Hauptproblem ist es, bei derartigen Service-Leistungen „das richtige Maß" zu finden, denn aus Sicht der Kunden sind möglichst viele und noch dazu unentgeltliche Leistungen in den meisten Fällen sehr willkommen. Beim Anbieter verursachen sie aber Kosten in nicht unerheblichem Maße. Diese sollten das zusätzliche akquisitorische Potenzial, das mit Hilfe der Services erschlossen und für die Erzielung zusätzlicher Erlöse genutzt werden kann, nicht zunichte machen.

(2) Distribution

Die Distributionspolitik lässt sich wie folgt definieren (Engelhardt 1990, S. 35):

„Die **Distributionspolitik** umfasst alle Entscheidungen, die den Weg eines Produktes vom Hersteller zum Verwender betreffen."

Grundlegende Aufgabe der Distributionspolitik ist es insofern, zur **Überbrückung von Spannungen** beizutragen, die sich dadurch ergeben, dass produzierte Leistungen i.d.R. nicht unmittelbar ge- oder verbraucht werden können, sondern dass zumindest ein gewisses Maß an Distributionsaktivitäten erforderlich ist, um dies zu bewerkstelligen. Folgende Arten von Spannungen sind zu nennen:

- **Quantitative** Spannungen ergeben sich daraus, dass die Leistungen in anderen Mengen produziert als verwendet werden.

- **Räumliche** Spannungen ergeben sich daraus, dass die Produkte nicht am Ort der Verwendung erzeugt werden.

- **Zeitliche** Spannungen entstehen dann, wenn die Erstellung der Produkte der Verwendung zeitlich voraus geht.

Qualitative Spannungen haben ihre Ursache in der Tatsache, dass Produkte oft nicht in der Form verwendet werden, in der sie erstellt werden (Notwendigkeit von Montageleistungen, Inbetriebnahmeleistungen etc.).

Informatorische Spannungen entstehen dadurch, dass die potenziellen Verwender der Leistung von deren Existenz nicht genügend informiert sind, so dass akquisitorische Aktivitäten erforderlich sind.

Innerhalb der Distributionspolitik können zwei zentrale Entscheidungsfelder unterschieden werden: die Absatzwegeentscheidung sowie die so genannte „Physische Distribution" bzw. – hier synonym verwendet – die Marketing-Logistik.

Abbildung 5-25: Vertriebsorgane im Überblick (Quelle: Homburg/Krohmer 2006, S. 868)

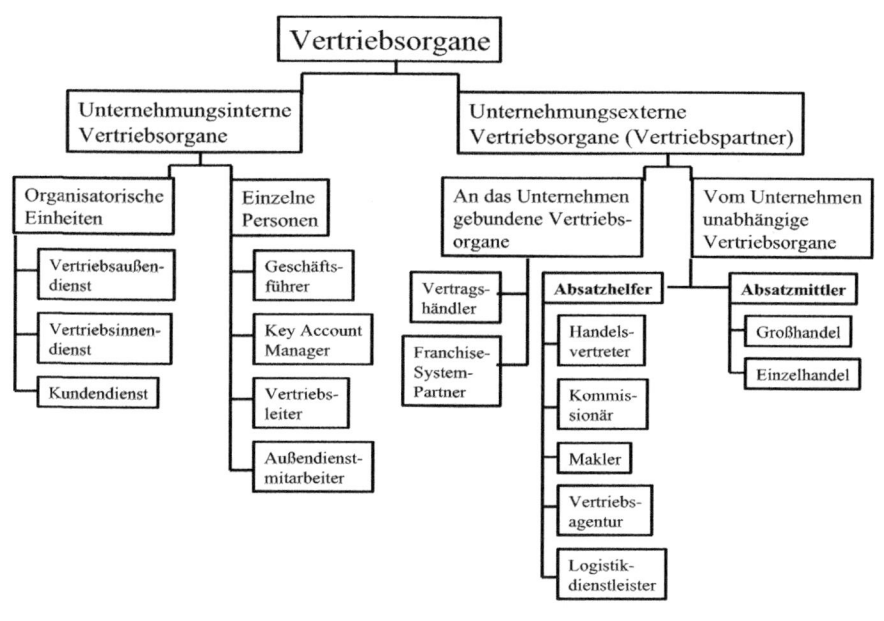

Im Rahmen der **Absatzwegeentscheidung** (oder Vertriebswegeentscheidung) wird festgelegt, welche Institutionen die Vertriebsaktivitäten zwischen Hersteller und Verwender einer Leistung übernehmen und wie sich die Gesamtvertriebsleistung auf diese Beteiligten verteilt. Dabei kann grundsätzlich zwischen internen und externen Vertriebsorganen unterschieden werden (siehe Abbildung 5-25).

Bei den unternehmungsexternen Vertriebsorganen ist die Unterscheidung in **Absatzmittler** und **Absatzhelfer** von zentraler Bedeutung. Beide sind rechtlich selbständig, allerdings erwerben die Absatzhelfer im Unterschied zu den Absatzmittlern kein Eigentum an den abzusetzenden Leistungen (z.B. Diller 2006b), sondern erleichtern und fördern den Kontakt zwischen Anbieter und Nachfrager auf andere Weise, z.B. durch fachkundige Beratung. Neben den in Abbildung 5-25 genannten Fällen werden z.B. auch Marktforschungs- oder Werbeagenturen sowie Finanzdienstleister zu den Absatzhelfern gerechnet (Nieschlag et al. 2002). Nicht zuletzt bei der Distribution von Dienstleistungen, bei denen ein Eigentumserwerb durch Absatzmittler angesichts der Immaterialität der Leistungen regelmäßig nicht möglich ist, spielen Absatzhelfer, die den Kontakt zwischen Anbieter und Nachfrager herstellen, eine große Rolle (Homburg/Krohmer 2006).

Abbildung 5-26: Überblick über mögliche Absatzwege (Quelle: in Anlehnung an Engelhardt 1990, S. 36)

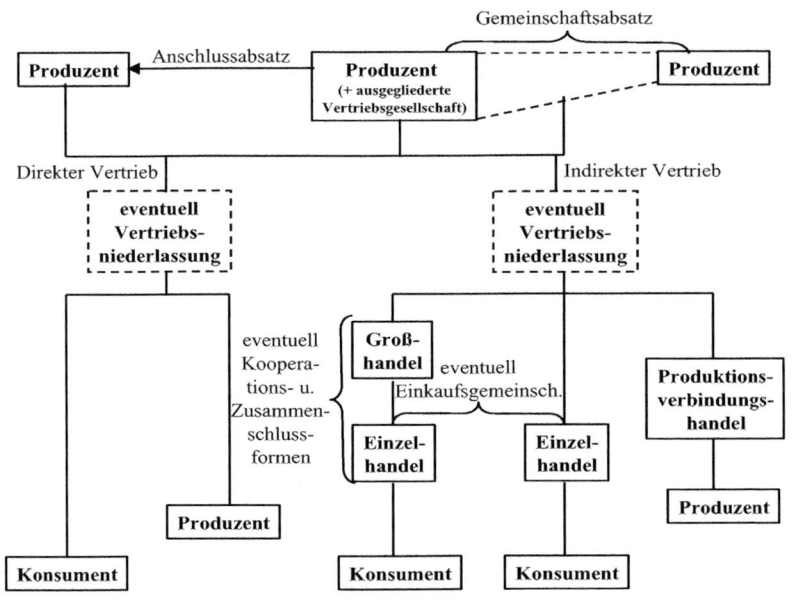

Prinzipiell sind unter Berücksichtigung dieser Vertriebsorgane sehr unterschiedliche Vertriebswege denkbar, von denen die wichtigsten in Abbildung 5-26 zusammengestellt sind.

Mit Hilfe der Abbildung lassen sich wichtige Vertriebswegeentscheidungen charakterisieren:

■ Zunächst ist auf einer horizontalen Ebene zu entscheiden, ob von den Möglichkeiten des Anschluss- oder des Gemeinschaftsabsatzes Gebrauch gemacht werden soll. **Anschlussabsatz** liegt vor, wenn ein Hersteller den Vertrieb seiner Produkte ganz oder teilweise auf einen anderen Produzenten überträgt, z.B. um dessen Vertriebssystem nutzen zu können. Beim **Gemeinschaftsabsatz** gründen mehrere Produzenten eine Institution, die den Vertrieb der Produkte aller Beteiligten ganz oder teilweise übernimmt (Beispiel: landwirtschaftliche Absatzgenossenschaften). Beide Formen können als horizontale Vertriebskooperationen eingeordnet werden.

■ Auf der vertikalen Ebene ist zunächst die Unterscheidung in direkten und indirekten Vertrieb bedeutsam. Beim **Direktvertrieb** setzt der Hersteller seine Leistungen – eventuell mit Hilfe einer ausgegliederten Vertriebsgesellschaft – direkt an den Verwender (Konsument oder Produzent als Weiterverarbeiter) ab. Ein Handelsbetrieb wird nicht eingeschaltet, der Vertrieb kann über Reisende, Vertreter, Fabrikfilialen, Automaten oder auch über das Internet erfolgen. Beim **indirekten Vertrieb** werden in den Distributionsprozess zwischen Produzent und Verwender Absatzmittler als rechtlich und wirtschaftlich selbstständige Betriebe eingeschaltet, die Waren auf eigene Rechnung und eigenes Risiko einkaufen, um sie wieder zu verkaufen. Absatzmittler sind wie schon gesagt vor allem Handelsbetriebe, wobei der Einzelhandel direkt die Konsumenten bedient, während der Großhandel seine Abnehmer entweder im Einzelhandel oder – im Falle des Produktionsverbindungshandels - in Produzenten hat. Andere Beispiele für Absatzmittler sind Einkaufsringe oder Konsumgenossenschaften (Ahlert 1995). Als **relativer Direktvertrieb** wird der Fall bezeichnet, dass zwischen Produzent und Konsument nur der Einzelhandel eingeschaltet ist. Sowohl beim direkten als auch beim indirekten Vertrieb kann sich der Anbieter der verschiedenen Formen von Absatzhelfern bedienen. Für die Einordnung als direkter oder indirekter Vertrieb ist allerdings – unabhängig von der Existenz von Absatzhelfern - allein die Frage entscheidend, ob Absatzmittler eingeschaltet werden oder nicht (z.B. Nieschlag et al. 2002).

■ Der Vertrieb kann eingleisig oder mehrgleisig erfolgen. Bei **eingleisigem Vertrieb** wird durch den Produzenten nur ein Absatzweg eingeschlagen, bei **mehrgleisigem Vertrieb** bedient sich der Hersteller mehrerer Absatzwege, z.B. um eine breitere Marktabdeckung zu erzielen.

■ Schließlich sind Kooperationsformen im Absatzkanal denkbar, z.B. bei Einkaufsgemeinschaften des Einzelhandels (z.B. Edeka, Rewe) oder auch zwischen Groß- und Einzelhandel in der Form der freiwilligen Kette.

Angesichts der hier nur in sehr groben Zügen skizzierten Vielfalt denkbarer Vertriebswege steht ein Hersteller vor der Frage, an Hand welcher Kriterien er seine Vertriebswegeentscheidung treffen soll, denn alle Formen haben ihre spezifischen Vor- und Nachteile, die es situationsspezifisch abzuwägen gilt. Zu diesen Kriterien sind in der Literatur verschiedene Kataloge und Entscheidungsverfahren entwickelt worden (z.B. Arnold 1995). Einen eher pragmatischen, aber die wesentlichen Aspekte erfassenden Ansatz stellt das Konzept der „**4 Cs**" dar, das die Wahl des Vertriebsweges, speziell die Entscheidung zwischen dem direkten und dem indirekten Vertrieb an den folgenden Kriterien festmacht:

- **Cost/Capital**: Ein wichtiger Punkt besteht in der Berücksichtigung der mit einem bestimmten Absatzweg verbundenen Vertriebskosten sowie des für den Aufbau der Vertriebsorganisation erforderlichen Kapitalbedarfs. In den meisten Fällen weist der indirekte Vertrieb im Hinblick auf dieses Kriterium Vorteile auf, da die eigene Vertriebsorganisation durch die Aktivitäten des Handels kosten- und kapitalmäßig entlastet wird.

- **Coverage**: Die Frage der Marktabdeckung ist ebenfalls insbesondere dann von großer Bedeutung, wenn relativ unterschiedliche Zielgruppen mit einer noch dazu großen räumlichen Verbreitung (im Extremfall weltweit) vergleichsweise schnell erreicht werden sollen. Dann kann es hilfreich sein, auf etablierte Handelsorganisationen zurückzugreifen, die bereits „vor Ort" tätig sind.

- **Customer**: Ein dritter wichtiger Einflussfaktor ist der Kunde. Haben die Kunden z.B. einen intensiven Beratungsbedarf, kann sich der direkte Vertrieb anbieten, da der Händler zum einen nicht so gut mit den Produkten des Herstellers vertraut ist, zum anderen aber eventuell auch kein Interesse daran hat, die Kunden entsprechend zu beraten. Zudem wünschen Kunden in vielen Fällen den direkten Kontakt zum Hersteller, um Wünsche und Kritik unmittelbar anbringen zu können. Vielfach sind die Kunden aber auch mit dem Vertrieb über den Handel zufrieden, da sie auf diese Weise z.B. kürzere Beschaffungswege in Kauf nehmen müssen.

- **Control**: Die Kontrolle über die Absatzwege schließlich spricht regelmäßig für den direkten Vertrieb, da der Hersteller seine Interessen dann direkt und ohne Störeinflüsse des Handels, der seine eigenen, möglicherweise von denen des Herstellers abweichenden Zielsetzungen verfolgt, durchsetzen kann. Der Konflikt zwischen Hersteller und Handel ist ein in der Praxis altbekanntes und in der Literatur vielfach behandeltes Problemfeld des indirekten Vertriebs.

Eine eindeutige allgemeingültige Entscheidung für einen bestimmten Vertriebsweg als „Königsweg" ist – das machen die unterschiedlichen Tendenzaussagen der Kriterien deutlich – nicht möglich. Die Lösung muss auch in dieser Hinsicht dem Einzelfall vorbehalten bleiben. Zudem gibt es Vertriebswege, z.B. das Franchising, die als Mischung von Elementen des direkten sowie des indirekten Vertriebs eingeordnet werden können.

Aus der Sicht der ökonomischen Theorie werden Absatzwegeentscheidungen vor allem mit Hilfe des **Transaktionskostenansatzes** analysiert (Fischer 1993a; 1993b) (Abschnitt 3.2.1.2). Dies ist insofern nachvollziehbar, als es sich um ein spezielles Make-or-buy-Problem handelt: Sollen die Vertriebsaktivitäten selbst übernommen werden (direkter Vertrieb), sollen sie vom Handel „zugekauft" werden (indirekter Vertrieb), oder soll auf Mischformen, wie etwa das Franchising, zurückgegriffen werden. Abbildung 5-27 zeigt das Entscheidungsfeld unter Berücksichtigung der im Transaktionskostenansatz zentralen Kriterien Spezifität und Unsicherheit.

Abbildung 5-27: Portfolio zur Distributionswegegestaltung (Quelle: Fischer 1993b, S. 254)

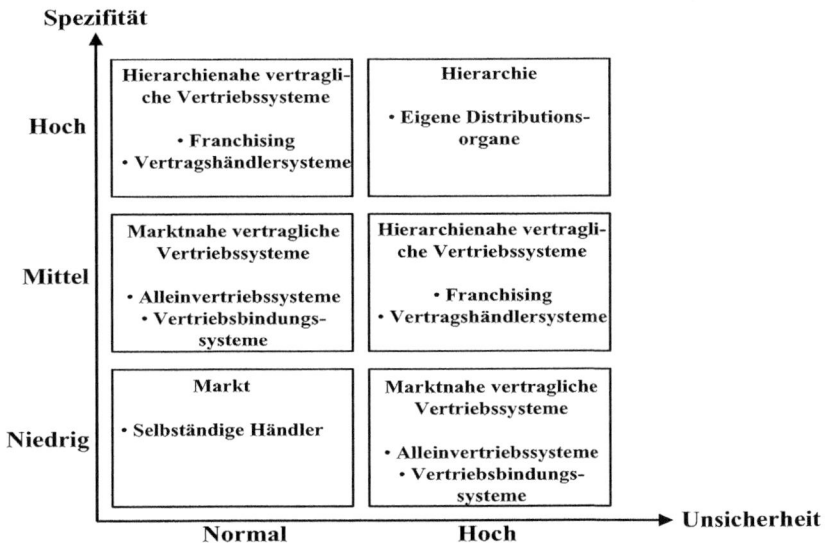

Die verschiedenen Vertriebsformen und die mit ihnen verbundenen strategischen und operativen Fragestellungen konnten hier nur in einem knappen Überblick angesprochen werden. Für tiefer gehende und ergänzende Betrachtungen sei auf die einschlägige Literatur zu den Themen Distribution (z.B. Ahlert 2005; Specht 2005) und Handel (z.B. Hansen 1990; Müller-Hagedorn 2005) verwiesen. Zum Abschluss dieses Abschnitts soll nunmehr noch kurz auf den zweiten Entscheidungskomplex im Rahmen der Distribution eingegangen werden: die physische Distribution, auch als „Vertriebsdurchführung" oder „Marketing-Logistik" bezeichnet (Liebmann 1995).

Die **physische Distribution** „umfasst alle betrieblichen Aktivitäten, die den räumlichen, zeitlichen und mengenmäßigen Transfer der Unternehmensprodukte von ihrer Fertigstellung (Ende des Produktionsprozesses) bis zu den Abnehmern betreffen" (Delfmann/Arzt 2001, S. 993). Dabei können im Einzelnen die in Tabelle 5-12 genannten Aufgabenbereiche unterschieden werden.

Information
– Struktur des Auftragsübermittlungsnetzes
– Automatisierungsgrad der Auftragsbearbeitung
– Eigen- oder Fremdbetrieb von unternehmensübergreifenden Kommunikationsnetzen
– Auftrag als Informationsquelle
– Warenwirtschaftssysteme
– Teleshopping, Homebanking
Lagerhaltung
– Anzahl der zu lagernden Artikel (Selektive Lagerhaltung, ABC-Prinzip)
– Bestellmenge und Bestellpunkte zur Wiederauffüllung der Lagerbestände
– Sicherheitsbestand
– Lagerbestandskontrolle
– Kurzfristige Bestandsprognose
Depot
– Kauf oder Miete von Lagerhaus und -ausrüstung
– Anzahl der Standorte, Kapazitäten und Liefergebiete der Lagerhäuser
– Technische Einrichtung für Magazinierung und Kommissionierung im Lagerhaus
– Lagerorte im Lagerhaus
– Gestaltung der Laderampe
– Abfertigung der Transportmittel
– Organisation der Kommissionierung
– Produktiver Einsatz des Lagerhauspersonals
Transport
– Art der Transportmittel
– Eigen- oder Fremdbetrieb der Transportmittel
– Kauf oder Miete der Transportmittel
– Kombination der Transportmittel
– Organisation der Transportabwicklung (optimale Transportwege, Einsatzpläne und Beladung der Transportmittel)
Verpackung
– Erfüllung der logistischen Funktionen der Verpackung (Schutz-, Lager-, Transport-, Manipulations- und Informationsfunktion)
– Bildung logistischer Einheiten (Lager-, Lade-, Transporteinheiten) als Voraussetzung für rationelle Transportketten

Tabelle 5-12: Aufgaben der physischen Distribution (Quelle: Delfmann/Arzt 2001, S. 995)

Die genannten Aufgabenbereiche machen unmittelbar deutlich, dass diese Aspekte der physischen Distribution insbesondere für industrielle Anbieter, weniger dagegen für Dienstleister von Bedeutung sind, da diese ihre Leistungen in der Regel nicht auf Vorrat produzieren und lagern können. Vor allem die Tatsache, dass die physische Distribution definitionsgemäß erst nach dem Produktionsprozess ansetzt, sorgt dafür, dass sich für viele Dienstleister entsprechende Probleme gar nicht stellen, sondern dass mit der Standortwahl des Dienstleistungsbetriebs sowie mit dem Aufbau einer gegebenenfalls erforderlichen Außendienstorganisation die Voraussetzungen geschaffen werden, um wesentliche Aktivitäten, die der physischen Distribution in Industriebetrieben vergleichbar sind, bereits vor der Erbringung der Dienstleistungen durchführen zu können. Diese Aktivitäten dienen dazu, die Leistung für den Kunden verfügbar zu machen. Schließlich ist auch zu beachten, dass viele Dienstleistungsanbieter als Zulieferer von Leistungen der physischen Distribution für Industrieunternehmungen tätig sind (z.B. Spediteure, Lagerhäuser).

(3) Kommunikation

Die Kommunikation stellt den dritten wichtigen Bereich innerhalb der Leistungspolitik dar. Grundlegend für die weiteren Ausführungen ist die folgende Definition (in Anlehnung an Diller 2001c, S. 791):

Die **Kommunikationspolitik** umfasst die planmäßige Gestaltung und Übermittlung aller auf den Markt gerichteten Informationen einer Unternehmung zum Zweck der Beeinflussung von Meinungen, Einstellungen, Erwartungen und Verhaltensweisen.

Dabei kann zwischen **direkter**, d.h. persönlicher Kommunikation und **indirekter**, auf die Einschaltung von Kommunikationsmitteln zurückgreifender Kommunikation unterschieden werden. Als traditionelle Kernaktivitäten der Kommunikationspolitik sind die Werbung, die Verkaufsförderung, der persönliche Verkauf sowie die Public Relations (Öffentlichkeitsarbeit) anzusehen. In den letzten Jahren ist jedoch eine Tendenz zu beobachten, diesen Instrumenten weitere hinzuzufügen, denen gleichfalls eine eigenständige Bedeutung zugewiesen wird. So werden z.B. das Direkt-Marketing, das Sponsoring, Event-Marketing, Messen und Ausstellungen, Multimedia-Kommunikation, Product Placement, Referenzen und Corporate Identity als Instrumente genannt (z.B. Homburg/Krohmer 2006; Meffert 2000). Bei genauer Betrachtung zeigt sich jedoch, dass diese zusätzlichen Instrumente entweder durch eine andere Schnittlegung innerhalb der Kommunikationspolitik entstehen oder aber durch den Einsatz neuer Medien (insbesondere Internet) begründet sind. An den vier grundlegenden Kategorien ändert sich dadurch prinzipiell nichts, so dass diese im vorliegenden Abschnitt im Mittelpunkt stehen und kurz skizziert werden.

Wichtig ist es, im Rahmen der Kommunikationspolitik nicht nur die Instrumente isoliert zu betrachten, sondern zu einer **integrierten Unternehmungskommunikation** zu gelangen, die sich mit der abgestimmten Gestaltung der auf die Unternehmungsumwelt gerichteten Informationen einer Unternehmung beschäftigt. Dabei sind folgende Fragestellungen zu beantworten (Meffert 2000, S. 685):

- **Wer** (Unternehmung, Kommunikationstreibende)
- sagt **was** (Kommunikationsbotschaft)
- unter **welchen Bedingungen** (Umweltsituation)
- über **welche Kanäle** (Medien, Kommunikationsträger)
- zu **wem** (Zielperson, Empfänger, Zielgruppe)

▓ unter Anwendung **welcher Abstimmungsmechanismen** (Integrationsinstrumente)

▓ mit **welchen Wirkungen**?

In diesem Rahmen können die verschiedenen kommunikationspolitischen Instrumente gezielt eingesetzt werden, je nachdem, welche Ziele erreicht werden sollen.

Die klassische **Werbung** steht nach wie vor im Zentrum zahlreicher kommunikationspolitischer Aktivitäten. Sie „lässt sich verstehen als versuchte Verhaltensbeeinflussung, die mittels bezahlter Kommunikationsmittel erfolgt, von einem erkennbaren Sender ausgeht und sich an ein breites Publikum richtet" (Kroeber-Riel 1995a, Sp. 2692). Es handelt sich insofern um ein indirektes, auf Medien angewiesenes kommunikationspolitisches Instrument, das sich nicht an einzelne Personen, sondern an eine breite Masse wendet. Im Detail ist dabei über die folgenden Aspekte zu befinden (Engelhardt 1990):

▓ **Werbeziel**: Was soll die Werbung erreichen?

▓ **Werbeobjekt**: Für welchen Gegenstand (z.B. Produkte) soll geworben werden?

▓ **Werbesubjekt**: Welche Zielgruppe soll angesprochen werden?

▓ **Werbebotschaft**: Was soll die Werbung aussagen?

▓ **Werbemittel**: Mit welcher Kombination von Wort, Schrift, Bild soll die Aussage kommunizierbar gemacht werden?

▓ **Werbeträger**: Mit welchen Medien (z.B. Fernsehen, Rundfunk, Zeitung, Zeitschriften, Plakate) soll die Werbebotschaft verbreitet werden?

▓ **Werbebudget**: Wie viel soll für die Medienwerbung insgesamt ausgegeben werden?

▓ **Werbezeitpunkt**: Wann soll die Werbung einsetzen? In welchen Abständen soll sie wiederholt werden?

▓ **Werbeorganisation**: Wer soll die Werbung einführen? Wer beteiligt sich an ihr?

Besonders problematisch ist, dass die Werbung regelmäßig Streuverluste bewirkt, weil sie auch Personen erreicht, die nicht zu den eigentlichen Zielgruppen gehören und gegenüber denen daher gar nicht hätte kommuniziert werden müssen. Zudem ist die Kontrolle des Werbeerfolgs sehr schwierig, da Werbung oft zeitlich verzögert wirkt und zudem auch Ausstrahlungseffekte auf andere Objekte (z.B. Produkte) hat, die gar nicht im Zentrum der Werbemaßnahme gestanden haben.

Verkaufsförderung (Sales Promotion) als weiterer Baustein der Kommunikation ist ein Sammelbegriff für verschiedene Instrumente, die nicht eindeutig als Werbung oder persönlicher Verkauf klassifiziert werden können. Sie richtet sich auf die eigene Verkaufsorganisation, auf die Absatzmittler oder auf die Letztverwender, speziell die Konsumenten. Tabelle 5-13 zeigt beispielhafte Maßnahmen der Verkaufsförderung für alle drei Zielgruppen auf und ordnet sie jeweils bestimmten Funktionen zu, denen die Verkaufsförderung dienen soll.

Funktion / Zielgruppe	Informations-funktion	Motivations-funktion	Schulungs-/ Trainingsfunktion	Verkaufsfunktion
Verkaufsorgani-sation	– Verkäufer-briefe – Verkäuferin-formationen – Verkäufer-zeitungen	– Entlohnungs- und Prämien-systeme	– Tonbild-schauen – Filme/ Video-bänder – Ausbildung zum Ver-kaufsberater	– Sales Folder – Argumenta-tionshilfen – Testergebnis-se – Hostessen/ Dekorateure – Verkaufs-handbücher
Absatzmittler	– Verkaufsbriefe – Anzeigen/ Beilagen – Handelsmes-sen/Fachaus-stellungen – Info-Zentrale	– Wettbewerbe/ Preisaus-schreiben – Gadgets (Beigaben) – Sonder-konditionen – Partneraktio-nen	– Handels-seminare	– Sonder-/ Zweit-platzierungen – Displays – Sonder-aktionen
Konsumenten	– Handzettel – Prospekte – Verbraucher-zeitung – Bedienungs-anleitung – Werksbe-sichtigungen – Verbraucher-ausstellung	– Preisaus-schreiben – Gewinnspiel – Sonderaktio-nen (Shows) – Muster/ War-enproben	– Lehrver-anstaltung	– Rabatte/ Sonder-konditionen – Zugaben/ Gutscheine – Self-Liquida-ting-Offers – Produkte mit Zusatznutzen

Tabelle 5-13: Maßnahmen der Verkaufsförderung nach relevanten Funktionen (Quelle: Meffert 2000, S. 723)

Die Tabelle zeigt das breite Spektrum von Möglichkeiten der Verkaufsförderung, die zum Teil relativ eigenständigen Charakter haben, zum Teil eher der Unterstützung anderer Instrumente dienen und Überschneidungen mit anderen Bereichen des Marketing-Mix aufweisen.

Zentrales Kennnzeichen des **persönlichen Verkaufs** (Personal Selling) ist der unmittelbare Kontakt zwischen Käufer und Verkäufer (Zentes 1992). Es handelt sich somit um eine Form der direkten Kommunikation. Als weitere Merkmale des persönlichen Verkaufs sind festzuhalten (Engelhardt 1990):

■ hohe Intensität der Beeinflussung durch persönliche Interaktion zwischen Käufer und Verkäufer,

■ Rückkopplung und damit Möglichkeit zur Anpassung der Argumentation,

■ Möglichkeit der Wiederaufnahme des Kontakts.

Der persönliche Verkauf bietet somit unter allen kommunikationspolitischen Instrumenten die direktesten Beeinflussungsmöglichkeiten, ist aber – wenn er umfassend eingesetzt wird – sehr zeit- und personalintensiv. Zudem hängt sein Erfolg sehr stark von der Qualifikation und Motivation des Verkaufspersonals ab.

Der letzte wichtige Teilbereich der Kommunikation umfasst die **Public Relations** (Öffentlichkeitsarbeit). Sie hat die bewusste Planung, Organisation, Durchführung und Kontrolle solcher Unternehmungsaktivitäten zum Gegenstand, mit denen im Sinne der Unternehmungsziele bei bestimmten internen und externen Interessengruppen (z.B. Kunden, Aktionäre, Lieferanten, Arbeitnehmer, Institutionen, Staat) Verständnis und Vertrauen geschaffen bzw. gepflegt werden sollen (Freimüller/Schober 2001, S. 1443). Ein zentraler Unterschied zur Werbung besteht darin, dass sich die Public Relations in der Regel auf die Unternehmung als Ganzes, die Werbung jedoch auf einzelne Leistungen bezieht. Der Begriff der Unternehmungswerbung deutet aber schon darauf hin, dass sich beide Bereiche zum Teil vergleichbarer Methoden bedienen und nicht vollständig gegeneinander abgegrenzt werden können. Ein zweiter Unterschied liegt in den anvisierten Zielgruppen, die bei der Öffentlichkeitsarbeit vielschichtiger sind als bei der Werbung, die primär auf die Kunden am Absatzmarkt ausgerichtet ist. Tabelle 5-14 zeigt einige Beispiele für Maßnahmen im Rahmen der Public Relations.

Kontaktform / Zielgruppe	Direkt	Indirekt
Intern	– Informationsveranstaltungen mit Mitarbeitern – Interne Sport-, Kultur- und Sozialeinrichtungen – Betriebsausflüge	– Werkszeitschriften – Anschlagtafeln in der Unternehmung
Extern	– Pressekonferenzen – Persönliche Beziehungen zu Meinungsführern – Vorträge, Diskussionen mit Bürgerinitiativen	– Redaktionelle Berichte über Produkte/die Unternehmung – Spots/Anzeigen in Medien – Informationsbroschüren – Unternehmungsprospekte

Tabelle 5-14: Kontaktformen der Public Relations (Quelle: Bruhn 1997, S. 564)

Das Problem der Erfolgskontrolle der Public Relations ist weniger gravierend als im Fall der klassischen Werbung, da die Öffentlichkeitsarbeit nur mittelbar ein monetäres Ziel verfolgt (Meyer, J.-A. 1995). Dennoch sind dafür zum Teil erhebliche Mittel erforderlich, die sorgsam einzusetzen sind, um das angestrebte Image und Vertrauen aufbauen zu können.

Beim Einsatz der kommunikationspolitischen Instrumente ist generell zu beachten, dass es eine Reihe von Rahmenbedingungen gibt, die die Wirksamkeit entsprechender Maßnahmen oder sogar die Ausgestaltung der Maßnahmen an sich beeinflussen. Einige wichtige Aspekte fasst Abbildung 5-28 zusammen.

Abbildung 5-28: Das Spannungsfeld der Kommunikationspolitik

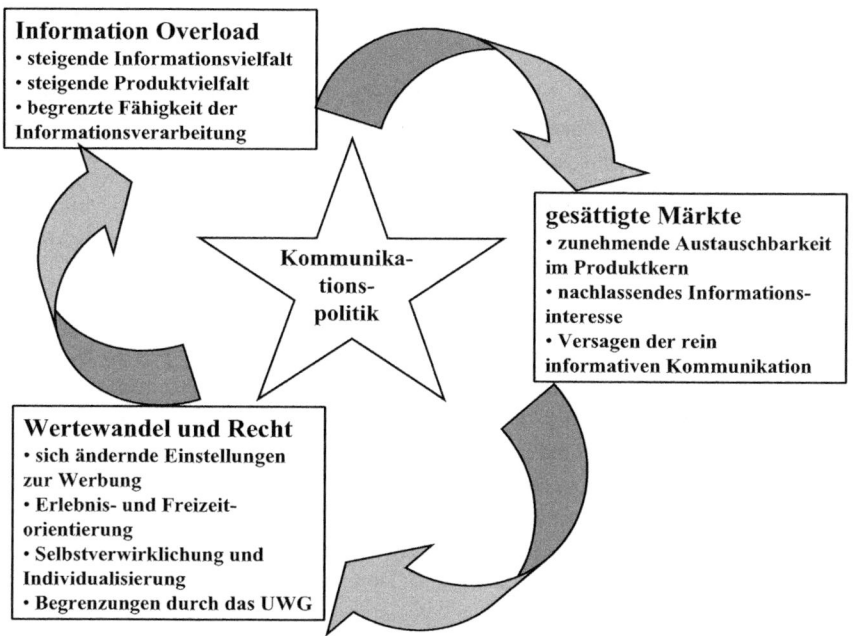

In diesem Spannungsfeld wird es für die Anbieter immer schwieriger, die Kunden von der Vorteilhaftigkeit ihrer Leistungen zu überzeugen, denn sowohl die Aufnahmefähigkeit als auch die Aufnahmebereitschaft gegenüber kommunikationspolitischen Botschaften sind häufig erschöpft, so dass die entsprechenden Aktivitäten der Anbieter nahezu wirkungslos bleiben. In der Lösung dieses Problems wird sicherlich zukünftig eine große Herausforderung liegen.

(4) Absatzfinanzierung

Damit ein Angebot auf die gewünschte Nachfrage trifft, muss ein vorhandener Bedarf auf der Kundenseite mit entsprechender Kaufkraft verbunden sein (Abschnitt 3.2.1.1.1). Häufig fehlt es den Kunden aber genau an dieser Kaufkraft. Für den Anbieter bietet sich dann die Möglichkeit, Finanzierungsleistungen für den Kunden zur Unterstützung seines Absatzes anzubieten. Dieses Instrument der Absatzfinanzierung sei wie folgt definiert (Bieg 1995, Sp. 1):

„Unter **Absatzfinanzierung** wird [...] die mit dem Ziel der Absatzförderung erfolgende Einräumung oder Vermittlung eines Kredites für den Kunden [...] einer Unternehmung verstanden. Kennzeichnend ist dabei der Zusammenhang der Finanzierungsleistung mit einem Waren- oder Dienstleistungsgeschäft, bei dem die Leistung der Unternehmung (Lieferung der Ware bzw. Erbringung der Dienstleistung) i.d.R. erfolgt, bevor der Kunde die vertraglich vereinbarte Geldleistung erbringt."

Die Definition macht deutlich, dass die Finanzierungsleistung auf zweierlei Weise erbracht werden kann:

- **Selbstfinanzierung**: Der Anbieter kann dem Nachfrager die Kaufkraft unmittelbar beschaffen, in dem er ihm einen Kredit gewährt und die Zahlung des Kaufpreises für eine bestimmte Zeit ganz oder teilweise aussetzt.

- **Finanzierungsvermittlung**: Im zweiten Fall kann der Verkäufer als Vermittler auftreten und dem Käufer beispielsweise Kontakte zu einem Kreditinstitut vermitteln, dass dem Kunden dann den Kredit gewährt.

Im Konsumgüterbereich ist eine steigende Tendenz zu beobachten, größere Anschaffungen (Pkw, Elektrogeräte) nicht in einem Betrag unmittelbar beim Kauf zu bezahlen, sondern z.B. über Ratenzahlungen zu finanzieren. Eine besondere Bedeutung haben Finanzierungsleistungen aber auch im industriellen Anlagengeschäft, bei dem im Rahmen eines **Financial Engineering** für die Kunden maßgeschneiderte Finanzierungskonzepte erarbeitet werden, die ihnen die Investition in die außerordentlich hochwertigen Anlagen überhaupt erst ermöglichen (Backhaus/Voeth 2007). Zum Teil sind überlegene Finanzierungskonzepte sogar der ausschlaggebende Faktor, sich für einen bestimmten Anbieter zu entscheiden. Dies zeigt, dass es von immer größerer Bedeutung ist, die Absatzfinanzierung als Baustein des Marketing-Instrumentariums zu berücksichtigen. Zu beachten ist dabei, dass die Absatzfinanzierung eng mit der im folgenden Abschnitt zu behandelnden Gegenleistungspolitik, speziell mit der Gestaltung der Konditionen verbunden ist. Die Trennung zwischen Leistung und Gegenleistung wird an dieser Stelle wie folgt vollzogen: Die Bereitstellung bzw. Vermittlung der Finanzierungsleistung ist Gegenstand der Leistungspolitik, während die entsprechenden Vereinbarungen über Rückzahlungshöhe und -zeitpunkte in den Bereich der Gegenleistungspolitik fallen. Diese eher theoretische Abgrenzung macht zum wiederholten Mal die enge Verzahnung der verschiedenen Marketing-Instrumente deutlich.

5.6.2.2 Gegenleistungspolitik

Kernelement der Gegenleistungspolitik ist die Festlegung des (in der Regel monetären) **Leistungsentgelts**, das der Kunde zu zahlen hat, wenn er eine bestimmte Leistung kaufen oder in Anspruch nehmen will. Hierfür wird auch der Begriff der **Preis-**

politik verwendet. Dieser wird jedoch zum Teil auch etwas weiter gefasst, indem über die grundlegende Kalkulation eines „Basispreises" hinaus alle Maßnahmen zur Differenzierung und Variation von Entgelten eingeschlossen werden (Diller 2006a). Einer derartigen Sichtweise der Preispolitik als Entgeltpolitik wird hier gefolgt. Daraus ergibt sich ein mehrstufiger Preisbildungsprozess, wie er in Abbildung 5-29 im Überblick dargestellt ist.

Abbildung 5-29: Der Preisbildungsprozess (Quelle: nach Engelhardt 1990, S. 84)

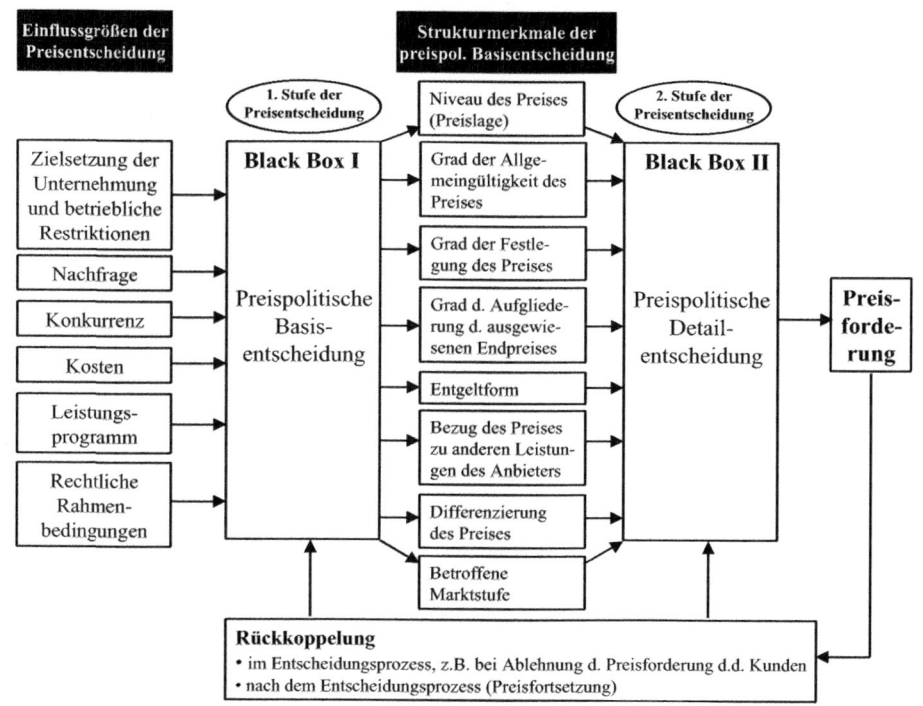

Der Zusammenhang zwischen den beiden Stufen der Preisbildung stellt sich wie folgt dar: Auf der ersten Stufe analysieren die für die Preissetzung verantwortlichen Entscheidungsträger die für die Preisbildung relevanten Einflussgrößen und gelangen so zu einer **preispolitischen Basisentscheidung**, die eine Grobfestlegung der Preishöhe und der Modalitäten der Preissetzung beinhaltet. Auf der zweiten Stufe wird diese preispolitische Basisentscheidung zu Grunde gelegt, um darauf aufbauend zu einer **preispolitischen Detailentscheidung** zu kommen, deren Ergebnis dann die konkrete, einzelfallbezogene Preisforderung ist. Die beiden Entscheidungsstufen selbst sind als

„Black Boxes" zu sehen, da über den kognitiven Entscheidungsprozess sehr wenig bekannt ist. Die einzelnen Bausteine dieses Modells seien nunmehr kurz skizziert.

Unter den **Einflussgrößen** auf die preispolitische Basisentscheidung sind zunächst die unternehmerischen **Zielsetzungen** und **Restriktionen** zu nennen: Der Preis muss auf die Gesamtstrategie abgestellt werden und hat u.a. Liquiditätsaspekte und Kapazitätsbeschränkungen zu berücksichtigen.

Von besonderer Bedeutung sind die **Nachfrager**, denn diese müssen den geforderten Preis akzeptieren, sonst kommt kein Austauschprozess zu Stande. In diesem Zusammenhang sind drei Aspekte von Bedeutung:

- **Preiswahrnehmung**: Nimmt der Nachfrager den Preis korrekt wahr? Hat er eventuell falsche Vorstellungen?

- **Preisbereitschaft**: Ist der Nachfrager bereit und in der Lage, den geforderten Preis zu bezahlen?

- **Preiswürdigkeit**: Stimmt aus der Perspektive des Nachfragers das Preis-Leistungs-Verhältnis?

Alle drei Fragen sind häufig nur mit Hilfe umfangreicher Marktforschungsinformationen zu beantworten.

Eine weitere wichtige Einflussgröße ist die **Konkurrenz**, wobei zum einen die aktuellen Konkurrenzpreise zu berücksichtigen sind, gegenüber denen sich der Anbieter mit seinen eigenen Preisen positionieren muss. Zudem müssen aber auch mögliche Konkurrenzreaktionen auf eigene preispolitische Maßnahmen beachtet werden. Auch diese sind allerdings oft nur sehr schwierig und ungenau abzuschätzen.

Häufig zu sehr in den Vordergrund gerückt werden in der Praxis die **Kosten** als Einflussgröße, da diese im Vergleich zu nachfrage- und konkurrenzbezogenen Daten vergleichsweise leicht zu ermitteln sind. Allerdings ist dabei zu beachten, dass die Kosten keine marktorientierte, sondern eine primär interne Größe sind, die im Extremfall wenig mit den Bedingungen am Markt gemeinsam hat. So kann es sein, dass die Nachfrager nicht bereit sind, einen den Selbstkosten des Herstellers plus einem Gewinnaufschlag entsprechenden Preis zu zahlen, weil sie nicht über die nötige Kaufkraft verfügen oder das Produkt nicht als so hochwertig ansehen. Möglicherweise gibt es aber auch preisgünstigere Konkurrenzprodukte. Die Kosten sind dann keine geeignete Orientierungsgröße für die Preisfindung. Umgekehrt kann es aber auch sein, dass kostenorientierte Preise „zu niedrig" sind und dadurch ein erheblicher Teil der Zahlungsbereitschaft nicht ausgeschöpft wird. Zudem sind weitere Schwächen einer kostenorientierten Preissetzung zu beachten:

- Die Kosten beruhen in der Regel auf Vergangenheitswerten und sagen nichts über zukünftige Marktbedingungen aus.

◾ Auf Basis einer Vollkostenrechnung kalkulierte Preise unterliegen allen Ungenauigkeiten, die dieses Rechenverfahren mit sich bringt: Schlüsselungen und zum Teil sogar willkürliche Zurechnungen verfälschen das wahre Bild, so dass ein vermeintlich kostendeckender Preis dies in Wirklichkeit vielleicht gar nicht ist.

◾ Erfolgt eine Orientierung an Deckungsbeiträgen, können Schlüsselungen zwar vermieden werden, aber der entsprechende Preis fällt möglicherweise viel zu niedrig aus, da erhebliche Kostenblöcke unberücksichtigt bleiben.

Angesichts dieser Probleme sollten die Kosten möglichst niemals die alleinige Orientierungsgröße der Preispolitik sein, sondern eher als Kontrollgröße dienen, inwieweit marktorientierte Preise auch tatsächlich kostendeckend sind.

Weiterhin ist zu beachten, dass bei der Preisfestlegung für ein Produkt das übrige **Leistungsprogramm** mit seinen jeweiligen Preisen berücksichtigt werden muss: Der einzelne Preis muss in das Gesamtgefüge eingepasst werden, damit die Preispolitik insgesamt eine stimmige Gesamtheit ergibt.

Schließlich sind in einigen Bereichen die Preise durch **rechtliche Rahmenbedingungen** betroffen, die die Spielräume einschränken (z.B. Gebührenordnungen für Ärzte und Rechtsanwälte).

In Abhängigkeit von diesen zum Teil divergierenden Einflussgrößen wird die preispolitische Basisentscheidung getroffen, sie wirken sich dann aber auf der nächsten Stufe auch auf die Detailentscheidungen aus. Um zu diesen zu gelangen, ist zunächst das **Niveau des Preises** (die **Preislage**) festzulegen. Diese Frage hat bei der Einführung neuer Produkte eine besondere Bedeutung, da sie nachhaltig die Positionierung des Produktes prägt. In diesem Zusammenhang kann zwischen einer Skimming-Strategie, bei der das neue Produkt zunächst zu einem vergleichsweise hohen, später dann häufig sinkenden Preis angeboten wird, und einer Penetration-Strategie unterschieden werden, bei der das neue Produkt zu einem extrem niedrigen Preis eingeführt wird, um die rasche Diffusion zu unterstützen und Mengeneffekte zu erzielen. Argumente für und gegen die beiden idealtypischen Alternativen ergeben sich aus Tabelle 5-15.

Die nächste Detailentscheidung betrifft die Frage der **Allgemeingültigkeit** des Preises. Das Spektrum der Möglichkeiten reicht dabei von festen Listenpreisen (insbesondere bei standardisierten Produkten), über unterschiedliche Formen der Rabattgewährung (z.B. größen- oder marktlagenabhängig) bis hin zu völlig frei ausgehandelten Preisen.

Beim **Grad der Preisfestlegung** in drei wichtige Fälle zu unterscheiden:

◾ Orientierung des zu zahlenden Preises am Marktpreis am Liefertag;

◾ Rahmenaufträge über die Lieferung bestimmter Mengen zu bestimmten Zeitpunkten, bei denen der Preis bei jeder Lieferung separat bestimmt wird;

◾ Preisgleitklauseln, bei denen sich der zu zahlende Preis an einem bei Vertragsabschluss vereinbarten Basispreis orientiert, der um bestimmte Preisänderungsraten modifiziert wird (z.B. in Abhängigkeit von der Entwicklung bestimmter Kosten des Lieferanten, etwa für Energie).

Skimming-Strategie	Penetration-Strategie
– Realisierung hoher kurzfristiger Gewinne, die von Diskontierung wenig getroffen werden	– Durch schnelles Absatzwachstum trotz niedriger Stückkostenbeiträge hohe Gesamtkostenbeiträge
– Bei echten Innovationen Gewinnrealisierung im Zeitraum mit monopolistischer Marktposition, schnellere Amortisation des F&E-Aufwands	– Auf Grund von positiven Carryover-Effekten Aufbau einer langfristig starken und überlegenen Marktposition (höhere Preise und/oder höhere Absatzmengen in der Zukunft)
– Gewinnrealisierung in frühen Lebenszyklusphasen, Reduktion eines Obsoleszenzrisikos	– Ausnutzung von statischen „Economies of Scale", kurzfristige Kostensenkung
– Schaffung eines Preisspielraums nach unten, Ausnutzung positiver Preisänderungswirkungen wird möglich	– Schnelle Erhöhung der kumulativen Menge, als Konsequenz schnelles „Herunterfahren" auf der Erfahrungskurve; Erreichen eines möglichst großen und von den Konkurrenten nur schwer einholbaren Kostenvorsprungs
– Graduelles Abschöpfen der Preisbereitschaft (Konsumentenrente) wird möglich (zeitliche Preisdifferenzierung)	
– Vermeidung der Notwendigkeit von Preiserhöhungen (Kalkulation nach der sicheren Seite)	– Reduzierung des Fehlschlagrisikos, da niedriger Einführungspreis mit geringer Flop-Wahrscheinlichkeit verbunden
– Positive Prestige- und Qualitätsindikation des hohen Preises	– Potenzielle Konkurrenten können vom Markteintritt abgehalten werden bzw. treten nur verzögert ein
– Niedrigere Ansprüche an finanzielle Ressourcen	
– Niedrige Kapazitäten	

Tabelle 5-15: Skimming- und Penetration-Strategie im Vergleich (Quelle: Simon/Tacke 2001, S. 1360)

Hinsichtlich der **Aufgliederung des Preises** kann zwischen Gesamtpreisen (Preisbündelung) und Einzelpreisen (entbündelte Preise) unterschieden werden, wobei wiederum Mischformen denkbar sind. So kann z.B. beim Pkw eine bestimmte Grundausstattung definiert werden, für die ein Gesamtpreis erhoben wird, für zusätzliche Extras fallen Einzelpreise an. Dieser Fall wird auch als „Mixed Bundling" bezeichnet.

Als **Entgeltformen** kommen monetäre und nicht-monetäre „Zahlungen" in Betracht, wobei monetäre Formen bei Weitem dominieren. Der Fall des Tausches „Sachleistung gegen Sachleistung" (oder auch „Sachleistung gegen Dienstleistung" oder „Dienstleistung gegen Dienstleistung") wird als „Gegen"- oder „Kompensationsgeschäft" bezeichnet (siehe auch Abschnitt 3.3.1.2.2) und findet sich zum Teil im Außenhandel, wenn der ausländische Tauschpartner nicht über die erforderliche monetäre Zahlungsfähigkeit verfügt.

Eine wichtige Rolle spielt die **Preisdifferenzierung**, die eng mit der Marktsegmentierung (vgl. Abschnitt 3.2.1.1.5) verbunden ist bzw. Teil einer segmentierten Marktbearbeitung sein kann. Die Preisdifferenzierung hat zum Ziel, unterschiedliche Zahlungsbereitschaften verschiedener Zielgruppen für identische Produkte abzuschöpfen. Mehrere Formen der Preisdifferenzierung sind praktisch bedeutsam:

- persönliche Preisdifferenzierung, bei der die Preise nach bestimmten Persönlichkeitsmerkmalen getrennt werden (z.B. Studenten- oder Seniorentarife);

- räumliche Preisdifferenzierung, bei der für ein Produkt z.B. im Ausland ein anderer Preis gefordert wird als im Inland;

- zeitliche Preisdifferenzierung, z.B. unterschiedliche Saisonpreise bei Pauschalreiseveranstaltern;

- quantitative Preisdifferenzierung in Form von Mengenrabatten;

- sachliche Preisdifferenzierung, bei der die Produkte nicht mehr ganz identisch sind, die Preisunterschiede aber größer ausfallen als die durch Produktunterschiede bedingten Herstellkostendifferenzen (Beispiel: Preise für unterschiedliche Varianten eines Pkw-Modells).

Die letztgenannte Form deutet schon darauf hin, dass es oft schwierig ist, über die Gleichartigkeit von Leistungen zu befinden, so dass es bei der Preisdifferenzierung in den seltensten Fällen um völlig gleichartige, sondern lediglich um annähernd gleiche Leistungen geht. Ergänzt sei noch, dass auch dann von Preisdifferenzierung gesprochen wird, wenn für unterschiedliche Leistungen einheitliche Preise gefordert werden(„unechte Preisdifferenzierung") (Engelhardt 1990).

Eine ebenfalls sehr wichtige Rolle spielt der **Bezug des Preises für ein Produkt zu den Preisen anderer Leistungen** des Anbieters. Oft ist es so, dass zwischen verschiedenen Leistungen eines Anbieters Verbundeffekte bestehen, sei es in Form eines Nachfrageverbundes, dass etwa bestimmte Leistungen gemeinsam nachgefragt werden (z.B. Zigarettentabak und Blättchen zum „Selbstdrehen"), sei es in Form eines Angebotsverbundes (z.B. Verkauf einer Maschine mit bestimmten Wartungsleistungen). Zwischen den Preisen der einzelnen Leistungen bestehen dann wiederum Interdependenzen, die bei der Preissetzung berücksichtigt werden müssen. Das Ergebnis einer derartigen Abstimmung der Preise aufeinander sollte zu einem höheren Gesamterlös führen als die isolierte Preissetzung und wird als **preispolitischer Ausgleich** bezeichnet. „Darunter versteht man die Tatsache, dass von zwei oder mehr Leistungen (Produkten, Produktgruppen, Aufträgen, Projekten, Kunden etc.) bzw. Leistungsbereichen (Abteilungen, Betriebseinheiten) ein Teil einen verhältnismäßig geringen, ein anderer Teil einen verhältnismäßig hohen Beitrag zum Gesamtergebnis liefert" (Engelhardt 1990, S. 99). Die Erstgenannten sind dann die Ausgleichsnehmer, die Letztgenannten die Ausgleichsträger. Ein solcher preispolitischer Ausgleich ergibt sich zum Teil im Laufe der Zeit aus den Marktprozessen und wird dann bewusst hingenommen. Er kann aber auch gezielt herbei geführt werden, z.B. wenn im Handel so genannte „Lockvogelangebote" gemacht werden, bei denen ein beliebtes Produkt zu einem extrem attraktiven Preis angeboten wird, verbunden mit der Hoffnung, dass die Kunden neben diesem Angebot auch andere Produkte zu vergleichsweise hohen Preisen erwerben.

Schließlich ist die betroffene **Marktstufe** zu beachten: Der Hersteller kann versuchen, seine Preise nicht nur gegenüber der nächsten Marktstufe, sondern auch darüber hinaus durchzusetzen, z.B. mit Hilfe der unverbindlichen Preisempfehlung.

Am Ende wird dann mit Hilfe dieser Parameter die preispolitische Detailentscheidung getroffen, die in der Preisforderung gegenüber dem Nachfrager mündet. Diese kann im Rahmen von Rückkoppelungsprozessen gegebenenfalls noch einmal modifiziert werden, um sie durchsetzbar zu machen. Damit ist der Preisbildungsprozess abgeschlossen.

Will man den Preis hinsichtlich seiner **Besonderheiten** innerhalb des Marketing-Instrumentariums kennzeichnen, sind vor allem die folgenden Punkte hervorzuheben (Simon 1995, Sp. 2070):

- Preisänderungen haben häufig eine überproportional starke Auswirkung auf Absatz und Marktanteil. So wurde etwa in empirischen Studien festgestellt, dass eine Änderung des Preises um 10 % die 10- bis 20-fache Wirkung auf den Absatz hat wie eine Änderung des Werbebudgets um 10 %.

- Preispolitische Maßnahmen sind ohne großen zeitlichen Verzug umsetzbar. Änderungen der Produkt-, Distributions- oder Kommunikationspolitik erfordern dagegen regelmäßig einen längeren zeitlichen Vorlauf.

- Die Kunden reagieren in der Regel schneller auf preispolitische Maßnahmen als auf die übrigen Instrumente. Dies ist durch eine in vielen Bereichen hohe Preissensibilität zu erklären.

- Auch die Konkurrenten reagieren häufig sehr schnell und intensiv auf Preisänderungen (Beispiel: Benzinpreise an Tankstellen). Aus diesem Grunde ist es nur sehr eingeschränkt möglich, allein über den Preis dauerhafte Wettbewerbsvorteile zu erzielen, denn Preise können sehr leicht „kopiert" werden.

Diese Besonderheiten zeigen, dass der Preis ein gleichermaßen wirksames und damit wertvolles wie gefährliches Instrument ist: Falsch gesetzte, seien es zu hohe, seien es zu niedrige Preise, können die Marktstellung eines Anbieters gefährden. Daher ist eine sorgfältige Prüfung vor allem der marktbezogenen Preisdeterminanten (Nachfrage und Konkurrenz) zwingend erforderlich. Dies gilt nicht zuletzt auf Grund der Tatsache, dass angesichts der allgemeinen wirtschaftlichen Lage die Bedeutung der Preispolitik in den letzten Jahren wieder deutlich zugenommen hat (Meffert 2000).

Eng verbunden mit der Preispolitik ist die **Konditionenpolitik**. Je nach Quelle werden einige der behandelten Strukturmerkmale der preispolitischen Basisentscheidung auch der Konditionenpolitik zugerechnet (insbesondere die Preisdifferenzierung) bzw. die Konditionenpolitik explizit als Teil der Preispolitik angesehen (Marschner 1995). Zudem kann – wie schon angesprochen – auch die Absatzfinanzierung als Teil der Konditionenpolitik gesehen werden. In einer relativ weiten Fassung lassen sich die folgenden **Teilbereiche** der Konditionenpolitik aufführen, die hier zwar genannt, aber nicht mehr näher vorgestellt werden sollen (im Einzelnen dazu Marschner 1995):

- Rabatte, Preiszuschläge und Rabattpolitik,
- Skonto und Delkredereprovisionen,
- Lieferungs- und Zahlungsbedingungen,
- Kreditpolitik,
- sonstige nicht-preisliche Nebenleistungen (z.B. Kulanzzusagen, Garantieleistungen).

Von besonderer Bedeutung sind in der Wirtschaftspraxis die handelsgerichteten monetären **Herstellerkonditionen**, bei denen die folgenden Kategorien unterschieden werden können (Steffenhagen 2001, S. 798):

- Kaufvolumenkonditionen, die an ein besonderes mengen- oder wertmäßiges Kaufvolumen eines Abnehmers anknüpfen und als Mengen- und/oder Umsatzrabatte auftreten können;

- Kaufzeitpunktkonditionen, die an einen Bestelleingang zu einem für den Anbieter vorteilhaften Zeitpunkt geknüpft sind (z.B. Frühbezugsrabatte, Auslaufrabatte);

- Zahlungskonditionen, die auf besonderen Vereinbarungen über die Abwicklung von Zahlungsvorgängen beruhen (z.B. Gewährung von Skonto, Inkassovergütung);

- Logistikkonditionen, die an besondere Vereinbarungen über die physische Distribution auszuliefernder Leistungen anknüpfen (z.B. Palettenrabatt);

- Marktbearbeitungskonditionen, die sich an besonderen Marktbearbeitungsaktivitäten eines Handelspartners für den betreffenden Hersteller orientieren (z.B. Führen des Herstellersortiments, besondere Warenpräsentation, spezielle Werbeaktivitäten);

- Marktinformationskonditionen, die an besondere Vereinbarungen über die Bereitstellung oder den Austausch von Marktinformationen anknüpfen.

Es wird anhand dieser Kategorien deutlich, dass die Konditionen immer mit bestimmten anderen Aspekten der Leistungs- und vor allem Gegenleistungspolitik verknüpft sind. Sie dienen der „Feinabstimmung" und sind insofern von großer Bedeutung in der Praxis. Daher wurden sie an dieser Stelle – trotz mancher Überschneidungen mit anderen Instrumenten – noch einmal explizit hervorgehoben.

Damit sind die wesentlichen Aspekte der Gegenleistungspolitik behandelt worden. Im nächsten Abschnitt erfolgt die Zusammenführung von Leistung und Gegenleistung im Rahmen der Kontrahierungspolitik.

5.6.2.3 Kontrahierungspolitik

Auch der Bereich der Kontrahierungspolitik wird in der Literatur keinesfalls eindeutig abgegrenzt. Zum Teil wird der Begriff weitgehend synonym mit dem hier verwendeten Terminus der Gegenleistungspolitik gebraucht: „Das Kontrahierungs-Mix umfasst alle vertraglich fixierten Vereinbarungen über das Entgelt des Leistungsangebots, über mögliche Rabatte und darüber hinausgehende Lieferungs-, Zahlungs- und Kreditierungsbedingungen. Diese Instrumente des Preis- und Konditionen-Mix sind im Hinblick auf die Marketingziele zu formulieren beziehungsweise auszugestalten." (Meffert 2000, S. 482). Dieser Sichtweise wird im Rahmen des vorliegenden Abschnitts nicht gefolgt. Vielmehr bildet die Kontrahierungspolitik die verbindende Klammer zwischen Leistung und Gegenleistung und sei daher wie folgt definiert (Engelhardt 1990, S. 103):

„Mit Vertrags- oder **Kontrahierungspolitik** bezeichnet man die Gestaltung und den Einsatz von Verträgen im Hinblick auf die Erfüllung angestrebter Unternehmensziele."

Im Rahmen des Marketings sind dabei zwei Arten von Verträgen interessant:

■ **Vertikale Vertragsvereinbarungen**, die die Beziehungen zwischen Partnern auf verschiedenen Wirtschaftsstufen regeln, die also zwischen Anbietern und Nachfragen geschlossen werden. Dies können z.B. Kauf-, Miet-, Dienst- oder Werkverträge sein, die im Hinblick auf einzelne Austauschprozesse geschlossen werden. Es kann sich aber auch um vertragliche Regelungen handeln, die für eine Mehrzahl von Austauschprozessen gelten, z.B. Allgemeine Geschäftsbedingungen oder auch die vertragliche Fixierung von grundlegenden Lieferungs- und Zahlungsbedingungen. Auch Rahmenlieferverträge fallen in diese Kategorie.

■ **Horizontale Vertragsvereinbarungen** sind im Rahmen des Marketing-Instrumentariums ebenfalls von einer gewissen Bedeutung. Sie werden von Unternehmungen auf der gleichen Wirtschaftsstufe geschlossen und dienen in erster Linie der Koordination des Verhaltens. Beispiele wären z.B. Verträge, die im Rahmen der Gestaltung eines Gemeinschaftsabsatzes oder zur Etablierung einer Strategischen Allianz im Absatzbereich vereinbart werden.

Die Kontrahierungspolitik bildet damit alle im Rahmen der Leistungs- und Gegenleistungspolitik vereinbarten Bestandteile des Austauschprozesses ab, dient aber im horizontalen Bereich auch dazu, bestimmte Austauschprozesse durch Kooperationen überhaupt erst zu ermöglichen oder zu erleichtern. Letztlich soll die Kontrahierungspolitik allen Beteiligten weitgehende rechtliche Sicherheit im Hinblick auf die beiderseitigen Rechte und Pflichten geben und damit in erheblichem Maße dem Abbau von

Unsicherheit dienen. Sie wird diese aber niemals völlig verhindern können, da in keinem noch so ausgefeilten Vertrag alle Eventualitäten geregelt werden können. Häufig ist eine gewisse Flexibilität auch nach Vertragsabschluss für die beteiligten Tauschpartner sogar durchaus wünschenswert, um sich unerwartet ergebende Gelegenheiten nutzen zu können. Gerade bei langfristigen Austauschprozessen kann das der Fall sein, wenn etwa im Rahmen eines Großanlagenprojekts der Anlagenbauer einen zuvor in der Angebotserstellung nicht berücksichtigten, aber sehr preisgünstigen Lieferanten entdeckt, der es ihm ermöglicht, dem Kunden die Anlage günstiger als zuvor signalisiert anzubieten.

5.6.2.4 Marken-Management als Meta-Instrument des Marketings?

Der Markenbegriff wird in der Literatur nicht einheitlich abgegrenzt. Grob gesehen lassen sich eine formale und eine wirkungsbezogene Perspektive unterscheiden (Homburg/Krohmer 2006): Während die Marke **formal** ein Name, ein Ausdruck, ein Zeichen, ein Symbol, ein Design oder eine Kombination dieser Elemente sein und rechtlich geschützt werden kann und der besseren Identifizierbarkeit und Abhebung von Konkurrenzprodukten dient, geht die **wirkungsbezogene** Perspektive darüber hinaus. Sie beinhaltet, dass die Marke letztlich als Vorstellungsbild in den Köpfen der Nachfrager entsteht und das Angebot einer Unternehmung von anderen Angeboten differenziert. Unabhängig davon, welche Sichtweise zu Grunde gelegt wird, zielt spätestens der anbieterseitige Umgang mit der Marke im Rahmen des Marken-Managements auf die Beeinflussung der Nachfrager und anderer Interessengruppen ab, so dass die faktische Bedeutung der Marke über die eines gewerblichen Schutzrechts hinausgeht. Hier wird allerdings dennoch von der engeren Sicht der Marke ausgegangen, die dann im Rahmen des Marken-Managements bzw. der Markenpolitik genutzt werden kann, um in den Köpfen der Nachfrager ein **Markenbild** bzw. **-image** als erwünschte Wirkung aufzubauen, das letztlich mit der Marke i.e.S. als Zeichen o.ä. nicht deckungsgleich ist. Gleichfalls gilt es, die Marke als Zeichen vom **Markenprodukt** zu unterscheiden, denn auch hier findet sich nicht selten eine vereinfachende Gleichsetzung. Abbildung 5-30 zeigt eine präzisierende Einordnung der drei Ebenen der Marke und eines daran anknüpfenden Marken-Managements.

Auf Basis dieser Übersicht ergibt sich der folgende Begriff der Marke (Welling 2006, S. 35; Hervorhebungen i.O.):

Die **Marke** ist ein individuelles und schutzfähiges *Zeichen bzw. Zeichenbündel*, das ein Marktteilnehmer im Wettbewerb verwenden kann, um angebotene bzw. anbietbare *Leistungsbündel* durch die Kennzeichnung von denen anderer Marktteilnehmer zu unterscheiden und durch die Verwendung zugleich in seinem Sinne positive, d.h. tauschrelevante *Wirkungen* bei aktuellen und potenziellen Tauschpartnern bzw. Tauschbeeinflussern zu entfalten, die seine Zielsetzungen zu erreichen helfen.

Abbildung 5-30: Die drei Ebenen der Marke und des Marken-Managements (Quelle: Welling 2006, S. 52)

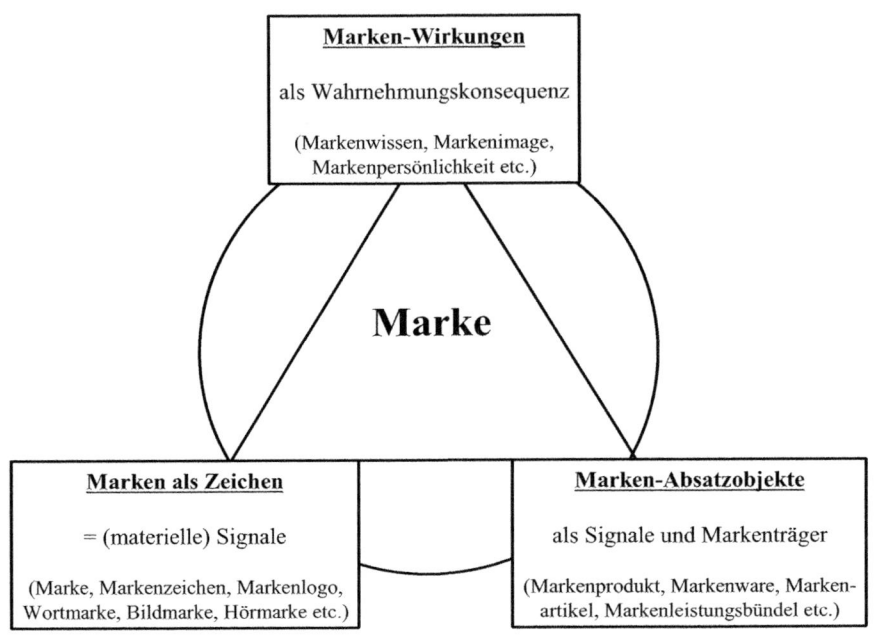

Die verschiedenen Sichtweisen machen aber auch bereits deutlich, worauf die Probleme der Einordnung der Markierung im Rahmen des Marketing-Instrumentariums zurückzuführen sind: Die formale Sichtweise führt zu einer klaren Zuordnung zur Produktpolitik, da es sich beim Markenzeichen im Kern um ein Produktmerkmal handelt. Von dieser Vorstellung ausgehend wird die Markierung auch heute noch in vielen Lehrbüchern im Rahmen der Produktpolitik behandelt (z.B. Homburg/Krohmer 2006; Nieschlag et al. 2002). Legt man dagegen die wirkungsbezogene Perspektive zu Grunde bzw. ordnet das Marken-Management entsprechend ein, so kommt man zwangsläufig zu einer umfassenderen Sicht der Dinge, die eine Zuordnung zu einem einzelnen Instrument nicht mehr möglich macht, sondern eher für eine mixübergreifende Kennzeichnung spricht (Meffert 2000). Tabelle 5-16 zeigt, dass sich im Laufe der letzten gut 100 Jahre ein Wandel vollzogen hat, der die heute sehr große Bedeutung der Marke im Rahmen des Marketings begründet.

Zeitraum	Mitte 19. Jhd. bis Anfang 20. Jhd.	Anfang 20. Jhd. bis Mitte 1960er	Mitte 1960er bis Mitte 1970er	Mitte 1970er bis Ende 1980er	ab 1990er
Aufga-ben-umwelt	– Industriali-sierung und Massen-produktion – Qualitäts-schwan-kungseffekt – Anonyme Ware (Sta-pelware) vorherr-schend	– Wirtschaft-liches Wachstum, „Nachfra-gesog" – Zahlreiche technische Innovatio-nen – Verkäufer-märkte	– Rezession/ 1. Ölkrise – Aufhebung der Preis-bindung (1967) – Käufer-märkte	– Gesättigte Märkte – Hohe Imi-tationsge-schwindig-keit – „Informa-tion Overlo-ad" – Qualität als K.O.-Kriterium	– Informati-onsgesell-schaft – Positionie-rungsenge – Verantwor-tungsverla-gerung von Einzel- zu (Unterneh-mens-) Dachmar-ken
Handels-Herstel-ler-Be-ziehun-gen	– Persönli-che Kun-denbezie-hungen der Hersteller und des Handels – Starke Stellung des Han-dels	– Handlan-gerfunktion des Han-dels – Meinungs-monopol der Her-stellermar-ken – Produktivi-tätssprün-ge im Han-del – Starke Ausbrei-tung klas-sischer Hersteller-marken	– Einführung von Han-delsmar-ken – „Populari-sierung des Marketing" – Marken-Know-how-Asymme-trie zu Gunsten des Her-stellers	– Wachsende Handels-macht und Konfliktver-schärfung – Einführung von Ge-ltungs-marken – Steigendes Marken-Know-how des Han-dels	– Informati-onsmono-pol des Handels – Intensivie-rung des Direktka-nals Her-steller-Kunden – Marketing-führer-schaft des Handels in vielen Be-reichen – Handels-marken verdrängen Hersteller-marken
Marken-ver-ständnis	– Marke als Eigentums-zeichen und Herkunfts-nachweis	– Waren-fokus – Marke als Merkmals-katalog	– Produkti-ons- und Vertriebs-methode – Vermark-tungsform	– Nachfra-gergewin-nung – Subjektive Markenbe-stimmung	– Nutzen-bündel mit nachhalti-ger Diffe-renzierung – Marken-identität als Selbstbild der Marke – Markenim-age als Fremdbild der Marke

Fortsetzung Tabelle 5-16:

„Modernes Markenmanagement"		– Instrumenteller Ansatz „Markentechnik"	– Funktionsorientierter Ansatz	– Verhaltens- und imageorientierter Ansatz – Technokratisch, strategieorientierter Ansatz	– Integriertes identitätsorientiertes Markenmanagement – Fraktales Markenmanagement

Tabelle 5-16: Entwicklung des Markenverständnisses und der Markenführungsansätze im Zeitablauf (Quelle: Meffert/Burmann 2005, S. 20f.)

Abbildung 5-31: Entwicklung des Markenverständnisses und der Markenführungsgrundsätze im Zeitverlauf (Quelle: Meffert/Burmann 2005, S. 33)

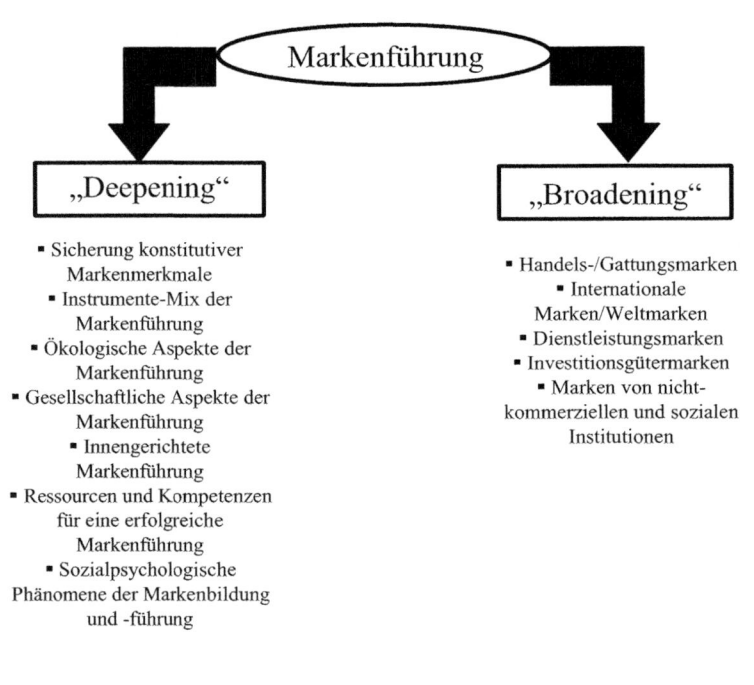

Ähnlich wie für das Marketing insgesamt kann man angesichts dieser Entwicklungen auch für das Marken-Management bzw. die Markenführung von einer Vertiefung („Deepening") und einer Verbreiterung („Broadening") im Zeitverlauf sprechen, die ihren Ausgangspunkt in der Beschränkung der Markenführung auf bestimmte Merkmale qualitativ hochwertiger Konsumgüter (klassische „Markenartikel") hatte. Die in diesem Kontext wesentlichen Aspekte zeigt Abbildung 5-31.

Vor diesem Hintergrund stellt sich die Frage, ob das Marken-Management von seiner Bedeutung her nicht sogar „über" den Marketing-Instrumenten steht oder – wie es die Überschrift zu diesem Abschnitt formuliert – ein Meta-Instrument darstellt, dem alle anderen nachgeordnet sind. Manches scheint dafür zu sprechen. Bevor dieser Frage nachgegangen wird, seien aber einige wenige zentrale Grundlagen des Marken-Managements behandelt.

Marken können sowohl aus Sicht der die Marke führenden Unternehmung, aus der Sicht der Absatzmittler als auch aus der Sicht der Nachfrager verschiedene **Funktionen** erfüllen, die letztlich auch die Einsatzzwecke der Markenpolitik umreißen. Tabelle 5-17 fasst wichtige Markenfunktionen zusammen.

Funktionen der Marke aus Sicht der		
markenführenden Unternehmungen	Absatzmittler	Nachfrager
– Differenzierung vom Wettbewerb/ Qualitätssignal – Präferenzbildung/Schaffung von Kundenloyalität – Schaffung von Markteintrittsbarrieren für Wettbewerber – Generierung eines Preispremiums – Schaffung einer Plattform für neue Produkte (Einführung unter etablierter Marke)	– Minderung des eigenen Absatzrisikos – Imagetransfer (vom Markenführer auf den Absatzmittler) – Begrenzung der eigenen Beratungsaktivitäten	– Orientierungshilfe und Erleichterung der Informationsaufnahme und -verarbeitung – Qualitätssignal und Risikoreduktion – Vermittlung eines Erlebniswertes – Selbstdarstellung (des individuellen Geschmacks, der Gruppenzugehörigkeit oder des sozialen Status)

Tabelle 5-17: Zentrale Markenfunktionen aus unterschiedlichen Perspektiven (Quelle: in Anlehnung an Homburg/Krohmer 2006, S. 629)

Allein diese Funktionen verdeutlichen den „multiinstrumentalen" Charakter des Marken-Managements. Über die Produktpolitik hinaus finden sich

▪ **distributionspolitische** Aspekte (z.B. die Erleichterung des Erschließens bestimmter Absatzwege durch eine starke Marke);

▪ **preispolitische** Aspekte (Preisaufschläge für eine gefragte Marke);

◾ **kommunikationspolitische** Aspekte (Kommunikation einer bestimmten Qualität und eines Images durch die Marke).

Erfolgreiche Marken stellen für die markenführende Unternehmung ein erhebliches Wertpotenzial dar. Die Angaben zu den Markenwerten schwanken dabei zwar je nach Bewertungsverfahren, aber der Wert der Marke Coca-Cola als der bis vor kurzem wertvollsten wurde z.B. im Jahr 2004 mit über 67 Mrd. US-Dollar beziffert (Meffert et al. 2005). In einer aktuellen Veröffentlichung hat sich nun eine Marke an die Spitze der Wertrangliste gesetzt, die vor wenigen Jahren noch überhaupt keine Rolle gespielt hat: Der Wert der Marke Google liegt nach Angaben der amerikanischen Marktforschungsgruppe Millward Brown bei 66,4 Mrd. US-Dollar. Damit liegt Google weltweit vor General Electric, Microsoft, Coca-Cola und China Mobile, die alle noch einen Wert von über 40 Mrd. US-Dollar aufweisen können. BMW liegt in dem Ranking als wertvollste deutsche Marke mit 25,8 Mrd. US-Dollar auf Platz 14, auf den Plätzen 27 und 29 folgen SAP (immerhin um 33 Ränge gegenüber dem Vorjahr verbessert) und Mercedes (Stumm 2007).

Marken können als **Herstellermarken** (z.B. Ford), **Handelsmarken** (z.B. Albrecht-Kaffee) oder **Dienstleistungsmarken** (z.B. Deutsche Bank) existieren, sind also branchenunabhängig einsetzbar. Auf der strategischen Ebene hat eine Unternehmung die Wahl zwischen einer **Einzelmarkenstrategie**, bei der jede Leistung einer Unternehmung unter einer eigenen Marke angeboten wird, einer **Dachmarkenstrategie**, bei der alle Produkte einer Unternehmung unter derselben Marke angeboten werden, und als Zwischenform einer **Produktgruppenmarken-** oder **Familienmarkenstrategie**, bei der jeweils für eine bestimmte Produktgruppe eine eigene Marke existiert. Tabelle 5-18 fasst die wesentlichen Vor- und Nachteile der Ansätze zusammen und zeigt, dass jeweils unterschiedliche Stärken und Schwächen gegeben sind, die bei der Festlegung der Markenstrategie berücksichtigt werden müssen.

Im Detail ist im Rahmen des Marken-Managements eine Reihe weiterer Entscheidungen zu treffen, die hier nicht näher behandelt werden können (siehe etwa Baumgarth 2004; Esch 2007; Meffert et al. 2005). Vielmehr sei noch auf die eingangs aufgeworfene Frage der Stellung des Marken-Managements zum Marketing-Instrumentarium eingegangen. Zweifellos hat die Marke in vielen Bereichen eine zentrale Bedeutung für den Erfolg von Unternehmungen. Sie versuchen sich ganz gezielt über ihre Marke(n) von anderen Anbietern abzuheben. In derartigen Fällen ist dann tatsächlich sehr häufig das gesamte Marketing-Instrumentarium auf diese Marke ausgerichtet. Genau genommen handelt es sich dabei um eine spezifische Form der nachfragerbezogenen Präferenz- bzw. konkurrenzorientierten Differenzierungsstrategie (siehe Abschnitt 5.4), so dass die Marke dann das verbindende Glied zwischen Wettbewerbsstrategie und Marketing-Instrumentarium darstellt und in ihrer strategischen Bedeutung gleichsam wie ein Dach „über" den Instrumenten steht. Hier kann die in der Überschrift aufgeworfene Frage nach der Marke als „Meta-Instrument" bejaht werden. Das

Marken-Management gibt dann die Leitlinien für das gesamte Marketing und Management vor.

Beurteilungskriterium	Einzelmarke	Familienmarke	Dachmarke
Möglichkeit spezifischer Profilierung der Angebote	Sehr gut möglich	Möglich	Eingeschränkt
Fähigkeit segment-spezifischer Ansprache	Gut gegeben	Gegeben	Weniger gegeben
Konsistenz und Prägnanz des Markenimages	Hoch	Mittel	Mglw. niedrig (abh. von der Heterogenität der Produkte)
Koordinationsbedarf	Gering	Mittel/hoch	Hoch
Ressourcenbedarf	Sehr hoch	Mittel/hoch	Mittel
Markenpräsenz bei gleichen Marketing-Ausgaben	Gering	Mittel	Hoch
Wirkungsdauer der Investio-nen in das Markenkapital	Beschränkt auf die Lebensdauer des Angebots	Eher längerfristig	Langfristig
Potenzial der Synergienut-zung	Gering	Mittel	Hoch
Möglichkeit der Nutzung von Goodwill- und Treuetransfers (positive Ausstrahlungseffekte)	In Reinform nicht möglich	Innerhalb der Markenfamilie möglich	Umfassend möglich
Gefahr des Badwill-Transfers auf Unternehmung bzw. Produktprogramm (negative Ausstrahlungseffekte)	In Reinform weitgehend ausgeschlossen	Für Produkte innerhalb der Markenfamilie	Hoch (bezüglich Unternehmung und Produktprogramm)

Tabelle 5-18: Bewertung der drei grundlegenden Optionen zur Gestaltung der Markenarchitektur (Quelle: Homburg/Krohmer 2006, S. 529, in Anlehnung an Kemper 2000, S. 303)

In anderen Fällen, insbesondere bei den so genannten „No-Name-Produkten" („Weiße Ware") spielt die Marke eher eine Rolle als reiner Preisindikator (bei Voraussetzung einer gewissen Mindestqualität), so dass die Frage tendenziell mit „nein" zu beantworten wäre. Die Marke signalisiert damit zwar auch gleichzeitig ein bestimmtes Qualitätsniveau und hat somit bezüglich Leistungs- und Gegenleistungspolitik wiederum übergreifenden Charakter. Sie tritt allerdings von ihrer Bedeutung für den Marketing-Auftritt her insgesamt zurück. Insofern bleibt festzuhalten: Das Marken-Management lässt sich kaum präzise in das Marketing-Instrumentarium einordnen. Daraus jedoch den Schluss zu ziehen, es handle sich dabei generell um **das** Instrument schlechthin, ginge sicherlich zu weit, wenngleich die Marke ohne Zweifel auch zukünftig eine sehr wichtige Rolle im Marketing spielen wird. Je stärker allerdings das Marken-Management mit einem allgemeinen unternehmungsbezogenen Reputations-Management vereint wird bzw. darin aufgeht, um so eher kann es eine solche Meta-Funktion ausfüllen. Eine derartige Sichtweise lässt sich z.B. aus dem folgenden Zitat ableiten, das sich auf die o.a. Deepening- und Broadening-Entwicklungen bezieht (Meffert/Burmann 2005, S. 32; Hervorhebung i.O.):

„Vor dem Hintergrund dieser Entwicklungen kann die identitätsorientierte Markenführung heute als ein **Managementprozess** verstanden werden, der die Planung, Koordination und Kontrolle aller Maßnahmen zum Aufbau starker Marken bei allen relevanten Zielgruppen umfasst. Ziel ist eine funktions- und unternehmensübergreifende Integration (inklusive Absatzmittlern) aller mit der Ma rke zusammenhängenden Entscheidungen und Aktivitäten zum Aufbau von langfristig stabilen und werthaltigen Marke-Kunden-Beziehungen im Sinne des Oberziels einer Maximierung des Markenwerts."

Die Markenpolitik rückt damit in den Fokus aller Management-Bemühungen und hat nicht mehr den Charakter eines Instruments unter vielen oder doch zumindest mehreren anderen, sondern dem Marken-Management kommt die zentrale Leitfunktion in der Unternehmung zu. Wenn man sich den zitierten hohen Wert, den viele Marken haben, vor Augen führt, kann darin ein weiteres Argument für eine solche Perspektive gesehen werden: So hat die Wirtschaftsprüfungsgesellschaft PricewaterhouseCoopers ermittelt, dass in Deutschlands Top-Unternehmungen der Anteil der Marke am Gesamtwert der Unternehmungen jüngst bei 67 Prozent gesehen wurde – im Vergleich zu 56 Prozent im Jahr 1999 (Stumm 2007).

5.6.3 Marketing-Instrumente – Optionen für die Bearbeitung externer sowie interner Absatz- und Beschaffungsmärkte

Bei den bisherigen Überlegungen zu den Marketing-Instrumenten standen diejenigen im Mittelpunkt, die auf die Bearbeitung der Absatzmärkte abzielen. Allerdings sind Unternehmungen bekanntlich auch in Beschaffungsmärkten aktiv und müssen die Austauschprozesse mit ihren Lieferanten ebenso gestalten wie diejenigen mit ihren Abnehmern. Daher – und dies lässt die in Abschnitt 5.6.1 vorgestellte Definition des Marketing-Instrumentariums zu – bedarf es einer Ergänzung um solche Instrumente, die für die Bearbeitung der Beschaffungsmärkte geeignet sind. Dabei wird i.d.R. der Instrumentenkatalog des Absatzmarketing auf das **Beschaffungsmarketing** übertragen, so dass jedem absatzpolitischen ein beschaffungspolitisches Instrument gegenüber steht. Abbildung 5-32 zeigt eine derartige Gegenüberstellung, wobei die Gliederung der Instrumente etwas anders ist als in Abschnitt 5.6.1 und 5.6.2.

An anderer Stelle findet sich dagegen eine Dreiteilung, die das Gegenstück zu der im vorliegenden Kapitel vorgestellten darstellt (Hammann/Lohrberg 1986, S. 51f.):

Abbildung 5-32: Analogien zwischen Absatz- und Beschaffungsinstrumenten (Quelle: Koppelmann 2004, S. 274)

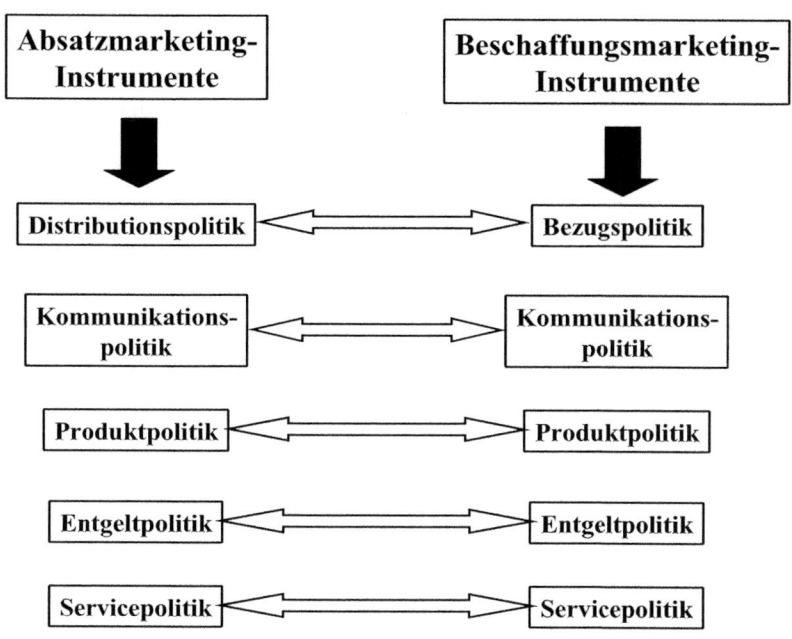

- **Gestaltung der Leistung**: Dieser Bereich umfasst die Gestaltung des Leistungsbündels, d.h. Dispositionsleistungen, Kommunikationsleistungen, Bezugsleistungen und Finanzierungsleistungen.

- **Gestaltung des Entgelts**: Dabei ist ausschließlich das monetäre Entgelt gemeint.

- **Gestaltung des Vertrags**: Darunter ist die vertragsrechtliche Ausgestaltung der Tauschbedingungen zu verstehen, so dass sich der Vertragsinhalt auf die Gestaltung von Leistung und Entgelt bezieht.

Zumindest begrifflich ist eine weitgehende Identität zwischen den beiden Instrumentenkatalogen festzustellen. Inhaltlich jedoch unterscheiden sich die jeweiligen Ausgestaltungsoptionen ganz erheblich, da jeweils die Marktgegenseite betroffen ist. Dies wird offensichtlich, wenn man sich die Inhalte der **Leistungsgestaltung** etwas näher betrachtet. Dazu zählen (Hammann/Lohrberg 1986): die Beschaffungsprogrammpolitik (als Gesamtheit aller Maßnahmen zur Festlegung des Beschaffungsprogramms nach Art, Menge und Umfang), die Bezugspolitik (als Gesamtheit aller Maßnahmen, die auf die Wahl des Beschaffungsweges und den physischen Bezug gerichtet sind), die Kommunikationspolitik (zur Anbahnung von Lieferanten-Abnehmer-Beziehungen) sowie die Finanzierungspolitik (als Gestaltung der Finanzierungsleistungen gegenüber dem Lieferanten).

Marketing-Instrumente kommen jedoch nicht nur auf den externen Märkten zum Einsatz. Im Rahmen der Ausweitung der Marketing-Konzepts wurden sie auch für die so genannten „interne Märkte" der Unternehmung als Instrumentarium des Internen Marketing weiter entwickelt, das starke Überschneidungen mit dem Personalmanagement aufweist und daher hinsichtlich seiner Existenznotwendigkeit bzw. –berechtigung nicht unumstritten ist. Eine Zweiteilung der Instrumente des Internen Marketing schlägt Bruhn (1999, S. 27f.) vor:

- **Instrumente des personalorientierten Marketingmanagements**: Diesen sind „jene klassischerweise externen Marketinginstrumente zuzuordnen, durch deren systematischen unternehmensinternen Einsatz hohe Mitarbeiterzufriedenheit und hohes Commitment gewährleistet werden sollen. Die Instrumente dieser Kategorie sind dem Outside-in-Ansatz zuzurechnen und werden traditionell ausschließlich mit unternehmensexternen Zielsetzungen genutzt." In diesem Kontext werden als konkrete Instrumente z.B. die Gestaltung der Arbeitsplätze als interne Produktpolitik sowie die Mitarbeiterkommunikation als interne Kommunikationspolitik genannt.

- **Instrumente des marketingorientierten Personalmanagements**: Diese unterstützen die absatzmarktorientierten Aktivitäten der Unternehmung durch die Optimierung unternehmungsinterner Strukturen und Prozesse. „Dieser Inside-out-Ansatz bezieht insbesondere jene Instrumente mit ein, die klassischerweise unternehmensintern eingesetzt werden, aber traditionell nicht dem Fokus der Marktorientierung zugeordnet werden." Beispiele sind hier Personalauswahl und Mitarbeiterentwicklung.

Die Fälle des Beschaffungsmarketings sowie des Internen Marketings zeigen noch einmal nachdrücklich, dass das Denken und Handeln im Sinne eines Marketings als marktorientierte Unternehmungsführung inzwischen eine zentrale Rolle in der Betriebswirtschaftslehre spielt. Der Ausgestaltung und Auswahl adäquater Instrumente zur Beeinflussung der übrigen Marktteilnehmer kommt dabei aus Sicht der handelnden Unternehmungen eine entscheidende Bedeutung zu.

Verständnisfragen 12:	
V12-1	Erläutern Sie die grundlegenden programmpolitischen Gestaltungsoptionen am Beispiel eines Herstellers von Katzenfutter!
V12-2	Bewerten Sie alternative Absatzwege aus der Sicht eines Schraubenproduzenten!
V12-3	Worin bestehen die wesentlichen Unterschiede zwischen Werbung und Public Relations?

V12-4	Erläutern Sie den Prozess der Preisbildung am Beispiel der Einführung einer neuen Hautcreme!
V12-5	Erläutern Sie, was für und was gegen eine Einordnung des Marken-Managements als Element der Produktpolitik spricht!

6 Anhang: Kommentierungen der Übungsaufgaben

Fallbeispiel 1: Rank Xerox (vgl. Abschnitt 1.1)

F1-1   Rank Xerox war in seiner Geschichte zum Teil sehr erfolgreich, zum Teil ausgesprochen erfolglos. Diskutieren Sie Kriterien, die den Erfolg einer Unternehmung bzw. eines Produktes bestimmen.

- Produkt: z.B. Akzeptanz im Markt (gemessen z.B. am Umsatz oder Ansatz), Produkterfolg bzw. Produktdeckungsbeitrag, Kundenzufriedenheit mit Produkt, Produkttreue gemessen z.B. an Wiederholungskäufen, Produktivität, Umsatzrentabilität, Return on Investment.

- Unternehmung: z.B. Effektivität, Effizienz, Reputation, Gewinn, Umsatz- und Kapitalrentabilität.

Die Kriterien unterscheiden sich bezüglich ihrer strategischen Relevanz und ihres Detaillierungsgrades zum Teil beträchtlich.

F1-2   Es ist mehrfach der Begriff der „Marktorientierung" gefallen. Erläutern Sie, was Sie mit dem Begriff assoziieren.

- räumliche Nähe zum Kunden

- Bereitschaft, sich auf die Wünsche des Kunden so weit wie möglich einzustellen

- Planung beginnt mit den Problemen des Marktes, nicht mit Produkten des Anbieters

- Veränderungsbereitschaft und Flexibilität bezüglich sich ändernder Wünsche im Markt

F1-3   Es wurde in der Fallstudie die Auffassung vertreten, Rank Xerox sei zu bestimmten Zeiten marktorientiert gewesen, unter anderem auch zu dem Zeitpunkt, als man einen Kopierer bauen wollte, den seinerzeit kein Kunde explizit so gewünscht hat. Stellen Sie heraus, ob und wie weit Sie ein solches Vorgehen, wie es im Fallfenster beschrieben worden ist, tatsächlich für marktorientiert halten.

- Sachverhalt widerspricht einem gegenwartsorientierten Verständnis von Marktorientierung.

- Rank Xerox legt eine zukunftsorientierte Sicht von Marktorientierung zu Grunde und unternimmt dabei den Versuch, die Entwicklungen von Kundenwünschen zu antizipieren. Dies erfordert ein erhebliches Einfühlungsvermögen in die Sichtweise von Kunden sowie ein Vorstellungsvermögen, wie weit potenzielle Zukunftslösungen über Marktnähe verfügen. Die Gefahr von Fehlinterpretationen ist groß.

F 1-4   Die Geschichte von Rank Xerox verbindet sich mit dem unternehmerischen Tüftler Carlson. Stellen Sie anhand der Fallstudie heraus, worin sich sein unternehmerisches Denken und Handeln äußert. Arbeiten Sie über das Beispiel hinausgehende Aufgaben heraus, die ein Unternehmer Ihres Erachtens wahrzunehmen hat.

Carlsons unternehmerisches Verhalten:

- weitsichtiges Erahnen/gedankliches Vorwegnehmen neuer Bedürfnisse,

■ Entwicklung erster Vorstellungen zu technischen Lösungskonzepten, mit denen erkannte Bedürfnisse befriedigt werden könnten,

■ Orientierung an Möglichkeiten zur (deutlichen) Verbesserung der gegenwärtigen Angebotssituation,

■ Übernahme geschäftlicher Risiken,

■ Wille und Macht zur Umsetzung erkannter Problemlösungskonzepte, und zwar (a) intern und (b) im Markt.

Aufgaben, die über das Beispiel hinausgehend als unternehmerisch gelten können:

■ Unternehmer als interne und externe Motivationskraft,

■ Absicherung gegenüber geschäftlichen Risiken.

F1-5 Rank Xerox hat eine „Customer Satisfaction Guarantee" ausgesprochen und sich damit verpflichtet, Nachteile auf sich zu nehmen, wenn der Kunde unzufrieden ist. Wie beurteilen Sie eine derartige Garantie? Nennen Sie Vor- und Nachteile und wägen Sie diese gegeneinander ab.

■ Vorteil: klares und glaubwürdiges Qualitätssignal, welches nur Anbieter abgeben, die sich sicher sind, dass der Garantiefall nicht eintreten wird; kundenorientierte, nicht anbieterorientierte Regelung; ursachen-, nicht symptomorientierte Maßnahme

■ Nachteil: Gefahr, dass Nachfrager die Regelung opportunistisch ausnutzen; Schwierigkeiten für den Anbieter, Grenzen zu ziehen, bis zu denen er bereit ist, Problemen nachzugehen; mglw. vor allem unter finanziellen Gesichtspunkten aufwändiges Verfahren.

Fallbeispiel 2: MCC – „smartville" (vgl. Abschnitt 3.3.1.3.3)

F2-1   Erläutern Sie die Vorteilhaftigkeit derartiger Geschäftsbeziehungen aus Sicht beider Marktseiten.

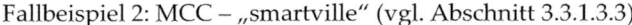 Zulieferer: langfristige Absatzsicherung, Lernpotenzial mit MCC sowie mit anderen Systempartnern, Aufbau einer einzigartigen Marktposition gegenüber anderen Zulieferern, partielle Partizipation am Erfolg des Mikrowagens und dadurch Referenzen und Reputationsgewinn, günstige Transaktionskostensituation durch langfristige Zusammenarbeit, Höchstmaß an Kundennähe.

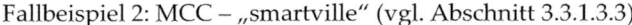 MCC als Abnehmer: Exklusivität der Belieferung, Flexibilitätssicherung, Konzentration auf das Kerngeschäft, günstige Transaktionskostensituation, Beteiligung der Lieferanten an den Kosten der Nutzung des Standorts, Sicherung des Zulieferer-Know-hows, Realisierung einer Lernpartnerschaft, Möglichkeit extrem genauer Abstimmung der Leistungserstellung auf die eigenen Bedürfnisse, Höchstmaß an Kontrolle.

F2-2   Bestimmen Sie die größten Kooperationsprobleme, die derartige Geschäftsbeziehungen erwarten lassen, und stellen Sie ihnen Lösungsvorschläge gegenüber.

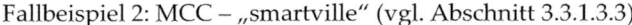 Ausschaltung der Wettbewerbsprinzipien durch ein bilaterales „Quasi-Monopol". Abhilfe durch Wettbewerbsklauseln, durch regelmäßige Lieferanten-Konzeptwettbewerbe, die ausgeschrieben werden, durch Evaluationen/Audits.

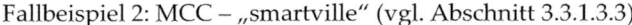 Gefahr der opportunistischen Ausnutzung beziehungsspezifischer Investitionen der anderen Marktseite (z.B. etwaige Forderung von MCC nach Senkung der Preise nach Vornahme standortspezifischer Investitionen durch die betreffenden Zulieferer, Ziel der Vereinnahmung der Quasirente). Abhilfe durch rahmenvertragliche Regelungen, Kooperationskonventionen, Incentives, bilaterale spezifische Investitionstätigkeit mit der Möglichkeit der „Vergeltung".

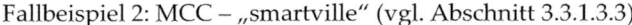 Gefahr der Diffusion wettbewerbskritischen Know-hows der Beteiligten, bewusste oder unbewusste Weitergabe an Dritte. Abhilfe durch Konventionen und vertragliche Regelungen/Sanktionen, deren Wirksamkeit jedoch von der Feststellbarkeit problematischen Verhaltens abhängig ist.

F2-3   Innerhalb von engen Geschäftsbeziehungen besteht die Gefahr von „Wear-out-Effekten" insbesondere auf Zuliefererseite: Durch die gesicherte Zusammenarbeit erlahmen produktivitätssteigernde und innovationsfördernde Aktivitäten. Inwieweit sind auch in diesem Beispiel derartige Probleme wahrscheinlich? Wie lassen sich etwaige Vorkehrungen treffen?

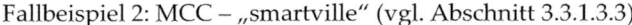 Gefahr besteht grundsätzlich auch hier in Folge langer, eingefahrener Zusammenarbeit über die Zeit hinweg.

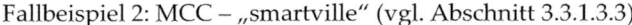 Problem kann begrenzt werden durch ein standortspezifisches Monitoring-System: Die Systempartner vereinbaren mit MCC ein System der Leistungsmessung. Dadurch werden die Leistungen einzelner Systempartner vergleichbar gemacht.

An das Monitoring-System kann ein Sanktions- und Anreizsystem angeschlossen werden. Erfolgreiche Systempartner werden honoriert, schwache Partner erhalten mglw. schlechtere Konditionen. Drohungen des Abbruchs der Geschäftsbeziehung können ausgesprochen werden, wobei die Glaubwürdigkeit sicherzustellen ist.

Zur Durchführung ist die allseitige Akzeptanz solcher Systeme erforderlich.

F2-4   Beschreiben Sie die vorliegenden Geschäftsbeziehungen anhand des Modells von Diller. Welche Bezugsebenen einer Geschäftsbeziehung sind Ihres Erachtens für den Erfolg der Zusammenarbeit zentral?

Im Fallbeispiel werden insbesondere die sachliche und die Organisationsebene der Geschäftsbeziehungen indirekt beschrieben. Nur wenig wird zur emotionalen und zur Machtebene gesagt.

Die sachliche Ebene ist wichtig, im Regelfall nicht zentral. Durch die Rahmenregelungen werden sachliche Probleme im Vorfeld so gut wie möglich gelöst. Insofern ergeben sich Erfolge auf der sachlichen Ebene durch Weichenstellungen auf den anderen Ebenen.

Die Organisationsebene bestimmt in erheblicher Weise die Art der Zusammenarbeit. Den betreffenden Regelungen ist zu entnehmen, wie weit die Geschäftspartner von den Mechanismen „Vertrauen" bzw. „Kontrolle" Gebrauch machen.

Die emotionale Ebene kommt in besonderer Weise zum Tragen. Personal von Zulieferern und dem OEM kommen tagtäglich mehrfach miteinander in Kontakt. Dabei stellt sich heraus, wie die Partner miteinander harmonieren. Vor allem bei Dissonanzen im persönlichen Bereich besteht die Gefahr, dass vielversprechende organisationale Regelungen konterkariert werden.

Die Machtebene bestimmt ebenfalls die Art der Zusammenarbeit. Wenngleich die Zulieferer nicht ohnmächtig sind und sogar wesentliche Abschnitte der Lieferkette zu koordinieren haben, so ist der Abnehmer die zentrale Stelle im Wertschöpfungsgeflecht und besitzt Macht, die gegenüber den Systempartnern ausgenutzt werden kann. Hier stellt sich die für die Qualität der Zusammenarbeit entscheidende Frage, ob und wie weit vorhandene Macht tatsächlich zum Einsatz gelangt. Durch die vorhandene Macht stellt der OEM sicher, dass die gesamte Wertschöpfung in marktorientierter Weise koordiniert wird.

Fallbeispiel 3: Dell Computer Corp. (vgl. Abschnitt 5.4.2.2)

F3-1   Beschreiben Sie die Marktstimulierungsstrategie, die Dell im Zeitablauf verfolgte.

   ▓ hybride Strategie simultaner Art

   ▓ vergleichsweise ausgewogenes Verhältnis zwischen Kundennutzen- und relativer Kostenorientierung

F3-2   Ordnen Sie die Vorgehensweise von Dell in den zweidimensionalen Merkmalsraum ein, der sich aus dem nicht-preislichen Nachfragernutzen und der relativen Kostenposition ergibt.

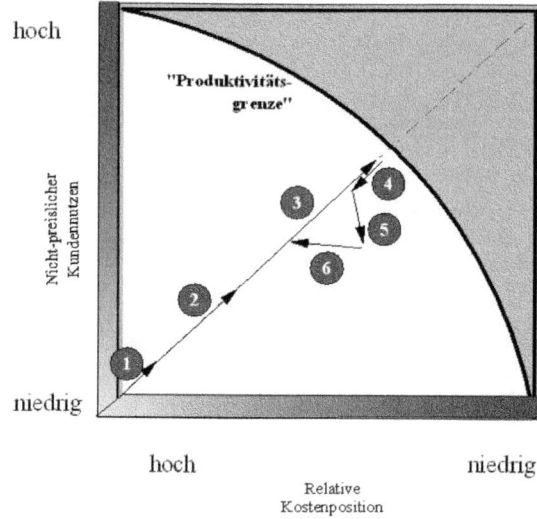

F3-3   Prüfen Sie, ob und wie weit es Dell gelungen ist, eine Kernkompetenz aufzubauen. Benennen Sie die im Fall beschriebene Kompetenz.

   ▓ Vorliegen einer Kernkompetenz, da superiorer Wert auf Markt geschaffen wird/werden kann, Zustand eingeschränkter Imitierbarkeit/Substituierbarkeit gegeben ist, Rareness-Kriterium erfüllt ist und die Kompetenz organisationsspezifisch ist.

   ▓ Fähigkeit zum individuellen und zugleich schnellen Direktabsatz, Fähigkeit zur kostengünstigen Leistungserstellung bei hoher Sortimentsvielfalt, Fähigkeit zur dynamischen Marktsegmentierung.

   ▓ Gerade die letztgenannte Fähigkeit genügt auch allein den an eine Kernkompetenz zu stellenden Anforderungen. Sie versetzt Dell in die Lage, Bedarfsverschiebungen unter den Zielkunden zu erkennen und so zu verdichten, dass dadurch die Herausbildung neuer Käufergruppen erkennbar wird. In Verbindung mit der flexiblen und kundenorientierten Fertigung sowie der Möglichkeit, neuen Bedarfssituationen durch eigene F&E-Tätigkeit zu entsprechen, wurde eine Grundlage für die Behauptung in den dynamischen Computermärkten gelegt.

Fallbeispiel 4: Wie kommen Strategien zustande? - Der Fall Intel (vgl. Abschnitt 5.5.1)

F4-1   Beschreiben Sie den Strategieprozess von Intel anhand des Modells von Mintzberg (s. Abbildung 5-19).

■ Zunächst Verwässerung der vom Management vorgegebenen strategischen Linie (Intended Strategy), später faktische Konterkarierung

■ Unterstützung des Prozesses durch geltende Richtlinien und Steuerungsprinzipien

■ Entstehung einer emergenten Strategie auf niedrigeren Führungsebenen, die sich verfestigt und die realisierte Strategie zunehmend stärker bestimmt

■ Prägung der Realized Strategy in maßgeblicher Weise durch Emergenzphänomene

F4-2   Erklären Sie, warum der Strategieprozess bei Intel einen derartigen Verlauf genommen hat.

■ Multikausalität der Faktoren, dabei besonders zu beachten:

■ Wissensvorsprung am Strategieprozess beteiligter Führungskräfte, die nicht (maßgeblich) an der Intended Strategy beteiligt waren

■ Selbstverstärkungseffekte durch geltende Steuerungsprinzipien (z.B. Deckungsbeitragsorientierung – Bestimmung der faktischen Geschäftsgrundlage durch Marktakzeptanz und Erfolgskriterien)

■ Unzureichende interne Abstimmung im Bereich der Intended Strategy

F4-3   Welche Managementkonsequenzen lassen sich aus dem Fallbeispiel ziehen?

■ Notwendigkeit der Einbeziehung wichtiger Wissens- und faktischer Entscheidungsträger in frühen Phasen des Strategieprozesses prüfen

■ Entscheidungen über die Frage, ob geltende (und möglicherweise bewährte) Steuerungsprinzipien an die Intended Strategy angepasst werden sollen oder ob bewusst derartige Größen als Kontrollvariablen der Strategieadäquanz einzusetzen sind

■ „Sense-making" in Unternehmungen

Literaturverzeichnis

AAKER, D.A./JOACHIMSTHALER, E. (2002): Brand Leadership, New York u.a.

ABELL, D.F. (1980): Defining the Business. The Starting Point of Strategic Planning, Englewood Cliffs/N.J.

ABERNATHY, W.J./UTTERBACK, J.M. (1978): Patterns of Industrial Innovation, in: Technology Review, 80. Jg., H. 7, S. 40-47.

ACHLEITNER, A.-K./BASSEN, A. (2001): Konzeptionelle Einführung in die Investor Relations am Neuen Markt, in: Achleitner, A.-K./Bassen, A. (Hrsg.): Investor Relations am Neuen Markt, Stuttgart, S. 3-20.

AHLERT, D. (1995): Distribution, in: Tietz, B./Köhler, R./Zentes, J. (Hrsg.): Handwörterbuch des Marketing, 2. Aufl., Stuttgart, Sp. 499-515.

AHLERT, D. (2005): Distributionspolitik, 5. Aufl., Stuttgart u.a.

AKERLOF, G.A. (1970): The Market for ´Lemons´, in: Quarterly Journal of Economics, 84. Jg., S. 488-500.

ALCHIAN, A.A./DEMSETZ, H. (1972): Production, Information Costs and Economic Organization, in: American Economic Review, 62. Jg., S. 777-795.

ALCHIAN, A.A./WOODWARD, S. (1988): The Firm is Dead/ Long Live the Firm. A Review of Oliver E. Williamson's "The Econonomic Institutions of Capitalism", in: Journal of Economic Literature, 26. Jg, S. 65-79.

AL-LAHAM, A. (2003): Organisationales Wissensmanagement, München.

ALTIPARMAK, S.C. (2002): Institutionelle Unternehmenstheorie und unvollständige Faktormärkte, Wiesbaden.

AMBERG, M./WIENER, M (2006): IT-Offshoring, Heidelberg.

AMELINGMEYER, J. (2004): Wissensmanagement, 3. Aufl., Wiesbaden.

AMONN, A. (1928): Der Unternehmergewinn, in: Die Wirtschaftstheorie der Gegenwart, Bd. III, Wien.

ANDREWS, K. (1971): The Concept of Corporate Strategy, 1.Aufl., Homewood/Ill.

ANSOFF, I.H. (1965): Corporate Strategy, New York.

ARNDT, H. (1981): Macht und Wettbewerb, in: Cox, H. (Hrsg.): Handbuch des Wettbewerbs, München, S. 49-78.

ARNOLD, U. (1995): Absatzwege, in: Tietz, B./Köhler, R./Zentes, J. (Hrsg.): Handwörterbuch des Marketing, 2. Aufl., Stuttgart, Sp. 29-41.

ARROW, K.J. (1985): The Economics of Agency, in: Pratt, J.W./Zeckhauser, R.J. (Hrsg.): Principals and Agents, Boston/MA, S. 37-51.

ASTLEY, W.G./FOMBRUN, C. (1983): Strategies of collective action, in: Advances in strategic management, Greenwich/Conn. u.a.,,2. Jg., S. 125-139.

BACKHAUS, K./VOETH, M. (2007): Industriegütermarketing, 8. Aufl., München.

BACKHAUS, K./AUFDERHEIDE, D./SPÄTH, G.-M. (1994): Marketing für Systemtechnologien, Stuttgart.

BACKHAUS, K./BÜSCHKEN, J.(1995): Organisationales Kaufverhalten, in: Tietz, B./Köhler, R./Zentes, J. (Hrsg.): Handwörterbuch des Marketing, 2. Aufl., Stuttgart, Sp. 1954-1966.

BACKHAUS, K./BÜSCHKEN, J./VOETH, M. (2003): Internationales Marketing, 5. Aufl., Stuttgart.

BAIN, J.S. (1956): Barriers to New Competition, Cambridge u.a.

BAIN, J.S. (1968): Industrial Organization, 2. Aufl., New York.

BALDERJAHN, I. (1995): Bedürfnis, Bedarf, Nutzen, in: Tietz, B./Köhler, R./Zentes, J. (Hrsg.): Handwörterbuch des Marketing, 2. Aufl., Stuttgart, Sp. 180-190.

BAMBERGER, I./ WRONA, T. (2004): Strategische Unternehmensführung, München 2004

BARNARD, C.I. (1938): The Functions of the Executive, Cambridge.

BARNEY, J.B. (1991): Firm Resources and Sustained Competitive Advantage, in: Strategic Management Journal, 17. Jg., H. 1, S. 99-120.

BARNEY, J.B. (2007): Gaining and sustaining competitive advantage, 3. Aufl., New York.

BARTELS, R. (1988): The History of Marketing Thought, 3. Aufl., Columbus.

BARTLETT, C./GHOSHAL, S. (1989): Managing Across Borders, Boston/Mass.

BASS, B.M./AVOLIO, B.J. (1990): Transformational Leadership Development, Palo Alto.

BATEMAN, T.S./SNELL, S.A. (2007): Management, 7. Aufl., Boston u.a.

BAUER, H.H. (1989): Marktabgrenzung, Berlin.

BAUMGARTEN, H./WOLFF, S. (1993): Make-or-Buy-Entscheidungen zur strategischen Ausrichtung des Unternehmens, in: Droege, W./Backhaus, K./Weiber R. (Hrsg.): Strategien für Investitionsgütermärkte, Landsberg a.L., S. 271-278.

BAUMGARTH, C. (2004): Markenpolitik, 2.Aufl., Wiesbaden.

BAUMOL, W.J. (1968): Entrepreneurship in Economic Theory, in: The American Economic Review, 58. Jg., H. 2, S. 64-71.

BAUR, C. (1990): Make-or-Buy-Entscheidungen in einem Unternehmen der Automobilindustrie, München.

BECKER, G.S. (1983): Human Capital – A Theoretical and Empirical Analysis with Special Reference to Education, Chicago.

BECKER, J. (2006): Marketing-Konzeption, 8. Aufl., München.

BECKMANN, M. (2007): Personal, in: Köhler, R./Küpper, H.U./Pfingsten, A. (Hrsg.): Handwörterbuch der Betriebswirtschaft, 6. Aufl., Stuttgart, Sp. 1344-1354.

BEER, M. (1980): Organizational Change and Development, Glenview/Ill. u.a.

BEHRENS, G. (1995): Verhaltenswissenschaftliche Grundlagen des Marketing, in: Tietz, B./Köhler, R./Zentes, J. (Hrsg.): Handwörterbuch des Marketing, 2. Aufl., Stuttgart, Sp. 2554-2564.

BENTHAM, J. (1952): Jeremy Bentham´s Economic Writings, hrsg. v. W. Stark, London.

BENTHAM, J. (1962): The Works of Jeremy Bentham, hrsg. v. J. Bowring, New York.

BERGER, P.L./LUCKMANN, T. (1966): The Social Construction of Reality, New York.

BIEG, H. (1995): Absatzfinanzierung, in: Tietz, B./Köhler, R./Zentes, J. (Hrsg.): Handwörterbuch des Marketing, 2. Aufl., Stuttgart, Sp. 1-12.

BONOMA, T.V. (1985): The Marketing Edge, New York.

BOSTON CONSULTING GROUP (Hrsg.) (1970): The Product Portfolio, Perspective No. 66, Boston.

BOURDIEU, P. (1983): Ökonomisches Kapital, kulturelles Kapital, soziales Kapital, in: Kreckel, R. (Hrsg.): Soziale Ungleichheiten. Soziale Welt, Sonderband 2, Göttingen, S. 183-198.

BOURGEOIS, L.J./BRODWIN, D.R. (1984): Strategic Implementation. Five Approaches to an Elusive Phenomenon, in: Strategic Management Journal, 5. Jg., S. 241-264.

BOWMAN, E.H./SINGH, H./THOMAS, H. (2002): The Domain of Strategic Management, in: Pettigrew, A./Thomas, H./Whittington, R. (Hrsg.): Handbook of Strategy and Management, London u.a., S. 31-51.

BRANDENBURGER, A.M./NALEBUFF, B.J. (1995): The Right Game. Use Game Theory to Shape Strategy, in: Harvard Business Review, 73. Jg., H. 4, S. 57-71.

BREID, V. (1994): Erfolgspotentialrechnung, Stuttgart.

BRESSER, R.K.F. (1989): Kollektive Unternehmensstrategien, in: ZfB, 59. Jg., S. 545-564.

BRESSER, R.K.F. (1998): Strategische Managementtheorie, Berlin.

BRETZ, H. (1988): Unternehmertum und Fortschrittsfähige Organisation, München.

BRUHN, M. (1997): Kommunikationspolitik, München.

BRUHN, M. (1999): Internes Marketing als Forschungsgebiet der Marketingwissenschaft, in: Bruhn, M. (Hrsg.): Internes Marketing, 2. Aufl., Wiesbaden, S. 15-44.

BÜSCHKEN, J. (1994): Multipersonale Kaufentscheidungen, Wiesbaden.

BUSSE VON COLBE, W./HAMMANN, P./LASSMANN, G. (1992): Betriebswirtschaftstheorie, Band 2, 4. Aufl., Berlin u.a.

BUSSE VON COLBE, W./LASSMANN, G. (1992): Betriebswirtschaftstheorie, Band 1, 5. Aufl., Berlin u.a.

BUZZELL, R.D./GALE, B.T. (1989): Das PIMS-Programm, Wiesbaden.

CANTILLON, R. (1755): Essai sur la nature du commerce en général, London.

CASSON, M. (1982): The Entrepreneur. An Economic Theory, Oxford.

CASSON, M. (1996): The Nature of the Firm Reconsidered: Information Synthesis and Entrepreneurial Organisation, in: Buckley, P.J. (Hrsg.): International Business Theory, Wiesbaden (Management Internationla Review, 36. Jg., Special Issue 1/1996), S. 55-94.

CHANDLER, A.D. (1962): Strategy and Structure, Cambridge/Mass.

CHAPMAN, S./ASHTON, T. (1914): The Sizes of Business, Mainly in Textile Industry, in: Journal of Royal Statistical Society, 77. Jg., S. 510-522.

CHMIELEWICZ, K. (1986): Grundstrukturen der Unternehmensverfassung, in: Gaugler, E./Meissner, H.-G.; Thom, N. (Hrsg.): Zukunftsperspektiven der anwendungsorientierten Betriebswirtschaftslehre, Stuttgart, S. 3-21.

CLARK, J.B. (1899): The Distribution of Wealth, London.

COASE, R.H. (1937): The Nature of the Firm, in: Economica, 4. Jg., S. 386-405.

COASE, R.H. (1960): The Problem of Social Cost, in: Journal of Law and Economics, 3. Jg., S. 1-44.

COHEN, W.H./LEVINTHAL, D.A. (1990): Absorptive Capacity, in: Administrative Science Quarterly, 35. Jg., S. 128-152.

COLE, A.H. (1949): Entrepreneurship and Entrepreneurial History, in: Research Center in Entrepreneurial History: Change and the Entrepreneur, Cambridge, S. 85-107.

CONNER, K.R. (1991): A Historical Comparison of Resource-based Theory and Five Schools of Thought within Industrial Organization Economics, in: Journal of Management, 17. Jg., S. 121-154.

CONNER, K.R./PRAHALAD, C.K. (1996): A Resource-based Theory of the Firm, in: Organization Science, 7. Jg., S. 477-501.

CORSTEN, H. (1998): Grundlagen der Wettbewerbsstrategie, Stuttgart.

CORSTEN, H. (2001): Dienstleistungsmanagement, 4. Aufl., München/Wien.

CUNNINGHAM, J.B./LISCHERON, J. (1991) : Defining Entrepreneurship, in: Journal of Small Business Management, 29. Jg., S. 45-61.

CYERT, R.M./MARCH, J.G. (1963): A Behavioral Theory of the Firm, Englewood Cliffs/N.J.

CZARNIAWSKA-JOERGES, B./WOLFF, R. (1991): Leaders, Managers, Entrepreneurs On and Off the Organizational Stage, in: Organization Studies, 12. Jg., S. 529-546.

DAHRENDORF, R. (1965): Homo Sociologicus, Köln/Opladen.

D'AVENI, R. (1994): Hypercompetition, New York.

DAY, G.S. (1984): Strategic Market Planning, St. Paul u.a.

DAY, G.S./WENSLEY, R. (1988): Assessing Advantage, in: Journal of Marketing, 52. Jg., H. 2, S. 1-20.

DARBY, M.R./KARNI, E. (1973): Free Competition an the Optimal Account of Fraud, in: Journal of Law and Economics, 16. Jg., S. 67-88.

DECKER, R./WAGNER, R.-P. (2001): Konkurrenzforschung (Competitive Intelligence), in: Diller, H. (Hrsg.): Vahlens Großes Marketinglexikon, 2. Aufl., München, S. 805-808.

DELFMANN, W./ARZT, R. (2001): Marketing-Logistik (Distributionslogistik, Physische Distribution), in: Diller, H. (Hrsg.): Vahlens Großes Marketinglexikon, 2. Aufl., München, S. 993-998.

DIETL, H. (1993): Institutionen und Zeit, Tübingen.

DIETL, H. (1995): Institutionelle Koordination spezialisierungsbedingter wirtschaftlicher Abhängigkeit, in: ZfB, 65. Jg., S. 569-585.

DILLER, H. (1994): Beziehungsmanagement und Konsumentenforschung, in: Arbeitspapier 32 des Lehrstuhls für Marketing, Betriebswirtschaftliches Institut, Universität Erlangen-Nürnberg, Nürnberg.

DILLER, H. (1995): KAMQUAL, in: Diller, H. (Hrsg.): Beziehungsmanagement, Nürnberg, S. 35-68.

DILLER, H. (2001a): Wettbewerb, in: Diller, H. (Hrsg.): Vahlens Großes Marketinglexikon, 2. Aufl., München, S. 1903-1904.

DILLER, H. (2001b): Marketing-Instrument, in: Diller, H. (Hrsg.): Vahlens Großes Marketinglexikon, 2. Aufl., München, S. 984-985.

DILLER, H. (2001c): Kommunikationspolitik, in: Diller, H. (Hrsg.): Vahlens Großes Marketinglexikon, 2. Aufl., München, S. 791-793.

DILLER, H. (2006a): Preispolitik, 4. Aufl., Stuttgart u.a.

DILLER, H. (2006b): Grundprinzipien des Marketing, 2. Aufl., Nürnberg.

DILLER, H./KUSTERER, M. (1988): Beziehungsmanagement. Theoretische Grundlagen und empirische Befunde, in: Marketing-ZFP, 10. Jg., S. 211-220.

DILLERUP, R./STOI, R. (2006): Unternehmensführung, München.

DIMAGGIO, P.J./POWELL, W.W. (1991): Introduction, in: Powell, W.W./DiMaggio, P.J. (Hrsg.): The New Institutionalism in Organizational Analysis, Chicago, S. 1-38.

DOLLINGER, M.J. (2003): Entrepreneurship, 3. Aufl., New York.

DOWLING, M./LECHNER, C. (1998): Kooperative Wettbewerbsbeziehungen, in: DBW, 58. Jg., H. 1, S. 86-102.

DROEGE, W./BACKHAUS, K./WEIBER, R. (1993) (Hrsg.): Strategien für Investitionsgütermärkte, Landsberg a.L.

DRUCKER, P.F. (1954): The Practice of Management, New York.

DRUCKER, P.F. (2006): The Practice of Management, New York (reissue).

ELSCHEN, R. (1982): Betriebswirtschaftslehre und Verhaltenswissenschaften. Probleme einer Erkenntnisübernahme am Beispiel des Risikoverhaltens bei Gruppenentscheidungen, Frankfurt/M.

ELSNER, W. (1987): Institutionen und ökonomische Institutionentheorie, in: WiSt, 16. Jg., H. 1, S. 5-14.

ENGELHARDT, W.H. (1968): Betriebswirtschaftliche Probleme des Unternehmungswachstums, unveröff. Habilitationsschrift, Frankfurt/M.

ENGELHARDT, W.H. (1990): Aktionsparameter des Marketing, Ruhr-Universität Bochum 1990 (unveröffentlichtes Manuskript).

ENGELHARDT, W.H. (1995a): Markt, in: Tietz, B./Köhler, R./Zentes, J. (Hrsg.): Handwörterbuch des Marketing, 2. Aufl., Stuttgart, Sp. 1696-1708.

ENGELHARDT, W.H. (1995b): Investitionsgütermarketing, in: Tietz, B./Köhler, R./Zentes, J. (Hrsg.): Handwörterbuch des Marketing, 2. Aufl., Stuttgart, Sp. 1056-1067.

ENGELHARDT, W.H./FREILING, J. (1995a): Die integrative Gestaltung von Leistungspotentialen, in: ZfbF, 47. Jg., S. 899-918.

ENGELHARDT, W.H./FREILING, J. (1995b): Integrativität als Brücke zwischen Einzeltransaktion und Geschäftsbeziehung, in: Marketing-ZFP, 17. Jg., S. 37-43.

ENGELHARDT, W.H./FREILING, J. (1998): Aktuelle Tendenzen der marktorientierten Unternehmungsführung, in: WiSt, 27. Jg., S. 565-572.

ENGELHARDT, W.H./GÜNTER, B. (1981): Investitionsgüter-Marketing, Stuttgart u.a.

ENGELHARDT, W.H./KLEINALTENKAMP, M./RECKENFELDERBÄUMER, M. (1993): Leistungsbündel als Absatzobjekte, in: ZfbF, 45. Jg., S. 395-426.

ENGELHARDT, W.H./RECKENFELDERBÄUMER, M. (1996): Marketing für investive Service-Leistungen, in: HMD Theorie und Praxis der Wirtschaftsinformatik, 33. Jg., H. 187, S. 7-23.

ERLEI, M./LESCHKE, M./SAUERLAND, D. (2007): Neue Institutionenökonomik, 2.Aufl., Stuttgart.

ESCH, F.-R. (2007): Strategie und Technik der Markenführung, 3.Aufl., München.

FARMER, R.N./RICHMAN, B.M. (1970): Comparative Management and Economic Progress, 2. Aufl., Bloomington.

FAYOL, H. (1929): Allgemeine und industrielle Verwaltung, Berlin.

FESTINGER, L. (1957): A Theory of Cognitive Dissonance, Stanford.

FISCHER, M. (1993a): Make-or-Buy-Entscheidungen im Marketing, Wiesbaden.

FISCHER, M. (1993b): Distributionsentscheidungen aus transaktionskostentheoretischer Sicht, in: Marketing-ZFP, 15. Jg., S. 247-258.

FISCHER, M./HÜSER, A./MÜHLENKAMP, C./SCHADE, C./SCHOTT, E. (1993): Marketing und neuere ökonomische Theorie, in: Betriebswirtschaftliche Forschung und Praxis, 45. Jg., H. 4, S. 444-470.

FLECK, A. (1995): Hybride Wettbewerbsstrategien, Wiesbaden.

FLIEß, S. (2000): Industrielle Kaufverhalten, in: Kleinaltenkamp, M./Plinke, W. (Hrsg.): Technischer Vertrieb, 2. Aufl., Berlin u.a., S. 251-369.

FLIEß, S. (2001): Die Steuerung von Kundenintegrationsprozessen, Wiesbaden.

FRANK, R.E./MASSY, W.F./WIND, Y. (1972): Market Segmentation, Englewood Cliffs, N.J.

FREEMAN, R.E. (1984): Strategic Management, Marshfield.

FREILING, J. (1994): Die Umsetzung von TQM, Arbeitspapiere zum Marketing, Nr. 30, Ruhr-Universität Bochum, Bochum.

FREILING, J. (1995): Die Abhängigkeit der Zulieferer, Wiesbaden.

FREILING, J. (1998): Kompetenzorientierte Strategische Allianzen, in: io management, 67. Jg., H. 6, S. 23-29.

FREILING, J. (2001): Resource-based View und ökonomische Theorie, Wiesbaden.

FREILING, J. (2002): Strategische Positionierung auf Basis des „Produktivitätsgrenzen-Ansatzes", in: DBW, 62. Jg., S. 377-395.

FREILING, J. (2004): Competence-based View der Unternehmung, in: Die Unternehmung, 58. Jg., S. 5-25.

FREILING, J. (2006): Entrepreneurship, München.

FREILING, J. (2007): Erfolgspotenziale, in: Köhler, R./Küpper, H.-U./Pfingsten, A. (Hrsg.): Handwörterbuch der Betriebswirtschaft, 6. Aufl., Stuttgart, Sp. 402-412.

FREILING, J. (2008): SME Management – What Can We Learn from Entrepreneurship Theory?, in: International Journal of Entrepreneurship Education, 6. Jg., S. 1-19.

FREILING, J. (2009): Uncertainty, Innovation, and Entrepreneurial Functions: Working out an Entrepreneurial Management Approach, in: International Journal of Technology Intelligence and Planning, 5. Jg., Heft 1, S. 22-35.

FREILING, J./ESTEVÃO, M.-J. (2003): Wirtschaftlichkeitsrechnung von E-Business-Investitionen im Mittelstand, Bremer Arbeitspapiere zur Mittelstandsforschung, Nr. 2, Bremen.

FREILING, J./GERSCH, M./GOEKE, C. (2006): Eine „Competence-based Theory of the Firm" als marktprozesstheoretischer Ansatz, in: Managementforschung, Band 16: Management von Kompetenz, hrsg. von Schreyögg, G./Conrad, P., Wiesbaden 2006, S. 37-82.

FREILING, J./GERSCH, M./GOEKE, C. (2008): On the Path Towards a Competence-based Theory of the Firm, in: Organization Studies, 29. Jg., S. 1143-1164.

FREILING, J./RECKENFELDERBÄUMER, M. (1996): Integrative und autonome Prozesskonstellationen als Basis und Herausforderung eines auf Handlungsebenen bezogenen Marketing, in: Meyer A. (Hrsg.): Grundsatzfragen und Herausforderungen des Dienstleistungsmarketing, Wiesbaden, S. 21-67.

FREIMÜLLER, P./SCHOBER, K. (2001): Public Relations (PR), in: Diller, H. (Hrsg.): Vahlens Großes Marketinglexikon, 2. Aufl., München, S. 1443-1444.

FRENCH, J.R./RAVEN, B. (1959): The Bases of Social Power, in: Cartwright, D. (Hrsg.): Studies in Social Power, Ann Arbor/MI, S. 150-167.

FRESE, E. (2005): Grundlagen der Organisation, 9. Aufl., Wiesbaden.

FRETER, H. (1995): Marktsegmentierung, in: Tietz, B./Köhler, R./Zentes, J. (Hrsg.): Handwörterbuch des Marketing, 2. Aufl., Stuttgart, Sp. 1802-1814.

FRITZ, W./FÖRSTER, F./RAFFÉE, H./SILBERER, G. (1985): Unternehmensziele in Industrie und Handel, in: DBW, 45. Jg., H. 4, S. 375-394.

GÄLWEILER, A. (1990): Strategische Unternehmensführung, 2. Aufl., Frankfurt/M.

GERHARDT, J. (1930): Unternehmertum und Wirtschaftsführung, Tübingen.

GESCHKA, H. (1999): Die Szenario-Technik in der strategischen Unternehmensplanung, in: Hahn, D./Taylor, B. (Hrsg.): Strategische Unternehmensplanung – Strategische Unternehmensführung, 8. Aufl., Heidelberg, S. 518-545.

GESCHKA, H./VON REIBNITZ, U. (1983): Die Szenario-Technik, in: Töpfer, A./Afheldt, H. (Hrsg.): Praxis der strategischen Unternehmensplanung, Frankfurt/M., S. 125-170.

GIDDENS, A. (1988): Die Konstitution der Gesellschaft, Frankfurt/M., New York.

GIERL, H. (1995): Diffusion, in: Tietz, B./Köhler, R./Zentes, J. (Hrsg.): Handwörterbuch des Marketing, 2. Aufl., Stuttgart, Sp. 469-477.

GILBERT, X./STREBEL, P. (1987): Strategies to Outpace the Competition, in: Journal of Business Strategy, 8. Jg., S. 28-36.

GÖRGEN, W. (1995): Wettbewerbsanalyse, in: Tietz, B./Köhler, R./Zentes, J. (Hrsg.): Handwörterbuch des Marketing, 2. Aufl., Stuttgart, Sp. 2716-2729.

GRÄSER, T./WELLING, M. (2003): Die Ökonomie der Aufmerksamkeit – eine kritische Analyse aus wissenschaftstheoretischer und ökonomischer Perspektive, in: Hammann, P. (Hrsg.): Schriften zum Marketing Nr. 46, Bochum 2003.

GRAEVENITZ, H./WÜRGLER, A. (1983): Langfristige Strukturveränderungen – Geschäftspolitische Rahmendaten, in: Töpfer, A./Afheldt, H. (Hrsg.): Praxis der strategischen Unternehmensplanung, Frankfurt/M., S. 107-124.

GRANT, R.M. (2008): Contemporary Strategy Analysis, 6. Aufl., Malden/Mass. u.a.

GRANT, R.M./NIPPA, M. (2006): Strategisches Management, 5. Aufl., München u.a.

GROCHLA, E. (1978): Einführung in die Organisationstheorie, Stuttgart.

GRÖMLING, M. (2007): Messung und Trends der intersektoralen Arbeitsteilung, in: IW-Trends, 34. Jg., H. 1, S. 3-16.

GRØNHAUG, K./NORDHAUG, O. (1992): Strategy and Competence in Firms, in: European Management Journal, 10. Jg., S. 438-443.

GRUNERT, K.G. (1995): Konkurrentenanalyse, in: Tietz, B./Köhler, R./Zentes, J. (Hrsg.): Handwörterbuch des Marketing, 2. Aufl., Stuttgart, Sp. 1226-1234.

GÜNTER, B. (1995): Vertragsgestaltung, in: Kleinaltenkamp, M./Plinke, W. (Hrsg.): Technischer Vertrieb, Berlin u.a., S. 923-946.

GULICK, L.H. (1937): Notes on the Theory of Organizations, in: Gulick, L.H./Urwick, L.F. (Hrsg.): Papers on the Science of Administration, New York, S. 1-45.

GUTENBERG, E. (1958): Einführung in die Betriebswirtschaftslehre, Wiesbaden.

GUTENBERG, E. (1966): Grundlagen der Betriebswirtschaftslehre, Band I, 12. Aufl., Berlin u.a.

HAASE, M. (2002): Institutionenökonomische Betriebswirtschaftstheorie, Wiesbaden.

HAEDRICH, G./TOMCZAK, T. (2004): Strategische Markenführung, 3. Aufl., Bern u.a.

HÄUSSERMANN, E. (1932): Der Unternehmer, seine Funktion, seine Zielsetzung, sein Gewinn, Stuttgart.

HAHN, D. (2005): Zweck und Entwicklung der Portfolio-Konzepte in der strategischen Unternehmungsplanung, in: Hahn, D./Taylor, B. (Hrsg.): Strategische Unternehmungsplanung – Strategische Unternehmungsführung, 9. Aufl., Heidelberg, S. 215-248.

HAMEL, G./PRAHALAD, C.K.(1994): Competing for the future, Boston/MA.

HAMEL, G./PRAHALAD, C.K. (1995): Wettlauf um die Zukunft, Wien.

HAMMANN, P. (1974): Sekundärleistungspolitik als absatzpolitisches Instrument, in: Hammann, P./Kroeber-Riel, W./Meyer, C.W. (Hrsg.): Neuere Ansätze der Marketingtheorie, Berlin, S. 135-154.

HAMMANN, P./LOHRBERG, W. (1986): Beschaffungsmarketing, Stuttgart.

HAMMANN, P./PALUPSKI, R./VON DER GATHEN, A./WELLING, M. (2001): Markt und Unternehmung, 4. Aufl., Aachen.

HAMMER, M./ CHAMPY, J. (2004): Reengineering the Corporation, New York.

HANSEN, U. (1990): Absatz- und Beschaffungsmarketing des Einzelhandels, 2. Aufl., Göttingen.

HANSEN, U./BODE, M. (1999): Marketing und Konsum, München.

HARDOCK, P. (2002): SWOT-Analyse, in: Simon, H./von der Gathen, A. (Hrsg): Das große Handbuch der Strategieinstrumente, Frankfurt/M./New York, S. 214-222.

HARTMANN, H. (1959): Managers and Entrepreneurs, in: Administrative Science Quarterly, 3. Jg., S. 429-451.

HAUSCHILDT, J. (1977): Entscheidungsziele, Tübingen.

HAUSCHILDT, J. (2004): Innovationsmanagement, 3.Aufl., München.

HAWLEY, F.B. (1893): The Risk Theory of Profit, in: Quarterly Journal of Economics, 7. Jg., S. 459-479.

HAWLEY, F.B. (1900): Entreprise and Profit, in: Quarterly Journal of Economics, 15. Jg., S. 75-105.

HAWLEY, F.B. (1927): The Orientation of Economics on Enterprise, in: The American Economic Review, 17. Jg.

HÉBERT, R.F./LINK, A.N. (1988): The Entrepreneur, 2. Aufl., New York.

HEENE, A. (1993): Classifications of Competence and Their Impact on Defining, Measuring, and Developing 'Core Competence', Paper des 2. International EIASM-Workshops on Competence-based Competition, Brüssel.

HEIL, O./DAY, G.S./REIBSTEIN, D.J. (1998): Signaling an Wettbewerber, in: Day, G.S./Reibstein D.J.: Wharton zur dynamischen Wettbewerbsstrategie, Düsseldorf u.a., S. 314-331.

HEINEN, E. (1976): Grundlagen betriebswirtschaftlicher Entscheidungen, 3. Aufl., Wiesbaden.

HELFAT, C., FINKELSTEIN, S., MITCHELL, W., PETERAF, M.A., SINGH, H., TEECE, D.J., WINTER, S.G. (2007): Dynamic Capabilities, Malden.

HENDERSON, B.D. (1971): Construction of a Business Strategy, Boston.

HENDERSON, B.D. (1974): Die Erfahrungskurve in der Unternehmensstrategie, Frankfurt/M. u.a.

HERKNER, W. (1991): Lehrbuch Sozialpsychologie, 5. Aufl., Bern u.a.

HEUSS, E. (1965): Allgemeine Markttheorie, Tübingen/Zürich.

HILKER, J. (1993): Marketingimplementierung. Grundlagen und Umsetzung am Beispiel ostdeutscher Unternehmen, Wiesbaden.

HINTERHUBER, H.H. (2004): Strategische Unternehmensführung Bd. 1, 7. Aufl., Berlin/New York.

HINTERHUBER, H.H. (2004a): Leadership, 3. Aufl., Frankfurt/M.

HINTERHUBER, H.H./KIRCHEBNER, M. (1983): Die Analyse strategischer Gruppen von Unternehmungen, in: ZfB, 53. Jg., S. 854-868.

HOFMANN, M. (1968): Das Unternehmerische Element in der Betriebswirtschaft, Berlin.

HOMBURG, C./KROHMER, H. (2006): Marketingmanagement, 2.Aufl., Wiesbaden.

HORVÁTH, P. (1978): Controlling – Entwicklung und Stand einer Konzeption zur Lösung der Adaptions- und Koordinationsprobleme der Führung, in: ZfB, 48. Jg., S. 194-208.

HOWARD, J.A./SHETH, J.N. (1969): The Theory of Buyer Behavior, New York.

HUIZINGA, J. (1939): Homo ludens. Vom Ursprung der Kultur im Spiel, Berlin.

HUNGENBERG, H. (2006): Strategisches Management in Unternehmen, 4. Aufl., Wiesbaden.

HUSELID, M. (1995): The Impact of Human Resource Management Practices on Turnover, Productivity, and Corporate Financial Performance, in: Academy of Management Journal, 38. Jg., S. 635-672.

JACOB, F. (2002): Geschäftsbeziehungen und die Institutionen des marktlichen Austauschs, Wiesbaden.

JENKS, L.H. (1949): Role Structure of Entrepreneurial Personality, in: Research Center in Entrepreneurial History: Change and the Entrepreneur, Cambride, S. 108-152.

JOST, P.-J. (2001a): Theoretische Grundlagen der Spieltheorie, in: Jost, P.-J. (Hrsg.): Die Spieltheorie in der Betriebswirtschaftslehre, Stuttgart, S. 43-78.

JOST, P.-J. (2001b): Die Prinzipal-Agenten-Theorie im Unternehmenskontext, in: Jost, P.-J. (Hrsg.): Die Prinzipal-Agenten-Theorie in der Betriebswirtschaftslehre, Stuttgart, S. 11-43.

JUNG, H. (2006): Personalwirtschaft, 7. Aufl., München/Wien.

KAAS, K.P. (1990): Marketing als Bewältigung von Informations- und Unsicherheitsproblemen im Markt, in: DBW, 50. Jg., S. 539-548.

KAAS, K.P. (1991): Kontraktgütermarketing als Kooperation von Prinzipalen und Agenten, Arbeitspapier Nr. 12 der Reihe „Konsum und Verhalten", Frankfurt/M.

KAAS, K.P. (1992): Kontraktgütermarketing als Kooperation zwischen Prinzipalen und Agenten, in: ZfbF, 44. Jg., S. 884-901.

KAAS, K.P. (1995): Informationsökonomik, in: Tietz, B./Köhler, R./Zentes, J. (Hrsg.): Handwörterbuch des Marketing, 2. Aufl., Stuttgart, Sp. 971-981.

Kaplan, R.S./Norton, D.P. (1997): Balanced Scorecard, Stuttgart.

KAPPLER, E. (1975): Zielsetzungs- und Zieldurchsetzungsplanung in Betriebswirtschaften, in: Ulrich, H. (Hrsg.): Unternehmensplanung, Wiesbaden, S. 82-102.

KEMPER, A.C. (2000): Strategische Markenpolitik im Investitionsgüterbereich, Köln.

KEYNES, J.M. (1964): The General Theory of Employment, Interest, and Money, New York.

KIESER, A. (1988): Erklären die Theorie der Verfügungsrechte und der Transaktionskostenansatz historischen Wandel von Institutionen?, in: Budäus, D./Gerum, E./Zimmermann, G. (Hrsg.): Betriebswirtschaftslehre und Theorie der Verfügungsrechte, Wiesbaden, S. 299-323.

KIESER, A. (1992): Lebenszyklus von Organisationen, in: Gaugler, E./Weber, W. (Hrsg.): Handwörterbuch des Personalwesens, 2. Aufl., Stuttgart, Sp. 1222-1239.

KIESER, A./Ebers, M. (Hrsg.) (2006): Organisationstheorien, 6. Aufl., Stuttgart u.a.

KIESER, A./WALGENBACH,P. (2007): Organisation, 7. Aufl., Berlin/New York.

KIRSCH, W. (1970) Entscheidungsprozesse, Band I, Wiesbaden.

KIRSCH, W. (1990): Unternehmenspolitik und strategische Unternehmensführung, München.

KIRSCH, W./KUTSCHKER, M./LUTSCHEWITZ, H. (1980): Ansätze und Entwicklungstendenzen im Investitionsgütermarketing, 2. Aufl., Stuttgart.

KIRSCH, W./OBRING, K. (1994): Grundrisse einer Theorie der strategischen Unternehmensführung, in: Engelhard, J. (Hrsg.): Strategien für nationale und internationale Märkte, Wiesbaden, S. 1-34.

KIRZNER, I.M. (1973): Competition and Entrepreneurship, Chicago.

KIRZNER, I.M. (1978): Wettbewerb und Unternehmertum, Tübingen.

KIRZNER, I.M. (1989): Discovery, Capitalism and Distributive Justice, Oxford u.a.

KLANDT, H. (1984): Aktivität und Erfolg des Unternehmensgründers, Gladbach.

KLEIN, B./CRAWFORD, R.G./ALCHIAN, A.A. (1978): Vertical Integration, Appropriable Rents, and the Competitive Contracting Process, in: Journal of Law and Economics, 21. Jg., S. 297-326.

KLEINALTENKAMP, M. (1987): Die Dynamisierung strategischer Marketing-Konzepte, in: ZfbF, 39. Jg., S. 31-52.

KLEINALTENKAMP, M. (2002a): Wettbewerbsstrategie, in: Kleinaltenkamp, M./Plinke, W. (Hrsg.): Strategisches Business-to-Business-Marketing, 2. Aufl., Berlin u.a., S. 57-189.

KLEINALTENKAMP, M. (2002b): Marktsegmentierung, in: Kleinaltenkamp, M./Plinke, W. (Hrsg.): Strategisches Business-to-Business-Marketing, 2. Aufl., Berlin u.a., S. 191-234.

KLEINALTENKAMP, M./JACOB, F. (2006): Grundlagen der Gestaltung des Leistungsprogramms, in: Kleinaltenkamp, M./Plinke, W./Jacob,F./Söllner,A. (Hrsg.): Markt- und Produktmanagement, 2. Aufl., Berlin u.a., S. 3-73.

KLÖTER, R. (1997): Opponenten im organisationalen Beschaffungsprozess, Wiesbaden.

KNIGHT, F.H. (1921): Risk, Uncertainty, and Profit, Boston.

KNYPHAUSEN-AUFSEß, D. ZU (1995): Theorie der strategischen Unternehmensführung, Wiesbaden.

KÖHLER, R. (1993): Absatzsegmentrechung, in: Chmielewicz, K./Schweitzer, M. (Hrsg.): Handwörterbuch des Rechnungswesens, 3. Aufl., Stuttgart, Sp. 7-15.

KOGUT, B./ZANDER, U. (1992): Knowledge of the Firm, Combinative Capabilities, and the Replication of Technology, in: Organization Science, 3. Jg., S. 383-397.

KOPPELMANN, U. (1995): Design, in: Tietz, B./Köhler, R./Zentes, J. (Hrsg.): Handwörterbuch des Marketing, 2. Aufl., Stuttgart, Sp.440-453.

KOPPELMANN, U. (2004): Beschaffungsmarketing, 4. Aufl., Berlin u.a.

KORALLUS, L. (1988): Die Lebenszyklustheorie der Unternehmung, Frankfurt a.M.

KORNDÖRFER, W. (2003): Allgemeine Betriebswirtschaftslehre, 13. Aufl., Wiesbaden.

KOSIOL, E. (1968): Einführung in die Betriebswirtschaftslehre, Wiesbaden

KOTHA, S. (1995): Mass Customization, in: Strategic Management Journal, 16. Jg., S. 21-42.

KOTLER, P. (1967): Marketing Management, 1. Aufl., Englewood Cliffs/N.J.

KOTLER, P. (1972): A Generic Concept of Marketing, in: Journal of Marketing, 36. Jg., H. 2, S. 46-54.

KOTLER, P./KELLER, K.L. (2005): Marketing Management, 12. Aufl., Englewood Cliffs/N.J.

KOTLER, P./BLIEMEL, F./KELLER, K.L. (2007): Marketing-Management, 11. Aufl., Stuttgart.

KROEBER-RIEL, W. (1995a): Werbung, in: Tietz, B./Köhler, R./Zentes, J. (Hrsg.): Handwörterbuch des Marketing, 2. Aufl., Stuttgart, Sp. 2691-2703.

KROEBER-RIEL, W. (1995b): Konsumentenverhalten, in: Tietz, B./Köhler, R./Zentes, J. (Hrsg.): Handwörterbuch des Marketing, 2. Aufl., Stuttgart, Sp. 1234-1246.

KROEBER-RIEL, W./WEINBERG, P. (2003): Konsumentenverhalten, 8. Aufl., München.

KUBICEK, H. (1981): Unternehmungsziele, Zielkonflikte und Zielbildungsprozesse, in WiSt, 10. Jg., H. 10, S. 458-466.

KÜHN, R. (1995a): Markteintritts- und Marktaustrittsstrategien, in: Tietz, B./Köhler, R./Zentes, J. (Hrsg.): Handwörterbuch des Marketing, 2. Aufl., Stuttgart, Sp. 1756-1768.

KÜHN, R. (1995b): Marketing-Mix, in: Tietz, B./Köhler, R./Zentes, J.achim (Hrsg.): Handwörterbuch des Marketing, 2. Aufl., Stuttgart, Sp. 1615-1628.

KUHN, T. (2003): Fit machen, in: Wirtschaftswoche, o. Jg., Nr. 34, S. 59-61.

KÜPPER, H.-U. (1988): Koordination und Interdependenz als Bausteine einer konzeptionellen und theoretischen Fundierung des Controllings, in: Lücke, W. (Hrsg.): Betriebswirtschaftliche Steuerungs- und Kontrollprobleme, Wiesbaden, S. 163-183.

KUSS, A./TOMCZAK, T. (2004): Marketingplanung, 4. Aufl., Wiesbaden.

KUTSCHKER, M./SCHMID, S. (2005): Internationales Management, 5. Aufl., München/Wien.

LEIBENSTEIN, H. (1968): Entrepreneurship and Development, in: American Economic Review, 48. Jg., S. 72-83.

LEONARD-BARTON, D. (1992): Core-Capabilities and Core-Rigidities: A Paradox in Managing New Product Development, in: Strategic Management Journal, 13. Jg., S. 111-126.

LEVITT, T. (1960): Marketing Myopia, in: Harvard Business Review, 38. Jg., H. 4, S. 45-56.

LIEBMANN, H.P. (1995): Marketing-Logistik, in: Tietz, B./Köhler, R./Zentes, J. (Hrsg.): Handwörterbuch des Marketing, 2. Aufl., Stuttgart, Sp. 1586-1598.

LINK, J. (1985): Organisation der strategischen Planung, Heidelberg/Wien.

LINK, J. (1988): Moderne Planungsmethoden im Mittelstand, Heidelberg.

LIPPMANN, S.A./RUMELT, R.P. (1982): Uncertain Imitability, in: Bell Journal of Economics, 13. Jg., S. 418-438.

LOMBRISER, R./APLANALP, P.A. (1997): Strategisches Management, Zürich.

LUHMANN, N. (1988): Die Wirtschaft der Gesellschaft, Frankfurt/M.

MACHARZINA, K. (1999): Unternehmensführung, 3. Aufl., Wiesbaden.

MACHARZINA, K./WOLF, J. (2005): Unternehmensführung, 5. Aufl., Wiesbaden.

MAG, W. (1977): Entscheidung und Information, München.

MARCH, J.G. (1991): Exploration and Exploitation in Organizational Learning, in: Organization Science, 2. Jg., S. 71-87.

MARCH, J.G./SIMON, H.A. (1958): Organizations, New York u.a.

MARKOWITZ, H.M. (1959): Portfolio Selection, New York.

MARSCHNER, H.F. (1995): Konditionenpolitik, in: Tietz, B./Köhler, R./Zentes, J. (Hrsg.): Handwörterbuch des Marketing, 2. Aufl., Stuttgart, Sp. 1211-1226.

MARSHALL, A. (1891/1979): Principles of Economics, 1. Aufl./8. Aufl. (Nachdruck), London.

MARX, K. (1961): Das Kapital, Bd. I, 10. Aufl, Bd. II, 8. Aufl., Bd. III, 8. Aufl., Berlin.

MASLOW, A.H. (1943): A Theory of Human Motivation, in: Psychological Review, 50. Jg., S. 370-396.

MASON, E.S. (1939): Economic Concentration and the Monopoly Problem, Cambridge.

MATAJA, V. (1884): Der Unternehmergewinn, Wien.

MATIASKE, W. (1999): Soziales Kapital in Organisationen, München/Mering.

McCARTHY, J.E. (1960): Basic Marketing. A Managerial Approach, 6. Aufl., Homewood/Ill.

McKENNA, R. (1991): Marketing is Everything, in: Harvard Business Review, 69. Jg., H. 1, S. 65-79.

McNAMARA, C. P. (1972): The Present Status of the Marketing Concept, in: Journal of Marketing, January 1972, S. 50-57.

MEFFERT, H. (1994): Marketing-Management, Wiebaden.

MEFFERT, H. (2000): Marketing, 9. Aufl., Wiesbaden.

MEFFERT, H./BURMANN, C. (2005): Wandel in der Markenführung, in: Meffert, H./Burmann, C./Koers, M. (Hrsg.): Markenmanagement, 2.Aufl., Wiesbaden, S. 18-33.

MEFFERT, H./BURMANN, C./KOERS, M. (2005): Stellenwert und Gegenstand des Markenmanagement, in: Meffert, H./Burmann, C./Koers, M. (Hrsg.): Markenmanagement, 2.Aufl., Wiesbaden, S. 3-15.

MEINHÖVEL, H. (2004): Grundlagen der Principal-Agent-Theorie, in: WiSt, 33. Jg., S. 470-475.

MEINIG, W. (1995): Lebenszyklen, in: Tietz, B./Köhler, R./Zentes, J. (Hrsg.): Handwörterbuch des Marketing, 2. Aufl., Stuttgart, Sp. 1392-1405.

MELLEROWICZ, K. (1958): Allgemeine Betriebswirtschaftslehre, Erster Band, 10. Aufl., Berlin.

MENGER, C. (1871): Grundsätze der Volkswirtschaftslehre, Wien.

MEYER, J.-A. (1995): Public Relations, in: Tietz, B./Köhler, R./Zentes, J. (Hrsg.): Handwörterbuch des Marketing, 2. Aufl., Stuttgart, Sp. 2195-2203.

MEYER, J.W./ROWAN, B. (1977): Institutionalized Organizations, in: American Journal of Sociology, Vol. 83, S. 340-363.

MEYER, M. (1995a): Die ökonomische Organisation der Industrie, Wiesbaden.

MEYER, M. (1995b): Kundendienst, in: Tietz, B./Köhler, R./Zentes, J. (Hrsg.): Handwörterbuch des Marketing, 2. Aufl., Stuttgart, Sp. 1351-1362.

MEYER, M./KERN, E./DIEHL, H.J. (1998): Geschäftstypologien im Investitionsgütermarketing, in: Büschken, J./Meyer, M./Weiber, R. (Hrsg.): Entwicklungen des Investitionsgütermarketing, Wiesbaden, S. 117-175.

MILL, J.S. (1960): On Liberty, London/Oxford.

MINDERLEIN, M. (1990): Markteintrittsbarrieren und strategische Verhaltensweisen, in: ZfB, 60. Jg., S. 155-178.

MINTZBERG, H. (1987): The Strategy Concept II, in: California Management Review, 30. Jg., H. 1, S. 25-32.

MOLDASCHL, M. (2005): Kapitalarten, Verwertungsstrategien, Nachhaltigkeit, in: Moldaschl, M. (Hrsg.): Immaterielle Ressourcen, München/Mering, S. 47-68.

MUGLER, J. (2005): Grundlagen der BWL der Klein- und Mittelbetriebe, Wien.

MÜLLER, W. (1974): Die Koordination von Informationsbedarf und Informationsbeschaffung als zentrale Aufgabe des Controlling, in: ZfbF, 26. Jg., S. 683-693.

MÜLLER, W. (1977): Ziele von Organisationen, in: Die Unternehmung, 31. Jg., H. 1, S. 1-19.

MÜLLER-HAGEDORN, L. (2005): Handelsmarketing, 4. Aufl., Stuttgart.

MÜLLER-HAGEDORN, L./Schuckel, M. (2003): Einführung in das Marketing, 2.Aufl., Stuttgart.

MÜLLER-STEWENS, G. (1995): Portfolio-Analysen, in: Tietz, B./Köhler, R./Zentes, J. (Hrsg.): Handwörterbuch des Marketing, 2. Aufl., Stuttgart, Sp. 2041-2055.

MÜLLER-STEWENS, G./LECHNER, C. (2005): Strategisches Management, 3.Aufl., Stuttgart.

NATHUSIUS, K. (1979): Venture Management, Berlin.

NELSON, P. (1970): Information and Consumer Behavior, in: Journal of Political Economy, 78. Jg., S. 311-329.

NICOLAI, A./KIESER, A. (2002): Trotz eklatanter Erfolglosigkeit: Die Erfolgsfaktorenforschung weiter auf Erfolgskurs, in: DBW, 62. Jg., S. 579-596.

NIESCHLAG, R./DICHTL, E./HÖRSCHGEN, H. (2002): Marketing, 19. Aufl., Berlin.

NIMAN, N.B. (1991): The Entrepreneurial Function in the Theory of the Firm, in: Scottish Journal of Political Economy, 38. Jg., S. 162-176.

NOELLKE, M. (2006): Kreativitätstechniken, 5.Aufl., Planegg.

OBERENDER, P. (1994): Industrieökonomik, in: WiSt, 23. Jg., S. 65-73.

OBERENDER, P. (2000): Markt, in: Corsten, H. (Hrsg.): Lexikon der Betriebswirtschaftslehre, 4. Aufl., München/Wien, S. 613-617.

OHMAE, K. (1983): The Mind of the Strategist, Harmondsworth.

OSTERLOH, M. (1983): Handlungsspielräume und Informationsverarbeitung, Bern u.a.

OSTERLOH, M./FREY, B.S./FROST, J. (1999): Was kann das Unternehmen besser als der Markt?, in: ZfB, 69. Jg., S.1245-1262.

PAUL, S./HORSCH, A. (2004): Evolutorische Ökonomik und Lehre von den Unternehmerfunktionen, in: WiSt, 33. Jg., S. 716-721.

PENROSE, E.T. (1959): The Theory of the Growth of the Firm, New York.

PERLITZ, M. (1988): Wettbewerbsvorteile durch Innovation, in: Simon, H. (Hrsg.): Wettbewerbsvorteile und Wettbewerbsfähigkeit, Stuttgart, S. 47-65.

PFEFFER, J./SALANCIK, G.S. (1978): The External Control of Organizations, New York.

PFRIEM, R. (2004): Heranführung an die Betriebswirtschaftslehre, Marburg.

PICOT, A. (1991): Ein neuer Ansatz zur Gestaltung der Leistungstiefe, in: ZfbF, 43. Jg., S. 336-357.

PICOT, A./DIETL, H./FRANCK, E. (2005): Organisation, 4. Aufl., Stuttgart.

PICOT, A./REICHWALD, R./WIGAND, R.T. (2005): Die grenzenlose Unternehmung, 5. Aufl., Wiesbaden.

PIESKE, R. (1994): Benchmarking, in: io Management Zeitschrift, 63. Jg. , H. 6, S. 19-23.

PLINKE, W. (1988): Einführung in das industrielle Marketing, Lehrbrief, Weiterbildendes Studium Technischer Vertrieb, Freie Universität Berlin, Berlin.

PLINKE, W. (1989): Die Geschäftsbeziehung als Investition, in: Specht, G./Silberer, G./Engelhardt, W.H. (Hrsg.): Marketing-Schnittstellen, Stuttgart, S. 305-325.

PLINKE, W. (1991): Investitionsgütermarketing, in: Marketing-ZFP, 13. Jg., H. 3, S. 172-177.

PLINKE, W. (1995a): Grundkonzeption des Marketing, in: Kleinaltenkamp, M./Plinke, W. (Hrsg.): Technischer Vertrieb, Band 1, Berlin u.a., S. 97-134.

PLINKE, W. (1995b): Kundenanalyse, in: Tietz, Bruno/Köhler, Richard/Zentes, Joachim (Hrsg.): Handwörterbuch des Marketing, 2. Aufl., Stuttgart, Sp. 1328-1339.

PLINKE, W. (1995c): Grundlagen des Marktprozesses, in: Kleinaltenkamp, M./Plinke, W. (Hrsg.): Technischer Vertrieb, Band 1, Berlin u.a., S. 3-95.

PLINKE, W. (1996): Kundenorientierung als Grundlage der Customer Integration, in: Kleinaltenkamp, M./Fließ, S./Jacob, F. (Hrsg.): Customer Integration, Wiesbaden, S. 41-56.

PLÖTNER, O. (1993): Risikohandhabung und Vertrauen des Kunden, Arbeitspapier Nr. 2 der Berliner Reihe „Business-to-Business-Marketing", Freie Universität Berlin.

PORTER, M.E. (1980): Competitive Strategy, New York u.a.

PORTER, M.E. (1986): Wettbewerbsvorteile, Frankfurt/M.

PORTER, M.E. (1996): What is Strategy?, in: Harvard Business Review, 74. Jg., H. 6, S. 61-78.

PORTER, M.E. (1999): Wettbewerbsstrategie, 10. Aufl., Frankfurt a.M./New York.

PORTER, M.E. (2000): Wettbewerbsvorteile, 6. Aufl., Frankfurt a.M.

POST, J.E./FREDERICK, W.C./LAWRENCE, A.T./WEBER, J. (2004): Business and Society, 11. Aufl., Boston.

QUESNAY, F. (1888): Oeuvres economiques et philosophiques, Frankfurt.

QUINN, J.B. (1980): Strategies for Change, Homewood/Ill.

RAFFÉE, H./FÖRSTER, F./ KRUPP, W. (1988): Marketing und unternehmerische Ökologie-orientierung, Arbeitspapier Nr. 63 des Instituts für Marketing, Universität Mannheim.

RAFFÉE, H./FRITZ, W. (1992): Dimensionen und Konsistenz der Führungskonzeptionen von Industrieunternehmen, in: ZfbF, 44. Jg., H. 4, S. 303-322.

RAMÍREZ, R./WALLIN, J. (2000): Prime Movers, Chichester u.a.

RASCHE, C. (1994): Wettbewerbsvorteile durch Kernkompetenzen, Wiesbaden.

RASCHE, C. (2002): Multifokales Management, Wiesbaden.

RECKENFELDERBÄUMER, M. (1995): Marketing-Accounting im Dienstleistungsbereich, Wiesbaden.

RECKENFELDERBÄUMER, M. (1998): Entwicklungsstand und Perspektiven der Prozesskostenrechnung, 2. Aufl., Wiesbaden.

RECKENFELDERBÄUMER, M. (2001): Zentrale Dienstleistungsbereiche und Wettbewerbsfähigkeit, Wiesbaden.

REDLICH, F. (1949): The Origins of the Concept of „Entrepreneur" and „Creative Entrepreneur", in: Explorations in Entrepreneurial History, 1. Jg.

REICHHELD, F.F./SASSER, W.E. (1991): Zero-Migration, in: Havard Manager, 13. Jg., H. 4, S. 108-116.

REICHWALD, R./HÖFER, C./WEICHSELBAUMER, J. (1996): Erfolg von Reorganisationsprozessen, Stuttgart.

RESE, M. (2001): Strategische Gruppe, in: Diller, H. (Hrsg.): Vahlens Großes Marketinglexikon, 2. Aufl., München, S. 1621-1622.

RICHARDSON, G.B. (1972): The Organization of Industry, in: Economic Journal, 82. Jg. , S. 883-896.

RICHTER, R./BINDSEIL, U. (1995): Neue Institutionenökonomik, in: WiSt, 24. Jg., H. 3, S. 132-140.

RICHTER, R./FURUBOTN, E.G. (2003): Neue Institutionenökonomik, 3.Aufl., Tübingen.

RINGLSTETTER, M. (1988): Auf dem Weg zu einem evolutionären Management, München.

RINGLSTETTER, M./KAISER, S. (2004): Lebenszyklus, organisationaler, in: Schreyögg, G./v. Werder, A. (Hrsg.): Handwörterbuch Unternehmensführung und Organisation, 4. Aufl., Stuttgart, Sp. 725-732.

RIPSAS, S. (1997): Entrepreneurship als ökonomischer Prozess, Wiesbaden.

ROBINSON, P.J./FARIS, C.W./WIND, Y. (1967): Industrial Buying and Creative Marketing, Boston/Mass.

RODBERTUS, K. (1884): Das Kapital, Berlin.

ROGERS, E.M. (1962): Diffusion of Innovations, 1. Aufl., New York u.a.

ROGERS, E.M. (2003): Diffusion of Innovations, 5. Aufl., New York u.a.

ROSS, S.A. (1973): The Economic Theory of Agency, in: American Economic Review, 63. Jg., S. 134-139.

RÜHLI, E. (1994): Die Resource-based View of Strategy, in: Gomez, P. (Hrsg.): Unternehmerischer Wandel, Wiesbaden, S. 31-57.

RUMELT, R.P. (1984): Towards a StrategicTheory of The Firm, in: Lamb, R.B. (Hrsg.): Competitive Strategic Management, Englewood Cliffs/N.J., S. 556-570.

SANCHEZ, R./HEENE, A. (1997): Competence-based Strategic Management, in: Heene, A./Sanches, R. (Hrsg.): Competence-based Strategic Management, Chichester u.a., S. 3-42.

SANCHEZ, R./HEENE, A. (2004): The New Strategic Management, New York.

SANCHEZ, R., HEENE, A., THOMAS, H. (1996): Towards the theory and practice of competence based competition, in: Sanchez, R./Heene, A./Thomas, H. (Hrsg.): Dynamics of competence-based competition, Oxford, S. 1-35.

SAY, J.-B. (1869): Traité d´economie politique, 7. Aufl., Paris.

SCHADE, C./SCHOTT, E. (1991): Kontraktgüter als Objekte eines informationsökonomisch orientierten Marketing, Arbeitspapier Nr. 1 des DFG-Forschungsprojekts „Grundlagen einer informationsökonomischen Theorie des Marketing", Frankfurt/M.

SCHADE, C./ SCHOTT, E. (1993): Instrumente des Kontraktgütermarketing, in: DBW, 53. Jg., H. 4, S. 491-511.

SCHÄFER, E. (1938): Bedarf und Bedarfsforschung, in: Nicklisch, H. (Hrsg.): Handwörterbuch der Betriebswirtschaft, 2. Aufl., Band 1, Stuttgart, Sp. 572-585.

SCHAUENBERG, B./SCHMIDT, R.H. (1983): Vorarbeiten zu einer Theorie der Unternehmung als Institution, in: Kappler, E. (Hrsg.): Rekonstruktion der BWL als ökonomische Theorie, Spardorf, S. 247-276.

SCHEUCH, F. (2007): Marketing, 6. Aufl., München.

SCHILDKNECHT, R. (1992): Total Quality Management, Frankfurt/ Main, New York.

SCHNEIDER, D. (1982): Das Versagen der Paradigmavorstellung für die Betriebswirtschaftslehre, in: ZfB, 34. Jg., S. 849-869.

SCHNEIDER, D. (1983): Marketing als Wirtschaftswissenschaft oder Geburt einer Marketingwissenschaft aus dem Geiste des Unternehmerversagens?, in: ZfbF, 35. Jg., S. 197-223.

SCHNEIDER, D. (1985): Die Unhaltbarkeit des Transaktionskostenansatzes für die „Markt oder Unternehmung"- Diskussion, in: ZfB, 55. Jg., S. 1237-1254.

SCHNEIDER, D. (1987): Allgemeine Betriebswirtschaftslehre, 3. Aufl., München/Wien.

SCHNEIDER, D. (1995): Betriebswirtschaftslehre, Band 1, 2. Aufl., München/Wien.

SCHNEIDER, D. (1997): Betriebswirtschaftslehre, Band 3, München/Wien.

SCHOPPE, S.G./CZEGE, A. GRAF WASS VON/MÜNCHOW, M.-M./STEIN, I./ ZIMMER, K. (1995): Moderne Theorie der Unternehmung, München/Wien.

SCHREYÖGG, G./SYDOW, J./KOCH, J. (2003): Organisatorische Pfade, in: Schreyögg, G./Sydow, J. (Hrsg.): Strategische Prozesse und Pfade, Managementforschung, Band 13, Wiesbaden, S. 257-297.

SCHRÖDER, H. (1995): Rechtsrahmen des Marketing, in: Tietz, B./Köhler, R./Zentes, J. (Hrsg.): Handwörterbuch des Marketing, 2. Aufl., Stuttgart, Sp. 2215-2234.

SCHÜTZE, R. (1992): Kundenzufriedenheit, Wiesbaden.

SCHUMPETER, J.A. (1912): Theorie der wirtschaftlichen Entwicklung, Leipzig.

SCHUMPETER, J.A. (1942): Capitalism, Socialism and Democracy, New York.

SEISREINER, A. (2006): Rationalität wertorientierter Managementkonzepte - Einordnung und kritische Wirkungsanalyse, Habilitationsschrift, Universität Potsdam, Potsdam.

SHACKLE, G.L.S. (1955): Uncertainty in Economics, Cambridge.

SIMON, H. (1988): Management strategischer Wettbewerbsvorteile, in: ZfB, 58. Jg., S. 461-480.

SIMON, H. (1995): Preispolitik, in: Tietz, B./Köhler, R./Zentes, J. (Hrsg.): Handwörterbuch des Marketing, 2. Aufl., Stuttgart, Sp. 2068-2085.

SIMON, H./TACKE, G. (2001): Preisstrategie im Lebenszyklus, in: Diller, H. (Hrsg.): Vahlens Großes Marketinglexikon, 2. Aufl., München, S. 1359-1360.

SIMON, H.A. (1948): Administrative Behavior, New York.

SIMON, H.A. (1957): Models of Man, New York.

SIMON, H.A./MARCH, J.G. (1958): Organizations, New York.

SMITH, A. (1776): An Inquiry into the Nature and Causes of the Wealth of Nations, 1. Jg., 1. Aufl., London.

SMITH, A. (1999): Der Wohlstand der Nationen, vollständige Ausgabe nach der 5. Aufl., London 1789, dt. Übs.

SÖLLNER, A. (1993): Commitment in Geschäftsbeziehungen, Wiesbaden.

SOMBART, W. (1923): Der Bourgeois, München/Leipzig.

SOMBART, W. (1927): Das Wirtschaftsleben im Zeitalter des Hochkapitalismus, München.

SOMBART, W. (1928): Der moderne Kapitalismus, 2. Aufl., München/Leipzig.

SPECHT, G. (1985): Industrielles Beschaffungsverhalten, Frankfurt/M. u.a.

SPECHT, G. (2005): Distributionsmanagement, 4. Aufl., Stuttgart u.a.

SPECHT, G./BECKMANN, C./AMELINGMEYER, J. (2002): F&E-Management, 2. Aufl., Stuttgart.

SPREMANN, K. (1990): Asymmetrische Information, in: Zeitschrift für Betriebswirtschaft, 60. Jg., S. 561-586.

STATISTISCHES BUNDESAMT (Hrsg.) (2009): Umsatzsteuerstatistik 2007, Wiesbaden.

STAUSS, B. (1999): Kundenzufriedenheit, in: Marketing-ZFP, 21. Jg., H. 1, S. 5-24.

STAUSS, B. (2001): Internes Marketing, in: Diller, H. (Hrsg.): Vahlens Großes Marketinglexikon, 2. Aufl., München, S. 698-699.

STEFFENHAGEN, H. (2001): Konditionenpolitik, in: Diller, H. (Hrsg.): Vahlens Großes Marketinglexikon, 2. Aufl., München, S. 797-798.

STEINMANN, H./SCHREYÖGG, G. (2005): Management. Grundlagen der Unternehmensführung, 6. Aufl., Wiesbaden.

STEVEN, M. (2008): BWL für Ingenieure, 3. Aufl., München/Wien.

STEWENS, G./ WUNDERER, R. (Hrsg.): Unternehmerischer Wandel, Wiesbaden, S. 31–57.

STONER, J.A.F./FREEMAN, R.E./GILBERT, D.R. (1995): Management, 6. Aufl., Englewood Cliffs, N.J.

STURM, K. (2007): Die wertvollste Marke der Welt (2), in: www.manager-magazin.de/unternehmen/artikel/0,2828,478845-2,00.html, Seitenaufruf am 11.05.2007.

SÜCHTING, J. (1995): Finanzmanagement, 6. Aufl., Wiesbaden.

SYDOW, J. (1992): Strategische Netzwerke, Wiesbaden.

SZYPERSKI, N./WINAND, U. (1979): Duale Organisation, in: ZfbF, 31. Jg., S. 195-205.

TANNENBAUM, R./SCHMIDT, R.W. (1958): How to Choose a Leadership Pattern, in: Harvard Business Review, 36. Jg., H. 2, S. 95-101.

TAYLOR, F.W. (1911): Principles of Scientific Management, New York.

TEECE, D.J. (1982): Towards an Economic Theory of the Multiproduct Firm, in: Journal of Economic Behaviour and Organization, 3. Jg., H. 1, S. 39-63.

TEECE, D.J./ PISANO, G./SHUEN, A. (1997): Dynamic Capabilities and Strategic Management, in: Strategic Management Journal, 18. Jg., S. 509-533.

THIBAUT, J.W./ KELLEY, H.H. (1959): The Social Psychology of Groups, New York u.a.

THOMMEN, J.-P./ACHLEITNER, A.-K. (2006): Allgemeine Betriebswirtschaftslehre, 5. Aufl., Wiesbaden.

TIBERIUS, V.A./RECKENFELDERBÄUMER, M. (2004): Die Schaltbrettunternehmung, Zürich/Singen.

TIMMERS, P. (1998): Business Models for Electronic Markets, in: Electronic Markets, 8. Jg., H. 2, S. 3-8.

TIROLE, J. (1998): Industrieökonomik, 2.Aufl., München.

TÖPFER, A. (1985): Umwelt- und Benutzerfreundlichkeit von Produkten als strategische Unternehmensziele, in: Marketing-ZFP, 7. Jg., H. 4, S. 241-251.

TÖPFER, A. (2005): Betriebswirtschaftslehre, Berlin u.a.

TOFFLER, A. (1980): The Third Wave, New York.

TROMMSDORFF, V. (1995): Involvement, in: Tietz, B./Köhler, R./Zentes, J. (Hrsg.): Handwörterbuch des Marketing, 2. Aufl., Stuttgart, Sp. 1067-1078.

TROMMSDORFF, V. (2004): Konsumentenverhalten, 6. Aufl., Stuttgart.

TURGOT, A.-R. J. (1924): Betrachtungen über die Bildung und Verteilung des Reichtums, Jena.

TURIN, G. (1947): Der Begriff des Unternehmers, Zürich.

TURNBULL, P.W./ VALLA, J.-P. (1986): Strategic Planning in Industrial Marketing, in: European Journal of Marketing, 20. Jg., H. 7, S. 5-20.

TUTTLE, C.A. (1927): The Entrepreneur Function in Economic Literature, in: Journal of Political Economy, 35. Jg., S. 501-521.

ULRICH, H. (1970): Die Unternehmung als produktives soziales System, 2. Aufl., Bern/Stuttgart.

ULRICH, P./FLURI, E. (1992): Management, 6. Aufl., Bern/Stuttgart.

VAN WEELE, A.J. (2005): Purchasing & Supply Chain Management, 4. Aufl., London.

VON DER OELSNITZ, D. (1999): Marktorientierter Unternehmenswandel, Wiesbaden.

VON DER OELSNITZ, D./BUSCH, M. (2007): Kompetenzsteuerung in Teams durch transaktives Wissen, in: Jahrbuch Strategisches Kompetenz-Management, Band 1, München/Mering, S. 111-153.

VON HAYEK, F.A. (1937): Economics and Knowledge, in: Economica, 4. Jg., S. 33-54.

VON HAYEK, F.A. (Hrsg.) (1952): Individualismus und wirtschaftliche Ordnung, Erlenbach/Zürich.

VON HAYEK, F.A. (1968): Der Wettbewerb als Entdeckungsverfahren, Kiel.

VON MANGOLDT, H.K.E. (1855): The Precise Function of the Entrepreneur and the True Nature of Entrepreneur´s Profit, in: Taylor, F.M. (Hrsg.): Some Readings in Economics, Ann Arbor 1907, S. 34-49.

VON MISES, L. (1940): Nationalökonomie, Genf.

VON REIBNITZ, U. (1987): Szenarien, Hamburg u.a.

VON SCHMOLLER, G. (1890): Die geschichtliche Entwicklung der Unternehmung, in: Jahrbücher für Gesetzgebung und Verwaltung.

VON THÜNEN, J.H. (1826): Der isolierte Staat in Beziehung auf Landwirtschaft und Nationalökonomie, Rostock.

VON WEIZSÄCKER, C.C. (1995): Wettbewerbspolitik, in: Tietz, B./Köhler, R./Zentes, J. (Hrsg.): Handwörterbuch des Marketing, 2. Aufl., Stuttgart, Sp. 2729-2753.

WALKER, F.A. (1876): The Wage Question, New York.

WALLIS, J.J./NORTH, D.C. (1986): Measuring the Transaction Sector in the American Economy, in: Engerman, S.L./Gallman, R.E. (Hrsg.): Long-Term Factors in American Economic Growth, Cicago/Ill., S. 95-161.

WALRAS, L. (1938): Abrègé des éléments d´économie politique pure, Paris/Lausanne.

WEBER, J. (2004): Controlling, in: Schreyögg, G./von Werder, A. (Hrsg.): Handwörterbuch Unternehmensführung und Organisation, 4. Aufl., Stuttgart, Sp. 152-159.

WEBER, J./WEIßENBERGER, B.E./LÖBIG, M. (2001): Operationalisierung der Transaktionskosten, in: Jost, P.-J. (Hrsg.): Der Transaktionskostenansatz in der Betriebswirtschaftslehre, Stuttgart, S. 417-447.

WEBER, M. (1921): Wirtschaft und Gesellschaft, Tübingen.

WEBER, M. (1964): Wirtschaft und Gesellschaft, Köln.

WEBSTER, F.E. JR./WIND, Y. (1972): Organizational Buying Behavior, Engelewood Cliffs, N.J.

WEIBER, R./ADLER, J. (1995a): Informationsökonomisch begründete Typologisierung von Kaufprozessen, in: ZfbF, 47. Jg., S. 43-65.

WEIBER, R./ADLER, J. (1995b): Positionierung von Kaufprozessen im informationsökonomischen Dreieck: Operationalisierung und verhaltenswissenschaftliche Prüfung, in: ZfbF, 47. Jg., S. 99-123.

WEINBERG, P. (1981): Das Entscheidungsverhalten der Konsumenten, Paderborn u.a.

WELGE, M.K./AL-LAHAM, A. (2001): Strategisches Management, 3. Aufl., Wiesbaden.

WELGE, M.K./AL-LAHAM, A. (2007): Strategisches Management, 5. Aufl., Wiesbaden.

WELLING, M. (2006): Ökonomik der Marke, Wiesbaden.

WERNERFELT, B. (1984): A Resource Based View on the Firm, in: Strategic Management Journal, 5. Jg., S. 171-180.

WIEANDT, A. (1994): Die Theorie der dynamischen Unternehmerfunktionen, in: WiSt, 23. Jg., S. 20-24.

WIEDENFELD, K. (1920): Das Persönliche im modernen Unternehmertum, München/Leipzig.

WILLIAMSON, O.E. (1975): Markets and Hierarchies, New York/London.

WILLIAMSON, O.E. (1985): The Economic Institutions of Capitalism, New York.

WILLIAMSON, O.E. (1989): Transaction Cost Economics, in: Schmalensee, R./Willig, R.D. (Hrsg.): Handbook of Industrial Organization, Vol. I, Amsterdam, S. 135-182.

WILLIAMSON, O.E. (1990): Die ökonomischen Institutionen des Kapitalismus, Tübingen.

WILLIAMSON, O.E. (1991): Comparative Economic Organization, in: Ordelheide, D./Rudolph, B./Büsselmann, E. (Hrsg.): Betriebswirtschaftslehre und ökonomische Theorie, Stuttgart, S. 13-49.

WILLKE, H. (2006): Systemtheorie I, 7. Aufl., Stuttgart.

WIND, Y./CARDOZO, R. (1974): Industrial Market Segmentation, in: Industrial Marketing Management, 3. Jg., S. 153-164.

WITTE, E. (1973): Organisation für Innovationsentscheidungen, Göttingen.

WOLF, J. (2005): Organisation, Management, Unternehmensführung, 2. Aufl., Wiesbaden.

WOLFRUM, B. (1994): Strategisches Technologiemanagement, 2. Aufl., Wiesbaden.

ZENTES, J. (1992): Grundbegriffe des Marketing, 3. Aufl., Stuttgart.

ZBORALSKI, K. (2008): Das Wechselspiel von individuellem, kollektivem und organisationalem Lernen, in: Jahrbuch Strategisches Kompetenz-Management, Band 2, München/Mering, S. 5-34.

Stichwortverzeichnis